EVOLUTIONARY LEARNING

ADVANCES IN THEORIES AND ALGORITHMS

周志华 俞扬 钱超 / 著

演化学习

理论与算法进展

人 民 邮 电 出 版 社
北 京

图书在版编目（CIP）数据

演化学习 ：理论与算法进展 / 周志华，俞扬，钱超著. -- 北京 ：人民邮电出版社，2021.7（2021.7重印）
ISBN 978-7-115-55803-9

Ⅰ. ①演… Ⅱ. ①周… ②俞… ③钱… Ⅲ. ①机器学习—算法 Ⅳ. ①TP181

中国版本图书馆CIP数据核字(2021)第017866号

内 容 提 要

演化学习利用演化算法求解机器学习中的复杂优化问题，在实践中取得了许多成功，但因其缺少坚实的理论基础，在很长时期内未获得机器学习社区的广泛接受. 本书主要内容为三位作者在这个方向上过去二十年中主要工作的总结.

全书共 18 章，分为四个部分：第一部分(第 1~2 章) 简要介绍演化学习和一些关于理论研究的预备知识；第二部分(第 3~6 章) 介绍用于分析运行时间复杂度和逼近能力这两个演化学习的基本理论性质的通用工具；第三部分(第 7~12 章) 介绍演化学习关键因素对算法性能影响的一系列理论结果，包括交叉算子、解的表示、非精确适应度评估、种群的影响等；第四部分(13~18 章) 介绍一系列基于理论结果启发的具有一定理论保障的演化学习算法.

本书适合对演化学习感兴趣的研究人员、学生和实践者阅读. 书中第二部分内容或可为有兴趣进一步探索演化学习理论基础的读者提供分析工具，第三部分内容或有助于读者进一步理解演化学习过程并为新算法设计提供启发，第四部分内容或可为读者解决一些现实机器学习问题提供新的算法方案.

◆ 著　　周志华　俞　扬　钱　超
责任编辑　贺瑞君
责任印制　周昇亮
◆ 人民邮电出版社出版发行　　北京市丰台区成寿寺路 11 号
邮编　100164　　电子邮件　315@ptpress.com.cn
网址　https://www.ptpress.com.cn
北京市艺辉印刷有限公司印刷
◆ 开本：787×1092　1/16
印张：20.25　　2021 年 7 月第 1 版
字数：445 千字　　2021 年 7 月北京第 2 次印刷

定价：99.80 元

读者服务热线：(010)81055552　印装质量热线：(010)81055316
反盗版热线：(010)81055315
广告经营许可证：京东市监广登字 20170147 号

序

二十年前,本书第一作者与合作者提出了一种“选择性集成”学习方法,对于一组学习器,该方法能产生出仅包含少量个体、泛化性能却超越全体学习器集成的模型.该工作使用了一种常见演化算法——遗传算法.本书一作以为,演化算法这种强大的优化工具应能在许多机器学习任务中发挥作用.但机器学习领域有强烈的理论偏好,而当时演化算法几乎纯粹是“启发式”的:在不少情况下有效,但为何奏效、在何种条件下奏效却并不清楚,因此演化算法难以被主流机器学习界认可,相关论文甚至难以在机器学习主流渠道发表.

本书一作被演化算法的应用成效鼓舞,相信其并非“魔法”,必能建立起相应理论基础,于是决心开展这个方向的研究.2004 年,本书二作在一作指导下完成了关于选择性集成学习算法的本科毕业论文,到宁夏贫困地区支教一年后,成为一作的研究生加入该方向研究.他于 2011 年获博士学位,毕业论文有幸入选了全国百篇优秀博士学位论文和江苏省优秀博士学位论文.本书三作在 2009 年成为一作的研究生加入该方向研究,并于 2015 年获博士学位,毕业论文入选了中国人工智能学会优秀博士学位论文和江苏省优秀博士学位论文.本书主要内容就是三位作者在这个方向上过去二十年中主要工作的总结.

全书由四部分组成.第一部分简要介绍演化学习,为分析“运行时间复杂度”和“逼近能力”这两个核心理论问题作准备.第二部分给出用于推导运行时间界的两种通用方法,以及用于刻画逼近性能的一个通用框架,它们是获得后续章节中许多理论结果的工具.第三部分是关于演化过程关键因素对算法性能影响的一系列理论结果,包括交叉算子、解的表示、非精确适应度评估、种群的影响等.第四部分回到选择性集成这个促使作者关心演化算法的起点,给出了性能优越且有理论支撑的算法,并对机器学习中广泛存在的“子集选择”问题给出了一系列有逼近性能保障的演化学习算法.书中第二部分内容或可为有兴趣进一步探索演化学习理论基础的读者提供分析工具,第三部分内容或有助于读者进一步理解演化学习过程并为新算法设计提供启发,第四部分内容或可为一些现实机器学习任务提供新的算法方案.

本书英文版在斯普林格出版社问世后,国内许多同行兴趣甚浓,强烈建议出中文版,人民邮电出版社贺瑞君编辑亦盛情邀请,于是作者在年初抗疫“禁足”期间勉力转著以飨读者.本书的出版要感谢作者的家人、朋友、合作者,以及斯普林格出版社常兰兰女士和阿尔弗雷德·霍夫曼先生的支持.因作者学识浅陋、时间仓促,本书内容错谬之处在所难免,且先著英文后转中文,难免因“先入为主”而致表达僵滞,敬请读者诸君见谅、赐正.

作者
2020 年 6 月于南京

主要符号表

$\mathbb{R}$	实数集
$\mathbb{N}$	整数集
$(\cdot)^+$	正, $(\cdot)$ 可为 $\mathbb{R}$ 或 $\mathbb{N}$
$(\cdot)^{0+}$	非负, $(\cdot)$ 可为 $\mathbb{R}$ 或 $\mathbb{N}$
e	自然常数
x	变量
$\boldsymbol{x}$	向量
$(\cdot,\cdot,\ldots,\cdot)$	行向量
$\mathbf{0}$	全 0 向量
$\mathbf{1}$	全 1 向量
$\lvert\cdot\rvert_0$	向量中 0 的个数
$\lvert\cdot\rvert_1$	向量中 1 的个数
$\{0,1\}^n$	布尔向量空间
$\boldsymbol{X}$	矩阵
$(\cdot)^\mathrm{T}$	向量或矩阵转置
X	集合
$\{\cdot,\cdot,\ldots,\cdot\}$	通过枚举表示的集合
$[n]$	集合 $\{1,2,\ldots,n\}$
$\lvert\cdot\rvert$	集合 $\cdot$ 中元素的个数
2^X	X 的幂集, 由 X 的所有子集构成
$X \setminus Y$	Y 在 X 中的补, 由 X 之不在 Y 中的元素构成
x	马尔可夫链的状态
$\mathcal{X}$	马尔可夫链的状态空间
$P(\cdot)$	概率
$P(\cdot \mid \cdot)$	条件概率
π	概率分布

f	函数
$\mathbb{E}_{\cdot\sim\pi}[f(\cdot)]$	函数 $f(\cdot)$ 对 $\cdot$ 在分布 π 下的期望, 意义明确时将简写为 $\mathbb{E}[f(\cdot)]$
$\mathbb{E}_{\cdot\sim\pi}[f(\cdot) \mid \cdot]$	函数 $f(\cdot)$ 对 $\cdot$ 在分布 π 下的条件期望, 意义明确时将简写为 $\mathbb{E}[f(\cdot) \mid \cdot]$
$\mathbb{I}(\cdot)$	指示函数, 在 $\cdot$ 为真和假时分别取值为 1 和 0
$\lfloor\cdot\rfloor$	下取整函数, 取值为小于等于 $\cdot$ 的最大整数
$\lceil\cdot\rceil$	上取整函数, 取值为大于等于 $\cdot$ 的最小整数
$\log(\cdot)$	对数函数, 底数为 2
$\ln(\cdot)$	对数函数, 底数为 e
OPT	最优函数值
H_n	第 n 调和数, 即 $\sum_{i=1}^{n}(1/i)$
$\forall$	对于任意
$\exists$	存在
$\nexists$	不存在

目录

第一部分

绪论与预备知识

第 1 章 绪论

1.1 机器学习

机器学习 [周志华, 2016] 是人工智能的核心领域之一, 旨在从数据中学得具有**泛化** (generalization) 能力的模型, 以改善系统自身的性能. 机器学习正在许多应用中发挥着越来越重要的作用.

为学得一个模型, 我们需要一个**训练集** (training set), 其中包含若干个**示例** (instance). 若每个训练示例均伴随一个输出**标记** (label), 则学习任务属于**监督学习** (supervised learning), 旨在学得一个从示例空间映射到标记空间的模型. 根据输出标记的类型, 监督学习任务可大致划分为两大类: **分类**和**回归**, 前者的标记是离散的, 取值范围为有限个类别, 而后者的标记是连续的. 典型的监督学习算法包括**决策树** (decision tree)、**人工神经网络** (artificial neural network)、**支持向量机** (support vector machine) 等 [周志华, 2016]. 若每个训练示例均未伴随输出标记, 则学习任务属于**无监督学习** (unsupervised learning). 一个典型任务是**聚类** (clustering), 试图将所有示例划分为若干个**簇** (cluster), 使得簇内示例相似度高而簇间示例相似度低. **弱监督学习** (weakly supervised learning) [Zhou, 2017] 介于监督学习和无监督学习之间, 包括监督信息不完整的**半监督学习** (semi-supervised learning) 和**主动学习** (active learning)、监督信息不精确的**多示例学习** (multi-instance learning)、监督信息有时延的**强化学习** (reinforcement learning) 等.

机器学习过程一般由三个部分组成 [Domingos, 2012]: **模型表示** (model representation)、**模型评估** (model evaluation)、**模型优化** (model optimization), 如图 1.1 所示. 待学习的模型可以有不同的形式, 如决策树、人工神经网络、支持向量机等; 不同的模型形式拥有不同的特点, 对模型的泛化性能会产生很大影响. 模型评估关乎如何评价一个模型的"好坏", 这非常重要: 一方面, 同一模型使用不同的评估标准会导致不同的评判结果; 另一方面, 机器学习模型往往有很多变化 (例如通过设置不同的超参数值), 选择一个合适的模型依赖于有效的模型评估. 模型优化关乎如何确定参数值, 使模型具有良好的泛化性能.

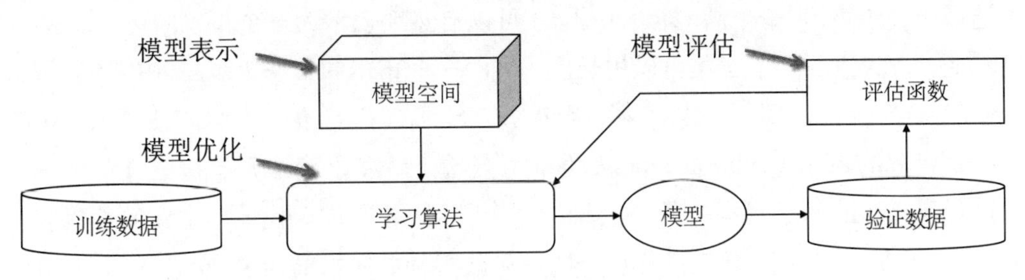

图 1.1 典型机器学习过程的三个组成部分

为了解决复杂学习问题,我们往往需要使用非线性模型形式和/或非凸模型评估函数,这导致学习问题常归结为复杂优化问题,其优化目标函数往往具有不可导、不连续、存在多个局部最优解等性质. 这些性质可能使得传统优化算法 (例如梯度下降法) 失效,而其他一些强大的优化算法 (例如本书后续讨论的算法) 可能会大有用武之地.

1.2 演化学习

演化学习 (evolutionary learning) 是指利用**演化算法** (evolutionary algorithm, EA) [Bäck, 1996] 求解机器学习中的复杂优化问题.

演化算法是指一大类受自然演化启发的启发式随机优化算法, 通过考虑 "突变重组" 和 "自然选择" 这两个关键因素来模拟自然演化过程. 尽管演化算法有很多种实现方法, 如**遗传算法** (genetic algorithm)、**遗传编程** (genetic programming, GP)、**演化策略** (evolutionary strategy) 等, 但一般都能抽象为以下四步:

1. 生成一个包含若干初始**解** (solution) 的集合, 称为**种群** (population);
2. 基于当前种群通过变异和交叉产生一些新解;
3. 从当前种群和产生的新解中去除一些相对差的解形成新的种群;
4. 返回第二步并重复运行, 直至满足某个停止条件.

这些步骤体现在演化算法的一般结构中, 如图 1.2 所示.

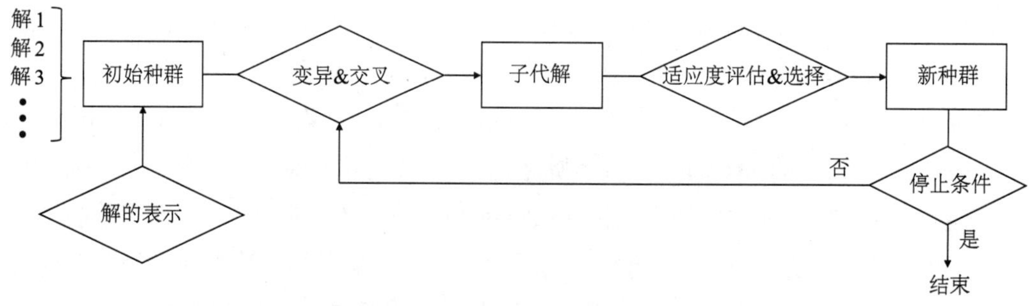

图 1.2 演化算法的一般结构

在使用演化算法求解优化问题之前, 我们需要确定如何表示解. 例如, 若问题是从全集中选择一个子集, 则一个解 (即一个子集) 可以自然地表示为一个布尔向量. 如图 1.3 所示, $\{v_1, v_2, \ldots, v_8\}$ 的一个子集可以用长度为 8 的一个布尔向量来表示, 其中第 i 位取值为 1 意味着 v_i 被选择, 否则 v_i 未被选择. 因此, $\{v_1, v_3, v_4, v_5\}$ 可表示为 $(1,0,1,1,1,0,0,0)$.

在确定**解的表示** (solution representation) 方法后, 演化算法开始按图 1.2 中的循环结构进行演化. 在演化过程中, 算法会维持一个种群, 并通过迭代地产生新的**子代解** (offspring solution)、评估这些解、选择更好的解来改善种群中解的质量. **变异** (mutation) 与**交叉** (crossover/recombination) 是两种常用的产生新解的算子. 前者通过随机修改一个解产生一个新解, 如图 1.4 所示: 在用布尔向量表示的解上执行**一位变异** (one-bit mutation) 算子, 即随机选择一位进行翻转. 后者通过混合两个或多个解产生新解, 如图 1.5 所示: 在两个用布尔向量表示的解上执行**单点交叉** (one-point crossover) 算子, 即基于某个随机选择点将两个解的对应部分进行交换.

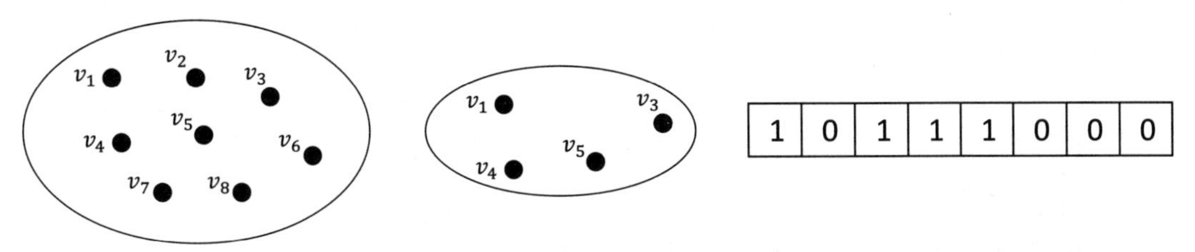

(a) 由 8 个元素构成的一个全集及其子集 $\{v_1, v_3, v_4, v_5\}$ (b) 子集 $\{v_1, v_3, v_4, v_5\}$ 的布尔向量表示

图 1.3 表示解的一个例子

图 1.4 布尔向量解上的一位变异: 对于一个父代解, 通过随机选择一个位置并翻转其上的布尔值产生一个子代解

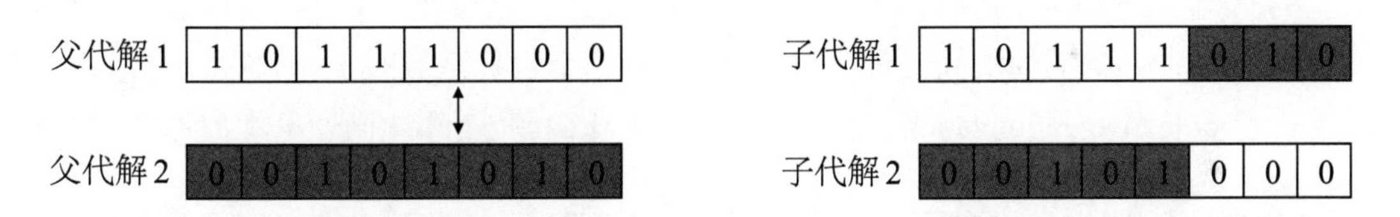

图 1.5 两个布尔向量解上的单点交叉: 对于两个父代解, 通过随机选择一个位置并交换这两个解在该位置后面的部分产生两个子代解

在子代解生成之后, 用**适应度** (fitness) 函数来度量它们的优劣; 然后根据某种选择机制, 从旧种群包含的**父代解** (parent solution) 和新产生的子代解中选择较优解以构建新的种群. 演化将持续, 直至满足停止条件. 常用的停止条件包括解的质量达到预设值、计算资源 (例如运行时间) 达到预算上限、解的质量在预设的轮数内不再改进等.

从整个迭代过程可以看出, 演化算法在求解优化问题时, 仅需以某种方法表示解并能够对解的优劣进行评估以便执行搜索, 而无须关注问题的结构信息. 尤其在缺乏目标函数的梯度信息、甚至缺乏目标函数的显式表达式时都能使用, 仅需能够通过实验或模拟评估解的相对优劣即可. 因此, 演化算法被视为一种通用优化算法, 甚至能以**黑箱** (black-box) 的方式求解优化问题.

由于其通用性, 演化算法已经被用于求解机器学习中的复杂优化问题. 例如, 其已被用于优化神经网络 [Yao, 1999], 包括优化连接权重、网络结构和学习规则; 通过演化得到的人工神经网络模型能获得与手工设计的模型相媲美的性能 [Real et al., 2017]. 然而, 尽管演化学习已取得了诸如此类的许多成功, 但因其缺少坚实的理论基础, 在很长时期内未获得机器学习社区的广泛接受.

1.3 多目标优化

在许多机器学习任务中, 预期结果通常需同时达到多个要求. 例如, **特征选择** (feature selection) [周志华, 2016] 试图使用尽可能少的特征去优化某个性能指标; **集成学习** (ensemble learning) [Zhou, 2012] 希望**个体学习器** (individual learner) “好而不同”, 即个体学习器要有一定的准确性, 同时要有多样性; 聚类 [周志华, 2016] 要求同一簇的示例间的距离尽可能小而不同簇的示例间的距离尽可能大; 主动学习 [周志华, 2016] 希望选择的未标记示例同时具有不确定性、代表性、多样性. 试图同时满足多个要求的一种简单方式是将它们加权形成一个单目标函数, 然而合适的权重往往难以事先确定. 当我们不知道这些要求的相对重要程度而只能将它们分别作为独立的目标函数时, 就面临**多目标优化** (multi-objective optimization). 多目标优化与**单目标优化** (single-objective optimization) 有很大不同, 下面介绍一些基本概念.

多目标优化要求同时优化两个甚至多个目标函数, 见定义 1.1. 其中, 由所有**可行解** (feasible solution) 构成的空间被称为可行域. 仅有两个目标函数时, 多目标优化亦称**二目标优化** (bi-objective optimization). 本书将考虑最大化问题 (最小化问题可类似地定义).

定义 1.1. 多目标优化

给定可行域 $\mathcal{S}$ 以及 m 个目标函数 $f_1, f_2, \ldots, f_m$, 找到解 $\boldsymbol{s}^*$ 满足

$$\boldsymbol{s}^* = \mathop{\arg\max}_{\boldsymbol{s}\in\mathcal{S}} \boldsymbol{f}(\boldsymbol{s}) = \mathop{\arg\max}_{\boldsymbol{s}\in\mathcal{S}} \big(f_1(\boldsymbol{s}), f_2(\boldsymbol{s}), \ldots, f_m(\boldsymbol{s})\big), \tag{1.1}$$

其中 $\boldsymbol{f}(\boldsymbol{s}) = \big(f_1(\boldsymbol{s}), f_2(\boldsymbol{s}), \ldots, f_m(\boldsymbol{s})\big)$ 表示解 $\boldsymbol{s}$ 的目标向量.

由于目标之间往往存在冲突, 即单独优化某个目标可能使其他目标变差, 这导致没有一个解能在所有目标上最优. 因此, 多目标优化的输出是一个解集而非单个解, 该解集中的每个解相较其他解都有某方面特定的优势. 由于不存在单一的衡量标准, 常用**帕累托最优** (Pareto optimality), 见定义 1.2, 其利用了定义 1.3 中解之间的**占优** (domination) 关系.

定义 1.2. 帕累托最优

给定可行域 $\mathcal{S}$ 以及目标空间 $\mathbb{R}^m$, 令 $\boldsymbol{f} = (f_1, f_2, \ldots, f_m) : \mathcal{S} \to \mathbb{R}^m$ 表示目标向量. 若某个解不被任意其他解占优, 则它是帕累托最优的. 所有帕累托最优解的目标向量构成的集合称为**帕累托前沿** (Pareto front).

定义 1.3. 占优

给定可行域 $\mathcal{S}$ 以及目标空间 $\mathbb{R}^m$, 令 $\boldsymbol{f} = (f_1, f_2, \ldots, f_m) : \mathcal{S} \to \mathbb{R}^m$ 表示目标向量. 对于两个解 $\boldsymbol{s}$ 和 $\boldsymbol{s}' \in \mathcal{S}$,

(1) 若 $\forall i \in [m] : f_i(\boldsymbol{s}) \geqslant f_i(\boldsymbol{s}')$, 则 $\boldsymbol{s}$ 弱占优 $\boldsymbol{s}'$, 记为 $\boldsymbol{s} \succeq \boldsymbol{s}'$;

(2) 若 $\boldsymbol{s} \succeq \boldsymbol{s}'$ 且 $\exists i \in [m] : f_i(\boldsymbol{s}) > f_i(\boldsymbol{s}')$, 则 $\boldsymbol{s}$ 占优 $\boldsymbol{s}'$, 记为 $\boldsymbol{s} \succ \boldsymbol{s}'$.

若 $\boldsymbol{s} \succeq \boldsymbol{s}'$ 和 $\boldsymbol{s}' \succeq \boldsymbol{s}$ 均不成立, 则这两个解不可比. 上述定义针对的是多目标最大化, 对多目标最小化, 可以通过使用符号 $\boldsymbol{s} \preceq \boldsymbol{s}'$ 和 $\boldsymbol{s} \prec \boldsymbol{s}'$ 类似地定义占优关系.

图 1.6 给出了二目标最大化的一个例子, 其中 f_1 和 f_2 是待最大化的两个目标. 图中黑方块和黑点分别表示解和相应的目标向量; 可见, 可行域共包含 8 个解. 对于解 $\boldsymbol{s}_2$ 和 $\boldsymbol{s}_5$, 因为 $f_1(\boldsymbol{s}_2) \geqslant f_1(\boldsymbol{s}_5)$ 且 $f_2(\boldsymbol{s}_2) \geqslant f_2(\boldsymbol{s}_5)$, 有 $\boldsymbol{s}_2 \succeq \boldsymbol{s}_5$; 更严格地说, $\boldsymbol{s}_2 \succ \boldsymbol{s}_5$, 这是因为 $f_1(\boldsymbol{s}_2) > f_1(\boldsymbol{s}_5)$ 且 $f_2(\boldsymbol{s}_2) > f_2(\boldsymbol{s}_5)$. 对于解 $\boldsymbol{s}_2$ 和 $\boldsymbol{s}_3$, $f_1(\boldsymbol{s}_2) < f_1(\boldsymbol{s}_3)$ 而 $f_2(\boldsymbol{s}_2) > f_2(\boldsymbol{s}_3)$, 因此它们不可比. 在这 8 个解中, $\boldsymbol{s}_1$、$\boldsymbol{s}_2$、$\boldsymbol{s}_3$ 和 $\boldsymbol{s}_4$ 是帕累托最优的, 它们相应的目标向量 $\boldsymbol{f}(\boldsymbol{s}_1)$、$\boldsymbol{f}(\boldsymbol{s}_2)$、$\boldsymbol{f}(\boldsymbol{s}_3)$ 和 $\boldsymbol{f}(\boldsymbol{s}_4)$ 构成了帕累托前沿. 带有不同目标向量的帕累托最优解以不同的方式达成了多个目标之间的最优权衡.

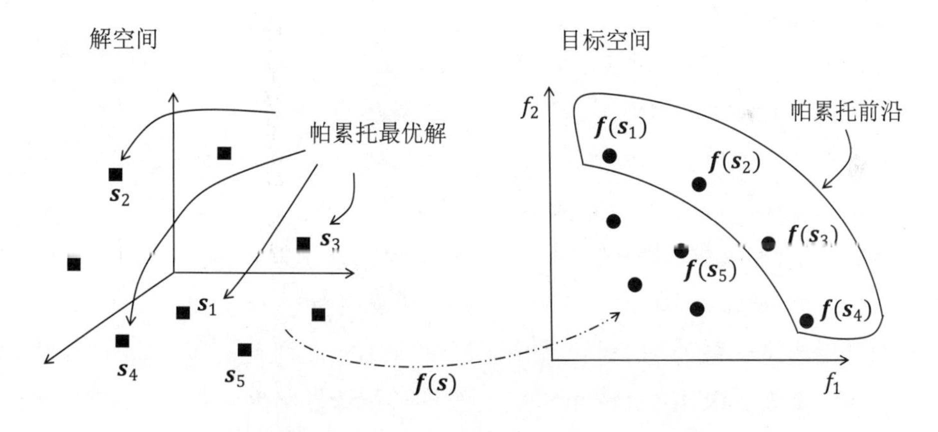

图 1.6 帕累托最优解和帕累托前沿的例释

显然, 多目标优化旨在找到一个解集, 使其相应目标向量构成的集合能够包含帕累托前沿. 为了解决多目标优化问题, 一种经典方法是通过给每个目标赋予权重并将它们线性加权求和, 从而将多目标优化问题转化为单目标优化问题求解. 然而, 该方法每次仅能找到一个解, 为了找到不同的帕累托最优解需精心调整权重, 这是一件相当棘手的事情.

如 1.2 节所述, 演化算法是一类基于种群的优化算法, 即在优化过程中维持一个解集, 而这个特质恰和多目标优化寻找一个最优解集的要求相配, 即演化算法运行一次就可找到多个帕累托最优解, 因此演化算法成为目前求解多目标优化问题的一种流行工具 [Deb, 2001]. 用于求解多目标优化问题的演化算法被称为**多目标演化算法** (multi-objective EA),

已被用于解决多种机器学习任务中的多目标优化问题, 如特征选择 [Mukhopadhyay et al., 2014a]、集成学习 [Chen and Yao, 2010]、聚类 [Mukhopadhyay et al., 2014b]、主动学习 [Reyes and Ventura, 2018] 和**多标记学习** (multi-label learning) [Shi et al., 2014]. 然而, 演化算法的广泛适用性并不能直接提供性能保障, 实践中观察到的一些有趣现象与由此而来的对算法本身的疑问亟待从理论上找到答案; 这激发了本书将要介绍的一系列研究工作.

1.4 本书组织

本书由四部分组成: 预备知识、分析方法、理论透视、学习算法.

第一部分简要介绍了演化学习和一些关于理论研究的预备知识.

为了分析**运行时间复杂度** (running time complexity) 和**近似能力** (approximation ability) 这两个关于**随机搜索启发式** (randomized search heuristics) 的最重要的理论性质 [Neumann and Witt, 2010; Auger and Doerr, 2011], 本书第二部分给出了分析演化算法运行时间**界** (bound) 的两种通用方法, 即**收敛分析法** (convergence-based analysis) 和**调换分析法** (switch analysis), 以及刻画演化算法近似性能的一般框架 SEIP. 这些为获得本书后续介绍的一些理论结果提供了通用工具.

第三部分给出了关于演化算法的一系列理论结果. 本书先探讨了如何辨识一个**问题类** (problem class) 中关于某个给定演化算法的**边界问题** (boundary problem), 即找到对于这个算法最简单和最困难的问题. 然后, 本书探讨了演化算法关键技术要素对其性能的影响, 包括交叉算子、解的表示、非精确**适应度评估** (fitness evaluation) 和种群的影响等. 最后, 本书考察了演化算法在求解机器学习任务中常见的**约束优化** (constrained optimization) 问题时的性能.

第四部分给出了一系列基于理论结果启发的具有一定理论保障的演化学习算法. 本书先考虑**选择性集成** (selective ensemble) 任务, 即尝试选择出个体学习器子集以获得更好的泛化性能, 给出的**帕累托优化** (Pareto optimization) 算法在优化泛化性能的同时最小化学习器数目, 其性能显著优于其他著名的选择性集成算法. 然后, 本书研究了更具一般性的**子集选择** (subset selection) 问题, 即选择有限项来优化一个给定的目标函数. 本书给出的帕累托优化算法可获得目前已知的最佳**多项式时间近似保证** (polynomial-time approximation guarantee). 本书进一步为两个扩展子集选择问题给出了帕累托优化算法的变种, 均可获得目前已知的最佳多项式时间近似保证. 最后, 考虑到实际学习任务通常是带噪的且规模很大, 本书还为子集选择问题给出了相应的容噪和并行算法.

作者希望第二部分的通用理论工具能为有兴趣探索演化学习理论基础的读者提供帮助, 第三部分的理论结果能加深读者对演化学习过程行为的理解且提供一些关于算法设计的洞察, 第四部分的算法能在多种机器学习应用中发挥作用.

第 2 章　预备知识

演化算法是演化学习的优化引擎. 本章先介绍一些基础演化算法, 然后介绍一些在经典研究中常用的伪布尔函数, 以及关于算法运行时间复杂度的基本知识, 再介绍如何把演化算法建模成一种数学模型, 即**马尔可夫链** (Markov chain), 最后介绍两种经典的运行时间分析方法: **适应层分析法** (fitness level) 和**漂移分析法** (drift analysis).

2.1 演化算法

演化算法 [Bäck, 1996] 是一类通用的启发式优化算法, 通过考虑 "突变重组" 和 "自然选择" 这两个关键因素来模拟自然演化过程. 这类算法通过反复修改当前维持的解来产生新解并从中去除差解, 从而迭代地改进维持的解的质量. 尽管存在许多变种, 演化算法还是具有共同的一般流程, 如第 1 章中图 1.2 所示:

1. 生成一个包含若干解的初始种群;
2. 基于当前种群通过变异和交叉算子产生新解;
3. 评估新产生的子代解;
4. 从当前种群和子代解中选择较优解以形成新的种群;
5. 返回第二步并重复运行, 直至满足某个停止条件.

接下来, 本节介绍一些常作为理论分析对象 [Neumann and Witt, 2010; Auger and Doerr, 2011] 的演化算法.

算法 2.1 (1+1)-EA 算法

输入: 伪布尔函数 $f : \{0,1\}^n \to \mathbb{R}$.
过程:

1: 均匀随机地从 $\{0,1\}^n$ 中选择一个解 $\boldsymbol{s}$ 作为初始解;
2: **while** 不满足停止条件 **do**
3: 　在解 $\boldsymbol{s}$ 上执行逐位变异算子以产生新解 $\boldsymbol{s}'$;
4: 　**if** $f(\boldsymbol{s}') \geqslant f(\boldsymbol{s})$ **then**
5: 　　$\boldsymbol{s} = \boldsymbol{s}'$
6: 　**end if**
7: **end while**
8: **return** $\boldsymbol{s}$

输出: $\{0,1\}^n$ 中的一个解

算法 2.1 展示的 (1+1)-EA 算法是一种在 $\{0,1\}^n$ 解空间中对伪布尔函数进行最大化的简单演化算法, 它仅维持一个解 (即种群规模为 1), 通过使用算法 2.1 第 3 行中的**逐位变异**

(bit-wise mutation) 算子和第 4~6 行的选择机制来反复地改进当前解的质量. 逐位变异算子对解的每一位以概率 $p \in (0, 0.5)$ 独立地进行翻转. 当逐位变异算子被替换成一位变异算子, 即随机选择解的一位进行翻转时, 算法 2.1 相应地被称为**随机局部搜索** (randomized local search, RLS). 若选择机制是严格的, 即算法 2.1 第 4 行变成 "**if** $f(\boldsymbol{s}') > f(\boldsymbol{s})$ **then**" , 则这两个算法分别被记作 (1+1)-EA$^{\neq}$ 和 RLS$^{\neq}$.

上述两种常用变异算子可总结为:

- 一位变异, 随机选择解 $\boldsymbol{s}$ 的一位进行翻转;
- 逐位变异, 对解 $\boldsymbol{s}$ 的每一位以概率 $p \in (0, 0.5)$ 独立地进行翻转.

注意, 当变异概率 p 未被明确指定时, 默认采取常用设置 $p = 1/n$.

算法 2.2 展示的 (μ+1)-EA 算法使用规模为 μ 的**父代种群** (parent population). 从算法 2.2 第 1 行开始, 先构建一个由 μ 个随机解构成的初始种群, (μ+1)-EA 每轮迭代执行如下操作: 先执行第 3~4 行中步骤, 对从当前种群中随机选择的一个解进行变异以产生一个新解 $\boldsymbol{s}'$; 再执行第 5~8 行中步骤, 若 $\boldsymbol{s}'$ 不差于当前种群中的最差解, 则用其替换最差解.

算法 2.2 (μ+1)-EA 算法

输入: 伪布尔函数 $f : \{0,1\}^n \to \mathbb{R}$; 正整数 $\mu \in \mathbb{N}^+$.
过程:

1: 均匀随机地从 $\{0,1\}^n$ 中选择 μ 个解作为初始种群 P;
2: **while** 不满足停止条件 **do**
3: 均匀随机地从 P 中选择一个解 $\boldsymbol{s}$;
4: 在解 $\boldsymbol{s}$ 上执行逐位变异算子以产生新解 $\boldsymbol{s}'$;
5: 令 $\boldsymbol{z} = \arg\min_{\boldsymbol{z} \in P} f(\boldsymbol{z})$, 若 P 中 f 值最小的解不唯一, 则随机选取一个;
6: **if** $f(\boldsymbol{s}') \geqslant f(\boldsymbol{z})$ **then**
7: $P = (P \setminus \{\boldsymbol{z}\}) \cup \{\boldsymbol{s}'\}$
8: **end if**
9: **end while**
10: **return** P

输出: $\{0,1\}^n$ 中的 μ 个解

算法 2.3 展示的 (1+λ)-EA 算法使用规模为 λ 的**子代种群** (offspring population). 从算法 2.3 第 1 行的一个随机解开始, (1+λ)-EA 每轮迭代执行如下操作: 先执行第 3~5 行中步骤, 独立地变异当前解 λ 次以产生 λ 个子代解; 然后执行第 6~8 行中步骤, 从当前解和子代解中选择最好解作为下一代解.

算法 2.4 展示的 (μ+λ)-EA 算法是一种基于种群的一般演化算法, 其父代种群和子代种群规模分别为 μ 和 λ. 该算法维持 μ 个解, 在每轮迭代中执行如下操作: 通过对从当前种群中选择的一个解进行变异产生一个子代解, 独立地重复该过程 λ 次; 然后从父代解及子代解中选择 μ 个解作为下一代种群. 注意, 用于产生新解和更新种群的选择策略可以是

任意的, 因此 $(\mu+\lambda)$-EA 相当广泛, 涵盖了大部分基于种群的演化算法, 例如 [He and Yao, 2002; Chen et al., 2012; Lehre and Yao, 2012].

算法 2.3 $(1+\lambda)$-EA 算法

输入: 伪布尔函数 $f:\{0,1\}^n \to \mathbb{R}$; 正整数 $\lambda \in \mathbb{N}^+$.
过程:
1: 均匀随机地从 $\{0,1\}^n$ 中选择一个解 $\boldsymbol{s}$ 作为初始解;
2: **while** 不满足停止条件 **do**
3:   **for** $i = 1$ **to** λ
4:     在解 $\boldsymbol{s}$ 上执行逐位变异算子以产生新解 $\boldsymbol{s}_i$
5:   **end for**
6:   **if** $\max\{f(\boldsymbol{s}_1),\ldots,f(\boldsymbol{s}_\lambda)\} \geqslant f(\boldsymbol{s})$ **then**
7:     $\boldsymbol{s} = \arg\max_{\boldsymbol{s}' \in \{\boldsymbol{s}_1,\ldots,\boldsymbol{s}_\lambda\}} f(\boldsymbol{s}')$
8:   **end if**
9: **end while**
10: **return** $\boldsymbol{s}$
输出: $\{0,1\}^n$ 中的一个解

算法 2.4 $(\mu+\lambda)$-EA 算法

输入: 伪布尔函数 $f:\{0,1\}^n \to \mathbb{R}$; 两个正整数 $\mu \in \mathbb{N}^+$ 和 $\lambda \in \mathbb{N}^+$.
过程:
1: 均匀随机地从 $\{0,1\}^n$ 中选择 μ 个解作为初始种群 P;
2: **while** 不满足停止条件 **do**
3:   **for** $i = 1$ **to** λ
4:     根据某种选择机制从 P 中选取一个解 $\boldsymbol{s}$;
5:     在解 $\boldsymbol{s}$ 上执行逐位变异算子以产生新解 $\boldsymbol{s}_i$
6:   **end for**
7:   根据某种策略从 μ 个父代解和 λ 个子代解 $\{\boldsymbol{s}_1,\ldots,\boldsymbol{s}_\lambda\}$ 中选择 μ 个解更新 P
8: **end while**
9: **return** P
输出: $\{0,1\}^n$ 中的 μ 个解

上面介绍的演化算法均针对的是单目标优化, 算法 2.5 展示的**简单演化多目标优化法** (simple evolutionary multi-objective optimizer, SEMO) [Laumanns et al., 2004] 是一种用于同时最大化多个伪布尔函数的简单演化算法. SEMO 因其简单而成为首个得到理论分析结果的多目标演化算法. SEMO 具有多目标演化算法的一般结构. 在算法 2.5 的第 5 行, SEMO 采用一位变异算子产生新解; 第 6~8 行, SEMO 在种群中仅维持**非占优** (non-dominated) 解, 即未被占优的解.

SEMO 存在多种变体. 例如, **公平演化多目标优化法** (fair evolutionary multi-objective optimizer, FEMO) [Laumanns et al., 2004] 通过使用一种公平抽样策略 (即确保每个解最终产生相同数目的子代解) 来加速对最优解集的探索; **贪心演化多目标优化法** (greedy evolutionary multi-objective optimizer, GEMO) [Laumanns et al., 2004] 通过使用一种贪心选择机制 (即仅允许占优一些当前解的新加入解具有繁殖机会) 扩展 FEMO 以获取帕累托前沿方向的最大进步. 这些算法均采用一位变异算子执行**局部搜索** (local search), 而通过将 SEMO 中的一位变异算子替换成逐位变异算子执行**全局搜索** (global search), 便获得了**全局简单演化多目标优化法** (global SEMO, GSEMO); 也就是说, 除了算法 2.5 第 5 行变成"在解 s 上执行逐位变异算子以产生新解 s';", GSEMO 和 SEMO 完全相同.

算法 2.5 SEMO 算法

输入: 伪布尔函数向量 $f = (f_1, f_2, \ldots, f_m)$.
过程:

1: 均匀随机地从 $\{0,1\}^n$ 中选择一个解 s 作为初始解;
2: 令 $P = \{s\}$;
3: **while** 不满足停止条件 **do**
4: 　均匀随机地从 P 中选择一个解 s;
5: 　在解 s 上执行一位变异算子以产生新解 s';
6: 　**if** $\nexists z \in P$ 满足 $z \succeq s'$ **then**
7: 　　$P = (P \setminus \{z \in P \mid s' \succ z\}) \cup \{s'\}$
8: 　**end if**
9: **end while**
10: **return** P

输出: $\{0,1\}^n$ 中的解构成的一个集合

本节最后介绍符号 O、o、Ω、ω 以及 Θ, 它们被用于表示算法的运行时间如何随着问题规模增长而变化. 令 f 和 g 为两个定义在实数空间上的函数, 有:

- $f(n) = O(g(n))$ 当且仅当 $\exists$ 常数 $m \in \mathbb{R}^+, n_0 \in \mathbb{R}$ 满足 $\forall n \geqslant n_0 : |f(n)| \leqslant m \cdot |g(n)|$;
- $f(n) = o(g(n))$ 当且仅当 $\forall$ 常数 $m \in \mathbb{R}^+, \exists n_0 \in \mathbb{R}$ 满足 $\forall n \geqslant n_0 : |f(n)| \leqslant m \cdot |g(n)|$;
- $f(n) = \Omega(g(n))$ 当且仅当 $g(n) = O(f(n))$;
- $f(n) = \omega(g(n))$ 当且仅当 $g(n) = o(f(n))$;
- $f(n) = \Theta(g(n))$ 当且仅当 $f(n) = O(g(n))$ 且 $f(n) = \Omega(g(n))$.

2.2 伪布尔函数

伪布尔函数类是一个很大的函数类, 如定义 2.1 所述, 其仅要求解空间为 $\{0,1\}^n$ 且目标空间为 $\mathbb{R}$. **顶点覆盖** (vertex cover) 和 **0-1 背包** (0-1 knapsack) 等许多著名的 NP 难问题均属于此类问题.

定义 2.1. 伪布尔函数

若函数 f 的解空间为 $\{0,1\}^n$, 目标空间为 $\mathbb{R}$, 即 $f : \{0,1\}^n \to \mathbb{R}$, 则 f 为伪布尔函数.

定义 2.2 中描述的 UBoolean 函数类由一大类非平凡的伪布尔函数构成, 其中每个函数的全局最优解都是唯一的. 由于演化算法对称地对待 0-位和 1-位, 于是最优解中的 0-位可解释成 1-位而不影响演化算法的行为. 这使得对于 UBoolean 中的任意函数, 不失一般性, 可假定全局最优解为 $(1,1,\ldots,1)$, 简写为 1^n.

定义 2.2. UBoolean 函数

若伪布尔函数 $f:\{0,1\}^n \to \mathbb{R}$ 满足

$$\exists s \in \{0,1\}^n, \forall s' \in \{0,1\}^n \setminus \{s\}: f(s') < f(s), \tag{2.1}$$

则 f 为UBoolean函数.

多种不同结构的伪布尔问题 [Droste et al., 1998; He and Yao, 2001; Droste et al., 2002] 被用于演化算法的理论分析, 接下来介绍本书中将用到的几个伪布尔问题.

定义 2.3 描述的 OneMax 问题试图最大化一个解中 1-位的数目, 其最优解是函数值为 n 的 1^n. [Droste et al., 2002] 已证明, (1+1)-EA 算法求解 OneMax 的**期望** (expected) 运行时间为 $\Theta(n \log n)$.

定义 2.3. OneMax 问题

找到 n 位的二进制串以最大化

$$f(s) = \sum_{i=1}^{n} s_i, \tag{2.2}$$

其中 s_i 表示 $s \in \{0,1\}^n$ 的第 i 位.

定义 2.4 描述的 LeadingOnes 问题试图最大化一个解中从首端 (即最左端) 开始连续 1-位的数目, 其最优解是函数值为 n 的 1^n. [Droste et al., 2002] 已证明, (1+1)-EA 算法求解 LeadingOnes 的期望运行时间为 $\Theta(n^2)$.

定义 2.4. LeadingOnes 问题

找到 n 位的二进制串以最大化

$$f(s) = \sum_{i=1}^{n} \prod_{j=1}^{i} s_j, \tag{2.3}$$

其中 s_j 表示 $s \in \{0,1\}^n$ 的第 j 位.

定义 2.5 描述的 Peak 问题在除最优解 1^n 以外的所有解上具有相同的适应度, 即 0. [Oliveto and Witt, 2011] 已证明, (1+1)-EA 算法在解决 Peak 问题时, 需要的运行时间以极大概率为 $2^{\Omega(n)}$.

定义 2.5. Peak 问题

找到 n 位的二进制串以最大化

$$f(s) = \prod_{i=1}^{n} s_i, \tag{2.4}$$

其中 s_i 表示 $s \in \{0,1\}^n$ 的第 i 位.

定义 2.6 描述的 Trap 问题的目标为在最优解 1^n 之外, 最大化一个解中 0-位的数目; 最优目标值为 $c - n > 0$, 且非最优解的目标值均不超过 0. [Droste et al., 2002] 已证明, (1+1)-EA 求解 Trap 问题的期望运行时间为 $\Theta(n^n)$.

定义 2.6. Trap 问题

找到 n 位的二进制串以最大化

$$f(s) = c \cdot \prod_{i=1}^{n} s_i - \sum_{i=1}^{n} s_i, \tag{2.5}$$

其中 $c > n$, s_i 表示 $s \in \{0,1\}^n$ 的第 i 位.

接下来, 介绍两个二目标伪布尔问题: **首一尾零** (leading ones trailing zeros, LOTZ)、**数一数零** (count ones count zeros, COCZ); 它们的目标均为同时最大化两个伪布尔函数. 在探究多目标演化算法的性质时, LOTZ 和 COCZ 问题常被作为研究案例 [Giel, 2003; Laumanns et al., 2004].

LOTZ 问题的一个目标与 LeadingOnes 问题相同, 即最大化从解的首端开始的连续 1-位的数目, 另一个目标是最大化从解的尾端 (即最右端) 开始的连续 0-位的数目. LOTZ 的目标空间可划分成 $n+1$ 个子集 $F_0, F_1, \ldots, F_i, \ldots, F_n$, 其中下标 $i \in \{0, 1, \ldots, n\}$ 是两个目标值之和, 也就是说, 若 $f_1(s) + f_2(s) = i$, 则 $\boldsymbol{f}(s) \in F_i$ [Laumanns et al., 2004]. $F_n = \{(0,n), (1,n-1), \ldots, (n,0)\}$ 是帕累托前沿, 相应的帕累托最优解为 $0^n, 10^{n-1}, \ldots, 1^n$, 其中 0^n 和 10^{n-1} 分别是 $(0,0,\ldots,0)$ 和 $(1,0,\ldots,0)$ 的简写.

定义 2.7. LOTZ 问题

找到 n 位的二进制串以最大化

$$f(s) = \left(\sum_{i=1}^{n} \prod_{j=1}^{i} s_j, \sum_{i=1}^{n} \prod_{j=i}^{n} (1 - s_j) \right), \tag{2.6}$$

其中 s_j 表示 $s \in \{0,1\}^n$ 的第 j 位.

COCZ 问题的一个目标与 OneMax 问题相同, 即最大化解中 1-位的数目, 另一个目标是最大化解前半部分中 1-位的数目和后半部分中 0-位的数目之和. 可见, 两个目标在优化解的前半部分上是一致的, 均为最大化其中 1-位的数目, 而在优化后半部分上是冲突的. COCZ 的目标空间可划分成 $n/2+1$ 个子集 $F_0, F_1, \ldots, F_i, \ldots, F_{n/2}$, 其中下标 $i \in \{0,1,\ldots,n/2\}$ 为解前半部分中的 1-位数目; 每个 F_i 均包含 $n/2+1$ 个不同的目标向量 $(i+j, i+n/2-j)$, 其中 $j \in \{0,1,\ldots,n/2\}$ 为解后半部分中 1-位的数目 [Laumanns et al., 2004]. $F_{n/2} = \{(n/2, n), (n/2+1, n-1), \ldots, (n, n/2)\}$ 为帕累托前沿; $\{1^{\frac{n}{2}} *^{\frac{n}{2}} \mid * \in \{0,1\}\}$ 为所有帕累托最优解构成的集合, 规模为 $2^{\frac{n}{2}}$.

定义 2.8. COCZ 问题

找到 n 位的二进制串以最大化

$$f(s) = \left(\sum_{i=1}^{n} s_i, \sum_{i=1}^{n/2} s_i + \sum_{i=n/2+1}^{n} (1-s_i) \right), \tag{2.7}$$

其中问题规模 n 是偶数, s_i 表示 $s \in \{0,1\}^n$ 的第 i 位.

2.3 运行时间复杂度

算法求解问题的效能常用运行时间复杂度来刻画, 这也是随机搜索启发式的一个基本理论性质 [Neumann and Witt, 2010; Auger and Doerr, 2011]. 由于适应度评估往往是算法运行过程中代价最大的计算过程, 因此用于单目标优化的演化算法的运行时间往往被定义为首次找到一个 "期望解" 所需的适应度评估 (即目标函数 $f(\cdot)$ 的计算) 次数 [Neumann and Witt, 2010; Auger and Doerr, 2011].

在进行精确分析时, 所考虑的期望解为最优解; 而对于近似分析, 期望解则是满足一定近似保证的解, 见定义 2.9. 此处考虑的是最大化问题, 而 α-近似可类似地针对最小化问题定义, 其中 $\alpha \geqslant 1$.

定义 2.9. α-近似

给定待最大化的目标函数 f, 若 $f(s) \geqslant \alpha \cdot \mathrm{OPT}$, 其中 $\alpha \in [0,1]$, 则解 s 具有 **α-近似比** (approximation ratio).

当演化算法用于求解带噪优化问题时, 其运行时间通常被定义为首次找到真实适应度函数 f 的期望解需要的适应度评估的次数, 而非以带噪适应度函数为基准 [Droste, 2004; Akimoto et al., 2015; Gießen and Kötzing, 2016].

对于多目标优化, 演化算法的运行时间被定义为找到帕累托前沿或者帕累托前沿的一个近似所需的对目标向量 $\boldsymbol{f}$ 的计算次数. 找到帕累托前沿意味着对帕累托前沿中的每一个目标向量, 至少找到一个相应的帕累托最优解. 定义 2.10 给出了针对多目标优化的近似: 找到帕累托前沿的一个近似意味着对于每一个帕累托最优解都存在一个解在每个目标函数上均为 α-近似的.

定义 2.10. 针对多目标优化的 α-近似

给定待同时最大化的 m 个目标函数 $f_1, f_2, \ldots, f_m$ 以及某个解集 P, 若对于帕累托前沿 F^* 中的任意目标向量 $(q_1^*, q_2^*, \ldots, q_m^*)$, $\exists s \in P$ 满足 $\forall i \in [m]: f_i(s) \geqslant \alpha \cdot q_i^*$, 其中 $\alpha \in [0,1]$, 则解集 P 具有 α-近似比.

由于演化算法是随机算法, 因此通常考虑运行时间的期望. 若未明确提及近似分析, 则默认考虑精确分析下的期望运行时间, 即找到最优解 (针对单目标优化) 或者帕累托前沿 (针对多目标优化) 的期望运行时间.

2.4 马尔可夫链建模

在演化算法的运行过程中, 子代解往往由当前解变化产生, 因此该过程可自然地被建模成马尔可夫链 [He and Yao, 2001, 2003a]. 马尔可夫链是一个随机变量序列 $\{\xi_t\}_{t=0}^{+\infty}$, 其中变量 ξ_{t+1} 仅依赖于变量 ξ_t, 即 $P(\xi_{t+1} \mid \xi_t, \xi_{t-1}, \ldots, \xi_0) = P(\xi_{t+1} \mid \xi_t)$. 因此, 马尔可夫链可完全由初始状态 ξ_0 和转移概率 $P(\xi_{t+1} \mid \xi_t)$ 所刻画.

不妨用 $\mathcal{S}$ 表示问题的解空间. 对于维持 m 个解 (即种群规模为 m) 的演化算法, 搜索空间记为 $\mathcal{X} \subseteq \mathcal{S}^m$, 其精确规模可参见 [Suzuki, 1995]. 将演化算法建模为马尔可夫链有多种方式, 其中最直接的方式是将 $\mathcal{X}$ 作为马尔可夫链 $\{\xi_t\}_{t=0}^{+\infty}$ 的状态空间, 即 $\xi_t \in \mathcal{X}$. 令 $\mathcal{X}^* \subset \mathcal{X}$ 表示目标状态空间. 例如对于单目标优化下的精确分析, 当且仅当某个种群至少包含一个最优解时, 它属于 $\mathcal{X}^*$. 基于马尔可夫链可以自然地模拟演化过程 (即演化算法求解问题实例的过程), 如图 2.1 所示, 演化算法在运行 t 轮后的种群 P_t 对应了马尔可夫链在 t 时刻的状态 ξ_t. 本书将始终考虑离散状态空间, 即离散的 $\mathcal{X}$.

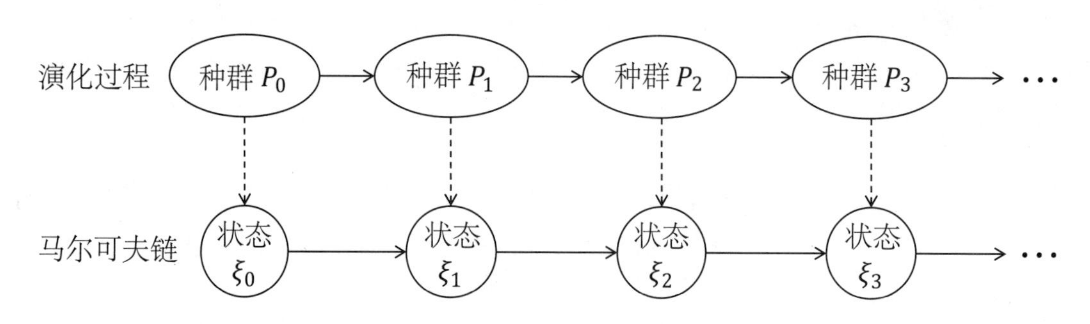

图 2.1 演化过程的马尔可夫链建模, 其中 P_t 表示演化算法运行 t 轮后的种群

为了揭示马尔可夫链 $\{\xi_t\}_{t=0}^{+\infty}$ (即相应的演化过程) 从某个初始状态出发多快能够进入 $\mathcal{X}^*$, 接下来定义马尔可夫链的**首达时** (first hitting time, FHT), 即首次到达目标状态空间所需的步数. 本书将始终用 $\mathcal{X}$ 和 $\mathcal{X}^*$ 分别表示状态空间和目标状态空间.

定义 2.11. 条件首达时

给定从 t_0 时刻开始的马尔可夫链 $\{\xi_t\}_{t=0}^{+\infty}$，其中 $\xi_{t_0} = \mathrm{x}$，令 τ 为表示首达时的随机变量，满足

$$\tau = 0 : \xi_{t_0} \in \mathcal{X}^*, \tag{2.8}$$

$$\tau = i : \xi_{t_0+i} \in \mathcal{X}^* \wedge \xi_{t_0+j} \notin \mathcal{X}^* \, \forall j \in \{0, 1, \ldots, i-1\}. \tag{2.9}$$

τ 的条件期望

$$\mathbb{E}[\tau \mid \xi_{t_0} = \mathrm{x}] = \sum_{i=0}^{+\infty} i \cdot P(\tau = i \mid \xi_{t_0} = \mathrm{x}) \tag{2.10}$$

称为 $\{\xi_t\}_{t=0}^{+\infty}$ 从 $t = t_0$ 和 $\xi_{t_0} = \mathrm{x}$ 出发的**条件首达时** (conditional FHT, CFHT).

定义 2.12. 分布条件首达时

给定从 t_0 时刻开始的马尔可夫链 $\{\xi_t\}_{t=0}^{+\infty}$，其中 ξ_{t_0} 呈某个状态分布 π，CFHT 的期望

$$\mathbb{E}[\tau \mid \xi_{t_0} \sim \pi] = \mathbb{E}_{\mathrm{x} \sim \pi}[\tau \mid \xi_{t_0} = \mathrm{x}] = \sum_{\mathrm{x} \in \mathcal{X}} \pi(\mathrm{x}) \cdot \mathbb{E}[\tau \mid \xi_{t_0} = \mathrm{x}] \tag{2.11}$$

称为 $\{\xi_t\}_{t=0}^{+\infty}$ 从 $t = t_0$ 和 $\xi_{t_0} \sim \pi$ 出发的**分布条件首达时** (distribution-CFHT, DCFHT).

若马尔可夫链 $\{\xi_t\}_{t=0}^{+\infty}$ 在找到目标状态后便不再离开，则称为**吸收马尔可夫链** (absorbing Markov chain)，如定义 2.13 所述. 对于任意一条非吸收马尔可夫链，总能构造出一条对应的吸收马尔可夫链：模仿给定的非吸收马尔可夫链；一旦找到目标状态，便始终停留在该状态. 因此，构造出的吸收马尔可夫链与相应的非吸收马尔可夫链的首达时相同. 为方便讨论，假定演化算法总能被建模为吸收马尔可夫链.

定义 2.13. 吸收马尔可夫链

若马尔可夫链 $\{\xi_t\}_{t=0}^{+\infty}$ 满足

$$\forall \mathrm{x} \in \mathcal{X}^*, \forall t \geqslant 0 : P(\xi_{t+1} \neq \mathrm{x} \mid \xi_t = \mathrm{x}) = 0, \tag{2.12}$$

则称为吸收马尔可夫链.

若演化算法采用非时变算子，则相应演化过程可被建模成**齐次马尔可夫链** (homogeneous Markov chain)，即状态转移概率不依赖于时间 t 的马尔可夫链.

定义 2.14. 齐次马尔可夫链

若马尔可夫链 $\{\xi_t\}_{t=0}^{+\infty}$ 满足

$$\forall t \geqslant 0, \forall \mathrm{x}, \mathrm{y} \in \mathcal{X} : P(\xi_{t+1} = \mathrm{y} \mid \xi_t = \mathrm{x}) = P(\xi_1 = \mathrm{y} \mid \xi_0 = \mathrm{x}), \tag{2.13}$$

则称为齐次马尔可夫链.

下面介绍关于马尔可夫链 CFHT 和 DCFHT 的一些性质 [Norris, 1997].

引理 2.1

给定马尔可夫链 $\{\xi_t\}_{t=0}^{+\infty}$, 有

$$\forall \mathrm{x} \in \mathcal{X}^*: \mathbb{E}[\tau \mid \xi_t = \mathrm{x}] = 0, \tag{2.14}$$

$$\forall \mathrm{x} \notin \mathcal{X}^*: \mathbb{E}[\tau \mid \xi_t = \mathrm{x}] = 1 + \sum_{\mathrm{y} \in \mathcal{X}} P(\xi_{t+1} = \mathrm{y} \mid \xi_t = \mathrm{x}) \mathbb{E}[\tau \mid \xi_{t+1} = \mathrm{y}]. \tag{2.15}$$

引理 2.2

给定吸收马尔可夫链 $\{\xi_t\}_{t=0}^{+\infty}$, 有

$$\begin{aligned}\mathbb{E}[\tau \mid \xi_t \sim \pi_t] &= \mathbb{E}_{\mathrm{x} \sim \pi_t}[\tau \mid \xi_t = \mathrm{x}] \\ &= 1 - \pi_t(\mathcal{X}^*) + \sum_{\mathrm{x} \in \mathcal{X} \setminus \mathcal{X}^*, \mathrm{y} \in \mathcal{X}} \pi_t(\mathrm{x}) P(\xi_{t+1} = \mathrm{y} \mid \xi_t = \mathrm{x}) \mathbb{E}[\tau \mid \xi_{t+1} = \mathrm{y}] \\ &= 1 - \pi_t(\mathcal{X}^*) + \mathbb{E}[\tau \mid \xi_{t+1} \sim \pi_{t+1}],\end{aligned} \tag{2.16}$$

其中 $\pi_{t+1}(\mathrm{x}) = \sum_{\mathrm{y} \in \mathcal{X}} \pi_t(\mathrm{y}) P(\xi_{t+1} = \mathrm{x} \mid \xi_t = \mathrm{y})$ 是 ξ_{t+1} 的分布.

引理 2.3

给定齐次马尔可夫链 $\{\xi_t\}_{t=0}^{+\infty}$, 有

$$\forall t_1, t_2 \geqslant 0, \mathrm{x} \in \mathcal{X}: \mathbb{E}[\tau \mid \xi_{t_1} = \mathrm{x}] = \mathbb{E}[\tau \mid \xi_{t_2} = \mathrm{x}]. \tag{2.17}$$

给定某个演化算法, 其求解问题时的运行时间可看作首次找到目标种群所需的适应度评估次数; 而对于相应的马尔可夫链, 其首达时对应演化算法所需的轮数. 因此, 演化算法从 ξ_0 和 $\xi_0 \sim \pi_0$ 开始的期望运行时间分别等于 $m_1 + m_2 \cdot \mathbb{E}[\tau \mid \xi_0]$ 和 $m_1 + m_2 \cdot \mathbb{E}[\tau \mid \xi_0 \sim \pi_0]$, 其中 m_1 和 m_2 分别为初始种群评估和算法每轮迭代所需的适应度评估次数, 二者分别与父代和子代种群规模相关. 例如, 对于 (1+1)-EA, $m_1 = 1$ 且 $m_2 = 1$; 对于 (1+λ)-EA, $m_1 = 1$ 且 $m_2 = \lambda$. 若初始种群没有指定, 则默认其满足均匀分布 π_{u}, 也就是说, 期望运行时间为 $m_1 + m_2 \cdot \mathbb{E}[\tau \mid \xi_0 \sim \pi_{\mathrm{u}}] = m_1 + m_2 \cdot \sum_{\mathrm{x} \in \mathcal{X}} (1/|\mathcal{X}|) \cdot \mathbb{E}[\tau \mid \xi_0 = \mathrm{x}]$.

2.5 分析工具

为了分析演化算法在求解问题时的运行时间, 可将其建模成马尔可夫链, 然后分析首达时. 本节将介绍分析马尔可夫链首达时的一些常用方法.

适应层分析法 [Wegener, 2002] 是分析采用**精英** (elitist) 保留策略[1] 的演化算法期望运

① 算法不会丢弃已找到的最好解.

行时间的一种方法. 优化问题的解空间根据适应度被划分成若干**层集** (level set), 这些层集的次序由它们包含解的适应度决定. 定义 2.15 形式化地给出了针对最大化问题的划分.

定义 2.15. $<_f$-划分

给定最大化问题 $f: \mathcal{S} \to \mathbb{R}$ 及目标子空间为 $\mathcal{S}^*$ 的解空间 $\mathcal{S}$, $\forall \mathcal{S}_1, \mathcal{S}_2 \subseteq \mathcal{S}$, 若 $\forall \boldsymbol{s} \in \mathcal{S}_1, \boldsymbol{s}' \in \mathcal{S}_2 : f(\boldsymbol{s}) < f(\boldsymbol{s}')$, 则关系 $\mathcal{S}_1 <_f \mathcal{S}_2$ 成立. 解空间 $\mathcal{S}$ 的一个 $<_f$-划分是将 $\mathcal{S}$ 划分成非空集合 $\mathcal{S}_1, \mathcal{S}_2, \ldots, \mathcal{S}_m$, 满足 $\mathcal{S}_1 <_f \mathcal{S}_2 <_f \cdots <_f \mathcal{S}_m$, 且 $\mathcal{S}_m = \mathcal{S}^*$.

层集直观上形成了 "阶梯", 而采用精英保留策略的演化算法在更新种群时会始终保留已找到的最好解, 即只会 "往上" 爬. 基于此, 运行时间的**上界** (upper bound) 可通过把离开每一级 "台阶" 的最长时间累加起来计算, 即悲观地假定单步跳跃只能到达相邻的更高层集, 如图 2.2 (a) 所示. 类似地, 运行时间的**下界** (lower bound) 为离开一级台阶的最短时间, 即乐观地假定单步跳跃就能到达目标层集, 如图 2.2 (b) 所示.

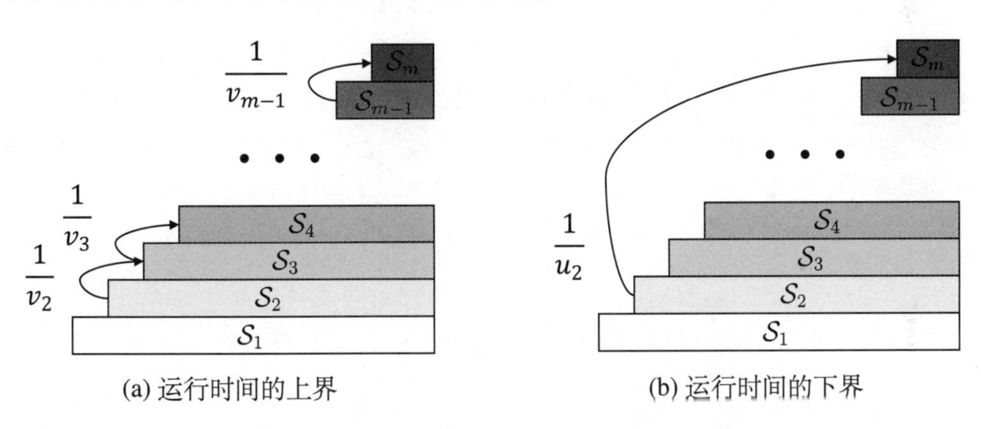

图 2.2 适应层分析法示意, 其中 v_i 和 u_i 分别表示离开层集 $\mathcal{S}_i$ 的概率的下界和上界

定理 2.1 给出了适应层分析法的形式化描述. 当演化算法的种群规模大于 1 时, $\xi_t \in \mathcal{S}_i$ 意为种群 ξ_t 中的最好解属于解空间 $\mathcal{S}_i$. 注意, 为了统一上下界的表述, 我们对原始定理作了一些等价的变换.

定理 2.1. 适应层分析法 [Wegener, 2002]

对于采用精英保留策略的演化算法, 其求解问题 f 的过程被建模成马尔可夫链 $\{\xi_t\}_{t=0}^{+\infty}$, 令 $\mathcal{S}_1, \mathcal{S}_2, \ldots, \mathcal{S}_m$ 是一个 $<_f$-划分. $\forall \mathrm{x} \in \mathcal{S}_i$, 令 $v_i \leqslant P(\xi_{t+1} \in \cup_{j=i+1}^{m} \mathcal{S}_j \mid \xi_t = \mathrm{x}) \leqslant u_i$. 该条链的 DCFHT 满足

$$\sum_{i=1}^{m-1} \pi_0(\mathcal{S}_i) \cdot \frac{1}{u_i} \leqslant \mathbb{E}[\tau \mid \xi_0 \sim \pi_0] \leqslant \sum_{i=1}^{m-1} \pi_0(\mathcal{S}_i) \cdot \sum_{j=i}^{m-1} \frac{1}{v_j}. \tag{2.18}$$

定理 2.2 描述了**精制适应层分析法** (refined fitness level) [Sudholt, 2013].

定理 2.2. 精制适应层分析法 [Sudholt, 2013]

对于采用精英保留策略的演化算法，其求解问题 f 的过程被建模成马尔可夫链 $\{\xi_t\}_{t=0}^{+\infty}$，令 $\mathcal{S}_1,\mathcal{S}_2,\ldots,\mathcal{S}_m$ 是一个 $<_f$-划分. $\forall \mathrm{x} \in \mathcal{S}_i$，令 $v_i \leqslant \min_j \frac{1}{\gamma_{i,j}} P(\xi_{t+1} \in \mathcal{S}_j \mid \xi_t = \mathrm{x})$，$u_i \geqslant \max_j \frac{1}{\gamma_{i,j}} P(\xi_{t+1} \in \mathcal{S}_j \mid \xi_t = \mathrm{x})$，其中 $\sum_{j=i+1}^{m} \gamma_{i,j} = 1$. 再令常数 $\chi_1, \chi_2 \in [0,1]$ 满足 $\forall i < j < m : \chi_1 \geqslant \gamma_{i,j}/\sum_{k=j}^{m} \gamma_{i,k} \geqslant \chi_2$ 且 $\forall 1 \leqslant j \leqslant m-2 : \chi_1 \geqslant 1 - v_{j+1}/v_j, \chi_2 \geqslant 1 - u_{j+1}/u_j$. 该条链的 DCFHT 满足

$$
\begin{aligned}
\sum_{i=1}^{m-1} \pi_0(\mathcal{S}_i) \cdot \left(\frac{1}{u_i} + \chi_2 \sum_{j=i+1}^{m-1} \frac{1}{u_j}\right) &\leqslant \mathbb{E}[\tau \mid \xi_0 \sim \pi_0] \\
&\leqslant \sum_{i=1}^{m-1} \pi_0(\mathcal{S}_i) \cdot \left(\frac{1}{v_i} + \chi_1 \sum_{j=i+1}^{m-1} \frac{1}{v_j}\right).
\end{aligned}
\tag{2.19}
$$

精制适应层分析法遵循适应层分析法的一般思想，但引入变量 χ 以反映演化算法跳跃至更高层的概率分布. 当 χ 较小时，演化算法大概率会跳过许多层，从而取得大的进步；当 χ 较大时，演化算法每一步只能取得小的进步. 对于上界和下界分析，当 χ 分别取 1 和 0 时，精制适应层分析法将退化为原始适应层分析法. 因此，原始适应层分析法是精制方法的一个特例.

漂移分析法是另一种分析马尔可夫链 DCFHT 的工具. 它最初被 [He and Yao, 2001, 2004] 运用于演化算法的运行时间分析，之后衍生出许多变体 [Doerr et al., 2012c; Doerr and Goldberg, 2013]. 本书将使用漂移分析法的**加性** (additive) 和**乘性** (multiplicative) 版本，即定理 2.3 和定理 2.4. 要使用漂移分析法，需要先构造一个函数 $V(\mathrm{x})$ 来度量一个状态 x 到目标状态空间 $\mathcal{X}^*$ 的距离，如图 2.3 所示.

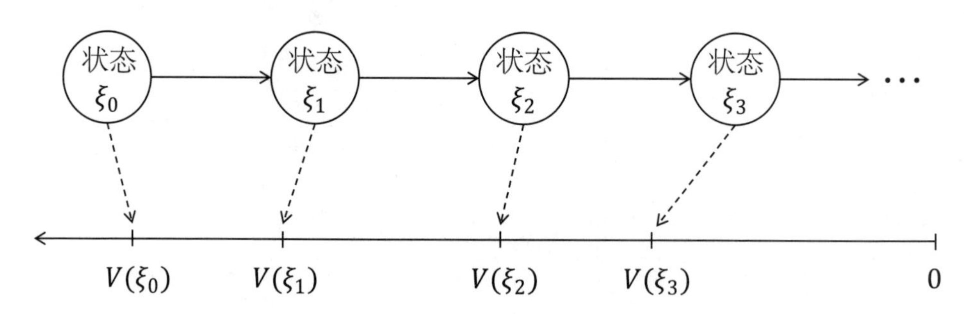

图 2.3 漂移分析法示意，其中 $V(\cdot)$ 表示距离函数，即状态 $\cdot$ 到目标空间 $\mathcal{X}^*$ 的距离

距离函数 $V(\mathrm{x})$ 满足 $V(\mathrm{x} \in \mathcal{X}^*) = 0$ 且 $V(\mathrm{x} \notin \mathcal{X}^*) > 0$，其形式化描述见定义 2.16. 然后，我们需要考虑每一步在缩短当前状态与 $\mathcal{X}^*$ 距离上取得的进步，即 $\mathbb{E}[V(\xi_t) - V(\xi_{t+1}) \mid \xi_t]$. 对于**加性漂移分析法** (additive drift analysis)，即定理 2.3，DCFHT 的上界 (下界) 可通过将初始距离除以每一步取得进步的下界 (上界) 获得. 当每一步取得的进步与当前到目标空

间的距离大致成正比时, **乘性漂移分析法** (multiplicative drift analysis), 即定理 2.4, 会更容易使用.

定义 2.16. 距离函数

给定目标子空间为 $\mathcal{X}^*$ 的状态空间 $\mathcal{X}$, 若函数 V 满足 $\forall x \in \mathcal{X}^*: V(x)=0$ 且 $\forall x \in \mathcal{X} \setminus \mathcal{X}^*: V(x)>0$, 则称为距离函数.

定理 2.3. 加性漂移分析法 [He and Yao, 2001, 2004]

给定马尔可夫链 $\{\xi_t\}_{t=0}^{+\infty}$ 和距离函数 $V(x)$, 若存在实数 $c_1>0$ 使得 $\forall t \geqslant 0, \xi_t \notin \mathcal{X}^*$,

$$\mathbb{E}[V(\xi_t)-V(\xi_{t+1}) \mid \xi_t] \geqslant c_1, \tag{2.20}$$

则 DCFHT 满足

$$\mathbb{E}[\tau \mid \xi_0 \sim \pi_0] \leqslant \sum_{x \in \mathcal{X}} \pi_0(x) \cdot \frac{V(x)}{c_1}; \tag{2.21}$$

若存在实数 $c_2>0$ 使得 $\forall t \geqslant 0, \xi_t \notin \mathcal{X}^*$,

$$\mathbb{E}[V(\xi_t)-V(\xi_{t+1}) \mid \xi_t] \leqslant c_2, \tag{2.22}$$

则 DCFHT 满足

$$\mathbb{E}[\tau \mid \xi_0 \sim \pi_0] \geqslant \sum_{x \in \mathcal{X}} \pi_0(x) \cdot \frac{V(x)}{c_2}. \tag{2.23}$$

定理 2.4. 乘性漂移分析法 [Doerr et al., 2012c]

给定马尔可夫链 $\{\xi_t\}_{t=0}^{+\infty}$ 和距离函数 $V(x)$, 若存在实数 $c>0$ 使得 $\forall t \geqslant 0, \xi_t \notin \mathcal{X}^*$,

$$\mathbb{E}[V(\xi_t)-V(\xi_{t+1}) \mid \xi_t] \geqslant c \cdot V(\xi_t), \tag{2.24}$$

则 DCFHT 满足

$$\mathbb{E}[\tau \mid \xi_0 \sim \pi_0] \leqslant \sum_{x \in \mathcal{X}} \pi_0(x) \cdot \frac{1+\ln(V(\xi_0)/V_{\min})}{c}, \tag{2.25}$$

其中 $V_{\min}=\min\{V(x) \mid V(x)>0\}$.

定理 2.5 给出的**简化负漂移分析法** (simplified negative drift analysis) [Oliveto and Witt, 2011, 2012], 用于证明马尔可夫链首达时的**指数级** (exponential) 下界, 其中 x_t 通常由 ξ_t 的一个映射表示. 它要求满足两个条件: 漂移是负的且达常数级大小, 即式 (2.26); 朝目标状态前进或远离的概率指数级衰减, 即式 (2.27). 为降低对于常数负漂移的要求, 定理 2.6 给出了考虑自环概率的**带自环的简化负漂移分析法** (simplified negative drift analysis with self-loops) [Rowe and Sudholt, 2014]. 定理 2.7 则给出了原始**负漂移分析法** (negative drift analysis) [Hajek, 1982]. 该方法更强大, 因为两个简化版本均能通过其证明而得.

定理 2.5. 简化负漂移分析法 [Oliveto and Witt, 2011, 2012]

令 x_t $(t \geqslant 0)$ 为描述某个状态空间上的随机过程的实值随机变量. 若存在区间 $[a,b] \subseteq \mathbb{R}$, 两个常数 $\delta, \epsilon > 0$, 以及可能依赖于 $l = b - a$ 的函数 $r(l)$ (满足 $1 \leqslant r(l) = o(l/\log(l))$), 使得 $\forall t \geqslant 0$ 有以下条件成立:

$$(1)\ \ \mathbb{E}[x_t - x_{t+1} \mid a < x_t < b] \leqslant -\epsilon, \tag{2.26}$$

$$(2)\ \ \forall j \in \mathbb{N}^+:\ P(|x_{t+1} - x_t| \geqslant j \mid x_t > a) \leqslant \frac{r(l)}{(1+\delta)^j}, \tag{2.27}$$

则存在常数 $c > 0$ 使得对于 $T = \min\{t \geqslant 0 : x_t \leqslant a \mid x_0 \geqslant b\}$, $P(T \leqslant 2^{cl/r(l)}) = 2^{-\Omega(l/r(l))}$ 成立.

定理 2.6. 带自环的简化负漂移分析法 [Rowe and Sudholt, 2014]

令 x_t $(t \geqslant 0)$ 为描述某个状态空间上的随机过程的实值随机变量. 若存在区间 $[a,b] \subseteq \mathbb{R}$, 两个常数 $\delta, \epsilon > 0$, 以及可能依赖于 $l = b - a$ 的函数 $r(l)$ (满足 $1 \leqslant r(l) = o(l/\log(l))$), 使得 $\forall t \geqslant 0$ 有以下条件成立:

$$(1)\ \ \forall a < i < b : \mathbb{E}[x_t - x_{t+1} \mid x_t = i] \leqslant -\epsilon \cdot P(x_{t+1} \neq i \mid x_t = i), \tag{2.28}$$

$$(2)\ \ \forall i > a, j \in \mathbb{N}^+ : P(|x_{t+1} - x_t| \geqslant j \mid x_t = i) \leqslant \frac{r(l)}{(1+\delta)^j} \cdot P(x_{t+1} \neq i \mid x_t = i), \tag{2.29}$$

则存在常数 $c > 0$ 使得对于 $T = \min\{t \geqslant 0 : x_t \leqslant a \mid x_0 \geqslant b\}$, $P(T \leqslant 2^{cl/r(l)}) = 2^{-\Omega(l/r(l))}$ 成立.

定理 2.7. 负漂移分析法 [Hajek, 1982]

令 x_t $(t \geqslant 0)$ 为描述某个状态空间上的随机过程的实值随机变量. 选取依赖于参数 l 的两个实数 $a(l)$ 和 $b(l)$, 满足 $a(l) < b(l)$. 令 $T(l)$ 为一个随机变量, 表示在所有 $t \geqslant 0$ 的时刻中使得 $x_t \leqslant a(l)$ 的最早时刻. 若存在 $\lambda(l) > 0$ 和 $p(l) > 0$ 使得

$$\forall t \geqslant 0 :\ \mathbb{E}\left[\mathrm{e}^{-\lambda(l)\cdot(x_{t+1}-x_t)} \mid a(l) < x_t < b(l)\right] \leqslant 1 - \frac{1}{p(l)}, \tag{2.30}$$

则对于所有时间界 $L(l) \geqslant 0$, 有

$$P(T(l) \leqslant L(l) \mid x_0 \geqslant b(l)) \leqslant \mathrm{e}^{-\lambda(l)\cdot(b(l)-a(l))} \cdot L(l) \cdot D(l) \cdot p(l), \tag{2.31}$$

其中 $D(l) = \max\left\{1, \mathbb{E}[\mathrm{e}^{-\lambda(l)\cdot(x_{t+1}-b(l))} \mid x_t \geqslant b(l)]\right\}$.

第二部分

分析方法

第 3 章　运行时间分析: 收敛分析法

在过去的二十多年里, 演化算法的理论研究取得了长足发展. 有趣的是, 得到的研究结论貌似有不少互相矛盾的地方. 例如, 演化算法在求解一些问题时很有必要采用交叉算子 [Jansen and De Jong, 2002; Doerr et al., 2013a; Sudholt, 2017], 而在求解另一些问题时却需避免采用交叉算子 [Richter et al., 2008]; 设置大规模的种群在一些情形下是有帮助的 [He and Yao, 2002], 而在另一些情形下又是无益的 [Chen et al., 2012]. 这些矛盾的结果也揭示了演化算法所面临的复杂情形. 当考虑各种各样的问题时, 针对每个问题开展特定的分析显得极为不便, 亟需通用的工具来引导分析.

算法的运行时间是计算复杂度的重要表征. 2.5 节介绍了两种演化算法运行时间分析方法, 即适应层分析法和漂移分析法, 但总体上看, 对演化算法运行时间分析的通用工具仍相对匮乏. 本章介绍**收敛分析法** (convergence-based analysis) [Yu and Zhou, 2008a], 它提供了一种与以往不同的分析途径.

收敛率 (convergence rate) 揭示了算法每一步的状态离目标状态的接近程度, 是演化算法的一个重要理论性质. 收敛率已有多年研究历史 [Rudolph, 1994; Suzuki, 1995; Rudolph, 1997; He and Kang, 1999; He and Yu, 2001], 尤其是 [He and Yu, 2001] 基于**弱化条件法** (minorization condition) 对收敛率分析给出了较为完善的结论. 收敛分析法在收敛率与期望运行时间之间搭建了一座 "桥梁" : 如图 3.1 所示, 期望运行时间和收敛率分别是首达时的期望和**尾分布** (tail distribution), 从而由收敛率的界可以推导得到期望运行时间的界. 为展示如何应用该方法, 本章分析了 (1+1)-EA (即算法 2.1) 和 RLS (即使用一位变异算子的算法 2.1) 求解一个难题 (即带约束 Trap) 的运行时间下界.

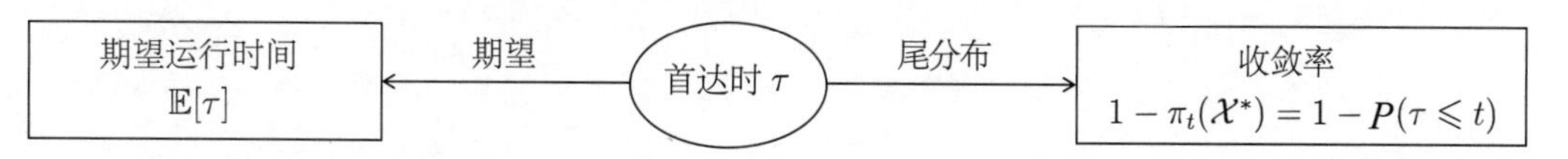

图 3.1　收敛分析法示意: 通过首达时搭建了一座期望运行时间和收敛率之间的桥梁, 其中 $\pi_t(\mathcal{X}^*)$ 表示 $\xi_t \in \mathcal{X}^*$ 的概率, 即在 t 时刻之前 (包含 t) 到达目标空间 $\mathcal{X}^*$ 的概率

3.1 收敛分析框架

如 2.4 节所述, 演化算法可建模为马尔可夫链. 为简便起见, 将状态空间为 $\mathcal{X}$ 的马尔可夫链 $\{\xi_t\}_{t=0}^{+\infty}$ 简写为 "$\xi \in \mathcal{X}$" . 令 π_t 表示 ξ_t 的分布, 即 t 时刻的状态分布.

定义 3.1. 收敛性

给定目标子空间为 $\mathcal{X}^*$ 的马尔可夫链 $\xi \in \mathcal{X}$, 若 $\lim_{t\to+\infty} \pi_t(\mathcal{X}^*)=1$, 则其收敛至 $\mathcal{X}^*$.

在衡量 t 时刻的收敛率时, [He and Yu, 2001] 使用了和 [Suzuki, 1995] 中等价的方式, 即 $1-\pi_t(\mathcal{X}^*)$. 此处也将采用该方式.

定义 3.2. 收敛率

给定目标子空间为 $\mathcal{X}^*$ 的马尔可夫链 $\xi \in \mathcal{X}$, 在 t 时刻关于 $\mathcal{X}^*$ 的收敛率为 $1-\pi_t(\mathcal{X}^*)$.

收敛率已被研究多年 [Suzuki, 1995; He and Kang, 1999]. [He and Yu, 2001] 通过弱化条件法 [Rosenthal, 1995] 得出了其一般界, 而引理 3.1 通过使用**归一化成功概率** (normalized success probability) 亦给出了收敛率的上下界, 其中 α_t 和 β_t 分别是归一化成功概率的下界和上界.

引理 3.1

给定目标子空间为 $\mathcal{X}^*$ 的吸收马尔可夫链 $\xi \in \mathcal{X}$, 若序列 $\{\alpha_t\}_{t=0}^{+\infty}$ 和 $\{\beta_t\}_{t=0}^{+\infty}$ 满足

$$\prod_{t=0}^{+\infty}(1-\alpha_t)=0, \tag{3.1}$$

$$\beta_t \geqslant \sum_{x \notin \mathcal{X}^*} P(\xi_{t+1} \in \mathcal{X}^* \mid \xi_t = x)\frac{\pi_t(x)}{1-\pi_t(\mathcal{X}^*)} \geqslant \alpha_t, \tag{3.2}$$

则该条链收敛至 $\mathcal{X}^*$, 且收敛率的下界和上界① 分别为

$$1-\pi_t(\mathcal{X}^*) \geqslant (1-\pi_0(\mathcal{X}^*))\prod_{i=0}^{t-1}(1-\beta_i), \tag{3.3}$$

$$1-\pi_t(\mathcal{X}^*) \leqslant (1-\pi_0(\mathcal{X}^*))\prod_{i=0}^{t-1}(1-\alpha_i). \tag{3.4}$$

证明 根据 $\pi_t(\mathcal{X}^*)=\sum_{x\in\mathcal{X}^*}\pi_t(x)$ 以及马尔可夫链的吸收性可知

$$\pi_t(\mathcal{X}^*)-\pi_{t-1}(\mathcal{X}^*)=\sum_{x\notin\mathcal{X}^*}\pi_{t-1}(x)P(\xi_t \in \mathcal{X}^* \mid \xi_{t-1}=x). \tag{3.5}$$

将式 (3.2) 代入式 (3.5) 可得 $(1-\pi_{t-1}(\mathcal{X}^*))\alpha_{t-1} \leqslant \pi_t(\mathcal{X}^*)-\pi_{t-1}(\mathcal{X}^*) \leqslant (1-\pi_{t-1}(\mathcal{X}^*))\beta_{t-1}$, 即

$$(1-\pi_{t-1}(\mathcal{X}^*))(1-\alpha_{t-1}) \geqslant 1-\pi_t(\mathcal{X}^*) \geqslant (1-\pi_{t-1}(\mathcal{X}^*))(1-\beta_{t-1}). \tag{3.6}$$

对式 (3.6) 递归可得

$$(1-\pi_0(\mathcal{X}^*))\prod_{i=0}^{t-1}(1-\alpha_i) \geqslant 1-\pi_t(\mathcal{X}^*) \geqslant (1-\pi_0(\mathcal{X}^*))\prod_{i=0}^{t-1}(1-\beta_i). \tag{3.7}$$

引理 3.1 得证. □

① 若 $b<a$, 则 $\prod_{i=a}^{b}(\cdot)=1$.

引理 3.1 实际上是 [He and Yu, 2001] 得出的关于收敛率的一般界在离散空间条件下的变体. 它意味着只要演化算法每一步“跳入”目标空间的概率可估计, 即可得到相应收敛率的界. 由定义 2.11 可知, 马尔可夫链的 CFHT 是随机变量 τ (即首达时) 的数学期望. τ 的**累积分布** (cumulative distribution) 表示 t 时刻之前找到目标解的概率. 由于

$$\pi_{t+1}(\mathcal{X}^*) - \pi_t(\mathcal{X}^*) = \sum_{\mathrm{x}\in\mathcal{X}^*} \pi_{t+1}(\mathrm{x}) - \sum_{\mathrm{x}\in\mathcal{X}^*} \pi_t(\mathrm{x}) = P(\tau = t+1), \tag{3.8}$$

因此 τ 的累积分布等于 $\pi_t(\mathcal{X}^*)$, 即 (1− 收敛率). 换言之, 收敛率是 τ 的**互补** (complementary) 累积分布, 即尾分布. 因此, 收敛率和 CFHT 可视为硬币的两面, 如图 3.1 所示.

引理 3.2 给出了随机变量累积分布的界与其期望的界之间的关系.

引理 3.2

令 u 和 v 表示两个取非负整数值且期望有限的离散随机变量. 令 $\mathcal{D}_u(\cdot)$ 和 $\mathcal{D}_v(\cdot)$ 分别表示它们的累积分布函数, 即

$$\mathcal{D}_u(t) = P(u \leqslant t) = \sum_{i=0}^{t} P(u = i), \tag{3.9}$$

$$\mathcal{D}_v(t) = P(v \leqslant t) = \sum_{i=0}^{t} P(v = i). \tag{3.10}$$

若 $\forall t \in \mathbb{N}^{0+}, \mathcal{D}_u(t) \geqslant \mathcal{D}_v(t)$, 则 u 和 v 的期望满足

$$\mathbb{E}[u] \leqslant \mathbb{E}[v], \tag{3.11}$$

其中 $\mathbb{E}[u] = \sum_{t\in\mathbb{N}^{0+}} t \cdot P(u = t), \mathbb{E}[v] = \sum_{t\in\mathbb{N}^{0+}} t \cdot P(v = t)$.

证明 因为 $\mathcal{D}_u$ 是 u 的累积分布, 所以

$$\begin{aligned}
\mathbb{E}[u] &= 0 \cdot \mathcal{D}_u(0) + \sum_{t=1}^{+\infty} t\big(\mathcal{D}_u(t) - \mathcal{D}_u(t-1)\big) \\
&= \sum_{i=1}^{+\infty} \sum_{t=i}^{+\infty} \big(\mathcal{D}_u(t) - \mathcal{D}_u(t-1)\big) \\
&= \sum_{i=0}^{+\infty} \Big(\lim_{t\to+\infty} \mathcal{D}_u(t) - \mathcal{D}_u(i)\Big) = \sum_{i=0}^{+\infty} \big(1 - \mathcal{D}_u(i)\big).
\end{aligned} \tag{3.12}$$

同理可得 $\mathbb{E}[v] = \sum_{i=0}^{+\infty} \big(1 - \mathcal{D}_v(i)\big)$. 因此,

$$\begin{aligned}
\mathbb{E}[u] - \mathbb{E}[v] &= \sum_{i=0}^{+\infty} \big(1 - \mathcal{D}_u(i)\big) - \sum_{i=0}^{+\infty} \big(1 - \mathcal{D}_v(i)\big) \\
&= \sum_{i=0}^{+\infty} \big(\mathcal{D}_v(i) - \mathcal{D}_u(i)\big) \leqslant 0.
\end{aligned} \tag{3.13}$$

于是引理 3.2 得证. □

由于 (1− 收敛率) 是 τ 的累积分布且 CFHT 是 τ 的期望, 因此引理 3.2 揭示出 CFHT 的下界 (上界) 可由累积分布的上界 (下界), 即收敛率的下界 (上界) 推导得到. 基于引理 3.1 和引理 3.2, 定理 3.1 给出了 DCFHT 的一般上下界.

定理 3.1. 收敛分析法

给定目标子空间为 $\mathcal{X}^*$ 的吸收马尔可夫链 $\xi \in \mathcal{X}$, 令 τ 表示 ξ 的首达时, π_t 表示 ξ_t 的分布. 若序列 $\{\alpha_t\}_{t=0}^{+\infty}$ 和 $\{\beta_t\}_{t=0}^{+\infty}$ 满足

$$\prod_{t=0}^{+\infty}(1-\alpha_t)=0, \tag{3.14}$$

$$\beta_t \geqslant \sum_{x\notin\mathcal{X}^*} P(\xi_{t+1}\in\mathcal{X}^* \mid \xi_t = x)\frac{\pi_t(x)}{1-\pi_t(\mathcal{X}^*)} \geqslant \alpha_t, \tag{3.15}$$

则该条链收敛至 $\mathcal{X}^*$, 且 DCFHT 的上界和下界分别为

$$\mathbb{E}[\tau \mid \xi_0 \sim \pi_0] \leqslant (1-\pi_0(\mathcal{X}^*))\left(\sum_{t=1}^{+\infty} t\alpha_{t-1}\prod_{i=0}^{t-2}(1-\alpha_i)\right), \tag{3.16}$$

$$\mathbb{E}[\tau \mid \xi_0 \sim \pi_0] \geqslant (1-\pi_0(\mathcal{X}^*))\left(\sum_{t=1}^{+\infty} t\beta_{t-1}\prod_{i=0}^{t-2}(1-\beta_i)\right). \tag{3.17}$$

证明 由引理 3.1 可知,

$$1-\pi_t(\mathcal{X}^*) \leqslant (1-\pi_0(\mathcal{X}^*))\prod_{i=0}^{t-1}(1-\alpha_i). \tag{3.18}$$

考虑到 $\pi_t(\mathcal{X}^*)$ 是 τ 的累积分布, 即 $\pi_t(\mathcal{X}^*) = \mathcal{D}_\tau(t)$, 可得 $\mathcal{D}_\tau(t)$ 的下界为

$$\forall t \in \mathbb{N}^{0+} : \mathcal{D}_\tau(t) \geqslant 1-(1-\pi_0(\mathcal{X}^*))\prod_{i=0}^{t-1}(1-\alpha_i). \tag{3.19}$$

构造随机变量 η 使其累积分布等于 $\mathcal{D}_\tau$ 的下界, 可得 η 的期望为

$$\begin{aligned}\mathbb{E}[\eta] &= \sum_{t=1}^{+\infty} t\cdot\left((1-\pi_0(\mathcal{X}^*))\prod_{i=0}^{t-2}(1-\alpha_i)-(1-\pi_0(\mathcal{X}^*))\prod_{i=0}^{t-1}(1-\alpha_i)\right)\\ &= \left(\sum_{t=1}^{+\infty} t\alpha_{t-1}\prod_{i=0}^{t-2}(1-\alpha_i)\right)(1-\pi_0(\mathcal{X}^*)).\end{aligned} \tag{3.20}$$

因为 $\mathcal{D}_\tau(t) \geqslant \mathcal{D}_\eta(t)$, 所以由引理 3.2 可知, $\mathbb{E}[\tau] \leqslant \mathbb{E}[\eta]$. 注意此处 $\mathbb{E}[\tau]$ 对应了定义 2.12 中的 DCFHT (即 $\mathbb{E}[\tau \mid \xi_0 \sim \pi_0]$), 因此 DCFHT 的上界为

$$\mathbb{E}[\tau \mid \xi_0 \sim \pi_0] \leqslant \left(\sum_{t=1}^{+\infty} t\alpha_{t-1}\prod_{i=0}^{t-2}(1-\alpha_i)\right)(1-\pi_0(\mathcal{X}^*)). \tag{3.21}$$

DCFHT 的下界同理可得. 于是定理 3.1 得证. □

式 (3.16) 和式 (3.17) 中的 $\alpha_{t-1}\prod_{i=0}^{t-2}(1-\alpha_i)$ 和 $\beta_{t-1}\prod_{i=0}^{t-2}(1-\beta_i)$ 可直观理解为演化算法直到第 t 步才首次找到目标解的概率. 根据定理 3.1, DCFHT 的界可由

$$\sum_{\mathrm{x}\notin\mathcal{X}^*} P(\xi_{t+1}\in\mathcal{X}^*\mid\xi_t=\mathrm{x})\frac{\pi_t(\mathrm{x})}{1-\pi_t(\mathcal{X}^*)} \tag{3.22}$$

的界推得. $P(\xi_{t+1}\in\mathcal{X}^*\mid\xi_t=\mathrm{x})$ 是演化算法跳入目标种群的概率, 称为**成功概率** (success probability); $\pi_t(\mathrm{x})/(1-\pi_t(\mathcal{X}^*))$ 是在非目标状态空间上的**归一化分布** (normalized distribution). 只要这两部分可估计, DCFHT 的界就可推得, 且估计得越准, 得出的界就越紧.

3.2 收敛分析应用例释

本节将收敛分析法用于分析 (1+1)-EA 和 RLS 求解带约束 Trap 问题的期望运行时间. 带约束 Trap 问题 (见定义 3.3) 的最优解是 $\boldsymbol{s}^*=(0,\ldots,0,1)$, 简写为 $0^{n-1}1$. 对于约束优化, 满足约束条件的解称为**可行解** (feasible solution), 否则称为**不可行解** (infeasible solution).

定义 3.3. 带约束 Trap 问题

给定权重 $w_1=w_2=\cdots=w_{n-1}>1$, $w_n=\sum_{i=1}^{n-1}w_i+1$, 及容量 $c=w_n$, 找到 $\boldsymbol{s}^*$ 满足

$$\boldsymbol{s}^*=\underset{\boldsymbol{s}\in\{0,1\}^n}{\arg\max}\sum_{i=1}^{n}w_is_i \tag{3.23}$$

$$\text{s.t.}\sum_{i=1}^{n}w_is_i\leqslant c,$$

其中 s_i 表示 $\boldsymbol{s}\in\{0,1\}^n$ 的第 i 位.

解 $\boldsymbol{s}$ 的适应度定义为

$$f(\boldsymbol{s})=\begin{cases}\sum\limits_{i=1}^{n}w_is_i & \text{若 } \boldsymbol{s} \text{ 是可行解, 即 } \sum_{i=1}^{n}w_is_i\leqslant c;\\ -c & \text{否则.}\end{cases} \tag{3.24}$$

因此, 优化的目标是最大化该适应度函数. 将 (1+1)-EA 和 RLS 最大化式 (3.24) 的过程建模为马尔可夫链, 则链的状态 x 对应某个解, 即状态空间 $\mathcal{X}$ 等于解空间 $\{0,1\}^n$. 如 2.1 节所述, (1+1)-EA 和 RLS 的区别是前者采用逐位变异算子, 而后者采用一位变异算子.

定理 3.2 分析了使用逐位变异算子的情形, 主要思路是先分析式 (3.22) 的上界, 然后应用定理 3.1. 为分析式 (3.22) 的上界, 考虑式 (3.22) 中的成功概率, 即 $P(\xi_{t+1}\in\mathcal{X}^*\mid\xi_t=\mathrm{x})$. 假定某个解与最优解有 k 位不同, 则该解单步变异至最优解的概率为 $p^k(1-p)^{n-k}$; 这意味着当 $k=1$ 时, 单步变异至最优解的概率取得最大值 $p(1-p)^{n-1}$. 因此,

$$P(\xi_{t+1}\in\mathcal{X}^*\mid\xi_t=\mathrm{x})\leqslant p(1-p)^{n-1}. \tag{3.25}$$

将该上界结合定理 3.1 可得定理 3.2.

定理 3.2

(1+1)-EA 求解带约束 Trap 问题的期望运行时间下界为 $\Omega(1/(p(1-p)^{n-1}))$, 其中 $p \in (0, 0.5)$ 是变异概率.

证明 由 $P(\xi_{t+1} \in \mathcal{X}^* \mid \xi_t = \mathrm{x}) \leqslant p(1-p)^{n-1}$ 可得

$$\sum_{\mathrm{x} \notin \mathcal{X}^*} P(\xi_{t+1} \in \mathcal{X}^* \mid \xi_t = \mathrm{x}) \frac{\pi_t(\mathrm{x})}{1-\pi_t(\mathcal{X}^*)} \leqslant \sum_{\mathrm{x} \notin \mathcal{X}^*} p(1-p)^{n-1} \frac{\pi_t(\mathrm{x})}{1-\pi_t(\mathcal{X}^*)} = p(1-p)^{n-1}. \tag{3.26}$$

令 $\beta_t = p(1-p)^{n-1}$. 由于初始分布是均匀的, 因此 $\pi_0(\mathcal{X}^*) = 1/2^n$. 由定理 3.1 可得

$$\begin{aligned}\mathbb{E}[\tau \mid \xi_0 \sim \pi_0] &\geqslant (1-\pi_0(\mathcal{X}^*)) \left(\sum_{t=1}^{+\infty} t\beta_{t-1} \prod_{i=0}^{t-2} (1-\beta_i) \right) \\ &= \left(1 - \frac{1}{2^n}\right) \frac{1}{p} \left(\frac{1}{1-p}\right)^{n-1} = \Omega\left(\frac{1}{p(1-p)^{n-1}}\right).\end{aligned} \tag{3.27}$$

定理 3.2 得证. □

对于使用一位变异算子的情形, 定理 3.3 通过应用定理 3.1 给出了下界 $\Omega(2^n)$. 与定理 3.2 的证明类似, 关键在于分析式 (3.22) 的上界. 式 (3.22) 由成功概率和归一化分布这两部分构成. 使用如下技巧分析其上界: 将状态空间划分成若干子空间, 其中每个子空间内的状态具有某些共同性质. 具体而言, 状态空间被划分成 $n+1$ 个子空间 $\{\mathcal{X}_i\}_{i=0}^n$, 其中 $\mathcal{X}_i$ 包含与最优解有 i 位相同的解, 因此每个子空间内的解单步变异至最优解的概率相同. 基于此划分即可实现式 (3.22) 中成功概率的计算, 而归一化分布的计算需要更精细的划分. 根据满足约束条件与否, 状态空间亦可划分为: 最优空间 $\mathcal{X}^*$、可行空间 $\mathcal{X}^{\mathrm{F}}$、不可行空间 $\mathcal{X}^{\mathrm{I}}$. 归一化分布的计算将基于上述两种划分的结合.

定理 3.3

RLS 求解带约束 Trap 问题的期望运行时间下界为 $\Omega(2^n)$.

证明 注意, 此处马尔可夫链的状态就是一个解. 令

$$\mathcal{X}_i = \{\mathrm{x} \in \mathcal{X} \mid \|\mathrm{x} - \mathrm{x}^*\|_{\mathrm{H}} = n - i\}, \tag{3.28}$$

其中 $\|\mathrm{x} - \mathrm{x}^*\|_{\mathrm{H}}$ 是 x 与最优解 x^* 间的**汉明距离** (Hamming distance). 因此, $\mathcal{X}_i$ 内的解与最优解有 i 位相同, $\mathcal{X} = \cup_{i=0}^n \mathcal{X}_i$, $|\mathcal{X}_i| = \binom{n}{i}$, $\mathcal{X}_n = \mathcal{X}^*$. 根据一位变异算子的行为, 成功概率计算方式如下:

$$\forall \mathrm{x} \in \mathcal{X}_i : P(\xi_{t+1} \in \mathcal{X}^* \mid \xi_t = \mathrm{x}) = \begin{cases} \frac{1}{n} & 若\ i = n-1; \\ 0 & 否则. \end{cases} \tag{3.29}$$

将式 (3.29) 代入式 (3.22) 可得

$$\begin{aligned}\sum_{\mathrm{x}\notin\mathcal{X}^*} P(\xi_{t+1}\in\mathcal{X}^* \mid \xi_t=\mathrm{x})\frac{\pi_t(\mathrm{x})}{1-\pi_t(\mathcal{X}^*)} &= \sum_{\mathrm{x}\in\mathcal{X}_{n-1}} P(\xi_{t+1}\in\mathcal{X}^* \mid \xi_t=\mathrm{x})\frac{\pi_t(\mathrm{x})}{1-\pi_t(\mathcal{X}^*)}\\ &= \frac{1}{n}\sum_{\mathrm{x}\in\mathcal{X}_{n-1}}\frac{\pi_t(\mathrm{x})}{1-\pi_t(\mathcal{X}^*)}\\ &= \frac{1}{n}\frac{\pi_t(\mathcal{X}_{n-1})}{1-\pi_t(\mathcal{X}^*)}.\end{aligned} \tag{3.30}$$

为了得出式 (3.30) 的上界, 接下来分别分析 $\pi_t(\mathcal{X}_{n-1})$ 的上界和 $1-\pi_t(\mathcal{X}^*)$ 的下界.

令 $\mathcal{X}=\mathcal{X}^*\cup\mathcal{X}^{\mathrm{F}}\cup\mathcal{X}^{\mathrm{I}}$, 其中 $\mathcal{X}^*$ 包含最优解 (即 $0^{n-1}1$), $\mathcal{X}^{\mathrm{F}}$ 包含除最优解以外的所有可行解 (即所有最后一位为 0 的解), $\mathcal{X}^{\mathrm{I}}$ 包含所有不可行解 (即除最优解以外的所有最后一位为 1 的解). 令

$$\forall i\in\{0,1,\ldots,n-1\}: \mathcal{X}_i^{\mathrm{F}}=\mathcal{X}_i\cap\mathcal{X}^{\mathrm{F}}, \tag{3.31}$$

$$\forall i\in\{1,2,\ldots,n-1\}: \mathcal{X}_i^{\mathrm{I}}=\mathcal{X}_i\cap\mathcal{X}^{\mathrm{I}}. \tag{3.32}$$

因此 $\mathcal{X}^{\mathrm{F}}=\cup_{i=0}^{n-1}\mathcal{X}_i^{\mathrm{F}}$, $\mathcal{X}^{\mathrm{I}}=\cup_{i=1}^{n-1}\mathcal{X}_i^{\mathrm{I}}$. 根据适应度函数的定义, 即式 (3.24), 可知

$$\begin{aligned}&\forall \mathrm{x}_0\in\mathcal{X}_0^{\mathrm{F}}, \mathrm{x}_1\in\mathcal{X}_1^{\mathrm{F}},\ldots,\mathrm{x}_{n-1}\in\mathcal{X}_{n-1}^{\mathrm{F}}, \mathrm{x}^{\mathrm{I}}\in\mathcal{X}^{\mathrm{I}}:\\ &f(\mathrm{x}^*)>f(\mathrm{x}_0)>f(\mathrm{x}_1)>\cdots>f(\mathrm{x}_{n-1})>f(\mathrm{x}^{\mathrm{I}}).\end{aligned} \tag{3.33}$$

对于 $\pi_t(\mathcal{X}_{n-1})$, 有

$$\pi_t(\mathcal{X}_{n-1})=\pi_t(\mathcal{X}_{n-1}^{\mathrm{F}})+\pi_t(\mathcal{X}_{n-1}^{\mathrm{I}}). \tag{3.34}$$

显然 $\mathcal{X}_{n-1}^{\mathrm{F}}=\{0^n\}$. 根据 RLS 的选择机制 (即适应度更差的解将被拒绝) 可知

$$P(\xi_{t+1}\in\mathcal{X}_{n-1}^{\mathrm{F}} \mid \xi_t\in(\mathcal{X}^{\mathrm{F}}\setminus\mathcal{X}_{n-1}^{\mathrm{F}})\cup\mathcal{X}^*)=0. \tag{3.35}$$

给定 $\xi_t\in\mathcal{X}_{n-1}^{\mathrm{F}}$, 即 $\xi_t=0^n$, 一位变异算子将翻转 ξ_t 的一位, 并且由此产生的子代解将被接受. 因此,

$$P(\xi_{t+1}\in\mathcal{X}_{n-1}^{\mathrm{F}} \mid \xi_t\in\mathcal{X}_{n-1}^{\mathrm{F}})=0. \tag{3.36}$$

因为 $\mathcal{X}^{\mathrm{I}}$ 中的任意不可行解至少包含两个 1-位, 而一位变异算子仅翻转一位, 所以

$$P(\xi_{t+1}\in\mathcal{X}_{n-1}^{\mathrm{F}} \mid \xi_t\in\mathcal{X}^{\mathrm{I}})=0. \tag{3.37}$$

由式 (3.35) ~ 式 (3.37) 可得

$$\forall t>0: \pi_t(\mathcal{X}_{n-1}^{\mathrm{F}})=0. \tag{3.38}$$

接下来分析 $\pi_t(\mathcal{X}_i^{\mathrm{I}})$. 根据适应度函数的定义可知, 不可行解的适应度均为 $-c$ (其中 $c>0$), 而可行解的适应度非负, 因此仅当父代解不可行时, 不可行解才会被接受. 考虑一位变异算子的行为, 有

$$\pi_{t+1}(\mathcal{X}_i^{\mathrm{I}})=\begin{cases}\pi_t(\mathcal{X}_{i+1}^{\mathrm{I}})\cdot\frac{i}{n} & \text{若 } i=1;\\ \pi_t(\mathcal{X}_{i+1}^{\mathrm{I}})\cdot\frac{i}{n}+\pi_t(\mathcal{X}_{i-1}^{\mathrm{I}})\cdot\frac{n-i+1}{n} & \text{若 } 2\leqslant i\leqslant n-2;\\ \pi_t(\mathcal{X}_{i-1}^{\mathrm{I}})\cdot\frac{n-i+1}{n} & \text{若 } i=n-1.\end{cases}\tag{3.39}$$

由均匀初始分布可知,

$$\forall i\in[n-1]:\pi_0(\mathcal{X}_i^{\mathrm{I}})=\binom{n-1}{i-1}\cdot\frac{1}{2^n}.\tag{3.40}$$

然后, 利用式 (3.39) 就可计算出 $\pi_1(\mathcal{X}_i^{\mathrm{I}})$. 当 $i=1$ 时,

$$\pi_1(\mathcal{X}_1^{\mathrm{I}})=\pi_0(\mathcal{X}_2^{\mathrm{I}})\cdot\frac{1}{n}=\binom{n-1}{1}\frac{1}{2^n}\cdot\frac{1}{n}=\left(1-\frac{1}{n}\right)\cdot\pi_0(\mathcal{X}_1^{\mathrm{I}}).\tag{3.41}$$

当 $2\leqslant i\leqslant n-2$ 时,

$$\begin{aligned}\pi_1(\mathcal{X}_i^{\mathrm{I}})&=\pi_0(\mathcal{X}_{i+1}^{\mathrm{I}})\cdot\frac{i}{n}+\pi_0(\mathcal{X}_{i-1}^{\mathrm{I}})\cdot\frac{n-i+1}{n}\\&=\binom{n-1}{i}\frac{1}{2^n}\cdot\frac{i}{n}+\binom{n-1}{i-2}\frac{1}{2^n}\cdot\frac{n-i+1}{n}\\&=\left(1-\frac{1}{n}\right)\cdot\frac{1}{2^n}\cdot\left(\binom{n-2}{i-1}+\binom{n-2}{i-2}\right)\\&=\left(1-\frac{1}{n}\right)\cdot\frac{1}{2^n}\cdot\binom{n-1}{i-1}=\left(1-\frac{1}{n}\right)\cdot\pi_0(\mathcal{X}_i^{\mathrm{I}}).\end{aligned}\tag{3.42}$$

当 $i=n-1$ 时,

$$\pi_1(\mathcal{X}_{n-1}^{\mathrm{I}})=\pi_0(\mathcal{X}_{n-2}^{\mathrm{I}})\cdot\frac{2}{n}=\binom{n-1}{n-3}\frac{1}{2^n}\cdot\frac{2}{n}=\left(1-\frac{2}{n}\right)\cdot\pi_0(\mathcal{X}_{n-1}^{\mathrm{I}}).\tag{3.43}$$

由式 (3.41) ~ 式 (3.43) 可得

$$\forall i\in[n-1]:\pi_1(\mathcal{X}_i^{\mathrm{I}})\leqslant\left(1-\frac{1}{n}\right)\cdot\pi_0(\mathcal{X}_i^{\mathrm{I}}).\tag{3.44}$$

将式 (3.44) 代入式 (3.39) 并重复式 (3.41) ~ 式 (3.43) 的计算过程可得

$$\forall t\geqslant 0,i\in[n-1]:\pi_t(\mathcal{X}_i^{\mathrm{I}})\leqslant\left(1-\frac{1}{n}\right)^t\cdot\pi_0(\mathcal{X}_i^{\mathrm{I}}).\tag{3.45}$$

将式 (3.38) 和式 (3.45) 代入式 (3.34) 可得 $\pi_t(\mathcal{X}_{n-1})$ 的上界:

$$\forall t\geqslant 0:\pi_t(\mathcal{X}_{n-1})\leqslant\pi_0(\mathcal{X}_{n-1}^{\mathrm{F}})+\pi_0(\mathcal{X}_{n-1}^{\mathrm{I}})=\frac{n}{2^n}.\tag{3.46}$$

接下来分析 $1-\pi_t(\mathcal{X}^*)$ 的下界. 对于 $\cup_{j=0}^{n-2}\mathcal{X}_j^{\mathrm{F}}$ 中的任意解, 由于与最优解的汉明距离至少为 2 且一位变异算子仅翻转一位, 因此最优解不能仅通过一次一位变异产生, 也就是说,

$$P(\xi_{t+1} \in \mathcal{X}^* \mid \xi_t \in \cup_{j=0}^{n-2}\mathcal{X}_j^{\mathrm{F}}) = 0. \tag{3.47}$$

根据式 (3.33) 及 RLS 的选择机制可得

$$P(\xi_{t+1} \in \mathcal{X}^{\mathrm{I}} \cup \mathcal{X}_{n-1}^{\mathrm{F}} \mid \xi_t \in \cup_{j=0}^{n-2}\mathcal{X}_j^{\mathrm{F}}) = 0. \tag{3.48}$$

于是由式 (3.47) 和式 (3.48) 可知

$$P(\xi_{t+1} \in \cup_{j=0}^{n-2}\mathcal{X}_j^{\mathrm{F}} \mid \xi_t \in \cup_{j=0}^{n-2}\mathcal{X}_j^{\mathrm{F}}) = 1. \tag{3.49}$$

因此,

$$\forall t \geqslant 0: 1-\pi_t(\mathcal{X}^*) \geqslant \pi_t(\cup_{j=0}^{n-2}\mathcal{X}_j^{\mathrm{F}}) \geqslant \pi_0(\cup_{j=0}^{n-2}\mathcal{X}_j^{\mathrm{F}}) = \frac{2^{n-1}-1}{2^n}. \tag{3.50}$$

将式 (3.46) 和式 (3.50) 代入式 (3.30) 可得

$$\sum_{\mathrm{x} \notin \mathcal{X}^*} P(\xi_{t+1} \in \mathcal{X}^* \mid \xi_t = \mathrm{x}) \frac{\pi_t(\mathrm{x})}{1-\pi_t(\mathcal{X}^*)} \leqslant \frac{1}{2^{n-1}-1}. \tag{3.51}$$

令 $\beta_t = 1/(2^{n-1}-1)$, 由定理 3.1 可得 $\mathbb{E}[\tau \mid \xi_0 \sim \pi_0] = \Omega(2^n)$. 定理 3.3 得证. □

3.3 小结

本章介绍了用于分析演化算法期望运行时间的收敛分析法. 该方法通过搭建收敛率与期望运行时间这两个基本理论性质之间的“桥梁”, 使得期望运行时间的界可以由收敛率的界推得. 作为应用例释, 本章通过收敛分析法证明了 (1+1)-EA 和 RLS 求解带约束 Trap 问题的期望运行时间下界分别为 $\Omega(1/(p(1-p)^{n-1}))$ 和 $\Omega(2^n)$.

第 4 章　运行时间分析: 调换分析法

前文介绍的分析方法, 即适应层分析法、漂移分析法、收敛分析法, 均是按照一条路径来逐步分析演化算法求解优化问题的过程, 从而得出期望运行时间界. 本章介绍另一种分析演化算法运行时间的方法, 即**调换分析法** (switch analysis) [Yu et al., 2015]. 不同于之前的分析方法, 调换分析法通过对比两个演化过程的期望运行时间实现分析. 具体而言, 为了分析一个给定的演化算法在一个给定问题上的期望运行时间, 调换分析法将该演化过程与一个**参照** (reference) 演化过程进行比较, 从而可以计算出二者的期望运行时间之间的关系. 这里, 参照过程可专门设计, 使得参照过程容易分析, 进而使得原问题的分析也得到了简化. 为展示如何应用该方法, 本章分析了任意基于变异的演化算法求解 UBoolean 函数类 (即全局最优解唯一的伪布尔函数类, 见定义 2.2) 的期望运行时间的下界.

4.1 调换分析框架

给定两条马尔可夫链 $\xi \in \mathcal{X}$ 和 $\xi' \in \mathcal{Y}$, 令 τ 和 τ' 分别表示它们的首达时. 如定理 4.1 所述, 调换分析法比较两条马尔可夫链的 DCFHT, 即 $\mathbb{E}[\tau \mid \xi_0 \sim \pi_0]$ 和 $\mathbb{E}[\tau' \mid \xi'_0 \sim \pi_0^{\phi}]$, 其中 π_0 和 π_0^{ϕ} 分别是两条链的初始状态分布. 考虑到两条链的状态空间可能不同, 定义 4.1 给出了状态空间之间的**对齐映射** (aligned mapping).

定义 4.1. 对齐映射

给定目标子空间分别为 $\mathcal{X}^*$ 和 $\mathcal{Y}^*$ 的两个空间 $\mathcal{X}$ 和 $\mathcal{Y}$, 函数 $\phi: \mathcal{X} \to \mathcal{Y}$

(1) 若满足 $\forall x \in \mathcal{X}^*: \phi(x) \in \mathcal{Y}^*$, 则称为**左对齐映射** (left-aligned mapping);

(2) 若满足 $\forall x \in \mathcal{X} \setminus \mathcal{X}^*: \phi(x) \notin \mathcal{Y}^*$, 则称为**右对齐映射** (right-aligned mapping);

(3) 若既左对齐又右对齐, 则称为**最优对齐映射** (optimal-aligned mapping).

需要注意的是, 函数 $\phi: \mathcal{X} \to \mathcal{Y}$ 虽意味着 $\forall x \in \mathcal{X}$, 有且只有一个 $y \in \mathcal{Y}$ 满足 $\phi(x) = y$, 但其未必是**单射** (injective mapping) 或**满射** (surjective mapping). 为简便起见, 令映射 $\phi^{-1}(y) = \{x \in \mathcal{X} \mid \phi(x) = y\}$ 表示函数 ϕ 的**逆状态集** (inverse state set). 对于某个 $y \in \mathcal{Y}$, $\phi^{-1}(y)$ 可为空集. ϕ 和 ϕ^{-1} 的输入可扩展至集合, 即 $\forall X \subseteq \mathcal{X}: \phi(X) = \cup_{x \in X}\{\phi(x)\}$, $\forall Y \subseteq \mathcal{Y}: \phi^{-1}(Y) = \cup_{y \in Y}\phi^{-1}(y)$. 若 ϕ 为左对齐映射, 则 $\mathcal{X}^* \subseteq \phi^{-1}(\mathcal{Y}^*)$; 若 ϕ 为右对齐映射, 则 $\phi^{-1}(\mathcal{Y}^*) \subseteq \mathcal{X}^*$; 若 ϕ 为最优对齐映射, 则 $\mathcal{X}^* = \phi^{-1}(\mathcal{Y}^*)$.

如图 4.1 所示, 调换分析法可直观理解为: 若两条链由单步差异导致的 DCFHT 之差 (即图 4.1 中两条过渡链的时间差) 可计算, 则累加单步差异后可得它们的 DCFHT 之差. 相较直接计算两条链的 DCFHT 之差, 计算单步差异导致的 DCFHT 之差要容易得多, 仅需

在相同的状态分布 (即式 (4.1) 中的 π_t) 和相同的 CFHT (即式 (4.1) 中的 $\mathbb{E}[\tau']$) 上比较两条链的单步转移. 而右 (左) 对齐映射使得两条链可以拥有不同的状态空间.

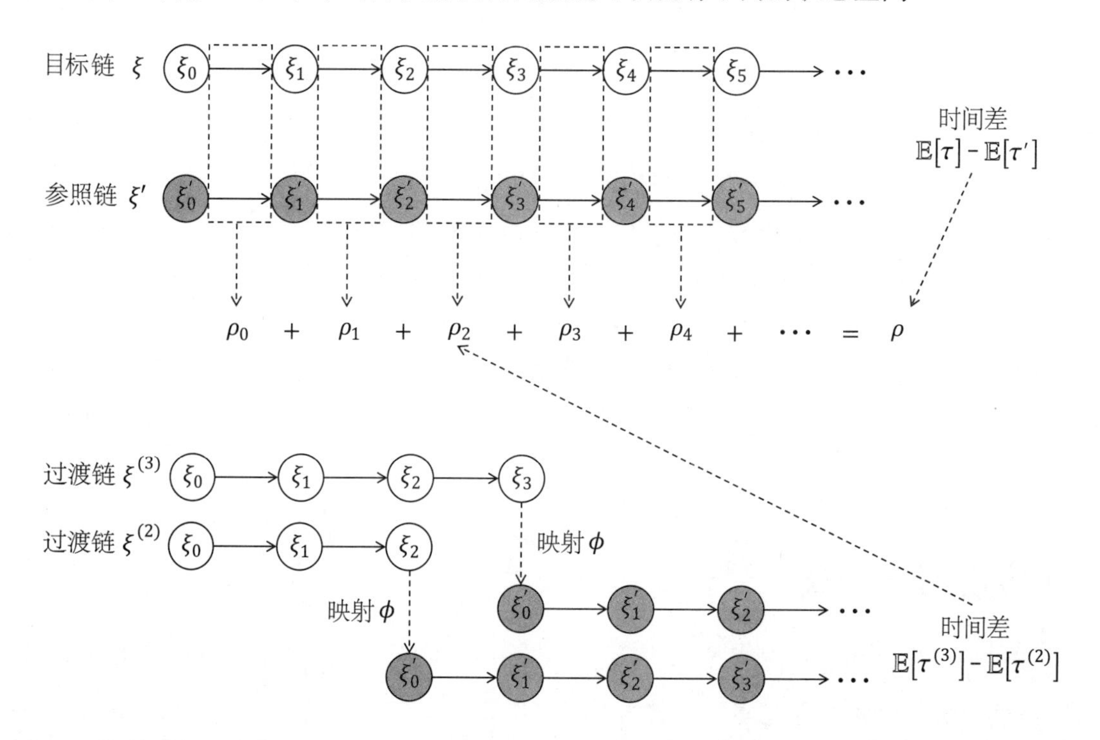

图 4.1 调换分析法示意: 两条链 ξ 和 ξ' 的时间差可通过累加它们的单步时间差得到, 即两条过渡链 $\xi^{(i)}$ 和 $\xi^{(i+1)}$ 的时间差, 其中 $\xi^{(i)}$ 和 $\xi^{(i+1)}$ 的差异仅取决于 i 时刻的单步转移

定理 4.1. 调换分析法

给定两条吸收马尔可夫链 $\xi \in \mathcal{X}$ 和 $\xi' \in \mathcal{Y}$, 令 τ 和 τ' 分别表示它们的首达时, π_t 表示 ξ_t 的分布. 给定一系列值 $\{\rho_t \in \mathbb{R}\}_{t=0}^{+\infty}$ 以及右 (左) 对齐映射 $\phi: \mathcal{X} \to \mathcal{Y}$, 若 $\mathbb{E}[\tau \mid \xi_0 \sim \pi_0]$ 是有限的, 且

$$\begin{aligned}\forall t: &\sum_{\mathrm{x}\in\mathcal{X},\mathrm{y}\in\mathcal{Y}} \pi_t(\mathrm{x})P(\xi_{t+1} \in \phi^{-1}(\mathrm{y}) \mid \xi_t = \mathrm{x})\mathbb{E}[\tau' \mid \xi_0' = \mathrm{y}] \\ &\leqslant (\geqslant) \sum_{\mathrm{u},\mathrm{y}\in\mathcal{Y}} \pi_t^{\phi}(\mathrm{u})P(\xi_1' = \mathrm{y} \mid \xi_0' = \mathrm{u})\mathbb{E}[\tau' \mid \xi_1' = \mathrm{y}] + \rho_t,\end{aligned} \tag{4.1}$$

其中 $\pi_t^{\phi}(\mathrm{y}) = \pi_t(\phi^{-1}(\mathrm{y})) = \sum_{\mathrm{x}\in\phi^{-1}(\mathrm{y})} \pi_t(\mathrm{x})$, 则

$$\mathbb{E}[\tau \mid \xi_0 \sim \pi_0] \leqslant (\geqslant) \ \mathbb{E}[\tau' \mid \xi_0' \sim \pi_0^{\phi}] + \rho, \tag{4.2}$$

其中 $\rho = \sum_{t=0}^{+\infty} \rho_t$.

该定理的证明需用到过渡马尔可夫链 $\xi^{(k)}$, 其中 $k \in \{0, 1, \ldots\}$. 令 tr 和 tr' 分别表示 ξ 和 ξ' 的单步转移. $\xi^{(k)}$ 的行为如下:

1. 初始状态空间为 $\mathcal{X}$ 且初始状态分布与 ξ 相同, 即 $\pi_0^{(k)} = \pi_0$;

2. 若 $k > 0$, 在 $\{0, 1, \ldots, k-1\}$ 时刻使用单步转移 tr, 即前 k 步与链 ξ 表现相同;

3. 在 k 时刻, 状态空间通过映射 ϕ 从 $\mathcal{X}$ 调换到 $\mathcal{Y}$, $\mathcal{X}$ 上的状态分布 π_k 相应地映射到 $\mathcal{Y}$ 上的状态分布 π_k^{ϕ};

4. 从 k 时刻开始, 使用单步转移 tr', 即与从 0 时刻开始的链 ξ' 表现相同.

$\xi^{(k)}$ 的首达时 $\tau^{(k)}$ 对应的**首达事件** (first hitting event) 在 $t \in \{0, 1, \ldots, k-1\}$ 时为 $\xi_t^{(k)} \in \mathcal{X}^*$, 在 $t \geqslant k$ 时为 $\xi_t^{(k)} \in \mathcal{Y}^*$. 因此, $\xi^{(0)}$ 和 $\xi^{(\infty)}$ 的首达事件分别与 ξ' 和 ξ 相同.

引理 4.1 给出了 $\tau^{(k)}$ 的期望, 证明见本书附录 A.

引理 4.1

给定两条吸收马尔可夫链 $\xi \in \mathcal{X}$、$\xi' \in \mathcal{Y}$ 和右对齐映射 $\phi: \mathcal{X} \to \mathcal{Y}$, 令 τ 和 τ' 分别表示 ξ 和 ξ' 的首达时, π_t 表示 ξ_t 的分布. $\forall k \in \{0, 1, \ldots\}$, 过渡马尔可夫链 $\xi^{(k)}$ 的首达时 $\tau^{(k)}$ 满足

$$\begin{aligned}\mathbb{E}[\tau^{(k)} \mid \xi_0^{(k)} \sim \pi_0] &= k - \sum_{t=0}^{k-1} \pi_t(\mathcal{X}^*) \\ &+ \sum_{\mathrm{x} \in \mathcal{X}, \mathrm{y} \in \mathcal{Y}} \pi_{k-1}(\mathrm{x}) P(\xi_k \in \phi^{-1}(\mathrm{y}) \mid \xi_{k-1} = \mathrm{x}) \mathbb{E}[\tau' \mid \xi_0' = \mathrm{y}] \\ &- \sum_{\mathrm{x} \in \mathcal{X}^*, \mathrm{y} \in \mathcal{Y}} \pi_{k-1}(\mathrm{x}) P(\xi_k \in \phi^{-1}(\mathrm{y}) \mid \xi_{k-1} = \mathrm{x}) \mathbb{E}[\tau' \mid \xi_0' = \mathrm{y}]. \end{aligned} \tag{4.3}$$

定理 4.1 ("$\leqslant$" 情况) 的证明 "$\leqslant$" 情况的证明要求映射 ϕ 是右对齐的, 这意味着 $\phi^{-1}(\mathcal{Y}^*) \subseteq \mathcal{X}^*$. $\forall t < k$, 由于链 $\xi^{(k)}$ 和 ξ 在 k 时刻之前表现相同, 因此 $\pi_t = \pi_t^{(k)}$. 于是可得

$$\forall t < k: \pi_t^{(k)}(\mathcal{X}^*) = \pi_t(\mathcal{X}^*) \geqslant \pi_t(\phi^{-1}(\mathcal{Y}^*)) = \pi_t^{\phi}(\mathcal{Y}^*). \tag{4.4}$$

下面通过对过渡马尔可夫链 $\xi^{(k)}$ 的 k 进行归纳来证明

$$\forall k \in \mathbb{N}^{0+}: \mathbb{E}[\tau^{(k)} \mid \xi_0^{(k)} \sim \pi_0] \leqslant \mathbb{E}[\tau' \mid \xi_0' \sim \pi_0^{\phi}] + \sum_{t=0}^{k-1} \rho_t. \tag{4.5}$$

(a) 初始化 需证 $k = 0$ 时成立, 这是显然的, 因为由 $\xi^{(0)} = \xi'$ 可得

$$\mathbb{E}[\tau^{(0)} \mid \xi_0^{(0)} \sim \pi_0] = \mathbb{E}[\tau' \mid \xi_0' \sim \pi_0^{\phi}]. \tag{4.6}$$

(b) 归纳假设 假定 $\forall k \leqslant K-1$ $(K \geqslant 1)$,

$$\mathbb{E}[\tau^{(k)} \mid \xi_0^{(k)} \sim \pi_0] \leqslant \mathbb{E}[\tau' \mid \xi_0' \sim \pi_0^{\phi}] + \sum_{t=0}^{k-1} \rho_t, \tag{4.7}$$

需证

$$\mathbb{E}[\tau^{(K)} \mid \xi_0^{(K)} \sim \pi_0] \leqslant \mathbb{E}[\tau' \mid \xi_0' \sim \pi_0^{\phi}] + \sum_{t=0}^{K-1} \rho_t. \tag{4.8}$$

令 $\Delta(K) = \sum_{\mathrm{x}\in\mathcal{X}^*,\mathrm{y}\in\mathcal{Y}} \pi_{K-1}(\mathrm{x}) P(\xi_K \in \phi^{-1}(\mathrm{y}) \mid \xi_{K-1} = \mathrm{x}) \mathbb{E}[\tau' \mid \xi_0' = \mathrm{y}]$. 由引理 4.1 可得

$$\begin{aligned}
\mathbb{E}[\tau^{(K)} \mid \xi_0^{(K)} \sim \pi_0] &= K - \sum_{t=0}^{K-1} \pi_t(\mathcal{X}^*) \\
&\quad + \sum_{\mathrm{x}\in\mathcal{X},\mathrm{y}\in\mathcal{Y}} \pi_{K-1}(\mathrm{x}) P(\xi_K \in \phi^{-1}(\mathrm{y}) \mid \xi_{K-1} = \mathrm{x}) \mathbb{E}[\tau' \mid \xi_0' = \mathrm{y}] \\
&\quad - \sum_{\mathrm{x}\in\mathcal{X}^*,\mathrm{y}\in\mathcal{Y}} \pi_{K-1}(\mathrm{x}) P(\xi_K \in \phi^{-1}(\mathrm{y}) \mid \xi_{K-1} = \mathrm{x}) \mathbb{E}[\tau' \mid \xi_0' = \mathrm{y}] \\
&\leqslant K - \sum_{t=0}^{K-1} \pi_t(\mathcal{X}^*) + \rho_{K-1} - \Delta(K) \\
&\quad + \sum_{\mathrm{u},\mathrm{y}\in\mathcal{Y}} \pi_{K-1}^{\phi}(\mathrm{u}) P(\xi_1' = \mathrm{y} \mid \xi_0' = \mathrm{u}) \mathbb{E}[\tau' \mid \xi_1' = \mathrm{y}] \qquad (4.9) \\
&\leqslant K - \sum_{t=0}^{K-2} \pi_t(\mathcal{X}^*) - \pi_{K-1}^{\phi}(\mathcal{Y}^*) + \rho_{K-1} - \Delta(K) \\
&\quad + \sum_{\mathrm{u},\mathrm{y}\in\mathcal{Y}} \pi_{K-1}^{\phi}(\mathrm{u}) P(\xi_1' = \mathrm{y} \mid \xi_0' = \mathrm{u}) \mathbb{E}[\tau' \mid \xi_1' = \mathrm{y}], \qquad (4.10)
\end{aligned}$$

其中式 (4.9) 由式 (4.1) 和 $\Delta(K)$ 的定义可得, 式 (4.10) 由式 (4.4) 可得. 类似地, 由引理 4.1 可得

$$\begin{aligned}
\mathbb{E}[\tau^{(K-1)} \mid \xi_0^{(K-1)} \sim \pi_0] &= (K-1) - \sum_{t=0}^{K-2} \pi_t(\mathcal{X}^*) - \Delta(K-1) \\
&\quad + \sum_{\mathrm{x}\in\mathcal{X},\mathrm{y}\in\mathcal{Y}} \pi_{K-2}(\mathrm{x}) P(\xi_{K-1} \in \phi^{-1}(\mathrm{y}) \mid \xi_{K-2} = \mathrm{x}) \mathbb{E}[\tau' \mid \xi_0' = \mathrm{y}] \\
&= (K-1) - \sum_{t=0}^{K-2} \pi_t(\mathcal{X}^*) - \Delta(K-1) + \sum_{\mathrm{y}\in\mathcal{Y}} \pi_{K-1}^{\phi}(\mathrm{y}) \mathbb{E}[\tau' \mid \xi_0' = \mathrm{y}] \qquad (4.11) \\
&= K - \sum_{t=0}^{K-2} \pi_t(\mathcal{X}^*) - \pi_{K-1}^{\phi}(\mathcal{Y}^*) - \Delta(K-1) \\
&\quad + \sum_{\mathrm{u},\mathrm{y}\in\mathcal{Y}} \pi_{K-1}^{\phi}(\mathrm{u}) P(\xi_1' = \mathrm{y} \mid \xi_0' = \mathrm{u}) \mathbb{E}[\tau' \mid \xi_1' = \mathrm{y}], \qquad (4.12)
\end{aligned}$$

其中式 (4.11) 和式 (4.12) 由引理 2.2 可得. 将式 (4.12) 代入式 (4.10) 可得

$$\begin{aligned}
\mathbb{E}[\tau^{(K)} \mid \xi_0^{(K)} \sim \pi_0] &\leqslant \mathbb{E}[\tau^{(K-1)} \mid \xi_0^{(K-1)} \sim \pi_0] + \rho_{K-1} + \Delta(K-1) - \Delta(K) \\
&\leqslant \mathbb{E}[\tau' \mid \xi_0' \sim \pi_0^{\phi}] + \sum_{t=0}^{K-1} \rho_t + \Delta(K-1) - \Delta(K), \qquad (4.13)
\end{aligned}$$

其中式 (4.13) 由 $k=K-1$ 时的归纳假设, 即式 (4.7), 可得. 根据马尔可夫链的吸收性可得 $\forall \mathrm{x} \in \mathcal{X}^*$: $P(\xi_{t+1} \neq \mathrm{x} \mid \xi_t = \mathrm{x}) = 0$, 因此,

$$\forall \mathrm{x} \in \mathcal{X}^* : \pi_{K-1}(\mathrm{x}) \geqslant \pi_{K-2}(\mathrm{x}), \tag{4.14}$$

$$\varDelta(K) = \sum_{\mathrm{x}\in\mathcal{X}^*} \pi_{K-1}(\mathrm{x}) \mathbb{E}[\tau' \mid \xi_0' = \phi(\mathrm{x})]. \tag{4.15}$$

于是有

$$\varDelta(K-1) - \varDelta(K) = \sum_{\mathrm{x}\in\mathcal{X}^*} (\pi_{K-2}(\mathrm{x}) - \pi_{K-1}(\mathrm{x})) \mathbb{E}[\tau' \mid \xi_0' = \phi(\mathrm{x})] \leqslant 0. \tag{4.16}$$

将式 (4.16) 代入式 (4.13) 可得式 (4.8).

(c) 结论 综上, 式 (4.5) 成立.

将式 (4.5) 中的 k 取正无穷大即可得

$$\mathbb{E}[\tau^{(\infty)} \mid \xi_0^{(\infty)} \sim \pi_0] \leqslant \mathbb{E}[\tau' \mid \xi_0' \sim \pi_0^{\phi}] + \sum_{t=0}^{+\infty} \rho_t. \tag{4.17}$$

因为 $\mathbb{E}[\tau \mid \xi_0 \sim \pi_0]$ 是有限的, 所以 $\mathbb{E}[\tau^{(\infty)} \mid \xi_0^{(\infty)} \sim \pi_0] = \mathbb{E}[\tau \mid \xi_0 \sim \pi_0]$. 又由于 $\rho = \sum_{t=0}^{+\infty} \rho_t$, 因此,

$$\mathbb{E}[\tau \mid \xi_0 \sim \pi_0] \leqslant \mathbb{E}[\tau' \mid \xi_0' \sim \pi_0^{\phi}] + \rho. \tag{4.18}$$

至此, 定理 4.1 (“$\leqslant$” 情况) 得证. □

“$\geqslant$” 情况的证明要求映射 ϕ 是左对齐的, 其过程类似于 “$\leqslant$” 情况的证明过程, 具体见附录 A. 该定理的证明将 $\mathcal{X}$ 和 $\mathcal{Y}$ 视为离散空间, 其实当 $\mathcal{X}$ 和 (或) $\mathcal{Y}$ 是连续空间时, 该定理仍成立, 仅需将证明过程中在状态空间上的累加替换成积分. 由于本书考虑离散优化, 此处仅给出定理的离散版本.

使用定理 4.1 比较两条链时, 由于式 (4.1) 不涉及 $\mathbb{E}[\tau \mid \xi_0 = \mathrm{x}]$, 可避免分析其中一条链的长期行为. 因此, 通过将目标链与一条容易分析的参照链进行比较, 调换分析法可简化对目标链的分析.

若马尔可夫链 $\xi' \in \mathcal{Y}$ 满足齐次性, 即状态转移概率不依赖于时间, 则调换分析法的条件, 即式 (4.1), 可重写为

$$\forall t : \sum_{\mathrm{y}\in\mathcal{Y}} \mathbb{E}[\tau' \mid \xi_0' = \mathrm{y}] \cdot \big(P(\phi(\xi_{t+1}) = \mathrm{y} \mid \xi_t \sim \pi_t) - P(\xi_{t+1}' = \mathrm{y} \mid \xi_t' \sim \pi_t^{\phi})\big) \leqslant (\geqslant)\ \rho_t. \tag{4.19}$$

因此, ρ_t 可视为两条过渡链 $\xi^{(t+1)}$ 和 $\xi^{(t)}$ 在 $t+1$ 时刻的状态分布差的加权和, 其中权重为链 ξ' 的 CFHT. 由于 $\xi^{(t+1)}$ 和 $\xi^{(t)}$ 的区别仅在于 t 时刻的单步转移, 因此 ρ_t 实际上刻画了在 t 时刻使用单步转移 tr 和 tr' 的差异. 于是, 两条原始链 ξ 和 ξ' 的 DCFHT 之差 (即 ρ) 为每一时刻使用 tr 和 tr' 导致的差异之和 (即 $\sum_{t=0}^{+\infty} \rho_t$).

4.2 调换分析应用例释

本节给出一个应用调换分析法的例子, 即使用调换分析法证明以下结论: 当变异概率 $p \in (0, 0.5)$ 时, 任意基于变异的演化算法求解 UBoolean 函数类 (见定义 2.2) 的期望运行时间均不小于 (1+1)-EA$_\mu$ 求解 OneMax 问题 (见定义 2.3) 的期望运行时间. 算法 4.1 给出了基于变异的演化算法的一般结构 [Sudholt, 2013; Witt, 2013]. 注意 (1+1)-EA$_\mu$ (即算法 4.2) 除了初始化策略, 其余与 (1+1)-EA 完全相同: (1+1)-EA$_\mu$ 从 μ 个随机解中选择最好的一个作为初始解, 而 (1+1)-EA 直接用一个随机解作为初始解.

算法 4.1 基于变异的演化算法

输入: 伪布尔函数 $f : \{0,1\}^n \to \mathbb{R}$; 正整数 $\mu \in \mathbb{N}^+$.
过程:
1: 均匀随机地从 $\{0,1\}^n$ 中选择 μ 个解 $\boldsymbol{s}_1, \ldots, \boldsymbol{s}_\mu$;
2: 令 $t = \mu$, 并根据 t 和 $f(\boldsymbol{s}_1), \ldots, f(\boldsymbol{s}_t)$ 从 $\{\boldsymbol{s}_1, \ldots, \boldsymbol{s}_t\}$ 中选择一个父代解 $\boldsymbol{s}$;
3: **while** 停止条件不满足 **do**
4: 　在解 $\boldsymbol{s}$ 上执行逐位变异算子以产生新解 $\boldsymbol{s}_{t+1}$;
5: 　根据 $t+1$ 和 $f(\boldsymbol{s}_1), \ldots, f(\boldsymbol{s}_{t+1})$ 从 $\{\boldsymbol{s}_1, \ldots, \boldsymbol{s}_{t+1}\}$ 中选择一个父代解 $\boldsymbol{s}$;
6: 　$t = t + 1$
7: **end while**
8: 从 $\{\boldsymbol{s}_1, \ldots, \boldsymbol{s}_t\}$ 中根据某种策略返回若干解
输出: $\{0,1\}^n$ 中的解构成的一个集合

算法 4.2 (1+1)-EA$_\mu$ 算法

输入: 伪布尔函数 $f : \{0,1\}^n \to \mathbb{R}$; 正整数 $\mu \in \mathbb{N}^+$.
过程:
1: 均匀随机地从 $\{0,1\}^n$ 中选择 μ 个解 $\boldsymbol{s}_1, \ldots, \boldsymbol{s}_\mu$;
2: 令 $\boldsymbol{s}$ 为 $\boldsymbol{s}_1, \ldots, \boldsymbol{s}_\mu$ 中的最好解;
3: **while** 停止条件不满足 **do**
4: 　在解 $\boldsymbol{s}$ 上执行逐位变异算子以产生新解 $\boldsymbol{s}'$;
5: 　**if** $f(\boldsymbol{s}') \geqslant f(\boldsymbol{s})$ **then**
6: 　　$\boldsymbol{s} = \boldsymbol{s}'$
7: 　**end if**
8: **end while**
9: **return** $\boldsymbol{s}$
输出: $\{0,1\}^n$ 中的一个解

下面先给出将在后续分析中用到的一些引理, 相应证明见附录 A. 由于 OneMax 问题的每一位独立, 对应 (1+1)-EA 求解 OneMax 过程的马尔可夫链的 CFHT (即 $\mathbb{E}[\tau' \mid \xi'_t = \mathrm{x}]$) 仅依赖于 $|\mathrm{x}|_0$. 此处状态 x 就是一个解. 令 $\mathbb{E}(j)$ 表示当 $|\mathrm{x}|_0 = j$ 时的 $\mathbb{E}[\tau' \mid \xi'_t = \mathrm{x}]$. 显然, $\mathbb{E}(0) = 0$, 因为已找到最优解.

引理 4.2 给出了 $\mathbb{E}(j)$ 的大小关系: $\mathbb{E}(j)$ 随着 j 单调递增.

引理 4.2

当变异概率 $p \in (0, 0.5)$ 时,

$$\mathbb{E}(0) < \mathbb{E}(1) < \mathbb{E}(2) < \cdots < \mathbb{E}(n). \tag{4.20}$$

引理 4.3 说明: 对含 0 个数较少的父代解进行变异, 更有可能产生含 0 个数少的子代解. 注意: [Witt, 2013] 考虑 $|\cdot|_1$, 而此处考虑 $|\cdot|_0$; 由对称性可知结论仍成立.

引理 4.3. [Witt, 2013]

令 $s, s' \in \{0,1\}^n$ 为满足 $|s|_0 < |s'|_0$ 的两个解. 令 $mut(s)$ 表示通过对 s 的每一位以概率 p 独立地进行翻转而产生的随机解. 令 j 为 $[n]$ 中的任意整数. 若 $p \leqslant 0.5$, 则

$$P(|mut(s)|_0 \leqslant j) \geqslant P(|mut(s')|_0 \leqslant j). \tag{4.21}$$

引理 4.4 是引理 3.2 的推广.

引理 4.4

令 $m \in \mathbb{N}^+$. 若下述条件成立:

$$(1)\ \ 0 \leqslant E_0 < E_1 < \cdots < E_m, \tag{4.22}$$

$$(2)\ \ \forall 0 \leqslant i \leqslant m : P_i, Q_i \geqslant 0 \wedge \sum_{i=0}^{m} P_i = \sum_{i=0}^{m} Q_i = 1, \tag{4.23}$$

$$(3)\ \ \forall 0 \leqslant k \leqslant m-1 : \sum_{i=0}^{k} P_i \leqslant \sum_{i=0}^{k} Q_i, \tag{4.24}$$

则

$$\sum_{i=0}^{m} P_i \cdot E_i \geqslant \sum_{i=0}^{m} Q_i \cdot E_i. \tag{4.25}$$

定理 4.2

用任意一个基于变异且初始解个数为 μ、变异概率 $p \in (0, 0.5)$ 的演化算法求解 UBoolean 函数类时, 其期望运行时间不小于使用相同变异概率 p 的 (1+1)-EA$_\mu$ 求解 OneMax 问题的期望运行时间.

证明 基于变异的演化算法 (即算法 4.1) 将被建模成状态中记录着搜索历史信息的马尔可夫链. 令 $\mathcal{X} = \{(s_1, \ldots, s_t) \mid s_j \in \{0,1\}^n, t \geqslant \mu\}$, 其中 $(s_1, \ldots, s_t)$ 为演化算法直至 t 时刻找到的一系列解 (即搜索历史), μ 是初始解的数目. 令 $\mathcal{X}^* = \{\mathrm{x} \in \mathcal{X} \mid 1^n \in \mathrm{x}\}$, 其中 $s \in \mathrm{x}$ 表示 s 在序列 x 中. 因此, 链 $\xi \in \mathcal{X}$ 可模拟任意基于变异的演化算法求解 UBoolean 中的任意函数之过程. 其中, $\forall i \geqslant 0 : \xi_i \in \{(s_1, \ldots, s_t) \mid s_j \in \{0,1\}^n, t = \mu + i\}$.

将 (1+1)-EA 求解 OneMax 问题作为参照演化过程, 并建模为 $\xi' \in \mathcal{Y}$. 于是 $\mathcal{Y} = \{0,1\}^n$, $\mathcal{Y}^* = \{1^n\}$. 构造映射 $\phi : \mathcal{X} \to \mathcal{Y}$ 使之满足 $\phi(\mathrm{x}) = 1^{n-i}0^i$, 其中 $i = \min\{|s|_0 \mid s \in \mathrm{x}\}$. 由于当且仅当 $1^n \in \mathrm{x}$ (即 $\mathrm{x} \in \mathcal{X}^*$) 时 $\phi(\mathrm{x}) = 1^n$, 因此 ϕ 是最优对齐映射.

先分析调换分析法的条件, 即式 (4.1). $\forall \mathrm{x} \notin \mathcal{X}^*$, 不妨假设 $|\phi(\mathrm{x})|_0 = i > 0$. 令 P_j 表示对 $\phi(\mathrm{x})$ 执行逐位变异算子而产生的子代解拥有 j 个 0-位的概率. 对于 ξ' 而言, 仅 0-位数目不多于父代解的子代解会被接受, 因此,

$$\sum_{\mathrm{y}\in\mathcal{Y}} P(\xi_1' = \mathrm{y} \mid \xi_0' = \phi(\mathrm{x}))\mathbb{E}[\tau' \mid \xi_1' = \mathrm{y}] = \sum_{j=0}^{i-1} P_j \mathbb{E}(j) + \left(1 - \sum_{j=0}^{i-1} P_j\right)\mathbb{E}(i). \tag{4.26}$$

对于 ξ 而言, x 中的某个解 s 将被选择用于产生新解. 令 P_j' 表示对 s 执行逐位变异算子而产生的子代解 s' 拥有 j 个 0-位的概率. 若 $|s'|_0 < i$, 有 $|\phi((\mathrm{x}, s'))|_0 = |s'|_0$, 否则 $|\phi((\mathrm{x}, s'))|_0 = i$, 其中 (x, s') 是算法直到 $t+1$ 时刻产生的解的序列. 因此,

$$\sum_{\mathrm{y}\in\mathcal{Y}} P(\xi_{t+1} \in \phi^{-1}(\mathrm{y}) \mid \xi_t = \mathrm{x})\mathbb{E}[\tau' \mid \xi_0' = \mathrm{y}] = \sum_{j=0}^{i-1} P_j' \mathbb{E}(j) + \left(1 - \sum_{j=0}^{i-1} P_j'\right)\mathbb{E}(i). \tag{4.27}$$

根据 ϕ 的定义可知, $|s|_0 \geqslant |\phi(\mathrm{x})|_0 = i$. 于是由引理 4.3 可得 $\forall k \in [n] : \sum_{j=0}^{k} P_j \geqslant \sum_{j=0}^{k} P_j'$. 又根据引理 4.2 有 $\mathbb{E}(i)$ 随着 i 单调递增, 因此由引理 4.4 可得

$$\sum_{j=0}^{i-1} P_j' \mathbb{E}(j) + \left(1 - \sum_{j=0}^{i-1} P_j'\right)\mathbb{E}(i) \geqslant \sum_{j=0}^{i-1} P_j \mathbb{E}(j) + \left(1 - \sum_{j=0}^{i-1} P_j\right)\mathbb{E}(i), \tag{4.28}$$

即

$$\sum_{\mathrm{y}\in\mathcal{Y}} P(\xi_{t+1} \in \phi^{-1}(\mathrm{y}) \mid \xi_t = \mathrm{x})\mathbb{E}[\tau' \mid \xi_0' = \mathrm{y}] \geqslant \sum_{\mathrm{y}\in\mathcal{Y}} P(\xi_1' = \mathrm{y} \mid \xi_0' = \phi(\mathrm{x}))\mathbb{E}[\tau' \mid \xi_1' = \mathrm{y}]. \tag{4.29}$$

换言之, 调换分析法的条件, 即式 (4.1), 成立, 其中 $\rho_t = 0$. 因此,

$$\mathbb{E}[\tau \mid \xi_0 \sim \pi_0] \geqslant \mathbb{E}[\tau' \mid \xi_0' \sim \pi_0^{\phi}]. \tag{4.30}$$

接下来分析 $\mathbb{E}[\tau' \mid \xi_0' \sim \pi_0^{\phi}]$. 对于基于变异的演化算法 (即算法 4.1) 而言, 初始种群由 $\{0,1\}^n$ 中随机选择的 μ 个解 $s_1, \ldots, s_\mu$ 构成. 由 ϕ 的定义可知, $\forall 0 \leqslant j \leqslant n : \pi_0^{\phi}(\{\mathrm{y} \in \mathcal{Y} \mid |\mathrm{y}|_0 = j\})$ 就是 $\min\{|s_1|_0, \ldots, |s_\mu|_0\} = j$ 的概率. 因此, 有

$$\mathbb{E}[\tau' \mid \xi_0' \sim \pi_0^{\phi}] = \sum_{j=0}^{n} \pi_0^{\phi}(\{\mathrm{y} \in \mathcal{Y} \mid |\mathrm{y}|_0 = j\})\mathbb{E}(j) = \sum_{j=0}^{n} P(\min\{|s_1|_0, \ldots, |s_\mu|_0\} = j)\mathbb{E}(j), \tag{4.31}$$

而这恰好是 (1+1)-EA$_\mu$ 求解 OneMax 这个演化过程对应的马尔可夫链之 DCFHT.

无论是基于变异的演化算法还是 (1+1)-EA$_\mu$, 它们的初始化过程均评估 μ 个解而每轮迭代均评估一个解. 因此, $\mathbb{E}[\tau \mid \xi_0 \sim \pi_0] \geqslant \mathbb{E}[\tau' \mid \xi_0' \sim \pi_0^{\phi}]$ 意味着基于变异的演化算法求解 UBoolean 的期望运行时间不小于 (1+1)-EA$_\mu$ 求解 OneMax 的期望运行时间. 于是定理 4.2 得证. □

值得一提的是, [Sudholt, 2013] 已证明当变异概率 p 为 $1/n$ 时, 任意基于变异的演化算法求解 UBoolean 的期望运行时间均不小于 (1+1)-EA$_\mu$ 求解 OneMax 的期望运行时间; 而 [Witt, 2013] 证明了当变异概率 $p \in (0, 0.5)$ 时, 任意基于变异的演化算法求解 UBoolean 的运行时间均**随机占优** (stochastic dominance) 于 (1+1)-EA$_\mu$ 求解 OneMax 的运行时间. 此处通过调换分析法证明的结论介于两者之间.

4.3 小结

本章介绍了用于分析演化算法期望运行时间的调换分析法, 通过引入一个相对简单的参照过程, 在此基础上对两个演化过程进行比较, 仅需分析其单步转移概率, 简化了对复杂目标过程的期望运行时间的分析. 作为应用例释, 本章通过调换分析法证明, 基于变异的演化算法求解 UBoolean 函数类的期望运行时间不小于 (1+1)-EA$_\mu$ 求解 OneMax 问题的期望运行时间.

第 5 章　运行时间分析方法的比较

前文已介绍了用于分析演化算法运行时间的四种方法, 即适应层分析法、漂移分析法、收敛分析法、调换分析法. 读者可能会问: 不同的分析方法之间存在什么关系、孰强孰弱? 为回答该问题, 本章介绍这些分析方法的**形式刻画** (characterization) 及**可归约性** (reducibility) 分析 [Yu et al., 2015; Yu and Qian, 2015]. 大致来说, 若分析方法 $\mathfrak{A}_2$ 在不要求更多信息的前提下可得出与另一方法 $\mathfrak{A}_1$ 至少同样紧的界, 则称 $\mathfrak{A}_1$ **可归约** (reducible) 至 $\mathfrak{A}_2$, 意味着 $\mathfrak{A}_2$ 至少与 $\mathfrak{A}_1$ 同样强大. 本章将证明: 适应层分析法、漂移分析法、收敛分析法这三种方法均可归约至调换分析法, 而调换分析法不可归约至适应层分析法. 关于调换分析法与漂移分析法、收敛分析法的进一步比较, 本章证明: 对于 (1+1)-EA 求解离散线性问题, 调换分析法得出的运行时间上界不同于漂移分析法得出的上界; 对于 (1+1)-EA 和 RLS 求解带约束 Trap 问题, 调换分析法得出的运行时间下界比收敛分析法得出的下界更紧. 这些结果不仅揭示了调换分析法强大的分析能力, 而且提供了统一的视角来评估演化算法运行时间的不同分析方法.

5.1 分析方法的形式化

分析方法往往被概念性地描述, 且应用时根据具体问题具体分析. 针对演化过程的一般分析方法通常会给出需分析的若干变量和需遵循的分析过程, 因此可将其视为带有输入、参数、输出的“算法”. 如定义 5.1 所述, 输入为目标演化过程相关的一些信息 (例如状态转移概率); 参数为分析方法需用到的特定信息 (例如调换分析法需用到的关于参照过程的信息); 输出为运行时间的上界和 (或) 下界. 由于演化过程的状态空间 $\mathcal{X}$ 在确定优化问题之前就可提前知晓, 因此它不被看作输入的一部分. 对于分析方法 $\mathfrak{A}$ 得到的运行时间上界 $\mathfrak{A}^{\text{up}}(\mathcal{I};\mathcal{P})$ 和下界 $\mathfrak{A}^{\text{low}}(\mathcal{I};\mathcal{P})$, 在意义明确时将省略输入 $\mathcal{I}$ 和参数 $\mathcal{P}$.

定义 5.1. 演化分析方法

对于初始状态为 ξ_0 且转移概率矩阵为 $\boldsymbol{P}$ 的演化过程 $\xi \in \mathcal{X}$, 若给定 $\mathcal{I} = g(\xi_0, \boldsymbol{P})$ (其中 g 为某个函数) 及参数 $\mathcal{P}(\mathcal{I})$, $\mathfrak{A}$ 能输出 ξ 的运行时间上界 (记为 $\mathfrak{A}^{\text{up}}(\mathcal{I};\mathcal{P})$) 和 (或) 下界 (记为 $\mathfrak{A}^{\text{low}}(\mathcal{I};\mathcal{P})$), 则 $\mathfrak{A}$ 称为**演化分析方法** (EA analysis approach).

下面给出调换分析法的形式刻画. 关于参照过程的变量被视为参数, 包括参照过程的单步转移概率和 CFHT 的界. 输入为目标演化过程的单步转移概率的界. 给定输入界, 若参数值确定, 即可得到对应输出的运行时间界; 若穷尽所有可能的参数值, 得到的所有输出界中最紧的那个即为“最优输出界”. 注意最优输出界的紧致程度取决于输入界的紧致程度, 而实际得出的界与最优输出界的接近程度取决于选择的参数值的合适程度.

形式刻画 5.1. 调换分析法

给定演化过程 $\xi \in \mathcal{X}$, 调换分析法 $\mathfrak{A}_{\mathrm{SA}}$ 可刻画为:

参数: 参照过程 $\xi' \in \mathcal{Y}$ 及其转移概率 $P(\xi'_1 \mid \xi'_0)$ 和 CFHT $\mathbb{E}[\tau' \mid \xi'_t = \mathrm{y}]$ $(\forall \mathrm{y} \in \mathcal{Y}, t \in \{0,1\})$ 之界; 右对齐映射 $\phi^{\mathrm{up}}: \mathcal{X} \to \mathcal{Y}$ 或左对齐映射 $\phi^{\mathrm{low}}: \mathcal{X} \to \mathcal{Y}$.

输入: 单步转移概率 $P(\xi_{t+1} \mid \xi_t)$ 的界.

输出: 令 $\pi_t^{\phi}(\mathrm{y}) = \pi_t(\phi^{-1}(\mathrm{y}))\ \forall \mathrm{y} \in \mathcal{Y}$,

$\mathfrak{A}_{\mathrm{SA}}^{\mathrm{up}} = \mathbb{E}[\tau' \mid \xi'_0 \sim \pi_0^{\phi}] + \rho^{\mathrm{up}}$, 其中 $\rho^{\mathrm{up}} = \sum_{t=0}^{+\infty} \rho_t^{\mathrm{up}}$ 且 $\forall t: \rho_t^{\mathrm{up}} \geqslant \sum_{\mathrm{x} \in \mathcal{X}, \mathrm{y} \in \mathcal{Y}} \pi_t(\mathrm{x}) P(\xi_{t+1} \in \phi^{-1}(\mathrm{y}) \mid \xi_t = \mathrm{x}) \mathbb{E}[\tau' \mid \xi'_0 = \mathrm{y}] - \sum_{\mathrm{u}, \mathrm{y} \in \mathcal{Y}} \pi_t^{\phi}(\mathrm{u}) P(\xi'_1 = \mathrm{y} \mid \xi'_0 = \mathrm{u}) \mathbb{E}[\tau' \mid \xi'_1 = \mathrm{y}]$,

$\mathfrak{A}_{\mathrm{SA}}^{\mathrm{low}} = \mathbb{E}[\tau' \mid \xi'_0 \sim \pi_0^{\phi}] + \rho^{\mathrm{low}}$, 其中 $\rho^{\mathrm{low}} = \sum_{t=0}^{+\infty} \rho_t^{\mathrm{low}}$ 且 $\forall t: \rho_t^{\mathrm{low}} \leqslant \sum_{\mathrm{x} \in \mathcal{X}, \mathrm{y} \in \mathcal{Y}} \pi_t(\mathrm{x}) P(\xi_{t+1} \in \phi^{-1}(\mathrm{y}) \mid \xi_t = \mathrm{x}) \mathbb{E}[\tau' \mid \xi'_0 = \mathrm{y}] - \sum_{\mathrm{u}, \mathrm{y} \in \mathcal{Y}} \pi_t^{\phi}(\mathrm{u}) P(\xi'_1 = \mathrm{y} \mid \xi'_0 = \mathrm{u}) \mathbb{E}[\tau' \mid \xi'_1 = \mathrm{y}]$.

在将分析方法形式刻画为输入、参数、输出之后, 即可研究其分析能力. 大家的第一反应可能是: 如果一个方法总能得出比另一个方法更紧的运行时间界, 则其分析能力更强大. 然而, 分析方法得出的界的紧致与否受许多因素的影响, 即便是同一个分析方法, 用法不同也可能导致界不同. 因此, 在分析两种方法的可归约性时, 不宜比较其在特定使用场景下得出的结果.

定义 5.2. 可归约性

给定两个演化分析方法 $\mathfrak{A}_1$ 和 $\mathfrak{A}_2$, 若对于任意输入 $\mathcal{I}$ 和参数 $\mathcal{P}_1$, 存在转换 T 及可能依赖于 $\mathcal{P}_1$ 的参数 $\mathcal{P}_2$ 满足

(1) $\mathfrak{A}_1^{\mathrm{up}}(\mathcal{I}; \mathcal{P}_1) \geqslant \mathfrak{A}_2^{\mathrm{up}}(T(\mathcal{I}); \mathcal{P}_2)$, 则 $\mathfrak{A}_1$ **上界可归约** (upper-bound reducible) 至 $\mathfrak{A}_2$;

(2) $\mathfrak{A}_1^{\mathrm{low}}(\mathcal{I}; \mathcal{P}_1) \leqslant \mathfrak{A}_2^{\mathrm{low}}(T(\mathcal{I}); \mathcal{P}_2)$, 则 $\mathfrak{A}_1$ **下界可归约** (lower-bound reducible) 至 $\mathfrak{A}_2$.

若 $\mathfrak{A}_1$ 上界和下界均可归约至 $\mathfrak{A}_2$, 则 $\mathfrak{A}_1$ 可归约至 $\mathfrak{A}_2$.

根据该定义可知, 对于两个分析方法 $\mathfrak{A}_1$ 和 $\mathfrak{A}_2$, 若存在转换 T 使得仅从 $\mathfrak{A}_1$ 的输入可构造出 $\mathfrak{A}_2$ 的输入, 并存在某种参数设置使得 $\mathfrak{A}_2$ 输出的界至少和 $\mathfrak{A}_1$ 输出的界同样好, 则 $\mathfrak{A}_1$ 可归约至 $\mathfrak{A}_2$; 否则, $\mathfrak{A}_1$ 不可归约至 $\mathfrak{A}_2$. 直观来说, 导致一个方法不可归约至另一个方法的原因可能包括: 后者不能利用前者的所有输入, 即 T 在转换过程中会丢失某些重要的输入信息; 即便 T 不会丢失输入信息, 后者仍无法对其充分利用. 当 $\mathfrak{A}_1$ 被证明可归约至 $\mathfrak{A}_2$ 时, 我们就可以说 $\mathfrak{A}_2$ 的分析能力至少和 $\mathfrak{A}_1$ 同样强大; 但这并不意味着 $\mathfrak{A}_2$ 比 $\mathfrak{A}_1$ 更易使用, 因为分析方法的可用性还取决于其直观性以及使用者的背景.

下面基于可归约性将调换分析法分别与适应层分析、漂移分析和收敛分析法作比较.

5.2 调换分析与适应层分析

本节先给出适应层分析法的形式刻画，然后证明适应层分析法可归约至调换分析法，最后证明调换分析法至少在 Peak 问题上不可归约至适应层分析法.

如定理 2.1 和定理 2.2 所述，适应层分析法被用于分析采用精英保留策略的演化算法的运行时间，主要思路是将解空间根据适应度划分成若干层，然后估算解跳跃到更高层的转移概率，并据此估算期望运行时间. 由于原始适应层分析法 (即定理 2.1) 关于上下界的分析均为精制版本 (即定理 2.2) 的特例，此处给出精制适应层分析法的形式刻画.

形式刻画 5.2. 适应层分析法

给定演化过程 $\xi \in \mathcal{X}$, 适应层分析法 $\mathfrak{A}_{\mathrm{FL}}$ 可刻画为:

参数: $<_f$-划分 $\{\mathcal{S}_1, \mathcal{S}_2, \ldots, \mathcal{S}_m\}$, 其中 $\mathcal{S}_1 <_f \mathcal{S}_2 <_f \cdots <_f \mathcal{S}_m = \mathcal{S}^*$.

输入: 某些非负变量 $\gamma_{i,j}$ (满足 $\sum_{j=i+1}^{m} \gamma_{i,j} = 1$) 下的转移概率界

$v_i \leqslant \min_{\mathrm{x} \in \mathcal{S}_i} \min_j \frac{1}{\gamma_{i,j}} P(\xi_{t+1} \in \mathcal{S}_j \mid \xi_t = \mathrm{x})$,

$u_i \geqslant \max_{\mathrm{x} \in \mathcal{S}_i} \max_j \frac{1}{\gamma_{i,j}} P(\xi_{t+1} \in \mathcal{S}_j \mid \xi_t = \mathrm{x})$,

$\chi_1 \geqslant \gamma_{i,j} / \sum_{k=j}^{m} \gamma_{i,k} \geqslant \chi_2 \ \forall i < j < m$,

$\chi_1 \geqslant 1 - v_{j+1}/v_j$ 且 $\chi_2 \geqslant 1 - u_{j+1}/u_j \ \forall 1 \leqslant j \leqslant m-2$.

输出:

$\mathfrak{A}_{\mathrm{FL}}^{\mathrm{up}} = \sum_{i=1}^{m-1} \pi_0(\mathcal{S}_i) \cdot \left(\frac{1}{v_i} + \chi_1 \sum_{j=i+1}^{m-1} \frac{1}{v_j}\right)$,

$\mathfrak{A}_{\mathrm{FL}}^{\mathrm{low}} = \sum_{i=1}^{m-1} \pi_0(\mathcal{S}_i) \cdot \left(\frac{1}{u_i} + \chi_2 \sum_{j=i+1}^{m-1} \frac{1}{u_j}\right)$.

定理 5.1

$\mathfrak{A}_{\mathrm{FL}}$ 可归约至 $\mathfrak{A}_{\mathrm{SA}}$.

证明该定理前，先引入一条简单的马尔可夫链 OneJump，它将被用作调换分析法的参照链. 如定义 5.3 所述，OneJump 每步都以一定的概率转移至目标状态，否则原地不动.

定义 5.3. OneJump 链

带 n 个参数 $\{p_0, \ldots, p_{n-1}\}$ (其中 $p_i \in [0,1]$) 的齐次马尔可夫链 $\xi \in \{0,1\}^n$, 目标状态为 1^n, 转移概率为

$$\forall t \geqslant 0, \mathrm{x} \in \{0,1\}^n \setminus \{1^n\}: P(\xi_{t+1} = \mathrm{y} \mid \xi_t = \mathrm{x}) = \begin{cases} p_{|\mathrm{x}|_1} & \text{若 } \mathrm{y} = 1^n; \\ 1 - p_{|\mathrm{x}|_1} & \text{若 } \mathrm{y} = \mathrm{x}; \\ 0 & \text{否则}. \end{cases} \tag{5.1}$$

OneJump 链的 CFHT 可直接通过计算得到: 若从满足 $|\mathrm{x}|_1 = n - j$ 的状态 x 开始，则

CFHT 等于 $1/p_{n-j}$. 由于 CFHT 仅依赖于状态中 0 的数目, 因此为简便起见, 令 $\mathbb{E}_{oj}(j) = 1/p_{n-j}$ 表示 OneJump 链从含 j 个 0 的状态开始的 CFHT.

引理 5.1 和引理 5.2 分别证明了上界和下界可归约性, 于是定理 5.1 得证.

引理 5.1

$\mathfrak{A}_{FL}$ 上界可归约至 $\mathfrak{A}_{SA}$.

证明 思路是根据 $\mathfrak{A}_{FL}$ 的输入和参数构造 $\mathfrak{A}_{SA}$ 的输入和参数推出 $\mathfrak{A}_{SA}^{up} \leqslant \mathfrak{A}_{FL}^{up}$. 令 $\xi \in \mathcal{X}$ 表示待分析的演化过程. 由 $\mathfrak{A}_{FL}$ 的参数可得到将解空间划分为 m 个子空间的 $<_f$-划分 $\{\mathcal{S}_1, \mathcal{S}_2, \ldots, \mathcal{S}_m\}$; 另外由 $\mathfrak{A}_{FL}$ 的输入可得变量 v_i、$\gamma_{i,j}$ 及 χ_1, 见形式刻画 5.2.

将 $n = m-1$ 且 $\forall 0 \leqslant i < m-1 : p_i = 1/(\frac{1}{v_{i+1}} + \chi_1 \sum_{j=i+2}^{m-1} \frac{1}{v_j})$ 的 OneJump 链作为参照链 $\xi' \in \mathcal{Y} = \{0,1\}^{m-1}$. 构造映射 $\phi : \mathcal{X} \to \mathcal{Y}$ 使得 $\forall \mathrm{x} \in \mathcal{S}_i : \phi(\mathrm{x}) = 1^{i-1}0^{m-i}$. 由于当且仅当 $\mathrm{x} \in \mathcal{S}_m$ 时 $\phi(\mathrm{x}) \in \mathcal{Y}^* = \{1^{m-1}\}$, 因此该映射是最优对齐的.

接下来, 根据 $\mathfrak{A}_{FL}$ 的输入及构造的参照链计算 $\mathfrak{A}_{SA}$ 的上界输出. 由映射 ϕ 的定义可知, 属于 $\mathcal{S}_i$ 的种群被映射至参照链 OneJump 的状态 $1^{i-1}0^{m-i}$, 而从该状态开始, OneJump 到达目标状态所需时间为 $\mathbb{E}_{oj}(m-i)$. 对于 ξ 的单步转移, 由 $\mathfrak{A}_{FL}$ 的输入可知, 变量 v_i 与 $\gamma_{i,j}$ 和 χ_1 一起给出了产生更好解的概率之下界. 因此, 式 (4.1) 的左边部分有如下上界: 对于任意非最优状态 $\mathrm{x} \in \mathcal{S}_i, i < m$, 有

$$\sum_{\mathrm{y} \in \mathcal{Y}} P(\xi_{t+1} \in \phi^{-1}(\mathrm{y}) \mid \xi_t = \mathrm{x}) \mathbb{E}[\tau' \mid \xi'_0 = \mathrm{y}] \leqslant v_i \sum_{j=i+1}^{m} \gamma_{i,j} \mathbb{E}_{oj}(m-j) + (1-v_i)\mathbb{E}_{oj}(m-i), \tag{5.2}$$

其中式 (5.2) 右边部分的第一项代表产生更好解的所有情况, 第二项代表其余情况. 注意式 (5.2) 的成立依赖于 $\forall j \in \{i+1, \ldots, m\} : \mathbb{E}_{oj}(m-i) \geqslant \mathbb{E}_{oj}(m-j)$, 而该不等式可由 $\chi_1 \geqslant 1 - v_{j+1}/v_j$ 推得. 下面考虑参照链. $\forall \mathrm{x} \in \mathcal{S}_i : \phi(\mathrm{x}) = 1^{i-1}0^{m-i}$, 由引理 2.1 可得

$$\sum_{\mathrm{y} \in \mathcal{Y}} P(\xi'_1 = \mathrm{y} \mid \xi'_0 = \phi(\mathrm{x})) \mathbb{E}[\tau' \mid \xi'_1 = \mathrm{y}] = \mathbb{E}_{oj}(m-i) - 1. \tag{5.3}$$

$\forall \mathrm{x} \in S_i$, 其中 $i < m$, 通过比较式 (5.2) 和式 (5.3) 可得

$$\begin{aligned}
&\sum_{\mathrm{y} \in \mathcal{Y}} P(\xi_{t+1} \in \phi^{-1}(\mathrm{y}) \mid \xi_t = \mathrm{x}) \mathbb{E}[\tau' \mid \xi'_0 = \mathrm{y}] \\
&\quad - \sum_{\mathrm{y} \in \mathcal{Y}} P(\xi'_1 = \mathrm{y} \mid \xi'_0 = \phi(\mathrm{x})) \mathbb{E}[\tau' \mid \xi'_1 = \mathrm{y}] \\
&\leqslant 1 + \sum_{j=i+1}^{m-1} v_i \gamma_{i,j} \mathbb{E}_{oj}(m-j) - v_i \mathbb{E}_{oj}(m-i) \\
&= 1 + \sum_{j=i+1}^{m-1} v_i \gamma_{i,j} \left(\frac{1}{v_j} + \chi_1 \sum_{k=j+1}^{m-1} \frac{1}{v_k} \right) - v_i \left(\frac{1}{v_i} + \chi_1 \sum_{j=i+1}^{m-1} \frac{1}{v_j} \right) \\
&= 1 + v_i \sum_{j=i+1}^{m-1} \frac{1}{v_j} \left(\gamma_{i,j} + \chi_1 \sum_{k=i+1}^{j-1} \gamma_{i,k} \right) - v_i \left(\frac{1}{v_i} + \chi_1 \sum_{j=i+1}^{m-1} \frac{1}{v_j} \right)
\end{aligned} \tag{5.4}$$

$$\leqslant 1+v_i\sum_{j=i+1}^{m-1}\frac{1}{v_j}\left(\chi_1\sum_{k=j}^{m}\gamma_{i,k}+\chi_1\sum_{k=i+1}^{j-1}\gamma_{i,k}\right)-v_i\left(\frac{1}{v_i}+\chi_1\sum_{j=i+1}^{m-1}\frac{1}{v_j}\right) \tag{5.5}$$

$$=0, \tag{5.6}$$

其中式 (5.4) 由 $\mathbb{E}_{\text{oj}}(m-j)=1/p_{j-1}$ 和 $\mathbb{E}_{\text{oj}}(m-i)=1/p_{i-1}$ 可得, 式 (5.5) 由 $\chi_1 \geqslant \gamma_{i,j}/\sum_{k=j}^{m}\gamma_{i,k}$ 可得, 式 (5.6) 由 $\sum_{k=i+1}^{m}\gamma_{i,k}=1$ 可得. 因此, $\forall t\geqslant 0$,

$$\sum_{\text{x}\in\mathcal{X},\text{y}\in\mathcal{Y}}\pi_t(\text{x})P(\xi_{t+1}\in\phi^{-1}(\text{y})\mid\xi_t=\text{x})\mathbb{E}[\tau'\mid\xi_0'=\text{y}]$$
$$-\sum_{\text{u},\text{y}\in\mathcal{Y}}\pi_t^{\phi}(\text{u})P(\xi_1'=\text{y}\mid\xi_0'=\text{u})\mathbb{E}[\tau'\mid\xi_1'=\text{y}]\leqslant 0, \tag{5.7}$$

即形式刻画 5.1 中的 ρ_t^{up} 满足 $\forall t:\rho_t^{\text{up}}=0$, 于是 $\rho^{\text{up}}=0$. 根据形式刻画 5.1和 $\pi_0^{\phi}(\text{y})=\pi_0(\phi^{-1}(\text{y}))$ 有

$$\begin{aligned}\mathfrak{A}_{\text{SA}}^{\text{up}}&=\mathbb{E}[\tau'\mid\xi_0'\sim\pi_0^{\phi}]+0\\&=\sum_{i=1}^{m}\pi_0(\mathcal{S}_i)\mathbb{E}_{\text{oj}}(m-i)\\&=\sum_{i=1}^{m-1}\pi_0(\mathcal{S}_i)\left(\frac{1}{v_i}+\chi_1\sum_{j=i+1}^{m-1}\frac{1}{v_j}\right)=\mathfrak{A}_{\text{FL}}^{\text{up}},\end{aligned} \tag{5.8}$$

于是引理 5.1 得证. □

引理 5.2

$\mathfrak{A}_{\text{FL}}$ 下界可归约至 $\mathfrak{A}_{\text{SA}}$.

引理 5.2 可利用引理 5.1 的证明而得, 仅需修改相应的变量和不等号方向. 上述可归约性的证明是构造性的, 实质上提供了一种以调换分析法模拟适应层分析法的方式. 于是, 任何通过适应层分析法完成的证明皆可由调换分析法完成.

$\mathfrak{A}_{\text{FL}}$ 可归约至 $\mathfrak{A}_{\text{SA}}$, 反之是否成立呢? 即 $\mathfrak{A}_{\text{SA}}$ 是否可归约至 $\mathfrak{A}_{\text{FL}}$? 对 (1+1)-EA$^{\neq}$ 求解 Peak 问题的分析结果表明, 答案是否定的, 这意味着调换分析法的分析能力比适应层分析法更强大.

定理 5.2

$\mathfrak{A}_{\text{SA}}$ 不可归约至 $\mathfrak{A}_{\text{FL}}$.

定义 2.5 给出的 Peak 问题可形象地看成 "大海捞针" , 其最优解是适应度为 1 的 1^n, 其他所有解的适应度均为 0. 对于该问题, 仅存一种可能的 $<_f$-划分, 包含两个集合: 由所有非最优解构成的 $\mathcal{S}_1$ 和由最优解构成的 $\mathcal{S}_2$. 如 2.1 节所述, (1+1)-EA$^{\neq}$ 和 (1+1)-EA 的唯一

区别为: 在选择过程中, 前者不接受适应度与父代解相等的子代解, 而后者接受. 因此, 求解 Peak 问题时, (1+1)-EA 将在适应度相等的非最优解上执行**随机游走** (random walk), 而 (1+1)-EA$^{\neq}$ 将按兵不动, 直至找到最优解.

引理 5.3 和引理 5.4 分别给出了使用适应层分析法和调换分析法得到的关于 (1+1)-EA$^{\neq}$ 求解 Peak 问题的运行时间界. 通过比较这两个引理可知 $\mathfrak{A}_{\mathrm{SA}}^{\mathrm{up}} < \mathfrak{A}_{\mathrm{FL}}^{\mathrm{up}}$ 且 $\mathfrak{A}_{\mathrm{SA}}^{\mathrm{low}} > \mathfrak{A}_{\mathrm{FL}}^{\mathrm{low}}$, 因此 $\mathfrak{A}_{\mathrm{SA}}$ 不可归约至 $\mathfrak{A}_{\mathrm{FL}}$, 定理 5.2 得证. 实际上, 适应层分析法仅能得出非常松的**多项式级** (polynomial) 下界, 而调换分析法能得出指数级下界. 对于该过程的分析, 若根据含 0-位的数目将解空间划分成 $n+1$ 层, 则调换分析法能利用每一层跳跃至最优层的概率, 而适应层分析法无法利用. 引理 5.3 和引理 5.4 的证明见附录 A.

引理 5.3

给定 (1+1)-EA$^{\neq}$ 求解 Peak 问题, 任意输入和参数下均有 $\mathfrak{A}_{\mathrm{FL}}^{\mathrm{up}} \geqslant (1-1/2^n)n^n$ 且 $\mathfrak{A}_{\mathrm{FL}}^{\mathrm{low}} \leqslant (1-1/2^n)n(n/(n-1))^{n-1}$.

引理 5.4

给定 (1+1)-EA$^{\neq}$ 求解 Peak 问题, 存在输入和参数使得 $\mathfrak{A}_{\mathrm{SA}}^{\mathrm{up}} \leqslant (n/2+n/(2(n-1)))^n$ 且 $\mathfrak{A}_{\mathrm{SA}}^{\mathrm{low}} \geqslant (n/2)^n$.

5.3 调换分析与漂移分析

本节比较调换分析法与漂移分析法: 先给出漂移分析法的形式刻画, 然后证明漂移分析法可归约至调换分析法, 最后通过在离散线性问题上的案例分析证明调换分析法可得出新的运行时间界.

漂移分析法 [Hajek, 1982; Sasaki and Hajek, 1988; He and Yao, 2001, 2004] 已被广泛应用于演化算法的运行时间分析, 且衍生出若干变体 [Happ et al., 2008; Oliveto and Witt, 2011; Doerr et al., 2012c; Doerr and Goldberg, 2013]. 此处考虑经典漂移分析法, 亦称加性漂移分析法 (即定理 2.3). 漂移分析法引入距离函数来衡量任意状态至目标状态空间的距离. 直观来说, 漂移分析法基于距离函数估算演化算法朝着目标前进的平均步长, 然后通过将初始距离与平均步长相除即可得到算法到达目标所需的步数. 当定理 2.3 中的 c_1 为负数时, 漂移分析法在当前距离函数下失效.

需要注意的是, 乘性漂移分析法 (即定理 2.4) 和**自适应漂移分析法** (adaptive drift analysis) [Doerr and Goldberg, 2013] 这两个新变体并不比加性版本强. 这是因为乘性漂移分析法可通过加性版本获得, 而自适应漂移分析法实际上是基于精心设计的距离函数 (依赖于目标函数及演化算法的参数值) 的加性 (乘性) 漂移分析法.

形式刻画 5.3. 漂移分析法

给定演化过程 $\xi \in \mathcal{X}$, 漂移分析法 $\mathfrak{A}_{\mathrm{DA}}$ 可刻画为:

参数: 距离函数 V.

输入:

对于上界分析, 满足 $\forall t \geqslant 0, \xi_t \notin \mathcal{X}^*: c_1 \leqslant \mathbb{E}[V(\xi_t) - V(\xi_{t+1}) \mid \xi_t]$ 且 $c_1 > 0$ 之 c_1,

对于下界分析, 满足 $\forall t \geqslant 0, \xi_t \notin \mathcal{X}^*: c_2 \geqslant \mathbb{E}[V(\xi_t) - V(\xi_{t+1}) \mid \xi_t]$ 且 $c_2 > 0$ 之 c_2.

输出:

$\mathfrak{A}_{\mathrm{DA}}^{\mathrm{up}} = \sum_{\mathrm{x} \in \mathcal{X}} \pi_0(\mathrm{x}) V(\mathrm{x}) / c_1$,

$\mathfrak{A}_{\mathrm{DA}}^{\mathrm{low}} = \sum_{\mathrm{x} \in \mathcal{X}} \pi_0(\mathrm{x}) V(\mathrm{x}) / c_2$.

定理 5.3

$\mathfrak{A}_{\mathrm{DA}}$ 可归约至 $\mathfrak{A}_{\mathrm{SA}}$.

漂移分析法至调换分析法的可归约性由下述两个引理可得. 引理 5.5 表明了上界可归约性. 通过将 OneJump (其参数依赖于距离函数 V) 作为参照链, 并利用漂移分析法的输入 c_1, 调换分析法可得出与漂移分析法相同的上界. 引理 5.6 表明了下界可归约性, 证明与引理 5.5 的类似, 仅需将 c_1 替换成 c_2 并改变相应不等号的方向. 这些证明是构造性的, 实质上提供了一种用调换分析法重现漂移分析法结果的方法.

引理 5.5

$\mathfrak{A}_{\mathrm{DA}}$ 上界可归约至 $\mathfrak{A}_{\mathrm{SA}}$.

证明 思路是根据 $\mathfrak{A}_{\mathrm{DA}}$ 的输入和参数构造 $\mathfrak{A}_{\mathrm{SA}}$ 的输入和参数使得 $\mathfrak{A}_{\mathrm{SA}}^{\mathrm{up}} \leqslant \mathfrak{A}_{\mathrm{DA}}^{\mathrm{up}}$. 令 ξ 表示待分析的演化过程. 由形式刻画 5.3 可知, $\mathfrak{A}_{\mathrm{DA}}$ 的参数为距离函数 V, 输入为 c_1. 令 $\mathcal{V} = \{V(\mathrm{x}) \mid \mathrm{x} \in \mathcal{X}\} = \{V_0, V_1, \ldots, V_m\}$ 为距离函数的所有不同取值构成的集合, 其规模为 $m+1$. 对 $\mathcal{V}$ 中的元素排序: $V_0 = 0 < V_1 < \cdots < V_m$. 若 $V(\mathrm{x}) = V_i$, 则将 x 的序号记为 $\mathcal{V}_{\mathrm{x}} = i$. 不失一般性, 假定 $V_1 \geqslant 1$, 否则 $\mathcal{V}$ 中的所有元素及 c_1 均可乘以 $1/V_1$ 而不影响漂移分析法的条件和结论.

将 $n = m$ 且 $\forall 0 \leqslant i \leqslant m-1: p_i = 1/V_{m-i}$ 的 OneJump 链作为参照链 $\xi' \in \mathcal{Y} = \{0,1\}^m$. 利用状态的序号构造映射 $\phi: \mathcal{X} \to \mathcal{Y}$ 使得 $\forall \mathrm{x}: \phi(\mathrm{x}) = 1^{m-\mathcal{V}_{\mathrm{x}}} 0^{\mathcal{V}_{\mathrm{x}}}$. 该映射是最优对齐的, 因为当且仅当种群的距离为 0 时种群被映射至 1^m.

接下来分析式 (4.1). $\forall \mathrm{x} \notin \mathcal{X}^*$, 有

$$\begin{aligned}
\sum_{\mathrm{y} \in \mathcal{Y}} P(\xi_{t+1} \in \phi^{-1}(\mathrm{y}) \mid \xi_t = \mathrm{x}) \mathbb{E}[\tau' \mid \xi'_0 = \mathrm{y}] &= \sum_{i=0}^{m} P(V(\xi_{t+1}) = V_i \mid \xi_t = \mathrm{x}) \cdot \mathbb{E}_{\mathrm{oj}}(i) \\
&= \sum_{i=0}^{m} P(V(\xi_{t+1}) = V_i \mid \xi_t = \mathrm{x}) \cdot V_i \qquad (5.9) \\
&= \mathbb{E}[V(\xi_{t+1}) \mid \xi_t = \mathrm{x}], \qquad (5.10)
\end{aligned}$$

其中式 (5.9) 由 $\mathbb{E}_{\text{oj}}(i) = 1/p_{m-i}$ 可得. 又因为

$$\mathbb{E}[V(\xi_t) - V(\xi_{t+1}) \mid \xi_t = \text{x}] = V(\text{x}) - \mathbb{E}[V(\xi_{t+1}) \mid \xi_t = \text{x}] \geqslant c_1, \tag{5.11}$$

于是有

$$\sum_{\text{y} \in \mathcal{Y}} P(\xi_{t+1} \in \phi^{-1}(\text{y}) \mid \xi_t = \text{x}) \mathbb{E}[\tau' \mid \xi'_0 = \text{y}] \leqslant V(\text{x}) - c_1. \tag{5.12}$$

由 $\phi(\text{x}) = 1^{m-\mathcal{V}_\text{x}} 0^{\mathcal{V}_\text{x}}, \forall \text{x} \notin \mathcal{X}^*$ 有

$$\sum_{\text{y} \in \mathcal{Y}} P(\xi'_1 = \text{y} \mid \xi'_0 = \phi(\text{x})) \mathbb{E}[\tau' \mid \xi'_1 = \text{y}] = \mathbb{E}_{\text{oj}}(\mathcal{V}_\text{x}) - 1 = V(\text{x}) - 1. \tag{5.13}$$

于是由式 (5.12) 和式 (5.13), $\forall \text{x} \notin \mathcal{X}^*$ 有

$$\begin{aligned} &\sum_{\text{y} \in \mathcal{Y}} P(\xi_{t+1} \in \phi^{-1}(\text{y}) \mid \xi_t = \text{x}) \mathbb{E}[\tau' \mid \xi'_0 = \text{y}] \\ &\quad - \sum_{\text{y} \in \mathcal{Y}} P(\xi'_1 = \text{y} \mid \xi'_0 = \phi(\text{x})) \mathbb{E}[\tau' \mid \xi'_1 = \text{y}] \leqslant 1 - c_1. \end{aligned} \tag{5.14}$$

考虑 x 的所有情况, 有

$$\begin{aligned} &\sum_{\text{x} \in \mathcal{X}, \text{y} \in \mathcal{Y}} \pi_t(\text{x}) P(\xi_{t+1} \in \phi^{-1}(\text{y}) \mid \xi_t = \text{x}) \mathbb{E}[\tau' \mid \xi'_0 = \text{y}] \\ &\leqslant \sum_{\text{x} \in \mathcal{X}, \text{y} \in \mathcal{Y}} \pi_t(\text{x}) P(\xi'_1 = \text{y} \mid \xi'_0 = \phi(\text{x})) \mathbb{E}[\tau' \mid \xi'_1 = \text{y}] + (1 - c_1) \cdot (1 - \pi_t(\mathcal{X}^*)), \end{aligned} \tag{5.15}$$

这意味着形式刻画 5.1 中的 ρ_t^{up} 满足

$$\rho_t^{\text{up}} = (1 - c_1) \cdot (1 - \pi_t(\mathcal{X}^*)), \tag{5.16}$$

于是

$$\rho^{\text{up}} = \sum_{t=0}^{+\infty} \rho_t^{\text{up}} = (1 - c_1) \cdot \sum_{t=0}^{+\infty} (1 - \pi_t(\mathcal{X}^*)) = (1 - c_1) \cdot \mathbb{E}[\tau \mid \xi_0 \sim \pi_0]. \tag{5.17}$$

根据调换分析法可得

$$\mathbb{E}[\tau \mid \xi_0 \sim \pi_0] \leqslant \mathbb{E}[\tau' \mid \xi'_0 \sim \pi_0^{\phi}] + (1 - c_1) \cdot \mathbb{E}[\tau \mid \xi_0 \sim \pi_0], \tag{5.18}$$

即

$$\mathbb{E}[\tau \mid \xi_0 \sim \pi_0] \leqslant \frac{1}{c_1} \cdot \mathbb{E}[\tau' \mid \xi'_0 \sim \pi_0^{\phi}]. \tag{5.19}$$

由映射 ϕ 的定义有

$$\begin{aligned}\mathbb{E}[\tau' \mid \xi_0' \sim \pi_0^{\phi}] &= \sum_{i=0}^{m} \pi_0(\{\mathrm{x} \mid \mathcal{V}_{\mathrm{x}} = i\}) \cdot \mathbb{E}_{\mathrm{oj}}(i) \\ &= \sum_{i=0}^{m} \pi_0(\{\mathrm{x} \mid V(\mathrm{x}) = V_i\}) \cdot V_i = \sum_{\mathrm{x}\in\mathcal{X}} \pi_0(\mathrm{x}) \cdot V(\mathrm{x}).\end{aligned} \tag{5.20}$$

因此,

$$\mathfrak{A}_{\mathrm{SA}}^{\mathrm{up}} = \frac{1}{c_1}\mathbb{E}[\tau' \mid \xi_0' \sim \pi_0^{\phi}] = \frac{1}{c_1}\sum_{\mathrm{x}\in\mathcal{X}} \pi_0(\mathrm{x}) \cdot V(\mathrm{x}) = \mathfrak{A}_{\mathrm{DA}}^{\mathrm{up}}, \tag{5.21}$$

于是引理 5.5 得证. □

引理 5.6

$\mathfrak{A}_{\mathrm{DA}}$ 下界可归约至 $\mathfrak{A}_{\mathrm{SA}}$.

接下来读者可能会问: 调换分析法是否可归约至漂移分析法呢? 目前还很难给出一个完整的答案, 因为这需要在不受限制的函数空间中去检验所有可能的距离函数. 下面暂且考虑受限的距离函数空间.

定义 5.4. 线性距离函数空间

对于长度为 n 的解, 线性距离函数空间 $\mathcal{L}$ 由所有可表示为解的元素之线性加权的距离函数构成, 即

$$\mathcal{L} = \left\{ V(\boldsymbol{s}) = \sum_{i=1}^{n} w_i s_i \mid \boldsymbol{w} \subset \mathbb{R}^n \right\}. \tag{5.22}$$

基于对 (1+1)-EA 求解离散线性问题的分析可推出调换分析法不可归约至使用固定线性距离函数的漂移分析法. 为了使 (1+1)-EA 能够求解离散线性问题, 其变异算子需作相应的修改. 当输入空间为 $\{0,1\}^n$ 时, 变异算子将解的一位从 0 翻转成 1, 或从 1 翻转成 0; 而当输入空间为 $\{0,1,\ldots,r\}^n$ 时, 变异算子需修改为: 将一个元素的当前值 k 翻转成从 $\{0,1,\ldots,r\} \setminus \{k\}$ 中随机选择的某个值.

定义 5.5. 离散线性问题

给定正权重 $w_1, w_2, \ldots, w_n$ 以及词汇集 $\{0,1,\ldots,r\}$, 找到 $\boldsymbol{s}^* \in \{0,1,\ldots,r\}^n$ 满足

$$\boldsymbol{s}^* = \mathop{\arg\max}_{\boldsymbol{s}\in\{0,1,\ldots,r\}^n} \sum_{i=1}^{n} w_i s_i, \tag{5.23}$$

其中 s_i 表示解 $\boldsymbol{s} \in \{0,1,\ldots,r\}^n$ 的第 i 个元素. 不失一般性, 假定 $w_1 \leqslant w_2 \leqslant \cdots \leqslant w_n$.

[Doerr et al., 2011b, 2012b] 已证明, 对 (1+1)-EA 求解离散线性问题进行分析时, 不存

在某个固定的线性距离函数使得漂移为正, 因此 $\mathfrak{A}_{\mathrm{DA}}^{\mathrm{up}}$ 失效.

引理 5.7. [Doerr et al., 2011b, 2012b]

给定 (1+1)-EA 求解离散线性问题,

(1) 变异概率 $p \geqslant 7/n$ 且词汇集为 $\{0,1\}$, 或

(2) 变异概率 $p = 1/n$ 且词汇集为 $\{0,1,\ldots,r\}$ (其中 $r \geqslant 43$) 时,

若使用固定参数 $V \in \mathcal{L}$, 则 $\mathfrak{A}_{\mathrm{DA}}^{\mathrm{up}}$ 失效.

使用调换分析法可推得下述运行时间上界:

定理 5.4

给定变异概率 $p = c/n$ (其中 $c > 0$ 为常数) 的 (1+1)-EA 求解离散线性问题,

(1) 若词汇集为 $\{0,1\}$, 则存在输入和参数使得 $\mathfrak{A}_{\mathrm{SA}}^{\mathrm{up}} = O(n \log n)$;

(2) 若词汇集为 $\{0,1,\ldots,r\}$, 则存在输入和参数使得 $\mathfrak{A}_{\mathrm{SA}}^{\mathrm{up}} = (1+o(1))(\mathrm{e}^c/c)rn \ln n + O(r^3 n \log\log n)$.

定理 5.4 中的界已由 [Doerr and Pohl, 2012; Doerr and Goldberg, 2013] 通过结合乘性和自适应漂移分析法证得. 通过应用定理 5.3 (即漂移分析法可归约至调换分析法), 定理 5.4 得证. 因此, 对比定理 5.4 与引理 5.7 可知, 调换分析法不可归约至使用固定线性距离函数的漂移分析法.

定理 5.4 第二种情形中的界涉及 r^3. 通过调换分析法可进一步推出另一个关于 r 更紧的界, 尽管它关于 n 更松, 如定理 5.5 所述. 该定理的证明将 RLS$^{\neq}$ 求解 LeadingOnes 问题的过程用作参照过程. 如 2.1 节所述, RLS$^{\neq}$ 由 RLS 稍微修改而来, 唯一变化是 RLS$^{\neq}$ 采用严格选择策略; 换言之, RLS 接受与父代解适应度相等的子代解, 而 RLS$^{\neq}$ 只接受更好的子代解. 将参照过程建模为 ξ', 引理 5.8 给出了相应首达时 τ' 的期望值. $|s|_0 = j$ 时, CFHT $\mathbb{E}[\tau' \mid \xi'_t = s]$ 可简写为 $\mathbb{E}_{\mathrm{rls}}(j)$, 即 $\mathbb{E}_{\mathrm{rls}}(j) = n \cdot j$. 引理 5.8 和定理 5.5 的证明见附录 A.

引理 5.8

$\forall t \geqslant 0, \forall s \in \{0,1\}^n : \mathbb{E}[\tau' \mid \xi'_t = s] = n \cdot |s|_0$.

定理 5.5

给定变异概率 $p \in (0, 0.5)$ 的 (1+1)-EA 求解词汇集为 $\{0,1,\ldots,r\}$ 的离散线性问题, 存在输入和参数使得 $\mathfrak{A}_{\mathrm{SA}}^{\mathrm{up}} \leqslant r^2 n/(p(1-p)^{n-1})$.

定理 5.5 中的上界 $r^2 n/(p(1-p)^{n-1})$ 在 $p = 1/n$ 时取到最小值 $O(r^2 n^2)$. 结合定理 5.4 (2) 中的上界可知, 变异概率为 $1/n$ 的 (1+1)-EA 求解词汇集为 $\{0,1,\ldots,r\}$ 的离散线性问题的期望运行时间上界为 $O(\min\{r^2 n^2, rn \log n + r^3 n \log\log n\})$.

5.4 调换分析与收敛分析

本节对调换分析法与收敛分析法进行比较: 先给出收敛分析法的形式刻画, 然后证明收敛分析法可归约至调换分析法, 最后对带约束 Trap 问题的案例分析揭示出, 调换分析法能得到比收敛分析法之前得到的更紧的运行时间界.

如定理 3.1 所述, 收敛分析法的主要思路是估计算法每一步的归一化成功概率, 并据此估计期望运行时间. 下面给出其形式刻画, 注意收敛分析法无参数.

形式刻画 5.4. 收敛分析法

给定演化过程 $\xi \in \mathcal{X}$, 收敛分析法 $\mathfrak{A}_{\text{CA}}$ 可刻画为:

输入:

$\alpha_t \leqslant \sum_{\mathrm{x}\notin\mathcal{X}^*} P(\xi_{t+1} \in \mathcal{X}^* \mid \xi_t = \mathrm{x})\frac{\pi_t(\mathrm{x})}{1-\pi_t(\mathcal{X}^*)}\ \forall t \geqslant 0$, 且 $\prod_{t=0}^{+\infty}(1-\alpha_t) = 0$,

$\beta_t \geqslant \sum_{\mathrm{x}\notin\mathcal{X}^*} P(\xi_{t+1} \in \mathcal{X}^* \mid \xi_t = \mathrm{x})\frac{\pi_t(\mathrm{x})}{1-\pi_t(\mathcal{X}^*)}\ \forall t \geqslant 0$.

输出:

$\mathfrak{A}_{\text{CA}}^{\text{up}} = (1-\pi_0(\mathcal{X}^*))(\sum_{t=1}^{+\infty} t\alpha_{t-1}\prod_{i=0}^{t-2}(1-\alpha_i))$,

$\mathfrak{A}_{\text{CA}}^{\text{low}} = (1-\pi_0(\mathcal{X}^*))(\sum_{t=1}^{+\infty} t\beta_{t-1}\prod_{i=0}^{t-2}(1-\beta_i))$.

定理 5.6

$\mathfrak{A}_{\text{CA}}$ 可归约至 $\mathfrak{A}_{\text{SA}}$.

证明该定理前, 先引入一条简单的马尔可夫链 OneJump-fix, 它将被用作调换分析法的参照链. 对于 OneJump-fix 链的每一步而言, 非目标状态以固定的概率跳转至目标状态, 否则原地不动.

定义 5.6. OneJump-fix 链

带参数 $p_{\text{fix}} \in [0,1]$ 的齐次马尔可夫链 $\xi \in \mathcal{X}$, 目标状态子空间为 $\mathcal{X}^*$, 转移概率为

$$\forall t \geqslant 0, \mathrm{x} \in \mathcal{X} \setminus \mathcal{X}^*: \begin{cases} P(\xi_{t+1} \in \mathcal{X}^* \mid \xi_t = \mathrm{x}) = p_{\text{fix}}, \\ P(\xi_{t+1} = \mathrm{x} \mid \xi_t = \mathrm{x}) = 1 - p_{\text{fix}}, \\ P(\xi_{t+1} = \mathrm{y} \mid \xi_t = \mathrm{x}) = 0\ \ \forall \mathrm{y} \in \mathcal{X} \setminus (\mathcal{X}^* \cup \{\mathrm{x}\}). \end{cases} \tag{5.24}$$

引理 5.9 和引理 5.10 分别证明了上界和下界可归约性, 于是定理 5.6 得证.

引理 5.9

$\mathfrak{A}_{\text{CA}}$ 上界可归约至 $\mathfrak{A}_{\text{SA}}$.

证明 思路是根据 $\mathfrak{A}_{\text{CA}}$ 的输入构造 $\mathfrak{A}_{\text{SA}}$ 的输入和参数使得 $\mathfrak{A}_{\text{SA}}^{\text{up}} \leqslant \mathfrak{A}_{\text{CA}}^{\text{up}}$. 令 $\xi \in \mathcal{X}$ 表示待分析的演

化过程. 由形式刻画 5.4 可得 $\mathfrak{A}_{\mathrm{CA}}$ 的输入变量 α_t. 将 OneJump-fix 链作为参照链 ξ', 其状态空间和目标状态子空间与 ξ 相同, 分别为 $\mathcal{X}$ 和 $\mathcal{X}^*$. ξ' 的参数设置为 $p_{\text{fix}} = 1/\sum_{t=0}^{+\infty}\prod_{i=0}^{t-1}(1-\alpha_i)$, 这意味着

$$\forall t \geqslant 0, \mathrm{x} \notin \mathcal{X}^* : \mathbb{E}[\tau' \mid \xi'_t = \mathrm{x}] = \sum_{t=0}^{+\infty}\prod_{i=0}^{t-1}(1-\alpha_i). \tag{5.25}$$

构造映射 $\phi : \mathcal{X} \to \mathcal{Y}$ 使得 $\forall \mathrm{x} : \phi(\mathrm{x}) = \mathrm{x}$. 该映射显然是最优对齐的.

下面利用 $\mathfrak{A}_{\mathrm{CA}}$ 的输入与构造的参照链来计算 $\mathfrak{A}_{\mathrm{SA}}$ 的上界输出. 对于式 (4.1) 的左边部分, 有

$$\begin{aligned}
&\sum_{\mathrm{x}\in\mathcal{X},\mathrm{y}\in\mathcal{Y}} \pi_t(\mathrm{x})P(\xi_{t+1}\in\phi^{-1}(\mathrm{y}) \mid \xi_t = \mathrm{x})\mathbb{E}[\tau' \mid \xi'_0 = \mathrm{y}] \\
&= \sum_{\mathrm{x}\in\mathcal{X}} \pi_t(\mathrm{x})(1 - P(\xi_{t+1}\in\mathcal{X}^* \mid \xi_t = \mathrm{x}))\sum_{t=0}^{+\infty}\prod_{i=0}^{t-1}(1-\alpha_i) = (1-\pi_{t+1}(\mathcal{X}^*))\sum_{t=0}^{+\infty}\prod_{i=0}^{t-1}(1-\alpha_i). \quad (5.26)
\end{aligned}$$

对于式 (4.1) 的右边部分, 有

$$\begin{aligned}
\sum_{\mathrm{u},\mathrm{y}\in\mathcal{Y}} \pi_t^{\phi}(\mathrm{u})P(\xi'_1 = \mathrm{y} \mid \xi'_0 = \mathrm{u})\mathbb{E}[\tau' \mid \xi'_1 = \mathrm{y}] &= \sum_{\mathrm{x}\in\mathcal{X}\setminus\mathcal{X}^*} \pi_t(\mathrm{x})\left(\sum_{t=0}^{+\infty}\prod_{i=0}^{t-1}(1-\alpha_i) - 1\right) \quad (5.27)\\
&= (1-\pi_t(\mathcal{X}^*))\left(\sum_{t=0}^{+\infty}\prod_{i=0}^{t-1}(1-\alpha_i) - 1\right), \quad (5.28)
\end{aligned}$$

其中式 (5.27) 由引理 2.1 可得. 将式 (5.26) 与式 (5.28) 相减可得 $\forall t \geqslant 0$,

$$\begin{aligned}
&\sum_{\mathrm{x}\in\mathcal{X},\mathrm{y}\in\mathcal{Y}} \pi_t(\mathrm{x})P(\xi_{t+1}\in\phi^{-1}(\mathrm{y}) \mid \xi_t = \mathrm{x})\mathbb{E}[\tau' \mid \xi'_0 = \mathrm{y}] \\
&\quad - \sum_{\mathrm{u},\mathrm{y}\in\mathcal{Y}} \pi_t^{\phi}(\mathrm{u})P(\xi'_1 = \mathrm{y} \mid \xi'_0 = \mathrm{u})\mathbb{E}[\tau' \mid \xi'_1 = \mathrm{y}] \\
&= (\pi_t(\mathcal{X}^*) - \pi_{t+1}(\mathcal{X}^*))\sum_{t=0}^{+\infty}\prod_{i=0}^{t-1}(1-\alpha_i) + (1-\pi_t(\mathcal{X}^*)) \\
&\leqslant (\pi_t(\mathcal{X}^*) - \pi_{t+1}(\mathcal{X}^*))\sum_{t=0}^{+\infty}\prod_{i=0}^{t-1}(1-\alpha_i) + (1-\pi_0(\mathcal{X}^*))\prod_{i=0}^{t-1}(1-\alpha_i), \quad (5.29)
\end{aligned}$$

其中式 (5.29) 由引理 3.1 可得. 因此, 形式刻画 5.1 中的 $\rho_t^{\mathrm{up}} = (\pi_t(\mathcal{X}^*) - \pi_{t+1}(\mathcal{X}^*))\sum_{t=0}^{+\infty}\prod_{i=0}^{t-1}(1 - \alpha_i) + (1-\pi_0(\mathcal{X}^*))\prod_{i=0}^{t-1}(1-\alpha_i)$, 于是有

$$\begin{aligned}
\rho^{\mathrm{up}} &= \sum_{t=0}^{+\infty}(\pi_t(\mathcal{X}^*) - \pi_{t+1}(\mathcal{X}^*))\sum_{t=0}^{+\infty}\prod_{i=0}^{t-1}(1-\alpha_i) + \sum_{t=0}^{+\infty}(1-\pi_0(\mathcal{X}^*))\prod_{i=0}^{t-1}(1-\alpha_i) \\
&= \left(\pi_0(\mathcal{X}^*) - \lim_{t\to+\infty}\pi_t(\mathcal{X}^*) + 1 - \pi_0(\mathcal{X}^*)\right)\sum_{t=0}^{+\infty}\prod_{i=0}^{t-1}(1-\alpha_i) = 0, \quad (5.30)
\end{aligned}$$

其中式 (5.30) 由引理 3.1 给出的该条链收敛至 $\mathcal{X}^*$ 的性质可得. 考虑到 $\pi_0^{\phi}(\mathrm{y}) = \pi_0(\mathrm{y})$, 由形式刻画 5.1 中的输出可得

$$\begin{aligned}\mathfrak{A}_{\mathrm{SA}}^{\mathrm{up}} &= \mathbb{E}[\tau' \mid \xi_0' \sim \pi_0^{\phi}] + 0 = (1-\pi_0(\mathcal{X}^*))\sum_{t=0}^{+\infty}\prod_{i=0}^{t-1}(1-\alpha_i) \\ &= (1-\pi_0(\mathcal{X}^*))\left(1+\sum_{t=2}^{+\infty}t\left(\prod_{i=0}^{t-2}(1-\alpha_i)-\prod_{i=0}^{t-1}(1-\alpha_i)\right)-(1-\alpha_0)\right) \\ &= (1-\pi_0(\mathcal{X}^*))\left(\sum_{t=1}^{+\infty}t\alpha_{t-1}\prod_{i=0}^{t-2}(1-\alpha_i)\right) = \mathfrak{A}_{\mathrm{CA}}^{\mathrm{up}},\end{aligned} \tag{5.31}$$

于是引理 5.9 得证. □

引理 5.10

$\mathfrak{A}_{\mathrm{CA}}$ 下界可归约至 $\mathfrak{A}_{\mathrm{SA}}$.

证明 该引理的证明类似于引理 5.9 , 仅需稍作修改: 将 "α" 和 "$\leqslant$" 分别替换为 "β" 和 "$\geqslant$" ; 由于仅使用输入 β 无法保证收敛性, 式 (5.30) 最后一个 "=" 和式 (5.31) 第一个 "=" 被替换为 "$\geqslant$" . □

接下来通过对 (1+1)-EA 和 RLS 求解带约束 Trap 问题 (见定义 3.3) 的案例分析进一步比较调换分析法和收敛分析法. 先引入一条简单的马尔可夫链 TrapJump, 它将被用作调换分析法的参照链. TrapJump 仅有从 0 到 n 这 $n+1$ 个状态. 对于非最优状态 $i \in [n]$, 仅有三种可能的单步转移: 跳跃至最优状态 0、朝着远离最优状态的方向移动一步 (即移动到状态 $i+1$)、原地不动 (即留在状态 i). 状态 i 离最优状态越远, 单步跳跃至最优状态的概率就越小. 这条链直观地反映了带约束 Trap 问题的欺诈性.

定义 5.7. TrapJump 链

带参数 $p \in (0, 0.5)$ 的齐次马尔可夫链 $\xi \in \{0, 1, \ldots, n\}$, 目标状态为 0, 转移概率为

$$\forall t \geqslant 0, i > 1: P(\xi_{t+1} = \mathrm{y} \mid \xi_t = i) = \begin{cases} p^i(1-p)^{n-i} & 若\ \mathrm{y} = 0; \\ (n-i)p(1-p)^{n-1} & 若\ \mathrm{y} = i+1; \\ 1 - p^i(1-p)^{n-i} - (n-i)p(1-p)^{n-1} & 若\ \mathrm{y} = i; \\ 0 & 否则, \end{cases} \tag{5.32}$$

$$\forall t \geqslant 0: P(\xi_{t+1} = \mathrm{y} \mid \xi_t = 1) = \begin{cases} p(1-p)^{n-1} & 若\ \mathrm{y} = 0; \\ p(1-p)^{n-1} & 若\ \mathrm{y} = 2; \\ 1 - 2p(1-p)^{n-1} & 若\ \mathrm{y} = 1; \\ 0 & 否则. \end{cases} \tag{5.33}$$

令 $\mathbb{E}_{\mathrm{tj}}(i)$ 表示 TrapJump 从状态 i 出发的 CFHT. $\mathbb{E}_{\mathrm{tj}}(0) = 0$, 因为最优状态已找到. 下述

引理给出了关于 $\mathbb{E}_{tj}(i)$ 的一些性质.

引理 5.11

$\forall i \geqslant 1$: $\mathbb{E}_{tj}(i) \geqslant 1/(p^i(1-p)^{n-i})$ 且 $\mathbb{E}_{tj}(i-1) \leqslant \mathbb{E}_{tj}(i)$.

定理 5.7

给定 (1+1)-EA 求解带约束 Trap 问题, 存在输入和参数使得 $\mathfrak{A}_{SA}^{low} = \Omega(1/(2p(1-p))^n)$, 其中 $p \in (0, 0.5)$ 为变异概率.

定理 5.8

给定 RLS 求解带约束 Trap 问题, 存在输入和参数使得 $\mathfrak{A}_{SA}^{low} = \Omega((n/2)^n)$.

引理 5.11 和上述两个定理的证明见附录 A. 第 3 章中定理 3.2 和定理 3.3 通过收敛分析法得出 (1+1)-EA 和 RLS 求解带约束 Trap 问题的期望运行时间下界分别为: $\mathfrak{A}_{CA}^{low} = \Omega(1/(p(1-p)^{n-1}))$ 和 $\mathfrak{A}_{CA}^{low} = \Omega(2^n)$. 定理 5.7 和定理 5.8 揭示出使用调换分析法得到的下界分别为: $\mathfrak{A}_{SA}^{low} = \Omega(1/(2p(1-p))^n)$ 和 $\mathfrak{A}_{SA}^{low} = \Omega((n/2)^n)$. 通过对比可看出, 调换分析法在两种情况下均得到了更紧的下界.

5.5 分析方法综论

至此, 适应层分析法、漂移分析法、收敛分析法这三种方法均被证明可归约至调换分析法. 由于可归约性的证明是构造性的, 因此这三种方法均可找到与之等价的调换分析法的配置, 通过比较这些配置便能够在统一的框架内比较这些方法.

在证明适应层分析法和漂移分析法可归约至调换分析法 (即定理 5.1 和定理 5.3) 时, 马尔可夫链 OneJump (见定义 5.3) 被用作参照链; 而在证明收敛分析法可归约至调换分析法 (即定理 5.6) 时, 马尔可夫链 OneJump-fix (见定义 5.6) 被用作参照链. OneJump 与 OneJump-fix 的单步行为类似: 要么直接转移至目标状态, 要么原地不动. OneJump 的转移概率依赖于具体状态, 而 OneJump-fix 的转移概率是常量. 另外, 它们的状态空间不同: OneJump 的状态空间为布尔空间, 而 OneJump-fix 具有与待分析的演化过程相同的状态空间.

对于适应层分析法而言, 解空间被划分为 m 个子空间 $\{\mathcal{S}_1, \mathcal{S}_2, \ldots, \mathcal{S}_m\}$; 相应地, 参照链 OneJump 的状态空间被设置为 $\{0,1\}^{m-1}$, 属于 $\mathcal{S}_i$ 的状态被映射为解 $1^{i-1}0^{m-i}$. 对于漂移分析法而言, $\mathcal{V}$ 表示距离函数 V 的所有不同值构成的集合, 其规模为 $m+1$; 相应地, 参照链 OneJump 的状态空间被设置为 $\{0,1\}^m$, 状态 x 被映射为 $1^{m-\mathcal{V}_x}0^{\mathcal{V}_x}$, 其中 $\mathcal{V}_x$ 表示状态 x 的距离值的序号. 对于收敛分析法而言, 参照链 OneJump-fix 的状态空间与待分析的演化过程相同, 状态被映射至其自身.

表 5.1 总结了这三种方法归约至调换分析法的要素, 进而使它们能进行比较. 可先观察到适应层分析法的局限性: 对齐映射将一些不同的状态映射至同一布尔串, 这可能使得该方法无法区分需要区别对待的一些状态. 收敛分析法的局限性则来自另一方面, 即参照链的转移概率: 所有状态的转移概率相同, 这可能使得该方法不够灵活, 无法有效区分一些状态. 对于漂移分析法而言, 当距离函数在每个状态上的取值均不同时, 所有状态可依据对齐映射区分开, 且转移概率亦可不同. 当然, 这也提醒我们须选择合适的距离函数, 这对于漂移分析法至关重要, 然而却并不容易.

表 5.1 根据至调换分析法的可归约性来比较适应层分析法、漂移分析法、收敛分析法

分析方法	参照链	转移概率	对齐映射
适应层分析	状态空间为 $\{0,1\}^{m-1}$ 的 OneJump, 其中 m 是解空间的层数	$p_i = \frac{1}{\frac{1}{v_{i+1}}+\chi_1 \sum_{j=i+2}^{m-1} \frac{1}{v_j}}$	$\phi(\mathrm{x}) = 1^{i-1}0^{m-i}$
漂移分析	状态空间为 $\{0,1\}^m$ 的 OneJump, 其中 $m+1$ 是不同距离值的数目	$p_i = \frac{1}{V_{m-i}}$	$\phi(\mathrm{x}) = 1^{m-\mathcal{V}_{\mathrm{x}}}0^{\mathcal{V}_{\mathrm{x}}}$
收敛分析	状态空间为 $\mathcal{X}$ 的 OneJump-fix, 其中 $\mathcal{X}$ 是目标链的状态空间	$p_{\mathrm{fix}} = \frac{1}{\sum_{t=0}^{+\infty} \prod_{i=0}^{t-1}(1-\alpha_i)}$	$\phi(\mathrm{x}) = \mathrm{x}$

需要注意的是, 不同分析方法间的可归约性关系仅关乎这些方法的分析能力, 并不涉及其他方面, 例如分析方法的易用性还可能取决于使用者的背景知识.

5.6 小结

为研究关于演化算法运行时间的一般化分析方法之间的强弱, 本章形式化地刻画了这些方法, 并定义了可归约性这个概念. 可归约性的定义来源于以下直观想法: 若一个分析方法在不使用更多信息的前提下相对另一个方法可得到不差的结果, 则它至少与后者同样强大. 适应层分析法、漂移分析法、收敛分析法均被证明可归约至调换分析法. 相反, 对 Peak 问题的案例分析表明, 调换分析法不可归约至适应层分析法; 对离散线性问题的案例分析表明, 调换分析法不可归约至漂移分析法的一个受限版本; 对带约束 Trap 问题的案例分析表明, 调换分析法可得出比收敛分析法更紧的界. 这些结果揭示出调换分析法用于分析演化算法运行时间的强大能力. 而且, 由可归约性的构造性证明可观察到, 适应层分析法、漂移分析法、收敛分析法分别与调换分析法的某种配置等价, 本章由此比较讨论了这三种方法的区别.

本章同时揭示了如果已通过适应层分析法、漂移分析法或收敛分析法得出了运行时间界, 那么存在一种简单的方式来使用调换分析法进一步改进它们. 由于可归约性 (即定理 5.1、定理 5.3 和定理 5.6) 的证明是构造性的, 因此可先将已有分析过程转换至由调换分析法完成, 然后尝试替换其中一些参数 (例如参照过程或映射) 来改进时间界.

第 6 章　近似分析

在实际应用中, 特别是对于 NP 难问题而言, 获得最优解需要付出的时间代价往往令人难以接受. 因此, 在实际问题中出于成本考虑, 人们往往会放弃对最优解的追求, 转而寻求获得足够好的解. 这也是演化算法的常用情形 [Higuchi et al., 1999; Koza et al., 2003; Hornby et al., 2006; Benkhelifa et al., 2009]. 然而, 对于演化算法近似性能[①]的理论研究目前尚处于起步阶段.

[Giel and Wegener, 2003] 证明使用演化算法求解**最大匹配** (maximum matching) 问题时, 找到最优解所需时间为指数级, 而找到具有 $(1/(1+\epsilon))$-近似比的解所需时间仅为 $O(n^{2\lceil 1/\epsilon \rceil})$; 这意味着演化算法更适合用于近似求解. 然而, [He and Yao, 2003b] 证明演化算法在求解**宽间隙远距离** (wide-gap far-distance) 和**窄间隙远距离** (narrow-gap far-distance) 这两类问题时, 难以获得好的近似解.

随后, 对使用演化算法进行近似求解, 研究者们得出了更多的理论结果. 例如, 最简单的演化算法 (1+1)-EA 的近似能力存在两面性: 一方面, (1+1)-EA 在求解**顶点覆盖** (vertex cover) 和**集合覆盖** (set cover) 问题时其近似比可以无限差 [Oliveto et al., 2009a; Friedrich et al., 2010]; 另一方面, (1+1)-EA 是求解**分拆** (partition) 问题某个子类的一种**多项式时间随机近似方案** (polynomial-time randomized approximation scheme) [Witt, 2005], 并且在顶点覆盖问题的某些实例上, 通过多次重启策略可跳出局部最优, 以大概率找到全局最优解 [Oliveto et al., 2009a]. 另外, [Friedrich et al., 2007] 揭示了 (1+1)-EA 可改进一种算法在顶点覆盖问题上获得的解, 将近似比从 2 提升至 $2-2/n$, 这意味着演化算法可作为**后优化器** (post-optimizer) 来使用.

多目标演化算法的理论进展揭示了演化算法作为近似求解器的能力. 单目标优化问题可以在引入辅助目标函数后使用多目标演化算法求解, 这称为**多目标再形式化** (multi-objective reformulation). [Scharnow et al., 2002] 首先指出了多目标再形式化优于直接使用单目标演化算法求解, 随后多目标再形式化的优势在多个问题上得到了验证 [Neumann and Wegener, 2006; Neumann and Reichel, 2008; Friedrich et al., 2010; Neumann et al., 2011]. 这些分析结果表明, 多目标演化算法在一些 NP 难问题上表现出不错的近似能力: [Neumann and Reichel, 2008] 证明在求解**最小多割** (minimum multicuts) 问题时, 多目标演化算法可在多项式时间内找到具有 k-近似比的解; [Friedrich et al., 2010] 证明在求解集合覆盖问题时, 多目标演化算法可在多项式时间内找到具有 H_m-近似比的解, 达到了该问题上近似比的渐近下界 [Feige, 1998], 其中 m 是基集的规模.

---

① 算法获得的解的目标值与最优解的目标值之接近程度.

本章介绍用于分析演化算法近似能力的一般性框架, 即带隔离种群的简单演化算法 (simple EAs with isolated population, SEIP) [Yu et al., 2012]. SEIP 使用**隔离函数** (isolation function) 来处理不同的解之间的竞争关系. 通过指定不同的隔离函数, SEIP 可实例化为不同的演化算法, 既可实例化为单目标演化算法, 亦可实例化为多目标演化算法. 例如, [Neumann and Laumanns, 2006; Neumann and Reichel, 2008; Friedrich et al., 2010] 中分析的多目标演化算法均可视为其特例. 通过分析 SEIP 这个框架, 本章给出了演化算法可获得有界近似比的一般条件. 本章的应用例释证明了在求解集合覆盖这个 NP 难问题时, SEIP 的一种简单配置就可有效地获得近似比为 H_m 的解[2], 达到了该问题上近似比的渐近下界.

6.1 SEIP 框架

介绍 SEIP 框架之前, 本节先介绍一些关于最小化问题的基础知识.

定义 6.1. 最小化问题

给定目标函数 f 以及约束集合 C, 找到同时满足 C 中的所有约束的解 $\boldsymbol{s} \in \{0,1\}^n$ 以最小化 $f(\boldsymbol{s})$. 某个问题实例可由参数 (n, f, C) 刻画.

在上述定义中, 解用布尔向量来表示. 如 1.2 节所述, 当最小化问题为从全集中挑选一个子集时, 布尔向量为子集的等价表示, 即向量中的每一位与全集中的每个元素一一对应. 例如, 给定全集 $\{1,2,3,4,5\}$, 其子集 $\{1,3,5\}$ 可表示成布尔向量 $(1,0,1,0,1)$. 令 $\boldsymbol{s}^{\emptyset} = (0,0,\ldots,0)$ 表示空集. 考虑到子集和布尔向量之间的等价性, 当意义明确时, 用于集合的操作 ($\cap, \cup, \setminus, \subseteq, \in$) 将直接应用于布尔向量. 例如,

$$(1,0,1,0,1) \cap (0,0,0,1,1) = (0,0,0,0,1), \tag{6.1}$$

$$(1,0,1,0,1) \cup (0,0,0,1,1) = (1,0,1,1,1), \tag{6.2}$$

$$(1,0,1,0,1) \setminus (0,0,0,1,1) = (1,0,1,0,0). \tag{6.3}$$

如 3.2 节所述, 若某个解满足 C 中的所有约束, 则称为可行解, 否则称为不可行解, 亦称为**部分解** (partial solution). 假定目标函数 f 是定义在整个输入空间上的, 即无论可行与否, 该解始终可评估并获得目标值.

给定某个最小化问题, 令 $\boldsymbol{s}^{\mathrm{OPT}}$ 表示该问题的最优解, 即 $f(\boldsymbol{s}^{\mathrm{OPT}}) = \mathrm{OPT}$. 对于某个可行解 $\boldsymbol{s}$ 而言, 比值 $f(\boldsymbol{s})/\mathrm{OPT}$ 为其近似比; 若近似比有上界 r, 即 $1 \leqslant f(\boldsymbol{s})/\mathrm{OPT} \leqslant r$, 则该解称为 **$r$-近似解** ($r$-approximate solution). 2.3 节已定义针对最大化问题的近似比, 而此处考虑最小化问题. 若某个算法可在多项式时间内找到该问题的 r-近似解, 则称其为求解该问题的 **r-近似算法** (r-approximation algorithm).

[2] 精确地说, 近似比为 H_k, 其中 k 表示所有给定的基集的子集中最大子集的规模.

SEIP 的过程如算法 6.1 所示, 其中变异算子可以是一位变异, 也可以是逐位变异. 通常认为一位变异具有局部搜索功能, 而逐位变异具有全局搜索功能. 因此, 使用一位变异的 SEIP 称为 LSEIP, 而使用逐位变异的 SEIP 称为 GSEIP, 其中字母 "L" 和 "G" 分别代表**局部** (local) 和**全局** (global) 搜索. 注意, 算法 6.1 中并没有描述 SEIP 的停止条件, 这是因为演化算法通常可作为**任意时间** (anytime) 算法一直运行下去.

算法 6.1 SEIP 框架

输入: 最小化问题 (n, f, C); 隔离函数 $\mu : \{0,1\}^n \to 2^{[q]}$, 其中 $q \in \mathbb{N}^+$.
过程:
1: 令 $P = \{s^{\emptyset} = (0, 0, \ldots, 0)\}$;
2: **while** 不满足停止条件 **do**
3: 均匀随机地从 P 中选择一个解 s;
4: 在解 s 上执行变异算子以产生新解 s';
5: **if** $\forall s \in P : superior(s, s')$ 为假 **then**
6: $Q = \{s \in P \mid superior(s', s)$为真$\}$;
7: $P = (P \setminus Q) \cup \{s'\}$
8: **end if**
9: **end while**
10: **return** P

其中函数 $superior$ 决定一个解是否优于另一个解, 即若满足以下两个条件:
(1) $|\mu(s)| = |\mu(s')|$;
(2) $f(s) < f(s')$, 或 $f(s) = f(s') \wedge |s|_1 \leqslant |s'|_1$,
则 $superior(s, s')$ 为真, 否则为假.
输出: $\{0,1\}^n$ 中的解构成的一个集合

如前文介绍, 多目标再形式化使用多目标演化算法来求解单目标优化问题, 在一些问题上获得了较好的近似比. 多目标再形式化的优秀近似能力得益于多目标演化算法使用非占优关系隔离了解之间的竞争, 也就是说, 若两个解互不占优, 则它们不会为了生存而竞争. 受此启发, SEIP 通过直接使用隔离函数 μ 来隔离解之间的竞争. 隔离函数是解空间 $\{0,1\}^n$ 到 $[q]$ 的幂集的一个映射, 将 $\{0,1\}^n$ 中的解映射至 $[q]$ 的子集, 其中 $q \in \mathbb{N}^+$. 对于两个解 s 和 s' 而言, 仅当 $|\mu(s)| = |\mu(s')|$ 时才会竞争; 在此情况下, s 和 s' 被称作处于同一隔断中.

对于单目标演化算法而言, 新产生的子代解通常将与当前种群中所有的解进行竞争, 以力求存活至下一代, 而 SEIP 通过隔离函数使得子代解仅与处于同一隔断中的父代解竞争. 因此, 若隔离函数将所有解映射至同一隔断 (例如隔离函数为常数函数), 则 SEIP 将退化为类似于 (1+1)-EA (即算法 2.1) 的某个算法.

隔离函数亦可模拟多目标演化算法中的占优关系. 对于同时优化 m 个目标函数的情况, 一种简单的方式是将其中某个目标函数 (记为 f_1) 作为适应度函数, 而将其余 $m-1$ 个

目标函数 (记为 $f_2, \ldots, f_m$) 一起作为隔离函数. 因此, 仅当两个解在 $f_2, \ldots, f_m$ 上的值相等时才会在 f_1 上竞争, 这使得多目标演化算法的种群中保存的非占优解同样可以被 SEIP 保存下来, 于是 SEIP 可视为多目标演化算法的扩展. SEIP 还可保存一些额外的解, 这使得它有更多的机会找到更好的近似解. 当然, 这也意味着 SEIP 需花费更多的时间来维护和更新一个更大的种群, 不过, 这可通过修改隔离函数使相邻的解聚集到一起来降低时间代价 [Neumann and Reichel, 2008].

为分析 SEIP 的近似行为, 假定隔离函数 μ 是**线性可加** (linearly additive) 的, 即满足

$$\begin{cases} \mu(s) = [q] & \text{对于任意可行解 } s; \\ \mu(s \cup s') = \mu(s) \cup \mu(s') & \text{对于任意两个解 } s \text{ 和 } s'. \end{cases} \tag{6.4}$$

可行解的质量可由近似比来衡量, 而在对 SEIP 的分析中, 部分解 (即不可行解) 亦需一个类似的衡量标准来评估其优劣. 下面定义**部分参照函数** (partial reference function) 和**部分比** (partial ratio) 这两个概念.

定义 6.2. 部分参照函数

给定最小化问题 (n, f, C) 以及隔离函数 $\mu : \{0,1\}^n \to 2^{[q]}$, 若某个函数 $\mathcal{L} : 2^{[q]} \to \mathbb{R}$ 满足

(1) $\mathcal{L}([q]) = \mathrm{OPT}$;

(2) $\forall R_1, R_2 \subseteq [q]$, 当 $|R_1| = |R_2|$ 时, $\mathcal{L}(R_1) = \mathcal{L}(R_2)$,

则 $\mathcal{L}$ 为关于 μ 的部分参照函数.

定义 6.3. 部分比

给定最小化问题 (n, f, C), 隔离函数 μ 及其部分参照函数 $\mathcal{L}$, 解 s 的部分比为

$$\frac{f(s)}{\mathcal{L}(\mu(s))}; \tag{6.5}$$

解 s' 相对于解 s 的**条件部分比** (conditional partial ratio) 为

$$\frac{f(s' \mid s)}{\mathcal{L}(\mu(s') \mid \mu(s))}, \tag{6.6}$$

其中 $f(s' \mid s) = f(s \cup s') - f(s)$, $\mathcal{L}(\mu(s') \mid \mu(s)) = \mathcal{L}(\mu(s) \cup \mu(s')) - \mathcal{L}(\mu(s))$.

注意, 近似比是针对可行解而言的, 而部分比则是定义在所有解上的, 是近似比的一个自然扩展. 对于可行解而言, 其部分比等同于近似比. 下面给出部分比的两个性质.

引理 6.1

给定最小化问题 (n, f, C), 隔离函数 μ 及其部分参照函数 $\mathcal{L}$, 若 SEIP 产生了部分比为 r 的子代解 s, 则其种群中将始终存在某个解 s' 满足 $|\mu(s')| = |\mu(s)|$, 且 s' 的部分比不超过 r.

证明 若 s 被加入种群中,则令 $s' = s$;否则,种群中必已存在 s' 满足 $|\mu(s')| = |\mu(s)|$ 且 $f(s') \leqslant f(s)$,这意味着 $f(s')/\mathcal{L}(\mu(s')) \leqslant f(s)/\mathcal{L}(\mu(s)) = r$. 由算法 6.1 中更新种群的过程可知,隔断 $|\mu(s')|$ 中解的函数值 f 非单调增,因此,部分比非单调增,最大值为 r. 引理 6.1 得证. □

引理 6.1 表明 SEIP 使得每个隔断中解的部分比非单调增. 由于 SEIP 不停地在每个隔断中产生新解以参与竞争,因此可将 SEIP 视为在优化每个隔断中解的部分比.

引理 6.2

给定最小化问题 (n, f, C), 隔离函数 μ 及其部分参照函数 $\mathcal{L}$, 对于解 s、s' 和 z, 若满足 $z = s \cup s'$, 则

$$\frac{f(z)}{\mathcal{L}(\mu(z))} \leqslant \max\left\{\frac{f(s)}{\mathcal{L}(\mu(s))}, \frac{f(s' \mid s)}{\mathcal{L}(\mu(s') \mid \mu(s))}\right\}. \tag{6.7}$$

证明 因为 $z = s \cup s'$, 根据定义有 $f(z) = f(s \cup s') = f(s) + f(s' \mid s)$, $\mu(z) = \mu(s \cup s') = \mu(s) \cup \mu(s')$. 所以,有

$$\begin{aligned}\frac{f(z)}{\mathcal{L}(\mu(z))} = \frac{f(s) + f(s' \mid s)}{\mathcal{L}(\mu(s) \cup \mu(s'))} &= \frac{f(s) + f(s' \mid s)}{\mathcal{L}(\mu(s)) + \mathcal{L}(\mu(s') \mid \mu(s))} \\ &\leqslant \max\left\{\frac{f(s)}{\mathcal{L}(\mu(s))}, \frac{f(s' \mid s)}{\mathcal{L}(\mu(s') \mid \mu(s))}\right\}.\end{aligned} \tag{6.8}$$

于是引理 6.2 得证. □

引理 6.2 表明一个解的部分比与其构件的条件部分比相关,亦揭示了 SEIP 优化每个隔断中解的部分比的原理,即优化作为其构件的部分解的条件部分比.

接下来,定理 6.1 刻画了 SEIP 获得近似解的行为.

定理 6.1

给定最小化问题 (n, f, C), 隔离函数 $\mu : \{0,1\}^n \to 2^{[q]}$ 及其部分参照函数 $\mathcal{L}$, 若对任意满足

$$\frac{f(s)}{\mathcal{L}(\mu(s))} \leqslant r \tag{6.9}$$

的部分解 s (包括代表空集的解 $s^{\emptyset}$), SEIP 将其作为父代解后均可在关于 q 和 n 的多项式时间内产生子代解 $s \cup s'$, 满足 $\mu(s) \subset \mu(s \cup s')$, 且

$$\frac{f(s' \mid s)}{\mathcal{L}(\mu(s') \mid \mu(s))} \leqslant r, \tag{6.10}$$

则 SEIP 在关于 q 和 n 的多项式时间内可找到 r-近似解.

证明 根据条件和引理 6.1 可知, 从解 $s^{\emptyset}$ 出发, 算法可找到部分解的序列 $s^1, s^2, \ldots, s^m$, 使得 $s = \cup_{i=1}^{m} s^i$ 为可行解, 且

$$\forall i \in [m]: \frac{f(s^i \mid s^{\emptyset} \cup (\cup_{j=1}^{i-1} s^j))}{\mathcal{L}(\mu(s^i) \mid \mu(s^{\emptyset} \cup (\cup_{j=1}^{i-1} s^j)))} \leqslant r. \tag{6.11}$$

令 t 表示 SEIP 从父代解 $\cup_{j=1}^{i-1} s^j$ 产生部分解 s^i 的期望运行时间, 则其关于 q 和 n 为多项式级. 由于种群中至多包含 $q+1$ 个解, SEIP 选择某个特定父代解对其进行变异所需的期望运行时间为 $O(q)$. 每当加入部分解 s^i 后, 产生的子代解 $\cup_{j=1}^{i} s^j$ 将处于新的隔断中. 由隔离函数的线性可加性可知, 序列长度 m 不超过 q. 因此, 获得可行解 s 的期望运行时间为 $O(t \cdot q \cdot m) = O(tq^2)$, 关于 q 和 n 仍为多项式级.

可行解 s 由 $s^{\emptyset}$ 和部分解 $s^1, s^2, \ldots, s^m$ 构成. 根据引理 6.2 可知, s 的近似比至多与其部分解的最大条件部分比同样大, 也就是说最大值为 r. 定理 6.1 得证. □

定理 6.1 揭示了 SEIP 获得近似解的一种方式: 从空集出发, SEIP 使用变异算子生成新的解, 遍历各个隔断, 并最终产生可行解. 在此过程中, SEIP 通过寻找具有更好条件部分比的部分解, 不断地优化每一个隔断中解的部分比. 由于一个可行解可看作空集和一系列部分解的复合, 其近似比可由每一个部分解的条件部分比所界定.

在定理 6.1 中, 近似比的上界由部分解的最大条件部分比界定, 而其他具有较小的条件部分比的部分解未被考虑, 这使得获得的界较松. 同时, 定理 6.1 的分析仅考虑 SEIP 添加部分解的行为, 而 GSEIP 通过使用逐位变异算子可去除部分解. 通过进一步考虑这两点, 定理 6.2 给出了关于 GSEIP 更紧的近似比上界.

定义 6.4. 不可忽略路径

给定最小化问题 (n, f, C), 隔离函数 $\mu: \{0,1\}^n \to 2^{[q]}$ 及其部分参照函数 $\mathcal{L}$, 若某个解集 P 满足:

(1) $s^{\emptyset} \in P$;

(2) 若 $s \in P$ 且 $superior(s', s)$ 为真, 则 $s' \in P$;

(3) $\forall s \in P$, 存在解 $(s \cup z^+ \setminus z^-) \in P$, 其中解对 (z^+, z^-) 满足

(3.1) $1 \leqslant |z^+|_1 + |z^-|_1 \leqslant c$,

(3.2) $f(s \cup z^+ \setminus z^-) - f(s) \leqslant r_{|\mu(s)|} \cdot \mathrm{OPT}$,

(3.3) 若 $|\mu(s)| < q$, 则 $|\mu(s \cup z^+ \setminus z^-)| > |\mu(s)|$,

则称其为带有 $\{r_i\}_{i=0}^{q}$-比与 c-间隙的**不可忽略路径** (non-negligible path).

定理 6.2

给定最小化问题 (n, f, C), 隔离函数 $\mu: \{0,1\}^n \to 2^{[q]}$ 及其部分参照函数 $\mathcal{L}$, 若存在带有 $\{r_i\}_{i=0}^{q}$-比与 c-间隙的不可忽略路径, 则 GSEIP 可在期望运行时间 $O(q^2 n^c)$ 内找到 $(\sum_{i=0}^{q-1} r_i)$-近似解.

证明 通过追踪 GSEIP 产生不可忽略路径的过程来完成证明. 令 s^{cur} 表示种群中当前操作的解. 初始化后, 有 $s^{\mathrm{cur}} = s^{\emptyset}$, 因此 $|\mu(s^{\mathrm{cur}})| = 0$.

由于种群至多包含 $q+1$ 个解, 且 GSEIP 每轮均匀随机地从中选择一个解来操作, GSEIP 对 s^{cur} 进行操作所需的期望运行时间为 $O(q)$. 由不可忽略路径的定义可知, 存在关于 s^{cur} 的解对 (z^+, z^-), 满足 $1 \leqslant |z^+|_1 + |z^-|_1 \leqslant c$. 令 $s' = s^{\mathrm{cur}} \cup z^+ \setminus z^-$, 于是执行逐位变异算子产生解 s' 的概率至少为 $(1/n)^c(1-1/n)^{n-c}$, 这意味着期望运行时间为 $O(n^c)$. 不妨假设 $|\mu(s^{\mathrm{cur}})| = i$. 由不可忽略路径的定义可知, $f(s^{\mathrm{cur}} \cup z^+ \setminus z^-) - f(s^{\mathrm{cur}}) \leqslant r_i \cdot \mathrm{OPT}$. 根据该定理的条件, $f(s')$ 可递归分解, 因此,

$$
\begin{aligned}
f(s') &= f(s^{\mathrm{cur}} \cup z^+ \setminus z^-) - f(s^{\mathrm{cur}}) + f(s^{\mathrm{cur}}) \\
&\leqslant r_i \cdot \mathrm{OPT} + f(s^{\mathrm{cur}}) \leqslant \cdots \leqslant \sum_{j=0}^{i} r_j \cdot \mathrm{OPT} + f(s^{\emptyset}) = \sum_{j=0}^{i} r_j \cdot \mathrm{OPT}.
\end{aligned} \tag{6.12}
$$

于是, s' 的部分比至多为 $\sum_{j=0}^{i} r_j \cdot \mathrm{OPT}/\mathcal{L}(\mu(s'))$. 根据不可忽略路径的定义可知, $|\mu(s')| > |\mu(s^{\mathrm{cur}})|$. 产生解 s' 后, 由引理 6.1 可知, 种群将始终包含某个解 s'' 满足 $|\mu(s'')| = |\mu(s')|$ 且其部分比不超过 s' 的部分比. 现在令 s^{cur} 表示种群中满足如此条件的某个解, 于是 s^{cur} 的部分比至多为

$$
\frac{\sum_{j=0}^{|\mu(s^{\mathrm{cur}})|-1} r_j \cdot \mathrm{OPT}}{\mathcal{L}(\mu(s^{\mathrm{cur}}))}. \tag{6.13}
$$

至多经过 q 次上述更新 s^{cur} 的过程, 可得 $|\mu(s^{\mathrm{cur}})| = q$, 即 s^{cur} 为可行解. 此时 s^{cur} 的部分比就是其近似比, 上界为

$$
\frac{\sum_{j=0}^{q-1} r_j \cdot \mathrm{OPT}}{\mathcal{L}(\mu(s^{\mathrm{cur}}))} = \frac{\sum_{j=0}^{q-1} r_j \cdot \mathrm{OPT}}{\mathrm{OPT}} = \sum_{j=0}^{q-1} r_j. \tag{6.14}
$$

因此, 获得近似比至多为 $\sum_{j=0}^{q-1} r_j$ 的解需要至多 q 次更新, 而每次更新须对某个解操作 $O(n^c)$ 期望次, 每次操作又需要 $O(q)$ 的期望运行时间来选中这个解, 于是总的期望运行时间为 $O(q^2 n^c)$. □

若使用定理 6.2 来证明 GSEIP 在某个特定问题上的近似比, 其关键在于找到一条不可忽略路径. 一种方式是遵循该问题上已有算法的过程, 这将得出结论: 演化算法可通过模拟已有算法而获得相同的近似比. 类似的思路已被用于证明演化算法可模拟**动态规划** (dynamic programming) [Doerr et al., 2011a]. 另外, 使用定理 6.2 时无须知道部分参照函数的具体形式.

6.2 SEIP 应用例释

作为应用例释, 本节将分析 SEIP 在集合覆盖问题上的近似比.

6.2.1 集合覆盖

定义 6.5. 集合覆盖问题

给定包含 m 个元素的基集 $U=\{e_1,e_2,\ldots,e_m\}$ 以及由 n 个 U 的非空子集构成的集合 $V=\{S_1,S_2,\ldots,S_n\}$, 其中每个 S_i 对应某个正的权重 $w(S_i)$, 找到子集 $X^*\subseteq V$ 以在满足 $\cup_{S\in X^*}S=U$ 的条件下最小化 $\sum_{S\in X^*}w(S)$.

集合覆盖是 NP 难问题 [Feige, 1998]. 通过布尔向量表示, 集合覆盖问题的实例可用参数 $(n,\boldsymbol{w},V,U)$ 来表示, 其中 $|V|=n$, $\boldsymbol{w}$ 为权重向量. 该问题的目标是找到向量 $\boldsymbol{s}^{\mathrm{OPT}}$ 使得

$$\boldsymbol{s}^{\mathrm{OPT}}=\underset{\boldsymbol{s}\in\{0,1\}^n}{\arg\min}\ \boldsymbol{w}\cdot\boldsymbol{s} \qquad \text{s.t.}\ \cup_{i:s_i=1}S_i=U, \tag{6.15}$$

其中 $\boldsymbol{s}^{\mathrm{OPT}}$ 对应定义 6.5 中的 X^*, $\boldsymbol{w}\cdot\boldsymbol{s}$ 表示向量 $\boldsymbol{w}$ 和 $\boldsymbol{s}$ 的内积.

算法 6.2 展示的贪心算法 [Chvátal, 1979] 为求解集合覆盖问题的著名近似算法.

算法 6.2 贪心算法

输入: 集合覆盖问题 $(n,\boldsymbol{w},V,U)$.

过程:

1: 令 $X=\emptyset$, $R=\emptyset$;
2: **while** $R\neq U$ **do**
3: $\forall S\in V$, 若 $|S\setminus R|>0$, 则令 $r_S=w(S)/|S\setminus R|$;
4: $\hat{S}=\arg\min_S r_S$;
5: $\forall e\in\hat{S}\setminus R$, 令 $price(e)=r_{\hat{S}}$;
6: $X=X\cup\{\hat{S}\}$, $R=R\cup\hat{S}$
7: **end while**
8: **return** X

输出: V 的一个子集

在每一步中, 一个候选集的代价 (即算法 6.2 第 3 行中的 r_S) 被定义为其权重与其新覆盖的元素数目之商, 然后算法在第 4 行挑选代价最小的候选集并在第 6 行将其加入解中, 同时标记那些新覆盖的元素. 贪心算法获得的解具有 H_m-近似比, 更精确地说是 H_k [Chvátal, 1979], 其中 k 为 V 中最大集合所包含的元素个数. 该近似比证明的关键为算法 6.2 第 5 行中元素 $price$ 的定义. 一个元素的 $price$ 为首次覆盖它的集合之代价, 因此所有元素的 $price$ 之和等于最终所找到解的权重. 当一个元素被当前代价最小的集合覆盖时, 其亦被最优解中的某个集合所覆盖, 而该集合的代价必不小于此最小代价, 因此可作为该元素 $price$ 的上界, 从而可推得近似比的上界. 详细证明可参见 [Chvátal, 1979]. [Raz and Safra, 1997; Slavík, 1997; Feige, 1998; Alon et al., 2006] 揭示出集合覆盖问题的近似比有下界 $\Omega(\log m)$, 除非 $P=NP$. 由此可知, 贪心算法在该问题上的近似比已达到渐近下界.

6.2.2 SEIP 的近似比

SEIP 求解集合覆盖问题时, 使用如下适应度函数

$$f(\boldsymbol{s}) = \boldsymbol{w} \cdot \boldsymbol{s}. \tag{6.16}$$

给定任意解 $\boldsymbol{s}$, 令 $R(\boldsymbol{s}) = \cup_{i:s_i=1} S_i$, 也就是说, $R(\boldsymbol{s})$ 是解 $\boldsymbol{s}$ 覆盖的元素组成的集合. 隔离函数设置为

$$\mu(\boldsymbol{s}) = R(\boldsymbol{s}), \tag{6.17}$$

这意味着仅当两个解覆盖相同数目的元素时才会竞争.

定理 6.3 表明了 GSEIP 可获得 H_k-近似比, 其中 k 是 V 中最大集合的规模; 而 [Friedrich et al., 2010] 已证明多目标演化算法 SEMO (即算法 2.5) 在集合覆盖问题上可获得 H_m-近似比. 因此, 该定理证实了 SEIP 是多目标演化算法的扩展, 能获得至少相同的近似比.

定理 6.3 可使用定理 6.2 证得, 证明思路是通过模拟贪心算法找到一条不可忽略路径. 证明中将用到 [Chvátal, 1979] 推得的关于贪心算法的性质, 见引理 6.3. 对于最优解 $\boldsymbol{s}^{\mathrm{OPT}}$ (即 X^*), 令 $X^*(e)$ 表示 X^* 中包含元素 e 的某个集合.

引理 6.3

给定集合覆盖问题 $(n, \boldsymbol{w}, V, U)$ 以及任意部分解 $\boldsymbol{s}$, 令 $\hat{S} = \arg\min_{S \in V} r_S$ 表示以 $\boldsymbol{s}$ 为当前解时贪心算法所选择的集合. 对于任意元素 $e \in \hat{S} \setminus R(\boldsymbol{s})$, 最优解中存在包含 e 的集合 $X^*(e)$ 使得

$$price(e) \leqslant \frac{w(X^*(e))}{|X^*(e) \setminus R(\boldsymbol{s})|}. \tag{6.18}$$

定理 6.3

给定集合覆盖问题 $(n, \boldsymbol{w}, V, U)$, 其中 $|V| = n$, $|U| = m$, GSEIP 可在期望运行时间 $O(nm^2)$ 内找到 H_k-近似解, 其中 k 是 V 中最大集合的规模.

证明 如算法 6.2 第 3~6 行所示, 贪心算法在当前部分解上添加 r_S 值最小的集合 $\hat{S}$. 根据该规则可构造一条不可忽略路径, 接着应用定理 6.2 来证明该定理.

令 $\boldsymbol{s}^{\mathrm{cur}}$ 为当前操作的解. 令 $z^+ = \{\hat{S}\}$, 其中 $\hat{S}$ 是在当前解 $\boldsymbol{s}^{\mathrm{cur}}$ 下最小化 r_S 的集合. 再令 $z^- = \emptyset$. 于是, $|z^+|_1 + |z^-|_1 = 1$, $|\mu(\boldsymbol{s}^{\mathrm{cur}} \cup z^+ \setminus z^-)| \geqslant |\mu(\boldsymbol{s}^{\mathrm{cur}})| + 1$. 由引理 6.3 可知, $\forall e \in \hat{S} \setminus R(\boldsymbol{s}^{\mathrm{cur}})$, 最优解中存在包含 e 的集合 $X^*(e)$ 满足

$$price(e) \leqslant \frac{w(X^*(e))}{|X^*(e) \setminus R(\boldsymbol{s}^{\mathrm{cur}})|}. \tag{6.19}$$

再根据 $price(e)$ 的定义可得

$$f(\boldsymbol{s}^{\mathrm{cur}} \cup z^+ \setminus z^-) - f(\boldsymbol{s}^{\mathrm{cur}}) = w(\hat{S}) = \sum_{e \in \hat{S} \setminus R(\boldsymbol{s}^{\mathrm{cur}})} price(e) \leqslant \sum_{e \in \hat{S} \setminus R(\boldsymbol{s}^{\mathrm{cur}})} \frac{w(X^*(e))}{|X^*(e) \setminus R(\boldsymbol{s}^{\mathrm{cur}})|}. \tag{6.20}$$

令最优解 X^* 为 $\{S_1^*, \ldots, S_{|X^*|}^*\}$. 令 $s^{\mathrm{cur}}(e)$ 表示下一步将覆盖 e 的当前部分解. 于是有

$$
\begin{aligned}
\sum_{e \in U} \frac{w(X^*(e))}{|X^*(e) \setminus R(s^{\mathrm{cur}}(e))|} &\leqslant \sum_{j=1}^{|X^*|} \sum_{e \in S_j^*} \frac{w(S_j^*)}{|S_j^* \setminus R(s^{\mathrm{cur}}(e))|} \\
&\leqslant \sum_{j=1}^{|X^*|} w(S_j^*) \cdot \sum_{i=1}^{k} \frac{1}{i} \\
&= \sum_{j=1}^{|X^*|} w(S_j^*) \cdot H_k = H_k \cdot \mathrm{OPT}.
\end{aligned} \tag{6.21}
$$

根据定理 6.2 可知, GSEIP 可找到 H_k-近似解. 由于隔离函数将解空间至多映射至 $m+1$ 个隔断, 且不可忽略路径的间隙为 1, 于是 GSEIP 的期望运行时间为 $O(nm^2)$. □

因为定理 6.3 的证明中关于 s^{cur} 的解对 (z^+, z^-) 满足 $|z^+|_1 = 1$ 且 $|z^-|_1 = 0$, 所以该证明直接适用于 LSEIP, 于是有下面的定理.

定理 6.4

给定集合覆盖问题 (n, w, V, U), 其中 $|V| = n$, $|U| = m$, LSEIP 可在期望运行时间 $O(nm^2)$ 内找到 H_k-近似解, 其中 k 是 V 中最大集合的规模.

6.3 小结

本章通过 SEIP 这个一般性框架分析了演化算法的近似性能. SEIP 采用隔离函数来处理不同的解之间的竞争, 既可被设置为单目标演化算法, 亦可被设置为多目标演化算法. 借助部分比这个概念, 本章给出了 SEIP 获得的解具有有界近似比的一般条件, 并揭示出 SEIP 的工作机理: 搜索良好的部分解以优化每一隔断中解的部分比, 而这些部分解最终可组合成具有良好近似比的可行解. 作为应用例释, 本章基于这个一般性条件, 证明了 SEIP 在集合覆盖问题上可获得 H_m-近似比, 达到了该问题上近似比的渐近下界.

证明 SEIP 在集合覆盖问题上的近似比的关键在于通过模拟贪心算法构造出不可忽略路径. 由于贪心算法的近似性能已在许多问题上得到分析, 因此 SEIP 的分析可扩展至其他问题. 例如, ***k*-可扩展系统** (k-extensible system) 是一个一般问题类, 包括 ***b*-匹配问题** (b-matching problem)、最大**利润调度问题** (profit scheduling problem)、最大非对称**旅行商问题** (travelling salesman problem, TSP) 等. 由于贪心算法是求解该问题的 $(1/k)$-近似算法 [Mestre, 2006], 可证 SEIP 亦可获得 $(1/k)$-近似解.

第三部分

理论透视

第 7 章　边界问题

当分析演化算法在某一类问题上的性能时, 以往一般关注较小的问题类, 其中包含的问题结构相似, 使得分析较为容易. 当考虑较大的问题类时, 由于其中包含的问题结构多样, 分析起来困难得多. 一种简化问题类分析的方式是先找到问题类中最简单和最困难的两极边界问题, 然后分析这些边界问题以获得对整个问题类的大致了解. 根据**没有免费的午餐** (no free lunch) 定理 [Wolpert and Macready, 1997] 可知, 问题求解的难度不仅与问题相关, 还与算法相关, 须二者兼顾. 本章将介绍如何辨识算法相关的边界问题, 如图 7.1 所示. 给定某个演化算法, 辨识一个问题类的边界问题不仅可以帮助分析给定算法在该问题类上的性能, 还能提供反映给定算法优劣的具体实例.

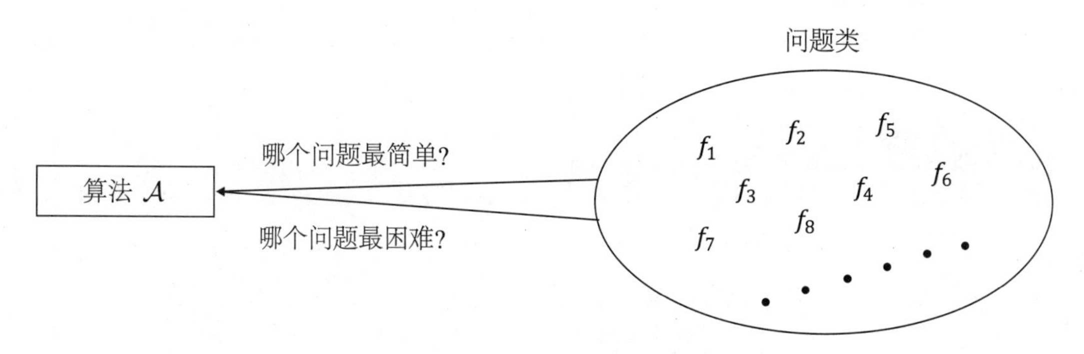

图 7.1　算法相关的边界问题辨识

本章介绍了用于辨识算法相关的边界问题的一般定理 [Qian et al., 2012], 该定理给出了一个问题类中某个问题关于给定算法为最简单 / 困难问题的充分条件. 此处最简单 / 困难意为给定算法在该问题上的期望运行时间最少 / 最多. 本章的应用例释证明了在 UBoolean 函数类 (即全局最优解唯一的伪布尔函数类, 见定义 2.2) 中, OneMax 和 Trap 分别为关于变异概率小于 0.5 的演化算法 (1+1)-EA 的最简单和最困难问题.

以往已有一些关于问题类的分析工作. [Droste et al., 2002; Jägersküpper, 2008; Doerr et al., 2012b] 分析了演化算法求解一个相对简单的问题类即线性伪布尔问题的运行时间. [Yu and Zhou, 2008a] 对演化算法在复杂问题类上可能失效的原因作了一般性解释. [Fournier and Teytaud, 2011] 给出了演化算法在由 VC 维衡量复杂度的问题类上性能的一般下界. [Friedrich and Neumann, 2015] 证明了 (1+1)-EA 和 GSEMO 在最大化**次模** (submodular) 函数这个包含许多 NP 难组合优化问题的问题类上的近似性能. 然而, 这些研究均未关注边界问题. 最近, [Doerr et al., 2010b] 证明, OneMax 是 UBoolean 函数类中关于变异概率为 $1/n$ 的 (1+1)-EA 的最简单问题, 而本章将得出关于最简单和最困难问题的一般性结论.

7.1 边界问题辨识

假设问题类是齐次的. 如定义 7.1 所述, 这意味着当问题的规模固定时, 问题类中所有问题拥有相同的解空间和目标解. 乍一看, 大家可能认为目标解相同这个要求是非常强的限制条件, 其实不然. 注意解的一般表示与演化算法行为的相对独立性, 例如, 对于目标解 $(1,0,0,1,1)$ 而言, 通过调换第 2 位上的 0 和 1 以及第 3 位上的 0 和 1, 目标解将变成 $(1,1,1,1,1)$, 而演化算法对称地对待每一位上的 0 和 1, 其行为不会受影响.

定义 7.1. 齐次问题类

对于一个问题类而言, 在任意的问题规模下, 若所有问题均拥有相同的解空间和目标解, 则称该问题类是齐次的.

假设演化过程可建模为齐次马尔可夫链. 为刻画与算法相关的问题结构, 对齐次马尔可夫链的状态空间基于 CFHT 进行划分, 见下述定义. 由 $\mathbb{E}[\tau \mid \xi_0 \in \mathcal{X}^*] = 0$ 可知 $\mathcal{X}_0$ 为 $\mathcal{X}^*$.

定义 7.2. CFHT-划分

给定状态空间为 $\mathcal{X}$ 的齐次马尔可夫链 $\{\xi_t\}_{t=0}^{+\infty}$, $\mathcal{X}$ 的 CFHT-划分是将 $\mathcal{X}$ 划分成非空子空间 $\{\mathcal{X}_0, \mathcal{X}_1, \ldots, \mathcal{X}_m\}$, 满足

$$\forall \mathrm{x}, \mathrm{y} \in \mathcal{X}_i : \mathbb{E}[\tau \mid \xi_0 = \mathrm{x}] = \mathbb{E}[\tau \mid \xi_0 = \mathrm{y}], \tag{7.1}$$

$$\mathbb{E}[\tau \mid \xi_0 \in \mathcal{X}_0] < \mathbb{E}[\tau \mid \xi_0 \in \mathcal{X}_1] < \cdots < \mathbb{E}[\tau \mid \xi_0 \in \mathcal{X}_m]. \tag{7.2}$$

注意, 用于分析演化算法运行时间的适应层分析法 (即定理 2.1 和定理 2.2) 亦使用了一种方式 (即 $<_f$-划分, 见定义 2.15) 来划分状态空间. CFHT-划分基于 CFHT, 而 $<_f$-划分基于解的适应度. CFHT-划分和 $<_f$-划分的状态子空间可不同, 即便状态子空间相同, 基于 CFHT 的排序与基于适应度的排序亦可不同, 例如对于 (1+1)-EA 求解 OneMax 问题这个过程, 由引理 4.2 可知两者是相反的.

引理 7.1

给定两条齐次吸收马尔可夫链 $\{\xi_t\}_{t=0}^{+\infty}$ 和 $\{\xi'_t\}_{t=0}^{+\infty}$, 且其状态空间和目标状态子空间均分别为 $\mathcal{X}$ 和 $\mathcal{X}^*$, 令 $\{\mathcal{X}_0, \mathcal{X}_1, \ldots, \mathcal{X}_m\}$ 表示 $\{\xi'_t\}_{t=0}^{+\infty}$ 的 CFHT-划分. 若对于任意 $t \geqslant 0$, $\mathrm{x} \in \mathcal{X} \setminus \mathcal{X}_0, i \in \{0, 1, \ldots, m-1\}$, 有

$$\sum_{j=0}^{i} P(\xi_{t+1} \in \mathcal{X}_j \mid \xi_t = \mathrm{x}) \geqslant (\leqslant) \sum_{j=0}^{i} P(\xi'_{t+1} \in \mathcal{X}_j \mid \xi'_t = \mathrm{x}), \tag{7.3}$$

则

$$\mathbb{E}[\tau \mid \xi_0 \sim \pi_0] \leqslant (\geqslant) \mathbb{E}[\tau' \mid \xi'_0 \sim \pi_0]. \tag{7.4}$$

证明 此处通过调换分析法 (即定理 4.1) 来证明式 (7.3) 的 "⩾" 情况, 而式 (7.3) 的 "⩽" 情况可类似证得. 令 $\mathcal{Y}$ 和 $\mathcal{Y}^*$ 分别表示 $\{\xi'_t\}_{t=0}^{+\infty}$ 的状态空间和目标状态子空间, 那么 $\mathcal{Y} = \mathcal{X}$ 且 $\mathcal{Y}^* = \mathcal{X}^*$. 构造映射 $\phi: \mathcal{X} \to \mathcal{Y}$ 使得 $\forall \mathrm{x} \in \mathcal{X}: \phi(\mathrm{x}) = \mathrm{x}$. 显然, 当且仅当 $\mathrm{x} \in \mathcal{X}^*$ 时, $\phi(\mathrm{x}) \in \mathcal{Y}^*$.

接下来分析调换分析法的条件, 即式 (4.1). 对于目标状态 $\mathrm{x} \in \mathcal{X}^* = \mathcal{X}_0$, 因为 $\phi(\mathrm{x}) = \mathrm{x}$ 且两条马尔可夫链均具有吸收性, 有

$$\sum_{\mathrm{y} \in \mathcal{Y}} P(\xi_{t+1} \in \phi^{-1}(\mathrm{y}) \mid \xi_t = \mathrm{x}) \mathbb{E}[\tau' \mid \xi'_0 = \mathrm{y}] = \sum_{\mathrm{y} \in \mathcal{Y}} P(\xi'_1 = \mathrm{y} \mid \xi'_0 = \phi(\mathrm{x})) \mathbb{E}[\tau' \mid \xi'_1 = \mathrm{y}] = 0. \tag{7.5}$$

对于非目标状态 $\mathrm{x} \in \mathcal{X}_i$ (其中 $i \geqslant 1$), 因为 $\phi(\mathrm{x}) = \mathrm{x}$ 且 $\{\xi'_t\}_{t=0}^{+\infty}$ 是齐次的, 有

$$\sum_{\mathrm{y} \in \mathcal{Y}} P(\xi'_1 = \mathrm{y} \mid \xi'_0 = \phi(\mathrm{x})) \mathbb{E}[\tau' \mid \xi'_1 = \mathrm{y}] = \sum_{j=0}^{m} P(\xi'_{t+1} \in \mathcal{X}_j \mid \xi'_t = \mathrm{x}) \mathbb{E}[\tau' \mid \xi'_0 \in \mathcal{X}_j], \tag{7.6}$$

$$\sum_{\mathrm{y} \in \mathcal{Y}} P(\xi_{t+1} \in \phi^{-1}(\mathrm{y}) \mid \xi_t = \mathrm{x}) \mathbb{E}[\tau' \mid \xi'_0 = \mathrm{y}] = \sum_{j=0}^{m} P(\xi_{t+1} \in \mathcal{X}_j \mid \xi_t = \mathrm{x}) \mathbb{E}[\tau' \mid \xi'_0 \in \mathcal{X}_j]. \tag{7.7}$$

下面通过引理 4.4 来比较式 (7.6) 和式 (7.7). 根据式 (7.3) 可知,

$$\forall i \in \{0, 1, \ldots, m-1\}: \sum_{j=0}^{i} P(\xi_{t+1} \in \mathcal{X}_j \mid \xi_t = \mathrm{x}) \geqslant \sum_{j=0}^{i} P(\xi'_{t+1} \in \mathcal{X}_j \mid \xi'_t = \mathrm{x}). \tag{7.8}$$

又因为 $\sum_{j=0}^{m} P(\xi_{t+1} \in \mathcal{X}_j \mid \xi_t = \mathrm{x}) = \sum_{j=0}^{m} P(\xi'_{t+1} \in \mathcal{X}_j \mid \xi'_t = \mathrm{x}) = 1$, 且 $\mathbb{E}[\tau' \mid \xi'_0 \in \mathcal{X}_j]$ 关于 j 单调递增, 所以引理 4.4 的条件成立, 有

$$\sum_{j=0}^{m} P(\xi'_{t+1} \in \mathcal{X}_j \mid \xi'_t = \mathrm{x}) \mathbb{E}[\tau' \mid \xi'_0 \in \mathcal{X}_j] \geqslant \sum_{j=0}^{m} P(\xi_{t+1} \in \mathcal{X}_j \mid \xi_t = \mathrm{x}) \mathbb{E}[\tau' \mid \xi'_0 \in \mathcal{X}_j], \tag{7.9}$$

即

$$\sum_{\mathrm{y} \in \mathcal{Y}} P(\xi_{t+1} \in \phi^{-1}(\mathrm{y}) \mid \xi_t = \mathrm{x}) \mathbb{E}[\tau' \mid \xi'_0 = \mathrm{y}] \leqslant \sum_{\mathrm{y} \in \mathcal{Y}} P(\xi'_1 = \mathrm{y} \mid \xi'_0 = \phi(\mathrm{x})) \mathbb{E}[\tau' \mid \xi'_1 = \mathrm{y}]. \tag{7.10}$$

合并式 (7.5) 和式 (7.10) 可得

$$\begin{aligned}
\forall t \geqslant 0: & \sum_{\mathrm{x} \in \mathcal{X}, \mathrm{y} \in \mathcal{Y}} \pi_t(\mathrm{x}) P(\xi_{t+1} \in \phi^{-1}(\mathrm{y}) \mid \xi_t = \mathrm{x}) \mathbb{E}[\tau' \mid \xi'_0 = \mathrm{y}] \\
& \leqslant \sum_{\mathrm{x} \in \mathcal{X}, \mathrm{y} \in \mathcal{Y}} \pi_t(\mathrm{x}) P(\xi'_1 = \mathrm{y} \mid \xi'_0 = \phi(\mathrm{x})) \mathbb{E}[\tau' \mid \xi'_1 = \mathrm{y}] \\
& = \sum_{\mathrm{u}, \mathrm{y} \in \mathcal{Y}} \pi_t^{\phi}(\mathrm{u}) P(\xi'_1 = \mathrm{y} \mid \xi'_0 = \mathrm{u}) \mathbb{E}[\tau' \mid \xi'_1 = \mathrm{y}],
\end{aligned} \tag{7.11}$$

其中式 (7.11) 由 $\pi_t^{\phi}(\mathrm{u}) = \pi_t(\phi^{-1}(\mathrm{u}))$ 可得.

因此, 调换分析法的条件在 $\rho_t = 0$ 时成立. 于是有 $\mathbb{E}[\tau \mid \xi_0 \sim \pi_0] \leqslant \mathbb{E}[\tau' \mid \xi'_0 \sim \pi_0^{\phi}]$. 因为 $\pi_0 = \pi_0^{\phi}$, 所以 $\mathbb{E}[\tau_0 \mid \xi_0 \sim \pi_0] \leqslant \mathbb{E}[\tau' \mid \xi'_0 \sim \pi_0]$. 引理 7.1 得证. □

引理 7.1 比较了两条齐次吸收马尔可夫链的 DCFHT. 直观来说, 若一条链相较另外一条链始终有更大的概率跳跃至较好的状态 (即 j 值较小的 $\mathcal{X}_j$), 则它到达目标状态空间所需的时间更少.

定理 7.1 给出了辨识最简单问题和最困难问题的一般充分条件. 一个问题类中关于某个算法的最简单/困难问题是指该算法在这个问题上的期望运行时间是最少/最多的.

定理 7.1

给定齐次问题类 $\mathcal{F}$ 和算法 $\mathcal{A}$, 不妨假设问题规模为 n. 令齐次马尔可夫链 $\{\xi'_t\}_{t=0}^{+\infty}$ 对应 $\mathcal{A}$ 求解某个问题 $f^* \in \mathcal{F}_n$ 的过程, 其 CFHT-划分为 $\{\mathcal{X}_0, \mathcal{X}_1, \ldots, \mathcal{X}_m\}$. 若对于任意 $f \in \mathcal{F}_n \setminus \{f^*\}$、$t \geqslant 0$ 以及 $\mathrm{x} \in \mathcal{X} \setminus \mathcal{X}_0$, 存在 $k \in \{0, 1, \ldots, m\}$, 使得

$$\forall j \leqslant k : P(\xi_{t+1} \in \mathcal{X}_j \mid \xi_t = \mathrm{x}) \leqslant (\geqslant)\ P(\xi'_{t+1} \in \mathcal{X}_j \mid \xi'_t = \mathrm{x}), \tag{7.12}$$

$$\forall j > k : P(\xi_{t+1} \in \mathcal{X}_j \mid \xi_t = \mathrm{x}) \geqslant (\leqslant)\ P(\xi'_{t+1} \in \mathcal{X}_j \mid \xi'_t = \mathrm{x}), \tag{7.13}$$

其中 $\{\xi_t\}_{t=0}^{+\infty}$ 为对应 $\mathcal{A}$ 求解问题 f 这个过程的齐次马尔可夫链, 则 f^* 是 $\mathcal{F}_n$ 中关于算法 $\mathcal{A}$ 的最简单 (困难) 问题.

证明 最简单问题辨识的证明思路为: 通过引理 7.1 证明算法 $\mathcal{A}$ 求解问题 f^* 的期望运行时间不大于其求解任意其他问题的期望运行时间. 最困难问题的辨识可类似证得. 引理 7.1 要求马尔可夫链满足吸收性, 而如 2.4 节所述, $\{\xi_t\}_{t=0}^{+\infty}$ 和 $\{\xi'_t\}_{t=0}^{+\infty}$ 这两条链均可转化为吸收马尔可夫链而不影响它们的首达时.

考虑齐次问题类, 因此两条链 $\{\xi_t\}_{t=0}^{+\infty}$ 和 $\{\xi'_t\}_{t=0}^{+\infty}$ 拥有相同的状态空间 $\mathcal{X}$ 和相同的目标状态子空间 $\mathcal{X}^*$. 由式 (7.12) 和式 (7.13) 可得 $\forall i \in \{0, 1, \ldots, m-1\}$,

$$\sum_{j=0}^{i} P(\xi_{t+1} \in \mathcal{X}_j \mid \xi_t = \mathrm{x}) \leqslant \sum_{j=0}^{i} P(\xi'_{t+1} \in \mathcal{X}_j \mid \xi'_t = \mathrm{x}), \tag{7.14}$$

这意味着引理 7.1 的条件, 即式 (7.3), 成立. 因此,

$$\mathbb{E}[\tau \mid \xi_0 \sim \pi_0] \geqslant \mathbb{E}[\tau' \mid \xi'_0 \sim \pi_0]. \tag{7.15}$$

该不等式的两边分别为两条链的 DCFHT, 其中左边的链对应 $\mathcal{A}$ 求解问题 $f \in \mathcal{F}_n \setminus \{f^*\}$ 的过程, 右边的链对应 $\mathcal{A}$ 求解问题 f^* 的过程. 由于该不等式对于任意 $f \in \mathcal{F}_n \setminus \{f^*\}$ 均成立, 因此 f^* 是 $\mathcal{F}_n$ 中关于算法 $\mathcal{A}$ 的最简单问题. 定理 7.1 得证. □

7.2 案例分析

本节通过定理 7.1 来辨识 UBoolean 函数类中关于变异概率小于 0.5 的 (1+1)-EA 的最简单和最困难问题. 定义 2.1 给出的伪布尔函数类仅要求解空间为 $\{0,1\}^n$ 且目标空间为 $\mathbb{R}$. 而 UBoolean 函数类 (见定义 2.2) 是伪布尔函数类的一个子集, 它包含的任意伪布尔函

数具有唯一的全局最优解. 此处仅考虑最大化, 因为最小化 f 可等价地转化为最大化 $-f$. 如 2.2 节所述, 不失一般性, UBoolean 中任意函数的最优解可假定为 1^n. 可见 UBoolean 是一个齐次问题类.

定理 7.2 表明 OneMax 和 Trap 分别为 UBoolean 中关于 (1+1)-EA 的最简单和最困难问题. 定义 2.3 给出的 OneMax 问题旨在最大化解中 1-位的数目, 定义 2.6 给出的 Trap 问题旨在最大化除最优解 1^n 之外解中 0-位的数目.

证明定理 7.2 前, 先分析 (1+1)-EA 求解 OneMax 问题这个过程对应的马尔可夫链的 CFHT, 以及相应求解 Trap 问题的 CFHT. 对于前者, 引理 4.2 表明了 $|\mathrm{x}|_0 = j$ 时的 CFHT $\mathbb{E}[\tau' \mid \xi_t' = \mathrm{x}]$ 可用 $\mathbb{E}(j)$ 表示, 且 $\mathbb{E}(j)$ 关于 j 单调递增. 对于后者, CFHT $\mathbb{E}[\tau' \mid \xi_t' = \mathrm{x}]$ 仅依赖于解 x 中 0-位的数目, 因此可用 $\mathbb{E}'(j)$ 表示 $|\mathrm{x}|_0 = j$ 时的 CFHT $\mathbb{E}[\tau' \mid \xi_t' = \mathrm{x}]$. 显然, $\mathbb{E}'(0) = 0$, 因为最优解已找到. 引理 7.2 表明了 $\mathbb{E}'(j)$ 关于 j 亦是单调递增的.

引理 7.2

当变异概率 $p \in (0, 0.5)$ 时,

$$\mathbb{E}'(0) < \mathbb{E}'(1) < \mathbb{E}'(2) < \cdots < \mathbb{E}'(n). \tag{7.16}$$

证明 由于 $\mathbb{E}'(0) = 0$ 且 $\mathbb{E}'(1) > 0$, 有 $\mathbb{E}'(0) < \mathbb{E}'(1)$. 接下来通过对 j 进行归纳来证明

$$\forall\, 0 < j < n : \mathbb{E}'(j) < \mathbb{E}'(j+1). \tag{7.17}$$

(a) 初始化 需证 $\mathbb{E}'(n-1) < \mathbb{E}'(n)$. 对于 $\mathbb{E}'(n)$, 只有子代解是 0^n 或 1^n 时才会被接受, 所以 $\mathbb{E}'(n) = 1 + p^n\mathbb{E}'(0) + (1-p^n)\mathbb{E}'(n)$, 从而 $\mathbb{E}'(n) = 1/p^n$. 对于 $\mathbb{E}'(n-1)$, 可被接受的子代解是 0^n、1^n 或含 0 的个数为 $n-1$ 的解, 于是 $\mathbb{E}'(n-1) = 1 + p^{n-1}(1-p)\mathbb{E}'(0) + p(1-p)^{n-1}\mathbb{E}'(n) + (1 - p^{n-1}(1-p) - p(1-p)^{n-1})\mathbb{E}'(n-1)$, 从而 $\mathbb{E}'(n-1) = (1 + (1-p)^{n-1}/p^{n-1})/(p^{n-1}(1-p) + p(1-p)^{n-1})$. 因此,

$$\frac{\mathbb{E}'(n)}{\mathbb{E}'(n-1)} = \frac{p^{n-1}(1-p) + p(1-p)^{n-1}}{p^n + (1-p)^{n-1}p} > 1, \tag{7.18}$$

其中不等式由 $0 < p < 0.5$ 可得.

(b) 归纳假设 假设

$$\forall\, K < j \leqslant n-1\ (K \geqslant 1) : \mathbb{E}'(j) < \mathbb{E}'(j+1). \tag{7.19}$$

需证 $j = K$ 时成立. 此处比较 $\mathbb{E}'(K+1)$ 和 $\mathbb{E}'(K)$ 的方法与引理 4.2 中的相同. 令 x 和 x$'$ 分别表示含 0 的个数为 $K+1$ 和 K 的解, 于是 $\mathbb{E}'(K+1) = \mathbb{E}[\tau' \mid \xi_t' = \mathrm{x}]$, $\mathbb{E}'(K) = \mathbb{E}[\tau' \mid \xi_t' = \mathrm{x}']$. 对于含 0 的个数为 K 且长度为 $n-1$ 的布尔串, 令 P_i 表示对该串执行逐位变异算子后 0 的个数变为 i 的概率, 其中 $0 \leqslant i \leqslant n-1$.

对于解 x, 变异的影响可拆分成单个 0-位上的变异和其余 $n-1$ 位上的变异两部分. 注意, 此

时其余 $n-1$ 位含 K 个 0. 基于 (1+1)-EA 求解 Trap 问题的变异和选择行为, 有

$$\begin{aligned}\mathbb{E}'(K+1) = 1 + p \cdot \left(P_0\mathbb{E}'(0) + \sum_{i=1}^{K} P_i\mathbb{E}'(K+1) + \sum_{i=K+1}^{n-1} P_i\mathbb{E}'(i)\right)\\ + (1-p)\cdot\left(\sum_{i=0}^{K-1} P_i\mathbb{E}'(K+1) + \sum_{i=K}^{n-1} P_i\mathbb{E}'(i+1)\right),\end{aligned} \tag{7.20}$$

其中, p 为第一部分变异中 0-位被翻转的概率.

对于解 x′, 变异的影响亦可拆分成两部分: 单个 1-位上的变异, 其余 $n-1$ 位上的变异. 注意, 此时其余 $n-1$ 位含 K 个 0. 因此,

$$\begin{aligned}\mathbb{E}'(K) = 1 + p \cdot \left(\sum_{i=0}^{K-2} P_i\mathbb{E}'(K) + \sum_{i=K-1}^{n-1} P_i\mathbb{E}'(i+1)\right)\\ + (1-p)\cdot\left(P_0\mathbb{E}'(0) + \sum_{i=1}^{K-1} P_i\mathbb{E}'(K) + \sum_{i=K}^{n-1} P_i\mathbb{E}'(i)\right),\end{aligned} \tag{7.21}$$

其中, p 为第一部分变异中 1-位被翻转的概率.

将式 (7.20) 和式 (7.21) 相减可得

$$\begin{aligned}&\mathbb{E}'(K+1) - \mathbb{E}'(K)\\ &= p\left(P_0\big(\mathbb{E}'(0) - \mathbb{E}'(K)\big) + \sum_{i=1}^{K-1} P_i\big(\mathbb{E}'(K+1) - \mathbb{E}'(K)\big) + \sum_{i=K+1}^{n-1} P_i\big(\mathbb{E}'(i) - \mathbb{E}'(i+1)\big)\right)\\ &\quad + (1-p)\left(P_0\big(\mathbb{E}'(K+1) - \mathbb{E}'(0)\big) + \sum_{i=1}^{K} P_i\big(\mathbb{E}'(K+1) - \mathbb{E}'(K)\big) + \sum_{i=K+1}^{n-1} P_i\big(\mathbb{E}'(i+1) - \mathbb{E}'(i)\big)\right)\\ &= P_0\big((1-p)\mathbb{E}'(K+1) - p\mathbb{E}'(K)\big) + \left(\sum_{i=1}^{K-1} P_i + (1-p)P_K\right)\big(\mathbb{E}'(K+1) - \mathbb{E}'(K)\big)\\ &\quad + (1-2p)\left(\sum_{i=K+1}^{n-1} P_i\big(\mathbb{E}'(i+1) - \mathbb{E}'(i)\big)\right)\\ &> \left(\sum_{i=1}^{K-1} P_i + (1-p)P_K + pP_0\right)\cdot\big(\mathbb{E}'(K+1) - \mathbb{E}'(K)\big),\end{aligned} \tag{7.22}$$

其中式 (7.22) 由 $p < 0.5$ 和归纳假设可得. 由于 $\sum_{i=1}^{K-1} P_i + (1-p)P_K + pP_0 < 1$, 有 $\mathbb{E}'(K+1) > \mathbb{E}'(K)$.

(c) 结论 式 (7.17) 成立. 于是引理 7.2 得证. □

定理 7.2

在 UBoolean 函数类中, OneMax 和 Trap 分别是关于变异概率 $p \in (0, 0.5)$ 的 (1+1)-EA 之最简单和最困难问题.

证明 给定规模 n, UBoolean 中任意伪布尔函数的解空间和最优解均分别为 $\{0,1\}^n$ 和 1^n, 因此 UBoolean 是齐次问题类. 根据 (1+1)-EA 的行为可知, 其演化过程可建模为齐次马尔可夫链.

令 OneMax 问题对应定理 7.1 中的 f^*, 则由引理 4.2 可知, 定理 7.1 中的参数 m 和 $\mathcal{X}_i$ 满足 $m=n$ 且 $\forall 0 \leqslant i \leqslant n: \mathcal{X}_i=\{\mathrm{x} \mid |\mathrm{x}|_0=i\}$. 给定非最优解 $\mathrm{x} \in \mathcal{X}_k$ (其中 $k>0$), 对于任意 $0 \leqslant j \leqslant n$, 令 P_j 表示对 x 执行逐位变异算子而产生的子代解拥有 j 个 0-位的概率. 对于 $\{\xi_t'\}_{t=0}^{+\infty}$ 而言, 仅 0-位数目不多于父代解的子代解会被接受, 因此,

$$\forall\, 0 \leqslant j \leqslant k-1: P(\xi_{t+1}' \in \mathcal{X}_j \mid \xi_t'=\mathrm{x})=P_j, \tag{7.23}$$

$$P(\xi_{t+1}' \in \mathcal{X}_k \mid \xi_t'=\mathrm{x})=\sum_{j=k}^{n} P_j, \tag{7.24}$$

$$\forall\, k+1 \leqslant j \leqslant n: P(\xi_{t+1}' \in \mathcal{X}_j \mid \xi_t'=\mathrm{x})=0. \tag{7.25}$$

对于 $\{\xi_t\}_{t=0}^{+\infty}$ 而言, 因为 0-位数目少于父代解的子代解可能被拒绝, 而 0-位数目多于父代解的子代解可能被接受, 所以

$$P(\xi_{t+1} \in \mathcal{X}_0 \mid \xi_t=\mathrm{x})=P_0, \tag{7.26}$$

$$\forall\, 1 \leqslant j \leqslant k-1: P(\xi_{t+1} \in \mathcal{X}_j \mid \xi_t=\mathrm{x}) \leqslant P_j, \tag{7.27}$$

$$\forall\, k+1 \leqslant j \leqslant n: P(\xi_{t+1} \in \mathcal{X}_j \mid \xi_t=\mathrm{x}) \geqslant 0. \tag{7.28}$$

若 $P(\xi_{t+1}' \in \mathcal{X}_k \mid \xi_t'=\mathrm{x}) \geqslant P(\xi_{t+1} \in \mathcal{X}_k \mid \xi_t=\mathrm{x})$, 有

$$\forall\, 0 \leqslant j \leqslant k: P(\xi_{t+1} \in \mathcal{X}_j \mid \xi_t=\mathrm{x}) \leqslant P(\xi_{t+1}' \in \mathcal{X}_j \mid \xi_t'=\mathrm{x}), \tag{7.29}$$

$$\forall\, k+1 \leqslant j \leqslant n: P(\xi_{t+1} \in \mathcal{X}_j \mid \xi_t=\mathrm{x}) \geqslant P(\xi_{t+1}' \in \mathcal{X}_j \mid \xi_t'=\mathrm{x}). \tag{7.30}$$

否则,

$$\forall\, 0 \leqslant j \leqslant k-1: P(\xi_{t+1} \in \mathcal{X}_j \mid \xi_t=\mathrm{x}) \leqslant P(\xi_{t+1}' \in \mathcal{X}_j \mid \xi_t'=\mathrm{x}), \tag{7.31}$$

$$\forall\, k \leqslant j \leqslant n: P(\xi_{t+1} \in \mathcal{X}_j \mid \xi_t=\mathrm{x}) \geqslant P(\xi_{t+1}' \in \mathcal{X}_j \mid \xi_t'=\mathrm{x}). \tag{7.32}$$

由定理 7.1 可得 OneMax 为 UBoolean 中关于变异概率 $p \in (0,0.5)$ 的 (1+1)-EA 的最简单问题.

下面令 Trap 问题对应定理 7.1 中的 f^*. 根据引理 7.2 可得 $m=n$ 且 $\forall 0 \leqslant i \leqslant n: \mathcal{X}_i=\{\mathrm{x} \mid |\mathrm{x}|_0=i\}$. 类似于最简单问题的分析, 给定非最优解 $\mathrm{x} \in \mathcal{X}_k$ (其中 $k>0$), 对于任意 $0 \leqslant j \leqslant n$, 亦令 P_j 表示对 x 执行逐位变异算子而产生的子代解拥有 j 个 0-位的概率. 对于 $\{\xi_t'\}_{t=0}^{+\infty}$ 而言, 因为仅 0-位数目不少于父代解的子代解或最优解会被接受, 所以

$$P(\xi_{t+1}' \in \mathcal{X}_0 \mid \xi_t'=\mathrm{x})=P_0, \tag{7.33}$$

$$\forall\, 1 \leqslant j \leqslant k-1: P(\xi_{t+1}' \in \mathcal{X}_j \mid \xi_t'=\mathrm{x})=0, \tag{7.34}$$

$$P(\xi_{t+1}' \in \mathcal{X}_k \mid \xi_t'=\mathrm{x})=\sum_{j=1}^{k} P_j, \tag{7.35}$$

$$\forall\, k+1 \leqslant j \leqslant n: P(\xi_{t+1}' \in \mathcal{X}_j \mid \xi_t'=\mathrm{x})=P_j. \tag{7.36}$$

对于 $\{\xi_t\}_{t=0}^{+\infty}$ 而言, 因为 0-位数目少于父代解的子代解可能被接受而 0-位数目多于父代解的子代解可能被拒绝, 所以

$$P(\xi_{t+1} \in \mathcal{X}_0 \mid \xi_t = \mathrm{x}) = P_0, \tag{7.37}$$

$$\forall\, 1 \leqslant j \leqslant k-1 : P(\xi_{t+1} \in \mathcal{X}_j \mid \xi_t = \mathrm{x}) \geqslant 0, \tag{7.38}$$

$$\forall\, k+1 \leqslant j \leqslant n : P(\xi_{t+1} \in \mathcal{X}_j \mid \xi_t = \mathrm{x}) \leqslant P_j. \tag{7.39}$$

若 $P(\xi'_{t+1} \in \mathcal{X}_k \mid \xi'_t = \mathrm{x}) \geqslant P(\xi_{t+1} \in \mathcal{X}_k \mid \xi_t = \mathrm{x})$, 有

$$\forall\, 0 \leqslant j \leqslant k-1 : P(\xi_{t+1} \in \mathcal{X}_j \mid \xi_t = \mathrm{x}) \geqslant P(\xi'_{t+1} \in \mathcal{X}_j \mid \xi'_t = \mathrm{x}), \tag{7.40}$$

$$\forall\, k \leqslant j \leqslant n : P(\xi_{t+1} \in \mathcal{X}_j \mid \xi_t = \mathrm{x}) \leqslant P(\xi'_{t+1} \in \mathcal{X}_j \mid \xi'_t = \mathrm{x}). \tag{7.41}$$

否则,

$$\forall\, 0 \leqslant j \leqslant k : P(\xi_{t+1} \in \mathcal{X}_j \mid \xi_t = \mathrm{x}) \geqslant P(\xi'_{t+1} \in \mathcal{X}_j \mid \xi'_t = \mathrm{x}), \tag{7.42}$$

$$\forall\, k+1 \leqslant j \leqslant n : P(\xi_{t+1} \in \mathcal{X}_j \mid \xi_t = \mathrm{x}) \leqslant P(\xi'_{t+1} \in \mathcal{X}_j \mid \xi'_t = \mathrm{x}). \tag{7.43}$$

由定理 7.1 可得 Trap 为 UBoolean 中关于变异概率 $p \in (0, 0.5)$ 的 (1+1)-EA 的最困难问题.

至此, 定理 7.2 得证. □

7.3 小结

本章给出了用于辨识一个问题类中关于某个演化算法的最简单 / 困难问题的一般定理, 并用其证明 OneMax 和 Trap 分别为 UBoolean 类中关于变异概率小于 0.5 的 (1+1)-EA 的最简单和最困难问题. 该定理可作为通用工具用于更多问题类和算法的边界问题辨识.

第 8 章　交叉算子

交叉 (crossover, 亦称 recombination) 和**变异** (mutation) 是两种用于产生新解的常见算子, 算子的配置对演化算法的性能有直接影响. 以往理论工作主要关注仅使用变异算子、相对简单的演化算法. 本章将从理论上分析交叉算子对于多目标演化优化的效用.

在演化算法诞生之初, 交叉算子就是一个重要部件, 对给定的两个或多个解的组成部分进行混合以产生新解. 第 1 章中图 1.5 所示的单点交叉就是一种常见的交叉算子, 它通过随机选择一个位置将两个解分别进行分割, 继而将这两个解被分割开的部分进行交换以产生两个新解. 交叉算子被广泛应用于多目标演化算法 (例如流行的 NSGA-II 算法 [Deb et al., 2002]), 成功地用于求解多种现实世界问题, 例如多处理器片上系统设计 [Erbas et al., 2006]、航空航天工程设计 [Arias-Montano et al., 2012]、多商品流限量网络设计 [Kleeman et al., 2012]. 然而, 对于交叉算子的理论研究还处于起步阶段. 通过分析交叉算子对多目标演化算法性能的影响不仅可以加深对这种受自然启发的算子的理解, 也有助于设计更好的算法.

本章将对以下两个算法的性能 (即期望运行时间) 作比较 [Qian et al., 2013]: 同时使用**对角多父代交叉** (diagonal multi-parent crossover) 算子 [Eiben et al., 1994] 和变异算子的多目标演化算法, 以及仅使用变异算子的多目标演化算法. 对角多父代交叉算子是之前介绍的针对两个解的单点交叉算子的一个扩展. 对于同时使用对角多父代交叉和变异算子的多目标演化算法, 若变异算子为一位变异, 则记作 $\text{MOEA}^{\text{onebit}}_{\text{recomb}}$; 若变异算子为逐位变异, 则记作 $\text{MOEA}^{\text{bitwise}}_{\text{recomb}}$. 一位变异意味着局部搜索, 逐位变异则可视为全局搜索. 算法在每一轮运行中使用交叉算子的概率用 “recomb” 后面的下标表示. 例如, $\text{MOEA}^{\text{onebit}}_{\text{recomb},0.5}$ 表示以概率 0.5 使用交叉算子, 而 $\text{MOEA}^{\text{onebit}}_{\text{recomb},0}$ 则表示不使用交叉算子. 为探究交叉算子的效用, 本章采用两个二目标优化问题: 带权**首正一尾负一** (leading positive ones trailing negative ones, LPTNO) 和 COCZ (见定义 2.8), 其中带权 LPTNO 由 LOTZ (见定义 2.7) 扩展而来.

对于带权 LPTNO 和 COCZ 问题, 本章证明了 $\text{MOEA}^{\text{onebit}}_{\text{recomb},0.5}$ 和 $\text{MOEA}^{\text{bitwise}}_{\text{recomb},0.5}$ 找到帕累托前沿的期望运行时间. 表 8.1 比较了这两个算法与 $\text{MOEA}^{\text{onebit}}_{\text{recomb},0}$、$\text{MOEA}^{\text{bitwise}}_{\text{recomb},0}$ 以及以往不使用交叉算子的多目标演化算法求解 LOTZ 和 COCZ 的运行时间. 结果表明在使用一位变异和逐位变异算子的多目标演化算法中, 采用交叉算子的 $\text{MOEA}^{\text{onebit}}_{\text{recomb},0.5}$ 和 $\text{MOEA}^{\text{bitwise}}_{\text{recomb},0.5}$ 均获得最佳性能. 实验也进一步验证了这些理论结果.

理论分析揭示出交叉算子能通过对已找到的具有多样性的帕累托最优解进行交叉来实现对帕累托前沿的快速填充. 需要注意的是, 本章揭示出的这个交叉算子工作机理仅针对多目标优化而言, 因为单目标优化不存在帕累托前沿.

表 8.1 多目标演化算法求解 LOTZ 和 COCZ 问题的期望运行时间界, 其中第一列指明了相应行的多目标演化算法所采用的变异算子. 需要注意的是, $\text{MOEA}^{\text{onebit}}$、$\text{MOEA}^{\text{onebit}}_{\text{fair}}$ 和 $\text{MOEA}^{\text{onebit}}_{\text{greedy}}$ 均不使用交叉算子, 其求解 LOTZ 和 COCZ 的运行时间界由 [Laumanns et al., 2004] 推得

变异算子	多目标演化算法	LOTZ	COCZ
一位变异	$\text{MOEA}^{\text{onebit}}$	$\Theta(n^3)$	$O(n^2 \log n)$
	$\text{MOEA}^{\text{onebit}}_{\text{fair}}$	$O(n^2 \log n)$	$\Omega(n^2)$、$O(n^2 \log n)$
	$\text{MOEA}^{\text{onebit}}_{\text{greedy}}$	$O(n^2 \log n)$	$\Theta(n^2)$
	$\text{MOEA}^{\text{onebit}}_{\text{recomb},0}$	$\Theta(n^3)$	$\Omega(n^2)$、$O(n^2 \log n)$
	$\text{MOEA}^{\text{onebit}}_{\text{recomb},0.5}$	$\Theta(n^2)$	$\Theta(n \log n)$
逐位变异	$\text{MOEA}^{\text{bitwise}}$	$O(n^3)$ [Giel, 2003]	$O(n^2 \log n)$
	$\text{MOEA}^{\text{bitwise}}_{\text{recomb},0}$	$\Omega(n^2)$、$O(n^3)$	$\Omega(n \log n)$、$O(n^2 \log n)$
	$\text{MOEA}^{\text{bitwise}}_{\text{recomb},0.5}$	$\Theta(n^2)$	$\Theta(n \log n)$

8.1 交叉与变异

演化算法的理论分析进入 21 世纪后取得了许多成果, 例如 [Neumann and Witt, 2010; Auger and Doerr, 2011]. 然而, 大部分工作仅分析使用变异算子的演化算法, 而仅有少量工作考虑交叉算子.

为分析变异算子对演化算法性能的影响, [Doerr et al., 2008b] 比较了两种常用的变异算子, 即一位变异和逐位变异. 逐位变异算子执行全局搜索, 以往认为它与执行局部搜索的一位变异算子至少同样好, 然而 [Doerr et al., 2008b] 通过构造特定伪布尔函数证明, 逐位变异算子的表现可以比一位变异算子更差. 此后, 逐位变异算子的变异概率 p 对算法性能的影响受到广泛关注. 不妨假设 $p = c/n$. [Doerr et al., 2013b] 证明, (1+1)-EA 求解单调伪布尔函数类的期望运行时间在 $c < 1$ 和 $c = 1$ 时分别为 $\Theta(n \log n)$ 和 $O(n^{3/2})$, 而当 $c \geqslant 16$ 时, 求解某个特定单调伪布尔函数需要指数级时间. 对于 (1+1)-EA 求解**多模态** (multimodal) 问题 $\text{Jump}_{m,n}$, [Doerr et al., 2017] 证明了使用随机变异概率[①]在任意 m 下都能获得接近最优的运行时间. 实际上, 变异概率的多种动态设置机制已被证实是有效的, 包括依赖于时间的变异概率 [Jansen and Wegener, 2006]、基于排序的变异概率 [Oliveto et al., 2009b]、依赖于适应度的变异概率 [Böttcher et al., 2010; Doerr et al., 2013a; Badkobeh et al., 2014]、自适应变异概率 [Dang and Lehre, 2016; Doerr et al., 2018] 等. 也有一些研究分析变异算子对演化算法求解组合优化问题性能的影响, 例如 [Doerr et al., 2006] 考虑了**欧拉回路** (Eulerian cycle). [Doerr and Pohl, 2012] 则分析了变异算子对演化算法求解解空间为 $\{0, 1, \ldots, r\}^n$ (其中 $r > 1$) 的优化问题性能的影响. 另外, [Kötzing et al., 2014] 证明了变异算子对于遗传编程的重要性.

---

① 变异概率 c/n 的 c 从**幂律分布** (power-law distribution) 中随机抽样.

对于交叉算子, 在单目标优化下, 运行时间分析已经提供了一些理论理解. 对基于变异的演化算法难以解决的 H-IFF 问题, [Watson, 2001; Dietzfelbinger et al., 2003] 显示出若干仅使用交叉算子的演化算法能够高效地求解该问题. 此后, 交叉算子对演化算法的重要性在更多的问题上得到证实, 包括**真捷径** (real royal road) 函数 [Jansen and Wegener, 2005]、Ising 函数 [Fischer and Wegener, 2005; Sudholt, 2005]、计算**唯一输入输出序列** (unique input-output sequence) 问题的 TwoPaths 实例 [Lehre and Yao, 2008]、顶点覆盖问题的某些实例 [Oliveto et al., 2008]、**全点对最短路径** (all-pairs shortest path) 问题 [Doerr et al., 2008a; Doerr and Theile, 2009; Doerr et al., 2010a] 等. 另外, [Richter et al., 2008] 显示出交叉算子可能带来负面影响. 此外, [Kötzing et al., 2011b] 发现当种群具有理想的多样性时, 交叉算子可为演化算法求解 OneMax 和 $\text{Jump}_{m,n}$ 问题带来巨大加速, 他们亦分析了使用交叉算子的概率和种群规模对种群多样性的影响. 近期的一些工作 [Oliveto and Witt, 2014, 2015; Sudholt, 2017] 则关注更为复杂的使用交叉算子的演化算法的运行时间分析. 第 4 章介绍的调换分析法也已被用于比较某个演化算法在使用和不使用交叉算子时的运行时间 [Yu et al., 2010, 2011]. 上述分析均针对单目标优化, 其结果难以直接推广到多目标优化, 尤其是考虑到多目标优化旨在找到由帕累托最优解组成的一个集合而非单个最优解, 这比单目标优化更为复杂.

多目标演化算法早期的分析 (例如 [Rudolph, 1998; Hanne, 1999; Rudolph and Agapie, 2000]) 关注算法在无限时间内能够找到帕累托前沿的条件. 运行时间分析主要考虑 LOTZ 和 COCZ 这两个二目标伪布尔问题, 相应结果提供了对于多目标演化算法有限时间行为的一些理解 [Giel, 2003; Laumanns et al., 2004]. 以往研究的多目标演化算法基本上都已在 2.1 节介绍, 它们均未使用交叉算子. 为清楚起见, 表 8.2 对这些算法进行了重命名. 它们求解 LOTZ 和 COCZ 的期望运行时间界已在表 8.1 中列出.

表 8.2 对以往理论分析中使用的多目标演化算法名称的统一

原始名称	统一名称	说明
SEMO	$\text{MOEA}^{\text{onebit}}$	一种使用一位变异算子的简单多目标演化算法
GSEMO	$\text{MOEA}^{\text{bitwise}}$	一种使用逐位变异算子的简单多目标演化算法
FEMO	$\text{MOEA}^{\text{onebit}}_{\text{fair}}$	对 SEMO 进行修改以使每个解拥有相同的繁殖机会
GEMO	$\text{MOEA}^{\text{onebit}}_{\text{greedy}}$	对 SEMO 进行修改以使仅占优某些当前解的新加入解拥有繁殖机会

以往多目标演化算法理论分析中涉及交叉算子的唯一工作是 [Neumann and Theile, 2010] 在多目标全点对最短路径问题上证明, 使用交叉算子可加速演化算法求解过程. 该工作显示出, 交叉算子通过与变异算子的交互能够高效地演化出质量好的解. 值得注意的是, 该工作机理不同于本章理论分析的发现, 即交叉算子可通过对已找到的具有多样性的帕累托最优解交叉实现对帕累托前沿的快速填充.

8.2 采用交叉算子的多目标演化算法

算法 8.1 的多目标演化算法 $\text{MOEA}^{\text{onebit}}_{\text{recomb}}$ 是通过在 $\text{MOEA}^{\text{onebit}}$ (即算法 2.5) 中加入交叉算子扩展而来的. 下面依次介绍 $\text{MOEA}^{\text{onebit}}_{\text{recomb}}$ 的各个部件.

算法 8.1 $\text{MOEA}^{\text{onebit}}_{\text{recomb}}$ 算法

输入: 伪布尔函数向量 $\boldsymbol{f} = (f_1, f_2, \ldots, f_m)$; $p_c \in [0, 1]$.
过程:

1: 均匀随机地从 $\{0, 1\}^n$ 中选择 m 个解, 并对其执行定义 8.1 的过程, 以产生初始种群 P;
2: **while** 不满足停止条件 **do**
3: 　随机选择 $m/2$ 个目标, 将 P 中对应每一个选择目标的最好解合并组成解集 P^1_s;
4: 　从 $P \setminus P^1_s$ 中随机选择 $m - |P^1_s|$ 个解进行合并组成解集 P^2_s;
5: 　令 $P_s = P^1_s \cup P^2_s$;
6: 　均匀随机地从 $[0, 1]$ 中选取一个值 r;
7: 　**if** $r < p_c$ **then**
8: 　　在 P_s 中的所有解上执行交叉算子以产生解集 P_o
9: 　**else**
10: 　　在 P_s 中的每个解上执行一位变异算子以产生解集 P_o
11: 　**end if**
12: 　**for** P_o 中的每个解 $\boldsymbol{s}'$
13: 　　**if** $\nexists z \in P$ 满足 $z \succeq \boldsymbol{s}'$ **then**
14: 　　　$P = (P \setminus \{z \in P \mid \boldsymbol{s}' \succ z\}) \cup \{\boldsymbol{s}'\}$
15: 　　**end if**
16: 　**end for**
17: **end while**
18: **return** P

输出: $\{0, 1\}^n$ 中的解构成的一个集合

众所周知, 种群的多样性对于交叉算子至关重要, 这是因为对相似的解进行交叉很难带来改进. 为更好地控制种群的多样性, $\text{MOEA}^{\text{onebit}}_{\text{recomb}}$ 采用**目标多样性** (objective diversity) 作为度量指标. 假设解集的多样性与解的目标向量间的差异相关, 若某个解集包含的解在不同的目标上表现好, 则认为该解集的多样性较好. 因此, 解集的目标多样性被定义为解集中至少包含一个相应好解的目标数目. 形式化地, 对于解集 P, 为第 i 个目标 f_i 定义变量

$$q_i = \begin{cases} 1 & \text{若} \max\{f_i(\boldsymbol{s}) \mid \boldsymbol{s} \in P\} \geqslant \theta_i; \\ 0 & \text{否则}. \end{cases} \tag{8.1}$$

式中 $i \in [m]$, θ_i 是判断解在 f_i 上是否好的阈值, 因此 P 的目标多样性为 $\sum_{i=1}^{m} q_i$. 给定 m 个目标, 目标多样性的最大值为 m. 在本章的分析中, θ_i 被设置为 f_i 上的最小局部最优值, 其中局部最优是针对与当前解汉明距离为 1 的所有解构成的邻居空间而言.

为使得初始种群的多样性足够好, $\text{MOEA}^{\text{onebit}}_{\text{recomb}}$ 采用定义 8.1 给出的初始化过程, 即独

立地运行 RLS 算法 m 次以分别优化 m 个目标函数 $f_1, f_2, \ldots, f_m$. 如 2.1 节所述, RLS 为采用一位变异算子的算法 2.1. 在该初始化过程中, RLS 每运行 n 轮须检查当前解是否已达到关于相应目标的局部最优, 其中 n 为解的长度. 当所有目标的局部最优解都已找到时, 初始化过程即终止. 这意味着初始种群在每个目标上均有一个好解, 即 $\forall i \in [m] : q_i = 1$, 其目标多样性达到 m. 因为仅当被新产生的解占优时种群中包含的解才被去除, 所以种群在每个目标上始终有一个好解, 即种群的目标多样性在演化过程中将保持最大值 m.

定义 8.1. 初始化过程

输入: 来自 $\{0,1\}^n$ 的解 $s_1, s_2, \ldots, s_m$.

过程:

1: **repeat**
2:   **repeat** 下述过程 n 次
3:     对于 $s_1, s_2, \ldots, s_m$, 分别随机选择一位进行翻转以产生 $s'_1, s'_2, \ldots, s'_m$;
4:     **for** $i = 1$ **to** m
5:       **if** $f_i(s'_i) \geqslant f_i(s_i)$ **then**
6:         $s_i = s'_i$
7:       **end if**
8:     **end for**
9:   **end repeat**
10: **until** $\forall i : s_i$ 为关于 f_i 的局部最优解

输出: 分别对应 m 个目标的 m 个局部最优解

在每轮产生新解的过程中, $\text{MOEA}_{\text{recomb}}^{\text{onebit}}$ 从当前种群中选取目标多样性至少为 $m/2$ 的 m 个解进行交叉或变异. 为此, 先选取当前种群中分别对应随机选择的 $m/2$ 个目标的最好解, 构成的解集记为 P_s^1, 再从剩余解中随机选取 $m - |P_\text{s}^1|$ 个解, 构成的解集记为 P_s^2.

在产生新解时, 参数 p_c 用于控制交叉算子的使用. 具体来说, 在每一轮迭代中, 子代解以 p_c 的概率通过执行交叉算子产生, 否则通过执行变异算子产生. $\text{MOEA}_{\text{recomb},0.5}^{\text{onebit}}$ 和 $\text{MOEA}_{\text{recomb},0}^{\text{onebit}}$ 分别对应于 $p_\text{c} = 0.5$ 和 $p_\text{c} = 0$ 的 $\text{MOEA}_{\text{recomb}}^{\text{onebit}}$. 在每一轮运行的最后, P_o 中的子代解用于更新当前种群. 若某个子代解未被当前种群中的任意解弱占优, 则将它加入种群, 同时种群中不再是非占优的解将被去除.

$\text{MOEA}_{\text{recomb}}^{\text{onebit}}$ 采用的交叉算子是定义 8.2 给出的对角多父代交叉算子 [Eiben et al., 1994]. 给定 m 个解, 该算子从所有相邻位的中间位置中随机选取 $m - 1$ 个作为交叉点, 然后通过混合由交叉点分割开的部分产生 m 个子代解. 图 8.1 展示了一个例子: 在三个用布尔向量表示的解上执行对角多父代交叉算子. 实际上, 对角多父代交叉算子可视为对第 1 章中图 1.5 所示的基于两个解的单点交叉算子的扩展.

定义 8.2. 对角多父代交叉算子 [Eiben et al., 1994]

给定长度为 n 的 m 个解, 从相邻位间的所有 $n-1$ 个位置中随机选择 $m-1$ 个作为交叉点, 然后使用下述过程产生 m 个子代解: 将 m 个父代解的序号记为 $1,2,\ldots,m$; 通过合并 m 个父代解中被 $m-1$ 个交叉点分割开的部分产生 m 个子代解, 其中第 i $(1 \leqslant i \leqslant m)$ 个子代解的组成部分依次来自父代解 $i,i+1,\ldots,m-1,m,1,\ldots,i-1$.

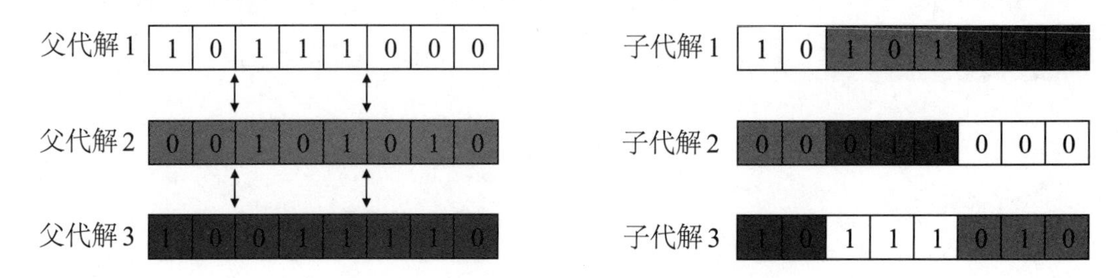

图 8.1 三个布尔向量解上的对角多父代交叉 [Eiben et al., 1994]

$\text{MOEA}^{\text{onebit}}_{\text{recomb}}$ 使用一位变异作为变异算子, 即随机选择解的一位进行翻转. 若存在一个由互不可比的解构成的集合, 且这些解均弱占优于与它们汉明距离为 1 的邻居解, 则当种群为这个集合的子集时, 将无法通过一位变异算子跳出该子集. 为克服这个障碍, 可将 $\text{MOEA}^{\text{onebit}}_{\text{recomb}}$ 的一位变异算子替代为逐位变异, 即以概率 $1/n$ 独立地翻转解的每一位. 修改后的算法记作 $\text{MOEA}^{\text{bitwise}}_{\text{recomb}}$, 其与 $\text{MOEA}^{\text{onebit}}_{\text{recomb}}$ 的唯一区别是 $\text{MOEA}^{\text{bitwise}}_{\text{recomb}}$ 的第 10 行为 "在 P_{s} 中的每个解上执行逐位变异算子以产生解集 P_{o}", 而 $\text{MOEA}^{\text{onebit}}_{\text{recomb}}$ 的第 10 行为 "在 P_{s} 中的每个解上执行一位变异算子以产生解集 P_{o}". 由于 $\text{MOEA}^{\text{onebit}}_{\text{recomb}}$ 是通过引入交叉算子实现对 $\text{MOEA}^{\text{onebit}}$ 的扩展的, $\text{MOEA}^{\text{bitwise}}_{\text{recomb}}$ 可视为相同方式下对 $\text{MOEA}^{\text{bitwise}}$ 的扩展.

8.3 案例分析

本节将通过带权 LPTNO 和 COCZ 这两个问题来分析交叉算子对于多目标演化算法性能的影响. 定义 8.3 给出的带权 LPTNO 问题是一个由 LOTZ 问题 (见定义 2.7) 扩展而来的二目标优化问题, 其目标之一为最大化从解的首端开始连续 1 的数目, 另一目标为最大化从解的尾端开始连续 −1 的数目.

定义 8.3. 带权 LPTNO 问题

从 $\{-1,1\}^n$ 中找到解以最大化

$$f(s) = \left(\sum_{i=1}^{n} w_i \prod_{j=1}^{i} (1+s_j), \sum_{i=1}^{n} v_i \prod_{j=i}^{n} (1-s_j) \right), \tag{8.2}$$

其中 s_j 表示 $s \in \{-1,1\}^n$ 的第 j 个元素, $\forall i \in [n] : w_i, v_i > 0$.

带权 LPTNO 的目标向量可表示为 $(\sum_{k=1}^{i} 2^k w_k, \sum_{k=n-j+1}^{n} 2^{n+1-k} v_k)$, 其中 i 和 j 分别为首端开始连续 1 和尾端开始连续 -1 的数目. 因此, 带权 LPTNO 的帕累托前沿为 $\{(\sum_{k=1}^{i} 2^k w_k, \sum_{k=i+1}^{n} 2^{n+1-k} v_k) \mid 0 \leqslant i \leqslant n\}$, 相应的帕累托最优解为 $(-1)^n, 1(-1)^{n-1}, \ldots, 1^{n-1}(-1), 1^n$.

尽管带权 LPTNO 可视为对 LOTZ 问题的扩展, 即将解空间从 $\{0,1\}^n$ 变成 $\{-1,1\}^n$ 并引入权重 w_i 和 v_i, 但两者性质非常不同. LOTZ 的帕累托前沿是对称的, 也就是说, 若 (a,b) 属于帕累托前沿, 则 (b,a) 亦属于帕累托前沿; 而带权 LPTNO 的帕累托前沿一般是非对称的, 相对要复杂得多. 需要注意的是, 在多目标演化算法求解带权 LPTNO 问题时, 翻转一位意味着将该位从 -1 变成 1, 或从 1 变成 -1.

定义 2.8 给出的 COCZ 问题旨在最大化定义在 $\{0,1\}^n$ 空间上的两个线性函数, 目标之一为最大化解中 1-位的数目, 另一目标为最大化解的前半部分中 1-位的数目和后半部分中 0-位的数目之和. 该问题的帕累托前沿为 $\{(n/2,n),(n/2+1,n-1),\ldots,(n,n/2)\}$, 共有 $2^{\frac{n}{2}}$ 个帕累托最优解, 由此构成的集合为 $\{1^{\frac{n}{2}} *^{\frac{n}{2}} \mid * \in \{0,1\}\}$.

下面分别分析带交叉算子的多目标演化算法求解带权 LPTNO 和 COCZ 问题的期望运行时间. 由于带权 LPTNO 和 COCZ 均为二目标优化问题, $\text{MOEA}_{\text{recomb}}^{\text{onebit}}$ 和 $\text{MOEA}_{\text{recomb}}^{\text{bitwise}}$ 在选取用于产生新解的解时, 先随机选择一个目标并从当前种群中选取对应该目标的最好解, 再从剩余解中随机选取另一个解. 由于考虑的是二目标优化问题, 采用的对角多父代交叉算子实际上就是单点交叉算子.

8.3.1 带权 LPTNO

先考虑 $\text{MOEA}_{\text{recomb}}^{\text{onebit}}$ 和 $\text{MOEA}_{\text{recomb}}^{\text{bitwise}}$ 在求解带权 LPTNO 问题时初始化过程所需的运行时间. 初始化过程是通过两个 RLS 算法分别独立地去优化给定问题的两个目标函数. 因为带权 LPTNO 的两个目标函数具有与 LeadingOnes 问题 (见定义 2.4) 相同的结构, 又根据 [Johannsen et al., 2010] 中的定理 13 可知 RLS 求解 LeadingOnes 的期望运行时间为 $\Theta(n^2)$, 所以该初始化过程中 RLS 所需期望运行时间为 $\Theta(n^2)$.

在初始化过程中, RLS 每运行 n 轮需要检验当前解是否为相应目标的局部最优解. 由于解的邻居空间包含 n 个解, 一次检验需要耗费 n 次适应度评估, 这意味着 RLS 运行过程中耗费的检验时间与其本身的运行时间相同, 于是可得如下引理.

引理 8.1

求解带权 LPTNO 问题时, $\text{MOEA}_{\text{recomb}}^{\text{onebit}}$ 和 $\text{MOEA}_{\text{recomb}}^{\text{bitwise}}$ 的初始化过程的期望运行时间为 $\Theta(n^2)$.

下面分析演化过程中的种群规模.

引理 8.2

求解带权 LPTNO 问题时，若多目标演化算法的种群维持的解互不可比，则种群规模不超过 $n+1$，当且仅当种群由所有帕累托最优解组成时，规模达到 $n+1$.

证明 因为种群 P 中的解与 $f(P)=\{f(s)\mid s\in P\}$ 中的目标向量一一对应，所以分析 $f(P)$ 的规模即可. 带权 LPTNO 的第一个目标有 $n+1$ 个可能的取值，即 $\{\sum_{k=1}^{i}2^k w_k \mid 0\leqslant i\leqslant n\}$. 对于第一个目标的任意可能取值，$f(P)$ 至多包含一个对应目标向量，否则这意味着 P 中存在两个解在第一个目标上的取值相同，与种群中的解互不可比这个条件相矛盾. 因此，$f(P)$ 的规模不超过 $n+1$. 若 $f(P)$ 的规模就是 $n+1$，则其包含的 $n+1$ 个目标向量在第一维上的取值分别为 $0,\sum_{k=1}^{1}2^k w_k,\ldots,\sum_{k=1}^{n}2^k w_k$. 由于种群中的解互不可比，它们在第二维上的相应取值必然单调递减，这意味着其取值分别为 $\sum_{k=1}^{n}2^{n+1-k}v_k,\sum_{k=2}^{n}2^{n+1-k}v_k,\ldots,0$. 因此，$f(P)$ 此时就是帕累托前沿. 引理 8.2 得证. □

对于帕累托前沿中的任意一个目标向量，本章分析的多目标演化算法的种群在演化过程中至多包含一个对应的帕累托最优解，且一旦找到就永不去除. 因此，种群中帕累托最优解的数目增加足够多次 (例如增加的次数达到帕累托前沿的规模) 就意味着找到了帕累托前沿. 将种群中帕累托最优解的数目增加这个事件称为“成功事件”，那么，通过分析发生一次成功事件所需的期望运行时间，并将所有要求的成功事件的期望运行时间累加，即可得到多目标演化算法找到帕累托前沿的期望运行时间界. 我们在后续证明中将多次采用这个思路.

定理 8.1

$\mathrm{MOEA}^{\mathrm{onebit}}_{\mathrm{recomb},0.5}$ 和 $\mathrm{MOEA}^{\mathrm{bitwise}}_{\mathrm{recomb},0.5}$ 求解带权 LPTNO 问题的期望运行时间为 $\Theta(n^2)$.

证明 因为带权 LPTNO 问题的帕累托前沿规模为 $n+1$，且在初始化过程中已找到了 1^n 和 $(-1)^n$ 这两个帕累托最优解，所以帕累托最优解的数目增加 $n-1$ 次便足以找到帕累托前沿.

下面分析从包含 $i+1$ 个帕累托最优解的种群 P 开始，发生一次成功事件所需的期望轮数，其中 $i\in[n-1]$. 算法在选取用于产生新解的两个解时，由于已找到关于带权 LPTNO 的两个目标的最优解，即 1^n 和 $(-1)^n$，算法先从 $\{1^n,(-1)^n\}$ 中随机选取一个解，记为 s，再从解集 $P\setminus\{s\}$ 中随机选取另一个解. 为分析算法在一轮内通过单点交叉产生一个新的帕累托最优解的概率 q，考虑下述两种情况：用于产生新解的两个解为 1^n 和 $(-1)^n$；用于产生新解的一个解为 1^n 或 $(-1)^n$，而另一个解为 $P\setminus\{1^n,(-1)^n\}$ 中的某个帕累托最优解. 前者发生的概率为 $1/(|P|-1)$，此时 $q=(n-i)/(n-1)$. 对于后者，不妨假设来自 $P\setminus\{1^n,(-1)^n\}$ 的所选帕累托最优解的首端连续 1 的数目为 k，其中 $0<k<n$；当前种群中首端连续 1 的数目超过 k 的帕累托最优解的数目为 k'，其中 $1\leqslant k'\leqslant i-1$. 若选择的用于产生新解的另一个解为 1^n，则 $q=(n-k-k')/(n-1)$；若另一个解为 $(-1)^n$，则 $q=(k-i+k')/(n-1)$. 综合上述所有情况可得

$$q=\frac{1}{|P|-1}\cdot\frac{n-i}{n-1}+(i-1)\cdot\frac{1}{2(|P|-1)}\cdot\left(\frac{n-k-k'}{n-1}+\frac{k-i+k'}{n-1}\right)=\frac{(i+1)(n-i)}{2(|P|-1)(n-1)},\tag{8.3}$$

其中第一个等式右边的因子 $i-1$ 是由于在上述考虑的后一种情况下, $P \setminus \{1^n, (-1)^n\}$ 中存在 $i-1$ 个帕累托最优解可供选择. 由于使用交叉算子的概率为 1/2, 算法在一轮内将种群中帕累托最优解的数目增加的概率至少为 $(i+1)(n-i)/(4(|P|-1)(n-1)) \geqslant (i+1)(n-i)/(4(n-1)^2)$, 其中不等式成立是因为引理 8.2 揭示了 $|P| \leqslant n$. 这意味着从包含 $i+1$ 个帕累托最优解的种群开始, 发生一次成功事件所需的期望轮数至多为 $4(n-1)^2/((i+1)(n-i))$.

考虑到算法每一轮需要评估两个子代解, 即每一轮运行时间为 2, 初始化后找到帕累托前沿所需的期望运行时间至多为 $2 \cdot \sum_{i=1}^{n-1} 4(n-1)^2/((i+1)(n-i)) = O(n \log n)$. 将其与引理 8.1 得出的初始化的期望运行时间 $\Theta(n^2)$ 合并, 可得 $\mathrm{MOEA}^{\mathrm{onebit}}_{\mathrm{recomb},0.5}$ 和 $\mathrm{MOEA}^{\mathrm{bitwise}}_{\mathrm{recomb},0.5}$ 求解带权 LPTNO 的期望运行时间为 $\Theta(n^2)$. 定理 8.1 得证. □

定理 8.1 揭示了在求解带权 LPTNO 问题时, 使用交叉算子概率为 0.5 的 $\mathrm{MOEA}^{\mathrm{onebit}}_{\mathrm{recomb}}$ 和 $\mathrm{MOEA}^{\mathrm{bitwise}}_{\mathrm{recomb}}$ 所需期望运行时间均为 $\Theta(n^2)$. 以往研究分析了仅用变异算子的多目标演化算法用于求解带权 LPTNO 问题的特例——LOTZ 的运行时间, 如表 8.1 第 3 列所示. 相较这些仅使用一位或逐位变异算子的多目标演化算法, $\mathrm{MOEA}^{\mathrm{onebit}}_{\mathrm{recomb},0.5}$ 和 $\mathrm{MOEA}^{\mathrm{bitwise}}_{\mathrm{recomb},0.5}$ 求解 LOTZ 所需的运行时间更少.

为了探究交叉算子对于 $\mathrm{MOEA}^{\mathrm{onebit}}_{\mathrm{recomb}}$ 和 $\mathrm{MOEA}^{\mathrm{bitwise}}_{\mathrm{recomb}}$ 能够高效求解带权 LPTNO 问题是否有关键作用, 接下来分析不使用交叉算子的 $\mathrm{MOEA}^{\mathrm{onebit}}_{\mathrm{recomb}}$ 和 $\mathrm{MOEA}^{\mathrm{bitwise}}_{\mathrm{recomb}}$ 求解带权 LPTNO 的运行时间.

定理 8.2

$\mathrm{MOEA}^{\mathrm{onebit}}_{\mathrm{recomb},0}$ 求解带权 LPTNO 问题的期望运行时间为 $\Theta(n^3)$.

证明 将带权 LPTNO 问题的所有帕累托最优解进行排序: $1^n, 1^{n-1}(-1), \ldots, (-1)^n$, 记为序列 S. 若一个子代帕累托最优解是通过在一个父代帕累托最优解上执行一位变异算子产生的, 则两者在序列 S 上必相邻. 初始化后, 算法找到了 1^n 和 $(-1)^n$ 这两个帕累托最优解. 因此, 种群在演化过程中将始终可拆分成两个解集 L 和 R, 其中 L 由从序列 S 的首端开始的若干连续帕累托最优解构成, 而 R 由从序列 S 的尾端开始的若干连续帕累托最优解构成. 显然, $1^n \in L$ 且 $(-1)^n \in R$. 为便于分析, 将整个优化过程分成 n 个阶段: 对于任意 $i \in [n]$, 第 i 阶段的种群由 $i+1$ 个帕累托最优解构成. 算法处于第 n 阶段即意味着已找到帕累托前沿. 接下来分析算法在每一个阶段中通过一轮迭代产生新的帕累托最优解的概率.

对于第 1 阶段, 有 $|L| = 1$ 且 $|R| = 1$. 算法在每一轮选择 1^n 和 $(-1)^n$ 这两个解以产生新解. 对于 1^n, 仅当一位变异算子翻转其最右端的 1 时, 子代解方可被接受; 而对于 $(-1)^n$, 仅当一位变异算子翻转其最左端的 -1 时, 子代解方可被接受. 因此, 算法在每一轮迭代内产生两个新的帕累托最优解的概率为 $1/n^2$, 仅产生一个的概率为 $2(n-1)/n^2$, 否则将不产生新的帕累托最优解.

下面考虑第 i 阶段, 其中 $1 < i \leqslant n-1$. 算法在选取用于产生新解的两个解时, 因为关于带权 LPTNO 的两个目标的最优解 1^n 和 $(-1)^n$ 已被找到, 所以将从 $\{1^n, (-1)^n\}$ 中随机选取一个解, 而从剩余解中随机选取另一个解, 这两个解被选取的概率分别为 1/2 和 $1/i$. 该阶段的分析将考虑下述两种情况.

情况 (1): $\min\{|L|,|R|\}>1$. 此时, 无论对于 1^n 还是对于 $(-1)^n$, 执行一位变异算子都将无法产生新的帕累托最优解; 仅 L 中处于序列 S 最右边的解或 R 中处于序列 S 最左边的解可通过执行一位变异算子以概率 $1/n$ 产生一个新的帕累托最优解. 因此, 算法在每一轮迭代内产生一个新的帕累托最优解的概率为 $2/(i\cdot n)$, 否则将不产生新的帕累托最优解.

情况 (2): $\min\{|L|,|R|\}=1$. 不妨假设 $|L|=1$. 算法在选取用于产生新解的两个解时, 若从 $\{1^n,(-1)^n\}$ 中选取的解为 $(-1)^n$, 则对其执行一位变异算子将不产生新的帕累托最优解, 而只有另外一个选取的解为 1^n 或 R 中处于序列 S 最左边的解时, 对其执行一位变异算子才可产生新的帕累托最优解, 发生概率为 $1/n$. 若从 $\{1^n,(-1)^n\}$ 中选取的解是 1^n, 则对其执行一位变异算子将以概率 $1/n$ 产生新的帕累托最优解 $1^{n-1}(-1)$, 而只有另外一个选取的解为 R 中处于序列 S 最左边的解时, 对其执行一位变异算子才可产生新的帕累托最优解, 发生概率为 $1/n$. 因此, 当 $i<n-1$ 时, 算法在每一轮迭代内产生一个新的帕累托最优解且保持 $\min\{|L|,|R|\}=1$ 的概率为 $1/(i\cdot n)-1/(2i\cdot n^2)$, 产生一个或两个新的帕累托最优解且使得 $\min\{|L|,|R|\}>1$ 的概率为 $1/(2n)+1/(2i\cdot n)$, 否则将不产生新的帕累托最优解. 当 $i=n-1$ 时, 最后一个尚未找到的帕累托最优解在每一轮迭代被找到的概率为 $(n^2+2n-1)/(2(n-1)n^2)$.

算法经过初始化后, 其种群的状态将发生如下变化:

1. 从第 1 阶段出发;
2. 跳转到情况 (2);
3. 处于情况 (2);
4. 跳转到情况 (1);
5. 处于情况 (1);
6. 到达第 n 阶段, 这意味着已找到帕累托前沿.

需注意的是, 种群在离开第 1 阶段时可直接跳转至情况 (1), 因此第 2 行和第 3 行有时可忽略; 另外, 种群可一直处于情况 (2) 直至到达第 n 阶段, 因此第 4 行和第 5 行有时亦可忽略.

根据上述对算法在每一轮产生新的帕累托最优解的概率的分析可知, 种群维持在第 3 行或第 5 行且产生一个新的帕累托最优解的概率为 $\Theta(1/(i\cdot n))$; 种群离开第 1 行或第 3 行的概率至少为 $\Omega(1/n)$. 因此, 算法在初始化后找到帕累托前沿所需的期望轮数为 $\Theta(\sum_{i=1}^{n-1} i\cdot n)=\Theta(n^3)$. 将其与初始化的期望运行时间 $\Theta(n^2)$ (见引理 8.1) 合并, 可得 $\text{MOEA}^{\text{onebit}}_{\text{recomb},0}$ 求解带权 LPTNO 所需总的期望运行时间为 $\Theta(n^3)$. 定理 8.2 得证. □

定理 8.3

$\text{MOEA}^{\text{bitwise}}_{\text{recomb},0}$ 求解带权 LPTNO 问题的期望运行时间的下界和上界分别为 $\Omega(n^2)$ 和 $O(n^3)$.

证明 算法在初始化后已找到 1^n 和 $(-1)^n$ 这两个帕累托最优解, 因此仅需要再增加种群中帕累托最优解的数目 $n-1$ 次便足以找到帕累托前沿. 算法在找到帕累托前沿之前, 当前种群中将始终至少存在一个帕累托最优解满足: 仅翻转其最右边的 1 或最左边的 -1 即可产生一个新的帕累托最优解. 根据引理 8.2 可知, 种群规模最大为 n, 因此从种群中选取某个特定解进行繁殖的概率至少为 $1/(n-1)$. 于是, 算法在一轮迭代内增加种群中帕累托最优解数目的概率至少为

$$\frac{1}{n-1}\cdot\frac{1}{n}\left(1-\frac{1}{n}\right)^{n-1}\geqslant\frac{1}{en(n-1)},\tag{8.4}$$

其中不等号成立是因为 $(1-1/n)^{n-1}\geqslant 1/e$. 因此, 算法在初始化后找到帕累托前沿的期望运行时间至多是 $2en(n-1)^2$. 将其与初始化的期望运行时间 $\Theta(n^2)$ (见引理 8.1) 合并, 可得总的期望运行时间至少是 $\Omega(n^2)$, 且至多是 $O(n^3)$. 定理 8.3 得证. □

上述两个定理表明, 若不使用交叉算子, 则 $\text{MOEA}^{\text{onebit}}_{\text{recomb}}$ 和 $\text{MOEA}^{\text{bitwise}}_{\text{recomb}}$ 求解带权 LPTNO 问题的期望运行时间将从使用交叉算子概率为 0.5 时的 $\Theta(n^2)$ 分别增至 $\Theta(n^3)$ 和 $\Omega(n^2)$. 由此可见, 交叉算子对于 $\text{MOEA}^{\text{onebit}}_{\text{recomb}}$ 和 $\text{MOEA}^{\text{bitwise}}_{\text{recomb}}$ 能够高效求解带权 LPTNO 问题起到了至关重要的作用.

从对 $\text{MOEA}^{\text{onebit}}_{\text{recomb}}$ 和 $\text{MOEA}^{\text{bitwise}}_{\text{recomb}}$ 求解带权 LPTNO 问题的分析过程可知, 交叉算子可通过对已找到的多样性高的帕累托最优解进行交叉来实现对帕累托前沿的快速填充. 例如, 当 1^n 和 $1^{n/2}(-1)^{n/2}$ 这两个差异大的帕累托最优解被选取用于产生新解时, 通过单点交叉产生不同于这两个解的子代帕累托最优解的概率为 $(n/2-1)/(n-1)$; 而对于任意两个解, 无论是通过一位变异还是逐位变异, 其概率至多为 $4/n$.

8.3.2 COCZ

在 $\text{MOEA}^{\text{onebit}}_{\text{recomb}}$ 和 $\text{MOEA}^{\text{bitwise}}_{\text{recomb}}$ 求解 COCZ 问题时, 初始化过程通过两个 RLS 算法分别独立地去优化 COCZ 的两个目标函数. 这两个目标函数具有与定义 2.3 所述的 OneMax 问题相同的结构, 而根据 [Johannsen et al., 2010] 中的定理 11 可知 RLS 求解 OneMax 的期望运行时间为 $\Theta(n\log n)$. 在初始化过程中, RLS 每运行 n 轮需检验当前解是否在相应目标上已是局部最优, 而检验一次需要作 n 次适应度评估, 因此检验所耗费的时间与 RLS 本身运行的时间相同. 于是有下述引理.

引理 8.3

求解 COCZ 问题时, $\text{MOEA}^{\text{onebit}}_{\text{recomb}}$ 和 $\text{MOEA}^{\text{bitwise}}_{\text{recomb}}$ 的初始化过程的期望运行时间为 $\Theta(n\log n)$.

引理 8.4 给出了演化过程中种群规模的上界. 下述引理和定理的证明见附录 A.

引理 8.4

求解 COCZ 问题时, 若多目标演化算法的种群维持的解互不可比, 则种群规模不超过 $n/2+1$.

定理 8.4

$\text{MOEA}^{\text{onebit}}_{\text{recomb},0.5}$ 和 $\text{MOEA}^{\text{bitwise}}_{\text{recomb},0.5}$ 求解 COCZ 问题的期望运行时间为 $\Theta(n\log n)$.

定理 8.4 表明, 使用交叉算子的概率为 0.5 时, $\text{MOEA}^{\text{onebit}}_{\text{recomb}}$ 和 $\text{MOEA}^{\text{bitwise}}_{\text{recomb}}$ 求解 COCZ 的期望运行时间均为 $\Theta(n\log n)$. 如表 8.1 第二行最后一格所示, 相较以往分析过的仅使用一位变异算子的多目标演化算法, $\text{MOEA}^{\text{onebit}}_{\text{recomb},0.5}$ 求解 COCZ 所需的运行时间更少. $\text{MOEA}^{\text{bitwise}}_{\text{recomb}}$ 使用逐位变异算子, 而仅有 $\text{MOEA}^{\text{bitwise}}$ (即 GSEMO) 为以往被分析过的使用逐位变异算子的多目标演化算法, 且其求解 COCZ 的期望运行时间尚未知晓. 为了比较, 下面分析 $\text{MOEA}^{\text{bitwise}}$ 求解 COCZ 的期望运行时间.

定理 8.5

$\text{MOEA}^{\text{bitwise}}$ 求解 COCZ 问题的期望运行时间上界为 $O(n^2\log n)$.

可见, $\text{MOEA}^{\text{bitwise}}_{\text{recomb},0.5}$ 求解 COCZ 问题的期望运行时间 $\Theta(n\log n)$ 比 $\text{MOEA}^{\text{bitwise}}$ 的期望运行时间的上界 $O(n^2\log n)$ 更小. 为了探究交叉算子对 $\text{MOEA}^{\text{onebit}}_{\text{recomb}}$ 和 $\text{MOEA}^{\text{bitwise}}_{\text{recomb}}$ 能够高效求解 COCZ 问题是否有关键作用, 接下来对不使用交叉算子的 $\text{MOEA}^{\text{onebit}}_{\text{recomb}}$ 和 $\text{MOEA}^{\text{bitwise}}_{\text{recomb}}$ 求解 COCZ 的运行时间进行分析.

定理 8.6

$\text{MOEA}^{\text{onebit}}_{\text{recomb},0}$ 求解 COCZ 问题的期望运行时间的下界和上界分别为 $\Omega(n^2)$ 和 $O(n^2\log n)$.

定理 8.7

$\text{MOEA}^{\text{bitwise}}_{\text{recomb},0}$ 求解 COCZ 问题的期望运行时间的下界和上界分别为 $\Omega(n\log n)$ 和 $O(n^2\log n)$.

上述两个定理表明, 若不使用交叉算子, 则 $\text{MOEA}^{\text{onebit}}_{\text{recomb}}$ 和 $\text{MOEA}^{\text{bitwise}}_{\text{recomb}}$ 求解 COCZ 问题的期望运行时间将从使用交叉算子概率为 0.5 时的 $\Theta(n\log n)$ 分别增至 $\Omega(n^2)$ 和 $\Omega(n\log n)$. 因此, 交叉算子对 $\text{MOEA}^{\text{onebit}}_{\text{recomb}}$ 和 $\text{MOEA}^{\text{bitwise}}_{\text{recomb}}$ 高效求解 COCZ 问题起到至关重要的作用. 从分析过程可知, 正如交叉算子在求解带权 LPTNO 问题时发挥的作用一样, 它通过对已找到的多样性高的帕累托最优解进行交叉来加速填充帕累托前沿.

8.4 实验验证

表 8.1 中的一些运行时间界未必紧致, 这使得相应多目标演化算法之间的性能比较不够精确. 例如, 在比较 $\text{MOEA}^{\text{onebit}}_{\text{recomb},0.5}$ 和 $\text{MOEA}^{\text{onebit}}$ 求解 COCZ 问题的性能时, 已有结论只能说明 $\text{MOEA}^{\text{onebit}}_{\text{recomb},0.5}$ 的期望运行时间优于目前已知的 $\text{MOEA}^{\text{onebit}}$ 的期望运行时间的上界. 有鉴于此, 本节通过实验对理论分析进行补充. 具体来说, 通过实验对理论分析得出的紧致性未知的期望运行时间界进行估计. 给定某个多目标演化算法和某个问题, 对于问

题的每个规模，独立地重复运行算法 1000 次，然后用这 1000 次的运行时间的平均值作为对算法求解该规模下问题的期望运行时间的估计. 实验结果如图 8.2 和图 8.3 所示.

由图 8.2 (a) 可见，随着 n 的增加，$\text{MOEA}_{\text{fair}}^{\text{onebit}}$ 求解 LOTZ 问题的期望运行时间除以 $n^2 \ln n$ 的曲线趋于一个常数，而期望运行时间除以 n^2 的曲线和 $n^2 \ln^2 n$ 除以期望运行时间的曲线随着 n 的增加均呈现对数增长趋势. 因此，这些实验结果说明 $\text{MOEA}_{\text{fair}}^{\text{onebit}}$ 求解 LOTZ 问题的期望运行时间与 $n^2 \ln n$ 同阶，即为 $\Theta(n^2 \log n)$. 类似地，图 8.2 (b) 和图 8.2 (c) 说明了 $\text{MOEA}_{\text{greedy}}^{\text{onebit}}$ 求解 LOTZ 问题和 $\text{MOEA}^{\text{onebit}}$ 求解 COCZ 问题的期望运行时间均为 $\Theta(n^2 \log n)$. 结合表 8.1 第二行的理论结果可知，在求解 LOTZ 和 COCZ 问题时，$\text{MOEA}_{\text{recomb},0.5}^{\text{onebit}}$ 在所有使用一位变异算子的多目标演化算法中最为高效.

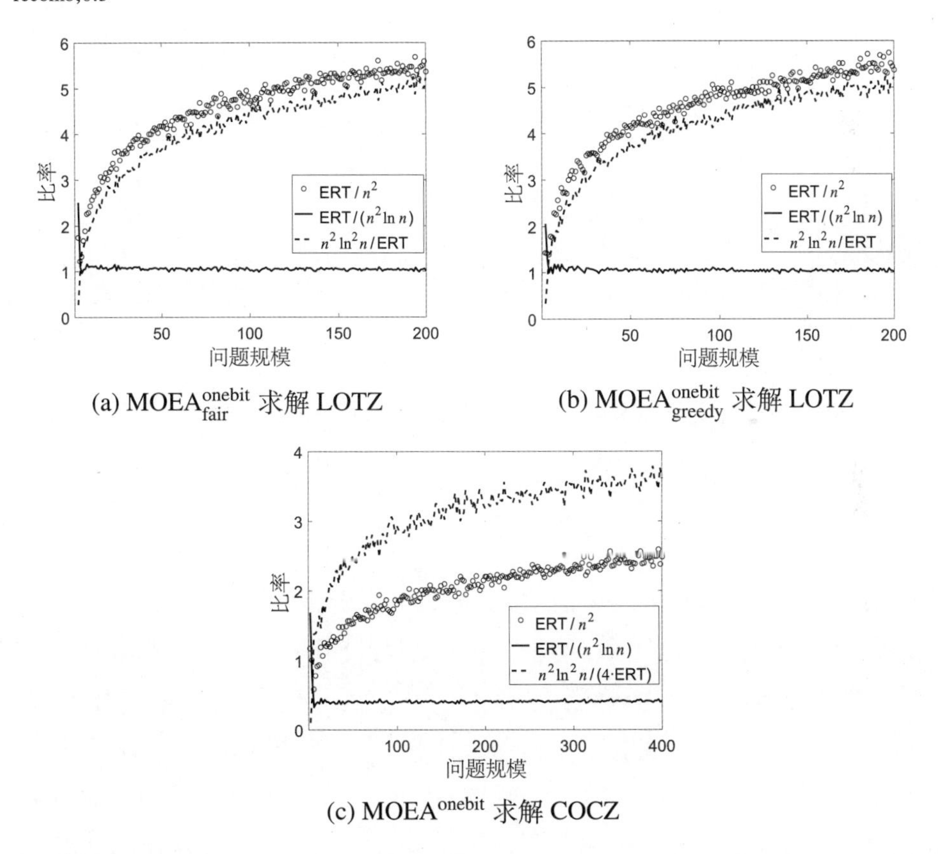

(a) $\text{MOEA}_{\text{fair}}^{\text{onebit}}$ 求解 LOTZ

(b) $\text{MOEA}_{\text{greedy}}^{\text{onebit}}$ 求解 LOTZ

(c) $\text{MOEA}^{\text{onebit}}$ 求解 COCZ

图 8.2 对若干使用一位变异的多目标演化算法求解 LOTZ 和 COCZ 的期望运行时间②之估计

由图 8.3 可见，$\text{MOEA}^{\text{bitwise}}$ 和 $\text{MOEA}_{\text{recomb},0}^{\text{bitwise}}$ 求解 LOTZ 的期望运行时间均与 n^3 同阶，即为 $\Theta(n^3)$，而它们求解 COCZ 的期望运行时间分别为 $\Theta(n^2 \log n)$ 和 $\Theta(n^2/\log n)$. 结合表 8.1 第三行的理论结果可知，在求解 LOTZ 和 COCZ 问题时，$\text{MOEA}_{\text{recomb},0.5}^{\text{bitwise}}$ 在所有使用逐位变异算子的多目标演化算法中最为高效.

② expected running time, 图中简称 ERT.

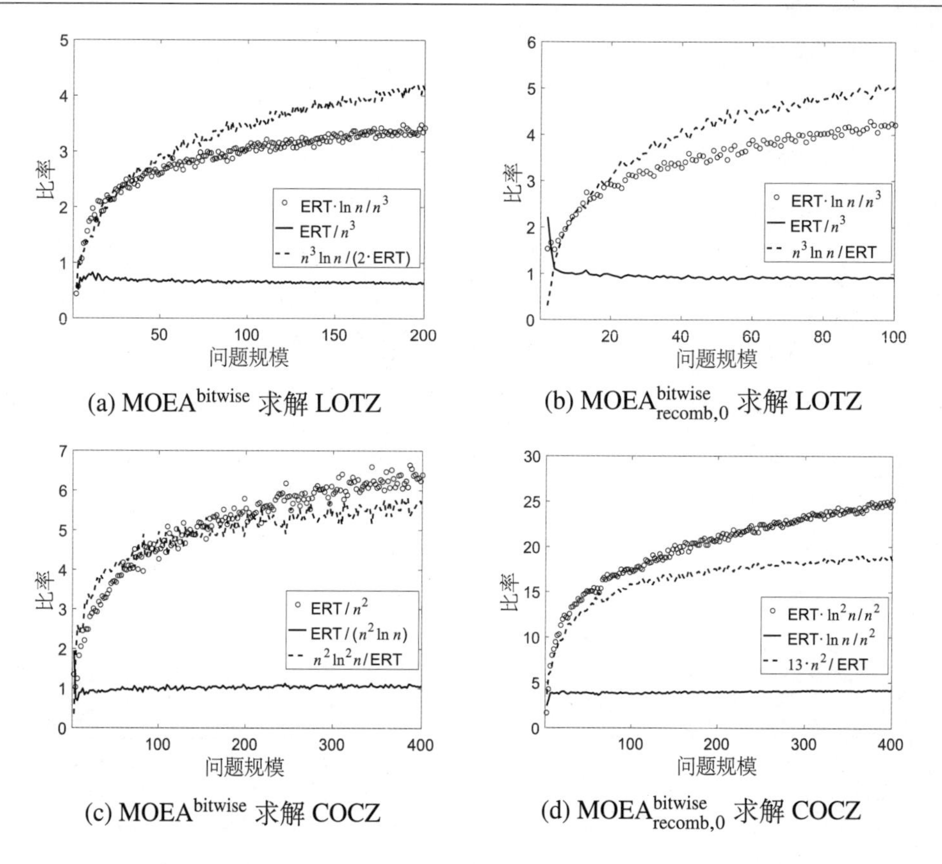

(a) $\mathrm{MOEA}^{\mathrm{bitwise}}$ 求解 LOTZ (b) $\mathrm{MOEA}^{\mathrm{bitwise}}_{\mathrm{recomb},0}$ 求解 LOTZ

(c) $\mathrm{MOEA}^{\mathrm{bitwise}}$ 求解 COCZ (d) $\mathrm{MOEA}^{\mathrm{bitwise}}_{\mathrm{recomb},0}$ 求解 COCZ

图 8.3 对若干使用逐位变异的多目标演化算法求解 LOTZ 和 COCZ 的期望运行时间之估计

8.5 小结

本章通过分析两个使用交叉算子的多目标演化算法 ($\mathrm{MOEA}^{\mathrm{onebit}}_{\mathrm{recomb}}$ 和 $\mathrm{MOEA}^{\mathrm{bitwise}}_{\mathrm{recomb}}$) 求解两个基准问题 (带权 LPTNO 和 COCZ) 的期望运行时间, 从理论上探究了交叉算子对于多目标演化优化的效用. $\mathrm{MOEA}^{\mathrm{onebit}}_{\mathrm{recomb}}$ 和 $\mathrm{MOEA}^{\mathrm{bitwise}}_{\mathrm{recomb}}$ 均采用对角多父代交叉算子, 并分别采用一位变异和逐位变异算子. 通过与去掉交叉算子时的期望运行时间相比较, 交叉算子的作用得以展现. 同时也证明了, 与以往分析过的仅使用变异算子的多目标演化算法相比, 在求解 LOTZ (即带权 LPTNO 问题的一个特例) 和 COCZ 问题时 $\mathrm{MOEA}^{\mathrm{onebit}}_{\mathrm{recomb}}$ 和 $\mathrm{MOEA}^{\mathrm{bitwise}}_{\mathrm{recomb}}$ 最为高效. 这些结果均显示出交叉算子对于多目标演化优化的重要性.

本章的理论分析显示, 交叉算子可通过对已找到的多样性高的帕累托最优解进行交叉来实现对帕累托前沿的快速填充. 这很有可能揭示出了交叉算子的一般性工作机理, 从而有助于启发未来高效多目标演化算法的设计.

第9章 解的表示

演化算法在求解问题之前, 需要选择解的表示方式. 解可以有多种不同的表示方式, 例如, 遗传算法 [Goldberg, 1989] 通常用布尔向量来表示解, 并采用基于位的变异和交叉算子来产生新解, 而遗传编程 [Koza, 1994] 通常将解表示成树状结构, 并采用基于结点的变异和交叉算子. 解的不同表示方式会对演化算法的性能产生重要影响, 本章从理论上对此进行分析.

[Hoai et al., 2006; Rothlauf, 2006] 通过实验考察解的表示对于演化优化的重要性, 发现当问题的解具有复杂结构时 (例如计算机程序自动生成、电路设计、符号回归), 相较向量表示, 采取结构化的表示方式更自然且更高效. 这个观察随后得到了更多实验结果的支持, 例如遗传编程和**蚁群优化** (ant colony optimization) 采用了结构可变的解的表示方式, 在一些复杂优化任务中取得了很好的优化性能 [Poli et al., 2008; Koza, 2010; Khan et al., 2014]. 然而, 这些都仅是实验观察, 缺乏理论支撑 [Poli et al., 2010]. 本章基于求解最大匹配和**最小生成树** (minimum spanning tree) 这两个典型的解具有结构的组合优化问题, 对采取布尔向量表示解的遗传算法和采取树状结构表示解的遗传编程的运行时间进行比较分析 [Qian et al., 2015d].

由于遗传编程的演化过程十分复杂, 以往研究主要针对简单人造问题进行运行时间分析, 在组合优化问题上的结论甚少. (1+1)-GP 是种群规模为 1 的一种简单遗传编程算法, 被证明可在多项式运行时间内解决一些简单问题, 如 Order 和 Majority [Durrett et al., 2011]、Sorting [Wagner and Neumann, 2014]、Max [Kötzing et al., 2014]、带权 Order [Nguyen et al., 2013] 等. [Kötzing et al., 2011a] 在**概率近似正确** (probably approximately correct, PAC) 框架下对遗传编程进行了分析. [Lissovoi and Oliveto, 2018] 分析了遗传编程在生成布尔合取式时的性能. [Neumann, 2012; Wagner and Neumann, 2012; Nguyen et al., 2013] 分析了一种简单多目标遗传编程 (simple multi-objective GP, SMO-GP) 算法, 求解一些二目标优化问题的运行时间复杂度, 这些二目标问题均由上述提及的单目标问题 Order、Majority 和 Sorting 转化而来.

以往已有一些关于遗传算法求解最大匹配和最小生成树问题的运行时间分析. 对于最大匹配问题, (1+1)-EA 可在期望运行时间 $O(m^{2\lceil \epsilon^{-1} \rceil})$ 内获得近似比为 $1/(1+\epsilon)$ 的解 [Giel and Wegener, 2003], 其中 m 是给定图的边数. 对于最小生成树问题, (1+1)-EA 可在期望运行时间 $O(m^2(\log n + \log w_{\max}))$ 内找到最优解 [Neumann and Wegener, 2007], 其中 m、n 和 $w_{\max}$ 分别为边数、顶点数和边的最大权重; [Doerr et al., 2012c] 进一步给出了该期望运行时间上界的系数, 即期望运行时间至多为 $2em^2(1 + \ln m + \ln w_{\max})$. 通过将最小生成树问题形式化为二目标优化问题, [Neumann and Wegener, 2006] 证明了 GSEMO (即使用逐位变异算子的算法 2.5) 找到最优解所需期望运行时间为 $O(mn(n+\log w_{\max}))$. 可见, 当给定的图比较稠密 (例如 $m=\Theta(n^2)$) 时, GSEMO 的期望运行时间上界 $O(mn(n+\log w_{\max}))$ 要比 (1+1)-EA 的 $O(m^2(\log n+\log w_{\max}))$ 更小.

为比较遗传算法和遗传编程, 本章给出遗传编程在最大匹配和最小生成树问题上的运行时间分析. 具体而言, 本章证明 (1+1)-GP 可在期望运行时间 $O((3m\min\{m,n\}/2)^{\lceil\epsilon^{-1}\rceil})$ 内找到最大匹配问题的 $(1/(1+\epsilon))$-近似解, 可在期望运行时间 $O(mn(\log n+\log w_{\max}))$ 内找到最小生成树问题的最优解. 由于顶点数 n 往往小于边数 m, 因此相较目前已知的 (1+1)-EA 的期望运行时间上界, 如表 9.1 第二行所示, (1+1)-GP 所需的期望运行时间的上界更小. 本章亦证明了 SMO-GP 求解最小生成树问题的期望运行时间为 $O(mn^2)$, 比 GSEMO 的期望运行时间的上界 $O(mn(n+\log w_{\max}))$ 更小. 需注意的是, 由于 GSEMO 求解最大匹配问题的期望运行时间目前尚未知晓, 本章未对 SMO-GP 和 GSEMO 在最大匹配问题上进行比较. 本章的分析结果为演化优化使用结构化的解表示方式提供了理论支撑, 这些结果亦进一步通过实验得到了验证. 本章的理论结果揭示出, 当结构的复杂度控制得当时, 结构可变的解表示方式能给演化优化带来帮助.

表 9.1 遗传算法和遗传编程求解最大匹配和最小生成树问题的期望运行时间比较, 其中遗传算法的时间界由 [Giel and Wegener, 2003; Neumann and Wegener, 2006, 2007; Doerr et al., 2012c] 推得

遗传算法 / 遗传编程	最大匹配	最小生成树
单目标遗传算法: (1+1)-EA	$O(m^{2\lceil\epsilon^{-1}\rceil})$	$O(m^2(\log n+\log w_{\max}))$, $\leqslant 2em^2(1+\ln m+\ln w_{\max})$
单目标遗传编程: (1+1)-GP	$O((3m\min\{m,n\}/2)^{\lceil\epsilon^{-1}\rceil})$	$O(mn(\log n+\log w_{\max}))$
多目标遗传算法: GSEMO	/	$O(mn(n+\log w_{\max}))$
多目标遗传编程: SMO-GP	/	$O(mn^2)$

9.1 遗传编程之解表示

遗传编程通常采用树状结构来表示问题的解. 给定由若干函数 (例如算术运算符) 构成的集合 F 以及由若干终止符 (例如变量) 构成的集合 T, 树的内部结点表示 F 中的某个函数, 叶结点表示 T 中的某个终止符.

算法 9.1 的 (1+1)-GP 是一种简单的遗传编程算法 [Durrett et al., 2011]. 它先初始化一个解 (例如生成一棵随机树), 然后重复执行下述步骤: 对当前解执行变异算子以产生子代解; 若子代解不差于当前解, 则替换之. 算法 9.1 考虑的是求解最大化问题的情况; 对于求解最小化问题, 仅需将第 4 行相应地修改成 "**if** $f(s')\leqslant f(s)$ **then**" .

定义 9.1 给出了变异算子, 它独立地重复执行 k 次, 每次均匀随机地从 "替换" "插入" 和 "删除" 这三种操作中挑选一种执行. 为简便起见, F 中函数的参数数目均视为 2.

算法 9.1 (1+1)-GP 算法

输入: 解空间为 $\mathcal{S}$ 的目标函数 $f:\mathcal{S}\to\mathbb{R}$.
过程:

1: 从 $\mathcal{S}$ 中选择一个解 s 作为初始解;
2: **while** 不满足停止条件 **do**
3: 在解 s 上执行变异算子以产生新解 s';
4: **if** $f(s')\geqslant f(s)$ **then**
5: $s=s'$
6: **end if**
7: **end while**
8: **return** s

输出: $\mathcal{S}$ 中的一个解

定义 9.1. 变异算子

独立地重复执行 k 次, 每次均匀随机地挑选下述三种操作中的一种执行.

[替换] 均匀随机地从解中选择一个叶结点 v, 均匀随机地从 T 中选择一个终止符 u, 将 v 替换成表示 u 的一个叶结点.

[插入] 均匀随机地从解中选择一个结点 v, 均匀随机地从 F 中选择一个函数 p, 均匀随机地从 T 中选择一个终止符 u. 将 v 替换成表示 p 的一个结点, 该结点的两棵子树分别为原解中以 v 为根结点的子树、表示 u 的一个叶结点, 且这两棵子树的左右顺序随机确定.

[删除] 均匀随机地从解中选择一个叶结点 v, 其父结点和兄弟结点分别记作 p 和 u. 删除 v 和 u 并将 p 替换成 u.

图 9.1 展示了替换、插入和删除这三种操作.

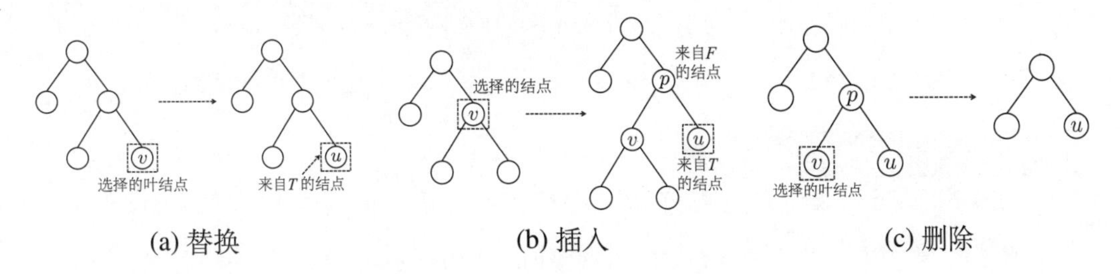

图 9.1 变异所涉及的三种操作的示意

算法 9.2 的 SMO-GP 是一种简单的多目标遗传编程算法, 用于同时最大化两个或多个目标函数 [Neumann, 2012]. SMO-GP 不停地通过变异产生子代解并在种群中始终保持已产生的非占优解. 若将 SMO-GP 用于求解多目标最小化问题, 则仅需将算法 9.2 中的符号 “>” 和 “≥” 相应修改成 “<” 和 “≤” .

算法 9.2 SMO-GP 算法

输入: 解空间为 $\mathcal{S}$ 的目标向量 $\boldsymbol{f} = (f_1, f_2, \ldots, f_m)$.

过程:

1: 从 $\mathcal{S}$ 中选择一个解 s 作为初始解;
2: 令 $P = \{s\}$;
3: **while** 不满足停止条件 **do**
4: 均匀随机地从 P 中选择一个解 s;
5: 在解 s 上执行变异算子以产生新解 s';
6: **if** $\nexists z \in P$ 满足 $z \succ s'$ **then**
7: $P = (P \setminus \{z \in P \mid s' \succeq z\}) \cup \{s'\}$
8: **end if**
9: **end while**
10: **return** P

输出: $\mathcal{S}$ 中的解构成的一个集合

(1+1)-GP 类似于 (1+1)-EA (即算法 2.1), 两者主要区别在于解的表示及变异算子, 而 SMO-GP 类似于 GSEMO (即使用逐位变异算子的算法 2.5), 两者主要区别亦如此. 当变异算子 (即定义 9.1) 的参数 $k = 1$ 时, (1+1)-GP 和 SMO-GP 分别被记作 (1+1)-GP-single 和 SMO-GP-single.

在遗传编程的运行过程中, 经常会遇到**膨胀问题** (bloat problem), 即解变得更复杂但质量却未改善 [Poli et al., 2008]. 处理该问题的一种常用方式是采用**简约策略** (parsimony approach): 当比较的解具有相同的适应度时, 偏好复杂度更小的解. 这实际上是机器学习中常用的**奥卡姆剃刀** (Occam's razor) 准则. 例如, 将算法 9.1 的第 4 行修改成

$$\text{“}\mathbf{if}\ f(s') > f(s) \text{ 或 } f(s') = f(s) \wedge C(s') \leqslant C(s)\ \mathbf{then}\text{”},$$

其中 $C(s)$ 表示解 s 的复杂度, 则可得到采用简约策略的 (1+1)-GP. 对于具有树状结构的解 s, 其复杂度 $C(s)$ 可用结点数来衡量 [Neumann, 2012; Wagner and Neumann, 2012].

在本章的分析中, (1+1)-GP 和 SMO-GP 采用定义 9.2 所述的过程来构造初始树.

定义 9.2. 初始树的构造过程

给定函数集 F 和终止符集 T, 从 $F \cup T$ 中随机选择一个结点作为树的根结点, 然后通过随机地从 $F \cup T$ 中选择子结点不断地对树上来自 F 的结点进行扩展, 直至树上来自 F 的结点均已扩展.

9.2 案例分析: 最大匹配

本节分析 (1+1)-GP 为找到最大匹配问题的 $(1/(1+\epsilon))$-近似解所需的运行时间.

9.2.1 解的表示及适应度计算

给定顶点数为 n、边数为 m 的无向图 $G=(V,E)$, 其中 V 和 E 分别是顶点集和边集. 若边集 E 的一个子集 E' 包含的任意两条边均无公共顶点, 则称该子集为**匹配** (matching). 最大匹配问题旨在找到包含边数最多的一个匹配. 为简便起见, 将 m 条边记为 $\{1,2,\ldots,m\}$.

遗传算法的运行时间目前仅在少数组合优化问题上有分析结果, 最大匹配问题就是其中之一. [Giel and Wegener, 2003, 2006] 将解表示成长度为 m 的布尔串 $\boldsymbol{s}\in\{0,1\}^m$, $s_i=1$ 意味着边 i 被选择, 而 $s_i=0$ 则意味着边 i 未被选择. 他们采用的待最大化的适应度函数

$$f(\boldsymbol{s})=\sum_{i=1}^{m} s_i - c\cdot\sum_{v\in V} p(v,\boldsymbol{s}), \tag{9.1}$$

其中 $p(v,\boldsymbol{s})=\max\{0,d(v,\boldsymbol{s})-1\}$, $d(v,\boldsymbol{s})$ 为顶点 v 在 $\boldsymbol{s}$ 所表示的子图上的度, c 是惩罚系数, $c\geqslant m+1$ 以使匹配总比非匹配拥有更大的适应度.

当采用遗传编程求解最大匹配问题时, 函数集和终止符集分别设置为 $F=\{J\}$ 和 $T=\{1,2,\ldots,m\}$, 其中 J 是参数数目为 2 的联合函数, T 表示了包含 m 条边的集合. 对于采用树状结构表示的解 s, 其适应度的计算过程如定义 9.3 所述.

定义 9.3. 适应度计算过程

给定带有树状结构的解 s, 其适应度计算如下:

(1) 中序遍历树 s, 并将叶结点依次放入列表 l;

(2) 从左往右遍历列表 l, 并将每个叶结点对应的边加入集合 Q;

(3) 根据边集 Q 计算适应度.

此处采用等价于式 (9.1) 的适应度函数, 即定义 9.3 的第 3 步计算

$$f(s)=|Q|-c\cdot\sum_{v\in V} p(v,G_Q), \tag{9.2}$$

其中 $p(v,G_Q)=\max\{0,d(v,G_Q)-1\}$, $d(v,G_Q)$ 为顶点 v 在子图 $G_Q=(V,Q)$ 上的度, $c\geqslant m+1$. 下面给出一个适应度计算的例子. 对于图 9.2 (a) 所示的图 G, 显然任意一条边均为最大匹配. 图 9.2 (b) 和图 9.2 (c) 分别给出了边集 $\{e_1,e_2\}$ 的布尔向量表示和某个树状结构表示. 当计算以树状结构表示的解 s 的适应度时, 根据定义 9.3 所述的过程依次得到 $l=\{1,2,1\}$, $Q=\{1,2\}$, $f(s)=2-c\cdot(0+0+1)=2-c$. 注意, 边 1、2 和 3 分别对应图 G 的边 e_1、e_2 和 e_3, 而边的权重 w_1、w_2 和 w_3 将在 9.3 节被用于最小生成树问题的分析.

9.2.2 (1+1)-GP 的分析

接下来分析采用简约策略的 (1+1)-GP 求解最大匹配问题的期望运行时间. 引理 9.1 给出了初始树的叶结点数的性质, 具体证明见附录 A.

(a) 图 G (b) $\{e_1, e_2\}$ 的布尔向量表示 (c) $\{e_1, e_2\}$ 的某个树状结构表示

图 9.2 采用布尔向量和树状结构表示边集的一个例子

引理 9.1

通过定义 9.2 所述的过程构造初始树, 令 L_{init} 表示初始树的叶结点的数目, 有 $\mathbb{E}[L_{\text{init}}] = m/(m-1), \mathbb{E}[L_{\text{init}}^2] \leqslant m/(m-3)$.

给定边集 E 的某个子集 Q, 若一个顶点不是 Q 中任意边的端点, 则称该顶点为**自由顶点** (free vertex); 若一条边的两个顶点均为自由顶点, 则称该边为**自由边** (free edge); 若一条边 (v_i, v_j) 属于 Q 且 $d(v_i, G_Q) = d(v_j, G_Q) = 1$, 则称该边为**匹配边** (matching edge). 给定某个匹配 M, 若一条长度为奇数 (即 k 为偶数) 的路径 $v_1, v_2, \ldots, v_k$ 满足下述条件: $\forall i \in [k/2-1]$, 边 (v_{2i}, v_{2i+1}) 属于 M, 而路径上的其他边均不属于 M, 且 v_1、v_k 均为自由顶点, 则称该路径为关于 M 的**增广路径** (augmenting path). 引理 9.2 给出了增广路径长度的上界.

引理 9.2. [Neumann and Witt, 2010]

给定图 $G = (V, E)$, 令 M 和 M^* 表示两个匹配, 其中 M 为非最大匹配, M^* 为最大匹配. 那么, 存在关于 M 的增广路径, 其长度不超过 $2\lfloor |M|/(|M^*| - |M|) \rfloor + 1$.

定理 9.1 给出了采用简约策略的 (1+1)-GP-single 找到近似比为 $1/(1+\epsilon)$ 的匹配所需的期望运行时间的上界. 证明思路是先使用乘性漂移分析法 (即定理 2.4) 推得算法找到一个匹配所需的运行时间, 再分析算法将任意匹配改进至最大匹配的 $(1/(1+\epsilon))$-近似所需的运行时间. 其中, 改进匹配的分析主要基于如下性质: 将给定匹配的增广路径中属于和不属于匹配的边进行交换[①]可增加匹配边的数目, 这个性质曾被用于分析 (1+1)-EA 求解最大匹配问题 [Giel and Wegener, 2003].

定理 9.1

给定采用简约策略的 (1+1)-GP-single 求解最大匹配问题, 找到近似比为 $1/(1+\epsilon)$ 的匹配所需的期望运行时间的上界为 $O((3m\min\{m,n\}/2)^{\lceil \epsilon^{-1} \rceil})$, 其中 $\epsilon > 0$.

① 将路径上属于给定匹配的边从匹配中删除, 而将路径上不属于给定匹配的边加入匹配.

证明 将优化过程划分为下述两个阶段.

- 阶段 1: 从初始化结束起直至找到一个解, 表示了某个匹配 (记为 M), 且叶结点数为 $|M|$.
- 阶段 2: 从阶段 1 结束后直至找到一个解, 表示了近似比为 $1/(1+\epsilon)$ 的某个匹配.

通过分析每个阶段 i 得出相应期望运行时间的上界 E_i, 然后将它们累加可得整个优化过程的期望运行时间之上界, 即 $E_1 + E_2$.

先分析阶段 1. $\forall t \geqslant 0$, 令 s_t 表示算法运行 t 轮后的解. 下面通过乘性漂移分析法 (即定理 2.4) 来分析该阶段期望运行时间的上界. 注意, 定理 2.4 中的 ξ_t 实际上就对应 s_t. 构造距离函数 V 使得

$$\forall s : V(s) = \sum_{v} p(v,s) + \sum_{e \in s}(N(e) - 1), \tag{9.3}$$

其中 $p(v,s)$ 等于式 (9.2) 中的 $p(v, G_Q)$, G_Q 为在使用定义 9.3 所述过程计算 s 的适应度时产生的边集为 Q 的子图, $e \in s$ 意为 $e \in Q$, $N(e)$ 表示边 e 在解 s 的叶结点中出现的次数. 因此, 当且仅当找到一个表示匹配的解且该解的叶结点中无重复边时, $V(s) = 0$, 即阶段 1 的目标达到.

接下来分析 $\mathbb{E}[V(s_t) - V(s_{t+1}) \mid \xi_t = s_t]$. 为此, 先说明距离函数 $V(s_t)$ 关于 t 单调递减. 因为 $V(s_t)$ 中的项 $\sum_v p(v, s_t)$ 支配了适应度函数 f 即式 (9.2), 而 f 又单调递增, 因此, $\sum_v p(v, s_t)$ 关于 t 单调递减. 为分析 $V(s_t)$ 中的第二项, 即 $\sum_{e \in s_t}(N(e) - 1)$, 考虑变异时可能的三种操作.

(1) 若执行删除操作, 则 $\forall e \in s_t$, $N(e)$ 显然不会增加, 因此 $V(s_t)$ 不会增加.

(2) 若执行插入操作, 则仅当插入的边是相对于当前解的自由边时才会被接受. 这意味着新加入的边是一条新边 (记为 e), 满足 $N(e) = 1$. 因此, $\sum_{e \in s_t}(N(e) - 1)$ 不会增加, $V(s_t)$ 自然也不增加.

(3) 若执行替换操作, 则可视为先删除再插入. 若删除的边 e 满足 $N(e) > 1$, 则 $\sum_{e \in s_t}(N(e) - 1)$ 减小 1, 而随后的插入操作使 $\sum_{e \in s_t}(N(e) - 1)$ 至多增加 1, 因此, $V(s_t)$ 不会增加. 注意增加 $\sum_{e \in s_t}(N(e) - 1)$ 的唯一可能方式是删除满足 $N(e) = 1$ 的一条边 e 并插入满足 $N(e') \geqslant 1$ 的一条边 e', 该行为将使 $\sum_{e \in s_t}(N(e) - 1)$ 增加 1, 但其对 $\sum_v p(v, s_t)$ 产生的影响仍不会使 $V(s_t)$ 整体增加. 插入满足 $N(e') \geqslant 1$ 的一条边 e' 将不会影响 $\sum_v p(v, s_t)$. 当删除满足 $N(e) = 1$ 的一条边 e 时, 若其为匹配边, 则 $\sum_v p(v, s_t)$ 不会受影响, 但 $|Q|$ 将减小 1, 这使得适应度, 即式 (9.2) 下降, 从而子代解被拒绝; 否则, 删除的边 e 必与其他边有公共端点, 因此, 删除 e 将使 $\sum_v p(v, s_t)$ 至少减小 1, 这意味着 $V(s_t)$ 不会增加.

接着说明执行变异算子时, 至少存在 $\lceil V(s_t)/4 \rceil$ 个叶结点满足下述条件: 将这些叶结点中的任意一个删除, 由此产生的子代解将被接受, 且使得 $V(s_t)$ 至少减小 1, 即 $V(s_t) - V(s_{t+1}) \geqslant 1$. 若 $\sum_{e \in s_t}(N(e) - 1) > \lfloor V(s_t)/2 \rfloor$, 则删除这些重复边对应的叶结点中的任意一个将不影响适应度, 但解的复杂度将降低, 因此, 子代解将被接受, 且 $V(s_t)$ 减小 1. 若 $\sum_{e \in s_t}(N(e) - 1) \leqslant \lfloor V(s_t)/2 \rfloor$, 即 $\sum_v p(v, s_t) \geqslant \lceil V(s_t)/2 \rceil$, 则至少存在 $\lceil \sum_v p(v, s_t)/2 \rceil \geqslant \lceil V(s_t)/4 \rceil$ 条不同的边满足: 删除其中任意一条将减小 $\sum_v p(v, s_t)$. 对于这些边中的任意一条 e, 若 $N(e) = 1$, 则将其对应的叶结点删除将减小 $\sum_v p(v, s_t)$ 至少 1; 若 $N(e) > 1$, 则删除其对应的任意一个叶结点不会影响 $\sum_v p(v, s_t)$, 但会使得 $\sum_{e \in s_t}(N(e) - 1)$ 减小 1. 综上可得, 变异时至少存在 $\lceil V(s_t)/4 \rceil$ 个叶结点, 它们满足将其中任意一个删除可减小 $V(s_t)$. 令 L_t 表示解 s_t 的叶结点数, 由于在变异时执行删除操作的概率为 1/3, 因此, 执行一轮算法将 $V(s_t)$ 减小的概率至少为 $(1/3) \cdot (V(s_t)/4)/L_t$.

由上述对 $V(s_t)$ 的分析可得

$$\mathbb{E}[V(s_t) - V(s_{t+1}) \mid \xi_t = s_t] \geqslant \frac{V(s_t)}{12L_t}. \tag{9.4}$$

下面给出 L_t 的上界. 根据 $N(e)$ 和 $\sum_v p(v, s_t)$ 的定义可知, s_t 中的 $\sum_{e\in s_t}(N(e)-1)$ 个叶结点对应了重复边; 对于由其余叶结点对应的边构成的边集 Q, 删除其中某 $\sum_v p(v, s_t)$ 条边后可形成一个匹配. 又因为一个匹配包含不超过 $\min\{m, n\}$ 条边, 因此, s_t 的叶结点数不超过 $V(s_t) + \min\{m, n\}$, 即 $L_t \leqslant V(s_t) + \min\{m, n\}$. 由于 $V(s_0) \leqslant \sum_{e\in s_0}(N(e)-1) + 2(L_{\text{init}} - \sum_{e\in s_0}(N(e)-1)) \leqslant 2L_{\text{init}}$ 且 $V(s_t)$ 单调递减, 因此 $V(s_t) \leqslant 2L_{\text{init}}$, 于是 $L_t \leqslant 2L_{\text{init}} + \min\{m, n\}$. 将其代入式 (9.4) 可得

$$\mathbb{E}[V(s_t) - V(s_{t+1}) \mid \xi_t = s_t] \geqslant \frac{V(s_t)}{12(2L_{\text{init}} + \min\{m, n\})}. \tag{9.5}$$

根据定理 2.4 以及 $V_{\min} = \min\{V(s) \mid V(s) > 0\} = 1$ 可得

$$\mathbb{E}[\tau \mid \xi_0 = s_0] \leqslant 12(2L_{\text{init}} + \min\{m, n\})(1 + \ln(V(s_0))). \tag{9.6}$$

又因为 $V(s_0) \leqslant 2L_{\text{init}}$, 所以 $E_1 = O((L_{\text{init}} + \min\{m, n\}) \log L_{\text{init}})$.

下面分析阶段 2. 值得注意的是, 阶段 1 结束时找到的解表示了某个匹配, 且叶结点对应的边无重复. 阶段 2 中的解将始终保持该状态. 因为非匹配总比匹配具有更小的适应度, 所以该阶段维持的解将始终是一个匹配. 又因为插入一条重复边将增加解的复杂度而不影响适应度, 而将已有的一条边替换成一条重复边将使适应度减小 1, 所以该阶段维持的解的叶结点将不包含重复边. 由此可知, 阶段 2 中解的叶结点数将始终不超过 $\min\{m, n\}$, 这意味着变异时执行一个特定的替换操作的概率至少是 $(1/3) \cdot (1/(m \cdot \min\{m, n\}))$, 其中 $1/3$ 为变异时执行替换操作的概率, $1/\min\{m, n\}$ 为删除解的某个叶结点的概率的下界, $1/m$ 为从 T 中选择某条边用于插入的概率.

令 M 表示当前解对应的匹配, M^* 表示某个最大匹配. 由引理 9.2 可知, 存在一条关于 M 的增广路径 l, 其长度不超过 $2\lfloor |M|/(|M^*|-|M|)\rfloor+1$. 由于该阶段的目标为找到最大匹配的 $(1/(1+\epsilon))$-近似, 该阶段结束前有 $(1+\epsilon)|M| < |M^*|$. 于是, $|l| \leqslant 2\lceil \epsilon^{-1} \rceil - 1$, 其中 $|l|$ 表示路径 l 的长度. 根据增广路径的定义可知, $|l|$ 为奇数, 将 l 上属于 M 的边删除并将 l 上不属于 M 的边插入可改进当前匹配, 即将 $|M|$ 增加 1. 考虑下述过程: 通过替换操作交换 l 上的前两条边 (即插入第 1 条边且删除第 2 条边) 或后两条边 (即插入第 $|l|$ 条边且删除第 $|l|-1$ 条边), 并从 l 上删除交换过的两条边; 重复该行为 $\lfloor |l|/2 \rfloor$ 次, 然后插入 l 上剩余的唯一边. 该过程执行的 $\lfloor |l|/2 \rfloor$ 个替换操作中的任意一个均不影响解的适应度和复杂度, 因此子代解会被接受; 最后执行的一个插入操作将使解的适应度增加 1, 因此子代解亦被接受. 该过程称为"成功过程", 其所需轮数为 $\lceil |l|/2 \rceil$, 将使当前解的适应度增加 1. 由于执行一个特定的替换操作的概率至少为 $1/(3m\min\{m, n\})$, 执行一个特定的插入操作的概率为 $1/(3m)$, 因此算法每运行 $\lceil |l|/2 \rceil$ 轮成为成功过程的概率至少是 $(2 \cdot (1/(3m\min\{m, n\})))^{\lfloor |l|/2 \rfloor} \cdot (1/(3m)) = \Omega(2^{\lfloor |l|/2 \rfloor}/((3m)^{\lceil |l|/2 \rceil}(\min\{m, n\})^{\lfloor |l|/2 \rfloor}))$, 其中因子为 2 是因为每次执行替换操作时存在两种选择, 即交换 l 上的前两条边或后两条边. 由于 $|l| \leqslant 2\lceil \epsilon^{-1} \rceil - 1$, 于是直至成功过程发生, 算法需尝试的期望次数至多为 $O((3m)^{\lceil \epsilon^{-1} \rceil}(\min\{m, n\}/2)^{\lceil \epsilon^{-1} \rceil - 1})$, 而所需运行的期望轮数至多为 $O(\lceil \epsilon^{-1} \rceil \cdot (3m)^{\lceil \epsilon^{-1} \rceil}(\min\{m, n\}/2)^{\lceil \epsilon^{-1} \rceil - 1})$. 实际上, 利用 $O((3m)^{\lceil \epsilon^{-1} \rceil}(\min\{m, n\}/2)^{\lceil \epsilon^{-1} \rceil - 1})$ 次尝试中仅一次成功的这个事实可推得更紧的上界. 每次尝试时, 算法每一步按照成功过程执行的概率至多

为 $1/(3m)$, 因此一次失败的尝试对应的期望轮数为 $O(1)$, 这意味着直至成功过程发生, 算法需运行的期望轮数至多为 $O((3m)^{\lceil\epsilon^{-1}\rceil}(\min\{m,n\}/2)^{\lceil\epsilon^{-1}\rceil-1}+\lceil\epsilon^{-1}\rceil) = O((3m)^{\lceil\epsilon^{-1}\rceil}(\min\{m,n\}/2)^{\lceil\epsilon^{-1}\rceil-1})$, 其中 "+" 后面的项 $\lceil\epsilon^{-1}\rceil$ 对应了唯一一次成功的尝试所运行的轮数上界. 关于这个更紧界的严格证明可参考 [Giel and Wegener, 2002] 的附录 C. 由于 $|M^*| \leqslant \min\{m,n\}$, 成功过程至多发生 $\min\{m,n\}$ 次即可找到最大匹配的 $(1/(1+\epsilon))$-近似. 因此, 阶段 2 的期望运行时间至多为

$$E_2 = O\left(\left(\frac{3m\min\{m,n\}}{2}\right)^{\lceil\epsilon^{-1}\rceil}\right). \tag{9.7}$$

综上可得, 给定 L_{init}, 整个过程的期望运行时间至多为

$$E_1 + E_2 = O\left((L_{\text{init}} + \min\{m,n\})\log L_{\text{init}} + \left(\frac{3m\min\{m,n\}}{2}\right)^{\lceil\epsilon^{-1}\rceil}\right). \tag{9.8}$$

引理 9.1 证明了 $\mathbb{E}[L_{\text{init}}] = m/(m-1)$, $\mathbb{E}[L_{\text{init}}^2] \leqslant m/(m-3)$. 由**琴生不等式** (Jensen's inequality) 和函数 $\log x$ 的凹性可得 $\mathbb{E}[\log L_{\text{init}}] \leqslant \log \mathbb{E}[L_{\text{init}}] = \log(m/(m-1))$. 而 $\mathbb{E}[L_{\text{init}}\log L_{\text{init}}] \leqslant \mathbb{E}[L_{\text{init}}^2] \leqslant m/(m-3)$. 于是, 整个过程的期望运行时间的上界为 $O((3m\min\{m,n\}/2)^{\lceil\epsilon^{-1}\rceil})$. 定理 9.1 得证. □

上述定理揭示, (1+1)-GP 找到最大匹配问题的近似比为 $1/(1+\epsilon)$ 的解所需的期望运行时间上界为 $O((3m\min\{m,n\}/2)^{\lceil\epsilon^{-1}\rceil})$, 这优于 (1+1)-EA 的期望运行时间上界 $O(m^{2\lceil\epsilon^{-1}\rceil})$ [Giel and Wegener, 2003]. 通过比较其与 (1+1)-EA 的分析过程可看出, (1+1)-GP 的效率更高是因为在阶段 2 改进匹配的过程中, (1+1)-GP 交换增广路径上两条边② 的概率更大. (1+1)-EA 通过翻转布尔向量表示的解上相应的两位来实现两条边的交换, 发生概率为 $\Theta(1/m^2)$, 而 (1+1)-GP 通过替换操作实现两条边的交换, 其中从当前解删除一条特定边的概率至少是 $1/\min\{m,n\}$, 从 T 中选择一条特定边插入的概率为 $1/m$. 可见, (1+1)-GP 删除一条特定边的概率较大, 这得益于阶段 2 中算法维持的解始终表示一个匹配且叶结点不包含重复边, 从而使解的叶结点数不超过 $\min\{m,n\}$. 因此, 当解的复杂度控制得当时, 采用结构可变的方式表示解有助于演化优化.

9.3 案例分析: 最小生成树

本节分析 (1+1)-GP 和 SMO-GP 求解最小生成树问题的运行时间.

9.3.1 解的表示及适应度计算

给定顶点数为 n、边数为 m 的无向连通图 $G=(V,E)$, 其中 V 和 E 分别是顶点集和边集, 最小生成树问题旨在找到边的总权重最小的一个连通子图 $G'=(V,E'\subseteq E)$. 为简便

② 将其中一条属于匹配的边删除, 另一条不属于匹配的边插入.

起见, 将子图所包含边的总权重称为子图的权重, 并将 m 条边记为 $\{1,2,...,m\}$, 相应的非负权重为 $\{w_1,w_2,...,w_m\}$. 令 $w_{\max}$ 表示所有边的最大权重, 即 $w_{\max}=\max\{w_i \mid i\in[m]\}$.

当采用遗传算法求解最小生成树问题时, [Neumann and Wegener, 2007] 将解表示成长度为 m 的布尔串 $\boldsymbol{s}\in\{0,1\}^m$, 其中 $s_i=1$ 表示边 i 被选中. 采用的待最小化的适应度函数

$$f(\boldsymbol{s}) =(c(\boldsymbol{s})-1)w_{\text{ub}}^2+\left(\sum_{i=1}^{m} s_i-n+1\right)w_{\text{ub}}+\sum_{i=1}^{m} w_i s_i, \tag{9.9}$$

其中 $c(\boldsymbol{s})$ 为 $\boldsymbol{s}$ 表示的子图的连通分支数, $w_{\text{ub}}=n^2 w_{\max}$. 在该适应度函数中, 第一项 $(c(\boldsymbol{s})-1)w_{\text{ub}}^2$ 旨在使连通分支数更少的子图更好 (即适应度更小), 第二项 $(\sum_{i=1}^{m} s_i-n+1)w_{\text{ub}}$ 旨在使边数更少的连通子图更好, 而最后一项 $\sum_{i=1}^{m} w_i s_i$ 则旨在使权重更小的生成树更好.

采用遗传编程求解最小生成树问题类似于求解最大匹配问题, 函数集和终止符集分别设置为 $F=\{J\}$ 和 $T=\{1,2,...,m\}$, 其中 J 是参数数目为 2 的联合函数, T 表示了包含 m 条边的集合. 对于采用树状结构表示的解 s, 亦通过如定义 9.3 所述的过程计算其适应度. 此处采用等价于式 (9.9) 的适应度函数, 即定义 9.3 的第 3 步计算

$$W(s)=(c(G_Q)-1)w_{\text{ub}}^2+(|Q|-(n-1))w_{\text{ub}}+\sum_{i\in Q} w_i, \tag{9.10}$$

其中 $c(G_Q)$ 是子图 $G_Q=(V,Q)$ 的连通分支数. 例如, 给定图 9.2 (a) 所示的图 G, 当计算图 9.2 (c) 所示的解 s 的适应度时, 根据定义 9.3 所述的过程依次得到 $l=\{1,2,1\}$, $Q=\{1,2\}$, $W(s)=(1-1)\cdot w_{\text{ub}}^2+(2-2)\cdot w_{\text{ub}}+w_1+w_2=8$.

9.3.2 (1+1)-GP 的分析

先分析采用简约策略的 (1+1)-GP-single 求解最小生成树问题的运行时间. [Neumann and Wegener, 2006, 2007; Doerr et al., 2012c] 对遗传算法求解最小生成树问题进行分析时, 假设所有边的权重均为整数, 此处亦如此. 为简便起见, 将不对一个解及其所表示的子图 G_Q 作区分. 引理 9.3 给出了对生成树作局部变化可满足的性质.

引理 9.3. [Neumann and Wegener, 2007]

令 M 表示一棵非最小生成树. 那么, 存在 k 种不同的交换两条边 (即删除 M 中的一条边并插入一条未在其中的新边) 的方式, 其中 $k\in[n-1]$, 满足下述条件: 任一方式产生的生成树均具有比 M 更小的权重, 且由这 k 种方式产生的生成树相较 M 带来的权重的平均减小量为 $(W_M-W_{\text{opt}})/k$, 其中 W_M 和 W_{opt} 分别表示 M 和最小生成树的权重.

定理 9.2 表明了采用简约策略的 (1+1)-GP-single 可在期望运行时间 $O(mn(\log n+\log w_{\max}))$ 内解决最小生成树问题.

定理 9.2

采用简约策略的 (1+1)-GP-single 求解最小生成树问题的期望运行时间上界为 $O(mn(\log n + \log w_{\max}))$.

证明 受 [Neumann and Wegener, 2007] 对 (1+1)-EA 求解最小生成树问题的分析的启发, 整个优化过程划分为下述三个阶段.

- 阶段 1: 从初始化结束起直至找到一个解, 表示了某个连通子图.
- 阶段 2: 从阶段 1 结束后直至找到一个解, 叶结点数为 $n-1$ 且表示了某棵生成树.
- 阶段 3: 从阶段 2 结束后直至找到一个解, 表示了某棵最小生成树.

通过分析每个阶段 i 的期望运行时间的上界 E_i, 可得总的期望运行时间的上界, 即 $E_1+E_2+E_3$.

在阶段 1 中, 令 c 表示当前解的连通分支数. 显然, c 不会增加, 这是因为根据适应度函数 $W(s)$ 的定义即式 (9.10), 连通分支数更多的解适应度更大, 这样的解将不会被接受. 给定连通分支数为 c 的某个子图, 由于原始图是连通的, 必至少存在 $c-1$ 条边: 将其中任意一条插入该子图可使得连通分支数减少 1. 于是 (1+1)-GP-single 通过一轮迭代将 c 减小 1 的概率至少为 $(1/3)\cdot(c-1)/m$, 其中 1/3 为变异时执行插入操作的概率, $(c-1)/m$ 为从 T 中选择上述 $c-1$ 条边中的一条用于插入的概率. 综上可得, 算法将 c 减小 1 所需运行的期望轮数至多为 $3m/(c-1)$. 由于 $c \leqslant n$, 找到连通子图所需的期望运行时间至多为

$$E_1 = \sum_{c=2}^{n} \frac{3m}{c-1} = O(m \log n). \tag{9.11}$$

在阶段 2 中, 令 L 表示当前解的叶结点数. 注意, 该阶段维持的解所表示的子图始终是连通的, 这是因为阶段 1 结束时已找到连通子图, 而由式 (9.10) 可得非连通子图比连通子图具有更大的适应度 (即更差). 当执行插入操作时, 若插入的叶结点表示一条新边, 则适应度 $W(s)$ 将增加; 若其表示一条当前解已有的边, 则适应度 $W(s)$ 保持不变, 但解的复杂度 $C(s)$ 将增加. 因此, 该阶段中由执行插入操作产生的子代解将始终被拒绝, 这意味着 L 不会增加. 给定叶结点数为 L 且表示的子图连通的某个解, 由于它至少包含一棵生成树且生成树的边数为 $n-1$, 必至少存在 $L-(n-1)$ 个叶结点: 将其中任意一个结点从该解中删除可使 L 减小 1 且保持所表示子图的连通性. 于是算法通过运行一轮将 L 减小 1 的概率至少为 $(1/3)\cdot(L-n+1)/L$, 其中 1/3 为变异时执行删除操作的概率, $(L-n+1)/L$ 为从所有 L 个叶结点中选择上述 $L-n+1$ 个叶结点中的一个结点进行删除的概率. 令 L_{start} 表示该阶段开始时解的叶结点数. 综上可得, 算法将 L 减至 $n-1$ 所需的期望运行时间至多为 $\sum_{L=n}^{L_{\text{start}}} 3L/(L-n+1)$. 由于该阶段维持的解所表示的子图始终是连通的, 因此 $L=n-1$ 意味着当前解表示了某棵生成树. 于是可得

$$E_2 = \sum_{L=n}^{L_{\text{start}}} \frac{3L}{L-n+1}. \tag{9.12}$$

下面分析 L_{start} 的上界. 显然, 仅能通过执行插入操作增加叶结点数. 在阶段 1 寻找连通子图的过程中, 只有使连通分支数减少 1 时, 由执行插入操作而产生的子代解才会被接受; 否则, 在保

持连通分支数不变的同时执行插入操作, 要么使包含的边的数目增加, 要么保持包含的边不变但使解的复杂度增加 1, 此时子代解都会被拒绝. 由于连通分支数可至多被减少 $n-1$ 次, 阶段 1 中通过执行插入操作产生的子代解至多被接受 $n-1$ 次, 这意味着 $L_{\text{start}} \leqslant L_{\text{init}}+n-1$, 于是

$$E_2 \leqslant \sum_{L=n}^{L_{\text{init}}+n-1} \frac{3L}{L-n+1} = O(L_{\text{init}} + n\log L_{\text{init}}). \tag{9.13}$$

在阶段 3 中, 由于非生成树比生成树具有更大的适应度 (即更差), 算法维持的解所表示的子图始终为一棵生成树. 阶段 2 结束时, 算法找到的解不仅表示了某棵生成树, 而且该解包含的叶结点数为 $n-1$. 当执行插入操作时, 存在两种情况: 插入一条新边和插入一条已有的边. 前者将使得包含的边的数目增加, 而后者将保持包含的边的数目不变但使得解的复杂度增加 1, 于是由此产生的子代解都会被拒绝. 由于执行删除操作将导致更多的连通分支数, 由此产生的子代解亦会被拒绝. 因此, 阶段 3 中维持的解的叶结点数将始终为 $n-1$.

接下来通过乘性漂移分析法 (即定理 2.4) 证明该阶段找到最小生成树所需的期望运行时间. 令 s_t 表示算法在该阶段运行 t 轮后的解, 定理 2.4 中的 ξ_t 实际上就是 s_t. 构造距离函数 V 使得

$$\forall s: V(s) = W(s) - W_{\text{opt}}. \tag{9.14}$$

当且仅当找到最小生成树 (即达到该阶段目标) 时, $V(s)=0$. 下面分析 $\mathbb{E}[V(s_t)-V(s_{t+1}) \mid \xi_t = s_t]$, 其等于 $W(s_t) - \mathbb{E}[W(s_{t+1}) \mid s_t]$. 因为算法通过变异产生的生成树若权重变大将被拒绝, 所以 $W(s_t)$ 关于 t 单调递减. 由引理 9.3 可知, 给定叶结点数为 $n-1$ 且表示某棵生成树的解 s, 存在 k 个特定的替换操作满足: 执行其中任一操作而产生的子代解所表示的子图仍是一棵生成树且其权重变小; 分别执行这 k 个操作所带来的权重的平均减小量为 $(W(s)-W_{\text{opt}})/k$. 算法在一轮中执行某个特定的替换操作的概率为 $(1/3)\cdot(1/(m(n-1)))$, 其中 1/3 为变异时执行替换操作的概率, $1/(n-1)$ 为从解的 $n-1$ 个叶结点中选择一条特定的边用于删除的概率, $1/m$ 为从 T 包含的 m 条边中选择一条特定的边用于插入的概率. 因此,

$$\mathbb{E}[V(s_t)-V(s_{t+1}) \mid \xi_t = s_t] \geqslant \frac{k}{3m(n-1)} \cdot \frac{W(s_t)-W_{\text{opt}}}{k} = \frac{1}{3m(n-1)} V(s_t). \tag{9.15}$$

根据定理 2.4 以及 $\min\{V(s) \mid V(s)>0\} \geqslant 1$ 可得

$$\mathbb{E}[\tau \mid \xi_0 = s_0] \leqslant 3m(n-1)(1+\ln(V(s_0))). \tag{9.16}$$

因为该阶段始于某棵生成树, 所以 $V(s_0) \leqslant nw_{\max}$, 于是可得

$$E_3 = O(mn(\log n + \log w_{\max})). \tag{9.17}$$

引理 9.1 揭示了 $\mathbb{E}[L_{\text{init}}] = m/(m-1)$. 因此, 整个过程的期望运行时间至多为

$$\mathbb{E}[E_1+E_2+E_3] = O(mn(\log n + \log w_{\max})). \tag{9.18}$$

于是定理 9.2 得证. □

定理 9.2 表明 (1+1)-GP 求解最小生成树问题的期望运行时间上界为 $O(mn(\log n + \log w_{\max}))$, 这优于 (1+1)-EA 的期望运行时间上界 $O(m^2(\log n + \log w_{\max}))$ [Neumann and Wegener, 2007; Doerr et al., 2012c]. 另外, [Neumann and Wegener, 2007] 证明了给定某个满足 $m = \Theta(n^2)$ 且 $w_{\max} = n^2$ 的特定图, (1+1)-EA 找到其最小生成树的期望运行时间为 $\Theta(n^4 \log n)$, 而由定理 9.2 可得 (1+1)-GP 的期望运行时间至多为 $O(n^3 \log n)$, 因此 (1+1)-GP 在该图上相较 (1+1)-EA 具有更好的性能.

通过将 (1+1)-GP 与 (1+1)-EA 的分析过程 [Neumann and Wegener, 2007] 比较, 可获得类似于 9.2 节的发现: 在阶段 3 改进生成树的过程中, (1+1)-EA 需要通过翻转布尔向量表示的解上相应的两位来实现两条边的交换, 发生概率为 $\Theta(1/m^2)$, 而 (1+1)-GP 通过替换操作能以更大的概率实现两条边的交换, 其中从当前解删除一条特定边的概率为 $1/(n-1)$, 从 T 中选择一条特定边插入的概率为 $1/m$, 因此 (1+1)-GP 效率更高. (1+1)-GP 在执行替换操作时之所以能以较大的概率删除一条特定边, 是因为阶段 3 中算法维持的解的叶结点数始终为 $n-1$. 因此, 对最小生成树问题的分析亦揭示: 若解的复杂度控制得当, 结构可变的解的表示方式可能更佳.

9.3.3 SMO-GP 的分析

[Neumann and Wegener, 2006] 通过多目标再形式化, 即引入辅助目标函数将最小生成树这个单目标优化问题转化为二目标优化问题, 再使用多目标演化算法 GSEMO 求解该问题, 证明了 GSEMO 可在期望运行时间 $O(mn(n + \log w_{\max}))$ 内找到最小生成树. 本小节通过将解的复杂度作为辅助目标函数, 分析 SMO-GP 通过求解最小生成树问题的二目标形式 MO-MST (见定义 9.4) 找到最小生成树所需的期望运行时间. 注意此处分析不要求边的权重为整数.

定义 9.4. MO-MST 问题

找到树状结构表示的解以最小化

$$\text{MO-MST}(s) = \big(W(s), C(s)\big), \tag{9.19}$$

其中 $W(s)$ 见式 (9.10), $C(s)$ 为解 s 的复杂度, 即解 s 的树状结构所包含的结点数.

对于 MO-MST, 定义 9.3 的第 3 步除了计算 $W(s)$, 还需计算解的复杂度 $C(s) = 2\cdot|l|-1$. 例如, 图 9.2 (c) 所示的解 s 的复杂度 $C(s) = 2 \cdot 3 - 1 = 5$. 给定叶结点数为 i 的某个解 s, 其中 $0 \leqslant i \leqslant n-1$, 该解所表示的子图至多包含 i 条边, 这意味着该子图至少包含 $n-i$ 个连通分支. 由于连通分支数支配了适应度函数 $W(s)$, 即式 (9.10), 当该解所表示的子图的连通分支数恰为 $n-i$ 且其权重在所有连通分支数为 $n-i$ 的子图中最小时, 该解具有最小的 $W(s)$ 值, 记为 W_i. 由式 (9.10) 可得 W_i 等于 $(n-i-1)w_{\text{ub}}^2 + (i-(n-1))w_{\text{ub}}$ 加上所有连通分

支数为 $n-i$ 的子图的最小权重, 其关于 i 严格单调递减. 尤其对于叶结点数为 $n-1$ 的解而言, 最小 $W(s)$ 值即 W_{n-1} 就等于最小生成树的权重, 这实际上亦为所有解的最小 $W(s)$ 值. 因此, 叶结点数为 $n-1$ 且适应度为 W_{n-1} 的解占优任意叶结点数超过 $n-1$ 的解, 这是因为前者不仅具有更小的复杂度而且其适应度必不差于后者.

基于上述分析可知, MO-MST 的帕累托前沿为 $\{(W_0,0)\} \cup \{(W_i,2i-1) \mid i \in [n-1]\}$. $(W_0,0)$ 对应的帕累托最优解的结点数为 0, 而 $(W_i,2i-1)$ 对应的帕累托最优解具有 i 个叶结点, 且其所表示的子图具有 $n-i$ 个连通分支, 在所有连通分支数为 $n-i$ 的子图中权重最小. 可见, 目标向量为 $(W_{n-1},2n-3)$ 的帕累托最优解所表示的子图实际上就是某棵最小生成树. 因此, 找到 MO-MST 的帕累托前沿也就找到了最小生成树.

引理 9.4 给出了 SMO-GP-single 求解 MO-MST 时种群规模的上界, 证明见附录 A.

引理 9.4

求解 MO-MST 问题时, SMO-GP-single 的种群规模不超过 $L_{\text{init}}+n$.

定理 9.3 表明 SMO-GP-single 通过多目标再形式化求解最小生成树问题的期望运行时间上界为 $O(mn^2)$, 这优于 GSEMO 的 $O(mn(n+\log w_{\max}))$ [Neumann and Wegener, 2006].

定理 9.3

SMO-GP-single 求解 MO-MST 问题的期望运行时间上界为 $O(mn^2)$.

证明　受 [Neumann and Wegener, 2006] 对 GSEMO 通过多目标再形式化求解最小生成树问题的分析的启发, 整个优化过程划分为下述两个阶段.

- 阶段 1: 从初始化结束起直至找到一个解, 其目标向量为 $(W_0,0)$.
- 阶段 2: 从阶段 1 结束后直至找到帕累托前沿.

通过分析每个阶段 i 的期望运行时间的上界 E_i, 可得总的期望运行时间的上界, 即 E_1+E_2.

在阶段 1 中, 令 L 表示当前种群中解的叶结点数的最小值, s^* 表示种群中叶结点数为 L 的相应解. 由于一个解不可能被另一个包含更多叶结点的解弱占优, 根据 SMO-GP 更新种群的过程可知, L 不会增加. L 可通过对 s^* 执行删除操作以减小 1, 这是因为由此产生的子代解在第二个目标即复杂度上取得当前最小值, 其不被种群中的任意解占优, 将被加入种群中. 通过执行该步骤 L 次足以找到空解, 即达到该阶段的目标. 引理 9.4 揭示了优化过程中种群规模不超过 $L_{\text{init}}+n$, 于是选择一个特定解进行变异的概率至少为 $1/(L_{\text{init}}+n)$. 而变异时选择删除操作的概率为 1/3, 所以, 算法在一轮中对 s^* 执行删除操作的概率至少是 $(1/(L_{\text{init}}+n))\cdot(1/3)$. 又因为对初始种群而言, L 就等于初始树的叶结点数 L_{init}, 所以, $E_1 = L_{\text{init}}\cdot 3(L_{\text{init}}+n)$.

在阶段 2 中, 令 s_i^* 表示第一个目标取值为 W_i 的某个帕累托最优解. 给定含 k 个连通分支的子图中权重最小的子图, 从所有可以插入该子图而不产生环的边之中选择权重最小的一条边, 插入后即可产生含 $k-1$ 个连通分支的子图中权重最小的子图. 根据此性质可知, s_{i+1}^* 可通过在 s_i^* 中插入一条特定的边产生. 因为选择一个特定解进行变异的概率至少是 $1/(L_{\text{init}}+n)$, 变异时执行插入操作的概率是 1/3, 从 T 中选择一条特定边进行插入的概率是 $1/m$, 所以, 算法在找到 s_i^* 后, 运行

一轮产生 s_{i+1}^* 的概率至少是 $1/(3m(L_{\text{init}}+n))$. 该阶段开始时已找到 s_0^*, 且帕累托前沿中的某个目标向量一旦被找到, 种群中将始终保持一个对应的帕累托最优解. 因此, $E_2=(n-1)\cdot 3m(L_{\text{init}}+n)$.

引理 9.1 揭示了 $\mathbb{E}[L_{\text{init}}]=m/(m-1)$, $\mathbb{E}[L_{\text{init}}^2]\leqslant m/(m-3)$. 因此, 总的期望运行时间至多为 $\mathbb{E}[E_1+E_2]=O(mn^2)$. 于是定理 9.3 得证. □

通过将 SMO-GP 与 GSEMO 的分析过程 [Neumann and Wegener, 2006] 比较可得出, SMO-GP 效率更高的一个原因是引入解的复杂度作为辅助目标函数能使算法在优化过程的阶段 1 更快地找到空解. 遗传编程采用的结构可变的树状表示方式使得解的复杂度可区分, 而通过直接最小化解的复杂度这个辅助目标函数可导致优化过程的加速. 这亦揭示了在解的复杂度控制得当时, 采取结构可变的解的表示方式将有助于优化.

9.4 实验验证

在比较遗传编程和遗传算法求解最大匹配和最小生成树问题的性能时, 由于理论上得出的运行时间界未必紧致, 性能比较不够精确. 本节通过实验作进一步比较.

对于求解最大匹配问题, 本节在边数 m 分别是 $\Theta(n)$、$\Theta(n\sqrt{n})$ 和 $\Theta(n^2)$ 的图 (简称为 "稀疏图" "适度图" 和 "稠密图") 上比较 (1+1)-GP 和 (1+1)-EA 找到近似比为 $1/(1+\epsilon)$ 的解所需的期望运行时间. 令 $v_1,v_2,\ldots,v_n$ 表示图的 n 个顶点.

稀疏图: v_1 与 v_n、v_2 相连; $\forall 1<i<n$, v_i 与 v_{i-1}、v_{i+1} 相连; v_n 与 v_{n-1}、v_1 相连. 因此, 该图是一个环, 有 $m=n$.

适度图: $\forall 1\leqslant i\leqslant n-\lfloor\sqrt{n}\rfloor$, v_i 与 $v_{i+1},v_{i+2},\ldots,v_{i+\lfloor\sqrt{n}\rfloor}$ 相连. 因此, $m=(n-\lfloor\sqrt{n}\rfloor)\lfloor\sqrt{n}\rfloor$.

稠密图: 任意顶点均与其余所有顶点相连. 因此, 该图是一个完全图, 有 $m=n(n-1)/2$.

上述每种图的最大匹配包含的边数均为 $\lfloor n/2\rfloor$. 顶点数 n 的范围设置为 $[5,50]$. 对于每种图, 给定 n 的某个取值和某个算法, 独立地重复运行该算法 1000 次, 然后使用这 1000 次的运行时间的平均值作为对该算法期望运行时间的估计值, 同时, 这 1000 次运行时间的标准偏差也会被记录. 近似比的参数 ϵ 将分别设置为 0.1、0.5 和 1.

图 9.3 ~ 图 9.5 分别展示了不同 ϵ 值下的实验结果. 从图中可观察到, (1+1)-GP 的曲线在图 9.3 ~ 图 9.5 的适度图和稠密图中比 (1+1)-EA 的曲线要低得多, 而在图 9.3 ~ 图 9.5 的稀疏图中两者比较接近. 通过比较表 9.1 第二列中的运行时间界可看出: 对于 $m=\Theta(n)$ 的稀疏图, (1+1)-GP 和 (1+1)-EA 表现相近; 而对于 $m=\Theta(n\sqrt{n})$ 的适度图和 $m=\Theta(n^2)$ 的稠密图, (1+1)-GP 则表现更好. 因此, 实验结果验证了前文的理论分析.

从图 9.5 的稀疏图和适度图中可观察到, 曲线在 $n=21$ 和 $n=43$ 处有两个尖峰. 下面对这个现象进行解释. 由于最大匹配包含的边数为 $\lfloor n/2\rfloor$, 其 $(1/(1+\epsilon))$-近似需至少包含 $NE=\lceil\lfloor n/2\rfloor/(1+\epsilon)\rceil$ 条边. 给定 $\epsilon=0.1$, 当 $n\in[0,21]$ 时, $NE=\lfloor n/2\rfloor$; 当 $n\in[22,43]$ 时, $NE=\lfloor n/2\rfloor-1$; 当 $n\in[44,65]$ 时, $NE=\lfloor n/2\rfloor-2$. 总之, 给定 $\epsilon=0.1$, 当

$n \in [22k, 22(k+1)-1]$ 时, $NE = \lfloor n/2 \rfloor - k$, 其中 $k \in \mathbb{N}^{0+}$. 通过 NE 与 $\lfloor n/2 \rfloor$ 的关系可知: 当 $n \in [22k, 22(k+1)-1]$ 时, 由于待找到的目标匹配比最大匹配总是少 k 条边, 而问题难度随着顶点数的增加而增大, 算法的期望运行时间关于 n 单调递增; 当 $n = 22(k+1)$ 时, 目标匹配比最大匹配少的边数从 k 增至 $k+1$, 因此算法的期望运行时间会突然减少. 图 9.5 中稀疏图和适度图所示的实验结果与上述分析一致. 然而, 其他图并未显示算法的期望运行时间会突然减少 (即曲线会突然下降), 这可能是由于 $\lfloor n/2 \rfloor - NE$ 的增加而带来的问题难度的减小不足以抵消由顶点数 n 的增加而带来的问题难度的增大.

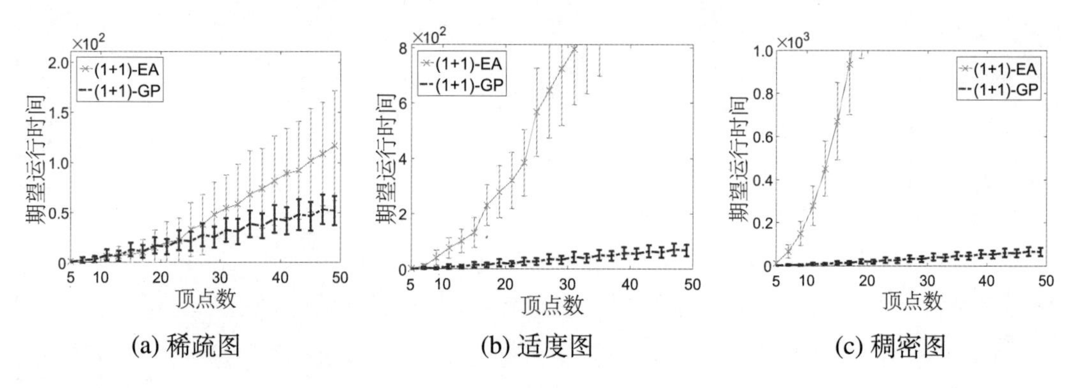

(a) 稀疏图　　(b) 适度图　　(c) 稠密图

图 9.3　(1+1)-EA 和 (1+1)-GP 在三种图上求解最大匹配问题的期望运行时间比较, 其中 $\epsilon = 1$

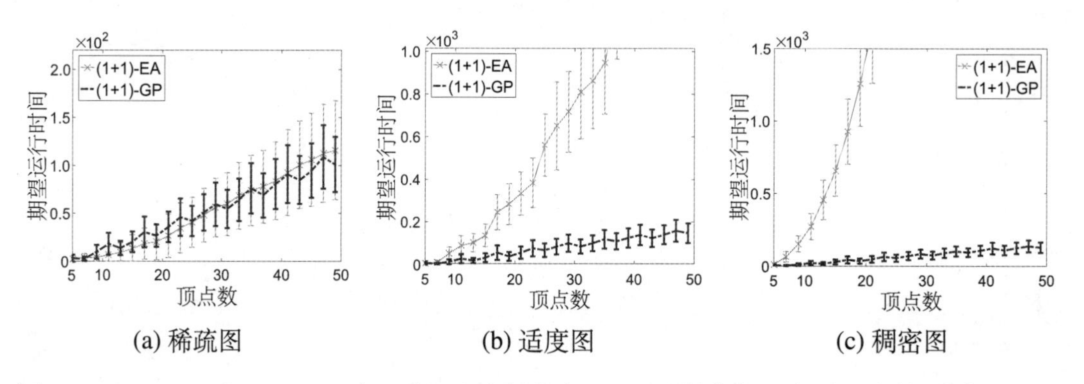

(a) 稀疏图　　(b) 适度图　　(c) 稠密图

图 9.4　(1+1)-EA 和 (1+1)-GP 在三种图上求解最大匹配问题的期望运行时间比较, 其中 $\epsilon = 0.5$

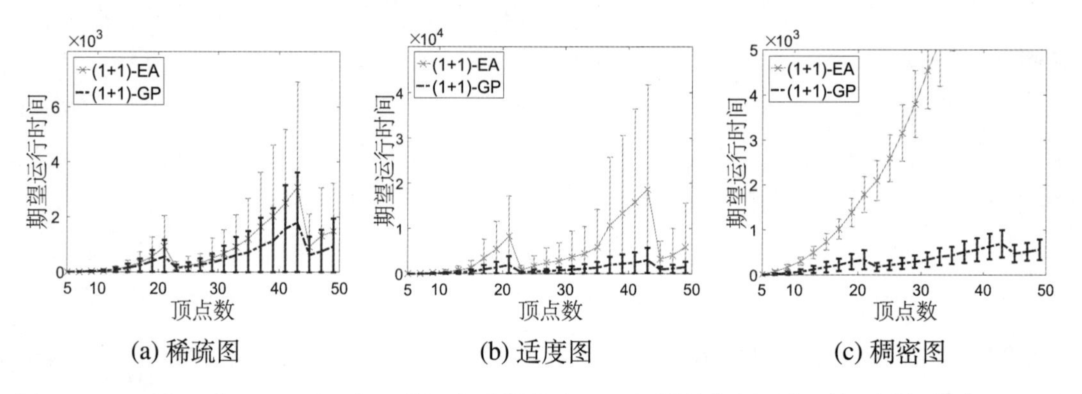

(a) 稀疏图　　(b) 适度图　　(c) 稠密图

图 9.5　(1+1)-EA 和 (1+1)-GP 在三种图上求解最大匹配问题的期望运行时间比较, 其中 $\epsilon = 0.1$

下面通过实验比较遗传编程和遗传算法在稀疏图、适度图和稠密图上求解最小生成树问题的期望运行时间. 对于每种图, 顶点数 n 的范围均设置为 $[5,35]$. 给定 n 的某个取值和某个算法, 为估计该算法的期望运行时间, 采用与最大匹配问题的实验中相同的方法. 在独立运行算法时, 图上每条边的权重均从 $[n]$ 中随机选择. 实验结果如图 9.6 所示. GSEMO 和 SMO-GP 的曲线总是比较接近; (1+1)-EA 和 (1+1)-GP 的曲线在图 9.6 的稀疏图中几乎重合, 而在适度图和稠密图中, (1+1)-GP 的曲线要远低于 (1+1)-EA 的曲线.

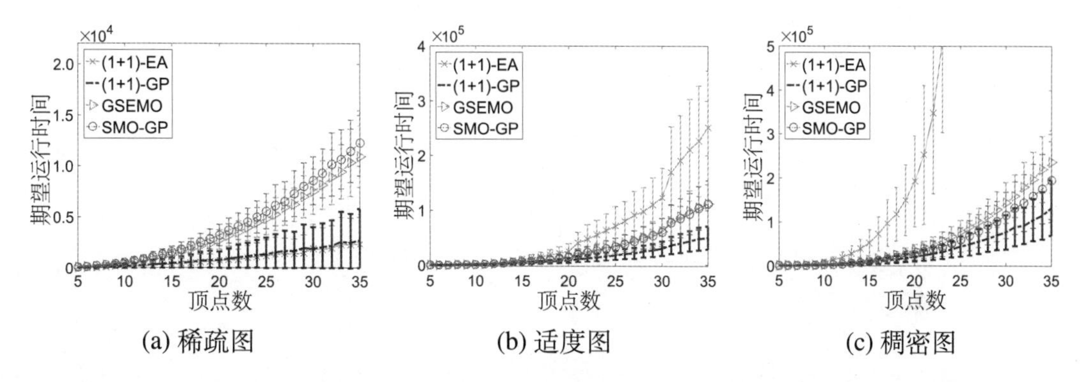

图 9.6 遗传算法和遗传编程在三种图上求解最小生成树问题的期望运行时间比较

由于实验中 $w_{\max} \leqslant n$, 根据理论分析中得出的期望运行时间界 (如表 9.1 第三列所示) 可得表 9.2. 由该表可知, GSEMO 和 SMO-GP 在所有图上表现相近; (1+1)-GP 在 $m = \Theta(n)$ 的稀疏图上与 (1+1)-EA 表现相近, 但在 $m = \Theta(n\sqrt{n})$ 的适度图和 $m = \Theta(n^2)$ 的稠密图上表现更好. 因此, 实验结果验证了前文的理论分析.

表 9.2 当 $w_{\max} \leqslant n$ 时, 遗传算法和遗传编程求解最小生成树问题的期望运行时间界

遗传算法 / 遗传编程	(1+1)-EA	(1+1)-GP	GSEMO	SMO-GP
最小生成树	$O(m^2 \log n)$	$O(mn \log n)$	$O(mn^2)$	$O(mn^2)$

9.5 小结

本章通过比较使用树状结构表示解的遗传编程和使用布尔向量表示解的遗传算法在求解两个经典组合优化问题 (即最大匹配和最小生成树) 时的运行时间, 分析解的表示方式对于演化算法性能的影响. 理论分析表明, 遗传编程比遗传算法具有更好的性能, 这个结论为解的结构化表示在演化优化中的有效性提供了理论支撑, 并进一步通过实验得到验证. 本章的理论结果揭示, 当解的复杂度控制得当时, 采用结构可变的方式表示解可能给演化优化带来帮助.

第 10 章 非精确适应度评估

实际应用中，优化任务往往处于有噪声的环境，即难以精确评估解的好坏. 例如在机器学习任务中，模型的预测准确度往往仅能在有限的数据上进行评估，由此得到的预测准确度与真实准确度一般都会有偏差. 在带噪环境中，原始优化问题的特性可能会因为噪声的存在而发生改变，使其更难以求解. 而由于自然界的生物演化过程本身就是在带噪环境下进行的，因此一般认为，受生物演化启发产生的演化算法也会对噪声具有较好的鲁棒性.

以往通常认为噪声会使优化变得更困难，因此，一般是希望通过降噪处理来减少噪声给演化算法带来的负面影响 [Fitzpatrick and Grefenstette, 1988; Beyer, 2000]. **阈值选择** (threshold selection) 和**抽样** (sampling) 是两种代表性降噪处理策略. 阈值选择策略 [Markon et al., 2001; Bartz-Beielstein and Markon, 2002] 仅当子代解比父代解的适应度高过一定阈值时才接受子代解，从而降低接受较差子代解的风险. 抽样策略 [Arnold and Beyer, 2006] 对同一个解评估 k 次，使用 k 次评估的平均适应度来近似真实适应度，从而使适应度的估计更为鲁棒.

然而，一些经验观察发现，噪声并不总是带来负面影响，有时甚至给局部搜索算法的性能带来正面影响 [Selman et al., 1994; Hoos and Stützle, 2000, 2005]，但是尚不清楚噪声对演化算法是否可能有正面影响.

以往研究主要是实验性的，仅有少量的工作关注演化算法求解带噪优化问题的运行时间分析. [Droste, 2004] 分析了 (1+1)-EA 在**一位噪声** (one-bit noise) 下求解 OneMax 问题的性能并证明，若要在多项式时间内解决该问题，算法能够容忍的最大噪声强度为 $O(\log n/n)$，这里 n 是问题规模，噪声强度通过噪声发生的概率 $p_{\mathrm{n}} \in [0,1]$ 刻画. [Gießen and Kötzing, 2016] 将该分析扩展至 LeadingOnes 问题及其他噪声模型，并证明了使用 $\Theta(\log n)$ 的较小种群规模即可使得采用精英保留策略的演化算法 (例如 (μ+1)-EA 和 (1+λ)-EA) 在噪声强度较大时仍表现良好. 种群相对噪声的鲁棒性在不采用精英保留策略的演化算法上也得到证实 [Dang and Lehre, 2015; Prügel-Bennett et al., 2015]. 然而，[Friedrich et al., 2017] 证明 (μ+1)-EA 在 $\sigma^2 \geqslant n^3$ 的**加性高斯噪声** (additive Gaussian noise) $\mathcal{N}(0,\sigma^2)$ 下需**超多项式** (super-polynomial) 时间才能解决 OneMax 问题，显示出使用种群抗噪的局限性. 这个困难随后被**紧致遗传算法** (compact genetic algorithm) 和一个简单的蚁群优化算法克服，两者均能以大概率在多项式时间内找到最优解 [Friedrich et al., 2016, 2017]. 另外，[Doerr et al., 2012a; Sudholt and Thyssen, 2012; Feldmann and Kötzing, 2013] 分析了蚁群优化算法求解边的权重受噪声干扰的**单目的地最短路径** (single destination shortest path) 问题的运行时间. 仍有许多关于带噪演化优化的基本理论问题亟待解决.

本章先介绍噪声对演化算法运行时间影响的分析 [Qian et al., 2018d]，证明在 Trap 和

Peak 两个 **EA 难** (EA-hard) [He and Yao, 2004] 问题上噪声是有益的, 而在 OneMax 这个 **EA 易** (EA-easy) [He and Yao, 2004] 问题上噪声是有害的. 由此猜想: 噪声的负面影响随着问题难度的增加而降低, 而当问题非常难时, 噪声可能会带来正面影响. 这个猜想在难度可由参数调控的 $\text{Jump}_{m,n}$ 和最小生成树问题上通过实验进行了验证. 本章还对阈值选择和抽样这两种常用噪声处理策略的效用进行分析 [Qian et al., 2018c,d], 证明它们通过采取合适的阈值或抽样规模, 可将演化算法在强噪声下的运行时间从指数级降至多项式级.

10.1 带噪优化

一般的优化问题可表示成 $\arg\max_{s} f(s)$, 其中目标函数 f 在演化计算领域亦称为适应度函数. 在现实世界优化任务中, 解的适应度评估往往受噪声干扰, 使得其难以精确估计, 而只能获取一个带噪估计值.

噪声模型通常分为两类 [Jin and Branke, 2005; Gießen and Kötzing, 2016]: **先验噪声** (prior noise) 和**后验噪声** (posterior noise). 先验噪声来自对解本身的扰动而非适应度评估过程. 定义 10.1 给出的一位噪声是一种代表性的先验噪声, 在评估适应度前以概率 p_{n} 随机选择解的一位进行翻转. 该噪声通常在优化解空间为 $\{0,1\}^n$ 的伪布尔问题时出现, 且已在分析演化算法求解带噪优化问题的运行时间 [Droste, 2004] 以及理解噪声对于局部搜索的影响 [Selman et al., 1994; Hoos and Stützle, 1999; Mengshoel, 2008] 时用于噪声建模.

定义 10.1. 一位噪声

给定参数 $p_{\mathrm{n}} \in [0,1]$, 令 $f^{\mathrm{n}}(\boldsymbol{s})$ 和 $f(\boldsymbol{s})$ 分别表示布尔向量解 $\boldsymbol{s} \in \{0,1\}^n$ 的带噪适应度和真实适应度, 有

$$f^{\mathrm{n}}(\boldsymbol{s}) = \begin{cases} f(\boldsymbol{s}) & \text{以概率 } 1-p_{\mathrm{n}}; \\ f(\boldsymbol{s}') & \text{以概率 } p_{\mathrm{n}}, \end{cases} \tag{10.1}$$

其中 $\boldsymbol{s}'$ 通过均匀随机地选择 $\boldsymbol{s}$ 的一位进行翻转产生.

除一位噪声外, 本章亦考虑其变种, 如定义 10.2 给出的**非对称一位噪声** (asymmetric one-bit noise). 非对称一位噪声受非对称变异算子 [Jansen and Sudholt, 2010] 启发, 它翻转解的某个特定位的概率取决于与该位取值相同的所有位的数目. 给定解 $\boldsymbol{s} \in \{0,1\}^n$, 若 $\boldsymbol{s}$ 既非全 0 又非全 1, 则翻转某个特定 0-位的概率为 $(1/2)\cdot(1/|\boldsymbol{s}|_0)$, 而翻转某个特定 1-位的概率为 $(1/2)\cdot(1/(n-|\boldsymbol{s}|_0))$, 否则随机选择 $\boldsymbol{s}$ 的一位进行翻转. 注意对于一位噪声而言, 任意特定位被翻转的概率均为 $1/n$.

后验噪声来自对解适应度的扰动. 代表模型包括定义 10.3 给出的**加性噪声** (additive noise) 和定义 10.4 给出的**乘性噪声** (multiplicative noise), 分别为在解的适应度上加上 / 乘

以从某个分布抽样而得到的一个值 [Beyer, 2000; Jin and Branke, 2005]. 本章考虑两种分布: **高斯分布** (Gaussian distribution) $\mathcal{N}(\theta, \sigma^2)$ 和**均匀分布** (uniform distribution) $\mathcal{U}(\delta_1, \delta_2)$.

定义 10.2. 非对称一位噪声

给定参数 $p_{\mathrm{n}} \in [0,1]$, 令 $f^{\mathrm{n}}(\boldsymbol{s})$ 和 $f(\boldsymbol{s})$ 分别表示布尔向量解 $\boldsymbol{s} \in \{0,1\}^n$ 的带噪适应度和真实适应度, 有

$$f^{\mathrm{n}}(\boldsymbol{s}) = \begin{cases} f(\boldsymbol{s}) & \text{以概率 } 1-p_{\mathrm{n}}; \\ f(\boldsymbol{s}') & \text{以概率 } p_{\mathrm{n}}, \end{cases} \tag{10.2}$$

其中 $\boldsymbol{s}'$ 通过翻转 $\boldsymbol{s}$ 的第 j 位产生, 而 j 从下述位置中均匀随机地选取:

$$\begin{cases} \boldsymbol{s} \text{ 的所有位} & \text{若 } |\boldsymbol{s}|_0 = 0 \text{ 或 } n; \\ \begin{cases} \boldsymbol{s} \text{ 的所有 0-位} & \text{以概率 } 1/2; \\ \boldsymbol{s} \text{ 的所有 1-位} & \text{以概率 } 1/2. \end{cases} & \text{否则}. \end{cases} \tag{10.3}$$

定义 10.3. 加性噪声

给定分布 $\mathcal{D}$, 令 $f^{\mathrm{n}}(\boldsymbol{s})$ 和 $f(\boldsymbol{s})$ 分别表示解 $\boldsymbol{s}$ 的带噪适应度和真实适应度, 有

$$f^{\mathrm{n}}(\boldsymbol{s}) = f(\boldsymbol{s}) + \delta, \tag{10.4}$$

其中 δ 服从分布 $\mathcal{D}$, 记为 $\delta \sim \mathcal{D}$.

定义 10.4. 乘性噪声

给定分布 $\mathcal{D}$, 令 $f^{\mathrm{n}}(\boldsymbol{s})$ 和 $f(\boldsymbol{s})$ 分别表示解 $\boldsymbol{s}$ 的带噪适应度和真实适应度, 有

$$f^{\mathrm{n}}(\boldsymbol{s}) = f(\boldsymbol{s}) \cdot \delta, \tag{10.5}$$

其中 δ 服从分布 $\mathcal{D}$, 记为 $\delta \sim \mathcal{D}$.

在本章后续的分析中, 若某个引理、定理或推论未在本章给出证明, 则见附录 A.

10.2 带噪适应度的影响

本节先证明当使用演化算法求解 Trap 和 Peak 问题时, 噪声使优化变得更容易; 而当求解 OneMax 问题时, 噪声会使优化变得更困难. 此处, "更容易" ("更困难") 指演化算法在噪声下相较无噪时需要更少的 (更多的) 期望运行时间找到最优解.

10.2.1 噪声有益案例

演化算法往往采用非时变算子, 可建模为齐次马尔可夫链. 下述分析将无噪和带噪演化过程所对应的马尔可夫链分别表示成 $\{\xi'_t\}_{t=0}^{+\infty}$ 和 $\{\xi_t\}_{t=0}^{+\infty}$, 将 $\{\xi'_t\}_{t=0}^{+\infty}$ 的 CFHT-划分 (见定

义 7.2) 表示成 $\{\mathcal{X}_0, \mathcal{X}_1, \ldots, \mathcal{X}_m\}$. 演化过程由繁殖 (即产生新解) 和选择 (即淘汰差解) 这两个行为刻画. 令 $\mathcal{X}$ 和 $\mathcal{X}_{\text{var}}$ 分别表示繁殖前后的状态空间, 于是繁殖行为对应了某个映射 $\mathcal{X} \to \mathcal{X}_{\text{var}}$, 而选择行为则对应某个映射 $\mathcal{X} \times \mathcal{X}_{\text{var}} \to \mathcal{X}$. 例如, 当 (1+$\lambda$)-EA 求解伪布尔问题时, $\mathcal{X} = \{0,1\}^n, \mathcal{X}_{\text{var}} = \{\{\boldsymbol{s}_1, \boldsymbol{s}_2, \ldots, \boldsymbol{s}_\lambda\} \mid \boldsymbol{s}_i \in \{0,1\}^n\}$. 注意, $\mathcal{X}$ 实际上就是马尔可夫链的状态空间. $\forall \mathrm{x} \in \mathcal{X}, \mathrm{x}' \in \mathcal{X}_{\text{var}}$, 令 $P_{\text{var}}(\mathrm{x}, \mathrm{x}')$ 表示经过繁殖后的状态转移概率. 令 $\mathcal{S}^*$ 表示最优解集. 如定义 10.5 所述, 若某马尔可夫链总是转移至更差的状态, 则称其为**欺诈性马尔可夫链** (deceptive Markov chain). 需注意的是, 状态可能是由解构成的**多重集** (multiset); 两个多重集满足 $\mathrm{y} \subseteq \mathrm{x}$, 意为 $\forall \boldsymbol{s} \in \mathrm{y} : \boldsymbol{s} \in \mathrm{x}$.

定义 10.5. 欺诈性马尔可夫链

给定某个演化算法求解某个问题, 若这个演化过程所对应的齐次马尔可夫链 $\{\xi'_t\}_{t=0}^{+\infty}$ 满足 $\forall \mathrm{x} \in \mathcal{X}_k \ (k \geqslant 1)$, 有

$$\forall\, 1 \leqslant j \leqslant k-1 : P(\xi'_{t+1} \in \mathcal{X}_j \mid \xi'_t = \mathrm{x}) = 0, \tag{10.6}$$

$$\forall\, k+1 \leqslant i \leqslant m : \sum_{j=i}^{m} P(\xi'_{t+1} \in \mathcal{X}_j \mid \xi'_t = \mathrm{x}) \geqslant \sum_{\substack{\mathrm{x}' \cap \mathcal{S}^* = \emptyset, \\ \exists \mathrm{y} \in \cup_{j=i}^{m} \mathcal{X}_j :\, \mathrm{y} \subseteq \mathrm{x} \cup \mathrm{x}'}} P_{\text{var}}(\mathrm{x}, \mathrm{x}'), \tag{10.7}$$

则称为欺诈性马尔可夫链.

定理 10.1 表明若某个演化过程是欺诈性的, 且即便出现噪声后, 其最优解一旦产生总会被接受, 则噪声将是有益的.

定理 10.1

给定演化算法 $\mathcal{A}$ 求解问题 f, 若这个过程可建模为欺诈性马尔可夫链, 且

$$\forall \mathrm{x} \notin \mathcal{X}_0 : P(\xi_{t+1} \in \mathcal{X}_0 \mid \xi_t = \mathrm{x}) = \sum_{\mathrm{x}' \cap \mathcal{S}^* \neq \emptyset} P_{\text{var}}(\mathrm{x}, \mathrm{x}'), \tag{10.8}$$

则噪声使得 $\mathcal{A}$ 更容易求解 f.

下面应用该定理分析一个具体的欺诈性演化过程, 即 (1+λ)-EA 求解 Trap 问题. 定义 2.6 给出的 Trap 问题旨在最大化除最优解 1^n 之外解中 0-位的数目. 对于 (1+λ)-EA 而言, 状态 x 对应了某个解 $\boldsymbol{s} \in \{0,1\}^n$. 由于 CFHT $\mathbb{E}[\tau' \mid \xi'_0 = \mathrm{x}]$ 仅依赖于 $|\mathrm{x}|_0$, 可令 $\mathbb{E}_1(j)$ 表示 $|\mathrm{x}|_0 = j$ 时的 $\mathbb{E}[\tau' \mid \xi'_0 = \mathrm{x}]$. 引理 10.1 表明 $\mathbb{E}_1(j)$ 关于 j 单调递增, 这实际上是引理 7.2 对 (1+1)-EA 求解 Trap 这个过程所对应马尔可夫链的 CFHT 分析的扩展.

引理 10.1

当变异概率 $p \in (0, 0.5)$ 时,

$$\mathbb{E}_1(0) < \mathbb{E}_1(1) < \mathbb{E}_1(2) < \cdots < \mathbb{E}_1(n). \tag{10.9}$$

定理 10.2 揭示了在特定均匀分布下的加性和乘性噪声可使 (1+λ)-EA 更容易解决 Trap 问题. 思路是先证明 (1+λ)-EA 求解 Trap 问题这个过程可建模为欺诈性马尔可夫链, 然后验证定理 10.1 的条件, 即式 (10.8).

定理 10.2

当 (1+λ)-EA 采用小于 0.5 的变异概率求解 $c = 3n$ 的 Trap 问题时, 满足 $\delta_2 - \delta_1 < 2n$ 的加性均匀噪声和满足 $\delta_2 > \delta_1 > 0$ 的乘性均匀噪声均使优化变得更容易.

证明 由引理 10.1 可知, $\{\xi'_t\}_{t=0}^{+\infty}$ 的 CFHT-划分为 $\forall 0 \leqslant i \leqslant n : \mathcal{X}_i = \{\mathrm{x} \in \{0,1\}^n \mid |\mathrm{x}|_0 = i\}$. 因此, 定义 7.2 中的参数 m 在此处等于 n. $\forall \mathrm{x} \in \mathcal{X}_k, k \geqslant 1$, 令 P_0 和 P_j (其中 $j \in [n]$) 分别表示通过对 x 执行逐位变异算子产生的 λ 个子代解 $\mathrm{x}_1, \ldots, \mathrm{x}_\lambda$ 满足 $\min\{|\mathrm{x}_1|_0, \ldots, |\mathrm{x}_\lambda|_0\} = 0$ (即含 0 的个数之最小值为 0) 和 $\min\{|\mathrm{x}_1|_0, \ldots, |\mathrm{x}_\lambda|_0\} > 0 \wedge \max\{|\mathrm{x}_1|_0, \ldots, |\mathrm{x}_\lambda|_0\} = j$ (即含 0 的个数之最大值为 j 且最小值大于 0) 的概率. 对于 $\{\xi'_t\}_{t=0}^{+\infty}$ 而言, 若父代解和 λ 个子代解中包含最优解, 则最优解将存活至下一代, 否则其中含 0 最多的解将被保留下来. 因此,

$$\forall\, 1 \leqslant j \leqslant k-1 : P(\xi'_{t+1} \in \mathcal{X}_j \mid \xi'_t = \mathrm{x}) = 0, \tag{10.10}$$

$$\forall\, k+1 \leqslant j \leqslant n : P(\xi'_{t+1} \in \mathcal{X}_j \mid \xi'_t = \mathrm{x}) = P_j, \tag{10.11}$$

这意味着式 (10.6) 和式 (10.7) 成立. 于是, (1+λ)-EA 求解 Trap 问题这个演化过程所对应的马尔可夫链是欺诈性马尔可夫链.

接下来验证定理 10.1 的条件, 即式 (10.8). 对于加性均匀噪声, 由于 $\delta_2 - \delta_1 < 2n$, 于是有 $f^{\mathrm{n}}(1^n) \geqslant f(1^n) + \delta_1 > 2n + \delta_2 - 2n = \delta_2$ 且 $\forall \mathrm{y} \neq 1^n : f^{\mathrm{n}}(\mathrm{y}) \leqslant f(\mathrm{y}) + \delta_2 \leqslant \delta_2$. 对于乘性均匀噪声, 因为 $\delta_2 > \delta_1 > 0$, 于是 $f^{\mathrm{n}}(1^n) > 0$ 且 $\forall \mathrm{y} \neq 1^n : f^{\mathrm{n}}(\mathrm{y}) \leqslant 0$. 所以, 在这两种噪声下, 都有 $\forall \mathrm{y} \neq 1^n : f^{\mathrm{n}}(1^n) > f^{\mathrm{n}}(\mathrm{y})$, 这意味着最优解 1^n 一旦产生总会被接受. 因为 $\mathcal{X}_0 = \{1^n\}$, 所以 $P(\xi_{t+1} \in \mathcal{X}_0 \mid \xi_t = \mathrm{x}) = P_0$, 即式 (10.8) 成立. 于是由定理 10.1 可得, 这两种噪声使 (1+λ)-EA 更易解决 $c = 3n$ 的 Trap 问题. 定理 10.2 得证. □

除了 "欺诈性" 问题外, 下面以 (1+1)-EA$^{\neq}$ 求解 Peak 问题 (见定义 2.5) 为例来证明噪声同样可使演化算法求解 "平坦性" 问题变得更容易. 除最优解 1^n 外, Peak 问题的其余解具有相同的适应度, 因此无法给演化算法的搜索方向提供信息, 使得演化算法难以解决该问题. 如 2.1 节所述, (1+1)-EA$^{\neq}$ 和 (1+1)-EA 类似, 唯一区别是前者采用严格选择机制, 即算法 2.1 的第 4 行变成 "**if** $f(s') > f(s)$ **then**" . [Droste et al., 2002] 已证明 (1+1)-EA$^{\neq}$ 求解 Peak 问题的期望运行时间至少为 $\mathrm{e}^{n\ln(n/2)}$.

定理 10.3

当 (1+1)-EA$^{\neq}$ 求解 Peak 问题时, 若初始解含 0 的个数超过 $(1+p_{\mathrm{n}})/(p_{\mathrm{n}}(1-1/n))$, 则满足 p_{n} 为 $(0,1)$ 中常数的一位噪声使优化变得更容易.

定理 10.3 说明了当 (1+1)-EA$^{\neq}$ 从含很多个 0 的初始解 s 出发时, 噪声使得 Peak 问题更易求解. 从证明过程可看出, 要求 $|s|_0 = i$ 足够大是为了使 $mut_{i\to 1}$ (即通过变异将 s 含 0 的个数变成 1 的概率) 远大于 $mut_{i\to 0}$ (即通过变异将 s 变成最优解的概率), 从而使得因噪声而拒绝最优解这一负面影响可被因噪声而接受含一个 0 的子代解这一正面影响所弥补.

10.2.2 噪声有害案例

本小节给出一个噪声有害的案例. 具体而言, 本小节证明噪声使得 (1+λ)-EA 求解 OneMax 问题变得更难. 将 (1+λ)-EA 求解 OneMax 问题这个演化过程在带噪和无噪时分别建模为 $\{\xi_t\}_{t=0}^{+\infty}$ 和 $\{\xi'_t\}_{t=0}^{+\infty}$. $\{\xi'_t\}_{t=0}^{+\infty}$ 的 CFHT $\mathbb{E}[\tau' \mid \xi'_0 = \mathrm{x}]$ 仅依赖于 $|\mathrm{x}|_0$. 令 $\mathbb{E}_2(j)$ 表示 $|\mathrm{x}|_0 = j$ 时的 $\mathbb{E}[\tau' \mid \xi'_0 = \mathrm{x}]$. 引理 10.2 给出了 $\mathbb{E}_2(j)$ 的大小关系, 这是引理 4.2 所述 (1+1)-EA 求解 OneMax 问题这个过程所对应马尔可夫链的 CFHT 分析的扩展.

引理 10.2

当变异概率 $p \in (0, 0.5)$ 时,

$$\mathbb{E}_2(0) < \mathbb{E}_2(1) < \mathbb{E}_2(2) < \cdots < \mathbb{E}_2(n). \tag{10.12}$$

定理 10.4

当 (1+λ)-EA 采用小于 0.5 的变异概率求解 OneMax 问题时, 噪声使优化变得更难.

证明 通过引理 7.1 证明. 由引理 10.2 可知, $\{\xi'_t\}_{t=0}^{+\infty}$ 的 CFHT-划分为 $\forall 0 \leqslant i \leqslant n : \mathcal{X}_i = \{\mathrm{x} \in \{0,1\}^n \mid |\mathrm{x}|_0 = i\}$. 对于任意非最优解 $\mathrm{x} \in \mathcal{X}_k, k > 0$, 令 P_j (其中 $0 \leqslant j \leqslant n$) 表示通过对 x 执行逐位变异算子产生的 λ 个子代解中含 0 的个数的最小值为 j 的概率. 对 $\{\xi'_t\}_{t=0}^{+\infty}$ 而言, 父代解和 λ 个子代解中含 0 最少的解将被保留下来成为下一代解, 因此,

$$\forall\, 0 \leqslant j \leqslant k-1 : P(\xi'_{t+1} \in \mathcal{X}_j \mid \xi'_t = \mathrm{x}) = P_j, \tag{10.13}$$

$$P(\xi'_{t+1} \in \mathcal{X}_k \mid \xi'_t = \mathrm{x}) = \sum_{j=k}^{n} P_j. \tag{10.14}$$

对 $\{\xi_t\}_{t=0}^{+\infty}$ 而言, 适应度评估受噪声干扰, 父代解和 λ 个子代解中含 0 最少的解未必被保留, 因此,

$$0 \leqslant i \leqslant k-1 : \sum_{j=0}^{i} P(\xi_{t+1} \in \mathcal{X}_j \mid \xi_t = \mathrm{x}) \leqslant \sum_{j=0}^{i} P_j. \tag{10.15}$$

合并式 (10.13) ~ 式 (10.15) 可得

$$\forall\, 0 \leqslant i \leqslant n-1 : \sum_{j=0}^{i} P(\xi_{t+1} \in \mathcal{X}_j \mid \xi_t = \mathrm{x}) \leqslant \sum_{j=0}^{i} P(\xi'_{t+1} \in \mathcal{X}_j \mid \xi'_t = \mathrm{x}), \tag{10.16}$$

这意味着引理 7.1 的条件, 即式 (7.3), 成立. 因此, $\mathbb{E}[\tau \mid \xi_0 \sim \pi_0] \geqslant \mathbb{E}[\tau' \mid \xi'_0 \sim \pi_0]$, 也就是说, 噪声使 (1+$\lambda$)-EA 求解 OneMax 问题变得更难. 于是定理 10.4 得证. □

10.3 抗噪: 阈值选择

在演化优化过程中, 每一轮运行的改进往往是比较小的. 由于适应度评估受噪声干扰, 因此这些改进中的相当一部分其实是假的: 在噪声下, 一个差解获得了比一个好解 "更好" 的适应度, 而演化算法在更新种群时受带噪适应度的迷惑而选择了差解. 这些假改进可能会误导算法的搜索方向, 从而使演化算法的效率下降或陷入局部最优. 为克服这个障碍, [Markon et al., 2001; Bartz-Beielstein, 2005] 采用如下所述的阈值选择策略.

定义 10.6. 阈值选择策略

给定阈值 $\tau \geqslant 0$, 仅当子代解的适应度比父代解的适应度至少大 τ 时, 阈值选择策略才接受子代解.

例如, 对于使用阈值选择策略的 (1+1)-EA 而言, 算法 2.1 第 4 行变成 "**if** $f(\boldsymbol{s}') \geqslant f(\boldsymbol{s})+\tau$ **then**". 该策略可降低因噪声而接受差解的风险. [Markon et al., 2001; Bartz-Beielstein and Markon, 2002] 显示, 通过使用阈值选择策略, 演化算法在求解一些带噪优化问题时局部性能[①] 良好, 但尚不清楚该策略对演化算法求解带噪优化问题的全局性能[②] 的影响.

值得一提的是, 关于不同选择策略在无噪情形下对演化算法性能的影响已有一些分析. 例如, [Jägerskϋpper and Storch, 2007; Jansen and Wegener, 2007; Neumann et al., 2009; Oliveto et al., 2018] 比较了使用精英保留策略[③] 和非精英保留策略的演化算法之期望运行时间, 结果表明使用非精英保留策略有时效果更佳.

10.3.1 阈值选择

为探究阈值选择策略对于演化算法求解带噪优化问题的全局性能之影响, 下面对使用阈值选择策略的 (1+1)-EA 在一位噪声下求解 OneMax 问题的运行时间进行分析. 假设演化算法使用**再评估** (re-evaluation) 策略: 当需要某个解的适应度时, 无论之前是否评估过该解, 演化算法均对其适应度独立地重新估计. 当不使用阈值选择策略时, [Droste, 2004] 已证明, 当且仅当一位噪声发生的概率 $p_{\mathrm{n}} = O(\log n/n)$ 时, (1+1)-EA 可在多项式级的期望运行时间内解决 OneMax 问题.

定理 10.5. [Droste, 2004]

给定 (1+1)-EA 在一位噪声下求解 OneMax 问题, $p_{\mathrm{n}} = O(\log n/n)$ 时的期望运行时间为多项式级, $p_{\mathrm{n}} = \omega(\log n/n)$ 时的期望运行时间为超多项式级.

---

① 单步取得的改进.

② 找到最优解所需的运行时间.

③ 保留目前为止产生的最好解.

接下来依次分析当阈值选择策略的阈值 τ 取不同值时, (1+1)-EA 求解 OneMax 所需的期望运行时间. OneMax 问题上不同适应度间的最小差值为 1, 因此先分析 $\tau = 1$ 的情形. 下述定理表明通过使用 $\tau = 1$ 的阈值选择策略, 无论一位噪声发生的概率多大, (1+1)-EA 总可在多项式时间内解决 OneMax 问题.

定理 10.6

给定 (1+1)-EA 在一位噪声下求解 OneMax 问题, 若使用 $\tau = 1$ 的阈值选择策略, 则当 $p_{\mathrm{n}} \in [0,1]$ 时, 期望运行时间均为多项式级.

定理 10.6 可直接由引理 10.3 推得. 该引理说明了当 $p_{\mathrm{n}} \leqslant 1/(\sqrt{2}\mathrm{e})$ 时, 期望运行时间至多为 $O(n\log n)$, 而当 $p_{\mathrm{n}} > 1/(\sqrt{2}\mathrm{e})$ 时, 期望运行时间至多为 $O(n^2\log n)$.

引理 10.3

给定 (1+1)-EA 在一位噪声下求解 OneMax 问题, 若使用 $\tau = 1$ 的阈值选择策略, 则期望运行时间的上界为 $O(n^2\log n/p_{\mathrm{n}}^2)$; 特别地, 当 $p_{\mathrm{n}} \leqslant 1/(\sqrt{2}\mathrm{e})$ 时, 期望运行时间的上界为 $O(n\log n)$.

证明 通过加性漂移分析法 (即定理 2.3) 证明. 先构造距离函数 $V(\mathrm{x})$, 使得 $\forall \mathrm{x} \in \mathcal{X} = \{0,1\}^n$: $V(\mathrm{x}) = H_{|\mathrm{x}|_0}$. 显然, $V(\mathrm{x} \in \mathcal{X}^* = \{1^n\}) = 0$, $V(\mathrm{x} \notin \mathcal{X}^*) > 0$.

给定任意距离函数值大于 0 (即不属于 $\mathcal{X}^*$) 的 x, 分析 $\mathbb{E}[V(\xi_t) - V(\xi_{t+1}) \mid \xi_t = \mathrm{x}]$. 令 i 表示当前解 x 含 0 的个数, 则 $i \in [n]$. $\forall -i \leqslant d \leqslant n-i$, 令 $p_{i,i+d}$ 表示经过变异及选择后的下一代解拥有 $i+d$ 个 0 的概率. 于是可得

$$\mathbb{E}[V(\xi_t) - V(\xi_{t+1}) \mid \xi_t = \mathrm{x}] = H_i - \sum_{d=-i}^{n-i} p_{i,i+d} \cdot H_{i+d}. \tag{10.17}$$

接下来分析 $p_{i,i+d}$, 其中 $i \in [n]$. $\forall -i \leqslant d \leqslant n-i$, 令 P_d 表示通过对 x 执行逐位变异算子产生的子代解 x′ 拥有 $i+d$ 个 0 的概率. 注意一位噪声改变解的适应度至多 1, 即 $|f^{\mathrm{n}}(\mathrm{x}) - f(\mathrm{x})| \leqslant 1$.

(1) $d \geqslant 2$ 时, $f^{\mathrm{n}}(\mathrm{x}') \leqslant n-i-d+1 \leqslant n-i-1 \leqslant f^{\mathrm{n}}(\mathrm{x})$. 因为仅当 $f^{\mathrm{n}}(\mathrm{x}') \geqslant f^{\mathrm{n}}(\mathrm{x}) + 1$ 时, 子代解才会被接受, 所以此种情形下子代解 x′ 将被拒绝, 这意味着 $\forall d \geqslant 2 : p_{i,i+d} = 0$.

(2) $d = 1$ 时, 子代解 x′ 被接受的唯一情形为 $f^{\mathrm{n}}(\mathrm{x}') = n-i \wedge f^{\mathrm{n}}(\mathrm{x}) = n-i-1$, 这意味着噪声翻转了 x′ 的一个 0-位和 x 的一个 1-位, 发生概率为 $(p_{\mathrm{n}}(i+1)/n) \cdot (p_{\mathrm{n}}(n-i)/n)$. 因此,

$$p_{i,i+1} = P_1 \cdot \frac{p_{\mathrm{n}}(i+1)}{n} \frac{p_{\mathrm{n}}(n-i)}{n}. \tag{10.18}$$

(3) $d = -1$ 时, 若 $f^{\mathrm{n}}(\mathrm{x}) = n-i-1$, 其发生概率为 $p_{\mathrm{n}}(n-i)/n$, 则 $f^{\mathrm{n}}(\mathrm{x}') \geqslant n-i+1-1 = n-i > f^{\mathrm{n}}(\mathrm{x})$, 于是子代解 x′ 将被接受; 若 $f^{\mathrm{n}}(\mathrm{x}) = n-i \wedge f^{\mathrm{n}}(\mathrm{x}') \geqslant n-i+1$, 其发生概率为 $(1-p_{\mathrm{n}}) \cdot (1-p_{\mathrm{n}}+p_{\mathrm{n}}(i-1)/n)$, 则 x′ 将被接受; 若 $f^{\mathrm{n}}(\mathrm{x}) = n-i+1 \wedge f^{\mathrm{n}}(\mathrm{x}') = n-i+2$, 其发生概率为 $(p_{\mathrm{n}}i/n) \cdot (p_{\mathrm{n}}(i-1)/n)$, 则 x′ 将被接受; 否则 x′ 将被拒绝. 因此,

$$p_{i,i-1}=P_{-1}\cdot\left(\frac{p_{\mathrm{n}}(n-i)}{n}+(1-p_{\mathrm{n}})\left(1-p_{\mathrm{n}}+\frac{p_{\mathrm{n}}(i-1)}{n}\right)+\frac{p_{\mathrm{n}}i}{n}\frac{p_{\mathrm{n}}(i-1)}{n}\right). \tag{10.19}$$

(4) $d\leqslant -2$ 时, $p_{i,i+d}>0$.

将上述关于 $p_{i,i+d}$ 的概率应用至式 (10.17), 可得

$$\begin{aligned}\mathbb{E}[V(\xi_t)-V(\xi_{t+1})\mid \xi_t=\mathrm{x}] &\geqslant H_i-p_{i,i-1}H_{i-1}-p_{i,i+1}H_{i+1}-(1-p_{i,i-1}-p_{i,i+1})H_i\\ &=p_{i,i-1}\cdot\frac{1}{i}-p_{i,i+1}\cdot\frac{1}{i+1}\\ &\geqslant P_{-1}\left(p_{\mathrm{n}}\frac{n-i}{n}+p_{\mathrm{n}}^2\frac{i(i-1)}{n^2}\right)\frac{1}{i}-P_1p_{\mathrm{n}}^2\frac{(i+1)(n-i)}{n^2}\frac{1}{i+1}. \end{aligned}\tag{10.20}$$

下面分析 P_{-1} 和 P_1 的界. 执行逐位变异算子时, 通过仅翻转解的一个 0-位而保持其他位不变即可将解中 0-位的数目减少 1, 因此, $P_{-1}\geqslant (i/n)(1-1/n)^{n-1}$. 为了将解中 0-位的数目增加 1, 变异时翻转 1-位的个数要比翻转 0-位的个数多 1, 因此,

$$\begin{aligned}P_1&=\sum_{k=1}^{\min\{n-i,i+1\}}\binom{n-i}{k}\binom{i}{k-1}\frac{1}{n^{2k-1}}\left(1-\frac{1}{n}\right)^{n-2k+1}\\ &\leqslant\frac{n-i}{n}\left(1-\frac{1}{n}\right)^{n-1}+\sum_{k=2}^{\min\{n-i,i+1\}}\frac{1}{k!(k-1)!}\frac{(n-i)^k}{n^k}\frac{i^{k-1}}{n^{k-1}}\left(1-\frac{1}{n}\right)^{n-2k+1}\\ &\leqslant\frac{n-i}{n}\left(1-\frac{1}{n}\right)^{n-1}+\frac{i}{n}\cdot\sum_{k=2}^{\min\{n-i,i+1\}}\frac{1}{k!(k-1)!}\left(1-\frac{1}{n}\right)^{n-1}\\ &\leqslant\frac{n-i}{n}\left(1-\frac{1}{n}\right)^{n-1}+\frac{i}{n}\cdot\sum_{k=2}^{+\infty}\frac{1}{k!}\left(1-\frac{1}{n}\right)^{n-1}\\ &=\frac{n-i}{n}\left(1-\frac{1}{n}\right)^{n-1}+(\mathrm{e}-2)\frac{i}{n}\left(1-\frac{1}{n}\right)^{n-1}. \end{aligned}\tag{10.21}$$

将 P_{-1} 和 P_1 的这两个界代入式 (10.20), 可得

$$\begin{aligned}\mathbb{E}[V(\xi_t)-V(\xi_{t+1})\mid \xi_t=\mathrm{x}]&\geqslant\frac{1}{n}\left(1-\frac{1}{n}\right)^{n-1}p_{\mathrm{n}}^2\left(\frac{n-i}{n}+\frac{i(i-1)}{n^2}\right)\\ &\quad-\left(\frac{n-i}{n}+(\mathrm{e}-2)\frac{i}{n}\right)\left(1-\frac{1}{n}\right)^{n-1}p_{\mathrm{n}}^2\frac{n-i}{n^2}\\ &\geqslant(3-\mathrm{e})\frac{i}{n^2}\left(1-\frac{1}{n}\right)^{n}p_{\mathrm{n}}^2\geqslant\frac{3-\mathrm{e}}{2\mathrm{e}}\frac{p_{\mathrm{n}}^2}{n^2}, \end{aligned}\tag{10.22}$$

其中式 (10.22) 由 $i\geqslant 1$ 和 $(1-1/n)^n\geqslant 1/(2\mathrm{e})$ 可得. 因此, 根据定理 2.3 及 $V(\mathrm{x})\leqslant H_n<1+\ln n$ 有

$$\mathbb{E}[\tau\mid\xi_0]\leqslant\frac{2\mathrm{e}}{3-\mathrm{e}}\frac{n^2}{p_{\mathrm{n}}^2}V(\xi_0)=O\left(\frac{n^2\log n}{p_{\mathrm{n}}^2}\right), \tag{10.23}$$

也就是说, 当 $\tau=1$ 时, (1+1)-EA 在一位噪声下求解 OneMax 的期望运行时间上界为 $O(n^2\log n/p_{\mathrm{n}}^2)$.

当 $p_{\mathrm{n}} \leqslant 1/(\sqrt{2}\mathrm{e})$ 时, 实际上通过选择 $p_{i,i-1}$ 和 $p_{i,i+1}$ 的适当界并代入式 (10.20) 中等式右边的公式可推得更紧的期望运行时间上界 $O(n\log n)$. 下面给出具体证明. 根据上述对 $p_{i,i+d}$ 分析中的第二和第三这两种情形可得

$$p_{i,i+1} = P_1 p_{\mathrm{n}}^2 \frac{(i+1)(n-i)}{n^2} \leqslant \frac{(i+1)(n-i)^2}{n^3} p_{\mathrm{n}}^2, \tag{10.24}$$

$$p_{i,i-1} \geqslant P_{-1}(1-p_{\mathrm{n}})^2 \geqslant \frac{i}{n}\left(1-\frac{1}{n}\right)^{n-1}(1-p_{\mathrm{n}})^2, \tag{10.25}$$

其中式 (10.24) 中不等式成立是由于为了使解中 0-位的数目增加 1, 变异时必然要至少翻转一个 1-位, 于是 $P_1 \leqslant (n-i)/n$. 因此式 (10.20) 变成

$$\begin{aligned}\mathbb{E}[V(\xi_t) - V(\xi_{t+1}) \mid \xi_t = \mathrm{x}] &\geqslant \frac{1}{n}\left(1-\frac{1}{n}\right)^{n-1}(1-p_{\mathrm{n}})^2 - \frac{(n-i)^2}{n^3}p_{\mathrm{n}}^2 \\ &\geqslant \frac{1}{n}\left(\frac{1}{\mathrm{e}}(1-p_{\mathrm{n}})^2 - p_{\mathrm{n}}^2\right) > 0.13 \cdot \frac{1}{n},\end{aligned} \tag{10.26}$$

其中最后一个不等式成立是由于 $p_{\mathrm{n}} \leqslant 1/(\sqrt{2}\mathrm{e})$ 时, $(1-p_{\mathrm{n}})^2/\mathrm{e} - p_{\mathrm{n}}^2$ 关于 p_{n} 单调递减. 于是根据定理 2.3 可得 $\mathbb{E}[\tau \mid \xi_0] \leqslant (n/0.13) \cdot V(\xi_0) = O(n\log n)$, 即当 $\tau = 1$ 时, (1+1)-EA 在 $p_{\mathrm{n}} \leqslant 1/(\sqrt{2}\mathrm{e})$ 的一位噪声下求解 OneMax 问题的期望运行时间上界为 $O(n\log n)$. 至此, 引理 10.3 得证. □

接着分析 $\tau = 2$ 的情形. 令 $poly(n)$ 表示关于 n 的任意多项式.

定理 10.7

给定 (1+1)-EA 在一位噪声下求解 OneMax 问题, 若使用 $\tau = 2$ 的阈值选择策略, 则当且仅当 $p_{\mathrm{n}} = (1/O(poly(n))) \cap (1 - 1/O(poly(n)))$ 时, 期望运行时间为多项式级.

定理 10.7 可由下述两个引理推得. 引理 10.4 给出 (1+1)-EA 在 $\tau = 2$ 时的期望运行时间的上界 $O(n\log n/(p_{\mathrm{n}}(1-p_{\mathrm{n}})))$, 这意味着若 $1/(p_{\mathrm{n}}(1-p_{\mathrm{n}})) = O(poly(n))$, 则期望运行时间为多项式级. 引理 10.5 给出下界 $\Omega(n\log n + n/(p_{\mathrm{n}}(1-p_{\mathrm{n}})))$, 这意味着若 $1/(p_{\mathrm{n}}(1-p_{\mathrm{n}})) = \omega(poly(n))$, 则期望运行时间为超多项式级. 综上可得, 当且仅当 $1/(p_{\mathrm{n}}(1-p_{\mathrm{n}})) = O(poly(n))$, 即 $p_{\mathrm{n}} = (1/O(poly(n))) \cap (1 - 1/O(poly(n)))$ 时, 期望运行时间为多项式级.

引理 10.4

给定 (1+1)-EA 在一位噪声下求解 OneMax 问题, 若使用 $\tau = 2$ 的阈值选择策略, 则期望运行时间的上界为 $O(n\log n/(p_{\mathrm{n}}(1-p_{\mathrm{n}})))$.

引理 10.5

给定 (1+1)-EA 在一位噪声下求解 OneMax 问题, 若使用 $\tau = 2$ 的阈值选择策略, 则期望运行时间的下界为 $\Omega(n\log n + n/(p_{\mathrm{n}}(1-p_{\mathrm{n}})))$.

当阈值 $\tau > 2$ 时, 有

定理 10.8

给定 (1+1)-EA 在一位噪声下求解 OneMax 问题, 若使用 $\tau > 2$ 的阈值选择策略, 则当 $p_{\mathrm{n}} \in [0,1]$ 时, 期望运行时间无穷大.

定理 10.7 和定理 10.8 表明使用阈值选择策略时, 若阈值 τ 选择不当, 则会减弱抗噪能力, 甚至带来负面影响. 因此, 实际使用阈值选择策略时, 选择合适的 τ 值至关重要.

10.3.2 平滑阈值选择

本小节将证明阈值选择策略存在局限性, 并介绍相应的改进策略——**平滑阈值选择** (smooth threshold selection).

定理 10.9

给定 (1+1)-EA 在非对称一位噪声下求解 OneMax 问题, 若使用阈值选择策略, 则当 $p_{\mathrm{n}} = 1$ 时, 期望运行时间至少为指数级.

上述定理揭示了阈值选择策略并非万能. 当 $0 \leqslant \tau \leqslant 1$ 时, 算法接受假改进的概率较大, 使得漂移为负, 从而导致运行时间为指数级; 当 $\tau \geqslant 2$ 时, 尽管接受假改进的概率为 0 (即 $\forall d \geqslant 1 : p_{i,i+d} = 0$), 但接受真改进的概率亦非常小 (例如 $p_{1,0} = 0$), 从而导致运行时间无穷大; 而将 τ 设置为 1 和 2 之间的某个数亦无效, 这是因为 OneMax 问题的最小适应度差异为 1, $\tau \in (1,2)$ 等价于 $\tau = 2$.

下面介绍平滑阈值选择策略. 如定义 10.7 所述, 将原始阈值选择策略的硬阈值修改成平滑阈值. "平滑" 意为当子代解和父代解的适应度之差恰为阈值时, 子代解以一定的概率被接受. 例如, 当使用阈值为 (1) + (0.1) 的平滑阈值选择策略时, 若子代解和父代解的适应度之差为 1, 则子代解被接受的概率为 0.9, 这使得小数阈值 1.1 有效. 注意, 这种基于适应度概率性地接受子代解的策略有点类似于**模拟退火** (simulated annealing) [Kirkpatrick, 1984] 策略.

定义 10.7. 平滑阈值选择策略

令 δ 表示子代解 s' 和父代解 s 的适应度之差, 即 $\delta = f(s') - f(s)$. 给定阈值 $(a)+(b)$, 其中 $b \in [0,1]$, 选择过程为:

(1) 若 $\delta < a$, 则 s' 被拒绝;

(2) 若 $\delta = a$, 则 s' 以概率 $1-b$ 被接受;

(3) 若 $\delta > a$, 则 s' 被接受.

定理 10.10 揭示通过使用阈值适当的平滑阈值选择策略, 无论非对称一位噪声发生的概率多大, (1+1)-EA 均能在多项式时间内解决 OneMax 问题.

定理 10.10

给定 (1+1)-EA 在非对称一位噪声下求解 OneMax 问题, 若使用阈值为 $(1) + (1 - 1/(2en))$ 的平滑阈值选择策略, 则当 $p_n \in [0, 1]$ 时, 期望运行时间为多项式级.

通过该定理的证明过程, 可直观地理解平滑阈值选择策略能够比原始阈值选择策略更有效的原因是通过将硬阈值变得平滑后, 不仅使得算法单步接受假改进的概率相对够小, 即 $p_{i,i-1} \geqslant p_{i,i+1}$, 还使得单步接受真改进的概率够大, 即 $p_{i,i-1}$ 数值够大.

10.4 抗噪: 抽样

在带噪演化优化中, 抽样策略经常被用来降低噪声的负面影响 [Aizawa and Wah, 1994; Stagge, 1998; Branke and Schmidt, 2003, 2004]. 如定义 10.8 所述, 抽样策略先评估解的适应度 k 次而非仅一次, 然后使用平均值来近似真实适应度. 显然, 这可使得噪声的标准偏差降至原来的 $1/\sqrt{k}$, 但亦使计算代价增至原来的 k 倍. 因此, 使用抽样策略使得适应度估计在噪声下更鲁棒, 但其计算代价更大. 本节从理论上研究抽样策略的效用, 证明使用抽样策略可指数级地降低 (1+1)-EA 在噪声下求解 OneMax 和 LeadingOnes 问题的运行时间.

定义 10.8. 抽样策略

抽样策略独立地评估解的适应度 k 次, 获得带噪适应度 $f_1^n(s), f_2^n(s), \ldots, f_k^n(s)$, 然后输出它们的平均值, 即

$$\hat{f}(s) = \frac{1}{k}\sum_{i=1}^{k} f_i^n(s). \tag{10.27}$$

[Akimoto et al., 2015] 证明抽样策略使用的 k 足够大时, 可使加性**无偏噪声** (unbiased noise) 下的优化表现与无噪优化相同, 从而得出使用抽样策略后带噪优化问题可在运行时间 $k \cdot r$ 内被解决, 其中 r 是无噪运行时间. 然而, 由于未与不使用抽样策略时带噪优化的运行时间比较, 因此不能体现抽样策略对运行时间的影响.

10.4.1 对先验噪声的鲁棒性

先通过比较使用与不使用抽样策略时 (1+1)-EA 在一位噪声下求解相同问题的期望运行时间来证明抽样策略对于先验噪声的鲁棒性. 考虑的问题包括 OneMax 和 LeadingOnes. 对于使用抽样策略的 (1+1)-EA 而言, 算法 2.1 第 4 行变成 "**if** $\hat{f}(s') \geqslant \hat{f}(s)$ **then**" .

对于 OneMax 问题, 考虑 $p_{\mathrm{n}} = 1$ 的一位噪声. 先分析不使用抽样策略的情形. 如定理 10.5 所述, $p_{\mathrm{n}} = \omega(\log n/n)$ 时期望运行时间为超多项式级. [Gießen and Kötzing, 2016] 通过简化负漂移分析法 (即定理 2.5) 重新证明 $p_{\mathrm{n}} = \omega(\log n/n) \cap (1 - \omega(\log n/n))$ 时期望运行时间为超多项式级, 然而该证明并未覆盖 $p_{\mathrm{n}} = 1$ 的情形. 这里通过带自环的简化负漂移分析法 (即定理 2.6) 证明 $p_{\mathrm{n}} = 1$ 时期望运行时间为指数级, 如定理 10.11 所述.

定理 10.11

给定 (1+1)-EA 在一位噪声下求解 OneMax 问题, $p_{\mathrm{n}} = 1$ 时期望运行时间为指数级.

下面分析使用 $k = 2$ 的抽样策略这种情形. 如定理 10.12 所述, 期望运行时间仍为指数级. 对定理 10.12 的证明类似于定理 10.11 的证明, 由 k 从 1 增至 2 而导致转移概率 $p_{i,i+d}$ 的变化并不影响带自环的简化负漂移分析法的使用.

定理 10.12

给定 (1+1)-EA 在一位噪声下求解 OneMax 问题, 若使用 $k = 2$ 的抽样策略, 则当 $p_{\mathrm{n}} = 1$ 时, 期望运行时间为指数级.

因此, 使用 $k = 2$ 的抽样策略无效. 接下来证明将 k 从 2 增至 3 可将期望运行时间降至多项式级, 如定理 10.13 所述. 该定理的证明通过乘性漂移分析法 (即定理 2.4) 完成.

定理 10.13

给定 (1+1)-EA 在一位噪声下求解 OneMax 问题, 若使用 $k = 3$ 的抽样策略, 则当 $p_{\mathrm{n}} = 1$ 时, 期望运行时间的上界为 $O(n \log n)$.

证明 通过定理 2.4 证明. 先构造距离函数 $V(\mathrm{x})$ 使得 $\forall \mathrm{x} \in \mathcal{X} = \{0,1\}^n : V(\mathrm{x}) = |\mathrm{x}|_0$. 显然, $V(\mathrm{x} \in \mathcal{X}^* = \{1^n\}) = 0, V(\mathrm{x} \notin \mathcal{X}^*) > 0$.

给定任意满足 $V(\mathrm{x}) > 0$ (即 $\mathrm{x} \notin \mathcal{X}^*$) 的 x, 然后分析 $\mathbb{E}[V(\xi_t) - V(\xi_{t+1}) \mid \xi_t = \mathrm{x}]$. 令 i 表示当前解所含 0 的个数, 则 $i \in [n]$. $\forall -i \leqslant d \leqslant n-i$, 令 $p_{i,i+d}$ 表示经过变异和选择后的下一代解含 $i+d$ 个 0 的概率. 注意, 此处解所含 0 的个数指其真正含 0 的个数而非经过噪声扰动后含 0 的个数. 有

$$\mathbb{E}[V(\xi_t) - V(\xi_{t+1}) \mid \xi_t = \mathrm{x}] = \sum_{d=1}^{i} d \cdot p_{i,i-d} - \sum_{d=1}^{n-i} d \cdot p_{i,i+d}. \tag{10.28}$$

类似于定理 10.11 的证明, 分析 $p_{i,i+d}$, 其中 $i \in [n]$. 给定解 x, 通过使用 $k = 3$ 的抽样策略输出的适应度为三次独立的适应度评估得到的带噪适应度之平均值, 即 $\hat{f}(\mathrm{x}) = (f_1^{\mathrm{n}}(\mathrm{x})+f_2^{\mathrm{n}}(\mathrm{x})+f_3^{\mathrm{n}}(\mathrm{x}))/3$.

(1) $d \geqslant 3$ 时, $\hat{f}(\mathrm{x}') \leqslant n-i-d+1 \leqslant n-i-2 < \hat{f}(\mathrm{x})$, 因此子代解 x′ 将被拒绝, 这意味着 $\forall d \geqslant 3 : p_{i,i+d} = 0$.

(2) $d = 2$ 时, 当且仅当 $\hat{f}(\mathrm{x}') = n-i-1 = \hat{f}(\mathrm{x})$ 时, x′ 被接受. 为使 $\hat{f}(\mathrm{x}') = n-i-1 = \hat{f}(\mathrm{x})$, 在对 x′ 的三次带噪适应度评估中, 噪声均需翻转 x′ 的一个 0-位, 而在对 x 的三次带噪适应度评估中,

噪声均需翻转 x 的一个 1-位, 于是 $\hat{f}(x') = n-i-1 = \hat{f}(x)$ 的概率为 $((i+2)/n)^3 \cdot ((n-i)/n)^3$. 因此,

$$p_{i,i+2} = P_2 \cdot \left(\frac{i+2}{n}\right)^3 \left(\frac{n-i}{n}\right)^3. \tag{10.29}$$

(3) $d=1$ 时, 有以下三种情形接受 x′: $\hat{f}(x') = n-i \wedge \hat{f}(x) = n-i-1$、$\hat{f}(x') = n-i \wedge \hat{f}(x) = n-i-1/3$、$\hat{f}(x') = n-i-2/3 \wedge \hat{f}(x) = n-i-1$. 为使 $\hat{f}(x') = n-i$, 在对 x′ 的三次带噪适应度评估中, 噪声均需翻转 x′ 的一个 0-位, 于是 $\hat{f}(x') = n-i$ 的概率为 $((i+1)/n)^3$. 为使 $\hat{f}(x') = n-i-2/3$, 在对 x′ 的三次带噪适应度评估中, 其中两次噪声均需翻转 x′ 的一个 0-位, 而另一次噪声需翻转 x′ 的一个 1-位, 于是 $\hat{f}(x') = n-i-2/3$ 的概率为 $3((i+1)/n)^2((n-i-1)/n)$. 类似可得 $\hat{f}(x) = n-i-1$ 和 $\hat{f}(x) = n-i-1/3$ 的概率分别为 $((n-i)/n)^3$ 和 $3((n-i)/n)^2(i/n)$. 因此,

$$p_{i,i+1} = P_1 \cdot \left(\left(\frac{i+1}{n}\right)^3 \left(\left(\frac{n-i}{n}\right)^3 + 3\left(\frac{n-i}{n}\right)^2 \frac{i}{n}\right) + 3\left(\frac{i+1}{n}\right)^2 \frac{n-i-1}{n} \left(\frac{n-i}{n}\right)^3\right). \tag{10.30}$$

(4) $d=-1$ 时, 有三种情形拒绝 x′: $\hat{f}(x') = n-i \wedge \hat{f}(x) = n-i+1$、$\hat{f}(x') = n-i \wedge \hat{f}(x) = n-i+1/3$、$\hat{f}(x') = n-i+2/3 \wedge \hat{f}(x) = n-i+1$. 为使 $\hat{f}(x') = n-i$, 在对 x′ 的三次带噪适应度评估中, 噪声均需翻转 x′ 的一个 1-位, 于是 $\hat{f}(x') = n-i$ 的概率为 $((n-i+1)/n)^3$. 为使 $\hat{f}(x') = n-i+2/3$, 在对 x′ 的三次带噪适应度评估中, 其中两次噪声均需翻转 x′ 的一个 1-位, 而另一次噪声需翻转 x′ 的一个 0-位, 于是 $\hat{f}(x') = n-i+2/3$ 的概率为 $3((n-i+1)/n)^2((i-1)/n)$. 类似可得 $\hat{f}(x) = n-i+1$ 和 $\hat{f}(x) = n-i+1/3$ 的概率分别为 $(i/n)^3$ 和 $3(i/n)^2((n-i)/n)$. 因此,

$$p_{i,i-1} = P_{-1} \cdot \left(1 - \left(\frac{n-i+1}{n}\right)^3 \left(\left(\frac{i}{n}\right)^3 + 3\left(\frac{i}{n}\right)^2 \frac{n-i}{n}\right) - 3\left(\frac{n-i+1}{n}\right)^2 \frac{i-1}{n} \left(\frac{i}{n}\right)^3\right). \tag{10.31}$$

(5) $d \leqslant -2$ 时, $\hat{f}(x') \geqslant n-i-d-1 \geqslant n-i+1 \geqslant \hat{f}(x)$, 因此 x′ 被接受, 于是 $\forall d \leqslant -2: p_{i,i+d} = P_d$.

将上述关于 $p_{i,i+d}$ 的概率代入式 (10.28) 可得

$$\begin{aligned}
&\mathbb{E}[V(\xi_t) - V(\xi_{t+1}) \mid \xi_t = x] \geqslant p_{i,i-1} - p_{i,i+1} - 2 \cdot p_{i,i+2} \\
&= P_{-1} \cdot \left(1 - \left(\frac{n-i+1}{n}\right)^3 \left(\left(\frac{i}{n}\right)^3 + 3\left(\frac{i}{n}\right)^2 \frac{n-i}{n}\right) - 3\left(\frac{n-i+1}{n}\right)^2 \frac{i-1}{n} \left(\frac{i}{n}\right)^3\right) \\
&\quad - P_1 \cdot \left(\left(\frac{i+1}{n}\right)^3 \left(\left(\frac{n-i}{n}\right)^3 + 3\left(\frac{n-i}{n}\right)^2 \frac{i}{n}\right) + 3\left(\frac{i+1}{n}\right)^2 \frac{n-i-1}{n} \left(\frac{n-i}{n}\right)^3\right) \\
&\quad - 2 \cdot P_2 \cdot \left(\frac{i+2}{n}\right)^3 \left(\frac{n-i}{n}\right)^3.
\end{aligned} \tag{10.32}$$

接下来对上式进行简化.

$$\begin{aligned}
&\left(\frac{i+1}{n}\right)^3 \left(\left(\frac{n-i}{n}\right)^3 + 3\left(\frac{n-i}{n}\right)^2 \frac{i}{n}\right) + 3\left(\frac{i+1}{n}\right)^2 \frac{n-i-1}{n} \left(\frac{n-i}{n}\right)^3 \\
&= \frac{i+1}{n}\frac{n-i}{n} \cdot \left(-5\left(\frac{i+1}{n}\frac{n-i}{n}\right)^2 + 3\left(1+\frac{1}{n}\right) \cdot \frac{i+1}{n}\frac{n-i}{n}\right) \leqslant \frac{9}{20}\frac{i+1}{n}\frac{n-i}{n}\left(\frac{n+1}{n}\right)^2,
\end{aligned} \tag{10.33}$$

其中不等式由 $-5x^2+3(1+1/n)x \leqslant (9/20)((n+1)/n)^2$ 可得. 将式 (10.33) 中的 i 替换成 $n-i$ 有

$$\left(\frac{n-i+1}{n}\right)^3\left(\left(\frac{i}{n}\right)^3+3\left(\frac{i}{n}\right)^2\frac{n-i}{n}\right)+3\left(\frac{n-i+1}{n}\right)^2\frac{i-1}{n}\left(\frac{i}{n}\right)^3 \leqslant \frac{9}{20}\frac{i}{n}\frac{n-i+1}{n}\left(\frac{n+1}{n}\right)^2. \quad (10.34)$$

将式 (10.33) 和式 (10.34) 代入式 (10.32), 可得

$$\begin{aligned}\mathbb{E}[V(\xi_t)-V(\xi_{t+1}) \mid \xi_t=\mathrm{x}] \geqslant P_{-1}\cdot\left(1-\frac{9}{20}\frac{i}{n}\frac{n-i+1}{n}\left(\frac{n+1}{n}\right)^2\right)\\ -P_1\cdot\frac{9}{20}\frac{i+1}{n}\frac{n-i}{n}\left(\frac{n+1}{n}\right)^2-2\cdot P_2\cdot\left(\frac{i+2}{n}\right)^3\left(\frac{n-i}{n}\right)^3. \quad (10.35)\end{aligned}$$

接下来分析 P_{-1}、P_1 和 P_2 这三个概率的界. 为使 0-位的数目减少 1, 变异时仅翻转一个 0-位而保持其他位不变即可, 因此 $P_{-1} \geqslant (i/n)(1-1/n)^{n-1}$. 为使 0-位的数目增加 2, 变异时必然要至少翻转两个 1-位, 因此 $P_2 \leqslant \binom{n-i}{2}(1/n^2)=(n-i)(n-i-1)/(2n^2)$. 为使 0-位的数目增加 1, 变异时翻转 1-位的数目要比翻转 0-位的数目多 1. 如引理 10.3 证明中的分析, 式 (10.21) 已证明 $P_1 \leqslant ((n-i)/n)(1-1/n)^{n-1}+(\mathrm{e}-2)(i/n)(1-1/n)^{n-1}$.

将上述关于 P_{-1}、P_1 和 P_2 这三个概率的界代入式 (10.35) 可得

$$\begin{aligned}&\mathbb{E}[V(\xi_t)-V(\xi_{t+1}) \mid \xi_t=\mathrm{x}]\\ &\geqslant \frac{i}{n}\left(1-\frac{1}{n}\right)^{n-1}\cdot\left(1-\frac{9}{20}\left(\frac{n+1}{n}\right)^2\left(\frac{i}{n}\frac{n-i+1}{n}+\frac{i+1}{i}\frac{n-i}{n}\left(\frac{n-i}{n}+(\mathrm{e}-2)\frac{i}{n}\right)\right)\right)\\ &\quad -\frac{i}{n}\cdot 2\cdot\frac{(n-i)(n-i-1)}{2n^2}\cdot\frac{i+2}{i}\left(\frac{i+2}{n}\right)^2\left(\frac{n-i}{n}\right)^3. \quad (10.36)\end{aligned}$$

当 $i \geqslant 2$ 时, $1+1/i \leqslant 3/2$, $1+2/i \leqslant 2$. 因此,

$$\begin{aligned}\mathbb{E}[V(\xi_t)-V(\xi_{t+1}) \mid \xi_t=\mathrm{x}] &\geqslant \frac{i}{\mathrm{e}n}\left(1-\frac{9}{20}\left(\frac{n+1}{n}\right)^2\cdot\frac{3}{2}\right)-\frac{32}{729}\frac{i}{n}\left(\frac{n+2}{n}\right)^5 \quad (10.37)\\ &=\frac{i}{n}\cdot\left(\frac{1}{\mathrm{e}}-\frac{27}{40\mathrm{e}}\left(\frac{n+1}{n}\right)^2-\frac{32}{729}\left(\frac{n+2}{n}\right)^5\right)\\ &\geqslant 0.003\cdot\frac{i}{n}, \quad (10.38)\end{aligned}$$

其中式 (10.37) 成立是由于

$$\begin{aligned}\frac{(n-i)(n-i-1)}{n^2}\left(\frac{i+2}{n}\right)^2\left(\frac{n-i}{n}\right)^3 &\leqslant \frac{n-2}{n}\left(\frac{i+2}{n}\left(\frac{n-i}{n}\right)^2\right)^2\\ &\leqslant \frac{n-2}{n}\left(\frac{4}{27}\left(\frac{n+2}{n}\right)^3\right)^2\\ &\leqslant \frac{16}{729}\left(\frac{n+2}{n}\right)^5, \quad (10.39)\end{aligned}$$

而式 (10.38) 在 $n \geqslant 15$ 时成立. 当 $i = 1$ 时, 由式 (10.32) 直接可得

$$\begin{aligned}
\mathbb{E}[V(\xi_t) - V(\xi_{t+1}) \mid \xi_t = \mathrm{x}] &= P_{-1} \cdot \left(1 - \left(\left(\frac{1}{n}\right)^3 + 3\left(\frac{1}{n}\right)^2 \frac{n-1}{n}\right)\right) - 2 \cdot P_2 \cdot \left(\frac{3}{n}\right)^3 \left(\frac{n-1}{n}\right)^3 \\
&\quad - P_1 \cdot \left(\left(\frac{2}{n}\right)^3 \left(\left(\frac{n-1}{n}\right)^3 + 3\left(\frac{n-1}{n}\right)^2 \frac{1}{n}\right) + 3\left(\frac{2}{n}\right)^2 \frac{n-2}{n} \left(\frac{n-1}{n}\right)^3\right) \\
&\geqslant \frac{1}{\mathrm{e}n}\left(1 - \frac{3}{n^2} - \frac{16}{n^2} - \frac{12}{n}\right) - \frac{27}{n^3} \\
&\geqslant 0.01 \cdot \frac{1}{n},
\end{aligned} \tag{10.40}$$

其中式 (10.40) 在 $n \geqslant 18$ 时成立. 综上可得, 定理 2.4 的成立条件为

$$\mathbb{E}[V(\xi_t) - V(\xi_{t+1}) \mid \xi_t = \mathrm{x}] \geqslant \frac{0.003}{n} \cdot V(\xi_t). \tag{10.41}$$

又因为 $V_{\min} = 1, V(\mathrm{x}) \leqslant n$, 所以根据定理 2.4 可得

$$\mathbb{E}[\tau \mid \xi_0] \leqslant \frac{n}{0.003}(1 + \ln V(\xi_0)) = O(n \log n), \tag{10.42}$$

这意味着期望运行时间的上界为 $O(n \log n)$. 于是定理 10.13 得证. □

因此, 上述三个定理表明了当 (1+1)-EA 在一位噪声下求解 OneMax 问题时, 抽样策略对于噪声是鲁棒的. 而且, 定理 10.12 和定理 10.13 的比较说明了将 k 的值增加 1 可导致算法期望运行时间的指数级变化, 这揭示出选择适当的 k 对于抽样策略的效用至关重要. 当从 $k = 2$ 变成 $k = 3$ 时, 算法运行时间复杂度的巨大差异主要是因为使用 $k = 3$ 的抽样策略可使假进步 (接受含 0 更多的解) 被真进步 (接受含 0 更少的解) 支配, 而使用 $k = 2$ 的抽样策略不足以保证这一点.

对于 LeadingOnes 问题, 考虑 $p_{\mathrm{n}} = 1/2$ 的一位噪声. [Gießen and Kötzing, 2016] 证明, 当不使用抽样策略时, (1+1)-EA 所需的期望运行时间的下界为指数级, 如定理 10.14 所述. 定理 10.15 表明使用抽样策略可将期望运行时间降至多项式级.

定理 10.14. [Gießen and Kötzing, 2016]

给定 (1+1)-EA 在一位噪声下求解 LeadingOnes 问题, $p_{\mathrm{n}} = 1/2$ 时期望运行时间的下界为 $2^{\Omega(n)}$.

定理 10.15

给定 (1+1)-EA 在一位噪声下求解 LeadingOnes 问题, 若使用 $k = 10n^4$ 的抽样策略, 则当 $p_{\mathrm{n}} = 1/2$ 时, 期望运行时间的上界为 $O(n^6)$.

10.4.2 对后验噪声的鲁棒性

为证明抽样策略对后验噪声的鲁棒性, 下面比较使用和不使用抽样策略时 (1+1)-EA 在加性高斯噪声下求解相同问题的期望运行时间. 考虑 OneMax 和 LeadingOnes 问题.

对于 OneMax 问题, 考虑 $\sigma^2 \geqslant 1$ 的加性高斯噪声. 先考虑不使用抽样策略的情形. 通过简化负漂移分析法 (即定理 2.5), 下述定理揭示其期望运行时间为指数级.

定理 10.16

给定 (1+1)-EA 在加性高斯噪声下求解 OneMax 问题, $\sigma^2 \geqslant 1$ 时期望运行时间为指数级.

[Friedrich et al., 2017] 证明在满足 $\theta = 0$ 且 $\sigma^2 \geqslant n^3$ 的加性高斯噪声下, $(\mu$+1)-EA 求解 OneMax 问题需要的期望运行时间为超多项式级. 因此, 定理 10.16 是对这个已知结论在 $\mu = 1$ 时的补充, 它覆盖了噪声的方差为常数的情形. 推论 10.1 表明通过使用抽样策略, 期望运行时间可降至多项式级. 直观来说, 使用 k 足够大的抽样策略可使噪声的方差降至 $O(\log n/n)$, 从而使算法运行多项式轮即能解决问题, 如引理 10.6 所示.

引理 10.6. [Gießen and Kötzing, 2016]

假设存在加性噪声 (见定义 10.3), 且 δ 服从方差为 σ^2 的某个分布 $\mathcal{D}$. 当 $\sigma^2 = O(\log n/n)$ 时, (1+1)-EA 可在多项式期望运行轮数内解决 OneMax 问题.

推论 10.1

给定 (1+1)-EA 在加性高斯噪声下求解 OneMax 问题, 若使用 $k = \lceil n\sigma^2/\log n \rceil$ 的抽样策略, 则当 $\sigma^2 \geqslant 1$ 且 $\sigma^2 = O(poly(n))$ 时, 期望运行时间为多项式级.

证明 带噪适应度 $f^{\mathrm{n}}(\mathrm{x}) = f(\mathrm{x}) + \delta$, 其中 $\delta \sim \mathcal{N}(\theta, \sigma^2)$. 通过使用抽样策略输出的适应度 $\hat{f}(\mathrm{x}) = (\sum_{i=1}^{k} f_i^{\mathrm{n}}(\mathrm{x}))/k = (\sum_{i=1}^{k} f(\mathrm{x}) + \delta_i)/k = f(\mathrm{x}) + \sum_{i=1}^{k} \delta_i/k$, 其中 $\delta_i \sim \mathcal{N}(\theta, \sigma^2)$. 因此, $\hat{f}(\mathrm{x}) = f(\mathrm{x}) + \delta'$, 其中 $\delta' \sim \mathcal{N}(\theta, \sigma^2/k)$. 换言之, 使用抽样策略能够将噪声的方差 σ^2 降至 σ^2/k. 因为 $k = \lceil n\sigma^2/\log n \rceil$, 所以 $\sigma^2/k \leqslant \log n/n$. 于是根据引理 10.6 可知, (1+1)-EA 找到最优解所需运行的期望轮数为多项式级. 因为期望运行时间等于 $2k$ 乘以期望运行轮数, 且 $\sigma^2 = O(poly(n))$, 所以期望运行时间为多项式级. 推论 10.1 得证. □

对于 LeadingOnes 问题, 考虑 $\sigma^2 \geqslant n^2$ 的加性高斯噪声. 通过简化负漂移分析法 (即定理 2.5), 下述定理表明, 不使用抽样策略时期望运行时间为指数级.

定理 10.17

给定 (1+1)-EA 在加性高斯噪声下求解 LeadingOnes 问题, $\sigma^2 \geqslant n^2$ 时期望运行时间为指数级.

推论 10.2 表明通过使用抽样策略, 期望运行时间可降至多项式级. 直观来说, 使用 k 足够大的抽样策略可使噪声的方差降至不超过 $1/(12en^2)$ 的一个值, 从而使得算法运行多项式轮即能解决问题, 如引理 10.7 所示.

引理 10.7. [Gießen and Kötzing, 2016]

假设存在加性噪声 (见定义 10.3), 且 δ 服从方差为 σ^2 的某个分布 $\mathcal{D}$. 当 $\sigma^2 \leqslant 1/(12en^2)$ 时, (1+1)-EA 可在期望运行轮数 $O(n^2)$ 内解决 LeadingOnes 问题.

推论 10.2

给定 (1+1)-EA 在加性高斯噪声下求解 LeadingOnes 问题, 若使用 $k = \lceil 12en^2\sigma^2 \rceil$ 的抽样策略, 则当 $\sigma^2 \geqslant n^2$ 且 $\sigma^2 = O(poly(n))$ 时, 期望运行时间为多项式级.

[Akimoto et al., 2015] 分析了一般优化算法在加性高斯噪声下求解整数值函数的运行时间. 具体来说, [Akimoto et al., 2015] 中的定理 2.2 阐明了使用抽样策略的算法在带噪条件下的运行时间大概率不超过无噪条件下算法运行时间的对数倍. 虽然他们分析的算法和问题覆盖了此处考虑的情形, 即 (1+1)-EA 求解 OneMax 和 LeadingOnes 问题, 但是使用的抽样策略不同: [Akimoto et al., 2015] 在平均适应度 $\hat{f}$ 的基础上使用舍入函数 $\lfloor \hat{f} + 0.5 \rfloor$, 而此处则直接使用平均值 $\hat{f}$.

10.5 实验验证

本节对噪声影响的理论结果进行实验验证. 为估计某个演化算法在某种噪声下求解某个问题的期望运行时间, 独立地重复运行该算法 1000 次, 记录每次运行直至找到最优解所耗费的适应度评估次数 (即运行时间), 并使用这 1000 次运行时间的平均值作为对该算法期望运行时间的估计.

10.5.1 噪声有益案例

先验证噪声有益的理论结果, 即定理 10.2 和定理 10.3. 为验证定理 10.2, 考虑 (1+n)-EA④ 求解 Trap 问题. 下面通过实验估计 (1+n)-EA 从满足 $|s|_0 = i$ 的解 s 出发所需的期望运行时间, 其中 $0 \leqslant i \leqslant n$; 并比较 (1+$n$)-EA 在无噪声、加性均匀噪声和乘性均匀噪声下的期望运行时间. (1+n)-EA 的变异概率 p 设置为常见值 $1/n$. 加性均匀噪声的参数设置为 $\delta_1 = -n$、$\delta_2 = n - 1$; 乘性均匀噪声的参数设置为 $\delta_1 = 0.1$、$\delta_2 = 10$. 问题规模 $n = 5$、6、7 时的实验结果如图 10.1 所示, 可看出在两种噪声下的时间曲线总低于无噪声下的时间曲

④ (1+λ)-EA 的一个特例, 其中 λ 取值为问题的规模 n.

线, 这与理论结果一致. 注意, 三条曲线在第一个点处相交, 这是因为满足 $|s|_0 = 0$ 的初始解即是最优解.

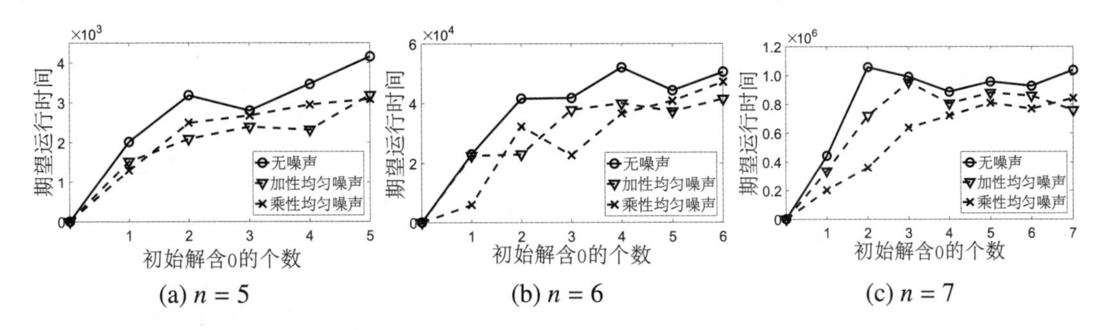

(a) $n = 5$ (b) $n = 6$ (c) $n = 7$

图 10.1 (1+n)-EA 在带噪和无噪下求解 Trap 问题的期望运行时间比较

为验证定理 10.3, 考虑 (1+1)-EA$^{\neq}$ 求解 Peak 问题. 将一位噪声发生的概率设置为 $p_{\rm n} = 0.5$. $n = 6$、7、8 时的结果如图 10.2 所示. 从中可观察到当 $|s|_0$ 足够大时, 在一位噪声下的时间曲线总是低于无噪声下的时间曲线, 这与理论结果一致.

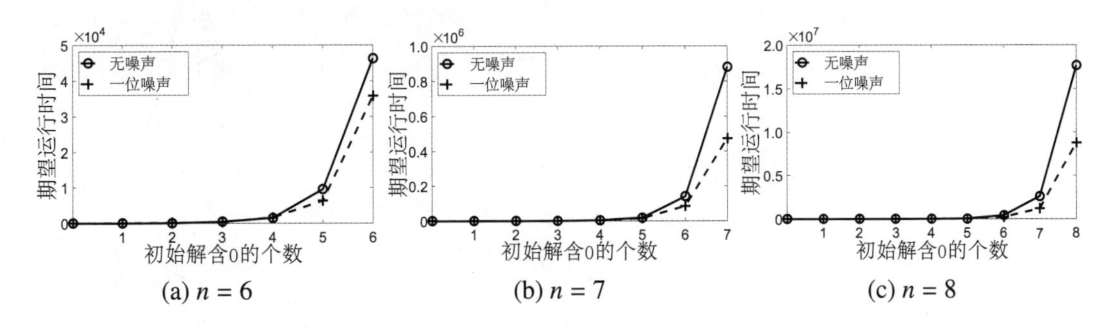

(a) $n = 6$ (b) $n = 7$ (c) $n = 8$

图 10.2 (1+1)-EA$^{\neq}$ 在带噪和无噪下求解 Peak 问题的期望运行时间比较

上述实验结果表明噪声可使得演化算法更易求解欺诈性和平坦性问题. 对于欺诈性问题, 直观来说, 演化算法朝着欺诈性方向搜索, 而噪声能够增加随机性以使演化算法拥有一定的概率朝着正确方向搜索. 对于平坦性问题, 演化算法在搜索时无法获得引导信息, 而在某些条件下, 噪声能够使演化算法获得更大的概率朝着正确方向搜索.

Trap 和 Peak 分别是欺诈性和平坦性问题的极端情况, 而在实际应用中经常遇到带有一定欺诈性和平坦性的优化问题. 下面通过实验来探查在极端情况下的发现对于一般问题而言是否仍成立. 考虑变异概率为 $1/n$ 的 (1+1)-EA 求解最小生成树问题, 解的表示和适应度函数如 9.3.1 节所述. 由于每棵非最小生成树在汉明空间中均是局部最优的, 因此最小生成树问题可视为带有局部欺诈性的多模态问题.

具体而言, 通过实验在稀疏图、适度图和稠密图上比较 (1+1)-EA 在无噪声和 $p_{\rm n} = 0.5$ 的一位噪声下的期望运行时间. 注意这三种图已在 9.4 节使用过, 它们的边数分别与 $\Theta(n)$、$\Theta(n\sqrt{n})$ 和 $\Theta(n^2)$ 同阶. 对于 (1+1)-EA 在每种图上的一次独立运行, 图上每条边的权重从

[n] 中随机选择. 结果如图 10.3 所示, 可看出在一位噪声下的时间曲线可低于无噪声下的时间曲线, 这验证了噪声在某些情况下可使演化算法求解问题变得更容易这个理论结果.

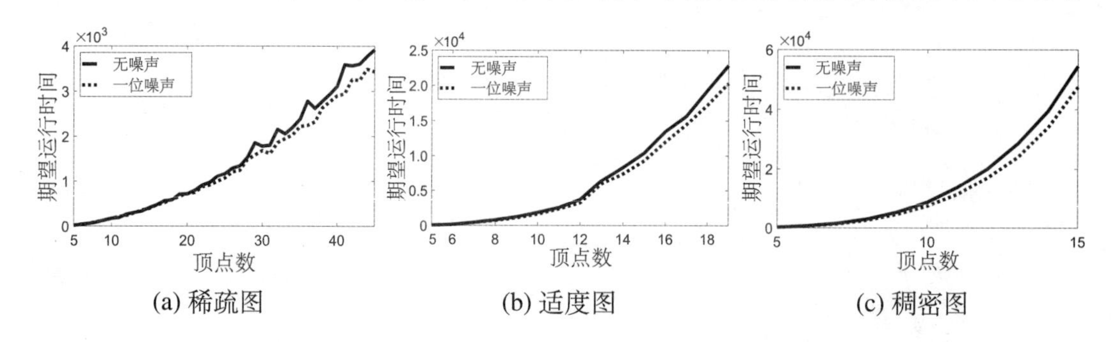

图 10.3 (1+1)-EA 在带噪和无噪下求解最小生成树问题的期望运行时间比较

10.5.2 噪声有害案例

接下来验证任意噪声会给 (1+λ)-EA 求解 OneMax 问题带来负面影响这个理论结果, 即定理 10.4. 实验设置与 10.5.1 小节中对 (1+λ)-EA 求解 Trap 问题的设置相同. n = 10、20、30 时的结果如图 10.4 所示, 可看出带噪下的时间曲线总高于无噪下的时间曲线, 这与理论结果一致.

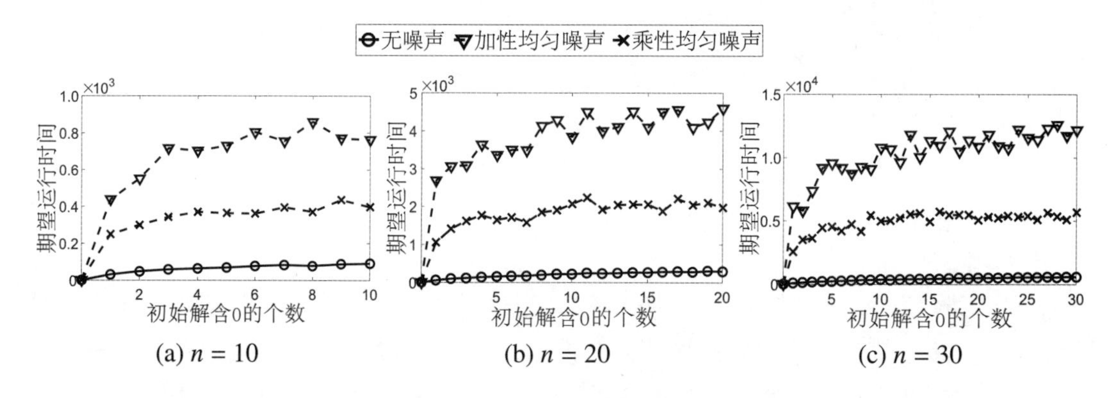

图 10.4 (1+n)-EA 在带噪和无噪下求解 OneMax 问题的期望运行时间比较

10.5.3 讨论

理论分析和实验结果均表明, 在欺诈性和平坦性问题上, 噪声对演化算法有益. 注意, 欺诈性和平坦性是阻碍演化算法搜索的两个因素, 此类问题对于演化算法而言是困难的. 而对于容易问题 OneMax, 噪声使演化算法求解变得更难. 由此给出以下猜想: 噪声的负面影响随着问题难度的增大而下降, 当问题非常难时, 噪声可能会带来正面影响. 噪声的影响可通过算法在带噪和无噪下的期望运行时间之差值比

$$(\mathbb{E}[\tau]-\mathbb{E}[\tau'])/\mathbb{E}[\tau'] \tag{10.43}$$

来衡量, 其中 $\mathbb{E}[\tau]$ 和 $\mathbb{E}[\tau']$ 分别表示演化算法在带噪和无噪下求解问题的期望运行时间. 若差值比为正, 则说明噪声有害; 若差值比为负, 则说明噪声有益.

为验证上述猜想, 考虑 (1+1)-EA 求解 $\text{Jump}_{m,n}$ 问题, 以及最小生成树问题.

定义 10.9. $\text{Jump}_{m,n}$ 问题

找到 n 位的二进制串以最大化

$$\text{Jump}_{m,n}(s)=\begin{cases}m+\sum_{i=1}^{n}s_i & \text{若 } \sum_{i=1}^{n}s_i\leqslant n-m \text{ 或 } =n;\\ n-\sum_{i=1}^{n}s_i & \text{否则},\end{cases} \tag{10.44}$$

其中 $m\in[n]$, s_i 表示 $s\in\{0,1\}^n$ 的第 i 位.

$\text{Jump}_{m,n}$ 问题的难度可通过参数来调控. 当 $m=1$ 时实例化为 OneMax 问题, 当 $m=n$ 时实例化为 Trap 问题. [Droste et al., 2002] 证明, (1+1)-EA 求解 $\text{Jump}_{m,n}$ 问题的期望运行时间为 $\Theta(n^m+n\log n)$, 这意味着 $\text{Jump}_{m,n}$ 的难度随着 m 的变大而增大. 实验中设置 $n=10$ 并使用如下三种噪声: $\delta_1=-0.5n\wedge\delta_2=0.5n$ 的加性均匀噪声、$\delta_1=1\wedge\delta_2=2$ 的乘性均匀噪声、$p_{\text{n}}=0.5$ 的一位噪声. 实验中估计得到的差值比即式 (10.43), 如图 10.5 所示. 从中可明显观察到: 随着 m 变大, 差值比曲线下降. 也就是说, 随着问题难度的增大, 噪声的负面影响下降.

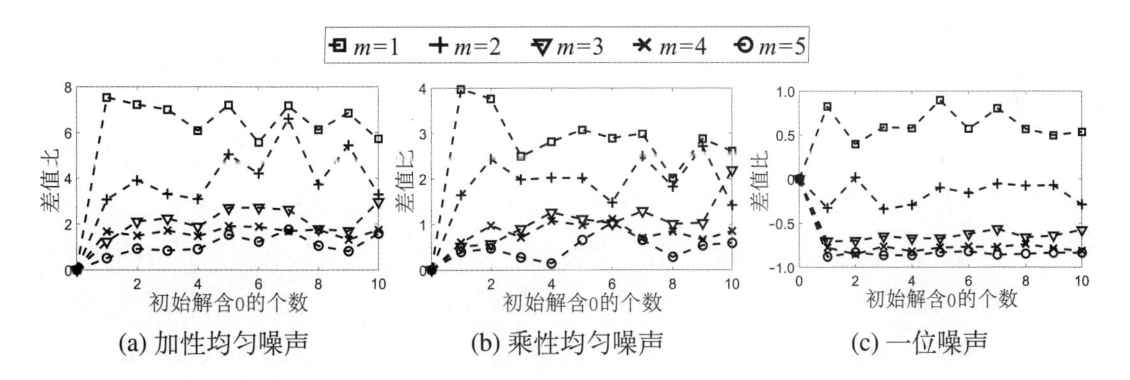

图 10.5 (1+1)-EA 在带噪和无噪下求解 $\text{Jump}_{m,10}$ 问题的期望运行时间的差值比之估计

对于最小生成树问题, 考虑稀疏图、适度图和稠密图. 如第 9 章中表 9.1 第二行最后一个单元格所示, (1+1)-EA 求解最小生成树问题的期望运行时间至多为 $O(m^2(\log n+\log w_{\max}))$. 在这个上界紧致的假设下, 针对这三种图的最小生成树问题的难度顺序为: 稀疏图 < 适度图 < 稠密图.

图 10.6 展示了实验中估计得到的 (1+1)-EA 在一位噪声和无噪声下的期望运行时间之差值比. 可以看到差值比曲线的高度顺序为: 稀疏图 > 适度图 > 稠密图, 这验证了噪声的负面影响随着问题难度的增大而下降这个猜想.

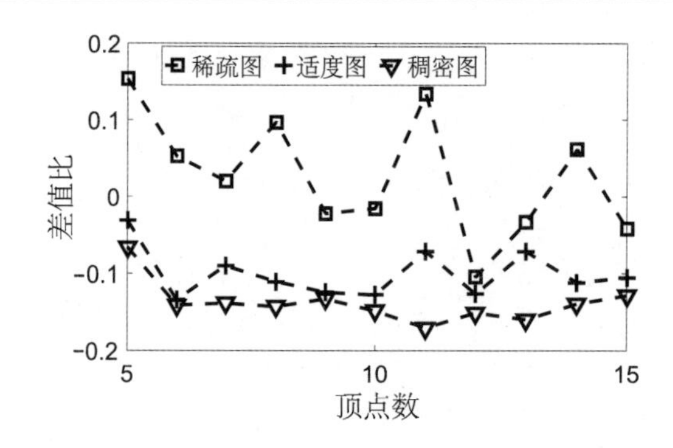

图 10.6 (1+1)-EA 在一位噪声和无噪声下求解最小生成树问题的期望运行时间的差值比之估计

综上, 在关于人造问题 $\text{Jump}_{m,n}$ 和组合优化问题最小生成树上的实验结果均表明, 噪声的影响与问题相对演化算法的难度相关. 当问题很难的时候, 噪声可能对于演化算法求解是有益的, 此时不必引入噪声处理机制.

10.6 小结

本章分析了噪声对演化算法期望运行时间的影响, 证明当求解 Trap 和 Peak 问题时, 噪声的出现可减少演化算法的期望运行时间, 而当求解 OneMax 问题时将增加算法的期望运行时间. 由此, 本章猜想噪声的影响可能与问题的难度相关: 若问题对于某个演化算法而言是困难的, 则噪声可能有益, 无须专门处理; 若问题对于某个演化算法而言是容易的, 则噪声往往有害. 在人造和组合优化问题上的实验对上述理论结果和猜测进行了验证.

本章还证明两种常用噪声处理策略 (即阈值选择和抽样) 可增加演化算法对于噪声的鲁棒性. 通过使用阈值 $\tau = 1$ 的阈值选择策略, 无论一位噪声发生的概率 $p_{\rm n}$ 多大, (1+1)-EA 总能在多项式时间内解决 OneMax 问题, 但是当 $\tau \geqslant 2$ 时, 算法能够在多项式时间内解决问题对应的 $p_{\rm n}$ 的范围大大缩小. 这些结果揭示了选择适当的 τ 对于阈值选择策略的效用至关重要. 本章亦阐述了阈值选择策略的局限性: 使用阈值选择策略的 (1+1)-EA 在 $p_{\rm n} = 1$ 的非对称一位噪声下求解 OneMax 问题时, 无论 τ 取何值, 期望运行时间均至少为指数级. 通过将原始的硬阈值修改成平滑阈值, 本章进一步引入使小数阈值有效的平滑阈值选择策略, 并证明使用该策略后, 无论非对称一位噪声发生的概率 $p_{\rm n}$ 多大, (1+1)-EA 总能在多项式时间内解决 OneMax 问题.

本章阐明抽样策略能指数级地加速带噪演化优化. 当 (1+1)-EA 在一位噪声或加性高斯噪声下求解 OneMax 和 LeadingOnes 问题时, 若噪声强度过大, 则期望运行时间为指数级, 但使用抽样策略可将期望运行时间降至多项式级. 特别地, 当 (1+1)-EA 在 $p_{\rm n} = 1$ 的一位噪声下求解 OneMax 问题时, 理论结果表明 k 的微小变化可能导致算法期望运行时间的指数级差异, 这揭示出选择适当的 k 对于抽样策略的效用至关重要.

第 11 章 种群

演化算法在搜索过程中往往维持一个种群 (即解集), 种群的特性也常用于演化算法鲁棒性的直观解释. 本章先分析种群规模对演化算法运行时间的影响, 然后研究使用种群能否增加演化算法对噪声的鲁棒性.

除前文介绍的 (1+1)-EA 的分析外, 以往运行时间分析还关注了仅使用父代种群的 (μ+1)-EA 以及仅使用子代种群的 (1+λ)-EA. 例如, [Jansen and Wegener, 2001; Witt, 2006; Storch, 2008; Witt, 2008] 证明当 (μ+1)-EA 求解若干人造函数时, 使用较大的父代种群规模 (即 μ 取值较大) 可将运行时间从指数级降至多项式级; [Doerr and Künnemann, 2015] 证明 (1+λ)-EA 求解线性函数的期望运行时间为 $O(n\log n + \lambda n)$, 而 [Gießen and Witt, 2015] 进一步在特定的线性函数 OneMax 上得出了更紧的界.

当演化算法同时使用父代种群和子代种群时, 运行时间的分析变得更复杂, 以往仅有少量关于 (λ+λ)-EA 的分析结果. (λ+λ)-EA 是 (μ+λ)-EA (即算法 2.4) 在 $\mu = \lambda$ 时的特定版本, 它维持 λ 个父代解, 且每一轮通过执行变异算子产生 λ 个子代解. [He and Yao, 2002] 比较了 (1+1)-EA 和 (λ+λ)-EA 求解两个特定的人造问题的期望运行时间, 证明使用种群可指数级地减少运行时间. 另外, [Chen et al., 2012] 证明使用大的种群规模对于 (λ+λ)-EA 求解 TrapZeros 问题有害. [Chen et al., 2009a] 亦证明 (λ+λ)-EA 求解 OneMax 和 LeadingOnes 问题的期望运行时间分别为 $O(\lambda n\log\log n + n\log n)$ 和 $O(\lambda n\log n + n^2)$. 另外, [Chen et al., 2010a] 展示了当 (λ+λ)-EA 求解**宽间隙** (wide-gap) 问题时, 选择压力低些效果更佳; [Lehre and Yao, 2012] 证明在变异和选择之间建立适当的平衡对于 (λ+λ)-EA 有效地求解 SelPres 问题是必要的.

上述关于 (λ+λ)-EA 的分析往往针对特定函数, 而作为通用优化算法, 演化算法仅要求优化问题的解可表示且可评估. 因此, 更值得期待的是分析演化算法在较为一般的问题类上的性能. 另外, 以往分析往往仅得到运行时间的上界. 运行时间的上界能够揭示算法可取得的能力, 而运行时间的下界能够揭示算法的局限性, 这对于全面理解算法非常重要.

本章对 (μ+λ)-EA 求解 UBoolean 类 (见定义 2.2) 的运行时间进行分析 [Qian et al., 2016b], 通过调换分析法 (即定理 4.1) 证明期望运行时间为 $\Omega(n\log n+\mu+\lambda n\log\log n/\log n)$. 特别地, 将此下界应用于 OneMax 和 LeadingOnes 这两个特定问题时, 可更全面地理解子代种群规模 λ 对算法期望运行时间的影响. [Lehre and Witt, 2012; Sudholt, 2013] 已揭示出在求解 OneMax 和 LeadingOnes 问题时, (μ+λ)-EA 在渐近意义上不会快于 (1+1)-EA, 但使 (μ+λ)-EA 慢于 (1+1)-EA 的 λ 的取值范围尚未知晓. (1+1)-EA 求解 OneMax 和 LeadingOnes 问题的期望运行时间已被证明分别为 $\Theta(n\log n)$ 和 $\Theta(n^2)$ [Droste et al., 2002], 将该时间与 (μ+λ)-EA 的下界 $\Omega(n\log n + \mu + \lambda n\log\log n/\log n)$ 比较可知: 在求解 OneMax 问题时, 若

$\lambda = \omega((\log n)^2/\log\log n)$, 则 $(\mu+\lambda)$-EA 在渐近意义上慢于 (1+1)-EA; 在求解 LeadingOnes 问题时, 则要求 $\lambda = \omega(n\log n/\log\log n)$. 对于父代种群规模 μ, 当 μ 的取值范围为 $\omega(n\log n)$ 和 $\omega(n^2)$ 时, $(\mu+\lambda)$-EA 在渐近意义上慢于 (1+1)-EA. 这些结果意味着增加种群规模虽然在实际中常被使用, 但会带来增加运行时间下界的风险, 因此需谨慎对待.

本章接着分析将演化算法用于求解带噪优化问题时, 种群对于噪声的鲁棒性 [Qian et al., 2018a]. 10.4 节已表明抽样是处理噪声的一种有效策略, 通过对解的带噪适应度作多次独立的评估并使用平均值来估算真实适应度. 本章会通过两个例释揭示使用父代或子代种群可比抽样具有更好的抗噪效用.

11.1 种群的影响

本节通过调换分析法 (即定理 4.1) 证明 $(\mu+\lambda)$-EA 求解 UBoolean 类的期望运行时间的下界, 如定理 11.1 所述. 待分析的目标演化过程是 $(\mu+\lambda)$-EA (即算法 2.4) 求解 UBoolean 中的任意函数. 如 2.2 节所述, 不失一般性, UBoolean 中任意函数的最优解可假定为 1^n. 证明中构造的用于比较的参照过程为 $\text{RLS}^{\neq}$ 求解 LeadingOnes 问题. 如 2.1 节所述, $\text{RLS}^{\neq}$ 是通过对 RLS 稍微修改而得的, 在运行过程中仅维持一个解. $\text{RLS}^{\neq}$ 每一轮运行通过随机选择当前解 $\boldsymbol{s}$ 的一位进行翻转以产生一个新解 $\boldsymbol{s}'$, 若 $f(\boldsymbol{s}') > f(\boldsymbol{s})$, 则接受 $\boldsymbol{s}'$ 以替换 $\boldsymbol{s}$. 换言之, $\text{RLS}^{\neq}$ 执行局部搜索, 且仅接受更好的子代解. 关于 $\text{RLS}^{\neq}$ 求解 LeadingOnes 这个过程所对应的参照马尔可夫链 $\xi' \sim \mathcal{Y}$ 之 CFHT $\mathbb{E}[\tau' \mid \xi'_t = \mathrm{y}]$, 引理 5.8 阐明 $|\mathrm{y}|_0 = j$ 时的 $\mathbb{E}[\tau' \mid \xi'_t = \mathrm{y}]$ 可表示为 $\mathbb{E}_{\text{rls}}(j)$, 且等于 nj.

下面给出用于证明定理 11.1 的一些引理. 引理 11.1 和引理 11.2 的证明见附录 A.

引理 11.1

当 $m \geqslant i \geqslant 0$ 时, $\sum_{k=0}^{i}\binom{m}{k}(1/n)^k(1-1/n)^{m-k}$ 关于 m 单调递减.

引理 11.2

当 $\lambda \leqslant n^c$ 时, 其中 c 是正常数, 有

$$\sum_{i=0}^{n-1}\left(\sum_{k=0}^{i}\binom{n}{k}\left(\frac{1}{n}\right)^k\left(1-\frac{1}{n}\right)^{n-k}\right)^{\lambda} \geqslant n - \left\lceil\frac{\mathrm{e}(c+1)\ln n}{\ln\ln n}\right\rceil. \tag{11.1}$$

引理 11.3. [Flum and Grohe, 2006]

令 $H(\epsilon) = -\epsilon\log\epsilon - (1-\epsilon)\log(1-\epsilon)$, 有

$$\forall n \geqslant 1, 0 < \epsilon < \frac{1}{2} : \sum_{k=0}^{\lfloor\epsilon n\rfloor}\binom{n}{k} \leqslant 2^{H(\epsilon)n}. \tag{11.2}$$

定理 11.1

当 μ 和 λ 至多为关于 n 的多项式时, $(\mu+\lambda)$-EA 求解 UBoolean 的期望运行时间下界为 $\Omega(n\log n+\mu+\lambda n\log\log n/\log n)$.

证明 将 $(\mu+\lambda)$-EA 求解 UBoolean 中的任意函数的过程建模为马尔可夫链 $\xi\in\mathcal{X}$. 将 RLS$^{\neq}$ 求解 LeadingOnes 问题作为参照过程, 并建模为 $\xi'\in\mathcal{Y}$. 那么, $\mathcal{Y}=\{0,1\}^n$, $\mathcal{X}=\{\{s_1,s_2,\ldots,s_\mu\}\mid s_i\in\{0,1\}^n\}$, $\mathcal{Y}^*=\{1^n\}$, $\mathcal{X}^*=\{\mathrm{x}\in\mathcal{X}\mid \min_{s\in\mathrm{x}}|s|_0=0\}$. 构造映射 $\phi:\mathcal{X}\to\mathcal{Y}$ 使得 $\forall\mathrm{x}\in\mathcal{X}:\phi(\mathrm{x})=\arg\min_{s\in\mathrm{x}}|s|_0$. 显然, 当且仅当 $\mathrm{x}\in\mathcal{X}^*$ 时 $\phi(\mathrm{x})\in\mathcal{Y}^*$, 因此该映射为最优对齐映射.

下面分析调换分析法的条件, 即式 (4.1). $\forall\mathrm{x}\notin\mathcal{X}^*$, 假设 $\min\{|s|_0\mid s\in\mathrm{x}\}=j>0$, 这意味着 $|\phi(\mathrm{x})|_0=j$. 根据引理 2.1 和引理 5.8 可得

$$\sum_{\mathrm{y}\in\mathcal{Y}}P(\xi_1'=\mathrm{y}\mid\xi_0'=\phi(\mathrm{x}))\mathbb{E}[\tau'\mid\xi_1'=\mathrm{y}]=\mathbb{E}_{\mathrm{rls}}(j)-1=nj-1. \tag{11.3}$$

接下来考虑 $(\mu+\lambda)$-EA[1] 在种群 x 上产生新解的行为. 假设从 x 中选中的用于产生新解的 λ 个解含 0 的个数分别为 $j_1,j_2,\ldots,j_\lambda$, 其中 $j\leqslant j_1\leqslant j_2\leqslant\cdots\leqslant j_\lambda\leqslant n$. 若发生下述事件: 每个被选中的解在变异时至多翻转 i 个 0-位且至少一个解恰翻转 i 个 0-位, 其中 $0\leqslant i\leqslant j$, 则下一代种群 x′ 满足 $|\phi(\mathrm{x}')|_0\geqslant j-i$. 该事件发生的概率为 $\prod_{p=1}^{\lambda}\left(\sum_{k=0}^{i}\binom{j_p}{k}(1/n)^k(1-1/n)^{j_p-k}\right)-\prod_{p=1}^{\lambda}\left(\sum_{k=0}^{i-1}\binom{j_p}{k}(1/n)^k(1-1/n)^{j_p-k}\right)$, 记为 $p(i)$. 又因为 $\mathbb{E}_{\mathrm{rls}}(i)=ni$ 关于 i 单调递增, 所以

$$\begin{aligned}\sum_{\mathrm{y}\in\mathcal{Y}}P(\xi_{t+1}\in\phi^{-1}(\mathrm{y})\mid\xi_t=\mathrm{x})\mathbb{E}[\tau'\mid\xi_0'=\mathrm{y}]&\geqslant\sum_{i=0}^{j}p(i)\cdot\mathbb{E}_{\mathrm{rls}}(j-i)\\&=n\sum_{i=0}^{j-1}\left(\prod_{p=1}^{\lambda}\left(\sum_{k=0}^{i}\binom{j_p}{k}\left(\frac{1}{n}\right)^k\left(1-\frac{1}{n}\right)^{j_p-k}\right)\right).\end{aligned}\tag{11.4}$$

通过比较式 (11.3) 和式 (11.4) 可得 $\forall\mathrm{x}\notin\mathcal{X}^*$,

$$\begin{aligned}&\sum_{\mathrm{y}\in\mathcal{Y}}P(\xi_{t+1}\in\phi^{-1}(\mathrm{y})\mid\xi_t=\mathrm{x})\mathbb{E}[\tau'\mid\xi_0'=\mathrm{y}]-\sum_{\mathrm{y}\in\mathcal{Y}}P(\xi_1'=\mathrm{y}\mid\xi_0'=\phi(\mathrm{x}))\mathbb{E}[\tau'\mid\xi_1'=\mathrm{y}]\\&\geqslant n\left(\sum_{i=0}^{j-1}\left(\prod_{p=1}^{\lambda}\left(\sum_{k=0}^{i}\binom{j_p}{k}\left(\frac{1}{n}\right)^k\left(1-\frac{1}{n}\right)^{j_p-k}\right)\right)-j\right)+1\\&\geqslant n\left(\sum_{i=0}^{j-1}\left(\sum_{k=0}^{i}\binom{n}{k}\left(\frac{1}{n}\right)^k\left(1-\frac{1}{n}\right)^{n-k}\right)^{\lambda}-j\right)+1 &(11.5)\\&\geqslant n\left(\sum_{i=0}^{n-1}\left(\sum_{k=0}^{i}\binom{n}{k}\left(\frac{1}{n}\right)^k\left(1-\frac{1}{n}\right)^{n-k}\right)^{\lambda}-n\right)+1, &(11.6)\end{aligned}$$

[1] $(\mu+\lambda)$-EA 求解的过程对应马尔可夫链 $\xi\in\mathcal{X}$.

其中式 (11.5) 成立是因为由引理 11.1 可知, $\sum_{k=0}^{i}\binom{m}{k}(1/n)^k(1-1/n)^{m-k}$ 在 $m=n$ 时取得最小值, 而式 (11.6) 由 $\left(\sum_{k=0}^{i}\binom{n}{k}(1/n)^k(1-1/n)^{n-k}\right)^{\lambda}\leqslant 1$ 可得. 当 $\mathrm{x}\in\mathcal{X}^*$ 时, 由于两条链均具有吸收性且映射 ϕ 为最优对齐映射, 因此式 (11.3) 中第一个等式左边的式子和式 (11.4) 中不等式左边的式子都等于 0. 综上可得, 定理 4.1 的条件, 即式 (4.1), 在 $\rho_t=\left(n\left(\sum_{i=0}^{n-1}\left(\sum_{k=0}^{i}\binom{n}{k}(1/n)^k(1-1/n)^{n-k}\right)^{\lambda}-n\right)+1\right)(1-\pi_t(\mathcal{X}^*))$ 时成立. 于是, 根据定理 4.1 可得

$$\begin{aligned}\mathbb{E}[\tau\mid\xi_0\sim\pi_0]\geqslant{}&\mathbb{E}[\tau'\mid\xi_0'\sim\pi_0^{\phi}]\\&+\left(n\left(\sum_{i=0}^{n-1}\left(\sum_{k=0}^{i}\binom{n}{k}\left(\frac{1}{n}\right)^k\left(1-\frac{1}{n}\right)^{n-k}\right)^{\lambda}-n\right)+1\right)\sum_{t=0}^{+\infty}(1-\pi_t(\mathcal{X}^*)).\end{aligned}\tag{11.7}$$

因为 $\sum_{t=0}^{+\infty}(1-\pi_t(\mathcal{X}^*))=\mathbb{E}[\tau\mid\xi_0\sim\pi_0]$, 所以

$$\mathbb{E}[\tau\mid\xi_0\sim\pi_0]\geqslant\frac{\mathbb{E}[\tau'\mid\xi_0'\sim\pi_0^{\phi}]}{n\left(n-\sum\limits_{i=0}^{n-1}\left(\sum\limits_{k=0}^{i}\binom{n}{k}\left(\frac{1}{n}\right)^k\left(1-\frac{1}{n}\right)^{n-k}\right)^{\lambda}\right)}\geqslant\frac{\mathbb{E}[\tau'\mid\xi_0'\sim\pi_0^{\phi}]}{n\left\lceil\frac{\mathrm{e}(c+1)\ln n}{\ln\ln n}\right\rceil},\tag{11.8}$$

其中式 (11.8) 的第二个不等式成立是因为 $\lambda\leqslant n^c$, c 为某个正常数, 于是由引理 11.2 可得式 (11.1).

接下来分析 $\mathbb{E}[\tau'\mid\xi_0'\sim\pi_0^{\phi}]$. 由于 μ 个初始解是从 $\{0,1\}^n$ 中均匀随机地选择而得, 因此有

$$\begin{aligned}\forall 0\leqslant j\leqslant n:\pi_0^{\phi}(\{\mathrm{y}\in\mathcal{Y}\mid|\mathrm{y}|_0=j\})&=\pi_0(\{\mathrm{x}\in\mathcal{X}\mid\min_{\mathrm{y}\in\mathrm{x}}|\mathrm{y}|_0=j\})\\&=\frac{\left(\sum_{k=j}^{n}\binom{n}{k}\right)^{\mu}-\left(\sum_{k=j+1}^{n}\binom{n}{k}\right)^{\mu}}{2^{n\mu}},\end{aligned}\tag{11.9}$$

其中 $\sum_{k=j}^{n}\binom{n}{k}$ 为含不少于 j 个 0 的解的数目. 于是可得

$$\begin{aligned}\mathbb{E}[\tau'\mid\xi_0'\sim\pi_0^{\phi}]&=\sum_{j=0}^{n}\pi_0^{\phi}(\{\mathrm{y}\in\mathcal{Y}\mid|\mathrm{y}|_0=j\})\mathbb{E}_{\mathrm{rls}}(j)\\&=\frac{1}{2^{n\mu}}\sum_{j=1}^{n}\left(\left(\sum_{k=j}^{n}\binom{n}{k}\right)^{\mu}-\left(\sum_{k=j+1}^{n}\binom{n}{k}\right)^{\mu}\right)nj\\&=\frac{n}{2^{n\mu}}\sum_{j=1}^{n}\left(\sum_{k=j}^{n}\binom{n}{k}\right)^{\mu}>n\sum_{j=1}^{\lfloor\frac{n}{4}\rfloor+1}\left(\sum_{k=j}^{n}\frac{\binom{n}{k}}{2^n}\right)^{\mu}\\&>\frac{n^2}{4}\left(\sum_{k=\lfloor\frac{n}{4}\rfloor+1}^{n}\frac{\binom{n}{k}}{2^n}\right)^{\mu}=\frac{n^2}{4}\left(1-\sum_{k=0}^{\lfloor\frac{n}{4}\rfloor}\frac{\binom{n}{k}}{2^n}\right)^{\mu}\\&\geqslant\frac{n^2}{4}\left(1-2^{H(1/4)n-n}\right)^{\mu}\qquad(11.10)\\&\geqslant\frac{n^2}{4}\mathrm{e}^{-\frac{\mu}{2^{(1-H(1/4))n}-1}}\qquad(11.11)\\&>\frac{n^2}{4}\mathrm{e}^{-\frac{\mu}{1.13^n-1}},\qquad(11.12)\end{aligned}$$

其中式 (11.10) 由引理 11.3 可得, 式 (11.11) 由 $\forall 0 < x < 1 : (1-x)^y \geqslant \mathrm{e}^{-xy/(1-x)}$ 可得, 式 (11.12) 由 $2^{1-H(1/4)} > 1.13$ 可得. 将上述 $\mathbb{E}[\tau' \mid \xi'_0 \sim \pi_0^{\phi}]$ 的下界代入式 (11.8) 可得

$$\mathbb{E}[\tau \mid \xi_0 \sim \pi_0] \geqslant \frac{n}{4\left\lceil \frac{\mathrm{e}(c+1)\ln n}{\ln\ln n} \right\rceil} \mathrm{e}^{-\frac{\mu}{1.13^n-1}} = \Omega\left(\frac{n\log\log n}{\log n}\right), \tag{11.13}$$

其中等式成立是因为 μ 至多是关于 n 的多项式. 考虑到初始种群需 μ 次适应度评估以及算法每轮需 λ 次适应度评估, $(\mu+\lambda)$-EA 求解 UBoolean 的期望运行时间至少为 $\Omega(\mu + \lambda n \log\log n/\log n)$. $(\mu+\lambda)$-EA 是基于变异的演化算法, 于是 [Sudholt, 2013] 推得的一般下界 $\Omega(n\log n)$ 可直接应用. 综上, 定理 11.1 得证. □

11.2 种群对噪声的鲁棒性

[Gießen and Kötzing, 2016] 已揭示了使用种群可增加演化算法对噪声的鲁棒性. 例如, 在 $p_{\mathrm{n}} = \omega(\log n/n)$ 的一位噪声下求解 OneMax 问题时, 定理 10.5 揭示了 (1+1)-EA 找到最优解需超多项式时间, 而 [Gießen and Kötzing, 2016] 证明使用 $\mu \geqslant 12\log(15n)/p_{\mathrm{n}}$ 的父代种群规模或 $\lambda \geqslant \max\{12/p_{\mathrm{n}}, 24\}n\log n$ 的子代种群规模可将运行时间降至多项式级. 10.4 节亦阐述了抽样策略对于噪声的鲁棒性. 例如, 当 (1+1)-EA 在 $p_{\mathrm{n}} = 1$ 的一位噪声下求解 OneMax 问题时, 使用 $k = 3$ 的抽样规模可将运行时间从指数级降至多项式级. 本节将证明相较使用抽样策略, 使用种群带来的抗噪效果有时更佳.

11.2.1 父代种群

先通过比较在**对称噪声** (symmetric noise) 下求解 OneMax 问题时 $(\mu+1)$-EA (即算法 2.2) 与使用抽样策略的 (1+1)-EA 的期望运行时间, 来证明使用父代种群相较使用抽样策略的抗噪优势. 定义 2.3 给出的 OneMax 问题旨在最大化解中 1-位的数目, 其最优解为 1^n. 定义 11.1 给出的对称噪声发生的概率为 1/2, 此时返回错误的适应度 $2n - f(\boldsymbol{s})$. 在该噪声模型下, 对于任意 $\boldsymbol{s}$, $f^{\mathrm{n}}(\boldsymbol{s})$ 的分布均关于 n 对称.

定义 11.1. 对称噪声

令 $f^{\mathrm{n}}(\boldsymbol{s})$ 和 $f(\boldsymbol{s})$ 分别表示解 $\boldsymbol{s}$ 的带噪适应度和真实适应度, 有

$$f^{\mathrm{n}}(\boldsymbol{s}) = \begin{cases} f(\boldsymbol{s}) & \text{以概率 } 1/2; \\ 2n - f(\boldsymbol{s}) & \text{以概率 } 1/2. \end{cases} \tag{11.14}$$

定理 11.2 表明当使用抽样策略时, 无论抽样规模 k 取值多大, (1+1)-EA 的期望运行时间均为指数级. 从证明过程中可看到抽样策略失效的原因: 在对称噪声下, 任意 $\boldsymbol{s}$ 的带

噪适应度 $f^{\mathrm{n}}(s)$ 的分布均关于 n 对称, 于是对于任意两个解 s 和 s', $f^{\mathrm{n}}(s)-f^{\mathrm{n}}(s')$ 的分布关于 0 对称, 而在使用抽样策略后, $\hat{f}(s)-\hat{f}(s')$ 的分布仍关于 0 对称. 因此, 在 (1+1)-EA 的每轮运行中, 子代解始终以至少 1/2 的概率被接受, 而此行为类似于随机游走, 导致优化过程低效.

定理 11.2

给定 (1+1)-EA 在对称噪声下求解 OneMax 问题, 若使用抽样策略, 则当 $k \in \mathbb{N}^+$ 时, 期望运行时间为指数级.

证明 通过定理 2.5 证明. 令 $x_t = |s|_0$ 表示 (1+1)-EA 运行 t 轮后的解 s 所含 0 的个数. 考虑区间 $[0, n/10]$, 也就是说, 定理 2.5 中的参数 $a=0$、$b=n/10$.

下面分析漂移 $\mathbb{E}[x_t - x_{t+1} \mid x_t = i]$, 其中 $1 \leqslant i < n/10$. 令 $P_{\mathrm{mut}}(s, s')$ 表示通过对 s 执行逐位变异算子产生 s' 的概率. 将漂移分解成两部分: E^+ 和 E^-, 即

$$\mathbb{E}[x_t - x_{t+1} \mid x_t = i] = \mathrm{E}^+ - \mathrm{E}^-, \tag{11.15}$$

其中

$$\mathrm{E}^+ = \sum_{s': |s'|_0 < i} P_{\mathrm{mut}}(s, s') \cdot P(\hat{f}(s') \geqslant \hat{f}(s)) \cdot (i - |s'|_0), \tag{11.16}$$

$$\mathrm{E}^- = \sum_{s': |s'|_0 > i} P_{\mathrm{mut}}(s, s') \cdot P(\hat{f}(s') \geqslant \hat{f}(s)) \cdot (|s'|_0 - i). \tag{11.17}$$

对 E^+ 而言, 需考虑解中 0-位数目减少的情况. 在对满足 $|s|_0 = i$ 的解 s 执行逐位变异算子时, 令 x 和 y 分别表示翻转的 0-位和 1-位数目, 则 $x \sim \mathcal{B}(i, 1/n)$, $y \sim \mathcal{B}(n-i, 1/n)$, 其中 $\mathcal{B}(\cdot,\cdot)$ 表示**二项分布** (binomial distribution). 为分析 E^+ 的上界, 不妨假设满足 $|s'|_0 < i$ 的子代解 s' 总被接受, 因此,

$$\begin{aligned}
\mathrm{E}^+ &\leqslant \sum_{s': |s'|_0 < i} P_{\mathrm{mut}}(s, s') \cdot (i - |s'|_0) \\
&= \sum_{k=1}^{i} k \cdot P(x - y = k) = \sum_{k=1}^{i} k \cdot \sum_{j=k}^{i} P(x = j) \cdot P(y = j - k) \\
&= \sum_{j=1}^{i} \sum_{k=1}^{j} k \cdot P(x = j) \cdot P(y = j - k) \leqslant \sum_{j=1}^{i} j \cdot P(x = j) = \frac{i}{n}.
\end{aligned} \tag{11.18}$$

对 E^- 而言, 需考虑解中 0-位数目增加的情况. 具体考虑变异时仅翻转一个 1-位的所有 $n-i$ 种情况. 每种情况发生的概率均为 $(1/n)(1-1/n)^{n-1} \geqslant 1/(\mathrm{e}n)$, 且产生的子代解 s' 满足 $|s'|_0 = i+1$. 令 $z = f^{\mathrm{n}}(s) - f^{\mathrm{n}}(s')$, 由对称噪声的定义可得, z 的可能取值为 $-2i-1$、-1、1 和 $2i+1$, 且每个取值的概率均为 1/4. 可见, z 的分布关于 0 对称, 即 z 和 $-z$ 的分布相同. 由于 $\hat{f}(s)-\hat{f}(s')$ 是 k 个独立随机变量的平均值, 且每个随机变量与 z 分布相同, 于是 $\hat{f}(s)-\hat{f}(s')$ 的分布亦关于 0 对称, 这意味着 $P(\hat{f}(s') \geqslant \hat{f}(s)) \geqslant 1/2$. 因此,

$$E^- \geqslant \frac{n-i}{en} \cdot \frac{1}{2} \cdot (i+1-i) = \frac{n-i}{2en}. \tag{11.19}$$

将 E^+ 和 E^- 相减, 可得

$$\mathbb{E}[x_t - x_{t+1} \mid x_t = i] \leqslant \frac{i}{n} - \frac{n-i}{2en} \leqslant -0.05, \tag{11.20}$$

其中最后一个不等式由 $i < n/10$ 可得. 因此, 定理 2.5 的条件 (1) 在 $\epsilon = 0.05$ 时成立.

如定理 10.9 证明中对式 (A.101) 的分析, 定理 2.5 的条件 (2) 在 $\delta = 1$ 和 $r(l) = 2$ 时成立. 根据定理 2.5 以及 $l = b - a = n/10$ 可得期望运行时间为指数级. 于是定理 11.2 得证. □

定理 11.3 揭示了当 $\mu = 3\log n$ 时, $(\mu+1)$-EA 能够在期望运行时间 $O(n\log^3 n)$ 内找到最优解. 此处使用父代种群奏效的原因为: 仅当种群中的最好解比所有其他解都表现得差 (即拥有更差的带噪适应度) 时, 它才会被去除, 而这个前提条件在使用对数大小的父代种群规模时发生的概率已非常小. 该发现与 [Gießen and Kötzing, 2016] 的结论一致.

定理 11.3

给定 $(\mu+1)$-EA 在对称噪声下求解 OneMax 问题, 若 $\mu = 3\log n$, 则期望运行时间的上界为 $O(n\log^3 n)$.

证明 通过定理 2.4 证明. 注意, 此处待分析的演化过程所对应的马尔可夫链之状态 x 对应某个种群, 即包含 μ 个解的集合. 先构造距离函数 V 使得 $\forall \mathrm{x}: V(\mathrm{x}) = \min_{s\in \mathrm{x}} |s|_0$, 即 $V(\mathrm{x})$ 等于 x 中解的 0-位数目的最小值. 显然, 当且仅当 $\mathrm{x} \in \mathcal{X}^*$ (即 x 包含最优解 1^n) 时, $V(\mathrm{x}) = 0$.

对于任意满足 $V(\mathrm{x}) > 0$ (即 $\mathrm{x} \notin \mathcal{X}^*$) 的 x, 下面分析漂移 $\mathbb{E}[V(\xi_t) - V(\xi_{t+1}) \mid \xi_t = \mathrm{x}]$. 不妨假设当前 $V(\mathrm{x}) = i$, 其中 $i \in [n]$. 将漂移分解成两部分:

$$\mathbb{E}[V(\xi_t) - V(\xi_{t+1}) \mid \xi_t = \mathrm{x}] = E^+ - E^-, \tag{11.21}$$

其中

$$E^+ = \sum_{\mathrm{x}': V(\mathrm{x}') < i} P(\xi_{t+1} = \mathrm{x}' \mid \xi_t = \mathrm{x}) \cdot (i - V(\mathrm{x}')), \tag{11.22}$$

$$E^- = \sum_{\mathrm{x}': V(\mathrm{x}') > i} P(\xi_{t+1} = \mathrm{x}' \mid \xi_t = \mathrm{x}) \cdot (V(\mathrm{x}') - i). \tag{11.23}$$

为分析 E^+, 需考虑 x 中的最好解得到改进的情况. 令 $\boldsymbol{s}^* = \arg\min_{\boldsymbol{s}\in \mathrm{x}} |\boldsymbol{s}|_0$, 则 $|\boldsymbol{s}^*|_0 = i$. 在 $(\mu+1)$-EA 的每一轮运行中, 通过选择 $\boldsymbol{s}^*$ 进行变异并在变异时仅翻转一个 0-位, 可产生解 $\boldsymbol{s}'$, 满足 $|\boldsymbol{s}'|_0 = i-1$. 因此, 产生含 $i-1$ 个 0 的子代解 $\boldsymbol{s}'$ 的概率至少为 $(1/\mu)\cdot(i/n)(1-1/n)^{n-1} \geqslant i/(e\mu n)$. 根据 $(\mu+1)$-EA 更新种群的过程可知, 当且仅当 $\forall \boldsymbol{s} \in \mathrm{x} : f^{\mathrm{n}}(\boldsymbol{s}') < f^{\mathrm{n}}(\boldsymbol{s})$ 时, $\boldsymbol{s}'$ 未被加入种群中. 因为当且仅当 $f^{\mathrm{n}}(\boldsymbol{s}) = 2n - f(\boldsymbol{s})$ 时 $f^{\mathrm{n}}(\boldsymbol{s}') < f^{\mathrm{n}}(\boldsymbol{s})$, 所以 $\boldsymbol{s}'$ 未被加入种群中的概率为 $1/2^{\mu}$, 即将 $\boldsymbol{s}'$ 加入种群中的概率为 $1 - 1/2^{\mu}$. 又因为 $\boldsymbol{s}'$ 加入种群中意味着 $V(\mathrm{x}') = i-1$, 所以

$$\mathrm{E}^{+} \geqslant \frac{i}{\mathrm{e}\mu n} \cdot \left(1-\frac{1}{2^{\mu}}\right) \cdot (i-(i-1)) = \frac{i}{\mathrm{e}\mu n}\left(1-\frac{1}{2^{\mu}}\right). \tag{11.24}$$

对于 E^{-} 而言, 若 x 中至少包含两个解 s 和 s' 满足 $|s|_0 = |s'|_0 = i$, 则显然 $\mathrm{E}^{-} = 0$. 否则, $V(\mathrm{x}') > V(\mathrm{x}) = i$ 意味着对于 x 中唯一的最好解 s^*, 必有 $\forall s \in \mathrm{x} \setminus \{s^*\} : f^{\mathrm{n}}(s^*) \leqslant f^{\mathrm{n}}(s)$. 而当且仅当 $f^{\mathrm{n}}(s) = 2n - f(s)$ 时 $f^{\mathrm{n}}(s^*) \leqslant f^{\mathrm{n}}(s)$, 因此 $\forall s \in \mathrm{x} \setminus \{s^*\} : f^{\mathrm{n}}(s^*) \leqslant f^{\mathrm{n}}(s)$ 这种情况发生的概率为 $1/2^{\mu-1}$. 于是, $P(V(\mathrm{x}') > i) \leqslant 1/2^{\mu-1}$. 又因为 $V(\mathrm{x}')$ 至多增加 $n-i$, 所以

$$\mathrm{E}^{-} \leqslant \frac{1}{2^{\mu-1}} \cdot (n-i). \tag{11.25}$$

将 E^{+} 和 E^{-} 相减可得

$$\mathbb{E}[V(\xi_t) - V(\xi_{t+1}) \mid \xi_t] \geqslant \frac{i}{\mathrm{e}\mu n} - \frac{i}{\mathrm{e}\mu n 2^{\mu}} - \frac{n-i}{2^{\mu-1}} \geqslant \frac{i}{10n\log n}, \tag{11.26}$$

其中最后一个不等式在 n 充分大时成立. 于是由定理 2.4 可得

$$\mathbb{E}[\tau \mid \xi_0] \leqslant (10n\log n) \cdot (1+\ln n) = O(n\log^2 n). \tag{11.27}$$

由于 (μ+1)-EA 在每一轮运行中需评估子代解并重新评估 μ (即 $3\log n$) 个父代解, 因此期望运行时间至多为 $O(n\log^3 n)$. 于是定理 11.3 得证. □

接下来, 定理 11.4 揭示了使 (μ+1)-EA 高效的父代种群规模 $\mu = 3\log n$ 几乎是紧致的. 具体而言, 当 $\mu = O(1)$ 时, (μ+1)-EA 的期望运行时间为指数级. 该定理的证明通过原始的负漂移分析法 (即定理 2.7) 而非其简化版本 (即定理 2.5 或定理 2.6) 来完成. 由定理 2.5 和定理 2.6 可知, 为应用负漂移分析法的简化版本, 需证明算法朝目标状态前进或远离的概率指数级衰减. 然而此处远离目标状态的概率大小可达常数级, 这是因为算法发生下述行为即可远离目标状态: 从当前种群中选择一个非最好解进行变异且变异时不翻转任意位, 然后在更新种群时将最好解去除. 前者发生的概率为 $((\mu-1)/\mu) \cdot (1-1/n)^n = \Theta(1)$; 而后者发生的概率为 $1/2^{\mu}$, 当 $\mu = O(1)$ 时亦为 $\Theta(1)$.

定理 11.4

给定 (μ+1)-EA 在对称噪声下求解 OneMax 问题, 若 $\mu = O(1)$, 则期望运行时间为指数级.

证明 通过定理 2.7 证明. 令 $x_t = y_t - h(z_t)$, 其中 $y_t = \min_{s\in P} |s|_0$ 表示 (μ+1)-EA 运行 t 轮后的种群 P 中解的 0-位数目的最小值, $z_t = |\{s \in P \mid |s|_0 = y_t\}|$ 表示 P 中含 y_t 个 0 的解的数目, 函数 h 满足 $\forall i \in [\mu] : h(i) = (d^{\mu-1} - d^{\mu-i})/(d^{\mu}-1)$, $d = 2^{\mu+4}$. 注意: $0 = h(1) < h(2) < \cdots < h(\mu) < 1$, 当且仅当 $y_t = 0$ (即 P 中包含最优解 1^n) 时 $x_t \leqslant 0$. 令 $c = 1/(3d^{\mu})$. 设置定理 2.7 中的参数 $l = n$、$\lambda(l) = 1$, 且考虑区间 $[0, cn-1]$, 即参数 $a(l) = 0$、$b(l) = cn-1$.

定理 2.7 的条件, 即式 (2.30), 等价于

$$\sum_{r \neq x_t} P\left(x_{t+1}=r \mid a(l)<x_t<b(l)\right) \cdot \left(\mathrm{e}^{x_t-r}-1\right) \leqslant -\frac{1}{p(l)}. \tag{11.28}$$

接下来根据 r 与 x_t 的关系: $r<x_t$ (即 $x_{t+1}<x_t$) 和 $r>x_t$ (即 $x_{t+1}>x_t$), 将式 (11.28) 左边的式子分解成两部分, 分别进行分析.

先考虑 $x_{t+1}<x_t$. 因为 $x_{t+1}=y_{t+1}-h(z_{t+1}), x_t=y_t-h(z_t), 0 \leqslant h(z_{t+1}), h(z_t)<1$, 所以当且仅当 $y_{t+1}-y_t<0$ 或 $y_{t+1}=y_t \wedge h(z_{t+1})>h(z_t)$ 时, $x_{t+1}<x_t$. 下面分别考虑这两种情况.

(1) $y_{t+1}-y_t=-j \leqslant -1$ 时, 算法在第 $t+1$ 轮运行中必产生新解 $\boldsymbol{s}'$, 满足 $|\boldsymbol{s}'|_0=y_t-j$. 将从 P 中选中的用于变异的解记为 $\boldsymbol{s}$, 则必有 $|\boldsymbol{s}|_0 \geqslant y_t$. 令 $P_{\mathrm{mut}}(\boldsymbol{s}, \boldsymbol{s}')$ 表示对 $\boldsymbol{s}$ 进行变异产生 $\boldsymbol{s}'$ 的概率. 令 $\boldsymbol{s}^j$ 表示含 j 个 0 的任意某个解. 因此,

$$\begin{aligned}\sum_{\boldsymbol{s}':|\boldsymbol{s}'|_0=y_t-j} P_{\mathrm{mut}}(\boldsymbol{s}, \boldsymbol{s}') &\leqslant \sum_{\boldsymbol{s}':|\boldsymbol{s}'|_0=y_t-j} P_{\mathrm{mut}}\left(\boldsymbol{s}^{y_t}, \boldsymbol{s}'\right) \\ &\leqslant \binom{y_t}{j} \cdot \frac{1}{n^j} \leqslant \left(\frac{y_t}{n}\right)^j \leqslant c^j,\end{aligned} \tag{11.29}$$

其中式 (11.29) 中的第一个不等式成立是因为将 0-位的数目减少 j, 变异时必然要至少翻转 j 个 0, 而最后一个不等式由 $y_t=x_t+h(z_t)<b(l)+1=cn$ 可得. 另外, 根据 $h(z_{t+1})=h(1)=0$ 可得

$$x_t-x_{t+1}=y_t-h(z_t)-y_{t+1}+h(z_{t+1})=j-h(z_t) \leqslant j. \tag{11.30}$$

(2) $y_{t+1}=y_t \wedge h(z_{t+1})>h(z_t)$ 时, $z_t<\mu$ 且算法产生新解 $\boldsymbol{s}'$, 满足 $|\boldsymbol{s}'|_0=y_t$. 将算法在第 $t+1$ 轮运行从 P 中选中的用于变异的解记为 $\boldsymbol{s}$. 若 $|\boldsymbol{s}|_0>y_t$, 则

$$\sum_{\boldsymbol{s}':|\boldsymbol{s}'|_0=y_t} P_{\mathrm{mut}}(\boldsymbol{s}, \boldsymbol{s}') \leqslant \sum_{\boldsymbol{s}':|\boldsymbol{s}'|_0=y_t} P_{\mathrm{mut}}(\boldsymbol{s}^{y_t+1}, \boldsymbol{s}') \leqslant \binom{y_t+1}{1} \cdot \frac{1}{n}=\frac{y_t+1}{n}. \tag{11.31}$$

若 $|\boldsymbol{s}|_0=y_t$, 则

$$\begin{aligned}\sum_{\boldsymbol{s}':|\boldsymbol{s}'|_0=y_t} P_{\mathrm{mut}}(\boldsymbol{s}, \boldsymbol{s}') &\leqslant \left(1-\frac{1}{n}\right)^n+\sum_{j=1}^{y_t}\binom{y_t}{j} \cdot \frac{1}{n^j} \\ &\leqslant \frac{1}{\mathrm{e}}+\sum_{j=1}^{y_t}\left(\frac{y_t}{n}\right)^j \leqslant \frac{1}{\mathrm{e}}+\frac{y_t/n}{1-y_t/n}=\frac{1}{\mathrm{e}}+\frac{1}{n/y_t-1}.\end{aligned} \tag{11.32}$$

由于 $y_t=x_t+h(z_t)<b(l)+1=cn$ 且 $c=1/(3d^{\mu})=1/(3 \cdot 2^{\mu(\mu+4)})$, 根据式 (11.31) 和式 (11.32) 有

$$\sum_{\boldsymbol{s}':|\boldsymbol{s}'|_0=y_t} P_{\mathrm{mut}}(\boldsymbol{s}, \boldsymbol{s}') \leqslant \frac{1}{2}. \tag{11.33}$$

另外, $z_{t+1}=z_t+1$ 此时必然成立, 于是

$$x_t-x_{t+1}=h(z_{t+1})-h(z_t)=h(z_t+1)-h(z_t). \tag{11.34}$$

将上述两种情况合并可得

$$
\begin{aligned}
&\sum_{r<x_t} P\left(x_{t+1}=r \mid a(l)<x_t<b(l)\right) \cdot\left(\mathrm{e}^{x_t-r}-1\right) \\
&\leqslant \sum_{j=1}^{y_t} c^j \cdot\left(\mathrm{e}^j-1\right)+\begin{cases} \frac{1}{2} \cdot\left(\mathrm{e}^{h(z_t+1)-h(z_t)}-1\right) & z_t<\mu \\ 0 & z_t=\mu \end{cases} \\
&\leqslant \sum_{j=1}^{y_t}(\mathrm{e} c)^j+\begin{cases} h(z_t+1)-h(z_t) & z_t<\mu \\ 0 & z_t=\mu \end{cases} \qquad (11.35)\\
&\leqslant \frac{\mathrm{e} c}{1-\mathrm{e} c}+\begin{cases} h(z_t+1)-h(z_t) & z_t<\mu \\ 0 & z_t=\mu \end{cases}, \qquad (11.36)
\end{aligned}
$$

其中式 (11.35) 成立是因为 $h(z_t+1)-h(z_t) \in (0,1)$ 且 $\forall x \in (0,1): \mathrm{e}^x \leqslant 1+2x$.

然后考虑 $x_{t+1} > x_t$, 其成立当且仅当算法第 $t+1$ 轮产生的新解 s' 满足 $|s'|_0 > y_t$ 且 P 中满足 $|s^*|_0 = y_t$ 的一个解 s^* 被去除. 下面先分析产生满足 $|s'|_0 > y_t$ 的新解 s' 的概率. 将从 P 中选中的用于变异的解记为 s. 若 $|s|_0 > y_t$, 则变异时不翻转 s 的任意位即可, 于是 $\sum_{s':|s'|_0>y_t} P_{\mathrm{mut}}(s,s') \geqslant (1-1/n)^n \geqslant (n-1)/(\mathrm{e}n)$. 若 $|s|_0 = y_t$, 则变异时仅翻转 s 的一个 1-位即可, 于是 $\sum_{s':|s'|_0>y_t} P_{\mathrm{mut}}(s,s') \geqslant (1-1/n)^{n-1}(n-y_t)/n \geqslant (n-y_t)/(\mathrm{e}n)$. 考虑到 $y_t = x_t + h(z_t) < b(l)+1 = cn$, 且当 $\mu = O(1)$ 时有 $c = 1/(3\cdot 2^{\mu(\mu+4)}) = \Theta(1)$, 因此,

$$
\sum_{s':|s'|_0>y_t} P_{\mathrm{mut}}(s,s') \geqslant \frac{1-c}{\mathrm{e}}. \qquad (11.37)
$$

当 $P \cup \{s'\}$ 中含超过 y_t 个 0 的所有解的适应度评估被噪声干扰时, 算法在更新种群时会将 P 中满足 $|s^*|_0 = y_t$ 的解 s^* 去除. 由此可得去除 s^* 的概率至少是 $1/2^{\mu}$. 接着分析 $x_t - x_{t+1}$. 若 $z_t = 1$, 则 $y_{t+1} \geqslant y_t + 1$, 有

$$
x_t - x_{t+1} = y_t - y_{t+1} + h(z_{t+1}) - h(z_t) \leqslant h(\mu) - 1. \qquad (11.38)
$$

若 $z_t \geqslant 2$, 则 $y_{t+1} = y_t$ 且 $z_{t+1} = z_t - 1$, 有

$$
x_t - x_{t+1} = h(z_{t+1}) - h(z_t) = h(z_t - 1) - h(z_t). \qquad (11.39)
$$

当 $x_{t+1} > x_t$ 时, $\mathrm{e}^{x_t - x_{t+1}} - 1 < 0$. 综上可得

$$
\begin{aligned}
&\sum_{r>x_t} P\left(x_{t+1}=r \mid a(l)<x_t<b(l)\right) \cdot\left(\mathrm{e}^{x_t-r}-1\right) \\
&\leqslant \frac{1}{2^\mu} \cdot \frac{1-c}{\mathrm{e}} \cdot \begin{cases} \mathrm{e}^{h(\mu)-1}-1 & z_t=1 \\ \mathrm{e}^{h(z_t-1)-h(z_t)}-1 & z_t \geqslant 2 \end{cases} \\
&\leqslant \frac{1}{2^{\mu+1}} \cdot \frac{1-c}{\mathrm{e}} \cdot \begin{cases} h(\mu)-1 & z_t=1 \\ h(z_t-1)-h(z_t) & z_t \geqslant 2 \end{cases}, \qquad (11.40)
\end{aligned}
$$

其中式 (11.40) 成立是因为当 $-1 < x < 0$ 时, $\mathrm{e}^x - 1 \leqslant x + x^2/2 \leqslant x/2$.

将式 (11.36) 和式 (11.40) 合并可得

$$\sum_{r \neq x_t} P\left(x_{t+1}=r \mid a(l)<x_t<b(l)\right) \cdot \left(\mathrm{e}^{x_t-r}-1\right)$$
$$\leqslant \frac{\mathrm{e}c}{1-\mathrm{e}c}+\begin{cases} h(z_t+1)-h(z_t)+\frac{1}{2^{\mu+1}} \cdot \frac{1-c}{\mathrm{e}} \cdot (h(\mu)-1) & z_t=1 \\ h(z_t+1)-h(z_t)+\frac{1}{2^{\mu+1}} \cdot \frac{1-c}{\mathrm{e}} \cdot (h(z_t-1)-h(z_t)) & 1<z_t<\mu \\ \frac{1}{2^{\mu+1}} \cdot \frac{1-c}{\mathrm{e}} \cdot (h(z_t-1)-h(z_t)) & z_t=\mu \end{cases}. \tag{11.41}$$

若 $z_t=1$, 则 $\frac{1-h(\mu)}{h(z_t+1)-h(z_t)}=\frac{d^\mu-d^{\mu-1}}{d^\mu-1} \cdot \frac{d^\mu-1}{d^{\mu-1}-d^{\mu-2}}=d$. 于是有

$$\begin{aligned} & h(z_t+1)-h(z_t)+\frac{1}{2^{\mu+1}} \cdot \frac{1-c}{\mathrm{e}} \cdot (h(\mu)-1) \\ & =(h(z_t+1)-h(z_t)) \cdot \left(1-d \cdot \frac{1}{2^{\mu+1}} \cdot \frac{1-c}{\mathrm{e}}\right) \\ & \leqslant (h(z_t+1)-h(z_t)) \cdot (-1) \qquad (11.42) \\ & \leqslant h(\mu-1)-h(\mu), \qquad (11.43) \end{aligned}$$

其中式 (11.42) 由 $d=2^{\mu+4}$ 和 $c=1/(3 \cdot 2^{\mu(\mu+4)})$ 可得, 式 (11.43) 成立是因为 $h(i+1)-h(i)$ 关于 i 单调递减. 若 $1<z_t<\mu$, 则 $\frac{h(z_t)-h(z_t-1)}{h(z_t+1)-h(z_t)}=\frac{d^{\mu-z_t+1}-d^{\mu-z_t}}{d^{\mu-z_t}-d^{\mu-z_t-1}}=d$. 类似 $z_t=1$ 时的分析, 可得

$$\begin{aligned} & h(z_t+1)-h(z_t)+\frac{1}{2^{\mu+1}} \cdot \frac{1-c}{\mathrm{e}} \cdot (h(z_t-1)-h(z_t)) \\ & \leqslant h(z_t)-h(z_t+1) \leqslant h(\mu-1)-h(\mu). \end{aligned} \tag{11.44}$$

若 $z_t=\mu$, 则有

$$\frac{1}{2^{\mu+1}} \cdot \frac{1-c}{\mathrm{e}} \cdot (h(z_t-1)-h(z_t)) \leqslant \frac{2}{d} \cdot (h(\mu-1)-h(\mu)). \tag{11.45}$$

将式 (11.43) ~ 式 (11.45) 代入式 (11.41) 可得

$$\begin{aligned} & \sum_{r \neq x_t} P\left(x_{t+1}=r \mid a(l)<x_t<b(l)\right) \cdot \left(\mathrm{e}^{x_t-r}-1\right) \\ & \leqslant \frac{\mathrm{e}c}{1-\mathrm{e}c}+\frac{2}{d} \cdot (h(\mu-1)-h(\mu)) \\ & =\frac{1}{1/(\mathrm{e}c)-1}+\frac{2}{d} \cdot \frac{1-d}{d^\mu-1} \\ & \leqslant \frac{1}{d^\mu-1}-\frac{3}{2} \cdot \frac{1}{d^\mu-1} \qquad (11.46) \\ & =-\frac{1}{2(d^\mu-1)}, \qquad (11.47) \end{aligned}$$

其中式 (11.46) 由 $c=1/(3d^\mu)$ 和 $d \geqslant 4$ 可得. 因此, 式 (2.30) 或式 (11.28), 即定理 2.7 的条件, 在 $p(l)=2(d^\mu-1)$ 时成立.

下面分析式 (2.31) 中的 $D(l)$, 它在 $\lambda(l)=1$ 时等于 $\max\left\{1, \mathbb{E}[\mathrm{e}^{b(l)-x_{t+1}} \mid x_t \geqslant b(l)]\right\}$. 为得到 $D(l)$ 的上界, 仅需分析 $\mathbb{E}[\mathrm{e}^{b(l)-x_{t+1}} \mid x_t \geqslant b(l)]$.

$$
\begin{aligned}
&\mathbb{E}\left[\mathrm{e}^{b(l)-x_{t+1}} \mid x_t \geqslant b(l)\right] \\
&= \sum_{r \geqslant b(l)} P(y_{t+1}=r \mid x_t \geqslant b(l)) \cdot \mathbb{E}\left[\mathrm{e}^{b(l)-x_{t+1}} \mid x_t \geqslant b(l), y_{t+1}=r\right] \\
&\quad + \sum_{r<b(l)} P(y_{t+1}=r \mid x_t \geqslant b(l)) \cdot \mathbb{E}\left[\mathrm{e}^{b(l)-x_{t+1}} \mid x_t \geqslant b(l), y_{t+1}=r\right].
\end{aligned} \tag{11.48}
$$

当 $y_{t+1}=r \geqslant b(l)$ 时, $b(l)-x_{t+1}=b(l)-y_{t+1}+h(z_{t+1}) \leqslant h(z_{t+1})<1$. 当 $y_{t+1}<b(l)$ 时, 由 $x_t=y_t-h(z_t) \geqslant b(l)$ 可得 $y_t \geqslant b(l)>y_{t+1}$, 这意味着 $y_t \geqslant \lceil b(l)\rceil$ 且 $y_{t+1} \leqslant \lceil b(l)\rceil-1$. 为使 $y_{t+1}=r \leqslant \lceil b(l)\rceil-1$, 算法通过执行变异算子必须产生新解 $\boldsymbol{s}'$, 满足 $|\boldsymbol{s}'|_0=r \leqslant \lceil b(l)\rceil-1$. 令 $\boldsymbol{s}$ 表示从种群 P 中选择的用于变异的解, 必有 $|\boldsymbol{s}|_0 \geqslant y_t \geqslant \lceil b(l)\rceil$, 则 $\forall r \leqslant \lceil b(l)\rceil-1$, 有

$$
\begin{aligned}
P(y_{t+1}=r \mid x_t \geqslant b(l)) &\leqslant \sum_{\boldsymbol{s} \in P} \frac{1}{\mu} \cdot \sum_{\boldsymbol{s}':|\boldsymbol{s}'|_0=r} P_{\mathrm{mut}}(\boldsymbol{s}, \boldsymbol{s}') \leqslant \sum_{\boldsymbol{s}':|\boldsymbol{s}'|_0=r} P_{\mathrm{mut}}(\boldsymbol{s}^{\lceil b(l)\rceil}, \boldsymbol{s}') \\
&\leqslant \binom{\lceil b(l)\rceil}{\lceil b(l)\rceil-r}\left(\frac{1}{n}\right)^{\lceil b(l)\rceil-r} \leqslant \left(\frac{\lceil b(l)\rceil}{n}\right)^{\lceil b(l)\rceil-r}.
\end{aligned} \tag{11.49}
$$

另外, 当 $y_{t+1}<y_t$ 时, 必有 $z_{t+1}=1$, 于是 $b(l)-x_{t+1}=b(l)-y_{t+1}+h(z_{t+1})=b(l)-y_{t+1}$. 因此, 式 (11.48) 变成

$$
\begin{aligned}
\mathbb{E}\left[\mathrm{e}^{b(l)-x_{t+1}} \mid x_t \geqslant b(l)\right] &\leqslant \mathrm{e}+\sum_{r \leqslant \lceil b(l)\rceil-1}\left(\frac{\lceil b(l)\rceil}{n}\right)^{\lceil b(l)\rceil-r} \cdot \mathrm{e}^{b(l)-r} \\
&\leqslant \mathrm{e}+\sum_{j=1}^{\lceil b(l)\rceil}\left(\frac{\lceil b(l)\rceil}{n}\right)^j \cdot \mathrm{e}^j \leqslant \mathrm{e}+\frac{\mathrm{e}\lceil b(l)\rceil/n}{1-\mathrm{e}\lceil b(l)\rceil/n} \\
&= \mathrm{e}+\frac{1}{n/(\mathrm{e}\lceil b(l)\rceil)-1} \leqslant \mathrm{e}+\frac{1}{1/(\mathrm{e}c)-1} \leqslant \mathrm{e}+1,
\end{aligned} \tag{11.50}
$$

其中式 (11.50) 的不等式由 $\lceil b(l)\rceil \leqslant b(l)+1=cn$ 和 $c=1/(3d^\mu)$ 可得. 因此, 有

$$
D(l)=\max\left\{1, \mathbb{E}\left[\mathrm{e}^{b(l)-x_{t+1}} \mid x_t \geqslant b(l)\right]\right\} \leqslant \mathrm{e}+1. \tag{11.51}
$$

令定理 2.7 中的 $L(l)=\mathrm{e}^{cn/2}$. 于是根据定理 2.7 可得

$$
P(T(l) \leqslant \mathrm{e}^{cn/2} \mid x_0 \geqslant b(l)) \leqslant \mathrm{e}^{1-cn} \cdot \mathrm{e}^{cn/2} \cdot (\mathrm{e}+1) \cdot 2(d^\mu-1)=\mathrm{e}^{-\Omega(n)}, \tag{11.52}
$$

其中等式成立是因为当 $\mu=O(1)$ 时, $c=1/(3d^\mu)=1/(3 \cdot 2^{\mu(\mu+4)})=\Theta(1)$. 对于从 $\{0,1\}^n$ 中均匀随机选择的解 $\boldsymbol{s}$, 由**切诺夫界** (Chernoff bound) 可得 $P(|\boldsymbol{s}|_0<cn)=\mathrm{e}^{-\Omega(n)}$. 再根据**联合界** (union bound) 可得 $P(y_0<cn) \leqslant \mu \cdot \mathrm{e}^{-\Omega(n)}=\mathrm{e}^{-\Omega(n)}$, 于是 $P(x_0<b(l))=P(y_0-h(z_0)<b(l)) \leqslant P(y_0<b(l)+1)=P(y_0<cn)=\mathrm{e}^{-\Omega(n)}$. 因此, 期望运行时间为指数级. 定理 11.4 得证. □

11.2.2 子代种群

接下来通过比较在**反转噪声** (reverse noise) 下求解 OneMax 问题时 (1+λ)-EA (即算法 2.3) 与使用抽样策略的 (1+1)-EA 的期望运行时间, 来证明使用子代种群相较使用抽样策略抗噪更优. 反转噪声发生的概率为 1/2, 此时返回真实适应度的相反数, 即 $-f(\boldsymbol{s})$.

定义 11.2. 反转噪声

令 $f^{\mathrm{n}}(\boldsymbol{s})$ 和 $f(\boldsymbol{s})$ 分别表示解 $\boldsymbol{s}$ 的带噪适应度和真实适应度, 有

$$f^{\mathrm{n}}(\boldsymbol{s}) = \begin{cases} f(\boldsymbol{s}) & \text{以概率 } 1/2; \\ -f(\boldsymbol{s}) & \text{以概率 } 1/2. \end{cases} \tag{11.53}$$

对于在反转噪声下的 OneMax 问题而言, 关于任意两个解 $\boldsymbol{s}$ 和 $\boldsymbol{s}'$ 有 $f^{\mathrm{n}}(\boldsymbol{s}) - f^{\mathrm{n}}(\boldsymbol{s}')$ 的分布关于 0 对称. 类似于对称噪声下的分析, 此处使用抽样策略后的算法行为类似于随机游走, 因此优化是低效的. 定理 11.5 与定理 11.2 的证明类似, 后者证明使用抽样策略的 (1+1)-EA 在对称噪声下需指数级时间解决 OneMax 问题.

定理 11.5

给定 (1+1)-EA 在反转噪声下求解 OneMax 问题, 若使用抽样策略, 则当 $k \in \mathbb{N}^+$ 时, 期望运行时间为指数级.

证明 该定理的证明可通过与定理 11.2 相同的方式来完成. 定理 11.2 的证明应用了简化负漂移分析法 (即定理 2.5), 并在分析漂移 $\mathbb{E}[x_t - x_{t+1} \mid x_t = i]$ 时将其分解成两部分, 即 E^+ 和 E^-. 对 E^+ 的分析不依赖于噪声模型, 因此 $\mathrm{E}^+ \leqslant i/n$ 在此处仍成立. 而 E^- 的下界 $(n-i)/(2\mathrm{e}n)$ 成立依赖于如下性质: 对于任意两个解 $\boldsymbol{s}$ 和 $\boldsymbol{s}'$, 其中 $|\boldsymbol{s}|_0 = i, |\boldsymbol{s}'|_0 = i+1$, 有 $f^{\mathrm{n}}(\boldsymbol{s}) - f^{\mathrm{n}}(\boldsymbol{s}')$ 的分布关于 0 对称. 根据反转噪声的定义可得, 此处 $f^{\mathrm{n}}(\boldsymbol{s}) - f^{\mathrm{n}}(\boldsymbol{s}')$ 的可能取值为 $2i+1-2n$、-1、1 和 $2n-2i-1$, 且每个取值的概率均为 1/4, 因此其分布关于 0 对称. 于是 $\mathrm{E}^- \geqslant (n-i)/(2\mathrm{e}n)$ 在此处亦成立. 因此, 根据定理 2.5 可得期望运行时间为指数级. 定理 11.5 得证. □

定理 11.6 表明当 $\lambda = 8\log n$ 时, (1+λ)-EA 在反转噪声下可高效解决 OneMax 问题. 使用子代种群后, 当前适应度变差的概率将变得非常小. 这是因为 (1+λ)-EA 每轮运行以大概率产生相当数量 (与 λ 正相关) 的适应度不差于当前解的子代解; 仅当这些好的子代解和父代解的适应度评估均受到噪声干扰时, 下一代解的适应度才会差于当前解, 而这个前提条件在 λ 为对数大小时发生的概率已非常小. 该发现与 [Gießen and Kötzing, 2016] 一致.

定理 11.6

给定 (1+λ)-EA 在反转噪声下求解 OneMax 问题, 若 $\lambda = 8\log n$, 则期望运行时间的上界为 $O(n\log^2 n)$.

证明 通过定理 2.4 证明. 此处待分析的演化过程所对应马尔可夫链 $\{\xi_t\}_{t=0}^{+\infty}$ 的状态就是某个解. 具体而言, ξ_t 对应 (1+λ)-EA 运行 t 轮后的解. 构造距离函数 V 使得 $\forall \mathrm{x} \in \{0,1\}^n : V(\mathrm{x}) = |\mathrm{x}|_0$. 假设当前 $|\mathrm{x}|_0 = i$, 其中 $i \in [n]$. 为分析 $\mathbb{E}[V(\xi_t) - V(\xi_{t+1}) \mid \xi_t = \mathrm{x}]$, 类似定理 11.3 的证明, 将其进行分解:

$$\mathbb{E}[V(\xi_t) - V(\xi_{t+1}) \mid \xi_t = \mathrm{x}] = \mathrm{E}^+ - \mathrm{E}^-, \tag{11.54}$$

其中

$$\mathrm{E}^+ = \sum_{\xi_{t+1}: V(\xi_{t+1}) < i} P(\xi_{t+1} \mid \xi_t = \mathrm{x}) \cdot (i - V(\xi_{t+1})), \tag{11.55}$$

$$\mathrm{E}^- = \sum_{\xi_{t+1}: V(\xi_{t+1}) > i} P(\xi_{t+1} \mid \xi_t = \mathrm{x}) \cdot (V(\xi_{t+1}) - i). \tag{11.56}$$

对于 E^+ 而言, 因为 $V(\xi_{t+1}) < i$, 所以 $i - V(\xi_{t+1}) \geqslant 1$. 于是可得

$$\mathrm{E}^+ \geqslant \sum_{\xi_{t+1}: V(\xi_{t+1}) < i} P(\xi_{t+1} \mid \xi_t = \mathrm{x}) = P(V(\xi_{t+1}) < i \mid \xi_t = \mathrm{x}). \tag{11.57}$$

当且仅当 (1+λ)-EA 至少产生一个含 0 的个数少于 i 的解, 且这些新产生的含少于 i 个 0 的解在适应度评估时至少有一个未受噪声干扰时, $V(\xi_{t+1}) < i$. 在对 x 进行变异时, 仅翻转它的一个 0-位足以产生满足 $|\mathrm{x}'|_0 < i$ 的解 x'. 由于变异时仅翻转 x 的一个 0-位的概率为 $(i/n) \cdot (1-1/n)^{n-1} \geqslant i/(\mathrm{e}n)$, 因此 (1+$\lambda$)-EA 运行一轮至少产生一个满足 $|\mathrm{x}'|_0 < i$ 的子代解 x' 的概率至少为

$$1 - \left(1 - \frac{i}{\mathrm{e}n}\right)^\lambda \geqslant 1 - \mathrm{e}^{-\lambda \cdot \frac{i}{\mathrm{e}n}} \geqslant 1 - \frac{1}{1 + \lambda \cdot \frac{i}{\mathrm{e}n}}. \tag{11.58}$$

若 $\lambda \cdot i/(\mathrm{e}n) > 1$, 则 $1 - (1 - i/(\mathrm{e}n))^\lambda \geqslant 1/2$, 否则 $1 - (1 - i/(\mathrm{e}n))^\lambda \geqslant (\lambda \cdot i/(\mathrm{e}n))/(1 + \lambda \cdot i/(\mathrm{e}n)) \geqslant \lambda \cdot i/(2\mathrm{e}n)$. 因此, $1 - (1 - i/(\mathrm{e}n))^\lambda \geqslant \min\{1/2, \lambda \cdot i/(2\mathrm{e}n)\} = \min\{1/2, 4i(\log n)/(\mathrm{e}n)\}$, 其中等式由 $\lambda = 8\log n$ 可得. 由于每个解在适应度评估时不受噪声干扰 (即噪声未发生) 的概率为 1/2, 因此 $P(V(\xi_{t+1}) < i \mid \xi_t = \mathrm{x}) \geqslant \min\{1/2, 4i(\log n)/(\mathrm{e}n)\} \cdot (1/2)$. 于是

$$\mathrm{E}^+ \geqslant \min\left\{\frac{1}{2}, \frac{4i\log n}{\mathrm{e}n}\right\} \cdot \frac{1}{2} = \min\left\{\frac{1}{4}, \frac{2i\log n}{\mathrm{e}n}\right\} \geqslant \frac{i}{4n}. \tag{11.59}$$

对于 E^- 而言, 因为 $V(\xi_{t+1}) \leqslant n$, 所以 $V(\xi_{t+1}) - i \leqslant n - i$. 于是

$$\mathrm{E}^- \leqslant \sum_{\xi_{t+1}: V(\xi_{t+1}) > i} P(\xi_{t+1} \mid \xi_t = \mathrm{x}) \cdot (n - i) = (n - i) \cdot P(V(\xi_{t+1}) > i \mid \xi_t = \mathrm{x}). \tag{11.60}$$

令 $q = \sum_{\mathrm{x}': |\mathrm{x}'|_0 \leqslant i} P_{\mathrm{mut}}(\mathrm{x}, \mathrm{x}')$ 表示通过对 x 执行逐位变异算子产生含 0 的个数至多为 i 的子代解的概率. 因为对 x 进行变异时, 不翻转任意位或仅翻转一个 0-位便足以产生含 0 的个数不超过 i 的子代解, 所以 $q \geqslant (1 - 1/n)^n + (i/n) \cdot (1 - 1/n)^{n-1} \geqslant 1/\mathrm{e}$. 下面分析 $P(V(\xi_{t+1}) > i \mid \xi_t = \mathrm{x})$. 假设算法在产生 λ 个子代解时共产生了 k 个含 0 的个数至多为 i 的子代解, 其中 $0 \leqslant k \leqslant \lambda$; 这个事件发生

的概率为 $\binom{\lambda}{k} \cdot q^k(1-q)^{\lambda-k}$. 若 $k < \lambda$, 则当且仅当父代解 x 和这 k 个含 0 的个数至多为 i 的子代解的适应度评估均受噪声干扰时, 下一代解含 0 的个数超过 i, 即 $V(\xi_{t+1}) > i$, 发生概率为 $1/2^{k+1}$. 若 $k = \lambda$, 则下一代解必然至多包含 i 个 0, 即 $V(\xi_{t+1}) \leqslant i$. 因此,

$$P(V(\xi_{t+1}) > i \mid \xi_t = \mathrm{x}) = \sum_{k=0}^{\lambda-1} \binom{\lambda}{k} \cdot q^k(1-q)^{\lambda-k} \cdot \frac{1}{2^{k+1}}$$
$$\leqslant \frac{1}{2} \cdot \left(1 - \frac{q}{2}\right)^{\lambda} \leqslant \frac{1}{2} \cdot \left(1 - \frac{1}{2\mathrm{e}}\right)^{\lambda}, \tag{11.61}$$

其中最后一个不等式由 $q \geqslant 1/\mathrm{e}$ 而得. 将式 (11.61) 代入式 (11.60) 有

$$\mathrm{E}^- \leqslant (n-i) \cdot \frac{1}{2} \cdot \left(1 - \frac{1}{2\mathrm{e}}\right)^{8\log n} \leqslant \frac{n-i}{2n^{2.3}} \leqslant \frac{1}{2n^{1.3}}. \tag{11.62}$$

将 E^+ 和 E^- 相减可得

$$\mathbb{E}[V(\xi_t) - V(\xi_{t+1}) \mid \xi_t = \mathrm{x}] \geqslant \frac{i}{4n} - \frac{1}{2n^{1.3}} \geqslant \frac{i}{5n} = \frac{1}{5n} \cdot V(\mathrm{x}), \tag{11.63}$$

其中最后一个不等式在 n 充分大时成立. 因此, 根据定理 2.4 有

$$\mathbb{E}[\tau \mid \xi_0] \leqslant 5n(1 + \ln n) = O(n \log n). \tag{11.64}$$

又因为 (1+λ)-EA 每一轮运行需重新评估父代解并评估 $\lambda = 8\log n$ 个子代解, 所以, 整个过程的期望运行时间为 $O(n\log^2 n)$. 于是定理 11.6 得证. □

接着证明常数规模的子代种群, 即 $\lambda = O(1)$, 不足以使 (1+λ)-EA 在多项式时间内解决在反转噪声下的 OneMax 问题, 这意味着上述定理得出的使 (1+λ)-EA 高效的子代种群规模 $\lambda = 8\log n$ 几乎是紧致的. 从下述定理的证明过程可看出, $\lambda = O(1)$ 无法使当前适应度变差的概率充分小, 从而导致了低效的优化.

定理 11.7

给定 (1+λ)-EA 在反转噪声下求解 OneMax 问题, 若 $\lambda = O(1)$, 则期望运行时间为指数级.

证明 通过定理 2.5 证明. 令 $x_t = |\boldsymbol{s}|_0$ 表示 (1+λ)-EA 运行 t 轮后的解 $\boldsymbol{s}$ 所含 0 的个数. 考虑区间 $[0, n/(16(2\mathrm{e})^{\lambda})]$, 也就是说, 定理 2.5 的参数 $a = 0$、$b = n/(16(2\mathrm{e})^{\lambda})$.

下面分析漂移 $\mathbb{E}[x_t - x_{t+1} \mid x_t = i]$, 其中 $1 \leqslant i < n/(16(2\mathrm{e})^{\lambda})$. 将其分解为

$$\mathbb{E}[x_t - x_{t+1} \mid x_t = i] = \mathrm{E}^+ - \mathrm{E}^-, \tag{11.65}$$

其中

$$\mathrm{E}^{+}=\sum_{j=0}^{i-1} P(x_{t+1}=j \mid x_{t}=i) \cdot(i-j), \tag{11.66}$$

$$\mathrm{E}^{-}=\sum_{j=i+1}^{n} P(x_{t+1}=j \mid x_{t}=i) \cdot(j-i). \tag{11.67}$$

对 E^{+} 而言,需分析 $j<i$ 时 $P(x_{t+1}=j \mid x_{t}=i)$ 的上界. 由于 $x_{t+1}=j$ 意味着算法在对 $\boldsymbol{s}$ 进行变异产生新解的过程中,必然至少产生一个满足 $|\boldsymbol{s}'|_0=j$ 的子代解 $\boldsymbol{s}'$, 因此,

$$P(x_{t+1}=j \mid x_{t}=i) \leqslant 1-\left(1-\sum_{\boldsymbol{s}':|\boldsymbol{s}'|_0=j} P_{\mathrm{mut}}(\boldsymbol{s}, \boldsymbol{s}')\right)^{\lambda} \leqslant \lambda \cdot \sum_{\boldsymbol{s}':|\boldsymbol{s}'|_0=j} P_{\mathrm{mut}}(\boldsymbol{s}, \boldsymbol{s}'). \tag{11.68}$$

于是可得

$$\mathrm{E}^{+} \leqslant \sum_{j=0}^{i-1} \lambda \cdot\left(\sum_{\boldsymbol{s}':|\boldsymbol{s}'|_0=j} P_{\mathrm{mut}}(\boldsymbol{s}, \boldsymbol{s}')\right) \cdot(i-j)=\lambda \cdot \sum_{\boldsymbol{s}':|\boldsymbol{s}'|_0<i} P_{\mathrm{mut}}(\boldsymbol{s}, \boldsymbol{s}') \cdot(i-|\boldsymbol{s}'|_0) \leqslant \lambda \cdot \frac{i}{n}, \tag{11.69}$$

其中最后一个不等式由式 (11.18) 可得. 对于 E^{-}, 有

$$\mathrm{E}^{-} \geqslant \sum_{j=i+1}^{n} P(x_{t+1}=j \mid x_{t}=i)=P(x_{t+1}>i \mid x_{t}=i). \tag{11.70}$$

令 $q=\sum_{\boldsymbol{s}':|\boldsymbol{s}'|_0 \leqslant i} P_{\mathrm{mut}}(\boldsymbol{s}, \boldsymbol{s}')$, 其中 $\boldsymbol{s}$ 为含 i 个 0 的任意解. 使用与式 (11.61) 相同的分析可得

$$\begin{aligned}
P(x_{t+1}>i \mid x_{t}=i) &=\sum_{k=0}^{\lambda-1}\binom{\lambda}{k} \cdot q^{k}(1-q)^{\lambda-k} \cdot \frac{1}{2^{k+1}} \\
&=\frac{1}{2} \cdot\left(\left(1-\frac{q}{2}\right)^{\lambda}-\left(\frac{q}{2}\right)^{\lambda}\right)=\frac{1}{2} \cdot\left(\left(\frac{q}{2}+1-q\right)^{\lambda}-\left(\frac{q}{2}\right)^{\lambda}\right) \\
&\geqslant \frac{1}{2} \cdot \lambda \cdot\left(\frac{q}{2}\right)^{\lambda-1} \cdot(1-q) \geqslant \lambda \cdot \frac{1}{8(2 \mathrm{e})^{\lambda}},
\end{aligned} \tag{11.71}$$

其中,最后一个不等式由 $q \geqslant 1/\mathrm{e}$ 和 $1-q \geqslant \sum_{\boldsymbol{s}':|\boldsymbol{s}'|_0=i+1} P_{\mathrm{mut}}(\boldsymbol{s}, \boldsymbol{s}') \geqslant (n-i)/(\mathrm{e}n) \geqslant 1/4$ 可得. 将式 (11.71) 代入式 (11.70) 得到

$$\mathrm{E}^{-} \geqslant \lambda \cdot \frac{1}{8(2 \mathrm{e})^{\lambda}}. \tag{11.72}$$

将 E^{+} 和 E^{-} 相减可得

$$\mathbb{E}[x_{t}-x_{t+1} \mid x_{t}=i] \leqslant \lambda \cdot \frac{i}{n}-\lambda \cdot \frac{1}{8(2 \mathrm{e})^{\lambda}} \leqslant-\frac{\lambda}{16(2 \mathrm{e})^{\lambda}}, \tag{11.73}$$

其中最后一个不等式由 $i<n/(16(2\mathrm{e})^{\lambda})$ 可得. 因此, 定理 2.5 的条件 (1) 在 $\epsilon=\lambda/(16(2\mathrm{e})^{\lambda})$ 时成立. 注意当 $\lambda=O(1)$ 时, ϵ 的大小达常数级.

为使 $|x_{t+1}-x_t| \geqslant j$, 在 (1+$\lambda$)-EA 产生子代解的过程中, 至少有一个子代解是通过翻转 s 的至少 j 位产生的. 令 $p(j)$ 表示对 s 变异时至少翻转 j 位的概率, 则 $p(j) \leqslant \binom{n}{j}(1/n^j)$. 因此,

$$P(|x_{t+1}-x_t| \geqslant j \mid x_t \geqslant 1) \leqslant 1-(1-p(j))^{\lambda} \leqslant \lambda \cdot p(j) \leqslant \lambda \cdot \binom{n}{j}\frac{1}{n^j} \leqslant 2\lambda \cdot \frac{1}{2^j}, \tag{11.74}$$

这意味着定理 2.5 的条件 (2) 在 $\delta = 1$ 和 $r(l) = 2\lambda = O(1)$ 时成立. 于是根据定理 2.5 和 $l = b-a = n/(16(2\mathrm{e})^{\lambda}) = \Theta(n)$ 可知期望运行时间为指数级. 定理 11.7 得证. □

11.3 小结

本章先通过分析 (μ+λ)-EA 求解 UBoolean 类的期望运行时间来研究种群带来的影响, 具体而言, 通过第 4 章介绍的调换分析法证明下界 $\Omega(n\log n + \mu + \lambda n \log\log n/\log n)$. 基于这个结果可在 OneMax 和 LeadingOnes 这两个被广泛研究的伪布尔问题上分别比较 (μ+λ)-EA 和 (1+1)-EA 的运行时间: 当 μ 或 λ 取值较大时, (μ+λ)-EA 的期望运行时间更长. 这意味着增大种群规模虽然在实际应用中常被使用, 但仍需谨慎对待.

接下来通过与 10.4 节所述的抽样这个有效抗噪策略比较, 证明使用种群可增加演化算法对噪声的鲁棒性. 在对称噪声下求解 OneMax 问题时, 无论抽样规模多大, 使用抽样策略的 (1+1)-EA 始终需要指数级时间, 而使用父代种群规模 $\mu = 3\log n$ 后, (μ+1)-EA 可在 $O(n\log^3 n)$ 时间内找到最优解. 在反转噪声下求解 OneMax 问题时, 使用抽样策略的 (1+1)-EA 亦无效, 而使用子代种群规模 $\lambda = 8\log n$ 后, (1+λ)-EA 可在 $O(n\log^2 n)$ 时间内找到最优解. 本章还证明了这两种情况下所采用的父代和子代种群规模几乎是紧致的, 即将种群规模减小会使演化算法无法高效地解决问题.

第 12 章 约束优化

在实际优化任务中常出现约束. 约束优化 [Bertsekas, 1999] 旨在满足若干约束条件的前提下寻求最大化目标函数[1]的解, 其形式化描述见定义 12.1. 一个解若满足约束条件, 则称为可行解, 否则称为不可行解. 约束优化即是寻找最大化目标函数 f 的可行解.

定义 12.1. 约束优化

$$\begin{aligned} \arg\max_{s \in \mathcal{S}} \quad & f(s) \\ \text{s.t.} \quad & g_i(s) = 0 \quad \forall 1 \leqslant i \leqslant q, \\ & h_i(s) \leqslant 0 \quad \forall q+1 \leqslant i \leqslant m, \end{aligned} \tag{12.1}$$

其中 $f(s)$ 是目标函数, $g_i(s)$ 和 $h_i(s)$ 分别是**等式约束** (equality constraint) 和**不等式约束** (inequality constraint).

由于在求解约束优化问题时, 最终需输出可行解, 不可行解是无用的, 这导致在算法优化过程中也常认为不可行解是无用的. 传统优化技术如**分支限界法** (branch-and-bound algorithm) 和 **A* 算法**往往始终规避不可行解, 仅在可行域内搜索. 此外, 保持搜索空间尽可能小亦是仅在可行域内搜索的一个重要原因.

为求解约束优化问题, 演化算法引入了多种处理不可行解的方法. 这些方法通常会避免产生不可行解, 或对不可行解进行修正或惩罚 [Coello Coello, 2002; Mezura Montes and Coello Coello, 2005]. 避免产生不可行解的方法通过某种映射 (例如**同态映射** (homomorphous mapping) [Koziel and Michalewicz, 1999]) 确保在演化过程中不产生不可行解. 对不可行解进行修正的方法通过某种启发式规则将不可行解转化为可行解, 例如针对背包问题, [Raidl, 1998] 通过**二次扫描** (twice scanning) 对二进制编码的不可行解进行修正. 对不可行解进行惩罚的方法通过修改适应度函数或选择策略, 将原始约束优化问题转化为无约束优化问题, 例如**死亡罚函数法** (death penalty function method) 将不可行解的适应度取为最差 [Coello Coello, 2002], **优势罚函数法** (superior penalty function method) 在可行解与不可行解的竞争中选择可行解 [Deb, 2000].

虽然去除不可行解可使搜索空间变小, 但已有实验结果表明, 让不可行解有机会参与演化过程有时效果更佳 [Coit and Smith, 1996; Michalewicz and Schoenauer, 1996; Runarsson and Yao, 2000]. 对于这样的现象, [Coello Coello, 2002] 猜想可能是由于存在许多不连通的可行域, 不可行解可以为这些区域搭建桥梁, 从而对搜索有益. [Rogers et al., 2006] 则猜测

[1] 最小化目标函数可等价地看成最大化该目标函数的相反数.

不可行解能够带来搜索的捷径. 尽管尚未找到理论证据, 但这些发现意味着不可行解可能对于演化算法的搜索是有帮助的. [Zhou and He, 2007] 从理论上分析了**罚函数法** (penalty function method) 的惩罚系数对演化算法性能的影响, [He and Zhou, 2007] 比较了演化算法在使用基于惩罚的方法和基于修正的方法求解背包问题时的性能. 然而, 不可行解是否有用、何时有用, 在理论上仍没有答案.

为此, 本章先分析了探索不可行域能够给演化算法的搜索带来帮助的理论条件. 具体而言, 给出了探索不可行域能够使演化算法更快找到最优解的充分及必要条件 [Yu and Zhou, 2008b].

接下来, 本章分析了在演化搜索中利用不可行解的帕累托优化法 [Coello Coello, 2002; Cai and Wang, 2006] 的效用. 帕累托优化法通过将约束违反度作为一个额外的最小化目标, 使原始约束优化问题再形式化为二目标优化问题, 然后用多目标演化算法求解. 该方法中不可行解可被维持在种群中, 从而有机会被用于产生新解. 帕累托优化法的性能在一些基准问题上已得到实验验证 [Venkatraman and Yen, 2005; Cai and Wang, 2006], 但尚缺乏理论支撑. 为探究帕累托优化法的能力, 本章对它与罚函数法在求解两个带约束的组合优化问题时的性能进行比较 [Qian et al., 2015b]. 结果表明, 对于**最小拟阵优化** (minimum matroid optimization) 这个 P 问题, 帕累托优化法找到最优解所需的时间更少, 对于**最小代价覆盖** (minimum cost coverage) 这个 NP 难问题, 帕累托优化法找到具有特定近似比的解所需的时间可以指数级地少于罚函数法.

12.1 不可行解的影响

本节介绍不可行解有益于演化算法的搜索之充分及必要条件, 并将该条件应用于演化算法求解带约束 Trap 问题这种情形. 带约束 Trap 问题已在第 3 章介绍过.

12.1.1 不可行解有益的条件

令上标 F 和 I 分别表示 "可行" 和 "不可行" . 一个问题的解空间 $\mathcal{S}$ 由可行子空间 $\mathcal{S}^{\mathrm{F}}$ 和不可行子空间 $\mathcal{S}^{\mathrm{I}}$ 构成, 其中 $\mathcal{S}^{\mathrm{F}}$ 包含了最优解. 对于种群空间 $\mathcal{X}$ 而言, 给定种群规模 m, 令 $\mathcal{X}^{\mathrm{F}} = (\mathcal{S}^{\mathrm{F}})^m \subseteq \mathcal{X}$, 即其中每个种群均仅包含可行解; 令 $\mathcal{X}^{\mathrm{I}} = \mathcal{X} \setminus \mathcal{X}^{\mathrm{F}}$, 即其中每个种群均至少包含一个不可行解.

由于去除或引入不可行解存在不同的方式, 为取得通用的分析结论, 这里仅通过演化算法的不同搜索区域来刻画不同演化算法的行为. 为分析不可行解有益的条件, 下面将比较两个演化算法 EA^{F} 和 EA, 其中 EA^{F} 的搜索空间限定为 $\mathcal{X}^{\mathrm{F}}$, 而 EA 则在整个种群空间 $\mathcal{X}$ 中搜索. 换言之, EA 有可能产生属于 $\mathcal{X}^{\mathrm{I}}$ 的某个种群, 这对于 EA^{F} 而言是不可能的.

给定对应某个演化过程的马尔可夫链 $\{\xi_t\}_{t=0}^{+\infty}$, 令状态 x 的**单步成功概率** (one-step success probability) 为

$$\mathcal{G}_t(\mathrm{x}) = P(\xi_{t+1} \in \mathcal{X}^* \mid \xi_t = \mathrm{x}). \tag{12.2}$$

注意状态 x 对应了某个种群. 对于状态集 A 而言, 若满足 $\forall \mathrm{x}, \mathrm{y} \in A : \mathcal{G}_t(\mathrm{x}) = \mathcal{G}_t(\mathrm{y})$, 则令 $\mathcal{G}_t(A) = \mathcal{G}_t(\mathrm{x})$, 其中 $\mathrm{x} \in A$. 定理 12.1 和定理 12.2 分别给出不可行解有益的充分及必要条件, 其中 $\mathcal{G}_t(\cdot)$ 起到了对状态 (即种群) 的好坏进行衡量的关键作用.

定理 12.1

给定分别对应 EA^{F} 和 EA 过程的两条吸收马尔可夫链 $\{\xi_t^{\mathrm{F}}\}_{t=0}^{+\infty}$ 和 $\{\xi_t\}_{t=0}^{+\infty}$, 假定 $P(\xi_0^{\mathrm{F}} \in \mathcal{X}^*) = P(\xi_0 \in \mathcal{X}^*)$. 若

$$\forall t \geqslant 0 : \sum_{\mathrm{x} \in \mathcal{X}^{\mathrm{F}} \setminus \mathcal{X}^*} \mathcal{G}_t(\mathrm{x}) \tilde{p}(\xi_t^{\mathrm{F}} = \mathrm{x}) \leqslant \sum_{\mathrm{x} \in \mathcal{X} \setminus \mathcal{X}^*} \mathcal{G}_t(\mathrm{x}) \tilde{p}(\xi_t = \mathrm{x}), \tag{12.3}$$

则

$$\mathbb{E}[\tau^{\mathrm{F}} \mid \xi_0^{\mathrm{F}} \sim \pi_0^{\mathrm{F}}] \geqslant \mathbb{E}[\tau \mid \xi_0 \sim \pi_0], \tag{12.4}$$

其中

$$\tilde{p}(\xi_t^{\mathrm{F}} = \mathrm{x}) = \frac{P(\xi_t^{\mathrm{F}} = \mathrm{x})}{1 - P(\xi_t^{\mathrm{F}} \in \mathcal{X}^*)}, \tag{12.5}$$

$$\tilde{p}(\xi_t = \mathrm{x}) = \frac{P(\xi_t = \mathrm{x})}{1 - P(\xi_t \in \mathcal{X}^*)}. \tag{12.6}$$

证明 令 α_t 和 β_t 分别为式 (12.3) 中不等式左右两边的项, 即

$$\alpha_t = \sum_{\mathrm{x} \in \mathcal{X}^{\mathrm{F}} \setminus \mathcal{X}^*} \mathcal{G}_t(\mathrm{x}) \tilde{p}(\xi_t^{\mathrm{F}} = \mathrm{x}), \tag{12.7}$$

$$\beta_t = \sum_{\mathrm{x} \in \mathcal{X} \setminus \mathcal{X}^*} \mathcal{G}_t(\mathrm{x}) \tilde{p}(\xi_t = \mathrm{x}). \tag{12.8}$$

下面通过对 t 进行归纳来证明

$$\forall t \geqslant 0 : P(\xi_t^{\mathrm{F}} \in \mathcal{X}^*) \leqslant P(\xi_t \in \mathcal{X}^*). \tag{12.9}$$

当 $t = 0$ 时, 由于 $P(\xi_0^{\mathrm{F}} \in \mathcal{X}^*) = P(\xi_0 \in \mathcal{X}^*)$, 因此 $P(\xi_0^{\mathrm{F}} \in \mathcal{X}^*) \leqslant P(\xi_0 \in \mathcal{X}^*)$. 假设在 t 时刻有 $P(\xi_t^{\mathrm{F}} \in \mathcal{X}^*) \leqslant P(\xi_t \in \mathcal{X}^*)$, 接下来考虑 $t+1$ 时刻, 由马尔可夫链的吸收性可得

$$P(\xi_{t+1}^{\mathrm{F}} \in \mathcal{X}^*) = P(\xi_t^{\mathrm{F}} \in \mathcal{X}^*) + \alpha_t (1 - P(\xi_t^{\mathrm{F}} \in \mathcal{X}^*)), \tag{12.10}$$

$$P(\xi_{t+1} \in \mathcal{X}^*) = P(\xi_t \in \mathcal{X}^*) + \beta_t (1 - P(\xi_t \in \mathcal{X}^*)). \tag{12.11}$$

令 $\varDelta_1 = P(\xi_t \in \mathcal{X}^*) - P(\xi_t^{\mathrm{F}} \in \mathcal{X}^*)$, $\varDelta_2 = \beta_t - \alpha_t$. 由归纳假设可得 $\varDelta_1 \geqslant 0$. 由该定理的条件, 即式 (12.3), 可得 $\varDelta_2 \geqslant 0$. 因此,

$$
\begin{aligned}
P(\xi_{t+1} \in \mathcal{X}^*) - P(\xi_{t+1}^{\mathrm{F}} \in \mathcal{X}^*) &= \Delta_2(1 - \Delta_1 - P(\xi_t^{\mathrm{F}} \in \mathcal{X}^*)) + \Delta_1(1 - \alpha_t) \\
&= \Delta_2(1 - P(\xi_t \in \mathcal{X}^*)) + \Delta_1(1 - \alpha_t) \\
&\geqslant 0.
\end{aligned} \tag{12.12}
$$

综上可得式 (12.9) 成立. 根据首达时的定义 (即定义 2.11), 式 (12.9) 等价于

$$
\forall t \geqslant 0 : P(\tau^{\mathrm{F}} \leqslant t) \leqslant P(\tau \leqslant t). \tag{12.13}
$$

考虑到 $\mathbb{E}[\tau \mid \xi_0 \sim \pi_0] = \sum_{t=0}^{+\infty}(1 - P(\tau \leqslant t))$, 于是有

$$
\mathbb{E}[\tau^{\mathrm{F}} \mid \xi_0^{\mathrm{F}} \sim \pi_0^{\mathrm{F}}] \geqslant \mathbb{E}[\tau \mid \xi_0 \sim \pi_0], \tag{12.14}
$$

这意味着相较 EA, EA^{F} 找到最优解需更多的期望轮数. 定理 12.1 得证. □

定理 12.2

给定分别对应 EA^{F} 和 EA 过程的两条吸收马尔可夫链 $\{\xi_t^{\mathrm{F}}\}_{t=0}^{+\infty}$ 和 $\{\xi_t\}_{t=0}^{+\infty}$, 假定 $P(\xi_0^{\mathrm{F}} \in \mathcal{X}^*) = P(\xi_0 \in \mathcal{X}^*)$. 若

$$
\mathbb{E}[\tau^{\mathrm{F}} \mid \xi_0^{\mathrm{F}} \sim \pi_0^{\mathrm{F}}] \geqslant \mathbb{E}[\tau \mid \xi_0 \sim \pi_0], \tag{12.15}
$$

则必存在 $t \geqslant 0$ 使得

$$
\sum_{\mathrm{x} \in \mathcal{X}^{\mathrm{F}} \setminus \mathcal{X}^*} \mathcal{G}_t(\mathrm{x}) \tilde{p}(\xi_t^{\mathrm{F}} = \mathrm{x}) \leqslant \sum_{\mathrm{x} \in \mathcal{X} \setminus \mathcal{X}^*} \mathcal{G}_t(\mathrm{x}) \tilde{p}(\xi_t = \mathrm{x}), \tag{12.16}
$$

其中

$$
\tilde{p}(\xi_t^{\mathrm{F}} = \mathrm{x}) = \frac{P(\xi_t^{\mathrm{F}} = \mathrm{x})}{1 - P(\xi_t^{\mathrm{F}} \in \mathcal{X}^*)}, \tag{12.17}
$$

$$
\tilde{p}(\xi_t = \mathrm{x}) = \frac{P(\xi_t = \mathrm{x})}{1 - P(\xi_t \in \mathcal{X}^*)}. \tag{12.18}
$$

证明 由定理 12.1 的证明过程可知, 若将条件, 即式 (12.3) 中的不等号方向改成 “$\geqslant$”, 则结论, 即式 (12.4) 中的不等号方向相应变成 “$\leqslant$”. 通过对这个命题取逆否命题, 定理 12.2 得证. □

为直观地理解上述两个定理, 下面分析式 (12.3). $\mathcal{G}_t(\mathrm{x})$ 项是某个种群的单步成功概率, 可视为对该种群好坏的一种衡量; $\tilde{p}$ 项则是在当前种群非最优的前提下演化算法处于某一种群的概率. 因此, $\mathcal{G}_t(\mathrm{x}) \cdot \tilde{p}(\mathrm{x})$ 在种群空间上的累加代表了演化算法当前状态的平均好坏程度. 由于 $\mathcal{X} = \mathcal{X}^{\mathrm{F}} \cup \mathcal{X}^{\mathrm{I}}$, 式 (12.3) 可重写为

$$
\sum_{\mathrm{x} \in \mathcal{X}^{\mathrm{F}} \setminus \mathcal{X}^*} \mathcal{G}_t(\mathrm{x}) \tilde{p}(\xi_t^{\mathrm{F}} = \mathrm{x}) - \sum_{\mathrm{x} \in \mathcal{X}^{\mathrm{F}} \setminus \mathcal{X}^*} \mathcal{G}_t(\mathrm{x}) \tilde{p}(\xi_t = \mathrm{x}) \leqslant \sum_{\mathrm{x} \in \mathcal{X}^{\mathrm{I}} \setminus \mathcal{X}^*} \mathcal{G}_t(\mathrm{x}) \tilde{p}(\xi_t = \mathrm{x}), \tag{12.19}
$$

其中不等式左边的式子可视为算法由于探索不可行域而在对可行域的探索上需付出的代价，右边的式子可视为由探索不可行域而带来的额外收益. 简言之，若算法通过探索不可行域能够以更大的概率单步跳转至最优状态，则不可行域值得探索.

上述两个定理虽然阐述了一般条件，但由于 $\tilde{p}$ 随着时间发生变化，其可解释性欠佳. 下面进一步给出两个不包含 $\tilde{p}$ 的条件，即定理 12.3 和定理 12.4. 虽然它们的适用范围不如上述两个定理广，但直观上更易解释. 对于两个变量 u 和 v，令 $(u \mid C_1) \succeq (v \mid C_2)$ 表示 $\exists i, \forall j \geqslant i, \forall k < i$:

$$P(u = j \mid C_1) - P(v = j \mid C_2) \geqslant 0 \geqslant P(u = k \mid C_1) - P(v = k \mid C_2), \tag{12.20}$$

直观来说，即 u 比 v 更有可能取到大的值. 注意，定理 12.3 和定理 12.4 考虑齐次马尔可夫链，因此 $\mathcal{G}_t(\cdot)$ 简写为 $\mathcal{G}(\cdot)$.

定理 12.3 的条件 (1)，即式 (12.21)，意味着若一个种群比另一个种群离最优种群更近，则前者更有可能产生离最优种群近的子代种群. 该条件成立与否主要取决于演化算法所采用的产生子代解的算子和更新种群时的选择策略. 条件 (2)，即式 (12.22)，意味着当对不可行域进行探索后，演化算法更有可能产生离最优种群近的子代种群. 探索不可行域直观来说可通过如下三种方式帮助算法的搜索：从属于不可行域的父代种群出发产生离最优种群近的可行域内的种群、从属于不可行域的父代种群出发产生离最优种群近的不可行域内的种群、从属于可行域的父代种群出发产生离最优种群近的不可行域内的种群.

定理 12.3

给定分别对应 $\mathrm{EA^F}$ 和 EA 过程的两条既满足吸收性又满足齐次性的马尔可夫链 $\{\xi_t^{\mathrm{F}}\}_{t=0}^{+\infty}$ 和 $\{\xi_t\}_{t=0}^{+\infty}$，假定 $\forall i \in [m] : P(\xi_0^{\mathrm{F}} \in \mathcal{X}_i) = P(\xi_0 \in \mathcal{X}_i)$，其中 $\{\mathcal{X}_1, \mathcal{X}_2, \ldots, \mathcal{X}_m\}$ 是状态空间 $\mathcal{X}$ 的划分，使得同一子空间的任意两个状态 x_1 和 x_2 满足 $\mathcal{G}(\mathrm{x}_1) = \mathcal{G}(\mathrm{x}_2)$，且 $\forall i > j : \mathcal{G}(\mathcal{X}_i) > \mathcal{G}(\mathcal{X}_j)$. 若下述两个条件成立：

(1) 对于任意 x_1 和 x_2，若满足 $\mathcal{G}(\mathrm{x}_1) > \mathcal{G}(\mathrm{x}_2)$，则

$$(\mathcal{G}(\xi_{t+1}) \mid \xi_t = \mathrm{x}_1) \succeq (\mathcal{G}(\xi_{t+1}) \mid \xi_t = \mathrm{x}_2); \tag{12.21}$$

(2) 对于任意 $\mathrm{x^F} \in \mathcal{X}^{\mathrm{F}}$ 和 $\mathrm{x} \in \mathcal{X}$，若满足 $\mathcal{G}(\mathrm{x^F}) = \mathcal{G}(\mathrm{x})$，则

$$(\mathcal{G}(\xi_{t+1}) \mid \xi_t = \mathrm{x}) \succeq (\mathcal{G}(\xi_{t+1}^{\mathrm{F}}) \mid \xi_t^{\mathrm{F}} = \mathrm{x^F}), \tag{12.22}$$

则

$$\mathbb{E}[\tau^{\mathrm{F}} \mid \xi_0^{\mathrm{F}} \sim \pi_0^{\mathrm{F}}] \geqslant \mathbb{E}[\tau \mid \xi_0 \sim \pi_0]. \tag{12.23}$$

上述定理的证明见附录 A. 类似可推得避免对不可行域探索的条件，如定理 12.4 所述. 式 (12.24) 是对演化算法所采用的算子和选择策略的限制，而式 (12.25) 意味着当对不可行域进行探索后，演化算法更有可能产生离最优种群远的子代种群.

定理 12.4

给定分别对应 EA^{F} 和 EA 过程的两条既满足吸收性又满足齐次性的马尔可夫链 $\{\xi_t^{\mathrm{F}}\}_{t=0}^{+\infty}$ 和 $\{\xi_t\}_{t=0}^{+\infty}$, 假定 $\forall i \in [m]: P(\xi_0^{\mathrm{F}} \in \mathcal{X}_i) = P(\xi_0 \in \mathcal{X}_i)$, 其中 $\{\mathcal{X}_1, \mathcal{X}_2, \ldots, \mathcal{X}_m\}$ 是状态空间 $\mathcal{X}$ 的划分, 使得同一子空间的任意两个状态 x_1 和 x_2 满足 $\mathcal{G}(\mathrm{x}_1) = \mathcal{G}(\mathrm{x}_2)$, 且 $\forall i > j: \mathcal{G}(\mathcal{X}_i) > \mathcal{G}(\mathcal{X}_j)$. 若下述两个条件成立:

(1) 对于任意 x_1 和 x_2, 若满足 $\mathcal{G}(\mathrm{x}_1) > \mathcal{G}(\mathrm{x}_2)$, 则

$$(\mathcal{G}(\xi_{t+1}^{\mathrm{F}}) \mid \xi_t^{\mathrm{F}} = \mathrm{x}_1) \succeq (\mathcal{G}(\xi_{t+1}^{\mathrm{F}}) \mid \xi_t^{\mathrm{F}} = \mathrm{x}_2); \tag{12.24}$$

(2) 对于任意 $\mathrm{x}^{\mathrm{F}} \in \mathcal{X}^{\mathrm{F}}$ 和 $\mathrm{x} \in \mathcal{X}$, 若满足 $\mathcal{G}(\mathrm{x}^{\mathrm{F}}) = \mathcal{G}(\mathrm{x})$, 则

$$(\mathcal{G}(\xi_{t+1}^{\mathrm{F}}) \mid \xi_t^{\mathrm{F}} = \mathrm{x}^{\mathrm{F}}) \succeq (\mathcal{G}(\xi_{t+1}) \mid \xi_t = \mathrm{x}), \tag{12.25}$$

则

$$\mathbb{E}[\tau^{\mathrm{F}} \mid \xi_0^{\mathrm{F}} \sim \pi_0^{\mathrm{F}}] \leqslant \mathbb{E}[\tau \mid \xi_0 \sim \pi_0]. \tag{12.26}$$

12.1.2 案例分析

接下来将上述推得的条件应用于演化算法求解带约束 Trap 问题 (见定义 3.3) 这种情形. 为使得演化算法能够探索不可行域, 采用待最大化的适应度函数

$$f(\boldsymbol{s}) = -\left|c - \sum_{i=1}^{n} w_i s_i\right|. \tag{12.27}$$

当演化算法被允许探索不可行域时, 可以有多种不同的处理不可行解的方式. 为简便起见, 此处使用引入**跨边界概率** (boundary-across probability) $p^{\mathrm{I}} \in [0,1]$ 这样一种简单机制. 当父代解是可行解而子代解是不可行解, 或父代解是不可行解而子代解是可行解时, 不可行解在竞争中存活下来的概率为 p^{I}. 算法 12.1 描述了使用跨边界概率的 RLS, 简称 BapRLS. 当 $p^{\mathrm{I}} = 0$ 时 BapRLS 仅在可行域内搜索, 而当 $p^{\mathrm{I}} > 0$ 时会探索不可行域.

定理 12.5 揭示了不可行解有益于 BapRLS 求解带约束 Trap 问题. 下述分析中假设子代解 $\boldsymbol{s}'$ 是最优解时 BapRLS 即停止.

定理 12.5

当 BapRLS 求解带约束 Trap 问题时, $p^{\mathrm{I}} > 0$ 优于 $p^{\mathrm{I}} = 0$.

证明 通过定理 12.3 证明. 定理 12.3 中的 EA 和 EA^{F} 分别对应了当 $0 < p^{\mathrm{I}} < 1$ 和 $p^{\mathrm{I}} = 0$ 时的 BapRLS. 注意此处演化过程所对应的马尔可夫链的状态 x 就是 $\{0,1\}^n$ 中的某个解. 令 x^* 表示最优解, 即 $\mathrm{x}^* = (0, \ldots, 0, 1)$. 将整个状态空间划分成如下三个子空间:

$$\mathcal{X}_0 = \{\mathrm{x} \in \mathcal{X} \mid \|\mathrm{x} - \mathrm{x}^*\|_{\mathrm{H}} > 1\}, \tag{12.28}$$

$$\mathcal{X}_1 = \{\mathrm{x} \in \mathcal{X} \mid \|\mathrm{x} - \mathrm{x}^*\|_{\mathrm{H}} = 1\}, \tag{12.29}$$

算法 12.1 BapRLS 算法

输入: 伪布尔函数 $f: \{0,1\}^n \to \mathbb{R}$; $p^{\mathrm{I}} \in [0,1]$.
过程:

1: 均匀随机地从 $\{0,1\}^n$ 中选择一个解 $\boldsymbol{s}$ 作为初始解;
2: **while** 不满足停止条件 **do**
3: 在解 $\boldsymbol{s}$ 上执行一位变异算子以产生新解 $\boldsymbol{s}'$;
4: **if** $\boldsymbol{s}$ 和 $\boldsymbol{s}'$ 均为可行解或不可行解 **then**
5: **if** $f(\boldsymbol{s}') \geqslant f(\boldsymbol{s})$ **then**
6: $\boldsymbol{s} = \boldsymbol{s}'$
7: **end if**
8: **else**
9: 均匀随机地从 $[0,1]$ 中选取一个值 r;
10: **if** $r < p^{\mathrm{I}}$ **then**
11: 将 $\boldsymbol{s}$ 和 $\boldsymbol{s}'$ 中的不可行解作为下一代解, 记为 $\boldsymbol{s}$
12: **else**
13: 将 $\boldsymbol{s}$ 和 $\boldsymbol{s}'$ 中的可行解作为下一代解, 记为 $\boldsymbol{s}$
14: **end if**
15: **end if**
16: **end while**
17: **return** $\boldsymbol{s}$

输出: $\{0,1\}^n$ 中的一个解

$$\mathcal{X}_2 = \{\mathrm{x} \in \mathcal{X} \mid \|\mathrm{x} - \mathrm{x}^*\|_{\mathrm{H}} = 0\}, \tag{12.30}$$

其中 $\mathcal{X}_2$ 就是 $\mathcal{X}^*$, 仅包含最优解 $\mathrm{x}^* = (0,\dots,0,1)$; $\mathcal{X}_1$ 包含了含两个 1 且最后一位为 1 的解, 以及解 $(0,\dots,0,0)$; $\mathcal{X}_0$ 则由其他解构成. 由于通过执行一位变异算子仅能产生与父代解的汉明距离为 1 的子代解, 因此,

$$\mathcal{G}(\mathcal{X}_0) = 0, \qquad \mathcal{G}(\mathcal{X}_1) = \frac{1}{n}, \qquad \mathcal{G}(\mathcal{X}_2) = 1. \tag{12.31}$$

对于探索不可行域的 EA 而言, 若当前解是 $(0,\dots,0,0)$, 则假设其被替换为 $(1,0,\dots,0)$. 注意该假设将使 EA 的效率降低, 这是因为 $(0,\dots,0,0)$ 通过变异有 $1/n$ 的概率变成 x^*, 而 $(1,0,\dots,0)$ 通过变异不可能变成 x^*. 基于上述假设并考虑 EA 的变异和选择行为, 有

$$\begin{cases} P(\xi_{t+1} \in \mathcal{X}_0 \mid \xi_t \in \mathcal{X}_0) \in \left\{\frac{n-2}{n}, 1 - \frac{p^{\mathrm{I}}}{n}, 1\right\}, \\ P(\xi_{t+1} \in \mathcal{X}_1 \mid \xi_t \in \mathcal{X}_0) \in \left\{\frac{2}{n}, \frac{p^{\mathrm{I}}}{n}, 0\right\}, \\ P(\xi_{t+1} \in \mathcal{X}_2 \mid \xi_t \in \mathcal{X}_0) = 0, \end{cases} \tag{12.32}$$

$$\begin{cases} P(\xi_{t+1} \in \mathcal{X}_0 \mid \xi_t \in \mathcal{X}_1) = \frac{1-p^{\mathrm{I}}}{n}, \\ P(\xi_{t+1} \in \mathcal{X}_1 \mid \xi_t \in \mathcal{X}_1) = \frac{n-2}{n} + \frac{p^{\mathrm{I}}}{n}, \\ P(\xi_{t+1} \in \mathcal{X}_2 \mid \xi_t \in \mathcal{X}_1) = \frac{1}{n}, \end{cases} \tag{12.33}$$

$$\begin{cases} P(\xi_{t+1} \in \mathcal{X}_0 \mid \xi_t \in \mathcal{X}_2) = 0, \\ P(\xi_{t+1} \in \mathcal{X}_1 \mid \xi_t \in \mathcal{X}_2) = 0, \\ P(\xi_{t+1} \in \mathcal{X}_2 \mid \xi_t \in \mathcal{X}_2) = 1. \end{cases} \tag{12.34}$$

于是可得

$$P(\xi_{t+1} \in \mathcal{X}_0 \mid \xi_t \in \mathcal{X}_1) - P(\xi_{t+1} \in \mathcal{X}_0 \mid \xi_t \in \mathcal{X}_0) \leqslant 0, \tag{12.35}$$

$$P(\xi_{t+1} \in \mathcal{X}_i \mid \xi_t \in \mathcal{X}_1) - P(\xi_{t+1} \in \mathcal{X}_i \mid \xi_t \in \mathcal{X}_0) \geqslant 0, \quad i \in \{1,2\} \tag{12.36}$$

$$P(\xi_{t+1} \in \mathcal{X}_2 \mid \xi_t \in \mathcal{X}_2) - P(\xi_{t+1} \in \mathcal{X}_2 \mid \xi_t \in \mathcal{X}_j) \geqslant 0, \quad j \in \{0,1\} \tag{12.37}$$

$$P(\xi_{t+1} \in \mathcal{X}_i \mid \xi_t \in \mathcal{X}_2) - P(\xi_{t+1} \in \mathcal{X}_i \mid \xi_t \in \mathcal{X}_j) \leqslant 0, \quad i \in \{0,1\}, j \in \{0,1\} \tag{12.38}$$

这意味着定理 12.3 的条件 (1) 成立. 对于仅在可行域内搜索的 EA^{F}, 考虑其变异和选择行为有

$$\begin{cases} P(\xi_{t+1}^{\text{F}} \in \mathcal{X}_0^{\text{F}} \mid \xi_t^{\text{F}} \in \mathcal{X}_0^{\text{F}}) = 1, \\ P(\xi_{t+1}^{\text{F}} \in \mathcal{X}_1^{\text{F}} \mid \xi_t^{\text{F}} \in \mathcal{X}_0^{\text{F}}) = 0, \\ P(\xi_{t+1}^{\text{F}} \in \mathcal{X}_2 \mid \xi_t^{\text{F}} \in \mathcal{X}_0^{\text{F}}) = 0, \end{cases} \tag{12.39}$$

$$\begin{cases} P(\xi_{t+1}^{\text{F}} \in \mathcal{X}_0^{\text{F}} \mid \xi_t^{\text{F}} \in \mathcal{X}_1^{\text{F}}) = \frac{n-1}{n}, \\ P(\xi_{t+1}^{\text{F}} \in \mathcal{X}_1^{\text{F}} \mid \xi_t^{\text{F}} \in \mathcal{X}_1^{\text{F}}) = 0, \\ P(\xi_{t+1}^{\text{F}} \in \mathcal{X}_2 \mid \xi_t^{\text{F}} \in \mathcal{X}_1^{\text{F}}) = \frac{1}{n}, \end{cases} \tag{12.40}$$

$$\begin{cases} P(\xi_{t+1}^{\text{F}} \in \mathcal{X}_0^{\text{F}} \mid \xi_t^{\text{F}} \in \mathcal{X}_2) = 0, \\ P(\xi_{t+1}^{\text{F}} \in \mathcal{X}_1^{\text{F}} \mid \xi_t^{\text{F}} \in \mathcal{X}_2) = 0, \\ P(\xi_{t+1}^{\text{F}} \in \mathcal{X}_2 \mid \xi_t^{\text{F}} \in \mathcal{X}_2) = 1, \end{cases} \tag{12.41}$$

其中 $\mathcal{X}_0^{\text{F}} = \mathcal{X}_0 \cap \mathcal{X}^{\text{F}}, \mathcal{X}_1^{\text{F}} = \mathcal{X}_1 \cap \mathcal{X}^{\text{F}}$. 将式 (12.32) ~ 式 (12.34) 和式 (12.39) ~ 式 (12.41) 对比可得

$$P(\xi_{t+1} \in \mathcal{X}_0 \mid \xi_t \in \mathcal{X}_i) - P(\xi_{t+1}^{\text{F}} \in \mathcal{X}_0^{\text{F}} \mid \xi_t^{\text{F}} \in \mathcal{X}_i^{\text{F}}) \leqslant 0, \quad i \in \{0,1,2\} \tag{12.42}$$

$$P(\xi_{t+1} \in \mathcal{X}_j \mid \xi_t \in \mathcal{X}_i) - P(\xi_{t+1}^{\text{F}} \in \mathcal{X}_j^{\text{F}} \mid \xi_t^{\text{F}} \in \mathcal{X}_i^{\text{F}}) \geqslant 0, \quad i \in \{0,1,2\}, j \in \{1,2\} \tag{12.43}$$

这意味着定理 12.3 的条件 (2) 成立. 因此, 根据定理 12.3 可得 $\mathbb{E}[\tau^{\text{F}} \mid \xi_0^{\text{F}} \sim \pi_0^{\text{F}}] \geqslant \mathbb{E}[\tau \mid \xi_0 \sim \pi_0]$, 这意味着通过设置 $p^{\text{I}} > 0$ 使 BapRLS 运行时探索不可行域对于求解带约束 Trap 问题是有益的. 于是定理 12.5 得证. □

12.2 帕累托优化的效用

本节从理论上研究帕累托优化法探索不可行域的效用. 此处考虑问题的解空间均为 $\{0,1\}^n$. 帕累托优化法 [Coello Coello, 2002; Cai and Wang, 2006] 先将原始约束优化问题 (见定义 12.1) 转化为二目标优化问题

$$\mathop{\arg\max}_{s\in\{0,1\}^n}\left(f(s),-\sum_{i=1}^{m}f_i(s)\right),\tag{12.44}$$

其中 f_i 是惩罚项,对应在第 i 个约束上的违反程度,可直接设置为

$$f_i(s)=\begin{cases}|g_i(s)| & 1\leqslant i\leqslant q,\\ \max\{0,h_i(s)\} & q+1\leqslant i\leqslant m.\end{cases}\tag{12.45}$$

接下来,帕累托优化法采用多目标演化算法求解该二目标优化问题;在算法停止运行后,从产生的非占优解集中选择最佳的可行解输出.帕累托优化法的一般过程如图 12.1 所示.经过二目标转化后,一个解将拥有一个二维目标向量,而非一维的目标值.尽管不可行解在目标向量的第二个维度上要比可行解差,但在第一个维度上可能更好.因此,不可行解与可行解或许不可比,从而被保留在种群中,用于产生下一代解.需注意的是,帕累托优化不同于传统的多目标优化 [Deb et al., 2002],后者旨在找到多目标优化问题的帕累托前沿的均匀近似,而前者旨在找到原始约束优化问题的最优解.

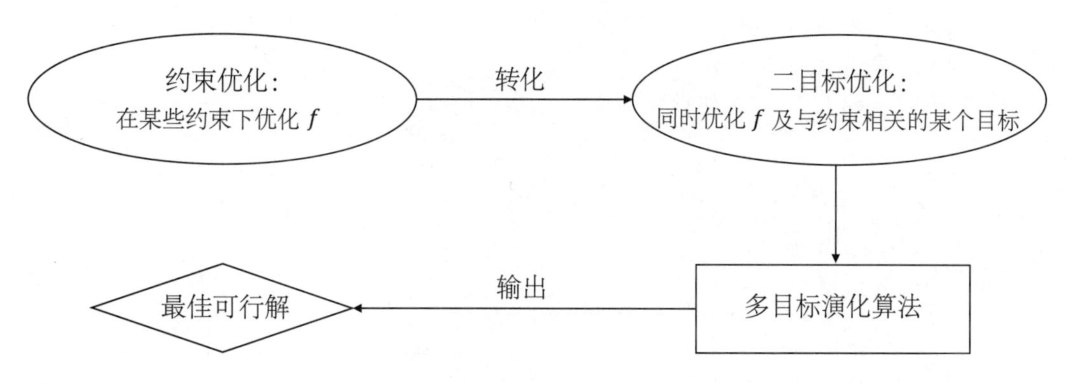

图 12.1 帕累托优化法的一般过程

为揭示帕累托优化法的有效性,本节将其与罚函数法 [Ben Hadj-Alouane and Bean, 1997; Coello Coello, 2002] 进行比较.后者已被广泛地用于求解约束优化问题,主要思路是将约束优化问题,即式 (12.1),转化为无约束优化问题

$$\mathop{\arg\max}_{s\in\{0,1\}^n}\ f(s)-\lambda\sum_{i=1}^{m}f_i(s),\tag{12.46}$$

其中 f 是式 (12.1) 中的目标函数,λ 是惩罚系数,f_i 对应约束违反度,可如式 (12.45) 设置.对于 λ 的设置,[Homaifar et al., 1994; Michalewicz and Schoenauer, 1996] 揭示了在优化过程中使用固定值是鲁棒的;[Zhou and He, 2007] 证明使用足够大的 λ 将使罚函数法等价于"可行解优先"策略 [Deb, 2000],即比较两个解时,偏好约束违反度小的解,若约束违反度相同,则比较目标值.可行解优先策略确保可行解优于不可行解,从而使转化后的无约束优化问题的最优解与原始约束优化问题的最优解一致.本节的分析将 λ 设置为充分大的固定值.在问题转化之后,罚函数法将使用无约束优化算法进行求解.

为公平起见，帕累托优化法使用 GSEMO (即采用逐位变异算子的算法 2.5) 求解转化后的二目标优化问题，罚函数法则使用 (1+1)-EA (即算法 2.1) 求解转化后的无约束单目标优化问题. 两者的伪代码如算法 12.2 和算法 12.3 所示. 它们使用相同的初始化策略，且均使用逐位变异算子产生新解. 注意算法 12.3 会将新产生的解 s' 替换同样好的父代解 s. 为保持一致，此处对算法 2.5 更新种群的条件进行了修改: 算法 2.5 要求当前种群中不存在解弱占优 s'，而算法 12.2 则只要求当前种群中不存在解占优 s'.

算法 12.2 帕累托优化法

输入: 约束优化问题，即式 (12.1).

过程:

1: 令 $\boldsymbol{g}(\boldsymbol{s}) = (f(\boldsymbol{s}), -\sum_{i=1}^{m} f_i(\boldsymbol{s}))$;
2: 均匀随机地从 $\{0,1\}^n$ 中选择一个解 $\boldsymbol{s}$ 作为初始解;
3: 令 $P = \{\boldsymbol{s}\}$;
4: **while** 不满足停止条件 **do**
5: 　均匀随机地从 P 中选择一个解 $\boldsymbol{s}$;
6: 　在解 $\boldsymbol{s}$ 上执行逐位变异算子以产生新解 $\boldsymbol{s}'$;
7: 　**if** $\nexists z \in P$ 满足 $z \succ \boldsymbol{s}'$ **then**
8: 　　$P = (P \setminus \{z \in P \mid \boldsymbol{s}' \succeq z\}) \cup \{\boldsymbol{s}'\}$
9: 　**end if**
10: **end while**
11: **return** P 中满足 $\sum_{i=1}^{m} f_i(\boldsymbol{s}) = 0$ 的解 $\boldsymbol{s}$

输出: $\{0,1\}^n$ 中的一个解

算法 12.3 罚函数法

输入: 约束优化问题，即 (12.1).

过程:

1: 令 $h(\boldsymbol{s}) = f(\boldsymbol{s}) - \lambda \sum_{i=1}^{m} f_i(\boldsymbol{s})$;
2: 均匀随机地从 $\{0,1\}^n$ 中选择一个解 $\boldsymbol{s}$ 作为初始解;
3: **while** 不满足停止条件 **do**
4: 　在解 $\boldsymbol{s}$ 上执行逐位变异算子以产生新解 $\boldsymbol{s}'$;
5: 　**if** $h(\boldsymbol{s}') \geqslant h(\boldsymbol{s})$ **then**
6: 　　$\boldsymbol{s} = \boldsymbol{s}'$
7: 　**end if**
8: **end while**
9: **return** $\boldsymbol{s}$

输出: $\{0,1\}^n$ 中的一个解

下面将在最小拟阵优化和最小代价覆盖这两个组合优化问题上比较帕累托优化法和罚函数法的性能. 前者是 P 问题，因此采用精确分析，即分析找到最优解所需的运行时间；后者是 NP 难问题，因此采用近似分析，即分析找到具有 α-近似比的解②所需的运行时间.

② 解的目标值至多为 $\alpha \cdot \mathrm{OPT}$，其中 $\alpha > 1$.

由于最小拟阵优化和最小代价覆盖均是问题类, 包含许多具体的问题实例, 因此, 此处考虑**最坏情况运行时间** (worst-case running time) [Cormen et al., 2001]. 通过比较, 本节将揭示帕累托优化法相对于罚函数法的优越性. 同时, 本节也将揭示, 在求解最小代价覆盖问题时, 帕累托优化法优于针对该问题的具体算法, 即贪心算法.

12.2.1 最小拟阵优化

先考虑最小拟阵优化 [Edmonds, 1971] 这个 P 问题, 其包含了若干具体的组合优化问题, 例如最小生成树问题.

给定有限集 V 以及集合 $S \subseteq 2^V$, 若下述条件成立:

$$(1)\ \ \emptyset \in S, \tag{12.47}$$

$$(2)\ \ \forall A \subseteq B \in S : A \in S, \tag{12.48}$$

$$(3)\ \ \forall A, B \in S, |A| > |B| : \exists v \in A \setminus B, B \cup \{v\} \in S, \tag{12.49}$$

则集合对 (V, S) 称为**拟阵** (matroid). 若 V 的一个子集属于 S, 则称其**独立** (independent). 给定任意 $A \subseteq V$, A 的最大独立子集称为 A 的**基** (basis), 而 A 的所有基的最大规模称为 A 的**秩** (rank), 即 $r(A) = \max\{|B| \mid B \subseteq A, B \in S\}$. 对于拟阵而言, A 的所有基具有相同规模.

给定拟阵 (V, S) 以及权重函数 $w : V \to \mathbb{N}^+$, 最小拟阵优化问题旨在找到 V 的权重最小的基. 令 $V = \{v_1, v_2, \ldots, v_n\}$, $w_i = w(v_i)$. 令 $\boldsymbol{s} \in \{0,1\}^n$ 表示 V 的一个子集, 其中 $s_i = 1$ 表示 v_i 在该子集中. 为简便起见, $\boldsymbol{s}$ 与其相应的子集 $\{v_i \in V \mid s_i = 1\}$ 将不作区分. 最小拟阵优化问题的形式化描述如下. 注意计算集合的秩与判断集合的独立性是多项式等价的 [Korte and Vygen, 2012].

定义 12.2. 最小拟阵优化问题

给定拟阵 (V, S) 以及权重函数 $w : V \to \mathbb{N}^+$, 求解

$$\underset{\boldsymbol{s} \in \{0,1\}^n}{\arg\min} \left(w(\boldsymbol{s}) = \sum_{i=1}^{n} w_i s_i \right) \quad \text{s.t.} \quad r(\boldsymbol{s}) = r(V). \tag{12.50}$$

使用帕累托优化法求解最小拟阵优化问题时, 由于 $r(V) \geqslant r(\boldsymbol{s})$, 因此目标向量 $\boldsymbol{g}$ 为

$$\boldsymbol{g}(\boldsymbol{s}) = \big(-w(\boldsymbol{s}), r(\boldsymbol{s}) - r(V) \big). \tag{12.51}$$

定理 12.6 给出了找到最优解所需的期望运行时间的上界, 其中 $w_{\max} = \max\{w_i \mid 1 \leqslant i \leqslant n\}$ 是 V 中元素的最大权重. 证明思路是将整个优化过程划分为两个阶段: 从初始化结束起, 直至找到解 0^n; 找到解 0^n 后, 通过模拟贪心算法 [Edmonds, 1971] 找到最优解. 第 1 阶段的运行时间如引理 12.1 所述, 可通过乘性漂移分析法 (即定理 2.4) 证得.

引理 12.1

求解最小拟阵优化问题时，帕累托优化法找到解 0^n 所需的期望运行时间的上界为 $O(r(V)n(\log n+\log w_{\max}))$.

证明 通过定理 2.4 证明. 将待分析的演化过程建模为马尔可夫链 $\{\xi_t\}_{t=0}^{+\infty}$, 其中 ξ_t 对应算法 12.2 运行 t 轮后的种群 P. 构造距离函数 V 使得 $V(P)=\min\{w(\boldsymbol{s})\mid \boldsymbol{s}\in P\}$, 即 $V(P)$ 等于种群 P 所包含解的最小权重. 显然, $V(\xi_t)=0$ 意味着已找到解 0^n.

下面分析 $\mathbb{E}[V(\xi_t)-V(\xi_{t+1})\mid\xi_t]$. 令 $\boldsymbol{s}$ 表示当前种群中权重最小的解, 即满足 $w(\boldsymbol{s})=V(\xi_t)$. 若新产生的子代解 $\boldsymbol{s}'$ 的权重大于 $\boldsymbol{s}$ 的权重, 则 $\boldsymbol{s}'$ 不可能弱占优 $\boldsymbol{s}$. 因此, $V(\xi_t)$ 不可能增加, 即 $V(\xi_{t+1})\leqslant V(\xi_t)$. 令 $P_{\max}$ 表示在演化过程中种群 P 的最大规模. 在算法 12.2 的第 $t+1$ 轮运行中, 考虑 $\boldsymbol{s}$ 在第 5 行被选中的情况, 发生概率至少为 $1/P_{\max}$. 在算法的第 6 行中, 考虑对 $\boldsymbol{s}$ 进行变异时仅第 i 位 (即 s_i) 被翻转而其余位保持不变的情况, 发生概率为 $(1/n)(1-1/n)^{n-1}\geqslant 1/(\mathrm{e}n)$, 且由此产生的子代解记为 $\boldsymbol{s}^i$. 若 $s_i=1$, 则新产生的解 $\boldsymbol{s}^i$ 的权重目前最小, 于是 $\boldsymbol{s}^i$ 将被加入 P 中, 从而使得 $V(\xi_{t+1})$ 减至 $V(\xi_t)-w_i$. 因此,

$$
\begin{aligned}
\mathbb{E}[V(\xi_{t+1})] &\leqslant \sum_{i:s_i=1}\frac{V(\xi_t)-w_i}{\mathrm{e}nP_{\max}}+\left(1-\sum_{i:s_i=1}\frac{1}{\mathrm{e}nP_{\max}}\right)V(\xi_t)\\
&=V(\xi_t)-\frac{w(\boldsymbol{s})}{\mathrm{e}nP_{\max}}=\left(1-\frac{1}{\mathrm{e}nP_{\max}}\right)V(\xi_t),
\end{aligned}
\tag{12.52}
$$

这意味着

$$
\mathbb{E}[V(\xi_t)-V(\xi_{t+1})\mid\xi_t]\geqslant\frac{V(\xi_t)}{\mathrm{e}nP_{\max}}. \tag{12.53}
$$

算法 12.2 更新种群的过程使得 P 中维持的解互不可比, 因此, 对于 $\boldsymbol{g}$ 中任一目标的每个可能取值, P 中至多存在一个相应的解. 又因为 $\boldsymbol{g}$ 中第二个目标 $r(\boldsymbol{s})-r(V)\in\{0,-1,\ldots,-r(V)\}$, 所以 $P_{\max}\leqslant r(V)+1$. 注意 $V(\xi_0)\leqslant nw_{\max}$, 且由 $w_i\in\mathbb{N}^+$ 可得 $V_{\min}\geqslant 1$. 于是根据定理 2.4 可得

$$
\forall\xi_0:\mathbb{E}[\tau\mid\xi_0]\leqslant \mathrm{e}n(r(V)+1)(1+\ln(nw_{\max}))=O(r(V)n(\log n+\log w_{\max})). \tag{12.54}
$$

引理 12.1 得证. □

定理 12.6

使用帕累托优化法求解最小拟阵优化问题的期望运行时间上界为 $O(r(V)n(\log n+\log w_{\max}+r(V)))$.

证明 在找到解 0^n 后, 接下来分析第 2 阶段的运行时间. 令 $w^k=\min\{w(\boldsymbol{s})\mid r(\boldsymbol{s})=k\}$ 表示秩为 k 的所有解的最小权重, 则 w^k 关于 k 单调递增. $\boldsymbol{g}$ 的帕累托前沿为 $\{(-w^k,k-r(V))\mid 0\leqslant k\leqslant r(V)\}$. 下面将证明从目标向量为 $(0,-r(V))$ 的解 0^n 出发, 算法能够依次找到帕累托前沿中 $k=0$ 至 $r(V)$ 的目标向量所对应的帕累托最优解, 其中最后找到的目标向量为 $(-w^{r(V)},0)$ 的帕累托最优解即是式 (12.50) 的最优解.

先通过反证法证明, 对于 $(-w^k, k-r(V))$ 所对应的任意帕累托最优解 s, 加入使 $r(s)$ 增加 1 的权重最小的元素能够产生 $(-w^{k+1}, k+1-r(V))$ 所对应的某个帕累托最优解 s'. 假设 $s=\{v_{i_1},\ldots,v_{i_k}\}, s'=s\cup\{v_{i_{k+1}}\}$, 且存在另一个秩为 $k+1$ 的解 $\hat{s}=\{v_{j_1},\ldots,v_{j_k},v_{j_{k+1}}\}$ 满足 $w(\hat{s})<w(s')$. 不妨假设 $w_{j_1}\leqslant\cdots\leqslant w_{j_{k+1}}$. 若 $w_{j_{k+1}}\geqslant w_{i_{k+1}}$, 则 $w(\hat{s})-w_{j_{k+1}}<w(s')-w_{i_{k+1}}=w(s)$, 这与 s 在秩为 k 的所有解中权重最小相矛盾. 若 $w_{j_{k+1}}<w_{i_{k+1}}$, 则 $\exists v\in\hat{s}\setminus s$ 使得 $s\cup\{v\}$ 的秩为 $k+1$ 且 $w(v)\leqslant w_{j_{k+1}}<w_{i_{k+1}}$, 这与 $v_{i_{k+1}}$ 是使得 $r(s)$ 增加 1 的权重最小的元素相矛盾. 因此, 结论成立.

假设算法此时已找到 $\{(-w^k, k-r(V))\mid 0\leqslant k\leqslant i\}$ 所对应的帕累托最优解. 基于上述分析可知, 算法 12.2 在一轮运行中找到 $(-w^{i+1}, i+1-r(V))$ 所对应的帕累托最优解仅需执行下述行为: 在第 5 行选择 $(-w^i, i-r(V))$ 所对应的帕累托最优解, 并在第 6 行仅翻转使其秩增加 1 的权重最小的元素所对应的 0-位. 该行为发生的概率至少是 $(1/P_{\max})\cdot(1/n)(1-1/n)^{n-1}\geqslant 1/(en(r(V)+1))$. 因此, 算法找到 $(-w^{i+1}, i+1-r(V))$ 对应的帕累托最优解所需的期望运行时间至多为 $O(r(V)n)$. 在第 1 阶段结束时, 算法已找到 0^n, 于是 $i\geqslant 0$, 这意味着至多发生 $r(V)$ 次上述行为便足以找到目标向量为 $(-w^{r(V)}, 0)$ 的帕累托最优解. 因此, 第 2 阶段的期望运行时间至多为 $O(r^2(V)n)$.

将两个阶段的期望运行时间合并可知, 总的期望运行时间至多为 $O(r(V)n(\log n+\log w_{\max}+r(V)))$. 定理 12.6 得证. □

接下来考虑使用罚函数法求解最小拟阵优化问题的情形. 先显示最小生成树问题是最小拟阵优化的一个实例, 然后给出最小生成树问题的一个具体例子, 罚函数法需要比帕累托优化法更多的运行时间才能找到最优解.

如 9.3.1 小节所述, 最小生成树问题旨在从给定的无向连通图中找到权重最小的连通子图. 令 $s\in\{0,1\}^m$ 表示边集 E 的一个子集, 其中 $s_i=1$ 表示第 i 条边在该子集中. 令 $c(s)$ 表示由 s 对应的边集所构成的子图的连通分支数. 换言之, 该问题旨在找到满足 $c(s)=1$ 的解 s 以最小化权重 $w(s)$. 令定义 12.2 中的 $V=E, S=\{$无环子图$\}$, 则 (V,S) 是拟阵, 且 $c(s)+r(s)=r(V)+1$. 因此, 最小生成树问题就是最小拟阵优化在此设置下的特例. 注意此处 $|V|=m$. [Neumann and Wegener, 2007] 分析了罚函数法求解最小生成树问题的一个具体例子的运行时间, 如引理 12.2 所述. 由该引理及 $r(V)=n-1$ 可直接推得定理 12.7.

引理 12.2. [Neumann and Wegener, 2007]

存在 $m=\Theta(n^2)$ 且 $w_{\max}=3n^2$ 的某个图, 使得罚函数法找到最小生成树的期望运行时间为 $\Theta(m^2\log n)$, 其中 m 和 n 分别表示边数和顶点数.

定理 12.7

存在最小拟阵优化问题的某个实例, 使得罚函数法找到最优解的期望运行时间为 $\Theta(r^2(V)|V|(\log|V|+\log w_{\max}))$.

通过比较定理 12.6 (其中 $n=|V|$) 与定理 12.7 可知, 为找到最小拟阵优化这个 P 问题的最优解, 帕累托优化法比罚函数法快了至少 $\min\{\log|V|+\log w_{\max}, r(V)\}$ 倍.

12.2.2 最小代价覆盖

接下来考虑最小代价覆盖这个 NP 难问题,其代表性实例是有着广泛应用的次模集合覆盖问题 [Wolsey, 1982]. 令 $V = \{v_1, v_2, \ldots, v_n\}$ 为有限集. 当且仅当 $\forall A, B \subseteq V$, $f(A) \leqslant f(B) + \sum_{v \in A \setminus B}(f(B \cup \{v\}) - f(B))$ 时,集函数 $f : 2^V \to \mathbb{R}$ 同时满足**单调性** (monotonicity) 和**次模性** (submodularity) [Nemhauser et al., 1978]. 令 $\boldsymbol{s} \in \{0,1\}^n$ 表示 V 的一个子集. 最小代价覆盖问题的形式化描述如下.

定义 12.3. 最小代价覆盖问题

给定单调次模函数 $f : 2^V \to \mathbb{R}$, 阈值 $q \leqslant f(V)$ 以及权重函数 $w : V \to \mathbb{N}^+$, 求解

$$\mathop{\arg\min}_{\boldsymbol{s} \in \{0,1\}^n} \left(w(\boldsymbol{s}) = \sum_{i=1}^{n} w_i s_i \right) \quad \text{s.t.} \quad f(\boldsymbol{s}) \geqslant q. \tag{12.55}$$

下述分析中考虑 f 非负的情形. 由于拟阵的求秩函数 $r(\cdot)$ 满足单调性和次模性,因此最小拟阵优化实际上是最小代价覆盖在 $q = r(V)$ 时的特例. 此处将它们分开考虑是因为最小拟阵优化是 P 问题而最小代价覆盖是 NP 难问题,所以分别采取精确和近似分析.

当帕累托优化法求解最小代价覆盖问题时,目标向量 $\boldsymbol{g}$ 为

$$\boldsymbol{g}(\boldsymbol{s}) = \big(-w(\boldsymbol{s}), -\max\{0, q - f(\boldsymbol{s})\} \big). \tag{12.56}$$

定理 12.8 揭示了找到具有 H_{cq}-近似比的解所需的期望运行时间的上界. 令 c 表示使得 $c \cdot q$ 和任意 $\boldsymbol{s}$ 对应的 $c \cdot f(\boldsymbol{s})$ 均取整数值的最小实数. 令 N 表示 f 在 $[0, q)$ 内不同取值的数目. 证明思路与定理 12.6 类似,主要区别在于此处的第 2 阶段是通过模拟 [Wolsey, 1982] 中的贪心算法去找到近似解的.

定理 12.8

给定帕累托优化法求解最小代价覆盖问题,找到近似比为 H_{cq} 的解所需的期望运行时间上界为 $O(Nn(\log n + \log w_{\max} + N))$.

证明 由于目标 $-\max\{0, q - f(\boldsymbol{s})\}$ 有 $N+1$ 个不同取值,且种群 P 中的解互不可比,因此 P 的规模不超过 $N+1$. 类似于引理 12.1 的证明并考虑 $P_{\max} \leqslant N+1$ 可知,找到解 0^n 所需的期望运行时间至多为 $O(Nn(\log n + \log w_{\max}))$.

令 $R_k = H_{cq} - H_{c(q-k)}$. 令 $\boldsymbol{s}^*$ 表示式 (12.55) 的某个最优解,则 $w(\boldsymbol{s}^*) = \mathrm{OPT}$. 对于 P 中满足 $\min\{q, f(\boldsymbol{s})\} = k$ 且 $w(\boldsymbol{s}) \leqslant R_k \cdot \mathrm{OPT}$ 的解 $\boldsymbol{s}$, 令 $K_{\max}$ 表示所有这些解所对应的 k 的最大值,即

$$K_{\max} = \max\left\{k \mid \exists \boldsymbol{s} \in P : \min\{q, f(\boldsymbol{s})\} = k \wedge w(\boldsymbol{s}) \leqslant R_k \cdot \mathrm{OPT}\right\}. \tag{12.57}$$

接下来仅需分析直至 $K_{\max} = q$ 的期望运行时间,这是因为 $K_{\max} = q$ 意味着已找到近似比为 R_q (即 H_{cq}) 的解.

在找到解 0^n 后，有 $K_{\max} \geqslant 0$. 假设当前 $K_{\max} = k$, 其中 $k < q$. 令 s 表示 $K_{\max}$ 取值为 k 所对应的解, 即满足 $\min\{q, f(s)\} = k$ 且 $w(s) \leqslant R_k \cdot \mathrm{OPT}$. 若 s 保留在 P 中, 则 $K_{\max}$ 显然不会减小. 若 s 被去除, 则根据算法 12.2 第 7~9 行可知, 新产生的解 s' 弱占优 s, 并被加入 P 中. s' 弱占优 s 意味着 s' 在两个目标上均不差于 s, 即 $\max\{0, q - f(s')\} \leqslant \max\{0, q - f(s)\}$ 且 $w(s') \leqslant w(s)$. 由于 $\max\{0, q - f(s)\} = q - \min\{q, f(s)\}$, 因此 $\min\{q, f(s')\} = k' \geqslant \min\{q, f(s)\} = k$. 又因为 R_k 关于 k 单调递增, 所以 $w(s') \leqslant R_k \cdot \mathrm{OPT} \leqslant R_{k'} \cdot \mathrm{OPT}$, 这意味着 $K_{\max} \geqslant k'$. 综上可知, $K_{\max}$ 不会减小.

下面证明变异时通过翻转 s 的一个特定 0-位可使 $K_{\max}$ 增加. 令 $f'(s) = \min\{q, f(s)\}$. 令 s^i 表示通过仅翻转 s 的第 i 位所产生的解. 令 $I = \{i \in [n] \mid f'(s^i) - f'(s) > 0\}$. 注意 $\forall i \in I$, s_i 必为 0. 令 $\delta = \min\{w_i/(f'(s^i) - f'(s)) \mid i \in I\}$. 下面通过反证法来证明 $\delta \leqslant \mathrm{OPT}/(q - k)$. 假设 $\delta > \mathrm{OPT}/(q - k)$, 则 $\forall v_i \in s^* \setminus s : w_i > (f'(s^i) - f'(s)) \cdot \mathrm{OPT}/(q - k)$, 这意味着 $\sum_{v_i \in s^* \setminus s} w_i > \left(\sum_{v_i \in s^* \setminus s} (f'(s^i) - f'(s))\right) \cdot \mathrm{OPT}/(q - k)$. 因为 f 是单调次模函数, 所以 f' 亦是单调次模函数, 于是可得 $f'(s^*) - f'(s) \leqslant \sum_{v_i \in s^* \setminus s} (f'(s^i) - f'(s))$. 因此, $\sum_{v_i \in s^* \setminus s} w_i > (f'(s^*) - f'(s)) \cdot \mathrm{OPT}/(q - k) = \mathrm{OPT}$, 这与 $\sum_{v_i \in s^* \setminus s} w_i \leqslant w(s^*) = \mathrm{OPT}$ 相矛盾. 于是通过在算法 12.2 第 5 行选择 s 并在第 6 行执行变异算子时仅翻转其对应 δ 的 0-位可产生新解 s', 满足 $\min\{q, f(s')\} = k' > k$ 且

$$w(s') \leqslant w(s) + (k' - k) \cdot \frac{\mathrm{OPT}}{q - k} \leqslant R_{k'} \cdot \mathrm{OPT}. \tag{12.58}$$

s' 一旦产生后必然被加入 P 中, 否则 P 中必存在解占优 s', 这意味着 $K_{\max}$ 已大于 k, 与假设 $K_{\max} = k$ 矛盾. 在把 s' 加入 P 后, $K_{\max}$ 从 k 增至 k'.

由于选择 s 进行变异并在变异时仅翻转一个特定 0-位的概率至少是 $(1/(N + 1)) \cdot (1/n)(1 - 1/n)^{n-1} \geqslant 1/(en(N + 1))$, 因此增加 $K_{\max}$ 所需的期望运行时间至多为 $en(N + 1)$. 又因为将 $K_{\max}$ 增加 N 次足以使 $K_{\max} = q$, 所以第 2 阶段的期望运行时间至多为 $O(N^2 n)$. 将两个阶段的期望运行时间合并, 可知整个过程的期望运行时间至多为 $O(Nn(\log n + \log w_{\max} + N))$. 定理 12.8 得证 □

接下来考虑使用罚函数法求解最小代价覆盖问题的情形. 先显示权重取值为正整数的集合覆盖问题 (见定义 6.5) 是最小代价覆盖的一个实例, 然后给出集合覆盖问题的一个具体例子, 罚函数法比帕累托优化法低效.

令定义 12.3 中的 $f(s) = |\cup_{i:s_i=1} S_i|$, $q = m$. 显然, f 满足单调性和次模性. 由于 $f(s) \leqslant m$ 且 $|U| = m$, 因此集合覆盖问题即式 (6.15) 就是最小代价覆盖在 f 和 q 如此设置下的特例. 注意对于集合覆盖问题, 定理 12.8 中的参数 c 和 N 满足 $c \leqslant 1$、$N \leqslant m$. [Friedrich et al., 2010] 分析了罚函数法求解集合覆盖问题的一个具体例子的运行时间, 如引理 12.3 所述. 根据该引理并设置 ϵ 为常数且 $w_{\max} = 2^n$ 可直接推得定理 12.9.

引理 12.3. [Friedrich et al., 2010]

令 $\delta > 0$ 为常数, $n^{\delta-1} \leqslant \epsilon < 1/2$. 存在集合覆盖问题的某个满足 $m = \epsilon(1 - \epsilon)n^2$ 的实例, 使得罚函数法找到近似比为 $(1 - \epsilon)w_{\max}/\epsilon$ 的解所需的期望运行时间关于 n 为指数级.

定理 12.9

存在最小代价覆盖问题的某个实例，使得罚函数法找到近似比为 H_{cq} 的解所需的期望运行时间关于 n、N 和 $\log w_{\max}$ 为指数级.

通过对比定理 12.8 和定理 12.9 可得，为找到最小代价覆盖这个 NP 难问题的近似比为 H_{cq} 的解，帕累托优化法比罚函数法快了指数倍.

12.2.3 帕累托优化法对比贪心算法

对上述两个问题，即最小拟阵优化和最小代价覆盖，贪心算法实际上均能获得不错的性能 [Edmonds, 1971; Wolsey, 1982]. 大家可能很自然地会问: 帕累托优化法能否优于贪心算法? 本节通过分析最小代价覆盖问题 (具体为集合覆盖问题) 的一个实例给出正面回答.

例 12.1

如图 12.2 所示，定义 6.5 中的基集 U 包含 $m = k(k-1)$ 个元素，V 包含 $n = (k+1)(k-1)$ 个子集 $\{S_1^*, \ldots, S_{k-1}^*, S_{1,1}, \ldots, S_{1,k}, \ldots, S_{k-1,1}, \ldots, S_{k-1,k}\}$，权重为 $\forall i : w(S_i^*) = 1 + 1/k^2$, $\forall i, j : w(S_{i,j}) = 1/j$.

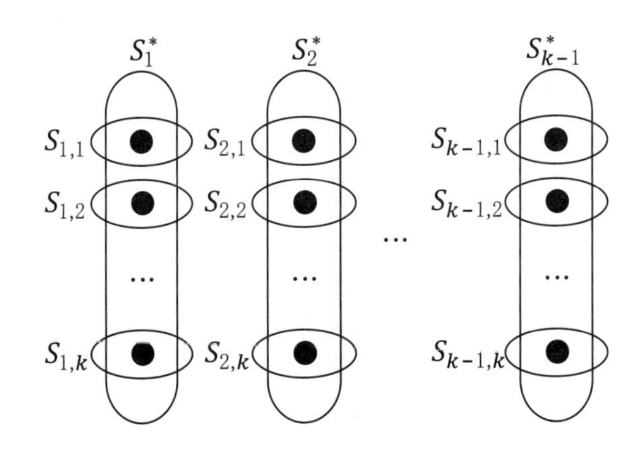

图 12.2 集合覆盖问题的一个例子

上述例子的全局最优解 $\boldsymbol{s}_{\text{global}} = \{S_1^*, \ldots, S_{k-1}^*\}$，权重为 $(k-1)(1+1/k^2)$，而 $\boldsymbol{s}_{\text{local}} = \{S_{1,1}, \ldots, S_{1,k}, \ldots, S_{k-1,1}, \ldots, S_{k-1,k}\}$ 是局部最优解，权重为 $(k-1)H_k$. 定理 12.10 ~ 定理 12.12 分别揭示了贪心算法、帕累托优化法和罚函数法在该例上的性能. 算法 6.2 展示的贪心算法每一轮从 V 中选择其权重与其新覆盖的元素数目之比最小的子集.

定理 12.10

对于例 12.1，贪心算法可以找到 $\boldsymbol{s}_{\text{local}}$.

证明 如算法 6.2 第 3 行所示，令 $r(S)$ 表示 S 的权重与 S 新覆盖的元素数目之比. 贪心算法每一轮将该比值最小的子集加入当前解中. 算法开始运行时, $\forall i: r(S_i^*) = (1+1/k^2)/k$, 大于 $S_{i,k}$ 对应的比值 $1/k$, 而后者是当前最小的. 因此, 贪心算法的前 $k-1$ 轮会依次将所有的 $S_{i,k}$ 加入当前解中. 此后, $\forall i: r(S_i^*) = (1+1/k^2)/(k-1)$, 大于 $S_{i,k-1}$ 对应的比值 $1/(k-1)$, 而后者此时是最小的. 因此, 在随后的 $k-1$ 轮, 贪心算法依次将所有的 $S_{i,k-1}$ 加入当前解中. 重复上述过程, 贪心算法最终将所有 $S_{i,j}$ 加入解中, 即找到局部最优解 $\boldsymbol{s}_{\text{local}}$. 定理 12.10 得证. □

定理 12.11

对于例 12.1, 帕累托优化法可在期望运行时间 $O(n^2 \log n)$ 内找到 $\boldsymbol{s}_{\text{global}}$.

证明 在该例上, 帕累托优化法中的目标向量 $\boldsymbol{g}$ 为 $(-w(\boldsymbol{s}), |\cup_{i:s_i=1} S_i| - m)$. 类似于引理 12.1 的证明, 并考虑此处 $w_{\max} = 1 + 1/k^2$ 及 $P_{\max} \leqslant m+1$ 可得, 找到解 0^n 的期望运行时间的上界为 $O(mn\log n) = O(n^2 \log n)$.

下面证明帕累托优化法从 0^n 出发, 可依次找到规模从 0 至 $k-1$ 的 $\boldsymbol{s}_{\text{global}} = \{S_1^*, \ldots, S_{k-1}^*\}$ 的子集. 若仅使用 $\{S_{i,j} \mid i \in [k-1], j \in [k]\}$ 中的集合来覆盖 k 个元素, 则这些集合的权重之和必大于 $1+1/k^2$. 由此可知, $\boldsymbol{s}_{\text{global}}$ 的任意子集均是帕累托最优解. 在找到规模为 i 的 $\boldsymbol{s} \subseteq \boldsymbol{s}_{\text{global}}$ 后, 通过选择 $\boldsymbol{s}$ 进行变异并在变异时仅翻转任意尚未被选择的 S_i^* 所对应的 0-位可产生规模为 $i+1$ 的 $\boldsymbol{s}' \subseteq \boldsymbol{s}_{\text{global}}$, 而上述产生新解的行为发生的概率至少为

$$\frac{1}{m+1} \cdot \frac{k-1-i}{n}\left(1-\frac{1}{n}\right)^{n-1} \geqslant \frac{k-1-i}{\mathrm{e}(m+1)n}. \tag{12.59}$$

因此, 找到最优解 $\boldsymbol{s}_{\text{global}}$ 的期望运行时间至多为 $\sum_{i=0}^{k-2} \mathrm{e}(m+1)n/(k-1-i) = O(n^2 \log n)$.

综上, 定理 12.11 得证. □

定理 12.12

对于例 12.1, 罚函数法可在期望运行时间 $O(n^3 \log n)$ 内找到 $\boldsymbol{s}_{\text{global}}$.

证明 令 u 表示当前解尚未覆盖的元素的数目. 显然, u 不会增加. 由于每个尚未被覆盖的元素均对应了某个 $S_{i,j}$, 因此变异时通过仅翻转这些 $S_{i,j}$ 中的某个所对应的 0-位即可将 u 减小 1. 于是算法运行一轮将 u 减小 1 的概率至少为 $(u/n)(1-1/n)^{n-1} \geqslant u/(\mathrm{e}n)$. 为覆盖所有元素, 即将 u 减至 0, 期望运行时间至多为 $\sum_{u=m}^{1} \mathrm{e}n/u = O(n\log n)$.

注意 u 一旦减至 0 后, 将一直为 0. 下面应用定理 2.4 来分析找到 $\boldsymbol{s}_{\text{global}}$ 所需的运行时间. 令 $V(\xi_t) = w(\xi_t) - \mathrm{OPT}$, 其中 $\xi_t = \boldsymbol{s}_t$ 是算法 12.3 自 $u=0$ 开始运行 t 轮后的解. $V(\xi_t) = 0$ 意味着已找到 $\boldsymbol{s}_{\text{global}}$. 接下来分析 $\mathbb{E}[V(\xi_t) - V(\xi_{t+1}) \mid \xi_t]$. 显然, $w(\boldsymbol{s}_{t+1}) \leqslant w(\boldsymbol{s}_t)$. 对于图 12.2 中的每一列而言, $\boldsymbol{s}_t$ 存在三种将其覆盖的可能情况. 不妨考虑第 i 列.

(1) $\boldsymbol{s}_t$ 包含 S_i^* 和若干 $S_{i,j}$. 此时通过删除某个 $S_{i,j}$ 可使 $w(\boldsymbol{s}_{t+1}) = w(\boldsymbol{s}_t) - 1/j$, 这种行为发生的概率为 $(1/n)(1-1/n)^{n-1}$.

(2) $\boldsymbol{s}_t$ 包含所有 $S_{i,j}$ 而不包含 S_i^*. 此时通过加入 S_i^* 并删除 $S_{i,1}$ 和另一个 $S_{i,j}$ 可使 $w(\boldsymbol{s}_{t+1}) =$

$w(\boldsymbol{s}_t) - (1/j - 1/k^2)$, 这种行为发生的概率为 $(1/n^3)(1 - 1/n)^{n-3}$; 通过加入 S_i^* 并删除 $S_{i,1}$ 和任意两个属于 $\{S_{i,2}, \ldots, S_{i,k}\}$ 的集合可使 $w(\boldsymbol{s}_{t+1}) < w(\boldsymbol{s}_t) - (k-2)/k^2$, 这种行为发生的概率为 $(\binom{k-1}{2}/n^4)(1 - 1/n)^{n-4} \geqslant (k-2)/(2e(k+1)n^3)$.

(3) $\boldsymbol{s}_t$ 仅包含 S_i^*. 此时在第 i 列上已达最优情况.

取上述这些概率的下界 $(k-2)/(2e(k+1)n^3)$ 并累计上述情况下权重的减小量, 可得算法经过一轮运行能以至少 $(k-2)/(2e(k+1)n^3)$ 的概率将 $w(\boldsymbol{s}_t)$ 减小至少 $w(\boldsymbol{s}_t) - \mathrm{OPT}$. 因此,

$$\mathbb{E}[w(\boldsymbol{s}_{t+1}) \mid \boldsymbol{s}_t] \leqslant w(\boldsymbol{s}_t) - \frac{k-2}{2e(k+1)n^3}(w(\boldsymbol{s}_t) - \mathrm{OPT}), \tag{12.60}$$

于是可得

$$\mathbb{E}[V(\xi_t) - V(\xi_{t+1}) \mid \xi_t] = w(\boldsymbol{s}_t) - \mathbb{E}[w(\boldsymbol{s}_{t+1}) \mid \boldsymbol{s}_t] \geqslant \frac{k-2}{2e(k+1)n^3} \cdot V(\xi_t). \tag{12.61}$$

又因为 $V(\xi_0) < k^2, V_{\min} \geqslant 1/k$, 所以根据定理 2.4 有

$$\mathbb{E}[\tau \mid \xi_0] \leqslant \frac{2e(k+1)n^3}{k-2} \cdot (1 + 3\ln k) = O(n^3 \log n). \tag{12.62}$$

综上, 定理 12.12 得证. □

通过对比定理 12.10 ~ 定理 12.12 可得, 帕累托优化法和罚函数法均优于贪心算法, 而其中帕累托优化法表现最佳.

12.3 小结

本章研究当采用演化算法求解约束优化问题时, 应该如何处理不可行解这个问题. 先分析了不可行解的影响, 具体而言, 推导出了不可行解有益于演化算法搜索的充分及必要条件. 然后, 考虑了如何能够有效地利用不可行解, 具体而言, 分析了帕累托优化法的效用. 帕累托优化法通过将原始约束优化问题转化为同时优化原始目标和最小化约束违反度的二目标优化问题, 并采用多目标演化算法求解, 使得不可行解能够参与演化过程. 本章在最小拟阵优化这个 P 问题和最小代价覆盖这个 NP 难问题上对帕累托优化法与罚函数法的性能进行分析对比, 揭示了帕累托优化法更高效, 且能优于针对这两个问题的贪心算法. 在本书的第四部分, 帕累托优化法将被用于求解机器学习中的一些约束优化问题, 并展现出优越性能.

第四部分

学习算法

第 13 章 选择性集成

本章介绍如何基于演化学习的理论进展完成机器学习中的重要任务——**选择性集成** (selective ensemble), 亦称**集成修剪** (ensemble pruning).

集成学习 [Zhou, 2012; 周志华, 2016, 第 8 章] 是一类强大的机器学习方法. 如图 13.1 (a) 所示, 它通过构建并结合多个个体学习器来完成学习任务. 这类方法通常能够获得强泛化性能, 因此已被广泛用于各类学习任务. 选择性集成 [Rokach, 2010; Zhou, 2012] 在集成学习的基础上, 从构建的所有个体学习器中选择一个子集进行结合, 而非使用所有个体学习器结合, 如图 13.1 (b) 所示. 显然减小集成规模有助于减小模型的存储开销和预测时间开销, 而且 [Zhou et al., 2002; Rokach, 2010] 揭示出选择性集成能在减小规模的同时提升模型的泛化性能.

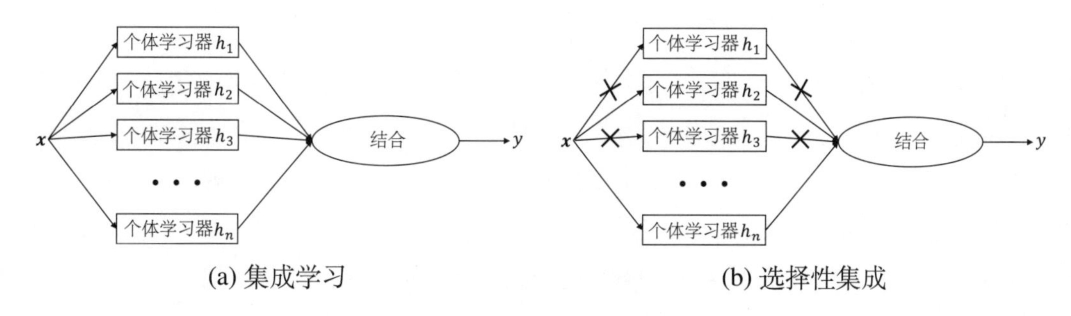

(a) 集成学习　　(b) 选择性集成

图 13.1 集成学习和选择性集成的一般结构

选择性集成自然地有两个目标: 最大化泛化性能和最小化个体学习器数目. 显然这两个目标在趋近最优时是相互冲突的, 因为将过少的个体学习器进行结合将导致模型性能不佳. 为了同时获得好的泛化性能和小的集成规模, 选择性集成算法以往通常将这两个目标组合成一个单独的目标进行求解. 然而, 本书第 6 章和第 12 章已揭示出通过多目标形式化显式地考虑每个目标有助于优化, 因此本章考虑选择性集成的显式二目标形式, 并给出基于帕累托优化的 POSE 算法 [Qian et al., 2015a]. POSE 使用结合局部搜索的多目标演化算法求解选择性集成问题的二目标形式. 理论分析表明, 无论是泛化性能还是集成规模, POSE 均优于基于排序的选择性集成算法. 实验结果亦表明 POSE 的性能显著优于一些著名的选择性集成算法. 最后, POSE 被成功用于完成移动端人体行为识别任务.

13.1 选择性集成

相对于集成给定的所有个体学习器, 选择性集成试图从中选择一个较小的子集来集成, 而不牺牲甚至能提升泛化性能. 给定数据集 $D = \{(\boldsymbol{x}_i, y_i)\}_{i=1}^m$ 以及, n 个个体学习器

$H = \{h_i\}_{i=1}^n$, 其中 $h_i : \mathcal{X} \to \mathcal{Y}$ 为特征空间 $\mathcal{X}$ 到标记空间 $\mathcal{Y}$ 的映射. 令 H_s 表示对向量 $s \in \{0,1\}^n$ 所对应的个体学习器的集成, 其中 s 的第 i 位 $s_i = 1$ 表示 h_i 被选中. 选择性集成试图优化与 H_s 的泛化性能相关的某个目标 f, 并同时最小化 H_s 的规模, 即 $|s|_1$.

选择性集成涵盖对序列化集成 (例如 Boosting) 的修剪 [Margineantu and Dietterich, 1997; Tamon and Xiang, 2000] 和对并行化集成 (例如 Bagging) 的修剪 [Zhou et al., 2002], 这些亦被统称为集成修剪. 早期研究主要针对序列化集成进行, 但 [Tamon and Xiang, 2000] 揭示出此时修剪问题甚至难以近似, 且减小集成规模常导致泛化性能下降, 而 [Zhou et al., 2002] 揭示出对并行化集成进行修剪能在减小规模的同时提升泛化性能. 因此, 之后集成修剪方面的研究主要针对并行化集成进行, 而选择性集成亦常指对并行化集成的修剪.

现有选择性集成技术可大致划分为两大类: 基于排序和基于优化 [Rokach, 2010; Zhou, 2012]. 基于排序的算法 [Martínez-Muñoz et al., 2009; Partalas et al., 2012] 通常从空集出发, 然后迭代地加入使某个特定目标最优化的个体学习器. 基于个体学习器被加入的顺序, 根据某个标准选取该序列中从头开始的一部分个体学习器进行集成. 算法 13.1 展示了**基于排序的选择性集成** (ordering-based selective ensemble, OSE) 算法的一般结构, 其中目标 f 用于引导搜索, 评估标准 $eval$ 通常为**验证误差** (validation error), 用于选择最终用作集成的个体学习器. 基于排序的不同算法主要区别在于采用的目标 f, 目标可以是最小化误差 [Margineantu and Dietterich, 1997]、最大化多样性 [Banfield et al., 2005] 或两者兼顾 [Li et al., 2012]. [Martínez-Muñoz et al., 2009; Hernández-Lobato et al., 2011] 揭示了这类算法可以高效地获取规模小且泛化性能好的集成.

算法 13.1 OSE 算法

输入: 个体学习器集 $H = \{h_i\}_{i=1}^n$; 目标 $f : 2^H \to \mathbb{R}$; 评估标准 $eval$.
过程:
1: 令 $H^{\mathrm{S}} = \emptyset$, $H^{\mathrm{U}} = \{h_1, h_2, \ldots, h_n\}$;
2: **while** $H^{\mathrm{U}} \neq \emptyset$ **do**
3: $\quad h^* = \arg\max_{h \in H^{\mathrm{U}}} f(H^{\mathrm{S}} \cup \{h\})$;
4: $\quad H^{\mathrm{S}} = H^{\mathrm{S}} \cup \{h^*\}$, $H^{\mathrm{U}} = H^{\mathrm{U}} \setminus \{h^*\}$
5: **end while**
6: 令 $H^{\mathrm{S}} = \{h_1^*, h_2^*, \ldots, h_n^*\}$, 其中 h_i^* 是在第 i 轮加入的个体学习器;
7: 令 $k = \arg\min_{i \in [n]} eval(\{h_1^*, h_2^*, \ldots, h_i^*\})$
8: **return** $\{h_1^*, h_2^*, \ldots, h_k^*\}$
输出: H 的一个子集

现有基于优化的算法将选择性集成形式化为单目标优化问题①, 然后采用不同的优化技术, 包括半定规划 (semi-definite programming) [Zhang et al., 2006]、二次规划 (quadratic programming) [Li and Zhou, 2009] 和启发式优化 (例如遗传算法 [Zhou et al., 2002]). 其中

① 通常旨在找到泛化性能最佳的个体学习器子集.

启发式优化采用**试错** (trial-and-error) 方式对解空间进行直接搜索, 被认为具有较强的优化能力, 但缺乏理论支撑. 而且, [Zhou et al., 2002; Li and Zhou, 2009] 中的实验结果表明相较基于排序的算法, 启发式优化算法找到的集成往往具有更大的规模. 算法 13.2 展示了**基于单目标优化的选择性集成** (single-objective optimization-based selective ensemble, SOSE) 算法的一个具体实现, 其使用 (1+1)-EA (即算法 2.1) 直接优化某个目标 f.

算法 13.2 SOSE 算法

输入: 个体学习器集 $H = \{h_i\}_{i=1}^n$; 目标 $f : 2^H \to \mathbb{R}$.
过程:
1: 均匀随机地从 $\{0,1\}^n$ 中选择一个解 $\boldsymbol{s}$ 作为初始解;
2: **while** 不满足停止条件 **do**
3: 　在解 $\boldsymbol{s}$ 上执行逐位变异算子以产生新解 $\boldsymbol{s}'$;
4: 　**if** $f(\boldsymbol{s}') \geqslant f(\boldsymbol{s})$ **then**
5: 　　$\boldsymbol{s} = \boldsymbol{s}'$
6: 　**end if**
7: **end while**
8: **return** $\boldsymbol{s}$
输出: H 的一个子集

除了上述两类算法, 还有一些工作 [Giacinto et al., 2000; Lazarevic and Obradovic, 2001] 使用基于聚类的技术进行选择性集成, 主要思路是通过聚类找到代表性的原型个体学习器进行集成. 具体而言, 先通过聚类将所有个体学习器划分为若干簇, 使得簇内个体学习器表现相似而簇间个体学习器差异大, 再将各个簇内的原型个体学习器进行集成.

13.2 POSE 算法

选择性集成问题的二目标形式为

$$\underset{\boldsymbol{s}\in\{0,1\}^n}{\arg\max}\ (f(\boldsymbol{s}), -|\boldsymbol{s}|_1), \tag{13.1}$$

其中 $\boldsymbol{s} \in \{0,1\}^n$ 表示由个体学习器构成的一个子集, $f(\boldsymbol{s})$ 是与集成 $H_{\boldsymbol{s}}$ 的泛化性能相关的某个目标, $|\boldsymbol{s}|_1$ 是选中的个体学习器个数. 在该二目标优化下, 一个解 $\boldsymbol{s}$ 对应一个目标向量 $(f(\boldsymbol{s}), -|\boldsymbol{s}|_1)$, 而非单一的目标值. 例如, 若一个解的 f 值为 0.2 且包含 10 个个体学习器, 则对应目标向量 $(0.2, -10)$. 不同于单目标优化, 目标向量的出现使得解与解之间的比较更为复杂, 例如, 其中一个解在第一个维度上更好而另一个解却在第二个维度上更好. 定义 1.3 所述的占优关系常被用于多目标优化下解之间的比较.

下面介绍**基于帕累托优化的选择性集成** (Pareto optimization for selective ensemble, POSE) 算法, 它采用一个简单的多目标演化算法 GSEMO (即使用逐位变异算子的算法 2.5)

求解二目标选择性集成问题, 即式 (13.1). 算法 13.3 的 POSE 先随机产生一个解并将其放入种群 P 中, 然后尝试迭代地改进 P 中解的质量. 在每一轮运行中, POSE 执行如下动作: 从 P 中随机选取一个解 $\boldsymbol{s}$ 进行扰动以产生一个新解 $\boldsymbol{s}'$; 若 $\boldsymbol{s}'$ 不被 P 中的任意解所占优, 则将 $\boldsymbol{s}'$ 加入 P 中, 同时将 P 中被 $\boldsymbol{s}'$ 弱占优的解去除.

算法 13.3 POSE 算法

输入: 个体学习器集 $H = \{h_i\}_{i=1}^n$; 目标 $f : 2^H \to \mathbb{R}$; 评估标准 $eval$.
过程:

1: 令 $\boldsymbol{g}(\boldsymbol{s}) = (f(\boldsymbol{s}), -|\boldsymbol{s}|_1)$;
2: 均匀随机地从 $\{0,1\}^n$ 中选择一个解 $\boldsymbol{s}$ 作为初始解;
3: 令 $P = \{\boldsymbol{s}\}$;
4: **while** 不满足停止条件 **do**
5: 　均匀随机地从 P 中选择一个解 $\boldsymbol{s}$;
6: 　在解 $\boldsymbol{s}$ 上执行逐位变异算子以产生新解 $\boldsymbol{s}'$;
7: 　**if** $\nexists z \in P$ 满足 $z \succ \boldsymbol{s}'$ **then**
8: 　　$P = (P \setminus \{z \in P \mid \boldsymbol{s}' \succeq z\}) \cup \{\boldsymbol{s}'\}$;
9: 　　$Q = \mathrm{VDS}(f, \boldsymbol{s}')$;
10: 　　**for** $\boldsymbol{q} \in Q$
11: 　　　**if** $\nexists z \in P$ 满足 $z \succ \boldsymbol{q}$ **then**
12: 　　　　$P = (P \setminus \{z \in P \mid \boldsymbol{q} \succeq z\}) \cup \{\boldsymbol{q}\}$
13: 　　　**end if**
14: 　　**end for**
15: 　**end if**
16: **end while**
17: **return** $\arg\min_{\boldsymbol{s} \in P} eval(\boldsymbol{s})$

输出: H 的一个子集

由于演化算法通常更关注全局探索, 可能未充分利用局部信息, 因此 POSE 每一轮对新加入种群的解进一步执行局部搜索以提升搜索效率. 具体地, POSE 采用最早被用于求解 TSP 的**变深搜索** (variable-depth search, VDS) 算法 [Lin and Kernighan, 1973] 来执行局部搜索. 算法 13.4 的 VDS 执行一系列贪心的局部操作, 且每次都选择最好的邻居解. 为防止陷入无穷循环, 用集合 L 记录已经搜索过的方向. 当所有方向均被搜索过时, VDS 停止运行. 算法 13.3 第 9 行将 VDS 应用于新加入种群的解 $\boldsymbol{s}'$, 第 10~14 行用由此产生的解更新种群 P. VDS 在搜索时仅考虑目标 f, 这是否会使得 POSE 的搜索偏向于该目标? 其实不然, 因为 POSE 的搜索方向由算法 13.3 的第 7~8 行和第 10~14 行共同决定, 而 VDS 的作用仅为产生更多可能较好的候选解.

当 POSE 停止运行时, 种群中维持了针对二目标选择性集成问题的若干互不可比的解. 在算法 13.3 的第 17 行, POSE 通过优化某个评估标准 $eval$ 从该种群中选择最终输出的解. 评估标准 $eval$ 的选择取决于具体任务和用户偏好.

算法 13.4 VDS 算法

输入: 伪布尔函数 $f : \{0,1\}^n \to \mathbb{R}$; 解 $\boldsymbol{s} \in \{0,1\}^n$.

过程:

1: 令 $Q = \emptyset, L = \emptyset$;
2: 令 $N(\cdot)$ 表示与某个布尔向量汉明距离为 1 的邻居解所构成的集合;
3: **while** $V_s = \{\boldsymbol{y} \in N(\boldsymbol{s}) \mid (y_i \neq s_i \Rightarrow i \notin L)\} \neq \emptyset$ **do**
4: 　从 V_s 中选择 f 值最大的解, 记为 $\boldsymbol{y}$;
5: 　$Q = Q \cup \{\boldsymbol{y}\}$;
6: 　$L = L \cup \{i \mid y_i \neq s_i\}$;
7: 　$\boldsymbol{s} = \boldsymbol{y}$
8: **end while**
9: **return** Q

输出: $\{0,1\}^n$ 中的 n 个解

当选取目标 f 时, 由于泛化性能难以直接衡量, 一种直接的替代方式是使用在训练集或**验证集** (validation set) 上的误差 [Margineantu and Dietterich, 1997; Zhou et al., 2002; Caruana et al., 2004]. f 的另一种常见设置为多样性指标 [Zhou, 2012]. Kappa 算法 [Banfield et al., 2005] 中使用的 κ-统计量就是一个代表性的多样性指标, 它基于两个分类器在相同数据集上预测的不一致性来衡量两者的差异. 目前已有许多关于多样性的指标 [Brown et al., 2005], 且不少被用于选择性集成 [Li et al., 2012; Sun and Zhou, 2018]. [Li et al., 2012] 揭示当 f 兼顾误差和多样性时效果更佳.

13.3 理论分析

本节通过 POSE 与 OSE (即算法 13.1) 和 SOSE (即算法 13.2) 的比较, 从理论上分析 POSE 的有效性. 具体而言, 先证明相较 OSE, POSE 在选择性集成的任意实例上均能找到至少同样好的解, 再证明 POSE 在某些具体实例上优于 OSE, 最后证明 POSE 和 OSE 在某些实例上优于 SOSE. 后续分析中, 令 $P_{\max}$ 表示在 POSE 运行过程中种群 P 的最大规模.

13.3.1 POSE 至少与 OSE 同样好

定理 13.1 阐明了对于任意选择性集成实例, 相较 OSE, POSE 均能高效地找到在泛化性能和集成规模上都至少同样好的解. 注意, 选择性集成算法的运行时间通过对目标 f 的评估次数来衡量, 这是因为对 f 评估通常为算法运行中最耗时的步骤. 证明思路是 POSE 先能高效地找到解 0^n, 该解对应了集成时未选择任意个体学习器的情况, 再通过在 0^n 上执行 VDS 可模拟 OSE 的运行过程, 从而使找到的解至少与 OSE 找到的同样好. 引理 13.1 给出了 POSE 找到解 0^n 所需运行的轮数.

引理 13.1

POSE 找到解 0^n 所需的期望运行轮数上界为 $O(P_{\max} n \log n)$.

证明 令 $i = \min\{|s|_1 \mid s \in P\}$, 即 P 中的解含 1 的个数的最小值. 由于满足 $|s|_1 = i$ 的解 s 不可能被含超过 i 个 1 的解弱占优, 因此 i 不会增加. 而一旦产生满足 $|s'| < i$ 的解 s', 算法必将接受它, 这是因为此时 s' 拥有最小的规模, P 中不存在解对它占优. 因此, 通过从 P 中选择满足 $|s|_1 = i$ 的解 s 进行变异 (发生概率至少为 $1/P_{\max}$), 并在变异时仅翻转 s 的一个 1-位 (发生概率为 $(i/n)(1-1/n)^{n-1}$), 即可使得 i 减小 1. 这意味着 POSE 通过运行一轮使 i 减小 1 的概率至少为 $(1/P_{\max}) \cdot (i/n)(1-1/n)^{n-1}$. 综上可得, 算法使 i 减小 1 所需的期望运行轮数 (记为 $\mathbb{E}[i]$) 至多为 $P_{\max}(n/i)(1/(1-\frac{1}{n})^{n-1}) \leqslant eP_{\max}n/i$, 其中不等式成立是因为 $(1-1/n)^{n-1} \geqslant 1/e$. 累加 $\mathbb{E}[i]$ 即可得出 POSE 找到解 0^n 所需的期望运行轮数的上界

$$\sum_{i=1}^{n} \mathbb{E}[i] \leqslant \sum_{i=1}^{n} \frac{eP_{\max}n}{i} = O(P_{\max} n \log n). \tag{13.2}$$

于是引理 13.1 得证. □

定理 13.1

给定任意目标 f, POSE 可在期望运行时间 $O(n^4 \log n)$ 内找到解, 并弱占优于 OSE 找到的解.

证明 考虑算法 13.3 第 6 行产生解 0^n 的情形. 由于 0^n 是帕累托最优的, POSE 将在 0^n 上执行 VDS, 而这实际上等同于 OSE 的过程: 从空集 (即 0^n) 出发, 迭代地加入使 f 最大化的个体学习器 (即将相应位从 0 翻转成 1). 令 s^* 表示 OSE 最终找到的解. 显然, VDS 输出的解集 Q 包含 s^*, 而 s^* 将在算法 13.3 的第 10~14 行被用于更新种群 P, 这将使得 P 始终包含弱占优 s^* 的解.

因此, 接下来仅需分析算法 13.3 为了在第 6 行产生解 0^n 所需运行的轮数. 具体分两种情况考虑. 若初始解即为 0^n, 则由于 0^n 是帕累托最优的, 它将始终保留在种群中. 此时通过从 P 中选择 0^n 进行变异 (发生概率至少为 $1/P_{\max}$), 并在变异时不翻转任意位 (发生概率为 $(1-1/n)^n$), 即可在算法第 6 行重新产生 0^n. 因此, 算法执行第 6 行产生 0^n 的概率至少是 $(1/P_{\max})(1-1/n)^n$, 这意味着所需的期望运行轮数至多为 $P_{\max}/(1-1/n)^n \leqslant 2eP_{\max}$. 若初始解不是 0^n, 则由引理 13.1 可知, 产生 0^n 所需的期望运行轮数至多为 $O(P_{\max} n \log n)$. 由于 P 中任意两个解均不可比, 对于每个可能的集成规模, P 中至多存在一个相应的解. 又因为 $|s|_1 \in \{0, 1, \ldots, n\}$, 所以 $P_{\max} \leqslant n+1$. 综上可得, 算法为了在第 6 行产生 0^n 所需的期望运行轮数至多为 $O(n^2 \log n)$.

根据 POSE 的过程可知, 每一轮的运行时间至多是 1 (即对 s' 的 1 次评估) 加 VDS 的运行时间. 由于 VDS 每执行一次贪心局部搜索后便将解上发生变化的相应位置加入 L 中, 它将总共执行 n 次贪心局部搜索. 又由 $|V_s| \leqslant n$ 可知, 一次贪心局部搜索至多需要 n 次对解的评估. 因此, POSE 运行一轮的时间至多为 $O(n^2)$, 这意味着算法找到弱占优 s^* 的解所需的期望运行时间至多为 $O(n^4 \log n)$. 于是定理 13.1 得证. □

13.3.2 POSE 在一些实例上优于 OSE

考虑二**分类** (binary classification) 问题, 即 $\mathcal{Y}=\{-1,1\}$. 对于 POSE 和 OSE, 考虑以验证误差 (记为 err) 作为它们衡量泛化性能的目标和用以选择最终子集的评估标准, 即 $f(\boldsymbol{s})=-err(\boldsymbol{s}), eval(\boldsymbol{s})=err(\boldsymbol{s})$. 验证误差计算如下:

$$err(\boldsymbol{s})=\frac{1}{m}\sum_{i=1}^{m}\mathbb{I}(H_{\boldsymbol{s}}(\boldsymbol{x}_i)\neq y_i), \tag{13.3}$$

其中 $err(\boldsymbol{s}=0^n)$ 设为 $+\infty$. 假设集成通过简单投票法结合, 因此 $H_{\boldsymbol{s}}$ 可表示为

$$H_{\boldsymbol{s}}(\boldsymbol{x})=\underset{y\in\mathcal{Y}}{\arg\max}\sum_{i=1}^{n}s_i\cdot\mathbb{I}(h_i(\boldsymbol{x})=y). \tag{13.4}$$

两个分类器之间的差异定义为

$$div(h_i,h_j)=\frac{1}{m}\sum_{k=1}^{m}\frac{1-h_i(\boldsymbol{x}_k)h_j(\boldsymbol{x}_k)}{2}. \tag{13.5}$$

单个分类器的误差定义为

$$err(h_i)=\frac{1}{m}\sum_{k=1}^{m}\frac{1-h_i(\boldsymbol{x}_k)y_k}{2}. \tag{13.6}$$

可见上述两者的取值均属于 $[0,1]$. 若 $div(h_i,h_j)=1$, 则 h_i 和 h_j 总是作相反的预测; 若 $div(h_i,h_j)=0$, 则两者总是作相同的预测. 若 $err(h_i)=1$, 则 h_i 总是作错误的预测; 若 $err(h_i)=0$, 则 h_i 总是作正确的预测.

定理 13.2 揭示对于例 13.1 所述的选择性集成问题的实例, POSE 能够在多项式时间内找到最优集成, 而 OSE 仅能找到一个次优集成, 误差和规模至少有其一比最优集成的大. 例 13.1 的最优集成由 H' 中的 3 个分类器构成: 这 3 个分类器所犯的预测错误各不相同, 结合起来使得误差为 0. 证明思路是 OSE 由于贪心行为会先选择误差最小的分类器 h^*, 于是无法找到最优集成 H', 而 POSE 在找到 $\{h^*\}$ 后通过在其上执行 VDS 能以较大的概率找到最优集成 H'.

例 13.1

$$\exists H'\subseteq H:(|H'|=3\wedge\forall g,h\in H':div(g,h)=err(g)+err(h)), \tag{13.7}$$

$$\exists h^*\in H\setminus H':\begin{cases}err(h^*)<\min\{err(h)\mid h\in H'\};\\ \forall h\in H':div(h,h^*)<err(h)+err(h^*),\end{cases} \tag{13.8}$$

$$\begin{aligned}&\forall g\in H\setminus(H'\cup\{h^*\}):err(g)>\max\{err(h)\mid h\in H'\}\\&\quad\wedge err(g)+err(h^*)-div(g,h^*)>\min\{err(h)+err(h^*)-div(h,h^*)\mid h\in H'\}\\&\qquad+\max\{err(h)+err(h^*)-div(h,h^*)\mid h\in H'\}.\end{aligned} \tag{13.9}$$

定理 13.2

对于例 13.1, OSE 找到解的目标向量的两个维度分别 $\leqslant 0$ 和 $\leqslant -3$, 且两个等号不同时成立, 而 POSE 可在期望运行时间 $O(n^4 \log n)$ 内找到目标向量为 $(0, -3)$ 的解.

证明 不妨假设 $h^* = h_1$, $H' = \{h_2, h_3, h_4\}$, $err(h_2) = \min\{err(h) \mid h \in H'\}$. 令 $d_i = (err(h_1) + err(h_i) - div(h_1, h_i))/2$, 即 h_1 和 h_i 在相同示例上做出错误预测的比例. 由式 (13.8) 和式 (13.9) 可得 d_i 大于 0. 不妨设 $d_3 \leqslant d_4$. 由 OSE 的过程可得到其搜索路径为

$$0^n \to 10^{n-1} \to 110^{n-2} \to 1110^{n-3} \to 11110^{n-4} \to \cdots . \tag{13.10}$$

相应的 err 值变化如下:

$$+\infty \to err(h_1) \to (err(h_1) + err(h_2))/2 \to d_2 + d_3 \to (d_2 + d_3 + d_4)/2 \to \geqslant 0. \tag{13.11}$$

令 $\boldsymbol{s}^j$ 表示长度为 j 的布尔向量, 即 $\boldsymbol{s}^j \in \{0,1\}^j$. 上述路径上的第一个 "→" 是因为 h_1 误差最小; 第二个 "→" 是因为结合两个分类器后的误差即等于它们各自误差的平均值, 所以剩余分类器中误差最小的 h_2 被选中; 第三个 "→" 是因为 $err(1110^{n-3}) = d_2 + d_3 \leqslant err(11010^{n-4}) = d_2 + d_4$ 且 $\forall \boldsymbol{s} \in \{1100\boldsymbol{s}^{n-4} \mid |\boldsymbol{s}^{n-4}|_1 = 1\} : err(\boldsymbol{s}) > \min\{d_2, d_3, d_4\} + \max\{d_2, d_3, d_4\} \geqslant d_2 + d_3$; 第四个 "→" 是因为 $\forall \boldsymbol{s} \in \{1110\boldsymbol{s}^{n-4} \mid |\boldsymbol{s}^{n-4}|_1 = 1\} : err(\boldsymbol{s}) > (d_2 + d_3 + \min\{d_2, d_3, d_4\} + \max\{d_2, d_3, d_4\})/2 > (d_2 + d_3 + d_4)/2 = err(11110^{n-4})$. 由于 $(err(h_1) + err(h_2))/2 > err(h_1) > d_2 + d_3$, OSE 最终输出解的目标向量为 $(-d_2 - d_3, -3)$、$(-(d_2 + d_3 + d_4)/2, -4)$ 或 $(\leqslant 0, \leqslant -5)$.

下面分析 POSE. 由引理 13.1 可知, POSE 找到解 0^n 需要至多 $O(P_{\max} n \log n)$ 的期望运行轮数. 在找到 0^n 后, POSE 运行一轮产生解 10^{n-1} 的概率至少是 $(1/P_{\max}) \cdot (1/n)(1 - 1/n)^{n-1} \geqslant 1/(\mathrm{e}nP_{\max})$, 这是因为通过从 P 中选择 0^n 进行变异并在变异时仅翻转其第一个 0-位即可产生解 10^{n-1}. 由于 10^{n-1} 是帕累托最优的, 它始终被保留在 P 中. 当执行算法 13.3 第 6 行重新产生解 10^{n-1} (发生概率至少是 $(1/P_{\max}) \cdot (1 - 1/n)^n$) 时, POSE 将对其执行 VDS, 且由此产生的搜索路径以概率 $\Omega(1/n)$ 为

$$10^{n-1} \to 110^{n-2} \to 1110^{n-3} \to 11110^{n-4} \to 01110^{n-4} \to \cdots . \tag{13.12}$$

相应的 err 值变化如下:

$$err(h_1) \to (err(h_1) + err(h_2))/2 \to d_2 + d_3 \to (d_2 + d_3 + d_4)/2 \to 0 \to \geqslant 0. \tag{13.13}$$

注意 $P_{\max} \leqslant n + 1$. 综上可得, POSE 找到目标向量为 $(0, -3)$ 的最优解 01110^{n-4} 所需的期望运行时间至多为 $O(P_{\max} n \log n + P_{\max} n + P_{\max} n) \cdot O(n^2) = O(n^4 \log n)$. 因此, 定理 13.2 得证. □

13.3.3 POSE 和 OSE 在一些实例上优于 SOSE

启发式优化算法 (例如演化算法) 已被用于求解单目标形式的选择性集成问题, 最早的此类工作之一或许是使用遗传算法的 GASEN [Zhou et al., 2002], 然而在理论上尚不清

楚这类算法的性能如何. 算法 13.2 是一个简单的启发式 SOSE 算法, 使用 (1+1)-EA 直接优化与泛化性能相关的目标 f. 定理 13.3 表明对于例 13.2 所述的选择性集成问题的实例, OSE 能够高效地找到最优集成. 因此, 由定理 13.1 可得 POSE 亦如此. 定理 13.3 还揭示了 SOSE (即算法 13.2) 找到最优集成至少需指数级运行时间.

例 13.2

$$\exists H' \subseteq H : (|H'| = n-1 \wedge \forall g, h \in H' : div(g,h) = 0)\,, \tag{13.14}$$

$$err(H \setminus H') < err(h \in H'). \tag{13.15}$$

对于例 13.2, 除了一个误差最小的分类器外, 其余所有分类器均作相同的预测. 不妨假设 $H' = \{h_2, \ldots, h_n\}$. 令 $err(h_1) = c_1$, $err(h \in H') = c_2$, 其中 $c_1 < c_2$. 误差函数 err 通过对式 (13.3) 进行计算可表示为

$$err(\boldsymbol{s}) = \begin{cases} +\infty & \text{若 } \boldsymbol{s} = 0^n; \\ c_1 & \text{若 } \boldsymbol{s} = 10^{n-1}; \\ (c_1+c_2)/2 & \text{若 } |\boldsymbol{s}|_1 = 2 \wedge s_1 = 1; \\ c_2 & \text{否则}. \end{cases} \tag{13.16}$$

定理 13.3 的证明思路是 OSE 执行第一个贪心步骤后便找到最优解 10^{n-1}, 而 SOSE 几乎是在作随机游走, 因此效率低下. SOSE 的分析将使用简化负漂移分析法, 即定理 2.5.

定理 13.3

对于例 13.2, OSE 在运行时间 $O(n^2)$ 内找到最优解, 而 SOSE 找到最优解所需的运行时间下界是 $2^{\Omega(n)}$ 的概率为 $1-2^{-\Omega(n)}$.

证明 根据 OSE 的行为及目标 $f(\boldsymbol{s}) = -err(\boldsymbol{s})$ 可得到其搜索路径为

$$0^n \to 10^{n-1} \to 1\boldsymbol{s}^{n-1}, |\boldsymbol{s}^{n-1}|_1 = 1 \to \cdots. \tag{13.17}$$

相应的 err 值变化如下:

$$+\infty \to c_1 \to (c_1+c_2)/2 \to c_2. \tag{13.18}$$

因此, OSE 将输出最优解 10^{n-1}. OSE (即算法 13.1) 的运行时间是固定的. 当运行至第 i 轮时, 其中 $i \in [n]$, OSE 需评估 $n-i+1$ 个候选集成, 这些候选集成由当前集成和 $n-i+1$ 个尚未被选中的分类器中的任意一个结合而得. 因此, 总的运行时间为 $\sum_{i=1}^{n}(n-i+1) = n(n+1)/2 = O(n^2)$.

接下来分析 SOSE. 由于 SOSE 基于当前解产生新解, 可将其过程建模为马尔可夫链. 下面通过定理 2.5 来证明其指数级运行时间下界. 令 $x_t = |\boldsymbol{s}|_1$ 表示算法 13.2 运行 t 轮后的解 $\boldsymbol{s}$ 包含 1 的个数. 令定理 2.5 中的参数 $a = 2$、$b = n/3$. 令 $P_{\text{mut}}(i \to j)$ 表示算法 13.2 第 3 行中对满足 $|\boldsymbol{s}|_1 = i$

的解 $\boldsymbol{s}$ 执行逐位变异算子产生满足 $|\boldsymbol{s}'|_1 = j$ 的解 $\boldsymbol{s}'$ 之概率. $\forall a < i < b$, 有

$$\mathbb{E}[x_t - x_{t+1} \mid x_t = i] = i - \sum_{j=1}^{n} P_{\text{mut}}(i \to j) \cdot j - P_{\text{mut}}(i \to 0) \cdot i \tag{13.19}$$

$$\leqslant i - \sum_{j=0}^{n} P_{\text{mut}}(i \to j) \cdot j$$

$$= i - (n-i)\frac{1}{n} - i\left(1 - \frac{1}{n}\right) \leqslant -\frac{1}{3}, \tag{13.20}$$

其中式 (13.19) 成立是因为除 0^n 外的任意解均具有与解 $\boldsymbol{s}$ (满足 $|\boldsymbol{s}|_1 = i > 2$) 至少同样大的 f 值, 所以总被接受; 式 (13.20) 中的等式由 $\sum_{j=0}^{n} P_{\text{mut}}(i \to j) \cdot j = \mathbb{E}[\sum_{i=1}^{n} s'_i]$②, 并应用**期望的线性度** (linearity of expectation) 而得. 为使得 $|x_{t+1} - x_t| \geqslant j$, 变异时必然要至少翻转 j 位, 因此,

$$P(|x_{t+1} - x_t| \geqslant j \mid x_t > a) \leqslant \binom{n}{j}\frac{1}{n^j} \leqslant \frac{1}{j!} \leqslant \frac{2}{2^j}. \tag{13.21}$$

式 (13.20) 和式 (13.21) 意味着定理 2.5 的条件在 $\epsilon = 1/3$、$\delta = 1$ 和 $r(l) = 2$ 时成立. 于是根据定理 2.5 可得 $P(T \geqslant 2^{\Omega(n)}) = 1 - 2^{-\Omega(n)}$, 其中 $T = \min\{t \geqslant 0 : x_t \leqslant 2 \mid x_0 \geqslant n/3\}$. 因为初始解服从 $\{0,1\}^n$ 上的均匀分布, 由切诺夫界可得 $P(x_0 \geqslant n/3) = 1 - 2^{-\Omega(n)}$, 所以在 $1 - 2^{-\Omega(n)}$ 的概率下, SOSE 找到满足 $|\boldsymbol{s}|_1 \leqslant 2$ 的解 $\boldsymbol{s}$ 所需的运行时间至少为 $2^{\Omega(n)}$. 又因为找到最优解 10^{n-1} 所需的时间必定不小于找到满足 $|\boldsymbol{s}|_1 \leqslant 2$ 的解 $\boldsymbol{s}$ 所需的时间, 所以结论中关于 SOSE 的部分成立.

综上, 定理 13.3 得证. □

13.4 实验测试

本节通过在 20 个二分类和 10 个**多分类** (multiclass classification) 数据集③上的实验对 POSE 和一些著名的选择性集成算法进行比较. 初始的个体分类器通过 Bagging [Breiman, 1996] 训练而得. 为评估每种选择性集成算法在每个数据集上的性能, 重复下述过程 30 次: 将数据集随机地等分成 3 个部分, 分别作为训练集、验证集和**测试集** (test set); 通过 Bagging 在训练集上训练得到 100 棵 C4.5 决策树 [Quinlan, 1993]; 选择性集成算法基于验证集对这 100 棵决策树进行修剪; 最终以修剪得到的集成之规模和在测试集上的误差, 即**测试误差** (testing error), 作为衡量性能的两个指标. 另外, POSE 还被应用于基于智能手机的移动端人体行为识别任务.

运行 POSE 时, 它的第一个目标以及用于选择最终集成的评估标准均设置为验证误差. 对比的两个基准算法分别为 Bagging 和最佳个体分类器 (best individual classifier, BI),

② $\mathbb{E}[\sum_{i=1}^{n} s'_i]$ 即为算法 13.2 第 3 行产生的新解所含 1 的期望个数.

③ `https://exl.ptpress.cn:8442/ex/l/c369d730/`.

前者将所有个体分类器结合, 后者对应验证误差最小的个体分类器. 用于对比的 5 个著名的基于排序的算法分别为 Reduce-Error (RE) [Caruana et al., 2004]、Kappa [Banfield et al., 2005]、ComPlementarity (CP) [Martínez-Muñoz et al., 2009]、Margin Distance (MD) [Martínez-Muñoz et al., 2009] 和 DREP [Li et al., 2012]. 它们的主要区别在于所使用的与泛化性能相关的目标不同, 但用于选择最终集成的评估标准均设置为验证误差. 另外, 还对比了一个基于单目标优化的算法, 采用与算法 13.2 类似的过程来最小化验证误差, 记为 EA, 与算法 13.2 的区别为: EA 的种群规模为 n, 且每一轮通过变异产生 n 个子代解. MD 的参数 p 设置为 0.075 [Martínez-Muñoz et al., 2009], DREP 的参数 ρ 从 $\{0.2, 0.25, \ldots, 0.5\}$ 中选择 [Li et al., 2012]. 定理 13.1 和定理 13.2 指出使 POSE 有效的运行时间为 $O(n^4 \log n)$, 又因为 POSE 每一轮的运行时间为 $O(n^2)$, 所以将 POSE 的运行轮数设置为两者之比, 即 $\lceil n^2 \log n \rceil$. 为公平起见, EA 的运行轮数设置为 $\lceil n^3 \log n \rceil$, 从而与 POSE 的运行时间相同.

13.4.1 二分类

此处使用的一些二分类数据集是从多分类数据集中产生的. 下面对这些二分类数据集的产生方式作简单介绍. 二分类数据集 *letter-ah* 是对多分类数据集 *letter* 中的类别 "a" 和 "h" 进行分类. *letter-br* 和 *letter-oq* 与 *letter-ah* 类似. *optdigits* 原本为多分类数据集, 此处作如下修改: 将其类别 "0~4" 和 "5~9" 分别进行合并, 然后对合并后的这两类进行分类. *satimage-12v57* 将多分类数据集 *satimage* 中的类别 "1" 和 "2" 合并, 将类别 "5" 和 "7" 合并, 然后对合并后的这两类进行分类; *satimage-2v5* 类似. *vehicle-bo-vs* 将多分类数据集 *vehicle* 中的类别 "bus" 和 "opel" 合并, 将类别 "van" 和 "saab" 合并, 然后对合并后的这两类进行分类; *vehicle-b-v* 类似.

实验结果如表 13.1 所示. 在一组数据集上对多个算法进行比较时, 使用单一标准欠妥, 因此采用下述多个标准: 算法表现最好的次数、算法两两比较时直接获胜的次数、基于直接获胜次数的**符号检验** (sign-test) [Demšar, 2006]、用于在同一数据集上比较两个算法性能的 ***t* 检验** (*t*-test) 以及算法的排序 [Demšar, 2006]. 从表 13.1 中 "表现最好次数" 对应的行可看出, 无论是测试误差还是集成规模, POSE 均在 60% (即 12/20) 的数据集上表现最佳, 而其余算法表现最佳的数据集比例不超过 35% (即 7/20). "POSE: 直接获胜次数" 对应的行记录了与相应算法比, POSE 修剪得到的集成具有更小测试误差或规模的数据集数, 其中 1 次平局算作 0.5 次获胜. 从中可看出, 通过显著度为 0.05 的符号检验, POSE 在集成规模上均显著好于其余算法, 在测试误差上显著好于除 Kappa 和 DREP 外的其余算法. 虽然符号检验显示 Kappa 和 DREP 与 POSE 在测试误差上无显著差异, 但 POSE 仍在超过 60% (即 12.5/20) 的数据集上表现更好. 通过显著度为 0.05 的 t 检验, 结果 (表 13.1 中的 "•" 和 "∘") 表明 POSE 在测试误差上从不显著差于其余算法, 在集成规模上仅在数据

集 *vehicle-bo-vs* 上显著差于 CP 和 DREP. 基于算法在每个数据集上的排序, 图 13.2 展示了每个算法在所有数据集上的序值之和. 无论是测试误差还是集成规模, POSE 的累积序值均最小, 因此表现最佳.

表 13.1 选择性集成算法在 20 个二分类数据集上的测试误差和集成规模, 其中 ± 前后的数值分别表示均值和标准差. 在每个数据集上, 最小值被加粗, "•" 和 "∘" 表示通过显著度为 0.05 的 t 检验 POSE 分别显著好和显著差于相应算法. 在 "表现最好次数" 对应的行上, 最大值被加粗. 在 "POSE: 直接获胜次数" 对应的行上, "□" 表示通过显著度为 0.05 的符号检验 POSE 显著好于相应算法

				测试误差					
数据集	**POSE**	**Bagging**	**BI**	**RE**	**Kappa**	**CP**	**MD**	**DREP**	**EA**
australian	.144±.020	**.143±.017**	.152±.023•	.144±.020	**.143±.021**	.145±.022	.148±.022	.144±.019	**.143±.020**
breast-cancer	**.275±.041**	.279±.037	.298±.044•	.277±.031	.287±.037	.282±.043	.295±.044•	**.275±.036**	**.275±.032**
disorders	**.304±.039**	.327±.047•	.365±.047•	.320±.044•	.326±.042•	.306±.039	.337±.035•	.316±.045	.317±.046•
heart-statlog	.197±.037	.195±.038	.235±.049•	**.187±.044**	.201±.038	.199±.044	.226±.048•	.194±.044	.196±.032
house-votes	.045±.019	**.041±.013**	.047±.016	.043±.018	.044±.017	.045±.017	.048±.018•	.045±.017	**.041±.012**
ionosphere	.088±.021	.092±.025	.117±.022•	.086±.021	**.084±.020**	.089±.021	.100±.026•	.085±.021	.093±.026
kr-vs-kp	**.010±.003**	.015±.007•	.011±.004	**.010±.004**	**.010±.003**	.011±.003	.011±.005	.011±.003	.012±.004
letter-ah	.013±.005	.021±.006•	.023±.008•	.015±.006•	**.012±.006**	.015±.006	.017±.007•	.014±.005	.017±.006•
letter-br	**.046±.008**	.059±.013•	.078±.012•	.048±.012	.048±.014	.048±.012	.057±.014•	.048±.009	.053±.011•
letter-oq	.043±.009	.049±.012•	.078±.017•	.046±.011	.042±.011	.042±.010	.046±.011	**.041±.010**	.044±.011
optdigits	**.035±.006**	.038±.007•	.095±.008•	.036±.006	**.035±.005**	.036±.005	.037±.006•	**.035±.006**	**.035±.006**
satimage-12v57	**.028±.004**	.029±.004	.052±.006•	.029±.004	**.028±.004**	.029±.004	.029±.004	.029±.004	.029±.004
satimage-2v5	**.021±.007**	.023±.009	.033±.010•	.023±.007	.022±.007	**.021±.008**	.026±.010•	.022±.008	**.021±.008**
sick	**.015±.003**	.018±.004•	.018±.004•	.016±.003	.017±.003•	.016±.003•	.017±.003•	.016±.003	.017±.004•
sonar	**.248±.056**	.266±.052	.310±.051•	.267±.053•	.249±.059	.250±.048	.268±.055•	.257±.056	.251±.041
spambase	**.065±.006**	.068±.007•	.093±.008•	.066±.006	.066±.006	.066±.006	.068±.007•	**.065±.006**	.066±.006
tic-tac-toe	.131±.027	.164±.028•	.212±.028•	.135±.026	.132±.023	.132±.026	.145±.022•	**.129±.026**	.138±.020
vehicle-bo-vs	**.224±.023**	.228±.026	.257±.025•	.226±.022	.233±.024•	.234±.024•	.244±.024•	.234±.026•	.230±.024
vehicle-b-v	**.018±.011**	.027±.014•	.024±.013•	.020±.011	.019±.012	.020±.011	.021±.011•	.019±.013	.026±.013•
vote	.044±.018	.047±.018	.046±.016	.044±.017	**.041±.016**	.043±.016	.045±.014	.043±.019	.045±.015
表现最好次数	**12**	2	0	2	7	1	0	5	5
POSE: 直接获胜次数		$\boxed{17}$	$\boxed{20}$	$\boxed{15.5}$	12.5	$\boxed{17}$	$\boxed{20}$	12.5	$\boxed{15.5}$
				集成规模					
australian	10.6±4.2	–	–	12.5±6.0	14.7±12.6	11.0±9.7	**8.5±14.8**	11.7±4.7	41.9±6.7•
breast-cancer	8.4±3.5	–	–	8.7±3.6	26.1±21.7•	8.8±12.3	**7.8±15.2**	9.2±3.7	44.6±6.6•
disorders	14.7±4.2	–	–	**13.9±4.2**	24.7±16.3•	15.3±10.6	17.7±20.0	**13.9±5.9**	42.0±6.2•
heart-statlog	**9.3±2.3**	–	–	11.4±5.0•	17.9±11.1•	13.2±8.2•	13.6±21.1	11.3±2.7•	44.2±5.1•
house-votes	**2.9±1.7**	–	–	3.9±4.0	5.5±3.3•	4.7±4.4•	5.9±14.1	4.1±2.7•	46.5±6.1•
ionosphere	**5.2±2.2**	–	–	7.9±5.7•	10.5±6.9•	8.5±6.3•	10.7±14.6•	8.4±4.3•	48.8±5.1•
kr-vs-kp	**4.2±1.8**	–	–	5.8±4.5	10.6±9.1•	9.6±8.6•	7.2±15.2	7.1±3.9•	45.9±5.8•
letter-ah	**5.0±1.9**	–	–	7.3±4.4•	7.1±3.8•	8.7±4.7•	11.0±10.9•	7.8±3.6•	42.5±6.5•
letter-br	**10.9±2.6**	–	–	15.1±7.3•	13.8±6.7•	12.9±6.8	23.2±17.6•	11.3±3.5	38.3±7.8•
letter-oq	**12.0±3.7**	–	–	13.6±5.8	13.9±6.0	12.3±4.9	23.0±15.6•	13.7±4.9	39.3±8.2•
optdigits	22.7±3.1	–	–	25.0±9.3	25.2±8.1	**21.4±7.5**	46.8±23.9•	25.0±8.0	41.4±7.6•
satimage-12v57	**17.1±5.0**	–	–	20.8±9.2•	22.1±10.3•	21.2±10.0•	37.6±24.3•	18.1±4.9	42.7±5.2•
satimage-2v5	**5.7±1.7**	–	–	6.8±3.2	7.6±4.2•	10.9±7.0•	26.2±28.1•	7.7±3.5•	44.1±4.8•
sick	**6.9±2.8**	–	–	7.5±3.9	10.9±6.0•	11.5±10.0•	8.3±13.6	11.6±6.7•	44.7±8.2•
sonar	11.4±4.2	–	–	**11.0±4.1**	20.6±9.3•	13.9±7.1	20.6±20.7•	14.4±5.9•	43.1±6.4•
spambase	17.5±4.5	–	–	18.5±5.0	20.0±8.1	19.0±9.9	28.8±17.0•	**16.7±4.6**	39.7±6.4•
tic-tac-toe	14.5±3.8	–	–	16.1±5.4	17.4±6.5	15.4±6.3	28.0±22.6•	**13.6±3.4**	39.8±8.2•
vehicle-bo-vs	16.5±4.5	–	–	15.7±5.7	16.5±8.2	**11.2±5.7**∘	21.6±20.4	13.2±5.0∘	41.9±5.6•
vehicle-b-v	**2.8±1.1**	–	–	3.4±2.1	4.5±1.6•	5.3±7.4	**2.8±3.8**	4.0±3.9	48.0±5.6•
vote	**2.7±1.1**	–	–	3.2±2.7	5.1±2.6•	5.4±5.2•	6.0±9.8	3.9±2.5•	47.8±6.1•
表现最好次数	**12**	–	–	2	0	2	3	3	0
POSE: 直接获胜次数		–	–	$\boxed{17}$	$\boxed{19.5}$	$\boxed{18}$	$\boxed{17.5}$	$\boxed{16}$	$\boxed{20}$

所有标准下的比较均表明, BI 在测试误差上表现最差, 这与集成学习通常可获得比单个学习器更优越的泛化性能一致. 相较 RE 贪心地最小化验证误差, POSE 同时最小化验证误差和集成规模. 实验结果表明, 无论是测试误差还是集成规模, POSE 相较 RE 均取得显著改进, 这验证了 POSE 优于 OSE 的理论结果. 作为启发式的 SOSE 算法, EA 产生的集成规模明显大于其余算法, 与以往研究 [Zhou et al., 2002; Li and Zhou, 2009] 中的观

察一致, 而这亦在一定程度上验证了 POSE 和 OSE 优于 SOSE 的理论结果. Kappa、CP 和 MD 均是 OSE 算法, 它们优化的目标仅与多样性相关, 而不考虑验证误差. 对于实验中在每个数据集上产生的 100 个个体分类器, 计算它们验证误差的**变异系数** (coefficient of variation), 即标准偏差与均值之比, 进而得到在所有数据集上的变异系数的平均值仅为 0.203, 这意味着实验中的个体分类器性能相似, 这或许是仅考虑多样性的 Kappa、CP 和 MD 这 3 个算法表现尚可的原因所在. DREP 亦为 OSE 算法, 它的优化目标兼顾误差和多样性. 从图 13.2 中可看出, 无论是测试误差还是集成规模, DREP 均比仅考虑多样性的 OSE 算法表现更好.

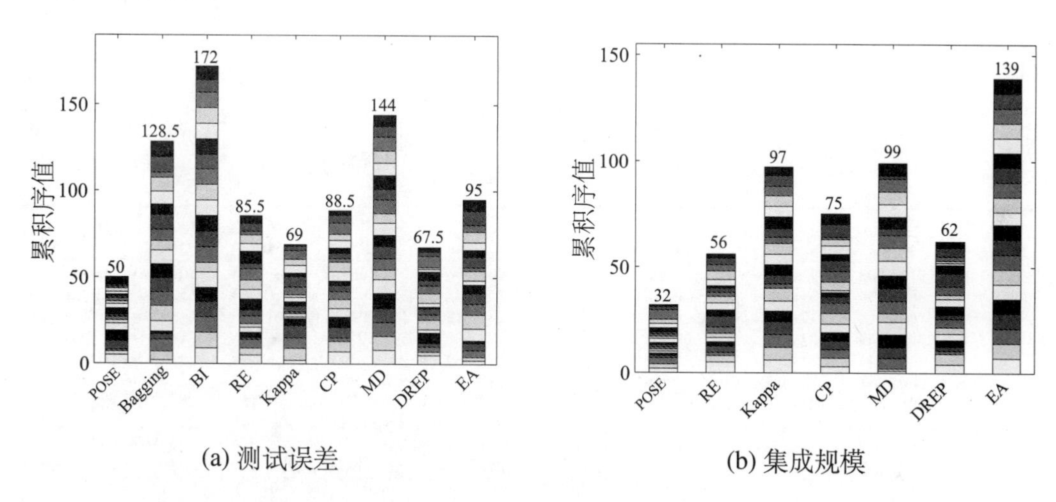

图 13.2 选择性集成算法在 20 个二分类数据集上的累积序值, 越小越好

下面分析原始集成规模 n 的影响. 从图 13.3 中可看出 POSE 总是能够获得最小的测试误差和集成规模. 另外图 13.3 所展示的选择性集成算法在不同原始集成规模下的排序与图 13.2 基本一致.

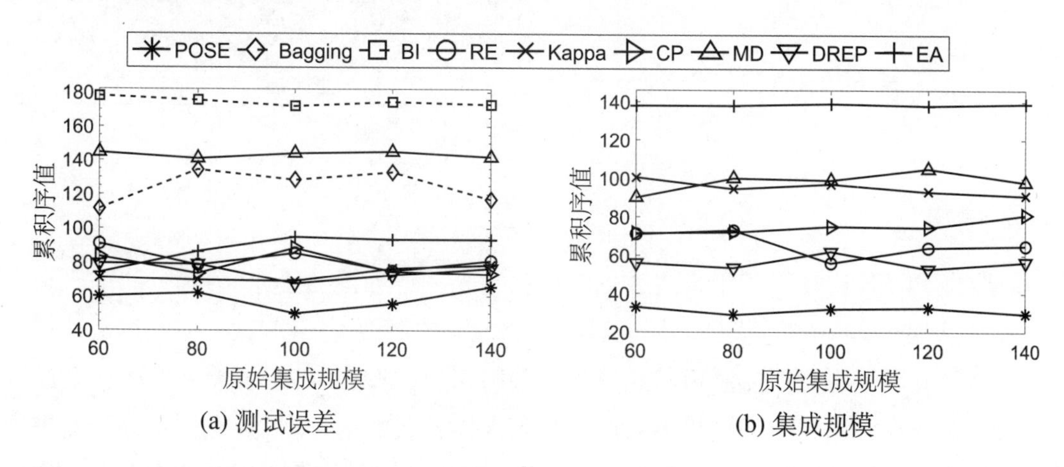

图 13.3 选择性集成算法在 20 个二分类数据集上分别对 $\{60, 80, \ldots, 140\}$ 个个体分类器进行修剪的累积序值, 越小越好

13.4.2 多分类

接下来在 10 个多分类 UCI 数据集上比较这些算法的性能. 需注意的是, Kappa、CP、MD 和 DREP 都是针对二分类任务设计的, 此处通过将 “相等” 和 “不相等” 的测试从两个类别自然地扩展至多个类别使得它们均能用于多分类任务.

表 13.2 总结了具体实验结果, 而图 13.4 展示了每个选择性集成算法在所有 10 个数据集上的累积序值. 从中可见除 DREP 外, 这些算法的排序与在二分类实验上观察到的相似. DREP 在多分类任务上的表现相较二分类任务要差得多, 这可能是因为它的设计原理仅在二分类情形下有效 [Li et al., 2012].

表 13.2 选择性集成算法在 10 个多分类数据集上的测试误差和集成规模, 其中 ± 前后的数值分别表示均值和标准差. 在每个数据集上, 最小值被加粗, “•” 和 “◦” 表示通过显著度为 0.05 的 t 检验 POSE 分别显著好和显著差于相应算法. 在 “表现最好次数” 对应的行上, 最大值被加粗. 在 “POSE: 直接获胜次数” 对应的行上, “□” 表示通过显著度为 0.05 的符号检验 POSE 显著好于相应算法

测试误差									
数据集	**POSE**	**Bagging**	**BI**	**RE**	**Kappa**	**CP**	**MD**	**DREP**	**EA**
anneal	**.017±.006**	.032±.013•	.020±.008•	.018±.006	.018±.006	**.017±.007**	.027±.010•	.020±.008•	.025±.010•
audiology	**.360±.036**	.403±.044•	.403±.043•	.365±.040	.370±.035•	.364±.036	.401±.045•	.385±.037•	.383±.036•
balance-scale	.162±.018	.170±.020•	.240±.027•	.165±.026	**.160±.018**	.165±.021	.174±.023•	.167±.020	.166±.023
glass	**.307±.049**	.322±.051	.377±.054•	.310±.053	.308±.046	.309±.051	.334±.056•	.331±.048•	.312±.041
lymph	.231±.044	.254±.052•	.264±.035•	.235±.045	**.221±.040**	.227±.039	.255±.052•	.252±.037•	.251±.050•
primary-tumor	**.604±.031**	.618±.039•	.655±.036•	.610±.032	.612±.038	.610±.030	.615±.038•	.622±.035•	**.604±.039**
soybean	**.096±.019**	.127±.022•	.150±.021•	.100±.019•	.101±.015•	.101±.020	.125±.023•	.120±.025•	.106±.019•
vehicle	.280±.021	.281±.024	.340±.031•	.277±.027	**.275±.022**	.277±.023	.280± .025	.279±.021	.277±.022
vowel	**.200±.030**	.222±.030•	.396±.028•	.203±.028	.203±.028	.205±.027	.224±.030•	.214±.027•	.206±.028•
zoo	.129±.047	.175±.045•	.150±.038•	.132±.042	**.125±.052**	.135±.048	.177±.052•	.144±.038•	.160±.042•
表现最好次数	**6**	0	0	0	4	1	0	0	1
POSE: 直接获胜次数		□10	□10	□9	6	7.5	□9.5	□9	8.5
集成规模									
anneal	3.3±1.8	–	–	**3.0±2.5**	7.0±6.0•	4.8±3.8•	12.0±12.2•	5.1±7.3	45.5±7.0•
audiology	**7.8±3.0**	–	–	11.2±7.5•	14.9±11.9•	13.0±10.9•	25.5±27.1•	12.0±14.5	45.3±4.5•
balance-scale	**16.3±3.0**	–	–	18.3±6.1	26.2±7.7•	19.9±10.5•	48.6±28.0•	30.2±17.1•	44.7±6.7•
glass	**11.9±3.5**	–	–	13.1±6.1	22.2±15.6•	13.6±7.4	27.4±20.6•	19.4±17.3•	42.0±5.2•
lymph	**6.9±1.9**	–	–	7.7±3.2	9.9±4.6•	9.2±5.3•	18.3±24.5•	7.7±10.0	46.0±4.7•
primary-tumor	**17.8±4.8**	–	–	18.4±8.2	48.5±21.0•	19.6±13.2	44.4±24.8•	25.1±24.4	41.5±6.2•
soybean	14.4±3.4	–	–	14.8±6.0	**12.9±4.9**	13.6±6.5	48.5±30.6•	24.8±17.1•	42.3±7.4•
vehicle	20.6±4.7	–	–	19.5±5.7	20.6±9.5	**17.8±10.1**	49.1±29.9•	38.3±26.6•	41.4±6.4•
vowel	**24.9±4.0**	–	–	26.8±6.5	34.8±10.5•	25.4±9.8	61.4±22.8•	44.6±21.6•	39.6±5.1•
zoo	**3.5±1.7**	–	–	3.8±3.8	7.0±5.6•	7.5±7.0•	19.6±22.6•	6.9±8.2•	47.1±5.4•
表现最好次数	**7**	–	–	1	1	1	0	0	0
POSE: 直接获胜次数		–	–	8	8.5	8	□10	□10	□10

13.4.3 应用

最后将 POSE 应用于基于智能手机的移动端人体行为识别任务. 随着智能手机在日常生活中变得越来越流行, 人体信号很容易通过内嵌的惯性传感器获取, 而通过对这些信息进行学习有利于更好地监测用户的健康及理解用户的行为. 基于智能手机的移动端人体行为识别旨在根据智能手机收集的信息识别人体执行的动作. 显然在构建分类器进行预测时, 除了分类器的精度外, 亦需考虑到智能手机的存储空间和计算资源均有限. 因此, 选择性集成特别适用于该任务.

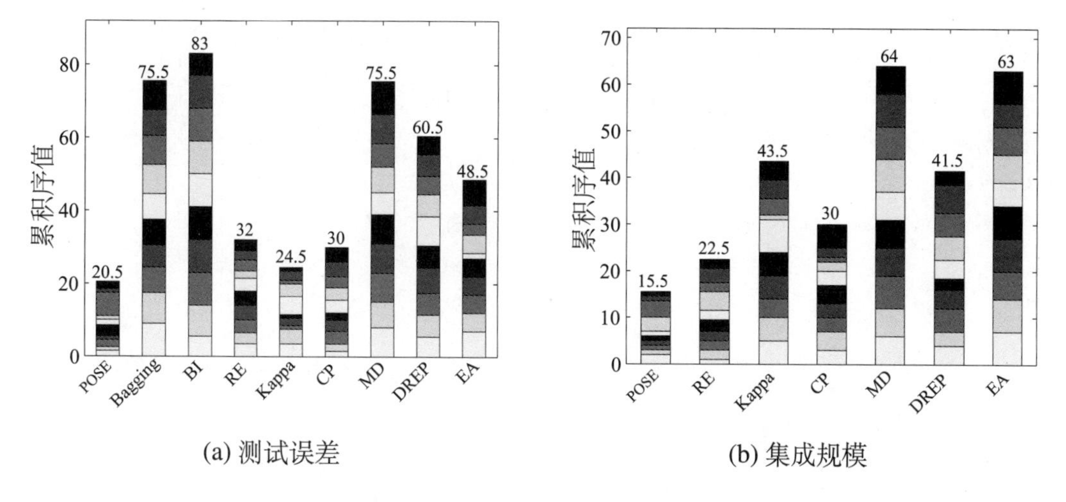

图 13.4 选择性集成算法在 10 个多分类数据集上的累积序值, 越小越好

实验中使用的数据集 [Anguita et al., 2012] 来自于 30 个在腰部佩戴智能手机的志愿者, 他们执行 6 个动作: 走、上楼、下楼、站、坐和躺. 执行动作时, 佩戴的三星 Galaxy S2 智能手机上内嵌的三维加速计和陀螺仪以 50 赫兹的固定频率收集数据, 这些数据构成了一个拥有 10,299 个示例和 561 个属性的多分类数据集. 该数据集以 70% 和 30% 的比例被随机地划分成两个部分, 分别用作训练集和测试集. 当评估选择性集成算法在该数据集上的性能时, 采用的方法与上述实验略有区别: 在 30 次运行中, 测试集固定, 而每次运行时, 原始训练集以 75% 和 25% 的比例被随机地划分成两个部分, 分别用作训练集和验证集.

图 13.5 (a) 展示了选择性集成算法相较 Bagging 在测试误差上的改进比, 图 13.5 (b) 展示了分类器数目减小的百分比.

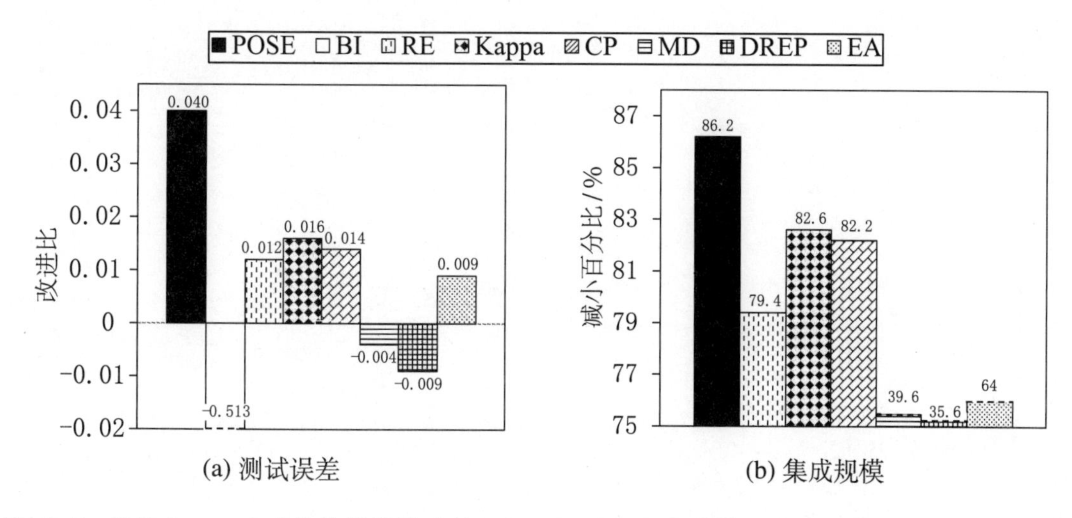

图 13.5 相较由 100 个个体分类器构成的 Bagging, 选择性集成算法在移动端人体行为识别数据集上取得的测试误差之改进比和集成规模之减小百分比, 越大越好

从图 13.5 中可见, POSE 获得了最佳精度, 测试误差的改进比约为第二好算法的 3 倍; 同时, POSE 找到的集成规模最小, 相较第二好算法节省了超过 20% (即 $(17.4-13.8)/17.4$) 的存储空间. 另外, 相较 [Anguita et al., 2012] 中给出的多分类支持向量机的精度 89.3%, POSE 表现更好, 获得了 90.4% 的精度.

13.5 小结

选择性集成通过从所有个体学习器中选择一个子集进行集成, 以提升集成学习的泛化性能, 并减小存储及预测的代价. 因此, 选择性集成自然地有两个目标: 最大化泛化性能和最小化集成规模. 以往大部分选择性集成算法将这两个目标组合成单个目标进行求解. 本章给出了基于帕累托优化的 POSE 算法, 使用多目标演化算法直接求解选择性集成问题的显式二目标形式. 理论分析揭示了 POSE 相较基于排序的和基于启发式单目标优化的选择性集成算法的优势. 实验结果亦验证了 POSE 相较一些著名的选择性集成算法的优越性. POSE 还被成功应用于移动端人体行为识别任务, 提升预测精度的同时减小了存储代价. 可以预料的是, 通过设计更好的基于帕累托优化的选择性集成算法, 例如使用更高效的多目标演化算法求解选择性集成问题的二目标形式, 可望更进一步地提升泛化性能并减小存储代价.

第 14 章 子集选择

第 13 章介绍了如何基于帕累托优化来设计针对选择性集成任务的高效算法, 而本章将研究更一般的**子集选择** (subset selection) 问题. 如图 14.1 所示, 子集选择旨在从包含 n 项的全集中选择规模不超过 b 的一个子集以最大化 (或最小化) 某个给定的目标函数 f. 该问题有着广泛的现实应用场景, 如**最大覆盖** (maximum coverage) [Feige, 1998]、**影响最大化** (influence maximization) [Kempe et al., 2003]、**传感器放置** (sensor placement) [Sharma et al., 2015] 等, 许多重要的机器学习任务, 如特征选择 [Liu and Motoda, 1998] 和**稀疏回归** (sparse regression) [Miller, 2002], 均与子集选择密切相关. 然而, 一般来说子集选择问题是 NP 难的 [Natarajan, 1995; Davis et al., 1997]. 贪心算法是用于求解子集选择问题的常用近似算法, 主要过程为: 逐个选择使目标函数 f 的**边际增益** (marginal gain) 最大的项, 直至找到规模为 b 的子集. 当目标函数 f 满足单调性和次模性 (见 14.1 节) 时, 贪心算法能找到具有 $(1 - 1/\mathrm{e})$-近似比的解 [Nemhauser et al., 1978], 而且该近似比是最优的 [Nemhauser and Wolsey, 1978]. 在稀疏回归这种目标函数 f 不满足次模性的应用上, 贪心算法可以找到具有 $(1 - \mathrm{e}^{-\gamma})$-近似比的解 [Das and Kempe, 2011], 其中 γ 是用于衡量 f 满足次模性之程度的**次模比** (submodularity ratio), 该近似比是目前已知的针对稀疏回归问题的最佳近似比.

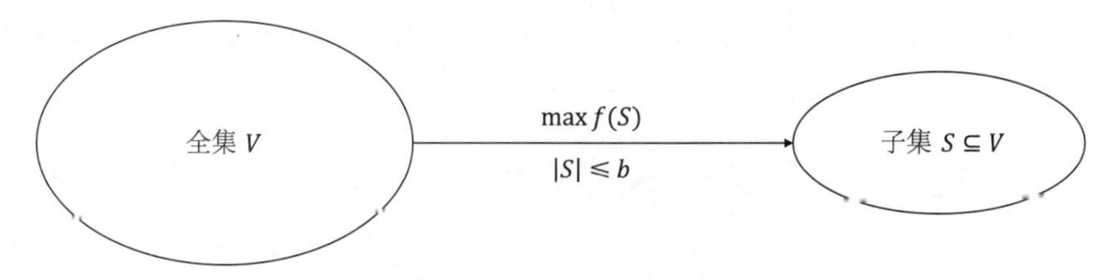

图 14.1 子集选择示意

本章给出基于帕累托优化的子集选择算法 POSS [Qian et al., 2015c], 主要过程如下: 将子集选择问题转化为同时最大化给定目标 f 和最小化子集规模的二目标优化问题, 再使用多目标演化算法求解该二目标问题, 最后从产生的非占优解集中选择最佳可行解. 第 13 章研究的选择性集成问题可视为子集选择的特例. 本章利用这个更一般问题的内部结构, 即目标函数的单调性和次模性, 来分析 POSS 的性能. 本章证明当目标 f 满足单调性时, POSS 在多项式时间内能找到近似比为 $1 - \mathrm{e}^{-\gamma}$ 的解. 当 f 进一步满足次模性时, 有 $\gamma = 1$, 于是近似比变成最优的 $1 - 1/\mathrm{e}$. 对于稀疏回归这个应用, POSS 获得的近似比 $1 - \mathrm{e}^{-\gamma}$ 为目前最好的, 之前最佳近似比由贪心算法获得 [Das and Kempe, 2011]. 本章亦在稀疏回归的**指数衰减** (exponential decay) 这个广泛应用于传感器网络的子类问题 [Das and Kempe, 2008] 上对 POSS 和贪心算法进行了比较, 证明 POSS 能高效地找到最优解, 而贪心算法则无法找到. 在稀疏回归上的实验结果也验证了 POSS 的优越性能.

14.1 子集选择

给定全集 $V = \{v_1, v_2, \ldots, v_n\}$, 考虑定义在 V 的子集空间上的集函数 $f : 2^V \to \mathbb{R}$. f 若满足 $\forall S \subseteq T : f(S) \leqslant f(T)$, 则具有单调性. 不失一般性, 假设单调集函数已被归一化, 即 $f(\emptyset) = 0$. 当且仅当 $\forall S, T \subseteq V$:

$$f(S \cup T) + f(S \cap T) \leqslant f(S) + f(T), \tag{14.1}$$

或 $\forall S \subseteq T \subseteq V$:

$$f(T) - f(S) \leqslant \sum_{v \in T \setminus S} \big(f(S \cup v) - f(S)\big), \tag{14.2}$$

亦或 $\forall S \subseteq T \subseteq V, v \notin T$:

$$f(S \cup v) - f(S) \geqslant f(T \cup v) - f(T) \tag{14.3}$$

时, 集函数 $f : 2^V \to \mathbb{R}$ 满足次模性 [Nemhauser et al., 1978]. 直观来说, 式 (14.3) 意味着次模函数满足**收益递减** (diminishing returns) 性, 即通过在一个集合中加入单独一项带来的函数值增量随着该集合的扩展而递减. 为简便起见, 本书后续均将单项集 $\{v\}$ 表示成 v.

对于一般的集函数 f, 定义 14.1 所述的次模比刻画了 f 满足次模性的程度. 当 f 满足单调性时, 下述结论成立: $0 \leqslant \gamma_{U,k}(f) \leqslant 1$; 当且仅当 $\forall U, k : \gamma_{U,k}(f) = 1$ 时, f 满足次模性. 对于一些具体的非次模函数, [Das and Kempe, 2011; Bian et al., 2017; Elenberg et al., 2018] 已得出了 $\gamma_{U,k}(f)$ 的相应下界. f 意义明确时, 次模比简写为 $\gamma_{U,k}$.

定义 14.1. 次模比 [Das and Kempe, 2011]

令 f 为非负集函数. f 关于集合 U 和参数 $k \geqslant 1$ 的次模比为

$$\gamma_{U,k}(f) = \min_{L \subseteq U, S : |S| \leqslant k, S \cap L = \emptyset} \frac{\sum_{v \in S} (f(L \cup v) - f(L))}{f(L \cup S) - f(L)}. \tag{14.4}$$

给定全集 $V = \{v_1, v_2, \ldots, v_n\}$, 目标函数 $f : 2^V \to \mathbb{R}$ 以及预算 $b \in [n]$, 子集选择旨在找到满足约束 $|S| \leqslant b$ 的子集 $S \subseteq V$ 以最大化 f. V 的子集可自然地通过布尔向量 $\boldsymbol{s} \in \{0,1\}^n$ 来表示: 若 V 的第 i 项被选中, 则 $s_i = 1$, 否则 $s_i = 0$. 为方便起见, $\boldsymbol{s} \in \{0,1\}^n$ 与其相应子集将不作区分. 子集选择问题的形式化描述如下:

定义 14.2. 子集选择问题

给定所有项的集合 $V = \{v_1, v_2, \ldots, v_n\}$, 目标函数 $f : \{0,1\}^n \to \mathbb{R}$ 以及预算 $b \in [n]$, 找到 $\boldsymbol{s}^*$ 满足

$$\boldsymbol{s}^* = \underset{\boldsymbol{s} \in \{0,1\}^n}{\arg\max}\, f(\boldsymbol{s}) \quad \text{s.t.} \quad |\boldsymbol{s}|_1 \leqslant b. \tag{14.5}$$

一般而言, 子集选择问题是 NP 难的 [Natarajan, 1995; Davis et al., 1997], 而贪心算法是较好的求解该问题的近似算法. 算法 14.1 的贪心算法迭代地选择使目标 f 的改进最大的项, 直至选择了 b 项. 当 f 满足单调性和次模性时, 贪心算法找到的解近似比为 $1-1/\mathrm{e}$, 且该近似比是最优的 [Nemhauser et al., 1978; Nemhauser and Wolsey, 1978].

算法 14.1 贪心算法

输入: $V=\{v_1,v_2,\ldots,v_n\}$; 目标函数 $f:\{0,1\}^n\rightarrow\mathbb{R}$; 预算 $b\in[n]$.

过程:

1: 令 $\boldsymbol{s}=0^n, t=0$;
2: **while** $t<b$ **do**
3: 令 $\hat{v}$ 为最大化 $f(\boldsymbol{s}\cup v)$ 的项, 即 $\hat{v}=\arg\max_{v\notin \boldsymbol{s}} f(\boldsymbol{s}\cup v)$;
4: 令 $\boldsymbol{s}=\boldsymbol{s}\cup\hat{v}, t=t+1$
5: **end while**
6: **return** $\boldsymbol{s}$

输出: 满足 $|\boldsymbol{s}|_1=b$ 的一个解 $\boldsymbol{s}\in\{0,1\}^n$

下面介绍本书后续部分将用到的子集选择问题的五个具体应用: 最大覆盖、影响最大化、**信息覆盖最大化** (information coverage maximization)、传感器放置和稀疏回归. 这些应用的目标函数均满足单调性, 前四个应用的目标函数还满足次模性. 注意子集选择问题的目标函数并非一定单调, 例如选择性集成和特征选择的目标函数就可以是非单调的.

14.1.1 最大覆盖

定义 14.3 给出的最大覆盖是一个经典组合优化问题 [Feige, 1998], 旨在一组给定的集合中选择至多 b 个以使它们的并集规模最大. 目标函数 $|\cup_{i:s_i=1} S_i|$ 满足单调性和次模性.

定义 14.3. 最大覆盖问题

给定集合 U, 由 n 个 U 的子集构成的集合 $V=\{S_1,\ldots,S_n\}$ 以及预算 b, 找到 $\boldsymbol{s}^*$ 满足

$$\boldsymbol{s}^*=\underset{\boldsymbol{s}\in\{0,1\}^n}{\arg\max}\,|\cup_{i:s_i=1} S_i| \quad \text{s.t.} \quad |\boldsymbol{s}|_1\leqslant b. \tag{14.6}$$

14.1.2 影响最大化

影响最大化试图从社交网络上找到一组有影响力的用户. 令有向图 $G=(V,E)$ 表示社交网络, 其中每个结点对应一个用户, 每条边 $(u,v)\in E$ 具有传播概率 $p_{u,v}$, 代表用户 u 对 v 的影响度. 给定预算 b, 定义 14.4 给出的影响最大化旨在找到 V 的子集 S, 在满足约束 $|S|\leqslant b$ 的前提下, 使得在社交网络上从 S 开始传播、能够激活的结点的期望数目最大化 [Kempe et al., 2003], 其中这些被 S 激活的结点的期望数目称为**影响延展** (influence spread).

定义 14.4. 影响最大化问题

给定有向图 $G=(V,E)$ 以及预算 b, 其中 $|V|=n$, 每条边 $(u,v)\in E$ 的传播概率为 $p_{u,v}$, 找到 $\boldsymbol{s}^*$ 满足

$$\boldsymbol{s}^*=\underset{\boldsymbol{s}\in\{0,1\}^n}{\arg\max}\,\mathbb{E}[|A(\boldsymbol{s})|]\quad \text{s.t.}\quad |\boldsymbol{s}|_1\leqslant b. \tag{14.7}$$

此处采用基本的**独立级联** (independence cascade, IC) 模型建模社交网络上的信息传播. 如定义 14.5 所述, 集合 A_t 用于记录社交网络上在 t 时刻被激活的结点, 在 $t+1$ 时刻, $u\in A_t$ 的每一个尚未被激活的邻居结点 v 以概率 $p_{u,v}$ 被激活; 重复这个过程直至在某个时刻没有结点被激活. 从 S 开始传播所激活的结点构成的集合记为 $A(S)$, 为一个随机变量. 因此, $\mathbb{E}[|A(S)|]$ 表示了**活跃结点** (active node) 的期望数目, 即影响延展, 被证明满足单调性和次模性 [Kempe et al., 2003].

定义 14.5. IC 传播模型

给定有向图 $G=(V,E)$ 以及种子用户集 $S\subset V$, 其中 G 的每条边 $(u,v)\in E$ 的传播概率为 $p_{u,v}$, 网络的传播过程如下:

(1) 令 $A_0=S, t=0$;

(2) 重复下述过程直至 $A_t=\emptyset$:

　对于任意一条边 (u,v), 其中 $u\in A_t, v\in V\setminus\cup_{i\leqslant t}A_i$

　　以概率 $p_{u,v}$ 将 v 加入 A_{t+1} 中

　令 $t=t+1$

14.1.3 信息覆盖最大化

考虑到**不活跃结点** (inactive node) 有可能被活跃的邻居结点告知一些相关信息, [Wang et al., 2015] 提出了信息覆盖最大化问题, 旨在最大化活跃结点和**知情结点** (informed node) 的期望数目. 若一个不活跃结点至少存在一个活跃的邻居结点, 则被认为是知情的. 对于 $v\in A(S)$, 令 $N(v)$ 表示由 v 的所有不活跃的邻居结点构成的集合. 于是, 从 S 开始传播最终得到的活跃结点和知情结点的集合可表示为 $AI(S)=A(S)\cup(\cup_{v\in A(S)}N(v))$. 目标函数 $\mathbb{E}[|AI(S)|]$ 被证明满足单调性和次模性 [Wang et al., 2015].

定义 14.6. 信息覆盖最大化问题

给定有向图 $G=(V,E)$ 以及预算 b, 其中 $|V|=n$, 每条边 $(u,v)\in E$ 的传播概率为 $p_{u,v}$, 找到 $\boldsymbol{s}^*$ 满足

$$\boldsymbol{s}^*=\underset{\boldsymbol{s}\in\{0,1\}^n}{\arg\max}\,\mathbb{E}[|AI(\boldsymbol{s})|]\quad \text{s.t.}\quad |\boldsymbol{s}|_1\leqslant b. \tag{14.8}$$

14.1.4 传感器放置

给定有限个传感器, 传感器放置问题试图确定这些传感器的放置位置以最大程度地减小环境的不确定性. 令随机变量 O_j 表示在位置 v_j 安装传感器而观测到的信息. 令 $U = \{O_j \mid j \in [n]\}$. 由随机变量构成的集合 U 在给定子集 S 时不确定性可由**条件熵** (conditional entropy) 刻画, 即 $H(U \mid S) = H(U) - H(S)$, 其中 $H(\cdot)$ 表示**熵** (entropy), 因此, 最小化 U 的不确定性等价于最大化 S 的熵. 令 $\boldsymbol{s} \in \{0,1\}^n$ 表示在 n 个位置 $\{v_1, v_2, \ldots, v_n\}$ 上的传感器放置情况, 其中 $s_j = 1$ 表示在位置 v_j 上安装了一个传感器. 定义 14.7 给出的传感器放置旨在使用至多 b 个传感器以最大化 $\{O_j \mid s_j > 0\}$ 的熵 [Krause et al., 2008]. 注意熵 $H(\cdot)$ 满足单调性和次模性. [Sharma et al., 2015] 证明这个满足次模性的目标函数几乎是**模** (modular) 函数, 揭示了贪心算法找到的解实际上接近最优.

定义 14.7. 传感器放置问题

给定 n 个位置 $V = \{v_1, v_2, \ldots, v_n\}$ 以及预算 b, 找到 $\boldsymbol{s}^*$ 满足

$$\boldsymbol{s}^* = \mathop{\arg\max}_{\boldsymbol{s} \in \{0,1\}^n} H(\{O_j \mid s_j > 0\}) \quad \text{s.t.} \quad |\boldsymbol{s}|_1 \leqslant b, \tag{14.9}$$

其中 O_j 是一个随机变量, 表示在位置 v_j 上安装传感器而观测到的信息.

14.1.5 稀疏回归

稀疏回归 [Miller, 2002] 试图为**线性回归** (linear regression) 问题找到稀疏[①]的近似解. 不失一般性, 假设所有随机变量已被归一化至期望为 0 且方差为 1.

定义 14.8. 稀疏回归问题

给定所有观测变量构成的集合 $V = \{v_1, v_2, \ldots, v_n\}$、预测变量 z 以及预算 b, 找到至多包含 b 个观测变量的集合以最小化**均方误差** (mean squared error), 即

$$\mathop{\arg\min}_{\boldsymbol{s} \in \{0,1\}^n} MSE_{z,\boldsymbol{s}} \quad \text{s.t.} \quad |\boldsymbol{s}|_1 \leqslant b, \tag{14.10}$$

其中子集 $\boldsymbol{s} \in \{0,1\}^n$ 的均方误差定义为

$$MSE_{z,\boldsymbol{s}} = \min_{\boldsymbol{\alpha} \in \mathbb{R}^{|\boldsymbol{s}|_1}} \mathbb{E}\left[\left(z - \sum_{i:s_i=1} \alpha_i v_i\right)^2\right]. \tag{14.11}$$

为便于理论分析, **平方复相关** (squared multiple correlation)

$$R^2_{z,\boldsymbol{s}} = \frac{Var(z) - MSE_{z,\boldsymbol{s}}}{Var(z)} \tag{14.12}$$

① 仅包含少量非 0 元素.

被用于替代 $MSE_{z,\boldsymbol{s}}$ [Diekhoff, 1992; Johnson and Wichern, 2007], 其中 $Var(z)$ 表示预测变量 z 的方差, 因此稀疏回归问题可等价地表示为

$$\underset{\boldsymbol{s}\in\{0,1\}^n}{\arg\max}\ R^2_{z,\boldsymbol{s}} \quad \text{s.t.} \quad |\boldsymbol{s}|_1 \leqslant b. \tag{14.13}$$

$R^2_{z,\boldsymbol{s}}$ 满足单调性但未必满足次模性. 因为所有随机变量已被归一化至期望为 0 且方差为 1, 所以 $R^2_{z,\boldsymbol{s}}$ 可简化为 $1 - MSE_{z,\boldsymbol{s}}$. [Das and Kempe, 2011] 证明, 前向回归 (forward regression, FR) 算法找到的解 S^{FR} 满足 $|S^{\text{FR}}| = b$ 且 $R^2_{z,S^{\text{FR}}} \geqslant (1 - \mathrm{e}^{-\gamma_{S^{\text{FR}},b}}) \cdot \text{OPT}$, 这是目前已知的最佳近似比. FR 其实就是 f 实例化为 $R^2_{z,\boldsymbol{s}}$ 的贪心算法.

14.2 POSS 算法

本节介绍**基于帕累托优化的子集选择** (Pareto optimization for subset selection, POSS) 算法. 子集选择问题即式 (14.5) 可被分解为两个目标: 优化原始目标函数 f、使子集规模 $|\boldsymbol{s}|_1$ 尽可能小. 由于 f 值更大的子集可能规模较大, 因此这两个目标往往是冲突的. POSS 试图同时优化这两个目标, 下面给出详细描述.

原始问题即式 (14.5) 被转化为二目标优化问题

$$\underset{\boldsymbol{s}\in\{0,1\}^n}{\arg\max}\ (f_1(\boldsymbol{s}), f_2(\boldsymbol{s})), \tag{14.14}$$

其中

$$f_1(\boldsymbol{s}) = \begin{cases} -\infty & |\boldsymbol{s}|_1 \geqslant 2b \\ f(\boldsymbol{s}) & \text{否则} \end{cases}, \quad f_2(\boldsymbol{s}) = -|\boldsymbol{s}|_1. \tag{14.15}$$

将 $|\boldsymbol{s}|_1 \geqslant 2b$ 时的 f_1 设置成 $-\infty$ 是为了将约束违反度过大的不可行解去除, 即去掉规模至少为 $2b$ 的解. 受第 6 章介绍的 SEIP 框架启发, POSS 引入隔离函数 $I : \{0,1\}^n \to \mathbb{R}$ 用于确定两个解是否可被比较, 仅当两者拥有相等的隔离函数值时, 它们才可以被比较. I 的具体设置作为算法的参数, 其影响见后续理论分析. 需注意的是, 当 I 设置成常数函数时, 由于每个解拥有相同的 I 值, 此时 I 可被忽略.

在比较两个解 $\boldsymbol{s}$ 和 $\boldsymbol{s}'$ 时, 先判断两者的隔离函数值是否相等. 若不相等, 则两者不可比, 否则用定义 1.3 所述的占优关系来比较它们. 因此, 若 $I(\boldsymbol{s}) = I(\boldsymbol{s}')$ 且 $\boldsymbol{s} \preceq \boldsymbol{s}'$, 则 $\boldsymbol{s}$ 差于 $\boldsymbol{s}'$; 若 $I(\boldsymbol{s}) = I(\boldsymbol{s}')$ 且 $\boldsymbol{s} \prec \boldsymbol{s}'$, 则 $\boldsymbol{s}$ 严格差于 $\boldsymbol{s}'$; 若 $\boldsymbol{s}$ 不差于 $\boldsymbol{s}'$ 且 $\boldsymbol{s}'$ 不差于 $\boldsymbol{s}$, 则两者不可比.

将原始问题转化为二目标最大化问题后, 初始解设置为 0^n (即空集) 的 GSEMO 被用于求解该二目标最大化问题. 算法 14.2 的 POSS 从仅包含 0^n 的种群 P 出发, 迭代地改进 P 中解的质量. 在第 4~5 行, POSS 通过对种群中某个解进行随机翻转以产生新解. 在第 6 行, 新产生的解被用于与种群中已有的解进行比较: 若新产生的解不严格差于种群中的任意解, 则它被加入种群中, 同时种群中比新解差的那些解被去除.

算法 14.2 POSS 算法

输入: $V=\{v_1,v_2,\ldots,v_n\}$; 目标函数 $f:\{0,1\}^n\to\mathbb{R}$; 预算 $b\in[n]$.
参数: 运行轮数 T; 隔离函数 $I:\{0,1\}^n\to\mathbb{R}$.
过程:

1: 令 $\boldsymbol{s}=0^n$, $P=\{\boldsymbol{s}\}$;
2: 令 $t=0$;
3: **while** $t<T$ **do**
4: 　均匀随机地从 P 中选择一个解 $\boldsymbol{s}$;
5: 　在解 $\boldsymbol{s}$ 上执行逐位变异算子以产生新解 $\boldsymbol{s}'$;
6: 　**if** $\nexists z\in P$ 满足 $I(z)=I(\boldsymbol{s}')$ 且 $z\succ\boldsymbol{s}'$ **then**
7: 　　$Q=\{z\in P\mid I(z)=I(\boldsymbol{s}')\wedge\boldsymbol{s}'\succeq z\}$;
8: 　　$P=(P\setminus Q)\cup\{\boldsymbol{s}'\}$
9: 　**end if**
10: 　$t=t+1$
11: **end while**
12: **return** $\arg\max_{\boldsymbol{s}\in P,|\boldsymbol{s}|_1\leqslant b} f_1(\boldsymbol{s})$

输出: 满足 $|\boldsymbol{s}|_1\leqslant b$ 的一个解 $\boldsymbol{s}\in\{0,1\}^n$

POSS 运行 T 轮后停止, 其中 T 为算法的参数, 取决于用户的资源预算. 14.3 节将从理论上分析算法找到解的质量与 T 之间的关系. 此外实验中将使用理论分析推得的 T 值. 当 POSS 运行停止时, 执行算法 14.2 的第 12 行, 根据式 (14.5) 从种群中选择最终解. 也就是说, 种群中满足子集规模约束的解中 f (即 f_1) 值最大的那个解被输出.

14.3 理论分析

本节先证明 POSS 能获得目前已知的最佳近似保证, 该保证之前由贪心算法获得; 然后将其与贪心算法在稀疏回归这个具体应用上进行比较, 揭示了 POSS 能优于贪心算法.

14.3.1 一般问题

定理 14.1 给出了 POSS 在求解目标函数单调的子集选择问题时的多项式时间近似保证. 令 $\mathbb{E}[T]$ 表示运行轮数 T 的期望值. 该定理的证明依赖于引理 14.1 所述的关于 f 的性质. 也就是说, $\forall\boldsymbol{s}\in\{0,1\}^n$, 总存在一项, 将其加入 $\boldsymbol{s}$ 中能够使得 f 上的改进与当前 f 和最优目标值的距离成比例.

引理 14.1

$\forall\boldsymbol{s}\in\{0,1\}^n$, 存在某项 $v\notin\boldsymbol{s}$ 使得

$$f(\boldsymbol{s}\cup v)-f(\boldsymbol{s})\geqslant\frac{\gamma_{\boldsymbol{s},b}}{b}(\mathrm{OPT}-f(\boldsymbol{s})).\tag{14.16}$$

证明 令 s^* 表示最优解, 即 $f(s^*) = \mathrm{OPT}$. 由次模比的定义 (即定义 14.1) 可得

$$\sum_{v \in s^* \setminus s} (f(s \cup v) - f(s)) \geqslant \gamma_{s,b} \cdot (f(s \cup s^*) - f(s)). \tag{14.17}$$

由 f 的单调性可得 $f(s \cup s^*) \geqslant f(s^*) = \mathrm{OPT}$. 令 $\hat{v} = \arg\max_{v \in s^* \setminus s} f(s \cup v)$, 于是有

$$f(s \cup \hat{v}) - f(s) \geqslant \frac{\gamma_{s,b}}{|s^* \setminus s|_1}(f(s \cup s^*) - f(s)) \geqslant \frac{\gamma_{s,b}}{b}(\mathrm{OPT} - f(s)), \tag{14.18}$$

其中第二个不等式由 $|s^* \setminus s|_1 \leqslant b$ 和 $f(s \cup s^*) \geqslant \mathrm{OPT}$ 可得. 引理 14.1 得证. □

定理 14.1

对于目标函数满足单调性的子集选择问题, 当 $I(\cdot)$ 设置为常数函数 (例如 $I(\cdot) = 0$) 时, POSS 可在期望运行轮数 $\mathbb{E}[T] \leqslant 2\mathrm{e}b^2n$ 内找到解 s, 满足 $|s|_1 \leqslant b$ 且 $f(s) \geqslant (1 - \mathrm{e}^{-\gamma_{\min}}) \cdot \mathrm{OPT}$, 其中 $\gamma_{\min} = \min_{s:|s|_1 = b-1} \gamma_{s,b}$.

证明 由于隔离函数 I 是常数函数, 所有解均可以互相比较, 此时 I 可直接忽略. 对于种群 P 中满足 $|s|_1 \leqslant j$ 且 $f(s) \geqslant (1 - (1 - \gamma_{\min}/b)^j) \cdot \mathrm{OPT}$ 的解 s 而言, 其中 $j \in \{0, 1, \ldots, b\}$, 令 $J_{\max}$ 表示所有这些解所对应的 j 的最大值, 即

$$J_{\max} = \max\left\{j \in \{0, 1, \ldots, b\} \mid \exists s \in P : |s|_1 \leqslant j \wedge f(s) \geqslant \left(1 - \left(1 - \frac{\gamma_{\min}}{b}\right)^j\right) \cdot \mathrm{OPT}\right\}. \tag{14.19}$$

接下来仅需分析为使 $J_{\max} = b$, 算法所需的期望运行轮数, 这是因为 $J_{\max} = b$ 意味着 $\exists s \in P$ 满足 $|s|_1 \leqslant b$ 且 $f(s) \geqslant (1 - (1 - \gamma_{\min}/b)^b) \cdot \mathrm{OPT} \geqslant (1 - \mathrm{e}^{-\gamma_{\min}}) \cdot \mathrm{OPT}$.

由于 POSS 的初始种群仅包含解 0^n, $J_{\max}$ 的初始值为 0. 假设当前 $J_{\max} = i < b$. 令 s 表示 $J_{\max} = i$ 所对应的一个解, 即满足 $|s|_1 \leqslant i$ 且 $f(s) \geqslant (1 - (1 - \gamma_{\min}/b)^i) \cdot \mathrm{OPT}$. 因为算法 14.2 第 7~8 行将 s 从 P 中去除意味着 s 被新产生的解 s' 弱占优, 即 $|s|_1 \geqslant |s'|_1$ 且 $f(s) \leqslant f(s')$, 所以 $J_{\max}$ 不会减小. 由引理 14.1 可知, 仅翻转 s 的一个特定 0-位, 即在 s 中加入一个特定项, 可产生新解 s', 满足

$$f(s') - f(s) \geqslant \frac{\gamma_{s,b}}{b}(\mathrm{OPT} - f(s)). \tag{14.20}$$

于是有

$$\begin{aligned} f(s') &\geqslant \left(1 - \frac{\gamma_{s,b}}{b}\right) f(s) + \frac{\gamma_{s,b}}{b} \cdot \mathrm{OPT} \\ &\geqslant \left(1 - \left(1 - \frac{\gamma_{s,b}}{b}\right)\left(1 - \frac{\gamma_{\min}}{b}\right)^i\right) \cdot \mathrm{OPT} \\ &\geqslant \left(1 - \left(1 - \frac{\gamma_{\min}}{b}\right)^{i+1}\right) \cdot \mathrm{OPT}, \end{aligned} \tag{14.21}$$

其中式 (14.21) 由 $\gamma_{s,b} \geqslant \gamma_{\min}$ 可得. $\gamma_{s,b} \geqslant \gamma_{\min}$ 成立是因为 $|s|_1 < b$ 且 $\gamma_{s,b}$ 关于 s 单调递减. 考虑到 $|s'|_1 = |s|_1 + 1 \leqslant i + 1$, s' 将被加入 P 中, 否则根据算法 14.2 第 6 行可知, s' 必被 P 中的某个解

占优, 这意味着 $J_{\max}$ 已超过 i, 与假设 $J_{\max} = i$ 相矛盾. 将 $\boldsymbol{s}'$ 加入 P 后, $J_{\max} \geqslant i+1$. 令 $P_{\max}$ 表示在 POSS 运行过程中种群 P 的最大规模. 因此, POSS 运行一轮使 $J_{\max}$ 至少增加 1 的概率至少为 $(1/P_{\max}) \cdot (1/n)(1-1/n)^{n-1} \geqslant 1/(enP_{\max})$, 其中 $1/P_{\max}$ 是算法 14.2 第 4 行选择 $\boldsymbol{s}$ 进行变异的概率的下界, $(1/n)(1-1/n)^{n-1}$ 是第 5 行变异时仅翻转 $\boldsymbol{s}$ 的特定一位的概率. 综上可得, 增加 $J_{\max}$ 所需的期望运行轮数至多为 $enP_{\max}$. 因此, POSS 在期望下运行至多 $b \cdot enP_{\max}$ 轮后, $J_{\max}$ 达到 b.

由 POSS 的过程可知, 种群 P 维持的解互不可比. 因此, 一个目标的每个取值至多对应 P 中一个解. $|\boldsymbol{s}|_1 \geqslant 2b$ 的解在第一个目标上的取值为 $-\infty$, 在优化过程中被去除, 于是 $|\boldsymbol{s}|_1 \in \{0,1,\ldots,2b-1\}$, 这意味着 $P_{\max} \leqslant 2b$. 因此, POSS 找到期望得到的解所需的期望运行轮数 $\mathbb{E}[T]$ 至多为 $2eb^2n$. 定理 14.1 得证. □

上述证明的 POSS 所获得的近似比在目标函数 f 满足次模性的应用, 以及稀疏回归这个 f 不满足次模性的具体应用上均达到目前最佳. 当 f 满足次模性时, $\forall \boldsymbol{s}, b : \gamma_{\boldsymbol{s},b} = 1$, 因此, 定理 14.1 中的近似比变成 $1-1/e$, 这在一般情况下是最优的 [Nemhauser and Wolsey, 1978]. 该最优近似比之前由贪心算法获得 [Nemhauser et al., 1978]. 对于稀疏回归, [Das and Kempe, 2011] 证明了 FR 算法 (即 f 实例化为 $R^2_{z,\boldsymbol{s}}$ 的贪心算法) 找到的解 S^{FR} 满足 $|S^{\mathrm{FR}}| = b$ 且 $R^2_{z,S^{\mathrm{FR}}} \geqslant (1-e^{-\gamma_{S^{\mathrm{FR}},b}}) \cdot \mathrm{OPT}$, 该近似比 $1-e^{-\gamma_{S^{\mathrm{FR}},b}}$ 是目前最佳的. 因此, 定理 14.1 表明 POSS 此时几乎能够获得这一目前最佳近似比.

14.3.2 稀疏回归

接下来证明 POSS 能够优于贪心算法. 考虑稀疏回归问题的指数衰减子类, 它广泛应用于传感器网络 [Das and Kempe, 2008]. 如定义 14.9 所述, 所有观测变量可排成一行, 变量间的**协方差** (covariance) 关于它们的距离呈指数衰减. 下面介绍分析中将用到的一些符号. 令 $Cov(\cdot,\cdot)$ 表示两个随机变量间的协方差; $\boldsymbol{C}$ 表示所有观测变量的协方差矩阵, 其中 $C_{i,j} = Cov(v_i, v_j)$; $\boldsymbol{c}$ 表示 z 和所有观测变量的协方差向量, 其中 $c_i = Cov(z, v_i)$. 令 $\boldsymbol{C}_S$ 表示 $\boldsymbol{C}$ 的子矩阵, 由变量集 S 所对应的 $\boldsymbol{C}$ 的行和列构成; $\boldsymbol{c}_S$ 表示 $\boldsymbol{c}$ 的子向量, 由 S 所对应的 $\boldsymbol{c}$ 的元素 (例如 $v_i \in S$ 对应 c_i) 构成.

定义 14.9. 指数衰减子类 [Das and Kempe, 2008]

观测变量 $v_1, v_2, \ldots, v_n$ 分别对应 n 个实数 $y_1, y_2, \ldots, y_n$, 其中 $y_1 \leqslant y_2 \leqslant \cdots \leqslant y_n$. 观测变量间的协方差满足 $\forall i, j : C_{i,j} = a^{|y_i - y_j|}$, 其中 $a \in (0,1)$ 为某个常数.

14.3.1 小节已证明对于一般的子集选择问题, 使用常数隔离函数的 POSS 能够获得好的近似保证, 而定理 14.2 表明当使用适当的隔离函数时, POSS 能够找到指数衰减子类的最优解. 此时具体使用的隔离函数满足 $I(\boldsymbol{s} \in \{0,1\}^n) = \min\{i \mid s_i = 1\}$, 意味着两个解只有在各自最前端的 1-位所处的位置相同时才能被比较. 定理 14.2 的证明将用到引理 14.2 所述的指数衰减子类可通过动态规划求解这个特性.

引理 14.2. [Das and Kempe, 2008]

令 $R^2(i,j)$ 表示从 $v_j, v_{j+1}, \ldots, v_n$ 中选 i 个变量 (v_j 必选) 可获得的最大 $R^2_{z,S}$ 值, 即

$$R^2(i,j) = \max\{R^2_{z,S} \mid S \subseteq \{v_j, v_{j+1}, \ldots, v_n\}, v_j \in S, |S| = i\}, \tag{14.22}$$

则下述递归式成立:

$$R^2(i+1,j) = \max_{j+1 \leqslant k \leqslant n} \left(R^2(i,k) + c_j^2 + (c_j - c_k)^2 \frac{a^{2|y_k - y_j|}}{1 - a^{2|y_k - y_j|}} - 2c_j c_k \frac{a^{|y_k - y_j|}}{1 + a^{|y_k - y_j|}} \right), \tag{14.23}$$

其中最大的括号内的式子是在 $R^2(i,k)$ 对应的变量集中加入 v_j 而得的变量集之 $R^2_{z,S}$ 值.

定理 14.2

对于稀疏回归的指数衰减子类, 当 $I(s \in \{0,1\}^n) = \min\{i \mid s_i = 1\}$ 时, POSS 可在期望运行轮数 $\mathbb{E}[T] = O(b^2(n-b)n\log n)$ 内找到最优解.

证明 将整个优化过程划分为 $b+1$ 个阶段, 其中 $\forall i \in [b]$, 第 i 阶段在第 $i-1$ 阶段结束后开始. 第 i 阶段结束的条件为 $\forall j \in [n-i+1]$, 种群 P 中均存在一个解弱占优 $R^2(i,j)$ 对应的解. 令 τ_i 表示算法从第 $i-1$ 阶段结束开始直至第 i 阶段完成所需运行的轮数.

POSS 的初始解为 0^n, 意味着第 0 阶段已完成. 下面考虑 τ_i, 其中 $i \geqslant 1$. 在第 i 阶段中, 对于 $R^2(i-1,j+1), \ldots, R^2(i-1,n)$ 中任意一个对应的解, 种群 P 必包含弱占优它的解. 由引理 14.2 可知, 从这些解中选择特定的一个进行变异, 并在变异时仅翻转第 j 位可产生新解, 其弱占优 $R^2(i,j)$ 所对应的解. 上述选择和变异行为发生的概率至少为 $(1/P_{\max}) \cdot (1/n)(1-1/n)^{n-1} \geqslant 1/(enP_{\max})$. 因此, 若在第 i 阶段中已找到 l 个期望得到的解, 则下一轮运行找到一个新的期望得到的解的概率至少为 $(n-i+1-l) \cdot (1/(enP_{\max}))$. 注意, $n-i+1$ 是在第 i 阶段中期望得到的解的总数, 这是因为 $\forall j \in [n-i+1]$, 在第 i 阶段中需找到解弱占优 $R^2(i,j)$ 所对应的解. 于是,

$$\mathbb{E}[\tau_i] \leqslant \sum_{l=0}^{n-i} \frac{enP_{\max}}{n-i+1-l} = O(P_{\max} n \log n). \tag{14.24}$$

因此, 直至第 b 阶段结束 POSS 所需的期望运行轮数 $\mathbb{E}[T]$ 至多为 $O(P_{\max} bn \log n)$, 而此时已找到对应 $\max_{1 \leqslant j \leqslant n} R^2(b,j)$ 的最优解. 由于种群 P 中的解互不可比, 对于 $|s|_1 \in \{0,1,\ldots,2b-1\}$ 和 $I(s) \in \{0,1,\ldots,n\}$ 的任意组合, P 中至多存在一个相应的解, 于是 $P_{\max} \leqslant 2b(n-b)$. 综上可得 POSS 找到最优解所需的 $\mathbb{E}[T]$ 至多为 $O(b^2(n-b)n\log n)$. 定理 14.2 得证. □

定理 14.3 表明贪心算法无法找到指数衰减子类的一个简单例子 (即例 14.1) 的最优解. 根据例 14.1 所述可得 $\forall i < j : Cov(v_i, v_j) = \prod_{k=i+1}^{j} d_k$. 通过设置 $y_1 = 0, \forall i \geqslant 2 : y_i = \sum_{k=2}^{i} \log_a d_k$, 可见例 14.1 属于指数衰减子类.

例 14.1

$v_1 = u_1, \forall i \geqslant 2 : v_i = d_i v_{i-1} + u_i$, 其中 $d_i \in (0,1)$, 而 u_i 是期望为 0 且使 v_i 方差为 1 的独立随机变量.

定理 14.3

对于例 14.1, 当 $n = 3$, $Cov(u_1, z) = Cov(u_2, z) = \delta$, $Cov(u_3, z) = 0.505\delta$, $d_2 = 0.03$ 以及 $d_3 = 0.5$ 时, 贪心算法无法找到 $b = 2$ 时的最优解.

证明 v_i 和 z 的协方差为 $c_1 = \delta, c_2 = 0.03c_1 + \delta = 1.03\delta, c_3 = 0.5c_2 + 0.505\delta = 1.02\delta$. 由于 v_i 和 z 的期望均为 0 且方差均为 1, $R^2_{z,S}$ 可简化为 $\boldsymbol{c}_S^{\mathrm{T}} \boldsymbol{C}_S^{-1} \boldsymbol{c}_S$ [Johnson and Wichern, 2007]. 可计算出: $R^2_{z,v_1} = \delta^2$, $R^2_{z,v_2} = 1.0609\delta^2$, $R^2_{z,v_3} = 1.0404\delta^2$, $R^2_{z,\{v_1,v_2\}} = 2.0009\delta^2$, $R^2_{z,\{v_1,v_3\}} = 2.0103\delta^2$, $R^2_{z,\{v_2,v_3\}} = 1.4009\delta^2$. 因此, $b = 2$ 时的最优解为 $\{v_1, v_3\}$. 贪心算法执行第一步时, R^2_{z,v_2} 最大, 于是选择 v_2; 执行第二步时, $R^2_{z,\{v_2,v_1\}} > R^2_{z,\{v_2,v_3\}}$, 于是选择 v_1. 因此, 贪心算法输出解 $\{v_1, v_2\}$. 定理 14.3 得证. □

14.4 实验测试

本节通过实验来验证 POSS 在稀疏回归这个具体应用上的性能. 具体而言, 通过在表 14.1 所示的 12 个数据集[②]上的实验对 POSS 和下述算法进行比较.

- FR [Miller, 2002] 迭代地加入使 R^2 改进最大的变量, 实际就是贪心算法.
- OMP [Tropp, 2004] 迭代地加入与预测变量的**残差** (residual) 最相关的变量.
- FoBa [Zhang, 2011] 基于 OMP, 但当删除变量有益时, 能自适应地进行删除. 其参数 $\nu = 0.5$, 解的路径长度为 $5b$, 最终输出的解为路径上最后一个包含 b 个变量的集合.
- RFE [Guyon et al., 2002] 迭代地删除通过线性回归得到的最小权重所对应的变量.
- Lasso [Tibshirani, 1996]、SCAD [Fan and Li, 2001] 和 MCP [Zhang, 2010] 将约束中的 L_0 **范数** (norm) 分别替换成 L_1 范数、**平滑限幅绝对偏差** (smoothly clipped absolute deviation) 和**极小极大凹惩罚** (minimax concave penalty). 这些算法直接使用 [Zhou et al., 2012; Zhou, 2013] 开发的工具箱 SparseReg 实现.

表 14.1 数据集及相应的示例数和特征数

数据集	示例数	特征数	数据集	示例数	特征数	数据集	示例数	特征数
housing	506	13	*sonar*	208	60	*clean1*	476	166
eunite2001	367	16	*triazines*	186	60	*w5a*	9888	300
svmguide3	1284	21	*coil2000*	9000	86	*gisette*	7000	5000
ionosphere	351	34	*mushrooms*	8124	112	*farm-ads*	4143	54,877

② 数据集来自 https://exl.ptpress.cn:8442/ex/l/4e1481c6/ 和 https://exl.ptpress.cn:8442/ex/l/c369d730/, 其中一些为二分类数据集, 被用于回归. 所有变量均被归一化至均值为 0 且方差为 1.

由于定理 14.1 表明 POSS 在 $I(\cdot)=0$ 和 $\mathbb{E}[T] \leqslant 2eb^2n$ 时可获得好的近似保证, 实验中设置 $I(\cdot)=0$, 运行轮数 $T=\lfloor 2eb^2n \rfloor$. 为评估这些算法找到解的目标值与最优目标值的差距, 亦通过**穷举** (exhaustive enumeration) 来计算最优目标值, 记为 OPT. 为评估每个算法在每个数据集上的性能, 重复下述过程 100 次: 将数据集随机地等分成两个部分, 分别作为训练集和测试集; 用于稀疏回归的算法基于训练集找到最终的变量集, 并在测试集上测试. 每个算法在每个数据集上找到的变量集在训练集和测试集上的 R^2 值将被用作比较.

14.4.1 优化性能

表 14.2 总结 $b=8$ 时各个稀疏回归算法找到的变量集在训练集上的平均 R^2 值. 由于 Lasso、SCAD 和 MCP 的结果非常接近, 仅列出 MCP 的结果. 通过显著度为 0.05 的 t 检验, 结果 (表 14.2 中的 "•") 表明 POSS 在所有数据集上均显著好于任意对比算法.

表 14.2 稀疏回归算法在 12 个数据集上找到的关于 $b=8$ 的变量集在训练集上的 R^2 值, 其中 ± 前后的数值分别表示均值和标准差. 在每个数据集上, "•" 表示通过显著度为 0.05 的 t 检验 POSS 显著好于相应算法, "–" 表示算法在运行 48 小时后仍无法输出结果

数据集	OPT	POSS	FR	FoBa	OMP	RFE	MCP
housing	.7437±.0297	.7437±.0297	.7429±.0300•	.7423±.0301•	.7415±.0300•	.7388±.0304•	.7354±.0297•
eunite2001	.8484±.0132	.8482±.0132	.8348±.0143•	.8442±.0144•	.8349±.0150•	.8424±.0153•	.8320±.0150•
svmguide3	.2705±.0255	.2701±.0257	.2615±.0260•	.2601±.0279•	.2557±.0270•	.2136±.0325•	.2397±.0237•
ionosphere	.5995±.0326	.5990±.0329	.5920±.0352•	.5929±.0346•	.5921±.0353•	.5832±.0415•	.5740±.0348•
sonar	–	.5365±.0410	.5171±.0440•	.5138±.0432•	.5112±.0425•	.4321±.0636•	.4496±.0482•
triazines	–	.4301±.0603	.4150±.0592•	.4107±.0600•	.4073±.0591•	.3615±.0712•	.3793±.0584•
coil2000	–	.0627±.0076	.0624±.0076•	.0619±.0075•	.0619±.0075•	.0363±.0141•	.0570±.0075•
mushrooms	–	.9912±.0020	.9909±.0021•	.9909±.0022•	.9909±.0022•	.6813±.1294•	.8652±.0474•
clean1	–	.4368±.0300	.4169±.0299•	.4145±.0309•	.4132±.0315•	.1596±.0562•	.3563±.0364•
w5a	–	.3376±.0267	.3319±.0247•	.3341±.0258•	.3313±.0246•	.3342±.0276•	.2694±.0385•
gisette	–	.7265±.0098	.7001±.0116•	.6747±.0145•	.6731±.0134•	.5360±.0318•	.5709±.0123•
farm-ads	–	.4217±.0100	.4196±.0101•	.4170±.0113•	.4170±.0113•	–	.3771±.0110•
POSS: 胜/平/负		–	12/0/0	12/0/0	12/0/0	11/0/0	12/0/0

图 14.2 展示了所有算法在 *svmguide3* 和 *sonar* 这两个数据集上的优化性能曲线.

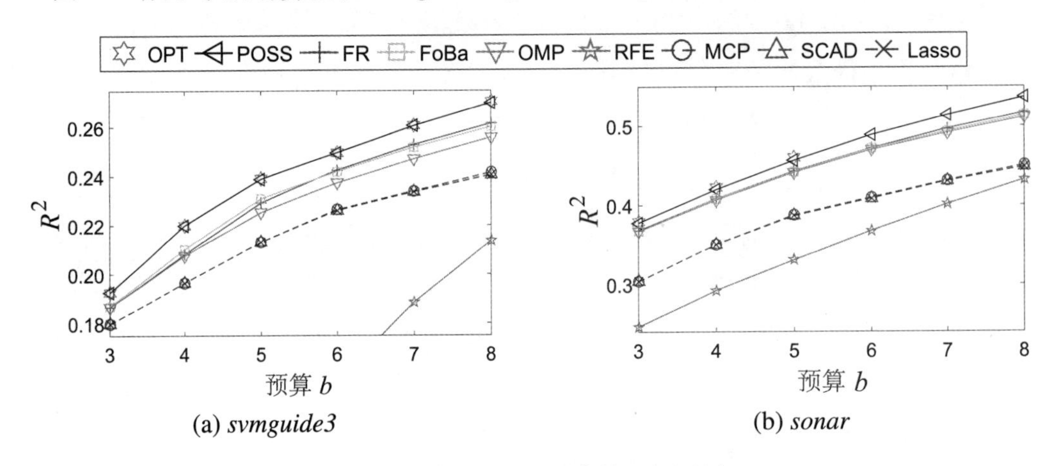

(a) *svmguide3* (b) *sonar*

图 14.2 训练集上的 R^2 值, 越大越好

对于 *sonar* 而言，穷举的时间开销非常大，因此仅得到 $b \leqslant 5$ 时的 OPT. 从图中可看出，POSS 与 OPT 非常接近，且相较其他算法有明显优势. FR、FoBa 和 OMP 的性能接近，但相较 MCP、SCAD 和 Lasso 的性能则要好得多. 虽然 L_1 范数是关于 L_0 范数的紧的**凸松弛** (convex relaxation)，而且在**稀疏恢复** (sparse recovery) 任务上可取得好的性能，但此处 Lasso 却在大部分数据集上表现不如 POSS 和基于贪心行为的算法. Lasso 的性能较差这个观察与 [Das and Kempe, 2011; Zhang, 2011] 中的结果一致，这可能是因为不像稀疏恢复任务所作的假设，这些数据集本身不存在稀疏结构，此时 L_1 范数无法较好地近似 L_0 范数.

14.4.2 泛化性能

当考虑泛化性能时，[Zhang, 2011] 揭示了仅使用稀疏度未必能较好地度量模型的复杂度，这是因为它仅对变量数目进行限制，而对变量的相应系数的范围不做限制. 因此，好的优化性能未必总能带来好的泛化性能. 图 14.3 展示了各个算法在 *svmguide3* 和 *sonar* 这两个数据集的测试集上的 R^2 值，其中在 *sonar* 上的结果验证了这一点. 在 *svmguide3* 上，图 14.3 (a) 所示的各个算法的排序与图 14.2 (a) 所示的它们关于训练集上的 R^2 值的排序相一致；而在 *sonar* 上，图 14.3 (b) 所示的各个算法的排序却与图 14.2 (b) 所示的排序相反，这可能是因为 *sonar* 包含的示例数较少，算法易于**过拟合** (overfitting).

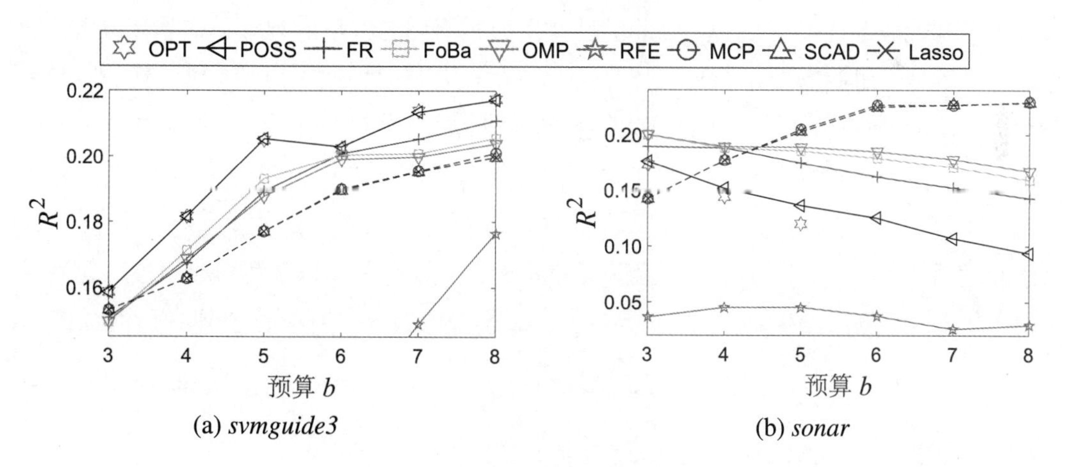

图 14.3 测试集上的 R^2 值，越大越好

因此，引入其他**正则化** (regularization) 项或许是必要的 [Zhang, 2011]. 通过在均方误差这个目标函数上增加 L_2 范数得到

$$RSS_{z,s} = \min_{\alpha \in \mathbb{R}^{|s|_1}} \mathbb{E}\left[\left(z - \sum_{i:s_i=1} \alpha_i v_i\right)^2\right] + \lambda |\alpha|_2^2, \tag{14.25}$$

于是优化问题变成

$$\arg\min_{s \in \{0,1\}^n} RSS_{z,s} \quad \text{s.t.} \quad |s|_1 \leqslant b. \tag{14.26}$$

图 14.4 展示了各个算法在 *sonar* 数据集上求解 $\lambda = 0.9615$ 的上述问题的实验结果. POSS 在训练集上总能获得最小的 *RSS* 值 (即最好的优化性能), 而且通过引入正则化项 L_2 范数, 在测试集上亦获得了最好的 R^2 值 (即最好的泛化性能).

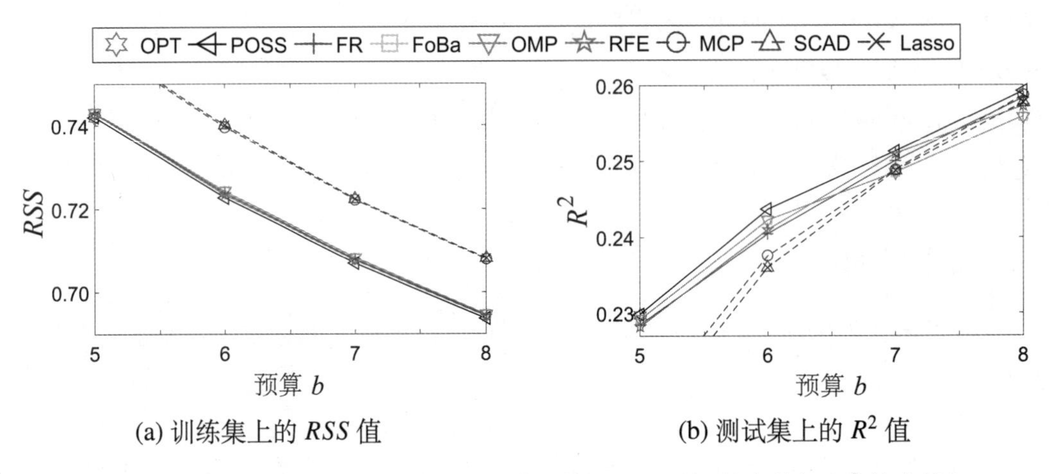

(a) 训练集上的 *RSS* 值　　(b) 测试集上的 R^2 值

图 14.4　*sonar* 上带有正则化项 L_2 范数的稀疏回归. *RSS* 越小越好, R^2 越大越好

14.4.3 运行时间

接下来比较各个算法的运行时间, 通过算法所消耗的目标函数评估次数来衡量. OPT 通过穷举获得, 因此需要运行时间 $\binom{n}{b} \geqslant n^b/b^b$, 这对于稍微大点的数据集就不可接受. FR、FoBa 和 OMP 都是基于贪心行为的算法, 运行时间均与 bn 同阶. POSS 通过使用运行时间 $2\mathrm{e}b^2n$ 找到了最接近 OPT 的解. 相较贪心算法, POSS 在运行时间上慢了 b 倍, 但当 b 是一个小常数时, 两者差异并不大. $2\mathrm{e}b^2n$ 实际是理论分析得出的使 POSS 获得好的近似保证的运行时间上界, 下面通过实验观察 POSS 的实际效率. 以 FR 为基准, 图 14.5 显示出在最大的两个数据集 *gisette* 和 *farm-ads* 上 POSS 获得的 R^2 值随着运行时间变化的曲线.

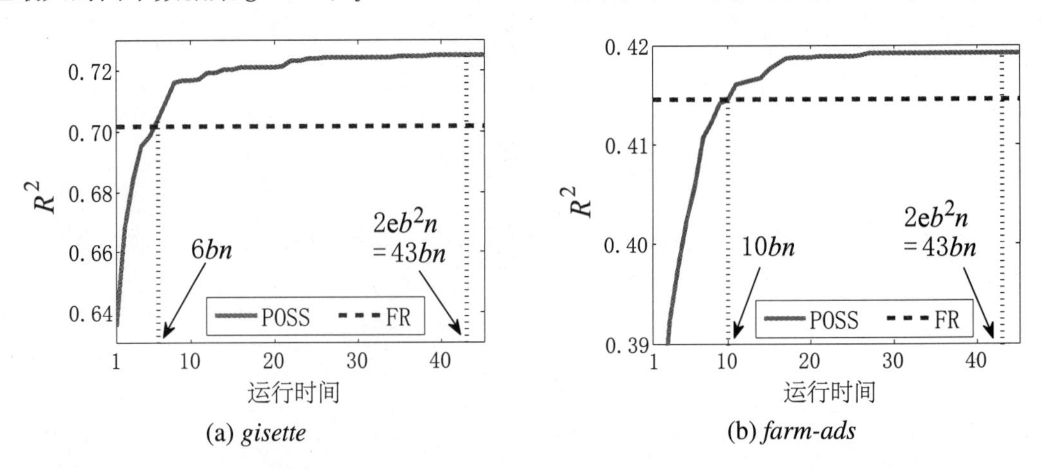

(a) *gisette*　　(b) *farm-ads*

图 14.5　POSS 和 FR 找到解的 R^2 值随运行时间变化的曲线, 其中运行时间单位为 bn

注意此处不对数据集作划分，而是将 POSS 直接在原始数据集上独立地运行 30 次，然后给出平均结果. 图 14.5 中横轴的单位为 bn，即 FR 的运行时间. 由图可见，POSS 在两个数据集上仅需分别消耗理论推得时间的 14% 和 23% 即可获得比 FR 更好的优化性能，这意味着 POSS 在实际运行时相当高效.

14.5 小结

本章考虑子集选择问题，即试图从一个包含 n 项的集合中选择规模不超过 b 的子集以最优化某个给定的目标. 采用基于帕累托优化的 POSS 算法进行求解，同时优化子集选择的两个目标，即优化原始目标函数和减小子集规模. 对于目标函数单调的子集选择问题，本章证明，使用常数隔离函数的 POSS 能够在期望运行时间 $2eb^2n$ 内获得目前已知的最佳近似保证，该保证之前由贪心算法获得. 对稀疏回归这个子集选择的典型应用，本章证明使用适当隔离函数的 POSS 能够在期望运行时间 $O(b^2(n-b)n\log n)$ 内找到其重要子类指数衰减的最优解，而贪心算法无法找到. 本章亦通过实验验证了 POSS 的优越性能，并且相较理论分析得出的最坏情况下的运行时间，POSS 实际运行时更高效.

第 15 章 子集选择: k 次模最大化

第 14 章中图 14.1 所示的子集选择问题试图在子集规模不超过给定预算的前提下选择最大化目标函数的子集. 本章将研究子集选择问题的一个扩展, 即在规模约束下最大化单调 **k 次模** (k-submodular) 函数, 如图 15.1 所示. 该问题对应许多现实应用, 例如带有 k 个话题的影响最大化和带有 k 种传感器的传感器放置 [Ohsaka and Yoshida, 2015]. 与一般子集选择不同的是, 此问题选择的是 k 个**两两互斥** (pairwise disjoint) 的子集, 而非单个子集, 并且目标函数满足 k 次模性. 需注意的是, 尽管 k 次模性是次模性的扩展, 即次模性是 k 次模性在 $k = 1$ 时的特例 [Huber and Kolmogorov, 2012], 但关于次模函数最大化的分析难以直接推广到一般 k 次模函数的情形.

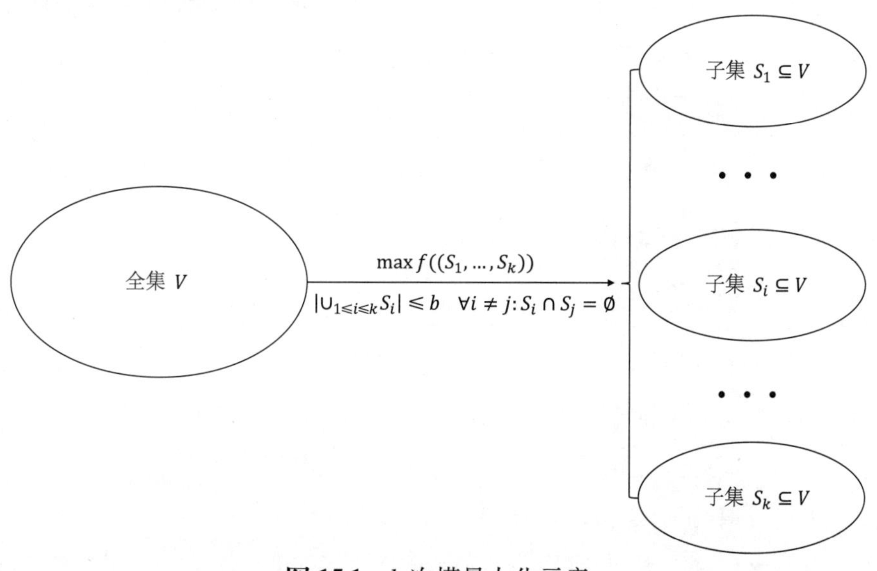

图 15.1 k 次模最大化示意

k 次模函数优化方面的研究始于 $k = 2$, 即**双次模** (bi-submodular) 的情形: [Fujishige and Iwata, 2005; McCormick and Fujishige, 2010] 考虑最小化问题, [Singh et al., 2012; Ward and Živný, 2014] 考虑最大化问题. 不过自 2012 年以来, 大家更关注一般 k 的情形. k 次模函数的最小化问题在多项式时间内可解 [Thapper and Živný, 2012], 但其最大化问题是 NP 难的. [Ward and Živný, 2014] 证明一种确定性的贪心算法可找到具有 (1/3)-近似比的解, [Iwata et al., 2016] 通过一种随机贪心算法将近似比改进至 1/2. [Iwata et al., 2016] 还研究了单调 k 次模函数最大化, 提出的算法可获得具有 $(k/(2k-1))$-近似比的解.

上述大部分研究考虑无约束情形, 而 k 次模函数最大化的不少现实应用受制于规模约束 [Singh et al., 2012]. 对于在规模约束下最大化单调 k 次模函数这个问题, 以往报道非常少. [Ohsaka and Yoshida, 2015] 证明广义贪心算法[①] 在总规模 (即所选 k 个子集的并集之规模) 约束下找到的解具有 (1/2)-近似比. 该多项式时间近似比是渐近最优的, 即 $\forall \epsilon > 0$, 获得近似比为 $(k+1)/(2k)+\epsilon$ 的解均需指数级运行时间 [Iwata et al., 2016]. [Ohsaka and Yoshida, 2015] 还考虑了对每个子集的规模加以约束的情形, 而本章仅考虑总规模约束.

本章给出针对在规模约束下最大化单调 k 次模函数问题, 基于帕累托优化设计的算法 POkSM [Qian et al., 2018b]. 该算法的主要过程与 POSS 相似, 首先将原始约束优化问题转化为同时最大化给定目标函数和最小化所选 k 个子集的并集规模的二目标优化问题, 然后使用结合随机贪心搜索的多目标演化算法求解该二目标问题, 最后从产生的非占优解集中选择最佳可行解. 本章先证明 POkSM 是 (1/2)-近似算法. 注意该近似比是渐近最优的, 之前由广义贪心算法获得 [Ohsaka and Yoshida, 2015]. 本章随后在带有 k 个话题的影响最大化、带有 k 个话题的信息覆盖最大化、带有 k 种传感器的传感器放置这三个典型应用上进一步分析对比了 POkSM 和广义贪心算法. 对于每个应用, 本章均给出一个实例并证明 POkSM 能够在多项式时间内找到最优解, 而广义贪心算法无法找到. 在这三个应用上的实验结果亦验证了 POkSM 的优越性能.

15.1 单调 k 次模函数最大化

给定有限非空集 $V=\{v_1,v_2,\ldots,v_n\}$ 和正整数 k, 考虑定义在 V 的 k 个两两互斥的子集上的函数 $f:(k+1)^V\to\mathbb{R}$, 其中 $(k+1)^V=\{(S_1,\ldots,S_k)\mid S_i\subseteq V,\forall i\neq j: S_i\cap S_j=\emptyset\}$. $(S_1,\ldots,S_k)$ 可自然地表示成向量 $\boldsymbol{s}\in\{0,1,\ldots,k\}^n$, 其中第 j 维的值 $s_j=i$ 表示 $v_j\in S_i$, $s_j=0$ 表示 v_j 未出现在任意集合中. 因此, $S_i=\{v_j\mid s_j=i\}$. 为方便起见, $\boldsymbol{s}\in\{0,1,\ldots,k\}^n$ 和其相应的 k 个子集 $(S_1,\ldots,S_k)$ 将不作区分.

对于 $\boldsymbol{x}=(X_1,\ldots,X_k)$ 和 $\boldsymbol{y}=(Y_1,\ldots,Y_k)$, 若 $\forall i: X_i\subseteq Y_i$, 则 $\boldsymbol{x}\sqsubseteq\boldsymbol{y}$. 下面给出 k 次模性和单调性的定义. 当 $k=1$ 时, k 次模性实际就是次模性.

定义 15.1. k 次模性

函数 $f:(k+1)^V\to\mathbb{R}$ 若满足

$$\forall \boldsymbol{x},\boldsymbol{y}: f(\boldsymbol{x})+f(\boldsymbol{y})\geqslant f(\boldsymbol{x}\sqcap\boldsymbol{y})+f(\boldsymbol{x}\sqcup\boldsymbol{y}), \tag{15.1}$$

其中 $\boldsymbol{x}\sqcap\boldsymbol{y}=(X_1\cap Y_1,\ldots,X_k\cap Y_k)$,

$$\boldsymbol{x}\sqcup\boldsymbol{y}=((X_1\cup Y_1)\setminus\cup_{i\neq 1}(X_i\cup Y_i),\ldots,(X_k\cup Y_k)\setminus\cup_{i\neq k}(X_i\cup Y_i)), \tag{15.2}$$

则称 f 具有 k 次模性.

① 广义贪心算法思路与贪心算法类似, 即逐个选择边际增益最大的一项并将其加入相应子集中.

定义 15.2. 单调性

函数 $f:(k+1)^V \to \mathbb{R}$ 若满足 $\forall \boldsymbol{x} \sqsubseteq \boldsymbol{y}: f(\boldsymbol{x}) \leqslant f(\boldsymbol{y})$, 则称 f 具有单调性.

定义 15.3 ~ 定义 15.6 描述了后续将用到的一些概念. 一个解 $\boldsymbol{s} = (S_1, \ldots, S_k)$ 的**支撑集** (support) 是其包含的 k 个两两互斥的子集的并集, 即 $sup(\boldsymbol{s}) = \cup_{i\in[k]} S_i$. 使用向量表示 (即 $\boldsymbol{s} \in \{0, 1, \ldots, k\}^n$) 时, $S_i = \{v_j \mid s_j = i\}$, 因此 $sup(\boldsymbol{s})$ 可表示成 $\{v_j \mid s_j > 0\}$. 直观来说, **象限次模性** (orthant submodularity) 意味着通过在解中加入单独一项带来的边际增益随着该解包含的 k 个子集的扩展而递减. 根据定义 15.2 和定义 15.6 可知, 若一个函数满足单调性, 则必满足**成对单调性** (pairwise monotonicity), 意味着成对单调性弱于单调性. [Ward and Živný, 2014] 证明, k 次模性等价于象限次模性和成对单调性这两者同时成立.

定义 15.3. 支撑集

给定解 $\boldsymbol{s} = (S_1, \ldots, S_k)$, 它的支撑集 $sup(\boldsymbol{s})$ 为其包含的 k 个子集的并集, 即

$$sup(\boldsymbol{s}) = \cup_{i\in[k]} S_i. \tag{15.3}$$

定义 15.4. 边际增益/损失

给定函数 $f:(k+1)^V \to \mathbb{R}$ 和解 $\boldsymbol{s} = (S_1, \ldots, S_k)$, 关于 $v \notin sup(\boldsymbol{s})$ 和 $i \in [k]$ 的边际增益 $\Delta^+_{v,i} f(\boldsymbol{s})$ 是将 v 加入 S_i 带来的 f 的增量, 即

$$\Delta^+_{v,i} f(\boldsymbol{s}) = f(S_1, \ldots, S_{i-1}, S_i \cup v, S_{i+1}, \ldots, S_k) - f(S_1, \ldots, S_k); \tag{15.4}$$

关于 $v \in S_i$ 的**边际损失** (marginal loss) $\Delta^-_{v,i} f(\boldsymbol{s})$ 则是从 S_i 中删除 v 带来的 f 的减量, 即

$$\Delta^-_{v,i} f(\boldsymbol{s}) = f(S_1, \ldots, S_k) - f(S_1, \ldots, S_{i-1}, S_i \setminus v, S_{i+1}, \ldots, S_k). \tag{15.5}$$

定义 15.5. 象限次模性

函数 $f:(k+1)^V \to \mathbb{R}$ 若满足对于任意 $\boldsymbol{x} \sqsubseteq \boldsymbol{y}, v \notin sup(\boldsymbol{y})$ 以及 $i \in [k]$, 有

$$\Delta^+_{v,i} f(\boldsymbol{x}) \geqslant \Delta^+_{v,i} f(\boldsymbol{y}), \tag{15.6}$$

则称 f 具有象限次模性.

定义 15.6. 成对单调性

函数 $f:(k+1)^V \to \mathbb{R}$ 若满足对于任意 $\boldsymbol{s}, v \notin sup(\boldsymbol{s})$ 以及 $i, j \in [k]$, 其中 $i \neq j$, 有

$$\Delta^+_{v,i} f(\boldsymbol{s}) + \Delta^+_{v,j} f(\boldsymbol{s}) \geqslant 0, \tag{15.7}$$

则称 f 具有成对单调性.

定义 15.7 指明了本章所研究的问题, 旨在选择 k 个两两互斥的子集 $\boldsymbol{s} \in \{0,1,\ldots,k\}^n$ 以在满足 $|sup(\boldsymbol{s})|$ 的上限约束下最大化单调 k 次模函数 f. 不失一般性, 假设 f 已被归一化, 即 $f(0^n) = 0$.

定义 15.7. 受规模约束的单调 k 次模函数最大化问题

给定所有项的集合 $V = \{v_1, v_2, \ldots, v_n\}$, 单调 k 次模目标函数 $f : \{0,1,\ldots,k\}^n \to \mathbb{R}^{0+}$ 以及预算 $b \in [n]$, 找到 $\boldsymbol{s}^*$ 满足

$$\boldsymbol{s}^* = \underset{\boldsymbol{s} \in \{0,1,\ldots,k\}^n}{\arg\max} \; f(\boldsymbol{s}) \quad \text{s.t.} \quad |sup(\boldsymbol{s})| \leqslant b. \tag{15.8}$$

[Ohsaka and Yoshida, 2015] 证明, 广义贪心算法找到的解具有渐近最优的近似比 1/2. 算法 15.1 的广义贪心算法迭代地选择使 f 的增量最大的组合 (v,i) 并将 v 加入 S_i 中. 需注意的是, $\boldsymbol{s}(v)$ 表示 $\boldsymbol{s}$ 在项 v 所对应的位置上的取值, 即 $v \in S_{\boldsymbol{s}(v)}$. [Ohsaka and Yoshida, 2015] 也考虑了约束为针对单个子集的规模的情形, 即 $\forall i \in [k] : |S_i| \leqslant b_i$, 而此处仅考虑总规模约束, 即 $|sup(\boldsymbol{s})| = |\cup_{i\in[k]} S_i| \leqslant b$.

算法 15.1 广义贪心算法

输入: $V = \{v_1, v_2, \ldots, v_n\}$; 单调 k 次模函数 $f : \{0,1,\ldots,k\}^n \to \mathbb{R}^{0+}$; 预算 $b \in [n]$.

过程:

1: 令 $t = 0, \boldsymbol{s} = 0^n$;
2: **while** $t < b$ **do**
3: $\quad (v,i) = \arg\max_{v \in V \setminus sup(\boldsymbol{s}), i \in [k]} \Delta^+_{v,i} f(\boldsymbol{s})$;
4: $\quad$ 令 $\boldsymbol{s}(v) = i, t = t+1$
5: **end while**
6: **return** $\boldsymbol{s}$

输出: 满足 $|sup(\boldsymbol{s})| = b$ 的一个解 $\boldsymbol{s} \in \{0,1,\ldots,k\}^n$

下面介绍本章后续部分将用到的上述问题的三个具体应用, 它们分别从以下三个目标函数满足单调性和次模性的子集选择问题的应用扩展而来: 影响最大化、信息覆盖最大化和传感器放置.

如 14.1.2 小节所述, 影响最大化试图从社交网络上找到一组有影响力的用户. 令有向图 $G = (V,E)$ 表示社交网络, 其中每个结点对应一个用户, 每条边 $(u,v) \in E$ 具有传播概率 $p_{u,v}$, 代表用户 u 对 v 的影响度. 给定预算 b, 影响最大化旨在找到 V 的结点数不超过 b 的子集, 使得从该子集开始传播且能够激活的结点的期望数目最大 [Kempe et al., 2003]. 由于社交网络用户间的影响往往取决于某个话题, 因此 [Barbieri et al., 2012] 引入**话题感知** (topic-aware) 模型, 其中每条边 (u,v) 具有一个关于传播概率的向量 $(p^1_{u,v}, \ldots, p^k_{u,v})$, 代表用户 u 对 v 在各个话题上的影响度. 令 $\boldsymbol{s} \in \{0,1,\ldots,k\}^n$ 表示 n 个用户所传播的话题情况, 其中 $s_j = i$ 表示用户 j 传播话题 i. 因此, S_i 包含传播话题 i 的所有结点. 此处采用的传播

模型为带有 k 个话题的 IC 模型, 它对每个话题进行独立传播, 即 $\forall i \in [k]$, 根据概率 $p_{u,v}^i$ 从 S_i 开始传播. 从 S_i 开始传播所激活的结点构成的集合记为 $A(S_i)$, 为一个随机变量. 定义 15.8 给出的带有 k 个话题的影响最大化旨在最大化至少在一个传播过程中被激活的结点的期望数目, 该目标函数被证明满足单调性和 k 次模性 [Ohsaka and Yoshida, 2015].

定义 15.8. 带有 k 个话题的影响最大化问题

给定有向图 $G=(V,E)$ 以及预算 b, 其中 $|V|=n$, 每条边 $(u,v)\in E$ 具有 k 个传播概率 $\{p_{u,v}^i \mid i\in[k]\}$, 找到 $\boldsymbol{s}^*$ 满足

$$\boldsymbol{s}^* = \underset{\boldsymbol{s}\in\{0,1,\ldots,k\}^n}{\arg\max}\ \mathbb{E}\left[|\cup_{i\in[k]} A(S_i)|\right] \quad \text{s.t.} \quad |sup(\boldsymbol{s})| \leqslant b. \tag{15.9}$$

如 14.1.3 小节所述, 信息覆盖最大化旨在最大化活跃结点和知情结点的期望数目 [Wang et al., 2015]. 类似地, 定义 15.9 给出的带有 k 个话题的信息覆盖最大化旨在最大化至少在一个传播过程中被激活或被告知信息的结点的期望数目, 其中 $AI(S_i)$ 表示从 S_i 开始传播最终得到的活跃结点和知情结点的集合. $\mathbb{E}[|AI(S_i)|]$ 满足单调性和次模性 [Wang et al., 2015], 通过采用与影响最大化情形下相同的证明 [Ohsaka and Yoshida, 2015] 可得 $\mathbb{E}[|\cup_{i\in[k]} AI(S_i)|]$ 满足单调性和 k 次模性.

定义 15.9. 带有 k 个话题的信息覆盖最大化问题

给定有向图 $G=(V,E)$ 以及预算 b, 其中 $|V|=n$, 每条边 $(u,v)\in E$ 具有 k 个传播概率 $\{p_{u,v}^i \mid i\in[k]\}$, 找到 $\boldsymbol{s}^*$ 满足

$$\boldsymbol{s}^* = \underset{\boldsymbol{s}\in\{0,1,\ldots,k\}^n}{\arg\max}\ \mathbb{E}\left[|\cup_{i\in[k]} AI(S_i)|\right] \quad \text{s.t.} \quad |sup(\boldsymbol{s})| \leqslant b. \tag{15.10}$$

如 14.1.4 小节所述, 传感器放置问题试图确定有限个传感器的放置位置以最小化环境的不确定性. 假设此时存在 k 种传感器, 令 $\boldsymbol{s}\in\{0,1,\ldots,k\}^n$ 表示在 n 个位置 $V=\{v_1,v_2,\ldots,v_n\}$ 上的传感器放置情况, 其中 $s_j=i$ 表示在位置 v_j 上安装了第 i 种传感器. 令随机变量 O_j^i 表示在位置 v_j 上安装的第 i 种传感器观测到的信息. 定义 15.10 给出的带有 k 种传感器的传感器放置问题旨在通过使用不超过 b 个传感器以最大化 $\{O_j^{s_j} \mid s_j>0\}$ 的熵, 该目标函数被证明满足单调性和 k 次模性 [Ohsaka and Yoshida, 2015].

定义 15.10. 带有 k 种传感器的传感器放置问题

给定 n 个位置 $V=\{v_1,v_2,\ldots,v_n\}$, k 种传感器以及预算 b, 找到 $\boldsymbol{s}^*$ 满足

$$\boldsymbol{s}^* = \underset{\boldsymbol{s}\in\{0,1,\ldots,k\}^n}{\arg\max}\ H(\{O_j^{s_j} \mid s_j>0\}) \quad \text{s.t.} \quad |sup(\boldsymbol{s})| \leqslant b, \tag{15.11}$$

其中 O_j^i 是一个随机变量, 表示在位置 v_j 上安装的第 i 种传感器观测到的信息.

15.2 POkSM 算法

接下来, 介绍**基于帕累托优化的 k 次模最大化** (Pareto optimization for k-submodular maximization, POkSM) 算法, 它先将原始问题即式 (15.8) 转化为二目标最大化问题

$$\underset{s\in\{0,1,\dots,k\}^n}{\arg\max} \quad (f_1(s), f_2(s)), \tag{15.12}$$

其中

$$f_1(s) = \begin{cases} -\infty & |sup(s)| \geqslant 2b \\ f(s) & \text{否则} \end{cases}, \quad f_2(s) = -|sup(s)|. \tag{15.13}$$

换言之, POkSM 最大化原始目标 f 的同时最小化 $sup(s)$ 的规模. 在二目标优化下, 采用定义 1.3 所述的占优关系对解进行比较. 对原始问题进行转化后, 一种仅使用变异算子的简单多目标演化算法被用于求解转化后得到的二目标最大化问题. 除使用初始解 0^n 以及定义 15.11 所述的在 $\{0,1,\dots,k\}^n$ 空间上的变异算子外, 其过程类似于 SEMO, 即算法 2.5.

算法 15.2 POkSM 算法

输入: $V=\{v_1,v_2,\dots,v_n\}$; 单调 k 次模函数 $f:\{0,1,\dots,k\}^n\to\mathbb{R}^{0+}$; 预算 $b\in[n]$.
参数: 运行轮数 T.
过程:

1: 令 $s=0^n$, $P=\{s\}$;
2: 令 $t=0$;
3: **while** $t<T$ **do**
4: 均匀随机地从 P 中选择一个解 s;
5: 在解 s 上执行定义 15.11 所述的变异算子以产生新解 s';
6: **if** $\nexists z\in P$ 满足 $z\succ s'$ **then**
7: $P=(P\setminus\{z\in P\mid s'\succeq z\})\cup\{s'\}$;
8: $Q=SGS(f,b,s')$;
9: **for** $q\in Q$
10: **if** $\nexists z\in P$ 满足 $z\succ q$ **then**
11: $P=(P\setminus\{z\in P\mid q\succeq z\})\cup\{q\}$
12: **end if**
13: **end for**
14: **end if**
15: $t=t+1$
16: **end while**
17: **return** $\arg\max_{s\in P,|sup(s)|\leqslant b} f_1(s)$

输出: 满足 $|sup(s)|\leqslant b$ 的一个解 $s\in\{0,1,\dots,k\}^n$

算法 15.2 的 POkSM 从全 0 解出发, 试图通过第 3~16 行迭代地改进种群 P 中解的质量. 在每一轮运行中, POkSM 的第 4~5 行通过对当前 P 中选择的某个解 s 执行变异算子产生新解 s'; 若 s' 不被 P 中任意解占优, 则 POkSM 的第 7 行将 s' 加入 P 中, 并从 P 中去

除被 s' 弱占优的解. 为提升算法效率, POkSM 的第 8 行引入一种随机贪心搜索 (stochastic greedy search, SGS) 算法来进一步改进新加入的解 s'.

定义 15.11. 变异算子

给定解 $s \in \{0,1,\ldots,k\}^n$, 变异算子独立地以概率 $1/n$ 对 s 每个位置上的值进行翻转以产生解 s', 其中对某一个位置上的值的翻转是通过均匀随机选择将其变成一个不同值. 换言之,

$$\forall j \in [n] : s'_j = \begin{cases} s_j & \text{以概率 } 1-1/n; \\ i & \text{否则}, \end{cases} \tag{15.14}$$

其中 i 从 $\{0,1,\ldots,k\} \setminus \{s_j\}$ 中均匀随机地选择而得.

算法 15.3 的 SGS 采取随机抽样技术 [Mirzasoleiman et al., 2015], 并执行一系列贪心搜索操作. 每一轮运行中, SGS 先随机选取若干项, 构成集合 R, 再加入 R 中使边际增益最大的项或删除 R 中使边际损失最小的项. 执行加入还是删除取决于 $|sup(s')|$ 和 b 的大小关系. 由 SGS 产生的解在第 9~13 行被用于更新 P. SGS 每一轮的抽样规模 $|R|$ 对 POkSM 性能的影响见后续理论分析.

算法 15.3 SGS 算法

输入: 单调 k 次模函数 $f : \{0,1,\ldots,k\}^n \to \mathbb{R}^{0+}$; 预算 $b \in [n]$; 解 $s \in \{0,1,\ldots,k\}^n$.
过程:
1: 令 $Q = \emptyset$, $j = |sup(s)|$;
2: **if** $j < b$ **then**
3:   **while** $|sup(s)| < b$ **do**
4:     从 $V \setminus sup(s)$ 中有放回地抽样得到 $\frac{n-|sup(s)|}{b-|sup(s)|}\ln(2(b-j))$ 项, 构成集合 R;
5:     $(v,i) = \arg\max_{v \in R, i \in [k]} \Delta^+_{v,i} f(s)$;
6:     令 $s(v) = i$, $Q = Q \cup \{s\}$
7:   **end while**
8: **else if** $j > b$ **then**
9:   **while** $|sup(s)| > b$ **do**
10:     从 $sup(s)$ 中有放回地抽样得到 $\frac{b+1}{|sup(s)|-b}$ 项, 构成集合 R;
11:     $v = \arg\min_{v \in R} \Delta^-_{v,s(v)} f(s)$;
12:     令 $s(v) = 0$, $Q = Q \cup \{s\}$
13:   **end while**
14: **end if**
15: **return** Q
输出: $\{0,1,\ldots,k\}^n$ 中的解构成的一个集合

POkSM 运行 T 轮后停止. T 是算法的参数, 可影响找到解的质量. 15.3 节将从理论上分析算法找到的解的质量与 T 之间的关系, 并且实验中将使用理论分析推得的 T 值. 当

POkSM 停止运行时, 算法 15.2 的第 17 行从 P 中选择满足规模约束的解中 f_1 值最大的作为最终解. 注意 f_1 值最大对应原始目标 f 的值最大.

进行二目标转化时, 将 f_1 置为 $-\infty$ 旨在将约束违反度过大的不可行解去除, 即去掉支撑集的规模至少为 $2b$ 的解. 这些不可行解的两个目标值满足 $f_1 = -\infty$ 且 $f_2 \leqslant -2b$, 因此它们被任意可行解 (例如 $f_1 = 0$ 且 $f_2 = 0$ 的解 0^n) 占优, 从不被加入种群中.

15.3 理论分析

定理 15.1 给出了 POkSM 获得的一般近似保证. 需注意的是, POkSM 找到的解的近似比 1/2 是渐近最优的, 这是因为对于任意 $\epsilon > 0$, 找到具有 $((k+1)/(2k)+\epsilon)$-近似比的解均需指数级时间 [Iwata et al., 2016]. 若运行时间允许无穷大, 则 POkSM 终将找到最优解, 这是因为所采用的变异算子 (见定义 15.11) 是全局搜索算子, 使得算法在每轮均能以一定的概率产生任意解. 该定理的证明受到 [Ohsaka and Yoshida, 2015] 中定理 3.1 的启发.

定理 15.1

在规模约束下最大化单调 k 次模函数时, POkSM 可在期望运行轮数 $\mathbb{E}[T] \leqslant 8eb$ 内找到解 $\boldsymbol{s}$, 满足 $|sup(\boldsymbol{s})| \leqslant b$ 且 $f(\boldsymbol{s}) \geqslant \mathrm{OPT}/2$.

证明 假设种群 P 中始终至少包含一个解 $\boldsymbol{s}$ 满足: $|sup(\boldsymbol{s})| < b$, 且存在满足 $\boldsymbol{s} \sqsubseteq \boldsymbol{z}$ 和 $|sup(\boldsymbol{z})| = b$ 的某个解 $\boldsymbol{z}$ 使得

$$f(\boldsymbol{s}) \geqslant \mathrm{OPT} - f(\boldsymbol{z}). \tag{15.15}$$

算法 15.2 的第 4 行通过选择 $\boldsymbol{s}$ 进行变异, 并且第 5 行在变异时不翻转任意位置上的值, 则可重新产生解 $\boldsymbol{s}$. $\boldsymbol{s}$ 已存在于 P 中, 这说明 P 中没有解能够占优 $\boldsymbol{s}$, 因此算法 15.2 第 6 行中的条件成立, 第 8 行将对 $\boldsymbol{s}$ 执行 SGS.

接下来证明在 $\boldsymbol{s}$ 上执行 SGS 能以至少 1/2 的概率产生具有 (1/2)-近似比的解. 考虑到 $|sup(\boldsymbol{s})| < b$, 算法 15.3 将执行第 3~7 行, 即迭代地往 $\boldsymbol{s}$ 中加入项直至 $|sup(\boldsymbol{s})| = b$. 在 SGS 的第一轮运行中, 将第 4 行抽样得到的 R 记为 $R^{(1)}$, 第 5 行从 R 中选择的项 v 以及相应的值 i 分别记为 $v^{(1)}$ 和 $i^{(1)}$, 第 6 行产生的解记为 $\boldsymbol{s}^{(1)}$. 通过将 $\boldsymbol{z}$ 中对应某项 v' 的位置上的值置为 0 构造出向量 $\boldsymbol{z}^{(1/2)}$. 下面对 v' 的选取作进一步解释. v' 必属于 $S^{(1)} = sup(\boldsymbol{z}) \setminus sup(\boldsymbol{s})$. 注意 $\boldsymbol{s} \sqsubseteq \boldsymbol{z}$, 于是 $sup(\boldsymbol{s}) \subseteq sup(\boldsymbol{z})$. 假设 $R^{(1)} \cap S^{(1)} \neq \emptyset$. 若 $v^{(1)} \in R^{(1)} \cap S^{(1)}$, 则 $v' = v^{(1)}$, 否则 v' 可以是 $R^{(1)} \cap S^{(1)}$ 中的任意一项. 根据算法 15.3 第 5 行可知, $(v^{(1)}, i^{(1)})$ 为使得 f 的增量最大的组合, 因此,

$$f(\boldsymbol{s}^{(1)}) - f(\boldsymbol{s}) \geqslant \Delta^+_{v',\boldsymbol{z}(v')} f(\boldsymbol{s}). \tag{15.16}$$

因为 $\boldsymbol{s} \sqsubseteq \boldsymbol{z}^{(1/2)}$ 且 $v' \notin sup(\boldsymbol{z}^{(1/2)})$, 所以应用 f 的象限次模性, 即式 (15.6), 可得

$$\Delta^+_{v',\boldsymbol{z}(v')} f(\boldsymbol{s}) \geqslant \Delta^+_{v',\boldsymbol{z}(v')} f(\boldsymbol{z}^{(1/2)}) = f(\boldsymbol{z}) - f(\boldsymbol{z}^{(1/2)}). \tag{15.17}$$

合并式 (15.16) 和式 (15.17) 有

$$f(\boldsymbol{s}^{(1)}) - f(\boldsymbol{s}) \geqslant f(\boldsymbol{z}) - f(\boldsymbol{z}^{(1/2)}). \tag{15.18}$$

通过在 $\boldsymbol{z}^{(1/2)}$ 的基础上设置 $\boldsymbol{z}^{(1/2)}(v^{(1)}) = i^{(1)}$ 构造出向量 $\boldsymbol{z}^{(1)}$. 需注意的是, $\boldsymbol{s}^{(1)} \sqsubseteq \boldsymbol{z}^{(1)}$ 且 $|sup(\boldsymbol{z}^{(1)})| = b$. 由 f 的单调性可得 $f(\boldsymbol{z}^{(1)}) \geqslant f(\boldsymbol{z}^{(1/2)})$, 因此,

$$f(\boldsymbol{s}^{(1)}) - f(\boldsymbol{s}) \geqslant f(\boldsymbol{z}) - f(\boldsymbol{z}^{(1)}). \tag{15.19}$$

对于 SGS 的第 i 轮运行, 类似上述分析可得

$$f(\boldsymbol{s}^{(i)}) - f(\boldsymbol{s}^{(i-1)}) \geqslant f(\boldsymbol{z}^{(i-1)}) - f(\boldsymbol{z}^{(i)}). \tag{15.20}$$

SGS 的第 4~6 行被重复运行 $l = b - |sup(\boldsymbol{s})|$ 轮, 且 $\boldsymbol{z}^{(l)} = \boldsymbol{s}^{(l)}$. 令 $\boldsymbol{s}^{(0)} = \boldsymbol{s}$、$\boldsymbol{z}^{(0)} = \boldsymbol{z}$, 于是有

$$f(\boldsymbol{s}^{(l)}) - f(\boldsymbol{s}) = \sum_{i=1}^{l} \left(f(\boldsymbol{s}^{(i)}) - f(\boldsymbol{s}^{(i-1)})\right) \geqslant \sum_{i=1}^{l} \left(f(\boldsymbol{z}^{(i-1)}) - f(\boldsymbol{z}^{(i)})\right) = f(\boldsymbol{z}) - f(\boldsymbol{z}^{(l)}). \tag{15.21}$$

由于 $\boldsymbol{z}^{(l)} = \boldsymbol{s}^{(l)}$, 且式 (15.15) 成立, 因此,

$$f(\boldsymbol{s}^{(l)}) \geqslant \frac{f(\boldsymbol{s}) + f(\boldsymbol{z})}{2} \geqslant \frac{\mathrm{OPT}}{2}. \tag{15.22}$$

上述分析依赖于假设

$$\forall i \in [l] : R^{(i)} \cap S^{(i)} \neq \emptyset. \tag{15.23}$$

下面证明算法 15.3 中对抽样规模 $|R^{(i)}|$ 的设置使假设, 即式 (15.23), 以至少 1/2 的概率成立. 因为 $|sup(\boldsymbol{z}^{(i-1)})| = b$ 且 $sup(\boldsymbol{s}^{(i-1)}) \subseteq sup(\boldsymbol{z}^{(i-1)})$, 所以 $|S^{(i)}| = |sup(\boldsymbol{z}^{(i-1)}) \setminus sup(\boldsymbol{s}^{(i-1)})| = b - |sup(\boldsymbol{s}^{(i-1)})|$. 根据算法 15.3 第 4 行产生 $R^{(i)}$ 的过程有

$$P(R^{(i)} \cap S^{(i)} = \emptyset) = \left(1 - \frac{b - |sup(\boldsymbol{s}^{(i-1)})|}{n - |sup(\boldsymbol{s}^{(i-1)})|}\right)^{\frac{n-|sup(\boldsymbol{s}^{(i-1)})|}{b-|sup(\boldsymbol{s}^{(i-1)})|} \ln(2l)} \leqslant \frac{1}{2l}, \tag{15.24}$$

其中不等式由 $(1 - 1/m)^m \leqslant 1/\mathrm{e}$ 可得. 由联合界可得式 (15.23) 成立的概率至少是 $1 - l \cdot (1/(2l)) = 1/2$. 因此, 在 $\boldsymbol{s}$ 上执行 SGS 能以至少 1/2 的概率产生具有 (1/2)-近似比的解这一结论成立.

一旦 SGS 产生这样一个解 $\boldsymbol{s}^{(l)}$ 后, 在算法 15.2 的第 9~13 行, 该解将被用于更新种群 P. 这将使得 P 中始终包含弱占优 $\boldsymbol{s}^{(l)}$ 的解, 也就是说, P 中总存在解 $\boldsymbol{y}$ 满足

$$f(\boldsymbol{y}) \geqslant f(\boldsymbol{s}^{(l)}) \geqslant \mathrm{OPT}/2, \tag{15.25}$$

$$|sup(\boldsymbol{y})| \leqslant |sup(\boldsymbol{s}^{(l)})| = b. \tag{15.26}$$

因此, 为找到近似比为 1/2 的解, 算法 15.2 第 5 行期望下至多需要重新产生 $\boldsymbol{s}$ 两次. 令 $P_{\max}$

表示 POkSM 运行过程中种群 P 的最大规模. 因为算法 15.2 第 4 行的选择过程是均匀随机的, 于是选择 $\boldsymbol{s}$ 进行变异的概率至少为 $1/P_{\max}$. 根据定义 15.11 可知, 第 5 行变异时不翻转 $\boldsymbol{s}$ 任意位置上的值之概率为 $(1-1/n)^n \geqslant 1/(2e)$. 所以, 算法 15.2 每运行一轮时第 5 行重新产生 $\boldsymbol{s}$ 的概率至少为 $1/(2eP_{\max})$, 这意味着算法 15.2 重新产生 $\boldsymbol{s}$ 所需的期望运行轮数至多为 $2eP_{\max}$. 因为 P 中的解互不可比, 所以一个目标的每个取值在 P 中至多对应一个解. 满足 $|sup(\cdot)| \geqslant 2b$ 的解在 f_1 上取值 $-\infty$, 被排除于演化过程之外, 于是 $|sup(\cdot)|$ 仅属于 $\{0,1,\ldots,2b-1\}$. 因此, $P_{\max} \leqslant 2b$, 这意味着找到具有 (1/2)-近似比的解所需的期望运行轮数至多为 $2 \cdot (2e \cdot 2b) = 8eb$.

最后需对证明开始时所作的假设进行验证. 令 $\boldsymbol{z}$ 表示最优解, 则初始解 $\mathbf{0}^n$ 满足式 (15.15). 而且, 解 $\mathbf{0}^n$ 始终存在于 P 中, 这是因为该解拥有最大的 f_2 值 (即 0), 所以任意其他解均无法弱占优它. 因此, 假设成立. 于是定理 15.1 得证. □

上述定理说明 POkSM 找到的解具有 (1/2)-近似比, 而 [Ohsaka and Yoshida, 2015] 已证明, 广义贪心算法亦能获得该渐近最优的近似比. 接下来, 在带有 k 个话题的影响最大化、带有 k 个话题的信息覆盖最大化和带有 k 种传感器的传感器放置这三个应用上, 依次给出 POkSM 表现优于广义贪心算法的实例.

对于带有 k 个话题的影响最大化, 考虑例 15.1, 其中每个用户在每个话题上的传播概率相等. 定理 15.2 表明 POkSM 在多项式时间内能够找到全局最优解, 而广义贪心算法无法找到. 直观来说, 证明思路是广义贪心算法很容易就陷入局部最优解, 而 POkSM 能够高效地找到规模为 $b+1$ 的某个不可行解, 再对该解执行后向 SGS (即算法 15.3 第 9~13 行) 可产生全局最优解. 令随机变量 a_i 满足: 若结点 v_i 在传播过程中被激活, 则 $a_i = 1$, 否则 $a_i = 0$. 在该定理的证明中, 定义 15.8 中的目标函数等价地通过 $\mathbb{E}[\sum_{i=1}^n a_i] = \sum_{i=1}^n \mathbb{E}[a_i]$ 计算, 其中等式由期望的线性度可得.

例 15.1

带有 k 个话题的影响最大化问题 (见定义 15.8) 的参数设置如下: 预算 $b=2$; 图 $G=(V,E)$ 如图 15.2 所示, 其中每条边具有传播概率向量 $(1/k,\ldots,1/k)$.

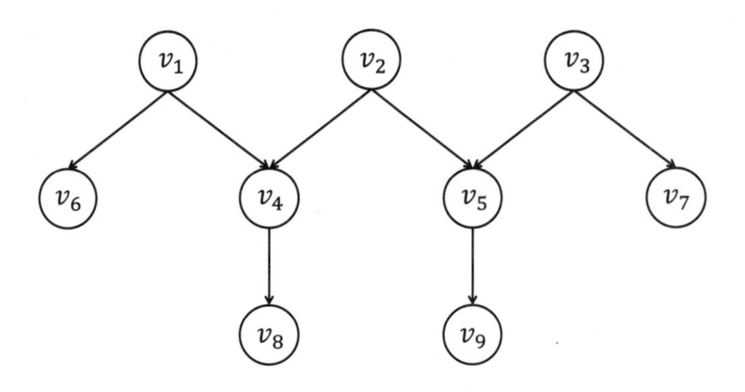

图 15.2 社交网络图的一个例子, 其中每条边具有传播概率向量 $(1/k,\ldots,1/k)$

定理 15.2

对于例 15.1, POkSM 可在期望运行轮数 $\mathbb{E}[T] = O(bn)$ 内找到全局最优解, 而广义贪心算法无法找到.

证明 先计算 $|sup(\boldsymbol{s})| \leqslant b = 2$ 时的 $f(\boldsymbol{s})$. 需注意的是, s_j 是结点 v_j 在向量 $\boldsymbol{s}$ 中的对应位置上的取值. $|sup(\boldsymbol{s})| = 1$ 时, 解 $(0, i, 0, \ldots, 0)$ (其中 $i \in [k]$) 具有最大的 f 值 $1 + 2/k + 2/k^2$, 可通过 $\mathbb{E}[a_2] = 1$、$\mathbb{E}[a_4] = \mathbb{E}[a_5] = 1/k$、$\mathbb{E}[a_8] = \mathbb{E}[a_9] = 1/k^2$ 和 $\mathbb{E}[a_1] = \mathbb{E}[a_3] = \mathbb{E}[a_6] = \mathbb{E}[a_7] = 0$ 计算得到. 当 $s_2 > 0$ 且 $|sup(\boldsymbol{s})| = 2$ 时, 通过计算可得 $\forall i, j \in [k]$:

$$f((j,i,0,\ldots,0)) = f((0,i,j,0,\ldots,0)) = \begin{cases} 2 + \frac{4}{k} + \frac{2}{k^2} - \frac{1}{k^3} & 若\ i = j \\ 2 + \frac{4}{k} + \frac{2}{k^2} - \frac{1}{k^4} & 若\ i \neq j \end{cases}, \tag{15.27}$$

$$f((0,i,0,j,0,\ldots,0)) = f((0,i,0,0,j,0,\ldots,0)) = \begin{cases} 2 + \frac{2}{k} + \frac{1}{k^2} & 若\ i = j \\ 2 + \frac{2}{k} + \frac{2}{k^2} - \frac{1}{k^3} & 若\ i \neq j \end{cases}, \tag{15.28}$$

否则, $f(\boldsymbol{s}) \leqslant 2 + 2/k + 2/k^2$. $\boldsymbol{s}_{\text{global}} = (i, 0, j, 0, \ldots, 0)$ 的目标值为 $2 + 4/k + 2/k^2$, 可验证这是全局最优解. 基于上述分析, 广义贪心算法先找到解 $(0, i, 0, \ldots, 0)$, 再找到解 $\boldsymbol{s}_{\text{local}} = (j, i, 0, \ldots, 0)$ 或 $(0, i, j, 0, \ldots, 0)$, 其中 $i \neq j$. 因此, 广义贪心算法无法找到全局最优解.

对于 POkSM, 下面先证明它能高效地找到 $\boldsymbol{s}_{\text{local}}$. 该过程所需的运行轮数记为 T_1. 注意初始解 0^n 始终存在于种群 P 中. 通过算法 15.2 的第 4 行选择 0^n 进行变异, 并在第 5 行变异时不翻转任意位置上的值可重新产生 0^n. 上述选择和变异行为发生的概率至少为 $(1/(2b)) \cdot (1 - 1/n)^n \geqslant 1/(4eb)$. 因为 0^n 不被任意解占优, 所以 POkSM 在其上执行 SGS, 这个过程将以概率 $\Omega(1)$ 产生解 $\boldsymbol{s}_{\text{local}}$, 这是因为 SGS 第 4 行随机抽样得到的 R 能够以概率 $\Omega(1)$ 包含任意特定结点. 因为最终的目标是分析 POkSM 找到解 $\boldsymbol{s}_{\text{global}}$ 所需期望运行轮数的上界, 所以在该过程中, 可悲观地假设未找到 $\boldsymbol{s}_{\text{global}}$. 因为 $\boldsymbol{s}_{\text{local}}$ 在除 $\boldsymbol{s}_{\text{global}}$ 外满足 $|sup(\boldsymbol{s})| = 2$ 的解中具有最大的 f 值, 所以 $\boldsymbol{s}_{\text{local}}$ 将被加入 P 中并一直存在于其中, 这意味着 $\mathbb{E}[T_1] = O(b)$.

POkSM 找到 $\boldsymbol{s}_{\text{local}}$ 后, 通过第 4 行选择 $\boldsymbol{s}_{\text{local}}$ 进行变异, 并且在第 5 行变异时仅翻转其前三个位置上唯一的 0 至某个不等于 i 和 j 的值 l, 可产生解 $\boldsymbol{s}^* = (j, i, l, 0, \ldots, 0)$ 或 $(l, i, j, 0, \ldots, 0)$. 上述选择和变异行为发生的概率至少是 $(1/(2b)) \cdot (1/n)(1 - 1/n)^{n-1}((k-2)/k)$. 因为产生的解 $\boldsymbol{s}^*$ 在满足 $|sup(\boldsymbol{s})| = 3$ 的解中具有最大的 f 值, 所以种群中没有解可对其占优, POkSM 将在 $\boldsymbol{s}^*$ 上执行 SGS. 由于 $|sup(\boldsymbol{s}^*)| = b + 1$, 算法 15.3 第 10~12 行将被执行一次. 若第 10 行随机抽样得到的 R 包含 v_2, 发生概率为 $1 - (1 - 1/(b+1))^{b+1} \geqslant 1 - 1/\mathrm{e}$, 则 s_2^* 将被置为 0, 这是因为它带来的边际损失最小. 所以, $\boldsymbol{s}_{\text{global}}$ 被找到. 将这个阶段找到 $\boldsymbol{s}_{\text{global}}$ 所需的运行轮数记为 T_2. 于是 $\mathbb{E}[T_2] \leqslant 2\mathrm{e}bn \cdot (k/(k-2)) \cdot (\mathrm{e}/(\mathrm{e}-1)) = O(bn)$. 将上述两个阶段合并可得, PO$k$SM 找到 $\boldsymbol{s}_{\text{global}}$ 所需的期望运行轮数至多为 $\mathbb{E}[T_1] + \mathbb{E}[T_2] = O(bn)$. 综上, 定理 15.2 得证. □

对于带有 k 个话题的信息覆盖最大化, 考虑例 15.2, 亦使用图 15.2 所示的社交网络图. 定义 15.9 中的目标函数通过 $\sum_{i=1}^{n} \mathbb{E}[a_i]$ 计算, 其中 a_i 满足: 若在传播过程中结点 v_i 被激活或被告知信息, 则 $a_i = 1$, 否则 $a_i = 0$. 定理 15.3 表明 POkSM 表现好于广义贪心算法.

例 15.2

带有 k 个话题的信息覆盖最大化问题 (见定义 15.9) 的参数设置如下: 预算 $b=2$; 图 $G=(V,E)$ 如图 15.2 所示, 其中每条边具有传播概率向量 $(1/k,\ldots,1/k)$.

定理 15.3

对于例 15.2, POkSM 可在期望运行轮数 $\mathbb{E}[T]=O(bn)$ 内找到全局最优解, 而广义贪心算法无法找到.

对于带有 k 种传感器的传感器放置, 考虑例 15.3, 其中只有 4 个位置在安装特定的传感器后可观测到不同的信息. 注意 O_j^i 表示在位置 v_j 上安装的第 i 种传感器观测到的信息. 定义 15.10 中的目标函数 (即熵) 通过观测频率来计算. 定理 15.4 表明 POkSM 在该例上优于广义贪心算法.

例 15.3

带有 k 种传感器的传感器放置问题 (见定义 15.10) 的参数设置如下: 预算 $b=3$; 通过在 n 个位置上安装 k 种传感器观测到的信息 O_j^i 为

$$O_1^1=\{1,1,1,2,1,2,3,3\},\ O_2^2=\{1,1,1,1,2,2,2,2\},$$
$$O_3^3=\{1,1,2,2,1,1,2,2\},\ O_4^4=\{1,2,1,2,1,2,1,2\}, \tag{15.29}$$

对于其他任意 $i\in[k]$ 和 $j\in[n]$, 有 $O_j^i=\{1,1,1,1,1,1,1,1\}$.

定理 15.4

对于例 15.3, POkSM 可在期望运行轮数 $\mathbb{E}[T]=O(kbn)$ 内找到全局最优解, 而广义贪心算法无法找到.

定理 15.3 和定理 15.4 的证明思路与定理 15.2 类似, 具体证明见附录 A.

15.4 实验测试

15.3 节的理论分析已表明 POkSM 可获得渐近最优的近似保证, 而相较同样可获得该近似保证的广义贪心算法, POkSM 在一些具体实例上表现更好. 本节通过在带有 k 个话题的影响最大化、带有 k 个话题的信息覆盖最大化和带有 k 种传感器的传感器放置这三个应用上的实验来验证 POkSM 在现实世界任务上的性能.

广义贪心算法无论在理论还是实验上均是以往最优的 [Ohsaka and Yoshida, 2015], 因此将 POkSM 与其进行比较. 定理 15.1 表明了 POkSM 可在期望运行轮数 $\mathbb{E}[T]\leqslant 8eb$ 内获得好的近似保证, 因此 POkSM 的运行轮数 T 设置为 $\lfloor 8eb\rfloor$. 实验将在预算 b 从 5 至 10

的情形下进行测试. POkSM 为随机算法, 因此独立地重复运行 10 次, 然后给出这 10 次运行找到的 f 值的均值. 下面将分别给出在三个应用上的实验结果. 注意本章后续图表中的 Greedy 指广义贪心算法.

15.4.1 带有 k 个话题的影响最大化

先测试 $k = 1$ 这个特殊情形, 即网络上的每条边仅有一个传播概率而非一个传播概率向量. 实验使用的 12 个现实世界数据集[②]如表 15.1 所示. 数据集 *p2p-Gnutella04* 收集自 2002 年 8 月 4 日的 Gnutella 这个对等文件共享网络, 其余 *p2p-Gnutella* 数据集类似收集得到. 数据集 *ca-HepPh* 和 *ca-HepTh* 收集自预印本文献库 arXiv, 前者表示了在 1993 年 1 月至 2003 年 4 月期间在高能物理学**唯象** (phenomenology) 这个方向投稿的论文作者之间的合作关系, 后者表示了在高能物理学理论这个方向投稿的论文作者之间的合作关系. 数据集 *ego-Facebook* 收集自使用 Facebook 的调查参与者. 最后一个数据集 *weibo* 则收集自新浪微博网站. 对于每个网络, 从结点 v_i 到 v_j 的边的传播概率通过 $weight(v_i, v_j)/indegree(v_j)$ (即边的权重除以 v_j 的入度) 这个常用估计方式 [Chen et al., 2009b; Goyal et al., 2011] 得到.

表 15.1 影响最大化实验中使用的数据集

数据集	类型	结点数	边数	数据集	类型	结点数	边数
p2p-Gnutella04	有向图	10,879	39,994	*p2p-Gnutella25*	有向图	22,687	54,705
p2p-Gnutella05	有向图	8846	31,839	*p2p-Gnutella30*	有向图	36,682	88,328
p2p-Gnutella06	有向图	8717	31,525	*ca-HepPh*	无向图	12,008	118,521
p2p-Gnutella08	有向图	6301	20,777	*ca-HepTh*	无向图	9877	25,998
p2p-Gnutella09	有向图	8114	26,013	*ego-Facebook*	无向图	4039	88,234
p2p-Gnutella24	有向图	26,518	65,369	*weibo*	有向图	10,000	162,371

对于 $k \geqslant 2$ 的一般情形, 即网络上的每条边拥有维数为 k 的传播概率向量, 使用的现实世界数据集[③]收集自 2009 年某个月的社会新闻网站 Digg. 该数据集包含两张表, 分别为用户间的友情链接和用户对新闻故事的投票 [Hogg and Lerman, 2012], 预处理后得到拥有 3523 个结点和 90,244 条边的有向图. 实验将分别测试话题数 $k = 2, 3, \ldots, 9$ 的情形, 在每个话题上的传播概率基于用户投票并使用 [Barbieri et al., 2012] 中的方法估计而得.

为了估计带有 k 个话题的影响最大化问题 (见定义 15.8) 的目标函数, 即在传播过程中被激活的结点的期望数目, 独立地模拟传播过程 30 次, 然后使用这 30 次传播激活的结点数的均值作为估计. 这也意味着目标函数的评估是带噪的. 对于算法最终输出的解, 则通过 10,000 次模拟求平均以获得更精确的估计. 广义贪心算法的行为在噪声下亦是随机

② https://exl.ptpress.cn:8442/ex/l/7fc9f7ac/.

③ https://exl.ptpress.cn:8442/ex/l/e59861e3/.

的, 因此独立地重复运行 10 次, 然后给出这 10 次运行找到的 f 值的均值. 实验结果如图 15.3 和图 15.4 所示, 从中可见 POkSM 在所有数据集上表现始终优于广义贪心算法.

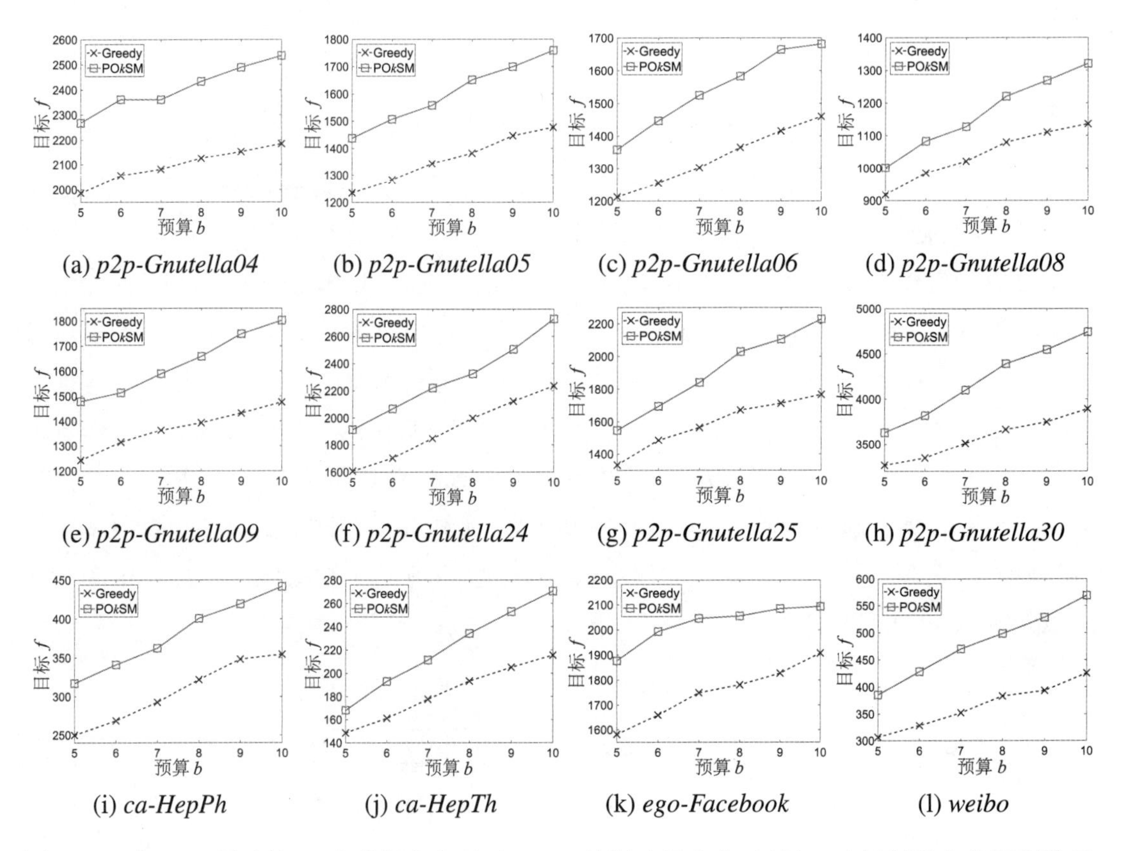

图 15.3 表 15.1 所示的 12 个数据集上关于 $k = 1$ 的影响最大化. 目标 f 为活跃结点的期望数目, 越大越好

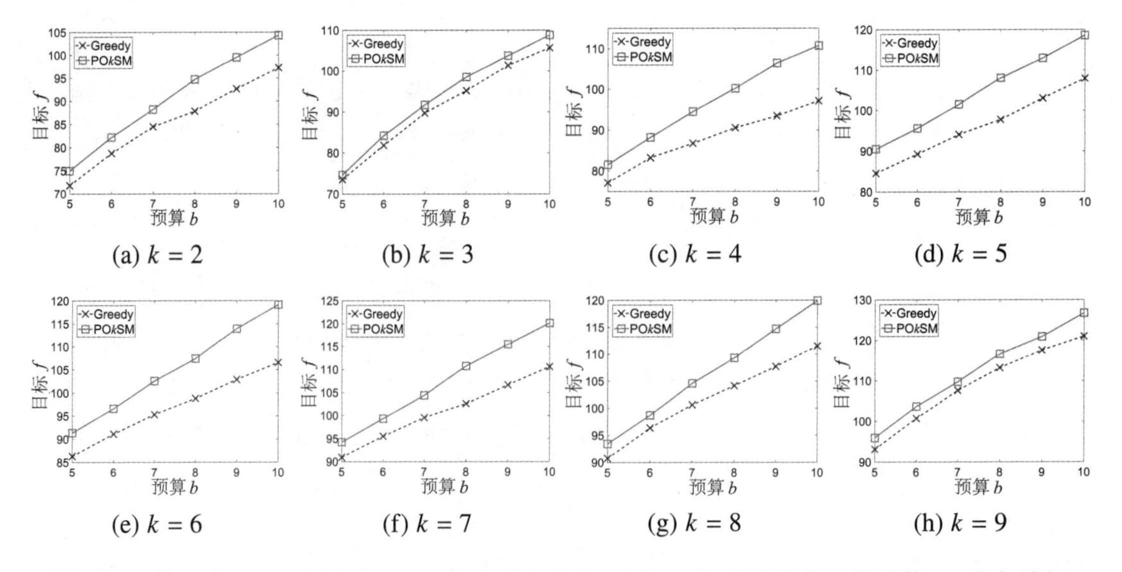

图 15.4 数据集 *Digg* 上关于 $k \geqslant 2$ 的影响最大化. 目标 f 为活跃结点的期望数目, 越大越好

图 15.5 展示了预算 $b=10$ 时 POkSM 找到解的目标值相对广义贪心算法的改进比,即 $(f_{\mathrm{PO}k\mathrm{SM}}-f_{\mathrm{Greedy}})/f_{\mathrm{Greedy}}$,其中 $f_{\mathrm{PO}k\mathrm{SM}}$ 和 f_{Greedy} 分别是 POkSM 和广义贪心算法找到解的目标值. 在 $k=1$ 和 $k\geqslant 2$ 的情形下,改进比最大分别能达到 33% 和 14%. 从图 15.3 和图 15.4 中亦能观察到 POkSM 和广义贪心算法的差距在大部分情形下有关于 b 单调递增的趋势,这可能是因为 b 越大导致问题越复杂,所以广义贪心算法更易陷入局部最优.

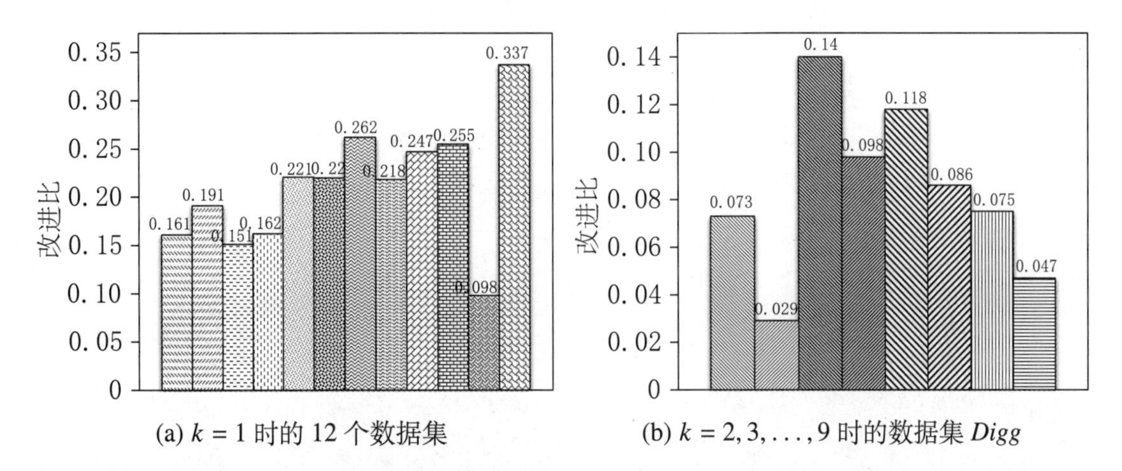

(a) $k=1$ 时的 12 个数据集 (b) $k=2,3,\ldots,9$ 时的数据集 *Digg*

图 15.5 关于 $b=10$ 的带有 k 个话题的影响最大化, POkSM 相对广义贪心算法的改进比

15.4.2 带有 k 个话题的信息覆盖最大化

接下来在带有 k 个话题的信息覆盖最大化问题上比较 POkSM 和广义贪心算法. 此处同样使用表 15.1 所示的 12 个现实世界数据集 (顺序同表 15.1) 以及数据集 *Digg*. 为估算该问题 (见定义 15.9) 的目标函数, 即在传播过程中被激活或被告知信息的结点的期望数目, 使用与上述带有 k 个话题的影响最大化实验中相同的方法.

实验结果如图 15.6 和图 15.7 所示, 结果表明 POkSM 表现始终优于广义贪心算法. 从图 15.6 (k) 中可看出, $b=10$ 时 POkSM 在数据集 *ego-Facebook* 上几乎找到了最优解, 这是因为此时目标值已经达到了最大的可能值, 即该网络的结点数 4039. 图 15.8 展示了 $b=10$ 时 POkSM 相对广义贪心算法的改进比. 从图中可看出, $k=1$ 时改进比最大能超过 25%, $k\geqslant 2$ 时改进比相对较小, 大概在 1% 和 2% 之间.

15.4.3 带有 k 种传感器的传感器放置

在带有 k 种传感器的传感器放置问题上比较 POkSM 和广义贪心算法时, 使用的现实世界数据集[④]是 2004 年 2 月 28 日至 4 月 5 日期间通过在 Intel Berkeley 实验室的 55 个位置安装传感器收集而来的. 收集的信息包括光照强度、温度、电压和湿度, 它们的取值分

④ https://exl.ptpress.cn:8442/ex/1/a69ebd67/.

别被离散化成等长的 5、12、6 和 13 段. 因此, 该现实问题包括 4 种传感器 (即 $k = 4$) 以及 55 个位置 (即 $n = 55$), 试图选择不超过 b 个位置及相应的传感器以最大化熵.

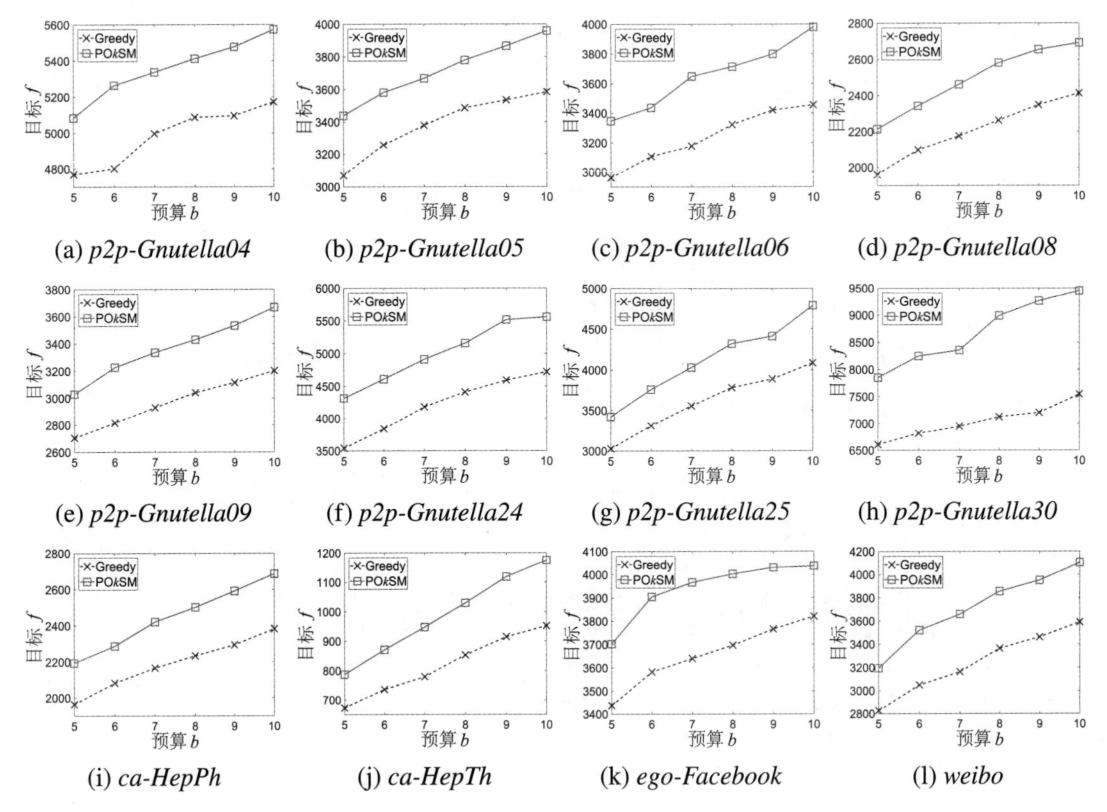

图 15.6 表 15.1 所示的 12 个数据集上关于 $k = 1$ 的信息覆盖最大化. 目标 f 为活跃结点和知情结点的期望数目, 越大越好

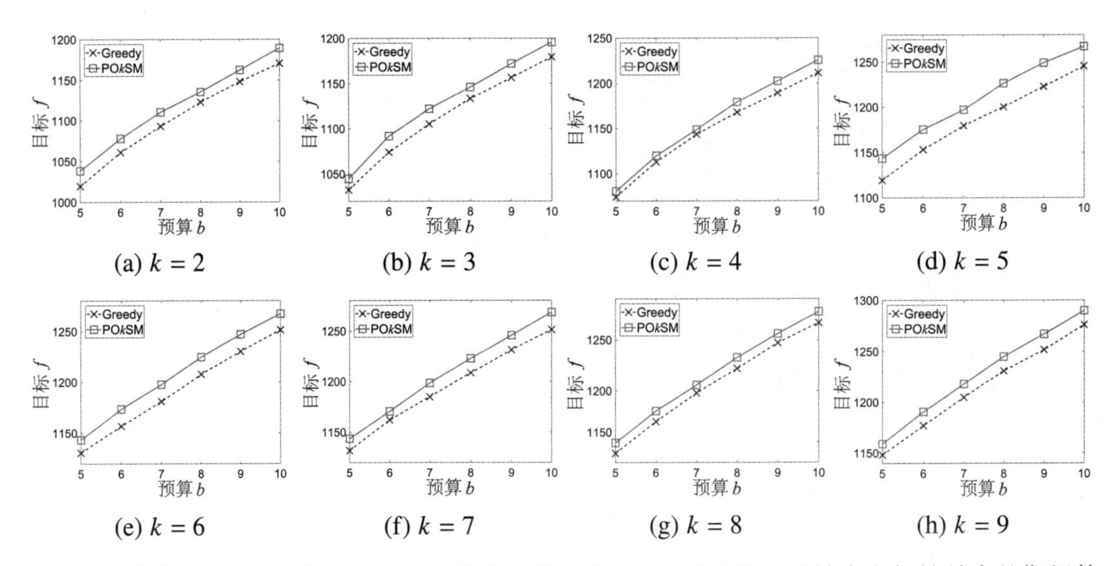

图 15.7 数据集 *Digg* 上关于 $k \geqslant 2$ 的信息覆盖最大化. 目标 f 为活跃结点和知情结点的期望数目, 越大越好

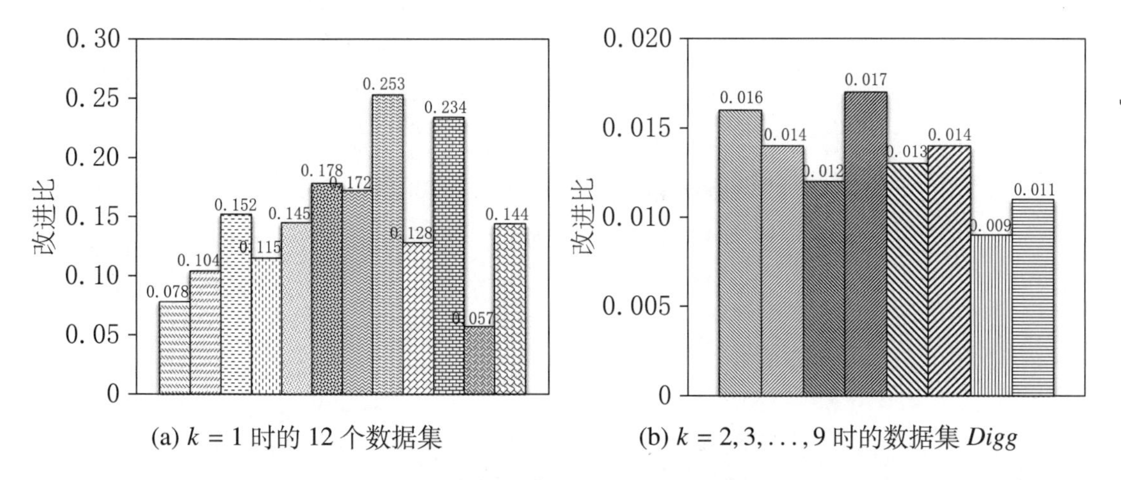

(a) $k = 1$ 时的 12 个数据集　　(b) $k = 2, 3, \ldots, 9$ 时的数据集 *Digg*

图 15.8　关于 $b = 10$ 的带有 k 个话题的信息覆盖最大化, POkSM 相对广义贪心算法的改进比

下面将比较 $k = 1, 2, 3, 4$ 时 POkSM 和广义贪心算法的性能. 对于 $k = 1$, 每个位置上仅能选择光照传感器; 对于 $k = 2$, 每个位置上可选择光照和温度传感器; 对于 $k = 3$, 每个位置上可选择光照、温度和电压这三种传感器; 对于 $k = 4$, 每个位置上可选择所有 4 种传感器. 注意该问题 (见定义 15.10) 的目标函数, 即熵, 通过观测频率计算. 实验结果如图 15.9 所示, 表明对于 k 和 b 的任意取值, POkSM 表现均优于广义贪心算法. 当 $b = 10$ 时, 通过计算可得, POkSM 相对广义贪心算法的改进比在 $k = 1, 2, 3, 4$ 时分别为 2%、1%、1.2% 和 0.5%.

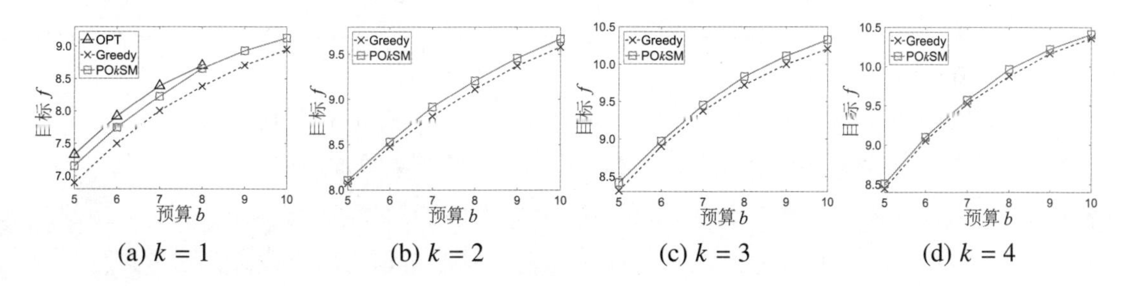

(a) $k = 1$　　(b) $k = 2$　　(c) $k = 3$　　(d) $k = 4$

图 15.9　从 Intel Berkeley 实验室收集到的数据集上关于 $k = 1, 2, 3, 4$ 的传感器放置. 目标 f 为熵, 越大越好

15.4.4 讨论

比较 POkSM 和广义贪心算法的运行时间时, 以算法所消耗的目标函数评估次数作为衡量标准. 广义贪心算法的运行时间至多为 $O(kbn)$, 而 POkSM 的运行时间至多为运行轮数 $8eb$ 乘以每一轮的运行时间上界 $O(kn\log^2 b)$ (即 SGS 最坏情况下的运行时间). 因此, POkSM 比广义贪心算法大致慢了 $8e\ln^2 b$ 倍. 但 POkSM 的这一运行时间是理论推得的使其获得好的近似保证所需的运行时间的上界, 下面检验 POkSM 获得比广义贪心算法更好的性能实际所需的运行时间. 表 15.2 展示了在 $b = 10$ 的带有 k 个话题的影响最大化和信

息覆盖最大化任务上的结果, 从中可看出 POkSM 至多仅需消耗理论推得时间的 5%, 即 $5.2/(8\mathrm{e}\ln^2 10)$, 即可获得更好的性能. 在 $b = 10$ 的带有 k 种传感器的传感器放置任务上, 广义贪心算法的运行时间在 $k = 1, 2, 3, 4$ 时分别为 505、1010、1515 和 2020, 而 POkSM 获得比广义贪心算法更好的性能所需的运行时间分别为 499、3625、3718 和 15,401. 因此, 后者与前者的比值分别约为 1.0、3.6、2.5 和 7.6. 与理论推得的比值 $8\mathrm{e}\ln^2 b$ 相较可知, POkSM 至多仅需消耗理论推得时间的 7%, 即 $7.6/(8\mathrm{e}\ln^2 10)$, 即可获得更好的性能. 这些实验结果是符合预期的, 因为理论推得的运行时间的上界是基于一些悲观假设得到的最坏情况下的运行时间.

表 15.2 在 $b = 10$ 的带有 k 个话题的影响最大化和信息覆盖最大化任务上的运行时间 (即消耗的目标函数评估次数) 比较, 其中 POkSM-IM 和 POkSM-ICM 这两列分别记录了 POkSM 在这两个任务上获得比广义贪心算法更好的性能所需的运行时间, 括号内的数值表示 POkSM 和广义贪心算法两者运行时间的比值. 注意广义贪心算法在每个数据集上的运行时间是固定的

数据集	Greedy	POkSM-IM	POkSM-ICM	数据集	Greedy	POkSM-IM	POkSM-ICM
p2p-Gnutella04	108,745	126,976 (1.2)	192,145 (1.8)	*p2p-Gnutella25*	226,825	225,421 (1.0)	472,909 (2.1)
p2p-Gnutella05	88,415	137,236 (1.6)	171,623 (1.9)	*p2p-Gnutella30*	366,755	754,672 (2.1)	383,159 (1.0)
p2p-Gnutella06	87,125	205,176 (2.4)	79,976 (0.9)	*ca-HepPh*	120,035	147,153 (1.8)	180,425 (1.5)
p2p-Gnutella08	62,965	89,184 (1.4)	63,717 (1.0)	*ca-HepTh*	98,725	151,776 (1.5)	114,486 (1.2)
p2p-Gnutella09	81,095	53,645 (0.7)	87,705 (1.1)	*ego-Facebook*	40,345	47,462 (1.2)	55,697 (1.4)
p2p-Gnutella24	265,135	900,287 (3.4)	402,142 (1.5)	*weibo*	99,955	176,296 (1.8)	130,161 (1.3)
Digg	**Greedy**	**POkSM-IM**	**POkSM-ICM**	***Digg***	**Greedy**	**POkSM-IM**	**POkSM-ICM**
$k = 2$	70,370	148,621 (2.1)	144,585 (2.1)	$k = 6$	211,110	228,134 (1.1)	692,729 (3.3)
$k = 3$	105,555	544,573 (5.2)	400,764 (3.8)	$k = 7$	246,295	532,098 (2.2)	941,425 (3.8)
$k = 4$	140,740	161,975 (1.2)	499,061 (3.5)	$k = 8$	281,480	541,230 (2.0)	1,397,520 (5.0)
$k = 5$	175,925	345,494 (2.0)	325,537 (1.9)	$k = 9$	316,665	1,083,952 (3.4)	1,290,150 (4.1)

15.4.1~15.4.3 小节的实验结果表明, POkSM 始终优于贪心算法, 但同时可观察到获得的改进比取决于具体应用和数据集, 差异很大. 例如, 当 $b = 10$ 时, 在带有 k 个话题的影响最大化问题上, 改进比可超过 33%, 而在带有 k 种传感器的传感器放置问题上, 改进比至多为 2%. POkSM 在一些情形下获得的改进比较小可能是因为广义贪心算法表现已经足够好, 提升空间不大. 例如, 在获得改进比较小的传感器放置问题上, 当 $k = 1$ 时, [Sharma et al., 2015] 已证明, 广义贪心算法找到的解接近最优, 而此处的实验亦验证了这一点. 从图 15.9 (a) 中可见, 广义贪心算法与 OPT 的曲线非常接近, 其中 OPT 为通过穷举获得的最优目标函数值. 穷举的计算开销非常大, 因此仅得到 $b = 5, 6, 7, 8$ 时的 OPT. 通过计算可得, 广义贪心算法找到的解的目标值与 OPT 的比值分别为 94.1%、94.7%、95.4% 和 96.3%, 这说明广义贪心算法找到的解确实已接近最优. 因此, 上述观察也揭示出即便广义贪心算法的性能接近最优时, POkSM 仍能带来一定的改进.

相较广义贪心算法, POkSM 主要有如下两个特点: 使用变异算子产生新解、基于占优关系比较解. 定义 15.11 所述的变异算子是全局搜索算子, 使得 POkSM 可通过同时翻转多个位置上的值产生新解, 而广义贪心算法每一轮产生新解时只能对取值为 0 的某个位

置进行变化. 占优关系能够被用来比较两个解, 得益于对原始问题所做的二目标转化. 通过占优关系比较解, POkSM 在种群中自然地维持多个解, 而广义贪心算法在优化过程中仅维持一个解. 上述这两个特点使得 POkSM 能够更好地避免陷入局部最优.

为验证二目标转化的有效性, 下面在 $b = 5$ 的带有 k 种传感器的传感器放置任务上比较 POkSM 与其在原始单目标优化下对应的算法. 在单目标优化下, 比较两个解时不再基于占优关系, 而是使用 12.2 节所述的针对约束优化的常用策略 “可行解优先” : 两个可行解的比较基于它们的目标值, 而可行解总是优于不可行解. 为公平起见, 在实现这两个算法时 SGS 被删除, 这是因为它在二目标和单目标优化下可能带来不同的影响. 图 15.10 展示了这两个算法获得的 f 值随运行时间变化的曲线. 图中横轴的单位对应 n 次目标函数评估. 可见, 经过二目标转化后, 相应算法在使用相同的目标函数评估次数时总能找到更好的解, 这表明了二目标转化的优势. 随着运行时间的持续增加, 两个算法逐渐找到同样好的解. 这是符合预期的, 因为两者均使用执行全局搜索的变异算子, 能以一定的概率产生任意解, 因此, 当运行时间趋于无穷大时, 它们最终都将找到最优解.

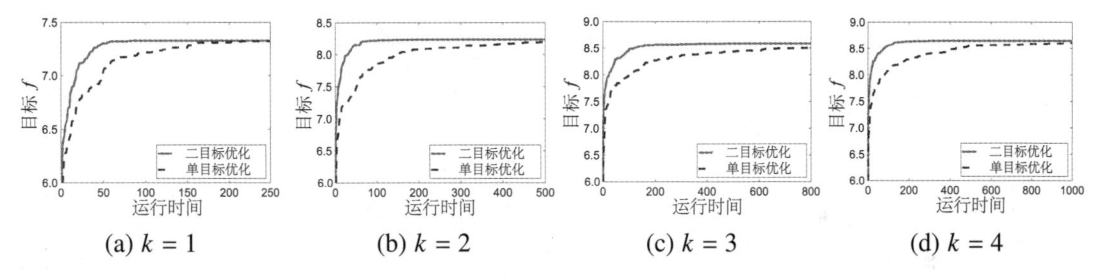

图 15.10 在 $b = 5$ 的带有 k 种传感器的传感器放置任务上, 算法找到解的 f 值随运行时间变化的曲线, 其中运行时间单位为 n, “二目标优化” 和 “单目标优化” 分别表示在转化后的二目标优化和原始单目标优化下对应的算法. 目标 f 为熵, 越大越好

15.5 小结

本章考虑原始子集选择问题的一个扩展, 即受规模约束的单调 k 次模函数最大化问题, 并给出了基于帕累托优化的 POkSM 算法. 本章先证明 POkSM 可获得渐近最优的一般近似保证, 此前广义贪心算法曾获得这一保证; 然后本章在特定实例上进一步证明 POkSM 优于广义贪心算法. 在带有 k 个话题的影响最大化、带有 k 个话题的信息覆盖最大化和带有 k 种传感器的传感器放置这三个应用上的实验结果验证了 POkSM 的优越性能. 特别是在 $k = 1$ 的传感器放置任务上, 广义贪心算法找到的解已接近最优, 而此时 POkSM 的优势说明了即便当广义贪心算法表现接近最优时, POkSM 仍能带来性能提升.

第 16 章 子集选择: 比率最小化

本章旨在研究如何选择一个子集以最小化两个集函数的比率, 即 f/g, 如图 16.1 所示. 该问题广泛存在于许多应用中, 例如**信息检索** (information retrieval) 中的 F **度量最大化** (F-measure maximization) [Rijsbergen and Joost, 1974]、机器学习中的**线性判别分析** (linear discriminant analysis) [McLachlan, 1992] 和**归一化割** (normalized cut) [Shi and Malik, 2000] 等任务均涉及比率优化.

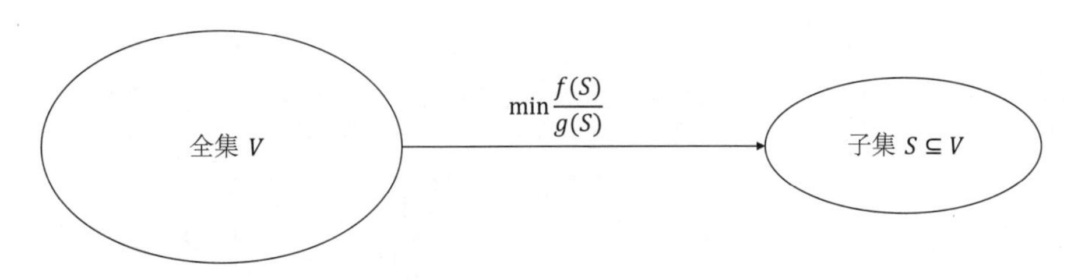

图 16.1 比率最小化示意

[Bai et al., 2016] 研究了 f 和 g 均是单调次模函数时的比率最小化问题, 并提出了具有近似性能保证的若干算法. 下面对这些算法的思路进行简单介绍. GreedRatio 算法使用贪心算法的思路, 逐个选择在 f 和 g 上的边际增益之比率最小的一项加入选择集合. 其余算法将该问题与次模函数之差的最小化问题 [Iyer and Bilmes, 2012] 或受次模函数约束的次模函数优化问题 [Iyer and Bilmes, 2013] 建立关系, 再使用这些相关问题上的已有技术求解. [Bai et al., 2016] 揭示了 GreedRatio 在 F 度量最大化这个应用上可获最佳实验性能.

本章考虑更一般的情形, 即分母上的函数 g 无须满足次模性. 先证明 GreedRatio 找到的解具有 $\left(\frac{|S^*|}{1+(|S^*|-1)(1-\hat{\kappa}_f(S^*))} \cdot \frac{1}{\gamma_{\emptyset,|S^*|}(g)}\right)$-近似比, 其中 S^* 表示一个最优子集, $\hat{\kappa}_f(S^*)$ 是 f 的**曲率** (curvature), $\gamma_{\emptyset,|S^*|}(g)$ 是 g 的次模比. 当 g 满足次模性时, 这个近似比实例化成 $\frac{|S^*|}{1+(|S^*|-1)(1-\hat{\kappa}_f(S^*))}$, 比 [Bai et al., 2016] 推得的近似比 $1/(1-\mathrm{e}^{\kappa_f-1})$ 有所改进. 特别地, 当 $\kappa_f=1$ 时, 近似比从 $+\infty$ 改进至 $|S^*|$; 当 $\kappa_f=0$ 时, 从 $\mathrm{e}/(\mathrm{e}-1)$ 改进至 1.

GreedRatio 的运行时间是固定的, 贪心行为使其运行起来非常高效, 但同时亦可能制约其性能. 本章接下来给出基于帕累托优化的算法 PORM [Qian et al., 2017b], 该算法是任意时间算法, 可通过更长的运行时间找到更好的解. PORM 先将原始问题 f/g 转化为同时最小化 f 和最大化 g 的二目标优化问题, 再使用简单的多目标演化算法求解该二目标问题, 最后从找到的解集中选择比率最小的解. 相较 GreedRatio 执行的**一位前向搜索** (single-bit forward search), PORM 还能执行**后向搜索** (backward search)、**多路搜索** (multi-path search) 及**多位搜索** (multi-bit search), 这些特有的行为能够帮助其尽可能避免陷入局部最优解. 理论分析表明, PORM 在合理运行时间内可获得与 GreedRatio 相同的一般近似保证, 而且在 F 度量最大化这个应用的一个具体实例上, PORM 通过后向搜索、多路搜索或多位搜索均能避免陷入局部最优解并最终能找到全局最优解, 而 GreedRatio 则会陷入局部最优解. 实验结果也验证了 PORM 的优越性能.

16.1 单调次模函数的比率最小化

给定有限集 $V = \{v_1, v_2, \ldots, v_n\}$, 考虑定义在 V 的子集空间上的函数 $f : 2^V \to \mathbb{R}$. 定义 16.1 给出的曲率刻画了单调次模函数 f 满足**模性** (modularity) 的程度, 有 $\hat{\kappa}_f(S) \leqslant \kappa_f(S) \leqslant \kappa_f$, 当且仅当 $\kappa_f = 0$ 时 f 为模函数.

定义 16.1. 曲率 [Conforti and Cornuéjols, 1984; Vondrák, 2010; Iyer et al., 2013]

令 f 为单调次模函数. f 的**总曲率** (total curvature) 为

$$\kappa_f = 1 - \min_{v \in V : f(v) > 0} \frac{f(V) - f(V \setminus v)}{f(v)}. \tag{16.1}$$

f 关于集合 $S \subseteq V$ 的曲率有两种常用定义, 分别为

$$\kappa_f(S) = 1 - \min_{v \in S : f(v) > 0} \frac{f(S) - f(S \setminus v)}{f(v)}, \tag{16.2}$$

$$\hat{\kappa}_f(S) = 1 - \frac{\sum_{v \in S} \big(f(S) - f(S \setminus v)\big)}{\sum_{v \in S} f(v)}. \tag{16.3}$$

定义 16.2 给出了本章研究的问题, 旨在最小化单调次模函数 f 和单调函数 g 的比率. 不妨假设 $\forall v \in V : f(v) > 0$. 对于满足 $f(v) = 0$ 的项 v, 可直接将其加入最终得到的子集中, 这必不会增加比率. 此处仅考虑最小化, 因为最大化 f/g 等价于最小化 g/f.

定义 16.2. 单调次模函数的比率最小化问题

给定所有项的集合 $V = \{v_1, v_2, \ldots, v_n\}$, 单调次模函数 $f : 2^V \to \mathbb{R}^{0+}$ 以及单调函数 $g : 2^V \to \mathbb{R}^{0+}$, 找到 S^* 满足

$$S^* = \mathop{\arg\min}_{\emptyset \subset S \subseteq V} \frac{f(S)}{g(S)}. \tag{16.4}$$

信息检索中的 F 度量最大化问题是上述比率最小化问题在 g 满足次模性时的一个特例. 给定二部图 $G = (V, W, E)$, 其中 V 是对象集, W 是单词集, 每条边 $(v, w) \in E$ 表示对象 v 包含单词 w, 定义函数 $\Gamma : 2^V \to 2^W$ 使得 $\forall S \subseteq V : \Gamma(S) = \{w \in W \mid \exists v \in S : (v, w) \in E\}$, 即 $\Gamma(S)$ 是由 S 中的对象包含的单词构成的集合. 信息检索中常需搜索 V 的一个子集 S 以使 $\Gamma(S)$ 与某个目标单词集 $O \subseteq W$ 尽可能匹配, 该问题可被形式化为最大化 S 的 F 度量, 如定义 16.3 所述. 注意式 (16.5) 中的 $|\Gamma(S) \cap O|$ 和 $|O| + |\Gamma(S)|$ 均满足单调性和次模性.

定义 16.3. F 度量最大化问题

给定二部图 $G = (V, W, E)$ 以及目标单词集 $O \subseteq W$, 找到 S^* 满足

$$S^* = \mathop{\arg\max}_{\emptyset \subset S \subseteq V} \left(F(S) = \frac{2|\Gamma(S) \cap O|}{|O| + |\Gamma(S)|} \right). \tag{16.5}$$

[Bai et al., 2016] 研究了定义 16.2 中的函数 g 满足次模性时的情形, 即两个单调次模函数之比率的最小化. 他们证明 GreedRatio 算法能够找到具有 $(1/(1 - \mathrm{e}^{\kappa_f - 1}))$-近似比的解, 并通过实验显示出 GreedRatio 在 F 度量最大化这个应用上获得最佳性能. 算法 16.1 中的 GreedRatio 迭代地选择一项 v, 使加入 v 带来的 f 和 g 的边际增益之比率最小.

算法 16.1 GreedRatio 算法

输入: 单调次模函数 $f, g : 2^V \to \mathbb{R}^{0+}$.

过程:

1: 令 $S_0 = \emptyset$, $R = V$, $i = 0$;
2: **while** $R \neq \emptyset$ **do**
3: $\quad v \in \arg\min_{v \in R} \frac{f(S_i \cup v) - f(S_i)}{g(S_i \cup v) - g(S_i)}$;
4: $\quad S_{i+1} = S_i \cup v$;
5: $\quad R = \{v \mid g(S_{i+1} \cup v) - g(S_{i+1}) > 0\}$;
6: $\quad i = i + 1$
7: **end while**
8: **return** S_{i^*}, 其中 $i^* = \arg\min_i f(S_i)/g(S_i)$

输出: V 的一个子集

下面分析 GreedRatio 在 g 未必满足次模性这种更一般情形下的性能. 定理 16.1 阐明了 GreedRatio 的一般近似保证, 其中 S^* 表示规模最小的一个最优解, 即满足 $f(S^*)/g(S^*) = \mathrm{OPT}$ 且 $|S^*| = \min\{|S| \mid f(S)/g(S) = \mathrm{OPT}\}$. 思路是证明最好的单项 v^* 能够获得所期望的近似保证, 如引理 16.2 所述, 而 GreedRatio (即算法 16.1) 第 8 行输出的子集必满足 $f(S_{i^*})/g(S_{i^*}) \leqslant f(v^*)/g(v^*)$.

引理 16.1. [Iyer et al., 2013]

给定单调次模函数 $f : 2^V \to \mathbb{R}^{0+}$, 对于任意 $S \subseteq V$, 有

$$\sum_{v \in S} f(v) \leqslant \frac{|S|}{1 + (|S| - 1)(1 - \hat{\kappa}_f(S))} f(S). \tag{16.6}$$

引理 16.2

最小化单调次模函数 f 和单调函数 g 的比率 f/g 时, $\exists v^* \in V$ 使得

$$\frac{f(v^*)}{g(v^*)} \leqslant \frac{|S^*|}{1 + (|S^*| - 1)(1 - \hat{\kappa}_f(S^*))} \cdot \frac{1}{\gamma_{\emptyset, |S^*|}(g)} \cdot \mathrm{OPT}. \tag{16.7}$$

证明 令 $v^* = \arg\min_{v\in V} f(v)/g(v)$. 根据次模比的定义 (即定义 14.1) 有

$$
\begin{aligned}
g(S^*) &\leqslant \frac{\sum_{v\in S^*} g(v)}{\gamma_{\emptyset,|S^*|}(g)} \leqslant \frac{1}{\gamma_{\emptyset,|S^*|}(g)} \frac{g(v^*)}{f(v^*)} \sum_{v\in S^*} f(v) \\
&\leqslant \frac{1}{\gamma_{\emptyset,|S^*|}(g)} \frac{g(v^*)}{f(v^*)} \cdot \frac{|S^*|}{1+(|S^*|-1)(1-\hat{\kappa}_f(S^*))} \cdot f(S^*),
\end{aligned}
\tag{16.8}
$$

其中式 (16.8) 由引理 16.1 可得. 于是引理 16.2 得证. □

定理 16.1

最小化单调次模函数 f 和单调函数 g 的比率 f/g 时, GreedRatio 找到的子集 S 满足

$$
\frac{f(S)}{g(S)} \leqslant \frac{|S^*|}{1+(|S^*|-1)(1-\hat{\kappa}_f(S^*))} \cdot \frac{1}{\gamma_{\emptyset,|S^*|}(g)} \cdot \mathrm{OPT}. \tag{16.9}
$$

对于 g 满足次模性这个特殊情形, 有 $\forall S,k : \gamma_{S,k}(g) = 1$. 因此, 上述定理给出的 GreedRatio 所找到子集的近似比变成 $\frac{|S^*|}{1+(|S^*|-1)(1-\hat{\kappa}_f(S^*))}$, 如推论 16.1 所述. 该近似比优于 [Bai et al., 2016] 之前推出的近似比 $1/(1-\mathrm{e}^{\kappa_f-1})$, 这是因为

$$
\frac{|S^*|}{1+(|S^*|-1)(1-\hat{\kappa}_f(S^*))} \leqslant \frac{1}{1-\hat{\kappa}_f(S^*)} \leqslant \frac{1}{1-\kappa_f} \leqslant \frac{1}{1-\mathrm{e}^{\kappa_f-1}}, \tag{16.10}
$$

其中第一个不等式由 $\hat{\kappa}_f(S^*) \in [0,1]$ 可得, 第二个不等式由 $\hat{\kappa}_f(S^*) \leqslant \kappa_f(S^*) \leqslant \kappa_f$ 可得, 最后一个不等式由 $\kappa_f \leqslant \mathrm{e}^{\kappa_f-1}$ 可得. 特别地, 当 $\kappa_f = 1$ 时, [Bai et al., 2016] 推得的近似比失去意义, 而此处推得的近似比不超过 $|S^*|$; 当 $\kappa_f = 0$ (即 f 是模函数) 时, 此处推得的近似比为 1, 揭示出 GreedRatio 能够找到最优解, 而 [Bai et al., 2016] 推得的近似比为 $\mathrm{e}/(\mathrm{e}-1)$.

推论 16.1

最小化两个单调次模函数 f 和 g 的比率 f/g 时, GreedRatio 找到的子集 S 满足

$$
\frac{f(S)}{g(S)} \leqslant \frac{|S^*|}{1+(|S^*|-1)(1-\hat{\kappa}_f(S^*))} \cdot \mathrm{OPT}. \tag{16.11}
$$

16.2 PORM 算法

GreedRatio 的贪心行为使其运行起来相当高效, 但亦可能制约其性能. 本节介绍**基于帕累托优化的比率最小化** (Pareto optimization for ratio minimization, PORM) 算法, 能更有效地避免陷入局部最优解. PORM 将原始问题即式 (16.4) 转化为二目标最大化问题

$$
\underset{\boldsymbol{s}\in\{0,1\}^n}{\arg\max}\ (-f(\boldsymbol{s}), g(\boldsymbol{s})). \tag{16.12}
$$

换言之, PORM 最小化 f 的同时最大化 g.

PORM 的过程如算法 16.2 所示, 它使用 GSEMO 求解转化得到的二目标最大化问题. 从一个随机的初始解出发, PORM 试图通过第 3~15 行迭代地改进种群 P 中解的质量. 在每一轮运行中, 第 4~5 行通过对当前种群 P 中的某个解 $\boldsymbol{s}$ 执行逐位变异算子以产生新解 $\boldsymbol{s}'$; 若 $\boldsymbol{s}'$ 不被当前种群 P 中的任意解占优, 即满足第 6 行的条件, 则第 7 行将 $\boldsymbol{s}'$ 加入 P 中, 同时去除 P 中被 $\boldsymbol{s}'$ 弱占优的解.

算法 16.2 PORM 算法

输入: $V = \{v_1, v_2, \ldots, v_n\}$; 单调次模函数 $f: \{0,1\}^n \to \mathbb{R}^{0+}$; 单调函数 $g: \{0,1\}^n \to \mathbb{R}^{0+}$.
参数: 运行轮数 T.
过程:

1: 均匀随机地从 $\{0,1\}^n$ 中选择一个解 $\boldsymbol{s}$ 作为初始解;
2: 令 $P = \{\boldsymbol{s}\}, t = 0$;
3: **while** $t < T$ **do**
4:   均匀随机地从 P 中选择一个解 $\boldsymbol{s}$;
5:   在解 $\boldsymbol{s}$ 上执行逐位变异算子以产生新解 $\boldsymbol{s}'$;
6:   **if** $\nexists \boldsymbol{z} \in P$ 满足 $\boldsymbol{z} \succ \boldsymbol{s}'$ **then**
7:     $P = (P \setminus \{\boldsymbol{z} \in P \mid \boldsymbol{s}' \succeq \boldsymbol{z}\}) \cup \{\boldsymbol{s}'\}$;
8:     $Q = \{\boldsymbol{z} \in P \mid |\boldsymbol{z}|_1 = |\boldsymbol{s}'|_1\}$;
9:     $\boldsymbol{z}_1 = \arg\min_{\boldsymbol{z} \in Q} f(\boldsymbol{z})$;
10:     $\boldsymbol{z}_2 = \arg\max_{\boldsymbol{z} \in Q} g(\boldsymbol{z})$;
11:     $\boldsymbol{z}_3 = \arg\min_{\boldsymbol{z} \in Q} f(\boldsymbol{z})/g(\boldsymbol{z})$;
12:     $P = (P \setminus Q) \cup \{\boldsymbol{z}_1, \boldsymbol{z}_2, \boldsymbol{z}_3\}$
13:   **end if**
14:   $t = t + 1$
15: **end while**
16: **return** $\arg\min_{\boldsymbol{s} \in P} f(\boldsymbol{s})/g(\boldsymbol{s})$

输出: $\{0,1\}^n$ 中的一个解

尽管基于占优关系的比较使得 P 仅包含互不可比的解, 但 P 的规模仍可能很大, 从而导致 PORM 的效率低下. 为了较好地控制 P 的规模, 同时又避免丢失有用的信息, PORM 通过第 8~12 行在种群 P 中为每一个子集规模 $|\boldsymbol{s}|_1 \in \{0, 1, \ldots, n\}$ 仅维持三个解: $\boldsymbol{z}_1$ 和 $\boldsymbol{z}_2$ 分别具有最小的 f 值和最大的 g 值, $\boldsymbol{z}_3$ 具有最小的比率. 注意 $\boldsymbol{z}_3$ 可能与 $\boldsymbol{z}_1$ 或 $\boldsymbol{z}_2$ 相同. 因此, $|P|$ 至多为 $1 + 3(n-1) + 1 = 3n - 1$.

PORM 重复运行 T 轮, 而 T 的取值与找到解的质量相关, 16.3 节将对两者之间的关系进行理论分析. 当 PORM 运行停止时, 种群 P 中具有最小比率的解在第 16 行被选择作为最终解输出. 相较 GreedRatio, PORM 可通过三种独有的方式避免陷入局部最优解: 后向搜索, 即将一位的取值从 1 翻转至 0; 多路搜索, 即在种群 P 中维持多个互不可比的解; 多位搜索, 即同时将多个取值为 0 的位翻转至 1-位. PORM 相较 GreedRatio 的这些优势将在 16.3 节进行理论分析.

16.3 理论分析

定理 16.2 阐明了 PORM 获得的一般近似保证, 与定理 16.1 所述的 GreedRatio 获得的一般近似保证相同. PORM 所需的期望运行轮数 $\mathbb{E}[T]$ 取决于算法 16.2 第 1 行产生的初始解之 f 值, 记为 f_{init}, 以及 f 的非 0 最小值 (即 $\min\{f(v) \mid v \in V\}$), 记为 $f_{\min}$.

证明思路是模拟 GreedRatio 的行为. 具体而言, 将整个优化过程划分为两个阶段: PORM 从一个随机的初始解出发直至找到解 0^n, 即 $\emptyset$; 第 1 阶段结束后, 直至找到近似比满足要求的解. 引理 16.3 给出了完成第 1 阶段所需的期望运行轮数的上界, 通过乘性漂移分析法 (即定理 2.4) 推得.

引理 16.3

最小化单调次模函数 f 和单调函数 g 的比率 f/g 时, PORM 可在期望运行轮数 $\mathbb{E}[T] \leqslant \mathrm{e}n(3n-1)(1+\ln(f_{\text{init}}/f_{\min}))/(1-\kappa_f)$ 内找到解 0^n.

证明 通过定理 2.4 证明. 将待分析的优化过程建模为马尔可夫链 $\{\xi_t\}_{t=0}^{+\infty}$. 令 $V(\xi_t) = \min\{f(\boldsymbol{s}) \mid \boldsymbol{s} \in P\}$ 表示 PORM 运行 t 轮后, 种群 P 中的解具有的最小 f 值. 对于任意非空子集 $\boldsymbol{s}$, 有 $f(\boldsymbol{s}) > 0$, 因此 $V(\xi_t) = 0$ 意味着已找到解 0^n. 于是定理 2.4 中的变量 τ 即为 PORM 找到 0^n 所需的运行轮数.

下面考虑 $\mathbb{E}[V(\xi_t) - V(\xi_{t+1}) \mid \xi_t]$. 令 $\hat{\boldsymbol{s}}$ 表示种群中满足 $f(\hat{\boldsymbol{s}}) = V(\xi_t)$ 的解, 即种群中具有最小 f 值的解. 先说明 $V(\xi_t)$ 不会增加, 即 $V(\xi_{t+1}) \leqslant V(\xi_t)$. 若 $\hat{\boldsymbol{s}}$ 未被去除, 则 $V(\xi_t)$ 显然不会增加. 当 $\hat{\boldsymbol{s}}$ 从 P 中被去除时, 存在两种可能情况: 若 $\hat{\boldsymbol{s}}$ 在算法 16.2 第 7 行被去除, 则新加入的解 $\boldsymbol{s}'$ 必弱占优 $\hat{\boldsymbol{s}}$, 这意味着 $f(\boldsymbol{s}') \leqslant f(\hat{\boldsymbol{s}})$; 若 $\hat{\boldsymbol{s}}$ 在第 12 行被去除, 则 $|\hat{\boldsymbol{s}}|_1 = |\boldsymbol{s}'|_1$, 且 $f(\boldsymbol{s}')$ 必小于 $f(\hat{\boldsymbol{s}})$, 这是因为 Q 中具有最小 f 值的解会被保留下来. 综上可得, $V(\xi_t)$ 不会增加.

接下来分析变异时仅翻转 $\hat{\boldsymbol{s}}$ 的一个 1-位对 $V(\xi_t)$ 的影响. 令 $P_{\max}$ 表示优化过程中 P 的最大规模. 在 PORM 的第 $t+1$ 轮运行中, 考虑下述行为: 算法 16.2 的第 4 行选择 $\hat{\boldsymbol{s}}$ 进行变异, 由于是均匀随机地选择, 发生概率至少为 $1/P_{\max}$; 第 5 行变异时仅翻转 $\hat{\boldsymbol{s}}$ 的第 i 位, 即 $\hat{s}_i$, 发生概率为 $(1/n)(1-1/n)^{n-1} \geqslant 1/(\mathrm{e}n)$. 若 $\hat{s}_i = 1$, 则新产生的解 $\boldsymbol{s}' = \hat{\boldsymbol{s}} \setminus v_i$. 由 f 的单调性可得 $f(\boldsymbol{s}') = f(\hat{\boldsymbol{s}} \setminus v_i) \leqslant f(\hat{\boldsymbol{s}})$. 若不等式严格成立, 则 $\boldsymbol{s}'$ 此时具有最小的 f 值, 将被加入 P 中, 从而使得 $V(\xi_{t+1}) = f(\hat{\boldsymbol{s}} \setminus v_i) < V(\xi_t)$. 若 $f(\hat{\boldsymbol{s}} \setminus v_i) = f(\hat{\boldsymbol{s}})$, 则 $V(\xi_{t+1}) = V(\xi_t)$, 但 $V(\xi_{t+1}) = f(\hat{\boldsymbol{s}} \setminus v_i)$ 仍成立.

上述分析表明, $V(\xi_t)$ 不会增加, 且变异时通过仅翻转 $\hat{\boldsymbol{s}}$ 的一个 1-位 (记为 $\hat{s}_i$) 可使 $V(\xi_{t+1}) = f(\hat{\boldsymbol{s}} \setminus v_i)$. 因此,

$$\mathbb{E}[V(\xi_{t+1}) \mid \xi_t] \leqslant \sum_{i:\hat{s}_i=1} \frac{f(\hat{\boldsymbol{s}} \setminus v_i)}{\mathrm{e}nP_{\max}} + \left(1 - \frac{|\hat{\boldsymbol{s}}|_1}{\mathrm{e}nP_{\max}}\right) V(\xi_t), \tag{16.13}$$

于是有

$$\begin{aligned}\mathbb{E}[V(\xi_t) - V(\xi_{t+1}) \mid \xi_t] &= V(\xi_t) - \mathbb{E}[V(\xi_{t+1}) \mid \xi_t] \\ &\geqslant \sum_{i:\hat{s}_i=1} \frac{V(\xi_t) - f(\hat{\boldsymbol{s}} \setminus v_i)}{\mathrm{e}nP_{\max}} = \frac{\sum_{v \in \hat{\boldsymbol{s}}} \left(f(\hat{\boldsymbol{s}}) - f(\hat{\boldsymbol{s}} \setminus v)\right)}{\mathrm{e}nP_{\max}}.\end{aligned} \tag{16.14}$$

根据曲率的定义 (定义 16.1) 有

$$1-\hat{\kappa}_f(\hat{s})=\frac{\sum_{v\in\hat{s}}\left(f(\hat{s})-f(\hat{s}\setminus v)\right)}{\sum_{v\in\hat{s}}f(v)}\leqslant\frac{\sum_{v\in\hat{s}}\left(f(\hat{s})-f(\hat{s}\setminus v)\right)}{f(\hat{s})},\tag{16.15}$$

其中不等式成立是因为 f 满足次模性, 所以由式 (14.2) 可得 $f(\hat{s})=f(\hat{s})-f(\emptyset)\leqslant\sum_{v\in\hat{s}}(f(v)-f(\emptyset))=\sum_{v\in\hat{s}}f(v)$. 将式 (16.15) 代入式 (16.14) 可得

$$\mathbb{E}[V(\xi_t)-V(\xi_{t+1})\mid\xi_t]\geqslant\frac{1-\hat{\kappa}_f(\hat{s})}{enP_{\max}}f(\hat{s})\geqslant\frac{1-\kappa_f}{en(3n-1)}V(\xi_t),\tag{16.16}$$

其中最后一个不等式由 $P_{\max}\leqslant 3n-1$、$V(\xi_t)=f(\hat{s})$ 以及 $\hat{\kappa}_f(\hat{s})\leqslant\kappa_f(\hat{s})\leqslant\kappa_f$ 可得. 这意味着定理 2.4 的条件在 $c=(1-\kappa_f)/(en(3n-1))$ 时成立. 又因为 $V(\xi_0)=f_{\text{init}}$、$V_{\min}=f_{\min}$, 所以根据定理 2.4 有

$$\mathbb{E}[\tau\mid\xi_0]\leqslant\frac{en(3n-1)}{1-\kappa_f}\left(1+\ln\frac{f_{\text{init}}}{f_{\min}}\right).\tag{16.17}$$

于是引理 16.3 得证. □

定理 16.2

最小化单调次模函数 f 和单调函数 g 的比率 f/g 时, PORM 可在期望运行轮数 $\mathbb{E}[T]\leqslant en(3n-1)(1+(1+\ln(f_{\text{init}}/f_{\min}))/(1-\kappa_f))$ 内找到解 $\boldsymbol{s}$, 满足

$$\frac{f(\boldsymbol{s})}{g(\boldsymbol{s})}\leqslant\frac{|S^*|}{1+(|S^*|-1)(1-\hat{\kappa}_f(S^*))}\cdot\frac{1}{\gamma_{\emptyset,|S^*|}(g)}\cdot\text{OPT}.\tag{16.18}$$

证明 在找到解 0^n 后, 接下来分析第 2 阶段. 注意当 0^n 产生后, 它将一直存在于种群 P 中, 这是因为 0^n 具有最小的 f 值, 不被任意其他解弱占优. 通过算法 16.2 第 4 行选择 0^n 进行变异, 并且第 5 行变异时仅翻转最好的单项 $v^*=\arg\min_{v\in V}f(v)/g(v)$ 所对应的位, 可产生新解 $\boldsymbol{s}'=\{v^*\}$. 上述选择和变异行为发生的概率至少是 $(1/P_{\max})\cdot(1/n)(1-1/n)^{n-1}\geqslant 1/(en(3n-1))$. $\boldsymbol{s}'$ 随后将在第 6~13 行被用于更新种群 P, 这将使得 P 中总存在一个解, 要么弱占优 $\boldsymbol{s}'$, 要么与 $\boldsymbol{s}'$ 不可比但其比率不大于 $\boldsymbol{s}'$ 的比率. 这意味着 P 将总包含一个解 $\boldsymbol{s}$, 满足

$$\frac{f(\boldsymbol{s})}{g(\boldsymbol{s})}\leqslant\frac{f(v^*)}{g(v^*)}\leqslant\frac{|S^*|}{1+(|S^*|-1)(1-\hat{\kappa}_f(S^*))}\cdot\frac{1}{\gamma_{\emptyset,|S^*|}(g)}\cdot\text{OPT},\tag{16.19}$$

其中最后一个不等式由引理 16.2 可得. 因此, 完成第 2 阶段所需的期望运行轮数至多为 $en(3n-1)$.

将两个阶段合并可得, PORM 找到具有 $\left(\frac{|S^*|}{1+(|S^*|-1)(1-\hat{\kappa}_f(S^*))}\cdot\frac{1}{\gamma_{\emptyset,|S^*|}(g)}\right)$-近似比的解所需的期望运行轮数

$$\mathbb{E}[T]\leqslant en(3n-1)\left(1+\frac{1}{1-\kappa_f}\left(1+\ln\frac{f_{\text{init}}}{f_{\min}}\right)\right).\tag{16.20}$$

于是定理 16.2 得证. □

接下来证明 PORM 在比率最小化问题的一个具体实例上能够优于 GreedRatio. 具体而言, 在 F 度量最大化这个应用的一个例子 (即例 16.1) 上, GreedRatio 将陷入局部最优解, 而 PORM 能够通过三种不同的方式避免陷入局部最优解, 并最终找到全局最优解. 对于例 16.1, 全局最优解是 $1^{n-1}0$, 即 $\{v_1, \ldots, v_{n-1}\}$, 而且是唯一的. 定理 16.3 的证明思路是: GreedRatio 由于贪心行为会先选择对象 v_n, 因此无法找到全局最优解, 而 PORM 通过后向搜索、多路搜索或多位搜索均能避开 v_n 找到全局最优解.

例 16.1

令 $V = \{v_1, v_2, \ldots, v_n\}$. F 度量最大化问题 (见定义 16.3) 的函数 Γ 和目标单词集 O 满足下述条件:

$$\forall i, j \in [n-1] : \Gamma(v_i) \cap \Gamma(v_j) = \emptyset, |\Gamma(v_i)| = |\Gamma(v_j)| = n^2, \tag{16.21}$$

$$\forall i \in [n-1] : |O \cap \Gamma(v_i)| = n^2 - 1, |O| = (n-1)(n^2-1), \tag{16.22}$$

$$\begin{aligned} &\forall i \in [n-1] : \Gamma(v_n) \cap \Gamma(v_i) \subseteq O \cap \Gamma(v_i), \\ &\quad |\Gamma(v_n) \cap \Gamma(v_i)| = n+2, |\Gamma(v_n)| = |\Gamma(v_n) \cap O| + 1. \end{aligned} \tag{16.23}$$

定理 16.3

对于例 16.1, PORM 可在期望运行轮数 $\mathbb{E}[T] \leqslant en(3n-1)(2+2\ln n)$ 内找到全局最优解 $1^{n-1}0$, 而 GreedRatio 无法找到.

证明 根据 $F(s) = (2|\Gamma(s) \cap O|)/(|O| + |\Gamma(s)|)$ 可得 $\forall s$, 若 $|s|_1 = i \wedge s_n = 0$, 则 $F(s) = 2(n^2-1)i/(n^3 - n^2 - n + 1 + n^2 i)$, 关于 i 单调递增, 并在 $i = n-1$ 时取得最大值 $1 - 1/(2n^2-1)$; 若 $|s|_1 = i \wedge s_n = 1$, 则 $F(s) = (4n + 2 + 2(n^2 - n - 3)i)/(n^3 - n^2 + n + 2 + (n^2 - n - 2)i)$, 关于 i 单调递增, 并在 $i = n$ 时取得最大值 $1 - 1/(2n^2 - 2n - 1 + 2/n)$. 通过比较这两种情况下 $F(s)$ 的最大值可知, $1^{n-1}0$ 是该例唯一的全局最优解.

根据 GreedRatio (即算法 16.1) 的过程可知, 它将先选择使得 $(2|\Gamma(v) \cap O|)/(|O| + |\Gamma(v)| - |O|)$ 最大的对象 v. $\forall i \in [n-1]$, 有

$$\frac{2|\Gamma(v_i) \cap O|}{|\Gamma(v_i)|} = \frac{2(n^2-1)}{n^2} < \frac{2(n^2+n-2)}{n^2+n-1} = \frac{2|\Gamma(v_n) \cap O|}{|\Gamma(v_n)|}, \tag{16.24}$$

于是 GreedRatio 先选择 v_n. 根据算法 16.1 的第 8 行可知, GreedRatio 最终输出的子集必包含 v_n, 因此 GreedRatio 无法找到全局最优解 $\{v_1, \ldots, v_{n-1}\}$.

当 PORM 求解 F 度量最大化问题时, 转化得到的二目标最大化问题的两个目标具体为 $-f(s) = -(|O| + |\Gamma(s)|)$ 和 $g(s) = |\Gamma(s) \cap O|$. 下面依次证明 PORM 可通过三种不同的方式找到全局最优解 $\{v_1, \ldots, v_{n-1}\}$.

(1) 先证 PORM 通过后向搜索能找到全局最优解 $\{v_1, \ldots, v_{n-1}\}$. 直观来说, 证明思路是 PORM 能够高效地找到全集 V, 然后通过从 V 中删除 v_n 即可产生全局最优解.

令 $G_t = \max\{g(\boldsymbol{s}) \mid \boldsymbol{s} \in P\}$ 表示算法 16.2 运行 t 轮后, 种群中的解具有的最大 g 值. 下面通过定理 2.4 来分析为使 G_t 达到最大值 $|O|$, PORM 所需的运行轮数, 记为 T_1. 令 $V(\xi_t) = |O| - G_t$, 因为 $V(\xi_t) = 0$ 等价于 $G_t = |O|$, 所以定理 2.4 中的随机变量 τ 即为 T_1. 考虑到 $\mathbb{E}[V(\xi_t) - V(\xi_{t+1}) \mid \xi_t] = \mathbb{E}[G_{t+1} - G_t \mid \xi_t]$, 因此仅需分析 G_t 的变化. 令 $\hat{\boldsymbol{s}}$ 表示种群中满足 $g(\hat{\boldsymbol{s}}) = G_t$ 的解, 即种群中具有最大 g 值的解. 类似引理 16.3 证明中对 $V(\xi_t)$ 的分析可知, G_t 不会减小, 且变异时通过仅翻转 $\hat{\boldsymbol{s}}$ 的一个 0-位 (记为 $\hat{s}_i$) 可使 $G_{t+1} = g(\hat{\boldsymbol{s}} \cup v_i)$. 因此,

$$\begin{aligned}\mathbb{E}[G_{t+1} - G_t \mid \xi_t] &\geqslant \sum_{i:\hat{s}_i=0} \frac{g(\hat{\boldsymbol{s}} \cup v_i) - g(\hat{\boldsymbol{s}})}{\mathrm{e}nP_{\max}} = \frac{\sum\limits_{v \in V \setminus \hat{\boldsymbol{s}}} \left(g(\hat{\boldsymbol{s}} \cup v) - g(\hat{\boldsymbol{s}})\right)}{\mathrm{e}nP_{\max}} \\ &\geqslant \frac{g(V) - g(\hat{\boldsymbol{s}})}{\mathrm{e}nP_{\max}} \geqslant \frac{V(\xi_t)}{\mathrm{e}n(3n-1)},\end{aligned} \tag{16.25}$$

其中第二个不等式由 g 的次模性, 即式 (14.2) 可得, 第三个不等式由 $g(V) - g(\hat{\boldsymbol{s}}) = |O| - G_t = V(\xi_t)$ 和 $P_{\max} \leqslant 3n - 1$ 可得. 式 (16.25) 意味着定理 2.4 的条件在 $c = 1/(\mathrm{e}n(3n-1))$ 时成立. 又因为 $V(\xi_0) = |O| - G_0 \leqslant |O| = (n-1)(n^2-1)$, $V_{\min} = n^2 - 1 - (n+2)$, 所以根据定理 2.4 有

$$\mathbb{E}[T_1] = \mathbb{E}[\tau \mid \xi_0] \leqslant \mathrm{e}n(3n-1)\,(1 + 2\ln n)\,. \tag{16.26}$$

根据例 16.1 的定义可知, 一个解 $\boldsymbol{s}$ 若满足 $g(\boldsymbol{s}) = |\Gamma(\boldsymbol{s}) \cap O| = |O|$, 则必包含 $v_1, \ldots, v_{n-1}$, 这意味着 $\boldsymbol{s}$ 存在两种可能情况: $1^{n-1}0$ 和 1^n. 因为最终的目标是分析 PORM 找到全局最优解 $1^{n-1}0$ 所需期望运行轮数的上界, 所以可悲观地假设尚未找到 $1^{n-1}0$. 当种群 P 包含 1^n 时, 通过第 4 行选择 1^n 进行变异, 并且第 5 行变异时仅翻转其最后一个 1-位可产生全局最优解 $1^{n-1}0$. 上述选择和变异行为发生的概率至少是 $(1/P_{\max}) \cdot (1/n)(1-1/n)^{n-1} \geqslant 1/(\mathrm{e}n(3n-1))$. 将 G_t 达到最大值 $|O|$ 后 PORM 找到全局最优解 $1^{n-1}0$ 所需的运行轮数记为 T_2, 则

$$\mathbb{E}[T_2] \leqslant \mathrm{e}n(3n-1). \tag{16.27}$$

将上述两个阶段合并可得, PORM 找到全局最优解 $1^{n-1}0$ 所需的期望运行轮数

$$\mathbb{E}[T] \leqslant \mathbb{E}[T_1] + \mathbb{E}[T_2] \leqslant \mathrm{e}n(3n-1)(2 + 2\ln n). \tag{16.28}$$

(2) 接下来证明 PORM 通过多路搜索能找到全局最优解 $\{v_1, \ldots, v_{n-1}\}$. $\forall i \in \{0, 1, \ldots, n-1\}$, 令 $\boldsymbol{s}^i$ 表示满足 $|\boldsymbol{s}^i|_1 = i \wedge s^i_n = 0$ 的任意解①. 直观来说, 证明思路是 PORM 能够高效地找到空集 0^n, 然后通过 $\boldsymbol{s}^0 \to \boldsymbol{s}^1 \to \cdots \to \boldsymbol{s}^{n-1}$ 这样一条搜索路径即可产生全局最优解 $\{v_1, \ldots, v_{n-1}\}$. 需注意的是, 尽管 $\boldsymbol{s}^1$ 在比率 f/g 这个原始优化目标上差于解 $0^{n-1}1$ (即 $\{v_n\}$), 但两者在转化得到的二目标优化下是不可比的, 因此 $\boldsymbol{s}^1$ 将被保留在 P 中, 从而使得 PORM 能够以不同于 GreedRatio 的搜索路径找到全局最优解.

令 T_1 表示 PORM 找到解 0^n 所需的运行轮数. 对于该例, $f(\boldsymbol{s})$ 实际关于 $\boldsymbol{s}$ 所含 1 的个数严格单调递增. 下面利用该性质推得 $\mathbb{E}[T_1]$ 的上界, 比引理 16.3 给出的上界更紧. 令 j 表示 P 中解所

① 解的前 $n-1$ 位含 i 个 1 且最后一位为 0.

含 1 的个数之最小值. 由于 P 中解的最小 f 值不可能增加, j 不会增加. 而算法 16.2 第 4 行通过选择种群中含 j 个 1 的某个解进行变异, 并且第 5 行变异时仅翻转其一个 1-位可使 j 减小 1, 因此 PORM 运行一轮使 j 减小 1 的概率至少是 $(1/P_{\max}) \cdot (j/n)(1-1/n)^{n-1} \geqslant j/(\mathrm{e}n(3n-1))$. 于是为使 $j=0$ (即找到解 0^n), PORM 所需的期望运行轮数

$$\mathbb{E}[T_1] \leqslant \sum_{j=1}^{n} \frac{\mathrm{e}n(3n-1)}{j} \leqslant \mathrm{e}n(3n-1)(1+\ln n). \tag{16.29}$$

找到解 0^n 后, 令 T_2 表示 PORM 通过 $\boldsymbol{s}^0 \to \boldsymbol{s}^1 \to \cdots \to \boldsymbol{s}^{n-1}$ 这条搜索路径找到全局最优解所需的运行轮数. 需注意的是, $\forall i \in \{0,1,\ldots,n-1\}$, $\boldsymbol{s}^i$ 不被任意其他解弱占优, 而且当 $|\boldsymbol{s}|_1 = i \in [n-1]$ 时, 仅有两个不同的目标向量. 于是根据 PORM 更新种群的过程 (即算法 16.2 第 6~13 行) 可知, $\boldsymbol{s}^i$ 一旦产生将一直存在于 P 中. 因为第 4 行通过选择 $\boldsymbol{s}^i$ 进行变异, 并且变异时仅翻转其前 $n-1-i$ 个 0-位中的一个可产生解 $\boldsymbol{s}^{i+1}$, 所以 PORM 执行一轮使 $\boldsymbol{s}^i \to \boldsymbol{s}^{i+1}$ 发生的概率至少是 $(1/P_{\max}) \cdot ((n-1-i)/n)(1-1/n)^{n-1} \geqslant (n-1-i)/(\mathrm{e}n(3n-1))$. 于是可得

$$\mathbb{E}[T_2] \leqslant \sum_{i=0}^{n-2} \frac{\mathrm{e}n(3n-1)}{n-1-i} \leqslant \mathrm{e}n(3n-1)(1+\ln n). \tag{16.30}$$

将上述两个阶段合并可得 PORM 找到全局最优解 $1^{n-1}0$ 所需的期望运行轮数

$$\mathbb{E}[T] \leqslant \mathbb{E}[T_1] + \mathbb{E}[T_2] \leqslant \mathrm{e}n(3n-1)(2+2\ln n). \tag{16.31}$$

(3) 最后证明 PORM 通过多位搜索能找到全局最优解 $\{v_1,\ldots,v_{n-1}\}$. 直观来说, 证明思路是 PORM 通过同时翻转解 0^n 的前 $n-1$ 位中的两个 0 能够产生解 $\boldsymbol{s}^2$, 该解比 GreedRatio 找到的含两个 1 的解 $\boldsymbol{s}$ (其中 s_n 必为 1) 具有更小的 f/g 值, 然后通过 $\boldsymbol{s}^2 \to \boldsymbol{s}^3 \to \cdots \to \boldsymbol{s}^{n-1}$ 这样一条搜索路径即可产生全局最优解 $\{v_1,\ldots,v_{n-1}\}$.

根据对多路搜索的分析可知, PORM 找到解 0^n 所需的期望运行轮数至多为 $\mathrm{e}n(3n-1)(1+\ln n)$. 在找到 0^n 后, 第 4 行选择 0^n 进行变异, 并在变异时翻转其前 $n-1$ 个 0-位中的两个可产生解 $\boldsymbol{s}^2$. 上述选择和变异行为发生的概率至少是 $(1/P_{\max}) \cdot \left(\binom{n-1}{2}/n^2\right)(1-1/n)^{n-2} \geqslant (n-1)(n-2)/(2\mathrm{e}(3n-1)n^2)$. 相较满足 $|\boldsymbol{s}|_1 = 2 \wedge s_n = 1$ 的解 $\boldsymbol{s}$,

$$\frac{f(\boldsymbol{s}^2)}{g(\boldsymbol{s}^2)} = \frac{(n+1)n^2-n+1}{2n^2-2} < \frac{(n+1)n^2-n-2}{2n^2-5} = \frac{f(\boldsymbol{s})}{g(\boldsymbol{s})}. \tag{16.32}$$

PORM 随后通过 $\boldsymbol{s}^2 \to \boldsymbol{s}^3 \to \cdots \to \boldsymbol{s}^{n-1}$ 这条路径可找到全局最优解. 结合上述分析与对多路搜索的分析可得, PORM 找到全局最优解 $1^{n-1}0$ 所需的期望运行轮数至多为

$$\mathrm{e}n(3n-1)(1+\ln n) + \frac{2\mathrm{e}(3n-1)n^2}{(n-1)(n-2)} + \sum_{i=2}^{n-2} \frac{\mathrm{e}n(3n-1)}{n-1-i} \leqslant \mathrm{e}n(3n-1)(2+2\ln n). \tag{16.33}$$

综上, 定理 16.3 得证. □

16.4 实验测试

本节通过实验来验证 PORM 在 F 度量最大化这个应用上的性能. 此处考虑 F 度量的一般形式, 即 $F_p(S) = (|\Gamma(S) \cap O|)/(p|O| + (1-p)|\Gamma(S)|)$, 并将对 $p \in \{0.2, \dots, 0.8\}$ 进行测试. 注意定义 16.3 中的 F 度量对应 $F_{0.5}$. 由于 GreedRatio 是目前获得最佳实验性能的算法 [Bai et al., 2016], 将 PORM 与其进行比较. 根据定理 16.2 给出的 PORM 为获得好的近似保证所需的期望运行轮数上界, 将 PORM 的运行轮数 T 置为 $\lfloor 3en^2(2+\ln|\Gamma(S_{\text{init}})|)\rfloor$, 其中 S_{init} 表示 PORM 产生的初始子集. 注意对于定理 16.2 给出的上界中的 $1/(1-\kappa_f)$, 此处以其下界 1 代替.

使用的数据集包括人造数据集 *syn-100* 和 *syn-1000*, 以及现实世界数据集 *ldc-100* 和 *ldc-1000*. *syn-100* 的二部图 $G = (V, W, E)$ 构造如下: $|V| = |W| = 100$, 任意对象 $v \in V$ 和任意单词 $w \in W$ 间以概率 0.05 独立地产生一条边; *syn-100* 的目标单词集 O 则从 W 中随机选择 20 个单词产生. *syn-1000* 的构造类似: $|V| = |W| = 1000$, $|O| = 100$, 每条边以概率 0.01 产生. *ldc-100* 和 *ldc-1000* 分别包含 100 和 1000 个英语句子, 均从 LDC2002E18 文本数据集② 随机抽样而得. 它们的目标单词集则均通过随机选择 1000 个单词产生. 对于上述每一个数据集, 实验中均随机地产生 10 个具体实例, 并比较 PORM 和 GreedRatio 在这些实例上找到解的平均质量. 因为 PORM 是随机算法, 所以在一个数据集的每个具体实例上, 独立地重复运行 PORM 10 次. 图 16.2 展示了 PORM 找到解的 F 度量值相较 GreedRatio 的改进比, 从中可见 PORM 始终优于 GreedRatio, 改进比最大能超过 3%.

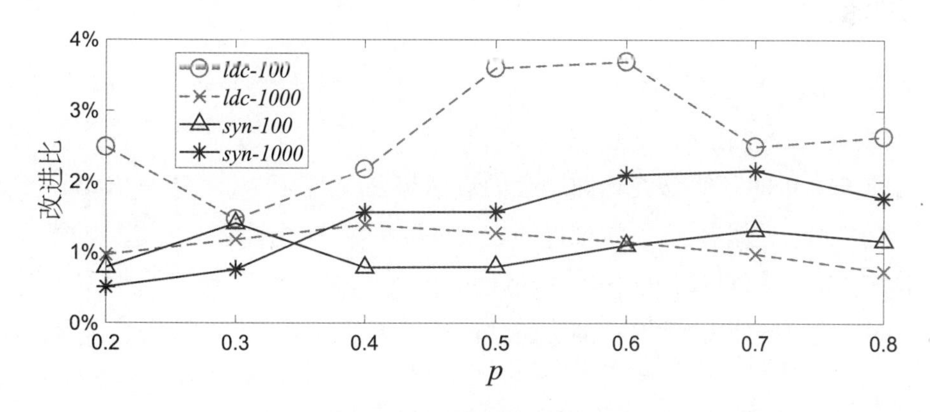

图 16.2 PORM 找到解的 F 度量值相较 GreedRatio 的改进比

接下来比较 PORM 和 GreedRatio 的运行时间, 这通过算法消耗的目标函数评估次数来衡量. 注意评估一个解的目标函数值需同时计算其 f 和 g 值. GreedRatio 的运行时间与 n^2 同阶, 而 PORM 的运行时间为 $\lfloor 3en^2(2+\ln|\Gamma(S_{\text{init}})|)\rfloor$. PORM 的运行时间是基于理论

② https://exl.ptpress.cn:8442/ex/l/956374d0/.

分析推得的、使 PORM 获得好的近似保证的运行时间上界 (即最坏情况运行时间) 设置, 下面观察 PORM 的实际效率. 以 GreedRatio 为基准, 图 16.3 展示了 $p = 0.8$ 时 PORM 在 *syn-100* 和 *ldc-100* 上获得的 F 度量值随运行时间变化的曲线. 图中横轴的单位是 n^2, 即 GreedRatio 的运行时间. PORM 在两个数据集上分别仅需消耗最坏情况下的运行时间的 6% (即 3/52) 和 3% (即 2/69) 即可获得比 GreedRatio 更好的性能, 意味着 PORM 实际运行时相当高效.

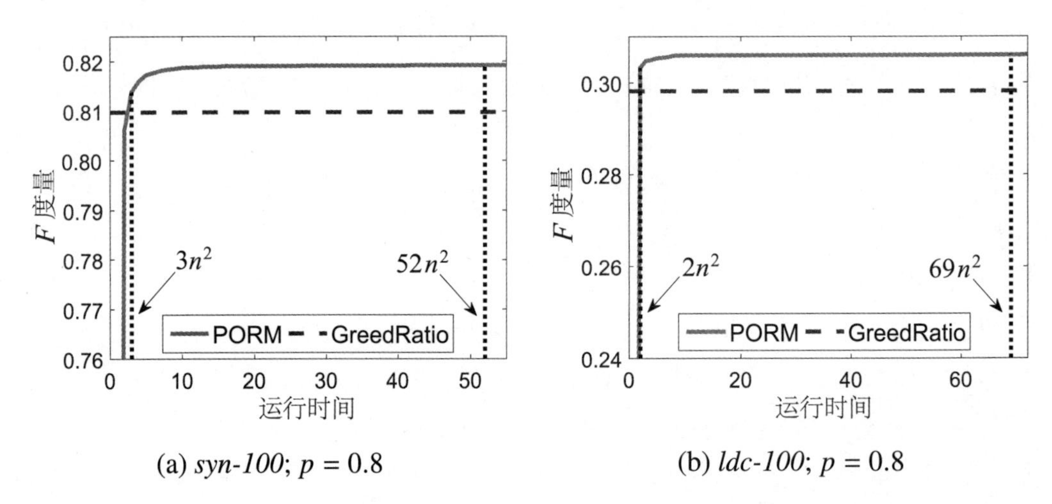

图 16.3 PORM 和 GreedRatio 找到解的 F 度量值随运行时间变化的曲线, 其中运行时间单位为 n^2

16.5 小结

本章研究最小化比率 $\min f/g$ 这个问题, 其中 f 满足单调性和次模性, g 仅需满足单调性. 该问题广泛存在于现实应用中, 如信息检索中的 F 度量最大化. 本章先证明基于贪心行为的 GreedRatio 算法在该问题上的近似保证. 相较已知的 GreedRatio 在 g 进一步满足次模性时的近似保证, 本章推得的近似保证更紧. 本章接着给出基于帕累托优化的 PORM 算法, 并证明 PORM 可获得与 GreedRatio 相同的一般近似保证, 且具有更好的避免陷入局部最优解的能力. PORM 的优越性能通过 F 度量最大化上的实验得到验证.

第 17 章 子集选择: 噪声

本书第 10 章已从理论上分析了噪声对演化算法性能的影响, 以及两种常用噪声处理策略的抗噪效用. 本章将介绍如何基于这些理论结果帮助解决带噪子集选择问题. 在许多现实场景下, 子集选择问题的目标函数评估是带噪的. 例如, 对于影响最大化问题而言, 目标函数影响延展的计算是 #P 难的 [Chen et al., 2010b], 因此常通过对社交网络的随机传播过程进行多次模拟求平均来估计 [Kempe et al., 2003], 这便引入了噪声; 对于稀疏回归问题而言, 往往只有少量数据可被用于目标函数平方复相关 R^2 的评估, 这亦引入了噪声. 子集选择问题的带噪实例还包括**图模型** (graphical model) 中的**信息增益** (information gain) 最大化 [Chen et al., 2015]、**众包图像集摘要** (crowdsourced image collection summarization) [Singla et al., 2016] 等.

针对带噪子集选择问题的研究目前还很少, 且均假设目标函数满足单调性和次模性. 在乘性噪声的一般模型下, 即假设带噪目标函数值 $f^{\mathrm{n}}(S)$ 处于 $(1 \pm \epsilon) \cdot f(S)$ 范围内, [Horel and Singer, 2016] 证明对于任意 $\epsilon > 1/\sqrt{n}$, 不存在多项式时间算法能够获得常数近似比, 而当 $\epsilon = \delta/b$ 时, 只要 $\delta < 1$, 贪心算法即可获得 $(1 - 1/\mathrm{e} - 16\delta)$-近似比. 通过假设 $f^{\mathrm{n}}(S)$ 为随机变量, 即目标函数评估受**随机噪声** (random noise) 干扰, 且 $f^{\mathrm{n}}(S)$ 的期望等于真实目标函数值 $f(S)$, [Kempe et al., 2003] 和 [Singla et al., 2016] 分别证明贪心算法在使用**均匀抽样** (uniform sampling) 或**自适应抽样** (adaptive sampling) 技术后, 可获得接近 $1 - 1/\mathrm{e}$ 的近似比. [Hassidim and Singer, 2017] 考虑了**一致随机噪声** (consistent random noise) 模型: 对于任意子集 S, 仅首次目标函数评估从 $f^{\mathrm{n}}(S)$ 的分布中随机抽样, 其余评估均直接返回首次评估得到的值. 在该噪声模型下, [Hassidim and Singer, 2017] 提出了针对某些噪声分布可获得常数近似比的多项式时间算法.

本章在乘性噪声和加性噪声 (即假设带噪目标函数值 $f^{\mathrm{n}}(S)$ 处于 $f(S) \pm \epsilon$ 范围内) 下, 考虑带噪子集选择问题的更一般的情形, 即目标函数 f 满足单调性, 但未必满足次模性. 先将 [Horel and Singer, 2016] 对贪心算法在 f 满足次模性下的分析扩展至这个一般情形, 略改进了近似比. 随后, 对第 14 章介绍的 POSS 算法求解带噪子集选择问题进行分析, 证明其近似比与贪心算法几乎相同. 并且, 在最大覆盖这个应用的两个具体带噪实例上, 证明了 POSS 能够更好地避免被噪声误导.

本章接下来给出 POSS 针对带噪子集选择问题的改进版 PONSS [Qian et al., 2017a]. 受第 10 章中分析的阈值选择噪声处理策略的启发, PONSS 使用一种**噪声感知** (noise-aware) 的策略对解进行比较. 具体而言, 在比较带噪目标函数值相近的两个解时, POSS 将选择带噪目标函数值更好的那个解, 而 PONSS 则同时把它们保留下来, 从而降低失去其中真的好解的风险. 在某些假设[1]下, 本章证明 PONSS 在乘性噪声下可获得 $\left(\frac{1-\epsilon}{1+\epsilon}(1-\mathrm{e}^{-\gamma})\right)$-近似比. 特别地, 当 ϵ 为常数, 且 f 满足次模性 (即 $\gamma = 1$) 时 PONSS 可获得常数近似比, 而此时贪心算法和 POSS 均只能获得 $\Theta(1/b)$-近似比. 本章亦给出了 PONSS 在加性噪声下可获得的近似比.

最后, 本章在子集选择问题的两个典型应用——影响最大化和稀疏回归上进行实验. 前者的目标函数满足次模性, 而后者的目标函数则不然. 在现实世界数据集上的实验结果表明, POSS 在大部分情况下优于贪心算法, 而 PONSS 则显著优于 POSS 和贪心算法.

17.1 带噪子集选择

给定有限集 $V = \{v_1, v_2, \ldots, v_n\}$, 考虑定义在 V 的子集空间上的函数 $f : 2^V \to \mathbb{R}$. 定义 14.2 给出的子集选择问题试图选择 V 的一个子集 S, 使给定的目标函数 f 在满足 $|S| \leqslant b$ 的约束下最大化. 本章假设 f 满足单调性但未必满足次模性.

在子集选择的许多应用中, 精确的目标函数值 $f(S)$ 难以获得, 而只能获得带噪目标函数值 $f^{\mathrm{n}}(S)$. 本章的分析将考虑乘性噪声模型, 即

$$(1-\epsilon) \cdot f(S) \leqslant f^{\mathrm{n}}(S) \leqslant (1+\epsilon) \cdot f(S), \tag{17.1}$$

以及加性噪声模型, 即

$$f(S) - \epsilon \leqslant f^{\mathrm{n}}(S) \leqslant f(S) + \epsilon. \tag{17.2}$$

这两种噪声已在第 10 章有所分析, 但此处考虑它们的一般模型, 即对定义 10.3 和定义 10.4 中的 δ 所服从的分布不作假设.

17.1.1 贪心算法

算法 14.1 所示的贪心算法迭代地选择使目标函数边际增益最大的项, 直至选择了 b 项为止. 对于许多子集选择问题, 无噪时贪心算法均能获得最佳近似比 [Nemhauser and Wolsey, 1978; Das and Kempe, 2011]. 然而, 最近才有关于出现噪声时贪心算法性能的相应理论分析. 注意当出现噪声时, 贪心算法每一轮选择的项使得在 f^{n} 上的增量最大化, 而非在 f 上的增量最大化. [Horel and Singer, 2016] 证明, 对于目标函数满足单调性和次模性的子集选择问题, 贪心算法在乘性噪声下找到的子集 S 满足

$$f(S) \geqslant \frac{\frac{1-\epsilon}{1+\epsilon}}{1+\frac{4b\epsilon}{(1-\epsilon)^2}}\left(1-\left(\frac{1-\epsilon}{1+\epsilon}\right)^{2b}\left(1-\frac{1}{b}\right)^{b}\right) \cdot \mathrm{OPT}. \tag{17.3}$$

[1] 如噪声**独立同分布** (independently and identically distributed) 假设.

实际上, [Horel and Singer, 2016] 中定理 5 给出的近似比是关于 $f^{\mathrm{n}}(S)$ 的, 而根据式 (17.1), 在该近似比上乘以 $(1-\epsilon)/(1+\epsilon)$ 即可得出关于 $f(S)$ 的近似比, 即式 (17.3).

通过利用次模比对 [Horel and Singer, 2016] 的分析加以扩展, 定理 17.1 给出了在目标函数 f 未必满足次模性的情形下贪心算法获得的近似比. 需注意的是, [Horel and Singer, 2016] 的分析基于 f^{n} 的递归不等式, 而此处分析直接基于 f 的递归不等式, 这给近似比带来了少许改进. 例如当 f 满足次模性时 $\gamma_{S,b}=1$, 因此定理 17.1 中关于找到的子集 S 的近似比变成

$$f(S) \geqslant \frac{\frac{1-\epsilon}{1+\epsilon}\frac{1}{b}}{1-\frac{1-\epsilon}{1+\epsilon}\left(1-\frac{1}{b}\right)}\left(1-\left(\frac{1-\epsilon}{1+\epsilon}\right)^b\left(1-\frac{1}{b}\right)^b\right)\cdot \mathrm{OPT}, \tag{17.4}$$

这比 [Horel and Singer, 2016] 的近似比, 即式 (17.3) 更紧, 原因是

$$\begin{aligned}\frac{1-\left(\frac{1-\epsilon}{1+\epsilon}\right)^b\left(1-\frac{1}{b}\right)^b}{1-\frac{1-\epsilon}{1+\epsilon}\left(1-\frac{1}{b}\right)} &= \sum_{i=0}^{b-1}\left(\frac{1-\epsilon}{1+\epsilon}\left(1-\frac{1}{b}\right)\right)^i \\ &\geqslant \sum_{i=0}^{b-1}\left(\left(\frac{1-\epsilon}{1+\epsilon}\right)^2\left(1-\frac{1}{b}\right)\right)^i \\ &\geqslant \frac{1-\left(\frac{1-\epsilon}{1+\epsilon}\right)^{2b}\left(1-\frac{1}{b}\right)^b}{1+\frac{4b\epsilon}{(1-\epsilon)^2}}\cdot b. \end{aligned}\tag{17.5}$$

定理 17.1

对于目标函数满足单调性的子集选择问题, 当处于乘性噪声下时, 贪心算法找到的子集 S 满足

$$f(S) \geqslant \frac{\frac{1-\epsilon}{1+\epsilon}\frac{\gamma_{S,b}}{b}}{1-\frac{1-\epsilon}{1+\epsilon}\left(1-\frac{\gamma_{S,b}}{b}\right)}\left(1-\left(\frac{1-\epsilon}{1+\epsilon}\right)^b\left(1-\frac{\gamma_{S,b}}{b}\right)^b\right)\cdot \mathrm{OPT}. \tag{17.6}$$

证明 令 S^* 表示最优子集, 即 $f(S^*)=\mathrm{OPT}$. 令 S_i 表示贪心算法运行 i 轮后找到的子集. 于是,

$$f(S^*)-f(S_i) \leqslant f(S^*\cup S_i)-f(S_i) \tag{17.7}$$

$$\leqslant \frac{1}{\gamma_{S_i,b}}\sum_{v\in S^*\setminus S_i}\left(f(S_i\cup v)-f(S_i)\right) \tag{17.8}$$

$$\leqslant \frac{1}{\gamma_{S_i,b}}\sum_{v\in S^*\setminus S_i}\left(\frac{1}{1-\epsilon}f^{\mathrm{n}}(S_i\cup v)-f(S_i)\right) \tag{17.9}$$

$$\leqslant \frac{1}{\gamma_{S_i,b}}\sum_{v\in S^*\setminus S_i}\left(\frac{1}{1-\epsilon}f^{\mathrm{n}}(S_{i+1})-f(S_i)\right) \tag{17.10}$$

$$\leqslant \frac{b}{\gamma_{S_b,b}}\left(\frac{1+\epsilon}{1-\epsilon}f(S_{i+1})-f(S_i)\right), \tag{17.11}$$

其中式 (17.7) 由 f 的单调性可得, 式 (17.8) 根据次模比的定义以及 $|S^*| \leqslant b$ 可得, 式 (17.9) 成立是因为根据乘性噪声的定义有 $f^{\mathrm{n}}(S_i \cup v) \geqslant (1-\epsilon) \cdot f(S_i \cup v)$, 式 (17.10) 根据算法 14.1 第 3 行可得, 式 (17.11) 由 $\gamma_{S_i,b} \geqslant \gamma_{S_{i+1},b}$ 和 $f^{\mathrm{n}}(S_{i+1}) \leqslant (1+\epsilon) \cdot f(S_{i+1})$ 可得. 对上述式子进行变换可等价得到

$$f(S_{i+1}) \geqslant \left(\frac{1-\epsilon}{1+\epsilon}\right)\left(\left(1-\frac{\gamma_{S_b,b}}{b}\right) f(S_i) + \frac{\gamma_{S_b,b}}{b}\mathrm{OPT}\right). \tag{17.12}$$

基于式 (17.12), 通过归纳证明可得出贪心算法输出子集 S_b 的近似比

$$f(S_b) \geqslant \frac{\frac{1-\epsilon}{1+\epsilon}\frac{\gamma_{S_b,b}}{b}}{1-\frac{1-\epsilon}{1+\epsilon}\left(1-\frac{\gamma_{S_b,b}}{b}\right)}\left(1-\left(\frac{1-\epsilon}{1+\epsilon}\right)^b\left(1-\frac{\gamma_{S_b,b}}{b}\right)^b\right) \cdot \mathrm{OPT}. \tag{17.13}$$

定理 17.1 得证. □

定理 17.2 给出了贪心算法在加性噪声下获得的近似比. 该定理的证明与定理 17.1 类似, 唯一区别是在比较 $f(S)$ 和 $f^{\mathrm{n}}(S)$ 时, 需使用式 (17.2) 而非式 (17.1).

定理 17.2

对于目标函数满足单调性的子集选择问题, 当处于加性噪声下时, 贪心算法找到的子集 S 满足

$$f(S) \geqslant \left(1-\left(1-\frac{\gamma_{S,b}}{b}\right)^b\right) \cdot \left(\mathrm{OPT}-\frac{2b\epsilon}{\gamma_{S,b}}\right). \tag{17.14}$$

17.1.2 POSS 算法

令布尔向量 $\boldsymbol{s} \in \{0,1\}^n$ 表示 V 的子集 S, 若 $v_i \in S$ 则 $s_i = 1$, 否则 $s_i = 0$. POSS 算法将原始问题, 即式 (14.5), 转化为二目标最大化问题

$$\underset{\boldsymbol{s} \in \{0,1\}^n}{\arg\max}\ (f_1(\boldsymbol{s}), f_2(\boldsymbol{s})), \tag{17.15}$$

其中

$$f_1(\boldsymbol{s}) = \begin{cases} -\infty & |\boldsymbol{s}|_1 \geqslant 2b \\ f^{\mathrm{n}}(\boldsymbol{s}) & \text{否则} \end{cases}, \quad f_2(\boldsymbol{s}) = -|\boldsymbol{s}|_1. \tag{17.16}$$

换言之, POSS 在最大化原始目标的同时最小化子集规模. 算法 14.2 的 POSS 使用简单的多目标演化算法来求解该二目标问题. 在运行 T 轮后, 种群 P 维持的满足规模约束的解中具有最大 f^{n} 值的被选作最终解输出.

第 14 章已证明对于目标函数满足单调性的子集选择问题, 无噪时 POSS 可在期望运行轮数 $\mathbb{E}[T] \leqslant 2eb^2n$ 内获得与贪心算法相同的近似比. 然而当出现噪声时, 第 14 章未对 POSS 的近似性能进行分析. 注意 POSS 在比较解的时候需用到隔离函数 I, 当 I 是常数函

数时可直接忽略. 本章若未明确提及 I, 则默认其为常数函数. 令 $\gamma_{\min} = \min_{s:|s|_1=b-1} \gamma_{s,b}$. 定理 17.3 给出了 POSS 在乘性噪声下获得的近似比. 该定理的证明需用到相邻子集的 f^{n} 值间的关系, 如引理 17.1 所述. 引理具体证明见附录 A.

引理 17.1

$\forall s \in \{0,1\}^n$, 存在某项 $v \notin s$ 使得

$$f^{\mathrm{n}}(s \cup v) \geqslant \left(\frac{1-\epsilon}{1+\epsilon}\right)\left(1-\frac{\gamma_{s,b}}{b}\right) f^{\mathrm{n}}(s) + \frac{(1-\epsilon)\gamma_{s,b}}{b} \cdot \mathrm{OPT}. \tag{17.17}$$

定理 17.3

对于目标函数满足单调性的子集选择问题, 当处于乘性噪声下时, POSS 可在期望运行轮数 $\mathbb{E}[T] \leqslant 2eb^2n$ 内找到解 s, 满足 $|s|_1 \leqslant b$ 且

$$f(s) \geqslant \frac{\frac{1-\epsilon}{1+\epsilon}\frac{\gamma_{\min}}{b}}{1-\frac{1-\epsilon}{1+\epsilon}\left(1-\frac{\gamma_{\min}}{b}\right)}\left(1-\left(\frac{1-\epsilon}{1+\epsilon}\right)^b\left(1-\frac{\gamma_{\min}}{b}\right)^b\right) \cdot \mathrm{OPT}. \tag{17.18}$$

证明 对于种群 P 中满足 $|s|_1 \leqslant j$ 且

$$f^{\mathrm{n}}(s) \geqslant \frac{(1-\epsilon)\frac{\gamma_{\min}}{b}}{1-\frac{1-\epsilon}{1+\epsilon}\left(1-\frac{\gamma_{\min}}{b}\right)}\left(1-\left(\frac{1-\epsilon}{1+\epsilon}\right)^j\left(1-\frac{\gamma_{\min}}{b}\right)^j\right) \cdot \mathrm{OPT} \tag{17.19}$$

的解 s, 其中 $j \in \{0,1,\ldots,b\}$, 令 $J_{\max}$ 表示这些解所对应的 j 的最大值. 下面仅需分析直至 $J_{\max} = b$, POSS 所需的期望运行轮数. 这是因为 $J_{\max} = b$ 意味着 $\exists s \in P$ 满足 $|s|_1 \leqslant b$ 且

$$f^{\mathrm{n}}(s) \geqslant \frac{(1-\epsilon)\frac{\gamma_{\min}}{b}}{1-\frac{1-\epsilon}{1+\epsilon}(1-\frac{\gamma_{\min}}{b})}\left(1-\left(\frac{1-\epsilon}{1+\epsilon}\right)^b\left(1-\frac{\gamma_{\min}}{b}\right)^b\right) \cdot \mathrm{OPT}, \tag{17.20}$$

结合 $f(s) \geqslant f^{\mathrm{n}}(s)/(1+\epsilon)$ 可知, $J_{\max} = b$ 即意味着 POSS 获得了期望的近似比.

由于 POSS 从解 0^n 出发, $J_{\max}$ 的初始值为 0. 假设当前 $J_{\max} = i < b$. 令 s 表示 $J_{\max} = i$ 所对应的一个解, 即满足 $|s|_1 \leqslant i$ 且

$$f^{\mathrm{n}}(s) \geqslant \frac{(1-\epsilon)\frac{\gamma_{\min}}{b}}{1-\frac{1-\epsilon}{1+\epsilon}\left(1-\frac{\gamma_{\min}}{b}\right)}\left(1-\left(\frac{1-\epsilon}{1+\epsilon}\right)^i\left(1-\frac{\gamma_{\min}}{b}\right)^i\right) \cdot \mathrm{OPT}. \tag{17.21}$$

因为算法 14.2 第 7~8 行从 P 中去除 s 意味着 s 被新产生的解 s' 弱占优, 即 $|s'|_1 \leqslant |s|_1$ 且 $f^{\mathrm{n}}(s') \geqslant f^{\mathrm{n}}(s)$, 所以 $J_{\max}$ 不会减小. 由引理 17.1 可知, 翻转 s 的一个特定 0-位, 即在 s 中加入一特定项, 可产生新解 s', 满足

$$\begin{aligned}
f^{\mathrm{n}}(s') &\geqslant \left(\frac{1-\epsilon}{1+\epsilon}\right)\left(1-\frac{\gamma_{s,b}}{b}\right) f^{\mathrm{n}}(s) + \frac{(1-\epsilon)\gamma_{s,b}}{b} \cdot \mathrm{OPT} \\
&= \frac{1-\epsilon}{1+\epsilon} f^{\mathrm{n}}(s) + \left(\mathrm{OPT} - \frac{f^{\mathrm{n}}(s)}{1+\epsilon}\right)\frac{(1-\epsilon)\gamma_{s,b}}{b}.
\end{aligned} \tag{17.22}$$

因为 $|s|_1 < b$ 且 $\gamma_{s,b}$ 关于 s 单调递减, 所以 $\gamma_{s,b} \geqslant \gamma_{\min}$. 又因为

$$\mathrm{OPT} - \frac{f^{\mathrm{n}}(s)}{1+\epsilon} \geqslant f(s) - \frac{f^{\mathrm{n}}(s)}{1+\epsilon} \geqslant 0, \tag{17.23}$$

所以

$$f^{\mathrm{n}}(s') \geqslant \left(\frac{1-\epsilon}{1+\epsilon}\right)\left(1 - \frac{\gamma_{\min}}{b}\right) f^{\mathrm{n}}(s) + \frac{(1-\epsilon)\gamma_{\min}}{b} \cdot \mathrm{OPT}. \tag{17.24}$$

将式 (17.21) 代入式 (17.24) 可得

$$f^{\mathrm{n}}(s') \geqslant \frac{(1-\epsilon)\frac{\gamma_{\min}}{b}}{1 - \frac{1-\epsilon}{1+\epsilon}\left(1 - \frac{\gamma_{\min}}{b}\right)} \left(1 - \left(\frac{1-\epsilon}{1+\epsilon}\right)^{i+1} \left(1 - \frac{\gamma_{\min}}{b}\right)^{i+1}\right) \cdot \mathrm{OPT}. \tag{17.25}$$

因为 $|s'|_1 = |s|_1 + 1 \leqslant i+1$, 所以 s' 必将被加入 P 中, 否则 s' 在算法 14.2 第 6 行被 P 中的某个解占优, 这意味着 $J_{\max}$ 已大于 i, 与假设 $J_{\max} = i$ 相矛盾. 在将 s' 加入 P 中后, $J_{\max} \geqslant i+1$. 令 $P_{\max}$ 表示 POSS 运行过程中种群 P 的最大规模. 因此, POSS 运行一轮使 $J_{\max}$ 至少增加 1 的概率至少为 $(1/P_{\max}) \cdot (1/n)(1-1/n)^{n-1} \geqslant 1/(\mathrm{e}nP_{\max})$, 其中 $1/P_{\max}$ 为算法 14.2 第 4 行选择 s 进行变异的概率的下界, $(1/n)(1-1/n)^{n-1}$ 为第 5 行对 s 变异时仅翻转其一个特定位的概率. 综上可得, 为增加 $J_{\max}$, POSS 所需的期望运行轮数至多为 $\mathrm{e}nP_{\max}$. 于是为使 $J_{\max}$ 达到 b, POSS 所需的期望运行轮数至多为 $b \cdot \mathrm{e}nP_{\max}$. 类似定理 14.1 证明中的分析可得 $P_{\max} \leqslant 2b$. 因此, POSS 获得预期的近似比所需的期望运行轮数 $\mathbb{E}[T]$ 至多为 $2\mathrm{e}b^2n$. 定理 17.3 得证. □

POSS 在加性噪声下获得的近似比如定理 17.4 所述. 该定理的证明与定理 17.3 类似, 唯一区别是在比较 $f(S)$ 和 $f^{\mathrm{n}}(S)$ 时, 需使用式 (17.2) 而非式 (17.1).

定理 17.4

对于目标函数满足单调性的子集选择问题, 当处于加性噪声下时, POSS 可在期望运行轮数 $\mathbb{E}[T] \leqslant 2\mathrm{e}b^2n$ 内找到解 s, 满足 $|s|_1 \leqslant b$ 且

$$f(s) \geqslant \left(1 - \left(1 - \frac{\gamma_{\min}}{b}\right)^b\right) \cdot \left(\mathrm{OPT} - \frac{2b\epsilon}{\gamma_{\min}}\right) - \left(1 - \frac{\gamma_{\min}}{b}\right)^b \epsilon. \tag{17.26}$$

通过比较定理 17.1 和定理 17.3 , 可看出 POSS 和贪心算法在乘性噪声下获得的近似比几乎相同. 特别地, 当 f 满足次模性时, 有 $\forall s, k: \gamma_{s,k} = 1$, 此时两者完全相同. 在加性噪声下, 定理 17.2 和定理 17.4 给出的贪心算法和 POSS 所获得的近似比亦非常接近, 这是因为定理 17.4 中额外的项 $(1 - \gamma_{\min}/b)^b\epsilon$ 相较其他项几乎可忽略.

下面通过最大覆盖这个应用的两个带噪实例进一步比较贪心算法和 POSS 的性能. 如 14.1.1 小节所述, 最大覆盖 (见定义 14.3) 是子集选择问题的一个经典应用, 它的目标函数满足单调性和次模性. 给定一组集合, 最大覆盖试图选择至多 b 个集合以使得它们的并集之规模最大. 对于例 17.1 和例 17.2 , 贪心算法在无噪时均能轻易地找到最优解, 但出现

噪声时，分别只能获得接近 $2/b$ 和 $3/4$ 的近似比. 定理 17.5 和定理 17.6 表明, POSS 在这两例上均能找到最优解. 直观来说, 证明思路是 POSS 分别通过多位搜索和后向搜索能够避免噪声的误导, 最终找到最优解. 注意贪心算法仅能执行一位前向搜索. 定理 17.5 和定理 17.6 的证明详见附录 A.

例 17.1. [Hassidim and Singer, 2017]

最大覆盖问题 (见定义 14.3) 的参数设置如下: 如图 17.1 (a) 所示, V 包含 $n=2l$ 个子集 $\{S_1,\ldots,S_{2l}\}$, 其中 $\forall i \leqslant l$: S_i 包含同样的两个元素, $\forall i > l$: S_i 包含唯一的一个元素; 预算满足 $2 < b \leqslant l$. 给定 $0<\delta<1$, $\forall \emptyset \subset S \subseteq \{S_1,\ldots,S_l\}, i > l : f^{\mathrm{n}}(S) = 2+\delta$, $f^{\mathrm{n}}(S\cup\{S_i\})=2$, 其余目标函数评估均是精确的.

定理 17.5

对于例 17.1, POSS 可在期望运行轮数 $\mathbb{E}[T]=O(bn\log n)$ 内找到最优解, 而贪心算法无法找到.

例 17.2

最大覆盖问题 (见定义 14.3) 的参数设置如下: 如图 17.1 (b) 所示, V 包含 $n=4l$ 个子集 $\{S_1,\ldots,S_{4l}\}$, 其中 $\forall i \leqslant 4l-3 : |S_i|=1$, $|S_{4l-2}|=2l-1$, $|S_{4l-1}|=|S_{4l}|=2l-2$; 预算 $b=2$. $f^{\mathrm{n}}(\{S_{4l}\})=2l$, 其余目标函数评估均是精确的.

定理 17.6

对于例 17.2, POSS 可在期望运行轮数 $\mathbb{E}[T]=O(n)$ 内找到最优解 $\{S_{4l-2}, S_{4l-1}\}$, 而贪心算法无法找到.

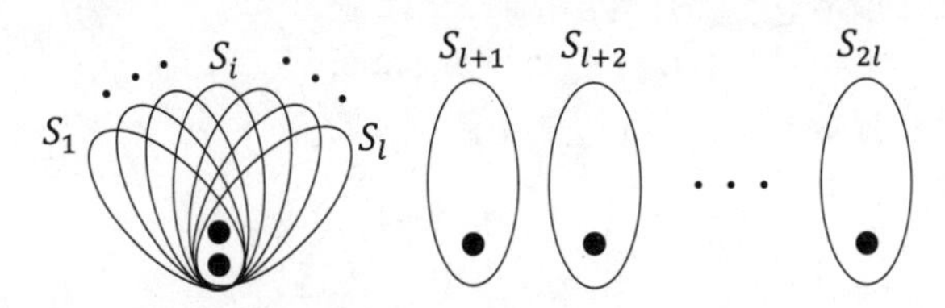

(a) 包含 $n=2l$ 个子集的一个例子 [Hassidim and Singer, 2017]

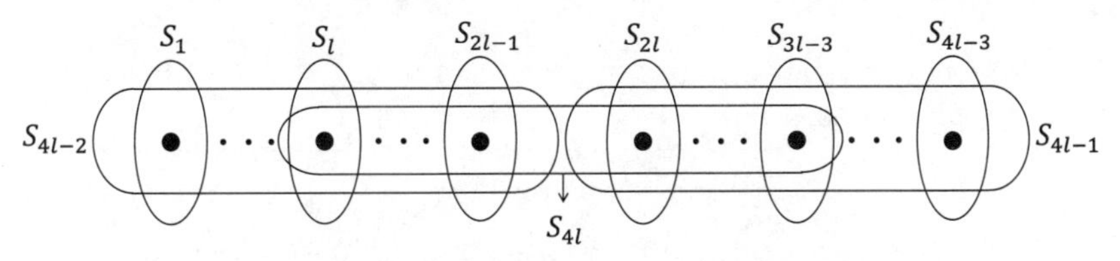

(b) 包含 $n=4l$ 个子集的一个例子

图 17.1 最大覆盖问题的两个例子

17.2 PONSS 算法

POSS 使用定义 1.3 所述的占优关系来对解做比较, 而这对于噪声可能不够鲁棒, 因为差的解可能拥有更好的 f^{n} 值, 从而替代了真正好的解而生存下来. 受第 10 章中分析的阈值选择噪声处理策略的启发, 本章对 POSS 进行修改, 将用于比较解的占优关系替换成 **θ-占优** (θ-domination) 关系: 仅当 $f^{\mathrm{n}}(\boldsymbol{s})$ 比 $f^{\mathrm{n}}(\boldsymbol{s}')$ 至少大过一定阈值时, $\boldsymbol{s}$ 才被认为优于 $\boldsymbol{s}'$. 通过使用 θ-占优关系, f^{n} 值相近的解将同时被保留在种群 P 中, 而非仅 f^{n} 值最好的解被保留下来, 这降低了失去真正好的解的风险. 如此修改得到的算法称为**基于帕累托优化的带噪子集选择** (Pareto optimization for noisy subset selection, PONSS) 算法, 过程如算法 17.1 所示.

算法 17.1 PONSS 算法

输入: $V = \{v_1, v_2, \ldots, v_n\}$; 带噪目标函数 $f^{\mathrm{n}} : \{0,1\}^n \to \mathbb{R}$; 预算 $b \in [n]$.
参数: T; θ; l.
过程:

1: 令 $\boldsymbol{s} = 0^n$, $P = \{\boldsymbol{s}\}$;
2: 令 $t = 0$;
3: **while** $t < T$ **do**
4: 均匀随机地从 P 中选择一个解 $\boldsymbol{s}$;
5: 在解 $\boldsymbol{s}$ 上执行逐位变异算子以产生新解 $\boldsymbol{s}'$;
6: **if** $\nexists \boldsymbol{z} \in P$ 满足 $\boldsymbol{z} \succ_\theta \boldsymbol{s}'$ **then**
7: $P = (P \setminus \{\boldsymbol{z} \in P \mid \boldsymbol{s}' \succeq_\theta \boldsymbol{z}\}) \cup \{\boldsymbol{s}'\}$;
8: $Q = \{\boldsymbol{z} \in P \mid |\boldsymbol{z}|_1 = |\boldsymbol{s}'|_1\}$;
9: **if** $|Q| = l + 1$ **then**
10: $P = P \setminus Q$, 并令 $j = 0$;
11: **while** $j < l$ **do**
12: 均匀随机地从 Q 中选择两个解 $\boldsymbol{z}_1$ 和 $\boldsymbol{z}_2$;
13: 评估 $f^{\mathrm{n}}(\boldsymbol{z}_1)$ 和 $f^{\mathrm{n}}(\boldsymbol{z}_2)$, 并令 $\hat{\boldsymbol{z}} = \arg\max_{\boldsymbol{z} \in \{\boldsymbol{z}_1, \boldsymbol{z}_2\}} f^{\mathrm{n}}(\boldsymbol{z})$;
14: $P = P \cup \{\hat{\boldsymbol{z}}\}$, $Q = Q \setminus \{\hat{\boldsymbol{z}}\}$, $j = j + 1$
15: **end while**
16: **end if**
17: **end if**
18: $t = t + 1$
19: **end while**
20: **return** $\arg\max_{\boldsymbol{s} \in P, |\boldsymbol{s}|_1 \leqslant b} f_1(\boldsymbol{s})$

输出: 满足 $|\boldsymbol{s}|_1 \leqslant b$ 的一个解 $\boldsymbol{s} \in \{0,1\}^n$

对于乘性噪声, 定义 17.1 给出了相应使用的 θ-占优关系. 结合 f_1 和 f_2 的定义可知, 若 $f^{\mathrm{n}}(\boldsymbol{s}) \geqslant ((1+\theta)/(1-\theta)) \cdot f^{\mathrm{n}}(\boldsymbol{s}')$ 且 $|\boldsymbol{s}|_1 \leqslant |\boldsymbol{s}'|_1$, 则 $\boldsymbol{s} \succeq_\theta \boldsymbol{s}'$. 对于加性噪声, 定义 17.2 给出了相应使用的 θ-占优关系. 从中可见, 若 $f^{\mathrm{n}}(\boldsymbol{s}) \geqslant f^{\mathrm{n}}(\boldsymbol{s}') + 2\theta$ 且 $|\boldsymbol{s}|_1 \leqslant |\boldsymbol{s}'|_1$, 则 $\boldsymbol{s} \succeq_\theta \boldsymbol{s}'$.

定义 17.1. 乘性 θ-占优

对于两个解 s 和 s',

(1) 若满足

$$f_1(s) \geqslant \frac{1+\theta}{1-\theta} \cdot f_1(s') \wedge f_2(s) \geqslant f_2(s'), \tag{17.27}$$

则 s 乘性 θ-弱占优 s', 记为 $s \succeq_\theta s'$;

(2) 若满足

$$s \succeq_\theta s' \wedge \left(f_1(s) > \frac{1+\theta}{1-\theta} \cdot f_1(s') \vee f_2(s) > f_2(s')\right), \tag{17.28}$$

则 s 乘性 θ-占优 s', 记为 $s \succ_\theta s'$.

定义 17.2. 加性 θ-占优

对于两个解 s 和 s',

(1) 若满足

$$f_1(s) \geqslant f_1(s') + 2\theta \wedge f_2(s) \geqslant f_2(s'), \tag{17.29}$$

则 s 加性 θ-弱占优 s', 记为 $s \succeq_\theta s'$;

(2) 若满足

$$s \succeq_\theta s' \wedge (f_1(s) > f_1(s') + 2\theta \vee f_2(s) > f_2(s')), \tag{17.30}$$

则 s 加性 θ-占优 s', 记为 $s \succ_\theta s'$.

基于 θ-占优关系比较解可能导致种群 P 的规模非常大, 从而降低 PONSS 的效率. 为此, PONSS 引入参数 l, 用于限制 P 中在每个可能的子集规模下的解的数目. 具体来说, 若对于某个子集规模, P 中包含的解的数目超过 l (必为 $l+1$), 则将它们中的一个去除. 如算法 17.1 第 8~16 行所示, PONSS 从 Q 中随机选择两个解并将其中好的解保留下来, 重复该过程 l 次, 最后将 Q 中剩余的那个解去除. 需注意的是, PONSS 的第 13 行在比较从 Q 中选择的两个解时, 将重新独立地评估它们的带噪目标值 f^{n}.

17.3 理论分析

本节分析 PONSS 在带噪下的近似性能. 考虑随机噪声, 即 $f^{\mathrm{n}}(s)$ 为随机变量, 并假设

$$\text{若 } f(s) > f(s'), \text{ 则 } P(f^{\mathrm{n}}(s) > f^{\mathrm{n}}(s')) \geqslant 0.5 + \delta, \tag{17.31}$$

其中 $\delta \in [0, 0.5)$. 该假设在许多噪声设置下均成立. 下面具体说明它在独立同分布的噪声下成立. 若 $f^{\mathrm{n}}(s) = f(s) + \xi(s)$, 其中任意 s 的噪声 $\xi(s)$ 均从同一分布中独立地抽样而得, 则对于满足 $f(s) > f(s')$ 的两个解 s 和 s', 有

$$P(f^{\mathrm{n}}(s) > f^{\mathrm{n}}(s')) = P(f(s)+\xi(s) > f(s')+\xi(s'))$$

$$\geqslant P(\xi(s) \geqslant \xi(s')) \tag{17.32}$$

$$\geqslant 0.5, \tag{17.33}$$

其中式 (17.32) 由 $f(s) > f(s')$ 可得, 式 (17.33) 成立是因为 $P(\xi(s) \geqslant \xi(s')) + P(\xi(s) \leqslant \xi(s')) \geqslant 1$, 且由 $\xi(s)$ 和 $\xi(s')$ 满足同一分布可知 $P(\xi(s) \geqslant \xi(s')) = P(\xi(s) \leqslant \xi(s'))$. 若 $f^{\mathrm{n}}(s) = f(s) \cdot \xi(s)$, 则式 (17.31) 类似可得.

定理 17.7 给出了 PONSS 在满足假设即式 (17.31) 的乘性噪声下获得的近似比. 该近似比优于定理 17.3 所给出的 POSS 在一般乘性噪声下获得的近似比, 这是因为

$$\frac{1-\left(\frac{1-\epsilon}{1+\epsilon}\right)^b\left(1-\frac{\gamma_{\min}}{b}\right)^b}{1-\frac{1-\epsilon}{1+\epsilon}\left(1-\frac{\gamma_{\min}}{b}\right)} = \sum_{i=0}^{b-1}\left(\frac{1-\epsilon}{1+\epsilon}\left(1-\frac{\gamma_{\min}}{b}\right)\right)^i$$

$$\leqslant \sum_{i=0}^{b-1}\left(1-\frac{\gamma_{\min}}{b}\right)^i = \frac{1-\left(1-\frac{\gamma_{\min}}{b}\right)^b}{\frac{\gamma_{\min}}{b}}. \tag{17.34}$$

特别地, 当 f 满足次模性 (即 $\gamma_{\min} = 1$) 时, 即便 ϵ 达到常数级别, PONSS 在假设即式 (17.31) 下仍能获得常数近似比, 而此时贪心算法和 POSS 在一般乘性噪声下仅能获得 $\Theta(1/b)$-近似比. 注意当 δ 是常数时, PONSS 通过使用多项式级的 l 能够以常数级的概率获得式 (17.35) 所示的近似比, 这意味着 PONSS 此时所需的期望运行轮数为多项式级.

定理 17.7

对于目标函数满足单调性的子集选择问题, 当处于满足假设, 即式 (17.31) 的乘性噪声下时, 使用 $\theta \geqslant \epsilon$ 的 PONSS 运行 $T = 2enlb^2\ln(2b)$ 轮能以至少 $(1/2)(1-(12nb^2\ln(2b))/l^{2\delta})$ 的概率找到解 s, 满足 $|s|_1 \leqslant b$ 且

$$f(s) \geqslant \frac{1-\epsilon}{1+\epsilon}\left(1-\left(1-\frac{\gamma_{\min}}{b}\right)^b\right)\cdot \mathrm{OPT}. \tag{17.35}$$

证明 对于种群 P 中满足 $|s|_1 \leqslant j$ 且 $f(s) \geqslant (1-(1-\gamma_{\min}/b)^j)\cdot \mathrm{OPT}$ 的解 s, 其中 $j \in \{0,1,\ldots,b\}$, 令 $J_{\max}$ 表示这些解所对应的 j 的最大值. 当 $J_{\max} = b$ 时, 存在 $s^* \in P$ 满足 $|s^*|_1 \leqslant b$ 且 $f(s^*) \geqslant (1-(1-\gamma_{\min}/b)^b)\cdot \mathrm{OPT}$. 算法 17.1 第 20 行从 P 中选择的最终输出的解 s 拥有最大的 f^{n} 值, 于是

$$f(s) \geqslant \frac{1}{1+\epsilon}f^{\mathrm{n}}(s) \geqslant \frac{1}{1+\epsilon}f^{\mathrm{n}}(s^*) \geqslant \frac{1-\epsilon}{1+\epsilon}f(s^*), \tag{17.36}$$

这意味着达到了期望的近似比. 因此, 仅需分析 PONSS 运行 $2enlb^2\ln(2b)$ 轮后 $J_{\max} = b$ 的概率.

假设在 PONSS 的运行过程中, 每当执行第 9~16 行时, Q 中 f 值最好的一个解始终被保留下来. 接下来证明在该假设下, $J_{\max}$ 在 PONSS 运行 $2enlb^2\ln(2b)$ 轮后达到 b 的概率至少是 1/2. 因为 PONSS 从解 0^n 出发, 所以 $J_{\max}$ 的初始值为 0. 假设当前 $J_{\max} = i < b$. 令 s 表示 $J_{\max} = i$ 所对应的一个解, 即满足 $|s|_1 \leqslant i$ 且 $f(s) \geqslant (1-(1-\gamma_{\min}/b)^i)\cdot \mathrm{OPT}$. 先说明 $J_{\max}$ 不会减小. 若 s 没有被去

除, 则显然成立. 当 s 被去除时, 存在两种可能的情况: 若 s 在第 7 行被去除则新加入的解 $s' \geq_\theta s$, 意味着 $|s'|_1 \leqslant |s|_1 \leqslant i$, 且

$$f(s') \geqslant \frac{1}{1+\epsilon} f^{\mathrm{n}}(s') \geqslant \frac{1}{1+\epsilon} \cdot \frac{1+\theta}{1-\theta} f^{\mathrm{n}}(s) \geqslant \frac{1}{1+\epsilon} \cdot \frac{1+\epsilon}{1-\epsilon} f^{\mathrm{n}}(s) \geqslant f(s), \tag{17.37}$$

其中第三个不等式由 $\theta \geqslant \epsilon$ 可得; 若 s 在第 9~16 行被去除则 P 中必存在解 z^* 满足 $|z^*|_1 = |s|_1$ 且 $f(z^*) \geqslant f(s)$, 这是因为 Q 中 f 值最大的一个解总被保留下来. 然后说明 $J_{\max}$ 在每一轮能以一定的概率增加. 根据引理 14.1 可知, 翻转 s 的一个特定 0-位, 即在 s 中加入一特定项, 可产生新解 s', 满足 $|s'|_1 = |s|_1 + 1 \leqslant i + 1$, 且

$$f(s') \geqslant \left(1 - \left(1 - \frac{\gamma_{\min}}{b}\right)^{i+1}\right) \cdot \mathrm{OPT}. \tag{17.38}$$

注意式 (17.38) 可通过与式 (14.21) 相同的分析过程推得. s' 将被加入 P 中, 否则算法 17.1 第 6 行的条件不成立, 说明 P 中必存在解 θ-占优 s', 这意味着 $J_{\max}$ 已大于 i, 与假设 $J_{\max} = i$ 相矛盾. 将 s' 加入种群 P 后, $J_{\max} \geqslant i+1$. 由于对每个可能的子集规模 (必属于 $\{0, \ldots, 2b-1\}$), P 至多包含 l 个解, 因此 $|P| \leqslant 2bl$. 于是, $J_{\max}$ 在 PONSS 运行一轮后至少增加 1 的概率至少为 $(1/|P|) \cdot (1/n)(1-1/n)^{n-1} \geqslant 1/(2enlb)$, 其中 $1/|P|$ 是在第 4 行选择 s 进行变异的概率, $(1/n)(1-1/n)^{n-1}$ 是在第 5 行变异时仅翻转 s 的特定一位的概率. 将 PONSS 运行的 $2enlb^2 \ln(2b)$ 轮等分成 b 个阶段. 因为 $J_{\max}$ 在每一阶段中至少增加一次即足以使 $J_{\max} = b$, 所以

$$P(J_{\max} = b) \geqslant \left(1 - \left(1 - \frac{1}{2enlb}\right)^{2enlb \ln(2b)}\right)^b \geqslant \left(1 - \frac{1}{2b}\right)^b \geqslant \frac{1}{2}. \tag{17.39}$$

下面分析上一段开头所作的假设[②]成立的概率. 考虑算法第 9~16 行的行为. 令 $R = \{z^* \mid z^* = \arg\max_{z \in Q} f(z)\}$. 若 $|R| > 1$ 则 Q 中 f 值最好的一个解显然会被保留下来, 因为 PONSS 仅去除 Q 中的一个解; 若 $|R| = 1$ 则 Q 中 f 值最好的解 z^* 被去除意味着在 PONSS 重复执行第 12~14 行的 l 轮中, z^* 从未被加入 P 中. 考虑对第 12~14 行执行第 j 轮的过程, 其中 $0 \leqslant j \leqslant l-1$. 此时 $|Q| = l + 1 - j$. 若 z^* 在第 0 至 $j-1$ 轮从未被加入 P 中, 则第 12 行选择 z^* 的概率为 $(l-j)/\binom{l+1-j}{2} = 2/(l+1-j)$. 由式 (17.31) 可得在第 13 行比较时, $f^{\mathrm{n}}(z^*)$ 更大的概率至少是 $0.5+\delta$. 因此, 在第 j 轮 z^* 未被加入 P 中的概率至多是 $1-(2/(l+1-j)) \cdot (0.5+\delta)$, 这意味着当 $|R| = 1$ 时, PONSS 执行第 9~16 行时去除 Q 中 f 值最好的解 z^* 的概率至多为 $\prod_{j=0}^{l-1}(1-(1+2\delta)/(l+1-j))$. 对该值取对数可得

$$\sum_{j=0}^{l-1} \ln\left(\frac{l-j-2\delta}{l+1-j}\right) = \sum_{j=1}^{l} \ln\left(\frac{j-2\delta}{j+1}\right) \leqslant \int_1^{l+1} \ln\left(\frac{j-2\delta}{j+1}\right) \mathrm{d}j \tag{17.40}$$

$$= \ln\left(\frac{(l+1-2\delta)^{l+1-2\delta}}{(l+2)^{l+2}}\right) - \ln\left(\frac{(1-2\delta)^{1-2\delta}}{2^2}\right). \tag{17.41}$$

② PONSS 在 $2enlb^2 \ln(2b)$ 轮内执行第 9~16 行时始终将 Q 中 f 值最好的一个解保留下来.

式 (17.40) 的不等式成立是因为 $\ln((j-2\delta)/(j+1))$ 关于 j 单调递增, 式 (17.41) 成立是因为 $\ln((j-2\delta)^{j-2\delta}/(j+1)^{j+1})$ 关于 j 的导数为 $\ln((j-2\delta)/(j+1))$. 因此, 有

$$\prod_{j=0}^{l-1}\left(1-\frac{1+2\delta}{l+1-j}\right) \leqslant \left(\frac{l+1-2\delta}{l+2}\right)^{l+2} \cdot \frac{1}{(l+1-2\delta)^{1+2\delta}} \cdot \frac{4}{(1-2\delta)^{1-2\delta}} \leqslant \frac{4}{e^{1-1/e} \cdot l^{1+2\delta}}, \tag{17.42}$$

其中最后一个不等式由 $0<1-2\delta \leqslant 1$ 和 $(1-2\delta)^{1-2\delta} \geqslant e^{-1/e}$ 可得. 通过联合界可得假设成立的概率至少为 $1-(12nb^2\ln(2b))/l^{2\delta}$. 于是定理 17.7 得证. □

通过上述证明过程, 并使用式 (17.2) 和加性 θ-占优关系可得出 PONSS 在满足假设即式 (17.31) 的加性噪声下获得的近似比, 如定理 17.8 所述. 相较定理 17.4 给出的 POSS 在一般加性噪声下获得的近似比, PONSS 获得的近似比更好, 原因是 $(1-(1-\gamma_{\min}/b)^b) \cdot (2b\epsilon/\gamma_{\min}) \geqslant 2\epsilon$, 其中不等式由 $\gamma_{\min} \in [0,1]$ 可得.

定理 17.8

对于目标函数满足单调性的子集选择问题, 当处于满足假设, 即式 (17.31) 的加性噪声下时, 使用 $\theta \geqslant \epsilon$ 的 PONSS 运行 $T=2enlb^2\ln(2b)$ 轮能以至少 $(1/2)(1-(12nb^2\ln(2b))/l^{2\delta})$ 的概率找到解 $\boldsymbol{s}$, 满足 $|\boldsymbol{s}|_1 \leqslant b$ 且

$$f(\boldsymbol{s}) \geqslant \left(1-\left(1-\frac{\gamma_{\min}}{b}\right)^b\right) \cdot \mathrm{OPT}-2\epsilon. \tag{17.43}$$

17.4 实验测试

本节通过影响最大化和稀疏回归这两个子集选择的典型应用上的实验比较贪心算法、POSS 和 PONSS 的性能. 影响最大化的目标函数满足次模性, 稀疏回归的目标函数则不然. 根据定理 17.3, POSS 的运行轮数 T 设置为 $\lfloor 2eb^2n \rfloor$. PONSS 的参数 l 设置为 b; θ 设置为 1, 必不小于 ϵ. 注意 POSS 每一轮需对新产生的解 $\boldsymbol{s}'$ 作一次评估, 而 PONSS 每一轮需作 1 或 $1+2l$ 次评估, 取决于算法 17.1 第 9 行的条件是否成立. 为公平起见, 当 PONSS 使用的目标函数评估次数达到 POSS 所使用的 $\lfloor 2eb^2n \rfloor$ 次时将停止运行. 实验将在预算 b 从 3 至 8 的情形下进行测试. 每个算法在运行时仅能获取带噪目标函数值 f^{n}, 而对于算法最终输出的解, 则将通过昂贵的评估过程得到其精确的 f 值, 以完成对算法性能的估计. 因为 POSS 和 PONSS 均是随机算法, 且贪心算法的行为在随机噪声下亦是随机的, 所以实验中将每个算法独立地运行 10 次, 然后给出找到解的 f 值的均值. 注意本章后续图中的 Greedy 指贪心算法.

如 14.1.2 小节所述, 影响最大化旨在从社交网络上找到一个用户子集 S, 在满足 $|S| \leqslant b$ 的条件下, 使得在社交网络上从 S 开始传播、能够被激活的用户的期望数目 (即影响延

展) 最大化. 该实验使用两个现实世界数据集 *ego-Facebook* 和 *weibo*, 见表 15.1. 为估计目标函数, 即影响延展, 算法在运行过程中独立地模拟传播过程 10 次, 然后将这 10 次传播激活的用户数均值作为估计. 对于算法最终输出解的影响延展, 则将通过模拟传播过程 10,000 次求平均来获得精确的估计. 实验结果如图 17.2 所示. 从每个数据集上的左子图可看出 POSS 优于贪心算法, 而 PONSS 表现最佳. 以贪心算法为基准, 图 17.2 中每个数据集上的右子图展示了当 $b = 5$ 时, PONSS 和 POSS 找到解的影响延展随着运行时间变化的曲线. 右子图中横轴的单位为 bn, 即贪心算法的运行时间. 从图中可看出, PONSS 很快就获得了更好的性能, 这意味着 PONSS 实际运行比较高效.

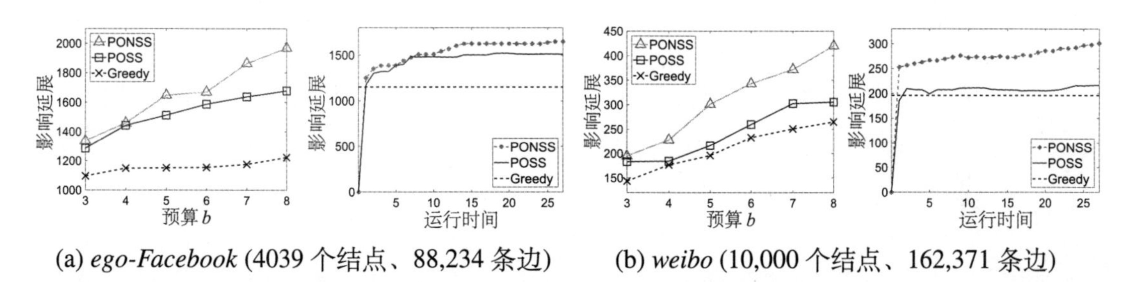

(a) *ego-Facebook* (4039 个结点、88,234 条边) (b) *weibo* (10,000 个结点、162,371 条边)

图 17.2 数据集 *ego-Facebook* 和 *weibo* 上的影响最大化, 目标影响延展越大越好. 每个数据集上的右子图显示算法在 $b = 5$ 时找到解的影响延展随运行时间变化的曲线, 其中运行时间单位为 bn

如 14.1.5 小节所述, 稀疏回归旨在找到至多包含 b 个观测变量的子集 S, 以通过线性回归能够最好地近似预测变量 z, 可以形式化为最大化平方复相关 $R^2_{z,S}$, 见式 (14.12). 该实验使用两个数据集 *protein* 和 *YearPredictionMSD*[③]. 在算法的运行过程中, 每计算一个解的 R^2 值时, 算法均从数据集中随机抽取 1000 个示例用作估计. 对于算法最终输出解的 R^2 值, 则将通过整个数据集来获得精确估计. 实验结果如图 17.3 所示. 从图中可看出, PONSS、POSS 和贪心算法三者的表现与影响最大化实验中观察到的基本一致, 唯一例外是当 $b = 8$ 时 POSS 在 *YearPredictionMSD* 上表现差于贪心算法.

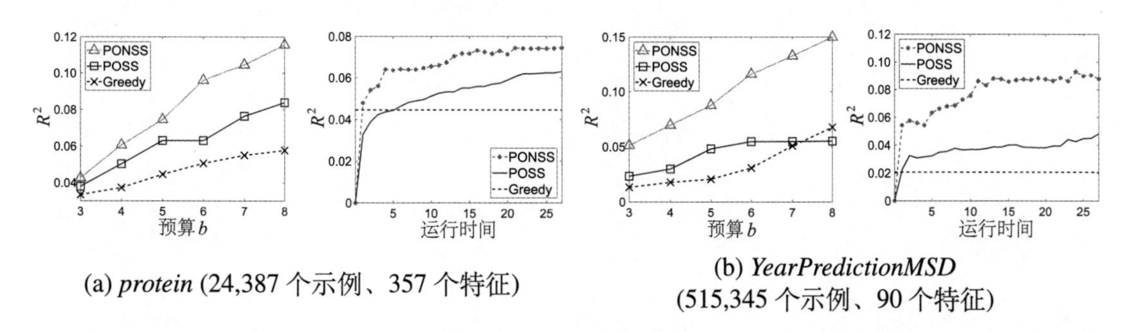

(a) *protein* (24,387 个示例、357 个特征) (b) *YearPredictionMSD* (515,345 个示例、90 个特征)

图 17.3 数据集 *protein* 和 *YearPredictionMSD* 上的稀疏回归, 目标 R^2 越大越好. 每个数据集上的右子图显示算法在 $b = 5$ 时找到解的 R^2 值随运行时间变化的曲线, 其中运行时间单位为 bn

③ https://exl.ptpress.cn:8442/ex/l/4e1481c6/.

上述实验中 PONSS 的参数 θ 设置为 1. PONSS 在 $\theta \in \{0.1, 0.2, \ldots, 1.0\}$ 时的性能如图 17.4 所示. 从图中可看出, 无论 θ 取何值, PONSS 表现总是优于 POSS 和贪心算法, 这说明 PONSS 的性能对 θ 的取值并不敏感.

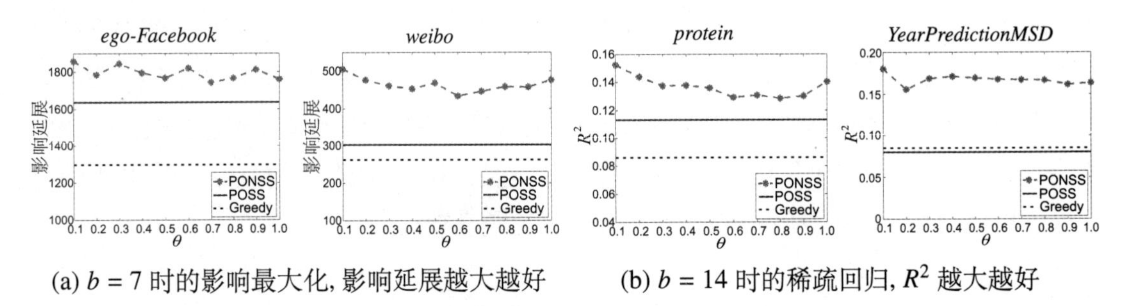

(a) $b = 7$ 时的影响最大化, 影响延展越大越好 (b) $b = 14$ 时的稀疏回归, R^2 越大越好

图 17.4 PONSS 在参数 θ 取值分别为 $0.1, 0.2, \ldots, 1.0$ 时与 POSS 和贪心算法的比较

17.5 小结

本章在乘性和加性噪声下研究目标函数单调的子集选择问题. 贪心算法和 POSS 均为在不受噪声干扰的子集选择问题上能够获得良好性能的算法. 本章先证明它们在噪声下获得几乎相同的近似比, 然后给出 PONSS 算法, 证明 PONSS 在某些假设 (例如噪声独立同分布假设) 下可获得更好的近似比. 在影响最大化和稀疏回归这两个应用上的实验结果验证了 PONSS 的优越性能.

第 18 章 子集选择: 加速

第 14 章给出了针对子集选择问题的 POSS 算法. 为获得高质量的解, 根据理论上界 POSS 需消耗 $2eb^2n$ 次目标函数评估, 这使得 b 和 n 很大时计算开销巨大. 而且, POSS 是串行算法, 不能直接利用并行化计算加速. 因此, 在求解大规模任务时 POSS 算法的计算效率有待提升.

本章给出 POSS 的并行版 PPOSS [Qian et al., 2016a]. 不同于 POSS 每轮仅产生一个解, PPOSS 可设置为每轮产生解的数目与计算机的核数相同, 因此对于解的评估可以直接并行化. 更重要的是, 对于目标函数满足单调性的子集选择问题, 本章证明求解质量不变的前提下 PPOSS 的并行加速作用: 计算机的核数比问题规模 n 小时, PPOSS 的运行时间随着核数的增加几乎线性减少; 计算机的核数超过 n 继续增加时, PPOSS 的运行时间还能继续减少, 直至最终达到常数级. 在稀疏回归这个应用上的实验结果验证了理论分析.

18.1 PPOSS 算法

如 14.2 节所述, POSS 算法将子集选择问题, 即式 (14.5), 转化为二目标最大化问题, 即式 (14.14), 然后使用简单的多目标演化算法求解. POSS 每一轮通过执行变异算子产生一个新解, 然后将其用于更新种群. 隔离函数 I 被用于判断两个解能否进行比较. 由于使用常数隔离函数的 POSS 在一般情况下可获得好的近似保证, 因此默认 I 为常数函数, 而实际上 I 此时可被忽略, 因为每个解都拥有相同的 I 值.

对于目标函数满足单调性的子集选择问题, 定理 14.1 表明 POSS 至多使用 $2eb^2n$ 的期望运行轮数可找到解 $\boldsymbol{s}$, 满足 $|\boldsymbol{s}|_1 \leqslant b$ 且 $f(\boldsymbol{s}) \geqslant (1-\mathrm{e}^{-\gamma_{\min}}) \cdot \mathrm{OPT}$. 当目标函数满足次模性时, $\gamma_{\min}=1$, 于是近似比变成 $1-1/\mathrm{e}$, 这在一般情况下是最优的 [Nemhauser and Wolsey, 1978]. 对于目标函数不满足次模性的典型应用, 如稀疏回归, POSS 获得的近似比 $1-\mathrm{e}^{-\gamma_{\min}}$ 亦达到了目前已知的最佳近似比 [Das and Kempe, 2011].

如算法 18.1 所示, **基于并行帕累托优化的子集选择** (parallel POSS, PPOSS) 算法对 POSS (即算法 14.2) 进行了简单修改: 每一轮产生与计算机的核数相同数目的解, 而非仅产生一个解. 在每一轮运行中, PPOSS 的第 4 行先从当前种群 P 中随机选择一个解 $\boldsymbol{s}$, 然后在 m 个核上并行地执行第 6~7 行. PPOSS 在每个核上独立地对 $\boldsymbol{s}$ 执行变异算子以产生一个新解 $\boldsymbol{s}'$, 并评估它的两个目标值. 注意算法 18.1 中的 $\boldsymbol{s}'_i$ 表示在第 i 个核上产生的新解 $\boldsymbol{s}'$. 并行化过程结束后, 产生的所有新解在第 9~14 行被用于更新种群 P, 从而使得 P 总是维持目前为止产生的非占优解. 相较 POSS, PPOSS 每一轮并行地产生多个新解, 而非仅产生一个新解.

算法 18.1 PPOSS 算法

输入: $V = \{v_1, v_2, \ldots, v_n\}$; 目标函数 $f: \{0,1\}^n \to \mathbb{R}$; 预算 $b \in [n]$.
参数: 运行轮数 T; 计算机的核数 m.
过程:

1: 令 $\boldsymbol{s} = 0^n$, $P = \{\boldsymbol{s}\}$;
2: 令 $t = 0$;
3: **while** $t < T$ **do**
4:   均匀随机地从 P 中选择一个解 $\boldsymbol{s}$;
5:   **begin parallel** 在 m 个核上
6:     在解 $\boldsymbol{s}$ 上执行逐位变异算子以产生新解 $\boldsymbol{s}'_i$;
7:     评估 $f_1(\boldsymbol{s}'_i)$ 和 $f_2(\boldsymbol{s}'_i)$
8:   **end parallel**
9:   **for** 每个解 $\boldsymbol{s}'_i$
10:     **if** $\nexists z \in P$ 满足 $z \succ \boldsymbol{s}'_i$ **then**
11:       $Q = \{z \in P \mid \boldsymbol{s}'_i \succeq z\}$;
12:       $P = (P \setminus Q) \cup \{\boldsymbol{s}'_i\}$
13:     **end if**
14:   **end for**
15:   $t = t + 1$
16: **end while**
17: **return** $\arg\max_{\boldsymbol{s} \in P, |\boldsymbol{s}|_1 \leqslant b} f_1(\boldsymbol{s})$

输出: 满足 $|\boldsymbol{s}|_1 \leqslant b$ 的一个解 $\boldsymbol{s} \in \{0,1\}^n$

POSS 和 PPOSS 运行一轮的过程如图 18.1 所示. 核数 m 为 1 时, PPOSS 相当于 POSS.

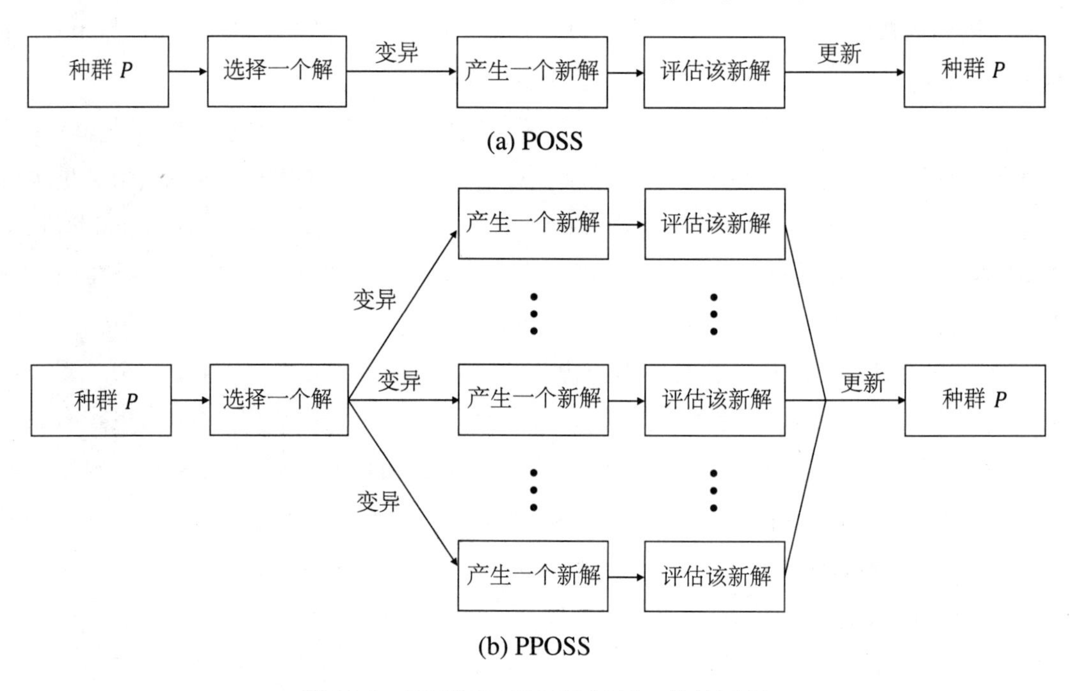

图 18.1 POSS 和 PPOSS 运行一轮的过程

18.2 理论分析

本节从理论上分析 PPOSS 求解目标函数单调的子集选择问题的性能. 如定理 18.1 所述, 为找到具有 $(1-\mathrm{e}^{-\gamma_{\min}})$-近似比的解, 当运行算法用到的核数 m 在渐近意义上小于项数 n 时, PPOSS 在所需的期望运行轮数 $\mathbb{E}[T]$ 上达到线性加速比, 即 $\mathbb{E}[T]$ 随着核数 m 的增加线性减少; m 充分大时 $\mathbb{E}[T]$ 可降至 $O(1)$. 该定理的证明需用到引理 14.1, 即 $\forall \boldsymbol{s} \in \{0,1\}^n$, 总存在一项将其加入 $\boldsymbol{s}$ 中能够使得在 f 上的改进与当前 f 和最优目标值的距离成比例.

定理 18.1

对于目标函数满足单调性的子集选择问题, 为找到 $|\boldsymbol{s}|_1 \leqslant b$ 且 $f(\boldsymbol{s}) \geqslant (1-\mathrm{e}^{-\gamma_{\min}}) \cdot \mathrm{OPT}$ 的解 $\boldsymbol{s}$, 其中 $\gamma_{\min} = \min_{\boldsymbol{s}:|\boldsymbol{s}|_1=b-1} \gamma_{\boldsymbol{s},b}$, PPOSS 所需的期望运行轮数 $\mathbb{E}[T]$ 满足:

(1) 若 $m = o(n)$, 则 $\mathbb{E}[T] \leqslant 2\mathrm{e}b^2n/m$;

(2) 若 $m = \Omega(n^i)$, 其中 $i \in [b]$, 则 $\mathbb{E}[T] = O(b^2/i)$;

(3) 若 $m = \Omega(n^{\min\{3b-1,n\}})$, 则 $\mathbb{E}[T] = O(1)$.

证明 对于种群 P 中满足 $|\boldsymbol{s}|_1 \leqslant j$ 且 $f(\boldsymbol{s}) \geqslant (1-(1-\gamma_{\min}/b)^j) \cdot \mathrm{OPT}$ 的解 $\boldsymbol{s}$, 其中 $j \in \{0,1,\ldots,b\}$, 令 $J_{\max}$ 表示这些解对应的 j 的最大值, 即 $J_{\max} = \max\{j \in \{0,1,\ldots,b\} \mid \exists \boldsymbol{s} \in P : |\boldsymbol{s}|_1 \leqslant j \wedge f(\boldsymbol{s}) \geqslant (1-(1-\gamma_{\min}/b)^j) \cdot \mathrm{OPT}\}$. 该证明基于对 $J_{\max}$ 的分析. 由于 PPOSS (即算法 18.1) 从解 0^n 出发, $J_{\max}$ 的初始值为 0. $J_{\max} = b$ 意味着 P 中存在解 $\boldsymbol{s}$ 满足 $|\boldsymbol{s}|_1 \leqslant b$ 且 $f(\boldsymbol{s}) \geqslant (1-(1-\gamma_{\min}/b)^b) \cdot \mathrm{OPT} \geqslant (1-\mathrm{e}^{-\gamma_{\min}}) \cdot \mathrm{OPT}$, 因此仅需分析为使 $J_{\max} = b$, PPOSS 所需的期望运行轮数.

假设当前 $J_{\max} = i < b$. 令 $\boldsymbol{s}$ 表示 $J_{\max} = i$ 所对应的一个解, 即满足 $|\boldsymbol{s}|_1 \leqslant i$ 且 $f(\boldsymbol{s}) \geqslant (1-(1-\gamma_{\min}/b)^i) \cdot \mathrm{OPT}$. 若 $\boldsymbol{s}$ 被保留在 P 中, 则 $J_{\max}$ 不会减小. 若 $\boldsymbol{s}$ 在算法 18.1 的第 11~12 行被去除, 则必存在一个新产生的解 $\boldsymbol{s}'_i$ 弱占优 $\boldsymbol{s}$, 且 $\boldsymbol{s}'_i$ 被加入 P 中. 因为 $\boldsymbol{s}'_i \succeq \boldsymbol{s}$, 所以 $|\boldsymbol{s}'_i|_1 \leqslant |\boldsymbol{s}|_1 \leqslant i$ 且 $f(\boldsymbol{s}'_i) \geqslant f(\boldsymbol{s}) \geqslant (1-(1-\gamma_{\min}/b)^i) \cdot \mathrm{OPT}$, 这意味着 $J_{\max} \geqslant i$. 综上可知 $J_{\max}$ 不会减小.

接下来证明 PPOSS 运行一轮总能以一定的概率使 $J_{\max}$ 至少增加 l, 其中 $l \in [b-i]$. 根据引理 14.1 可知, 翻转 $\boldsymbol{s}$ 的一个特定 0-位可产生新解 $\boldsymbol{s}'$, 满足 $f(\boldsymbol{s}') - f(\boldsymbol{s}) \geqslant (\gamma_{\boldsymbol{s},b}/b)(\mathrm{OPT} - f(\boldsymbol{s}))$. 通过与式 (14.21) 相同的分析过程可得

$$f(\boldsymbol{s}') \geqslant \left(1-\left(1-\frac{\gamma_{\min}}{b}\right)^{i+1}\right) \cdot \mathrm{OPT}. \tag{18.1}$$

因此, 连续执行这个步骤 l 次可产生解 $\boldsymbol{s}'$, 满足

$$f(\boldsymbol{s}') \geqslant \left(1-\left(1-\frac{\gamma_{\min}}{b}\right)^{i+l}\right) \cdot \mathrm{OPT}, \tag{18.2}$$

这也意味着在 PPOSS 的一轮运行中, 通过同时翻转 $\boldsymbol{s}$ 的 l 个特定 0-位可产生满足式 (18.2) 的新解 $\boldsymbol{s}'$. 注意 $|\boldsymbol{s}'|_1 = |\boldsymbol{s}|_1 + l \leqslant i + l$. $\boldsymbol{s}'$ 不可能被当前 P 中的任意解占优, 否则 $J_{\max}$ 已大于 i, 与假设 $J_{\max} = i$ 相矛盾. 因此, $\boldsymbol{s}'$ 将在第 12 行被加入 P 中, 从而使 $J_{\max} \geqslant i+l$. 下面仅需分析在 PPOSS 一轮

运行中产生 $\boldsymbol{s}'$ 的概率. 产生 $\boldsymbol{s}'$ 可通过下述行为实现: 在算法 18.1 第 4 行选择 $\boldsymbol{s}$ 进行变异, 并至少在一个核上, 对 $\boldsymbol{s}$ 变异时仅翻转其 l 个特定 0-位. 令 $P_{\max}$ 表示 PPOSS 运行过程中种群 P 的最大规模. 由于采取均匀选择, 算法 18.1 第 4 行选择 $\boldsymbol{s}$ 进行变异的概率至少为 $1/P_{\max}$. 根据逐位变异算子的行为可知, 算法 18.1 第 6 行翻转 $\boldsymbol{s}$ 的 l 个特定 0-位而保持其他位不变的概率为 $(1/n^l)(1-1/n)^{n-l}$. 由于第 6 行在每个核上被独立地执行, PPOSS 运行一轮产生 $\boldsymbol{s}'$ 的概率至少是

$$\frac{1}{P_{\max}}\cdot\left(1-\left(1-\frac{1}{n^l}\left(1-\frac{1}{n}\right)^{n-l}\right)^m\right)\geqslant\frac{1}{P_{\max}}\cdot\left(1-\left(1-\frac{1}{\mathrm{e}n^l}\right)^m\right) \tag{18.3}$$

$$\geqslant\frac{1}{P_{\max}}\cdot\left(1-\mathrm{e}^{-\frac{m}{\mathrm{e}n^l}}\right), \tag{18.4}$$

其中式 (18.3) 成立是因为 $\forall l\geqslant 1:(1-1/n)^{n-l}\geqslant 1/\mathrm{e}$, 式 (18.4) 由 $(1-1/(\mathrm{e}n^l))^{\mathrm{e}n^l}\leqslant 1/\mathrm{e}$ 可得.

上述分析表明: $J_{\max}$ 不会减小; $J_{\max}$ 在 PPOSS 一轮运行中至少增加 l 的概率至少为 $(1/P_{\max})\cdot(1-\mathrm{e}^{-m/(\mathrm{e}n^l)})$. 基于这两点可得, PPOSS 使 $J_{\max}$ 至少增加 l 所需的期望运行轮数至多为 $P_{\max}/(1-\mathrm{e}^{-m/(\mathrm{e}n^l)})$. 因此, 为使 $J_{\max}=b$, PPOSS 所需的期望运行轮数为

$$\mathbb{E}[T]\leqslant\lceil b/l\rceil\cdot\frac{P_{\max}}{1-\mathrm{e}^{-\frac{m}{\mathrm{e}n^l}}}. \tag{18.5}$$

根据算法 18.1 第 9~14 行可知, 种群 P 中的任意两个解均不可比. 于是类似定理 14.1 证明中对 $P_{\max}$ 的分析可得 $P_{\max}\leqslant 2b$, 这意味着

$$\mathbb{E}[T]\leqslant\frac{2b\lceil b/l\rceil}{1-\mathrm{e}^{-\frac{m}{\mathrm{e}n^l}}}, \tag{18.6}$$

其中 $l\in[b]$. 若 $m=o(n)$, 通过令 $l=1$ 有 $\mathrm{e}^{-m/(\mathrm{e}n^l)}=\mathrm{e}^{-m/(\mathrm{e}n)}=1-m/(\mathrm{e}n)+O((m/n)^2)\approx 1-m/(\mathrm{e}n)$, 于是 $\mathbb{E}[T]\leqslant 2\mathrm{e}b^2n/m$. 若 $m=\Omega(n^i)$, 其中 $i\in[b]$, 通过令 $l=i$ 有 $1-\mathrm{e}^{-m/(\mathrm{e}n^l)}=1-\mathrm{e}^{-m/(\mathrm{e}n^i)}=\Theta(1)$, 于是 $\mathbb{E}[T]=O(b^2/i)$. 因此该定理结论中的前两种情况成立.

最后通过分析 PPOSS 运行一轮产生最优解的概率 (记为 P_{opt}) 来证明该定理结论中的第 3 种情况. 因为 P 包含的任意解 $\boldsymbol{s}$ 满足 $|\boldsymbol{s}|_1\leqslant 2b-1$, 且最优解至多包含 b 个 1-位, 所以 P 中任意解与最优解的汉明距离至多为 $\min\{3b-1,n\}$. 于是不管 PPOSS 在第 4 行选择何解, 在每个核上通过变异产生最优解的概率至少为 $(1/n^{\min\{3b-1,n\}})(1-1/n)^{n-\min\{3b-1,n\}}\geqslant 1/(\mathrm{e}n^{\min\{3b-1,n\}})$. 由于至少在一个核上产生最优解即可, P_{opt} 至少为 $1-(1-1/(\mathrm{e}n^{\min\{3b-1,n\}}))^m=\Theta(1)$, 其中等式由 $m=\Omega(n^{\min\{3b-1,n\}})$ 可得. 于是 $\mathbb{E}[T]\leqslant 1/P_{\mathrm{opt}}=O(1)$.

综上, 定理 18.1 得证. □

因此, 为找到具有 $(1-\mathrm{e}^{-\gamma_{\min}})$-近似比的解, 当计算机的核数 $m=o(n)$ 时, PPOSS 在所需的期望运行轮数上能达到线性加速比. 相较定理 14.1 给出的 POSS 获得的近似比, PPOSS 所获得的近似比并未变差.

注意上述分析证明的 PPOSS 能够达到的线性加速比是基于运行轮数的. 令 t_{poss} 和 t_{pposs} 分别表示 POSS 和 PPOSS 运行一轮的时间. 若 $t_{\mathrm{poss}}=t_{\mathrm{pposs}}$ 则 PPOSS 可以在运行时间上达到线性加速比. 下面的分析将表明 t_{poss} 和 t_{pposs} 期望下非常接近.

令 t_s、t_g、t_e 和 t_u 分别表示算法 18.1 第 4 行从种群中选择一个解 $\boldsymbol{s}$、第 6 行产生新解 $\boldsymbol{s}'$、第 7 行评估 $\boldsymbol{s}'$ 的目标值以及第 10~13 行更新种群 P 的运行时间. t_e 通常取决于 $\boldsymbol{s}'$ 包含的 1-位数目, 即相应子集包含的项数, 记为 v. 为简便起见, 假设两者线性相关, 即 $t_e = c \cdot v$, 其中 c 是常数. 下述分析不考虑并行实现的额外开销.

定理 18.2

PPOSS 和 POSS 运行一轮的时间之期望差值为

$$\mathbb{E}[t_{\text{pposs}} - t_{\text{poss}}] \leqslant (m-1) \cdot t_u + \frac{c}{2}. \tag{18.7}$$

证明 根据算法 14.2 和算法 18.1 的过程可知,

$$t_{\text{poss}} = t_s + t_g + t_e + t_u, \tag{18.8}$$

$$t_{\text{pposs}} = t_s + \max\{t_g^i + t_e^i \mid i \in [m]\} + m \cdot t_u, \tag{18.9}$$

其中 t_g^i 和 t_e^i 分别表示在第 i 个核上的 t_g 和 t_e. 因为 t_g 是固定的, 所以

$$t_{\text{pposs}} = t_s + t_g + \max\{t_e^i \mid i \in [m]\} + m \cdot t_u. \tag{18.10}$$

于是有

$$\begin{aligned} t_{\text{pposs}} - t_{\text{poss}} &= \max\{t_e^i \mid i \in [m]\} - t_e + (m-1)t_u \\ &= c \cdot \max\{v_{\text{pp}}^i \mid i \in [m]\} - c \cdot v_p + (m-1)t_u, \end{aligned} \tag{18.11}$$

其中 v_p 表示 POSS 新产生的解 $\boldsymbol{s}'$ 所包含的 1-位数目, v_{pp}^i 表示 PPOSS 在第 i 个核上新产生的解 $\boldsymbol{s}_i'$ 所包含的 1-位数目.

下面分析 $\max\{v_{\text{pp}}^i \mid i \in [m]\}$ 和 v_p 的期望. 令 u_p 和 u_{pp} 分别表示 POSS 和 PPOSS 在第 4 行选择的解 $\boldsymbol{s}$ 所包含的 1-位数目. 因为 $\boldsymbol{s}'$ 是通过对 $\boldsymbol{s}$ 的每一位以概率 $1/n$ 独立地进行翻转所产生的, 所以 $\mathbb{E}[v_p] = u_p + 1 - 2u_p/n$, $\mathbb{E}[v_{\text{pp}}^i] = u_{\text{pp}} + 1 - 2u_{\text{pp}}/n$, $Var(v_p) = Var(v_{\text{pp}}^i) = 1 - 1/n$. 需注意的是, $v_{\text{pp}}^1, v_{\text{pp}}^2, \ldots, v_{\text{pp}}^m$ 是独立同分布的, 因为每个核独立运行. 于是应用**最高阶统计量** (highest order statistic) 的期望的上界 [Gumbel, 1954; Hartly and David, 1954] 可得

$$\mathbb{E}[\max\{v_{\text{pp}}^i \mid i \in [m]\}] \leqslant \mathbb{E}[v_{\text{pp}}^i] + \sqrt{Var(v_{\text{pp}}^i)} \cdot \frac{m-1}{\sqrt{2m-1}}. \tag{18.12}$$

对于任意 $|\boldsymbol{s}|_1 = j < 2b$, 种群 P 至多包含一个解. 又因为 $\boldsymbol{s}$ 从 P 中均匀、随机地选取, 所以 u_p 和 u_{pp} 的分布差异不大. 为简便起见, 假设两者相同, 记为 p. 因此,

$$\begin{aligned} \mathbb{E}[t_{\text{pposs}} - t_{\text{poss}}] &= (m-1)t_u + c \cdot \sum_j p(j) \Big(\mathbb{E}[\max\{v_{\text{pp}}^i \mid i \in [m]\} \mid u_{\text{pp}} = j] - \mathbb{E}[v_p \mid u_p = j]\Big) \\ &\leqslant (m-1)t_u + c \cdot \sum_j p(j) \cdot \sqrt{1 - \frac{1}{n}} \cdot \frac{m-1}{\sqrt{2m-1}} \leqslant (m-1)t_u + \frac{c}{2}. \end{aligned} \tag{18.13}$$

于是定理 18.2 得证. □

根据算法 18.1 第 10~13 行可知, t_u 主要是 s_i' 与种群 P 中的解进行比较所耗费的运行时间. 因为 P 的最大规模为 $2b$, 所以比较的次数至多是 $2b$. 相较评估解的目标函数所耗费的运行时间 $t_e = c \cdot v$, 解之间比较的时间通常要小得多, 甚至可以被忽略. 因此, t_{pposs} 和 t_{poss} 的期望差值的上界 $(m-1)t_u + c/2$ 相较 t_{poss} 本身要小得多, 这意味着 PPOSS 在运行时间上几乎可以达到线性加速比.

由上述分析可知, PPOSS 更新种群 P 的过程带来了额外的运行时间 $(m-1)t_u$, 即至多 $2b(m-1)$ 次解之间的比较. 为此, 引入一种加速策略: 将 PPOSS 的第 10~13 行加入到并行化过程中, 并将每个核上执行的 "$P_i = (P \setminus Q) \cup \{s_i'\}$" 变成 "$P_i = P \setminus Q$". 令 $R = \{s_i' \mid \nexists z \in P : z \succ s_i'\}$, 包含了满足算法 18.1 第 10 行中条件的新产生的解. 在并行化过程后, 需计算 R 中未被占优的解, 这些解即为要加入到种群中的新解, 这个过程至多需 $|R|(|R|-1)/2$ 次解之间的比较. 将这些解与 $\cap_{i=1}^{m} P_i$ 中的解[①] 合并即得到了下一代种群 P. 因此, 这种加速策略将额外所需的解之间的比较次数从 $2b(m-1)$ 减至 $|R|(|R|-1)/2$. 注意 $|R|$ 通常比 m 小得多, 这是因为种群 P 中的解随着 PPOSS 的运行不断地变好, 所以新产生的解易被种群 P 中的某个解占优. 本章后续的实验在实现 PPOSS 算法时将使用这种加速策略.

PPOSS 每一轮耗费的额外运行时间实际上由算法的同步所致. 式 (18.7) 中的项 $c/2$ 是因为需等待所有的核执行完毕, 而额外的比较次数 $2b(m-1)$ 或 $|R|(|R|-1)/2$ 是因为需使种群 P 维持目前为止产生的非占优解. 这些额外的运行时间可通过 PPOSS 的**无锁** (lock-free) 实现来避免. 相应的算法记为 PPOSS-lf, 它在每个核上异步并独立地执行算法 14.2 的第 4~10 行. 需注意的是, PPOSS-lf 对种群 P 的更新是不加锁的. PPOSS-lf 的性能将在后续实验中进行测试.

18.3 实验测试

本节通过在 14.1.5 小节所述的稀疏回归应用上的实验来测试 PPOSS 的性能. 使用的数据集是第 14 章表 14.1 中最大的 6 个数据集, 预算 b 为 8. 根据定理 18.1, 设置 PPOSS 的运行轮数 $T = \lfloor 2eb^2 n/m \rfloor$. 实验将在核数 m 从 1 至 10 的情形下进行测试. 所有实验均用 Java 实现, 使用的服务器内存为 32GB, 包含 4 个型号为 E5-2640 v2 的英特尔至强处理器, 其中每个处理器有 8 个物理核, 高速缓存为 20MB, 主频为 2.00GHz, 支持超线程; 服务器操作系统的内核是 Linux 2.6.18-194.el5.

为检测 PPOSS 的性能, 下面将观察 PPOSS 在不同的核数 m 下、在运行时间上达到的加速比以及找到解的质量, 后者通过解的 R^2 值来衡量. PPOSS 找到解的质量也将和贪

① 当前种群中要保留下来的解.

心算法找到解的质量进行比较. 本书前文已经介绍过, 以往在子集选择问题上获得最佳近似保证的是贪心算法 [Das and Kempe, 2011].

在每个数据集上, 对于 m 的每个取值, PPOSS 都将被独立地运行 10 次, 在这 10 次运行中获得的加速比和找到解的 R^2 值各自的均值被记录下来. 实验结果如图 18.2 所示. 图中 Linear 表示线性加速比, Greedy 表示贪心算法. 从图中每个数据集上的左子图可见, 当核数为 10 时, PPOSS 在运行时间上达到的加速比大约是 7. 从右子图可见, PPOSS 在不同的核数下找到解的 R^2 值非常稳定, 且相较贪心算法找到解的 R^2 值, 除了在数据集 *w5a* 上相同, 在其余数据集上均更好. 注意在一些数据集 (例如 *coil2000*) 上 PPOSS 找到解的 R^2 值的标准差为 0, 这是因为 PPOSS 在 10 次运行中总是找到同样好的解.

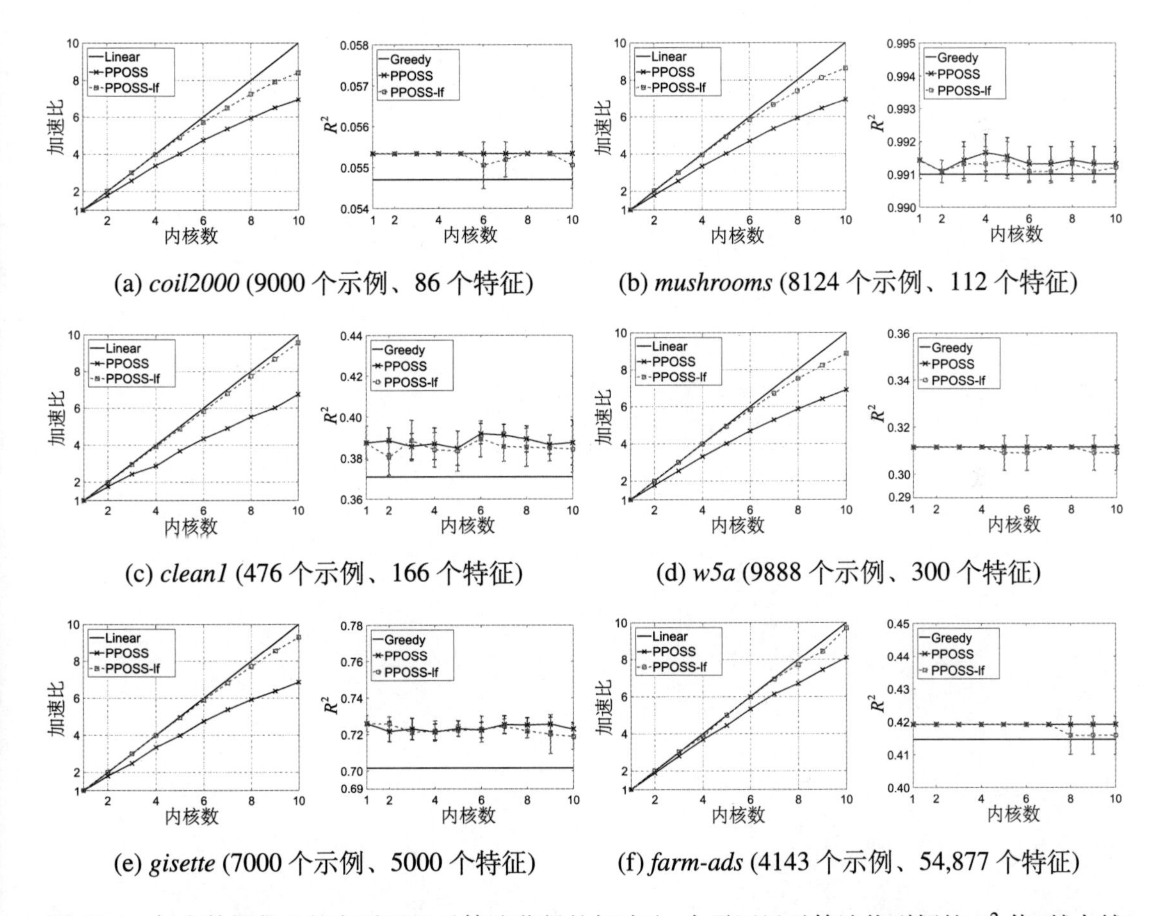

(a) *coil2000* (9000 个示例、86 个特征) (b) *mushrooms* (8124 个示例、112 个特征)

(c) *clean1* (476 个示例、166 个特征) (d) *w5a* (9888 个示例、300 个特征)

(e) *gisette* (7000 个示例、5000 个特征) (f) *farm-ads* (4143 个示例、54,877 个特征)

图 18.2 每个数据集上的左子图显示算法获得的加速比, 右子图显示算法找到解的 R^2 值 (越大越好) 的均值和标准差

图 18.2 亦显示出 PPOSS-lf 的性能. 在 PPOSS-lf 的运行过程中, 所有核共享一个轮数计数器. 当该计数器达到 $\lfloor 2eb^2 n \rfloor$ (即 POSS 的运行轮数) 时, PPOSS-lf 停止运行. 由于避免了每一轮运行中同步的代价, PPOSS-lf 获得了比 PPOSS 更好的加速比, 但同时找到解的 R^2 值略差于 PPOSS.

18.4 小结

本章给出了针对子集选择问题的并行帕累托优化算法 PPOSS, 证明对于目标函数单调的子集选择问题, PPOSS 在保持近似性能不变的前提下, 具有良好的并行性: 当计算机的核数不是特别多时, PPOSS 在运行时间上几乎达到线性加速比; 随着核数继续增加, PPOSS 的运行时间进一步减少, 直至最终减至常数级. 在稀疏回归这个应用上的实验结果验证了理论分析的结论, 并表明 PPOSS 的无锁实现能以近似性能的略微损失为代价进一步提升加速比. 注意贪心算法实现时, 不同的贪心步骤难以被并行化, 因此当核充分多时, PPOSS 可以既好又快.

附录 A: 证明

第 4 章

引理 4.1 的证明 令 $\pi^{(k)}$ 表示链 $\xi^{(k)}$ 的状态分布. 考虑 $k-1$ 时刻的链 $\xi^{(k)}$, 注意在 k 时刻, 状态空间将通过 ϕ 从 $\mathcal{X}$ 映射到 $\mathcal{Y}$, 于是由引理 2.2 可得

$$\begin{aligned}\mathbb{E}[\tau^{(k)} \mid \xi_{k-1}^{(k)} \sim \pi_{k-1}^{(k)}] &= 1 - \pi_{k-1}^{(k)}(\mathcal{X}^*) \\ &+ \sum_{\mathrm{x}\in\mathcal{X}\setminus\mathcal{X}^*,\mathrm{y}\in\mathcal{Y}} \pi_{k-1}^{(k)}(\mathrm{x})P(\xi_k^{(k)} = \mathrm{y} \mid \xi_{k-1}^{(k)} = \mathrm{x})\mathbb{E}[\tau^{(k)} \mid \xi_k^{(k)} = \mathrm{y}].\end{aligned} \tag{A.1}$$

链 $\xi^{(k)}$ 在 $k-1$ 时刻的单步转移和链 ξ 相同, 因此 $P(\xi_k^{(k)} = \mathrm{y} \mid \xi_{k-1}^{(k)} = \mathrm{x}) = P(\xi_k \in \phi^{-1}(\mathrm{y}) \mid \xi_{k-1} = \mathrm{x})$; 从 k 时刻开始的表现和链 ξ' 相同, 因此 $\mathbb{E}[\tau^{(k)} \mid \xi_k^{(k)} = \mathrm{y}] = \mathbb{E}[\tau' \mid \xi_0' = \mathrm{y}]$. 将这两个等式代入式 (A.1) 有

$$\begin{aligned}\mathbb{E}[\tau^{(k)} \mid \xi_{k-1}^{(k)} \sim \pi_{k-1}^{(k)}] &= 1 - \pi_{k-1}^{(k)}(\mathcal{X}^*) \\ &+ \sum_{\mathrm{x}\in\mathcal{X},\mathrm{y}\in\mathcal{Y}} \pi_{k-1}^{(k)}(\mathrm{x})P(\xi_k \in \phi^{-1}(\mathrm{y}) \mid \xi_{k-1} = \mathrm{x})\mathbb{E}[\tau' \mid \xi_0' = \mathrm{y}] \\ &- \sum_{\mathrm{x}\in\mathcal{X}^*,\mathrm{y}\in\mathcal{Y}} \pi_{k-1}^{(k)}(\mathrm{x})P(\xi_k \in \phi^{-1}(\mathrm{y}) \mid \xi_{k-1} = \mathrm{x})\mathbb{E}[\tau' \mid \xi_0' = \mathrm{y}].\end{aligned} \tag{A.2}$$

需注意的是, 式 (A.2) 中最后减去的一项是必要的. 这是因为当 $\xi_{k-1}^{(k)} \in \mathcal{X}^*$ (即达到目标状态) 时, 过渡马尔可夫链 $\xi^{(k)}$ 应该终止运行, 但右对齐映射可能将 $\mathcal{X}^*$ 中的状态映射到 $\mathcal{Y} \setminus \mathcal{Y}^*$ 中使得链继续运行下去, 而式 (A.2) 中最后减去的一项正是将此情况排除.

由引理 2.2 可得

$$\begin{aligned}\mathbb{E}[\tau^{(k)} \mid \xi_0^{(k)} \sim \pi_0^{(k)}] &= 1 - \pi_0^{(k)}(\mathcal{X}^*) + \mathbb{E}[\tau^{(k)} \mid \xi_1^{(k)} \sim \pi_1^{(k)}] \\ &= \cdots = (k-1) - \sum_{t=0}^{k-2} \pi_t^{(k)}(\mathcal{X}^*) + \mathbb{E}[\tau^{(k)} \mid \xi_{k-1}^{(k)} \sim \pi_{k-1}^{(k)}].\end{aligned} \tag{A.3}$$

将式 (A.2) 代入式 (A.3) 有

$$\begin{aligned}\mathbb{E}[\tau^{(k)} \mid \xi_0^{(k)} \sim \pi_0^{(k)}] &= k - \sum_{t=0}^{k-1} \pi_t^{(k)}(\mathcal{X}^*) \\ &+ \sum_{\mathrm{x}\in\mathcal{X},\mathrm{y}\in\mathcal{Y}} \pi_{k-1}^{(k)}(\mathrm{x})P(\xi_k \in \phi^{-1}(\mathrm{y}) \mid \xi_{k-1} = \mathrm{x})\mathbb{E}[\tau' \mid \xi_0' = \mathrm{y}] \\ &- \sum_{\mathrm{x}\in\mathcal{X}^*,\mathrm{y}\in\mathcal{Y}} \pi_{k-1}^{(k)}(\mathrm{x})P(\xi_k \in \phi^{-1}(\mathrm{y}) \mid \xi_{k-1} = \mathrm{x})\mathbb{E}[\tau' \mid \xi_0' = \mathrm{y}].\end{aligned} \tag{A.4}$$

因为链 $\xi^{(k)}$ 和 ξ 在 k 时刻之前表现相同, 所以 $\forall t < k : \pi_t^{(k)} = \pi_t$, 于是引理 4.1 得证. □

定理 4.1 ("$\geqslant$" 情况) 的证明 "$\geqslant$" 情况的证明要求映射 ϕ 左对齐, 这意味着 $\mathcal{X}^* \subseteq \phi^{-1}(\mathcal{Y}^*)$, 因此

$$\pi_t(\mathcal{X}^*) \leqslant \pi_t(\phi^{-1}(\mathcal{Y}^*)) = \pi_t^{\phi}(\mathcal{Y}^*). \tag{A.5}$$

证明过程和 "$\leqslant$" 情况类似, 但更容易些, 因为式 (A.2) 中最后减去的一项此时为 0.

同样地, 通过归纳来证明

$$\forall k \in \mathbb{N}^{0+} : \mathbb{E}[\tau^{(k)} \mid \xi_0^{(k)} \sim \pi_0] \geqslant \mathbb{E}[\tau' \mid \xi_0' \sim \pi_0^{\phi}] + \sum_{t=0}^{k-1} \rho_t. \tag{A.6}$$

$k = 0$ 时的证明和 "$\leqslant$" 情况相同. 接下来假定 $\forall k \leqslant K - 1$ $(K \geqslant 1)$,

$$\mathbb{E}[\tau^{(k)} \mid \xi_0^{(k)} \sim \pi_0] \geqslant \mathbb{E}[\tau' \mid \xi_0' \sim \pi_0^{\phi}] + \sum_{t=0}^{k-1} \rho_t, \tag{A.7}$$

需证 $k = K$ 时仍成立. 由引理 4.1 可得

$$\begin{aligned}
\mathbb{E}[\tau^{(K)} \mid \xi_0^{(K)} \sim \pi_0] &= K - \sum_{t=0}^{K-1} \pi_t(\mathcal{X}^*) \\
&\quad + \sum_{\mathrm{x} \in \mathcal{X}, \mathrm{y} \in \mathcal{Y}} \pi_{K-1}(\mathrm{x}) P(\xi_K \in \phi^{-1}(\mathrm{y}) \mid \xi_{K-1} = \mathrm{x}) \mathbb{E}[\tau' \mid \xi_0' = \mathrm{y}] \\
&\geqslant K - \sum_{t=0}^{K-2} \pi_t(\mathcal{X}^*) - \pi_{K-1}^{\phi}(\mathcal{Y}^*) + \rho_{K-1} \\
&\quad + \sum_{\mathrm{u}, \mathrm{y} \in \mathcal{Y}} \pi_{K-1}^{\phi}(\mathrm{u}) P(\xi_1' = \mathrm{y} \mid \xi_0' = \mathrm{u}) \mathbb{E}[\tau' \mid \xi_1' = \mathrm{y}],
\end{aligned} \tag{A.8}$$

其中式 (A.8) 由 $\pi_{K-1}(\mathcal{X}^*) \leqslant \pi_{K-1}^{\phi}(\mathcal{Y}^*)$ 和 "$\geqslant$" 情况下的式 (4.1) 可得. 类似地, 由引理 2.2 和引理 4.1 可得

$$\begin{aligned}
\mathbb{E}[\tau^{(K-1)} \mid \xi_0^{(K-1)} \sim \pi_0] &= K - \sum_{t=0}^{K-2} \pi_t(\mathcal{X}^*) - \pi_{K-1}^{\phi}(\mathcal{Y}^*) \\
&\quad + \sum_{\mathrm{u}, \mathrm{y} \in \mathcal{Y}} \pi_{K-1}^{\phi}(\mathrm{u}) P(\xi_1' = \mathrm{y} \mid \xi_0' = \mathrm{u}) \mathbb{E}[\tau' \mid \xi_1' = \mathrm{y}].
\end{aligned} \tag{A.9}$$

将式 (A.9) 代入式 (A.8) 有

$$\begin{aligned}
\mathbb{E}[\tau^{(K)} \mid \xi_0^{(K)} \sim \pi_0] &\geqslant \mathbb{E}[\tau^{(K-1)} \mid \xi_0^{(K-1)} \sim \pi_0] + \rho_{K-1} \\
&\geqslant \mathbb{E}[\tau' \mid \xi_0' \sim \pi_0^{\phi}] + \sum_{t=0}^{K-1} \rho_t.
\end{aligned} \tag{A.10}$$

因此, 式 (A.6) 成立. 类似于 "$\leqslant$" 情况的证明中最后一段的分析, 定理 4.1 ("$\geqslant$" 情况) 得证. □

引理 4.2 的证明 通过对 j 进行归纳来证明 $\forall\, 0 \leqslant j < n: \mathbb{E}(j) < \mathbb{E}(j+1)$.

(a) 初始化 需证 $\mathbb{E}(0) < \mathbb{E}(1)$. 由 $\mathbb{E}(1) = 1 + p(1-p)^{n-1}\mathbb{E}(0) + (1-p(1-p)^{n-1})\mathbb{E}(1)$ 可得, $\mathbb{E}(1) = 1/(p(1-p)^{n-1}) > 0 = \mathbb{E}(0)$.

(b) 归纳假设 假定

$$\forall\, 0 \leqslant j < K\,(K \leqslant n-1): \mathbb{E}(j) < \mathbb{E}(j+1), \tag{A.11}$$

需证 $j = K$ 时仍成立. 令 x 和 x′ 分别表示含 0 的个数为 $K+1$ 和 K 的两个解, 于是 $\mathbb{E}(K+1) = \mathbb{E}[\tau' \mid \xi'_t = \mathrm{x}], \mathbb{E}(K) = \mathbb{E}[\tau' \mid \xi'_t = \mathrm{x}']$. 对于含 K 个 0 且长度为 $n-1$ 的布尔串, 令 P_i 表示对该串执行逐位变异算子后 0 的个数变为 i 的概率, 其中 $i \in \{0, 1, \ldots, n-1\}$.

对于解 x, 变异的影响可拆分成单个 0-位上的变异和其余 $n-1$ 位上的变异两部分. 由 $|\mathrm{x}|_0 = K+1$ 可知, 其余 $n-1$ 位含 K 个 0. 基于 (1+1)-EA 求解 OneMax 的变异和选择行为, 有

$$\begin{aligned}\mathbb{E}(K+1) = 1 + p \cdot &\left(\sum_{i=0}^{K+1} P_i\mathbb{E}(i) + \sum_{i=K+2}^{n-1} P_i\mathbb{E}(K+1)\right) \\ &+ (1-p) \cdot \left(\sum_{i=0}^{K} P_i\mathbb{E}(i+1) + \sum_{i=K+1}^{n-1} P_i\mathbb{E}(K+1)\right),\end{aligned} \tag{A.12}$$

其中, p 为第一部分变异中 0-位被翻转的概率.

对于解 x′, 变异的影响亦可拆分成两部分: 单个 1-位上的变异、其余 $n-1$ 位上的变异. 由 $|\mathrm{x}'|_0 = K$ 可知, 其余 $n-1$ 位含 K 个 0. 因此,

$$\mathbb{E}(K) = 1 + p \cdot \left(\sum_{i=0}^{K-1} P_i\mathbb{E}(i+1) + \sum_{i=K}^{n-1} P_i\mathbb{E}(K)\right) + (1-p) \cdot \left(\sum_{i=0}^{K} P_i\mathbb{E}(i) + \sum_{i=K+1}^{n-1} P_i\mathbb{E}(K)\right), \tag{A.13}$$

其中, p 为第一部分变异中 1-位被翻转的概率.

将式 (A.12) 和式 (A.13) 相减可得

$$\begin{aligned}\mathbb{E}(K+1) - \mathbb{E}(K) &= p \cdot \left(\sum_{i=0}^{K-1} P_i(\mathbb{E}(i) - \mathbb{E}(i+1)) + \sum_{i=K+1}^{n-1} P_i(\mathbb{E}(K+1) - \mathbb{E}(K))\right) \\ &\quad + (1-p) \cdot \left(\sum_{i=0}^{K} P_i(\mathbb{E}(i+1) - \mathbb{E}(i)) + \sum_{i=K+1}^{n-1} P_i(\mathbb{E}(K+1) - \mathbb{E}(K))\right) \\ &= (1-2p) \cdot \left(\sum_{i=0}^{K-1} P_i(\mathbb{E}(i+1) - \mathbb{E}(i))\right) + \left((1-p)P_K + \sum_{i=K+1}^{n-1} P_i\right) \cdot \big(\mathbb{E}(K+1) - \mathbb{E}(K)\big) \\ &> \left((1-p)P_K + \sum_{i=K+1}^{n-1} P_i\right) \cdot \big(\mathbb{E}(K+1) - \mathbb{E}(K)\big),\end{aligned} \tag{A.14}$$

其中式 (A.14) 由 $0 < p < 0.5$ 和式 (A.11) 可得. 由于 $(1-p)P_K + \sum_{i=K+1}^{n-1} P_i < 1$, 有 $\mathbb{E}(K+1) > \mathbb{E}(K)$.

(c) 结论 引理 4.2 得证. □

引理 4.4 的证明 令 $f(x_0,\ldots,x_m)=\sum_{i=0}^{m}E_ix_i$. 式 (4.22) 说明 E_i 关于 i 单调递增. 根据 [Marshall et al., 2011] 第 3 章中定理 A.3 可知, f 是**舒尔凹** (Schur-concave) 的. 又由式 (4.23) 和式 (4.24) 可知, 向量 $(Q_0,\ldots,Q_m)$ **优控** (majorize) 向量 $(P_0,\ldots,P_m)$. 因此, $f(P_0,\ldots,P_m)\geqslant f(Q_0,\ldots,Q_m)$, 即引理 4.4 得证. □

第 5 章

引理 5.3 的证明 对于 Peak 问题, $<_f$-划分只能是 $\{\mathcal{S}_1,\mathcal{S}_2\}$, 其中 $\mathcal{S}_1=\{0,1\}^n\setminus\{1^n\}$, $\mathcal{S}_2=\{1^n\}$. 因此, $m=2$, $\gamma_{1,2}=1$. 于是有 $\mathfrak{A}_{\rm FL}^{\rm up}=\pi_0(\mathcal{S}_1)\cdot(1/v_1)=(1-1/2^n)\cdot(1/v_1)$, $\mathfrak{A}_{\rm FL}^{\rm low}=(1-1/2^n)\cdot(1/u_1)$, 其中 v_1 和 u_1 分别是从 $\mathcal{S}_1$ 转移到 $\mathcal{S}_2$ 的概率的下界和上界. 对于满足 $|\mathrm{x}|_1=n-j$ (其中 $j>0$) 的 x, 单步变异至 1^n 的概率为 $(1/n^j)(1-1/n)^{n-j}$, 关于 j 单调递减. 根据 v_1 和 u_1 的定义有 $v_1\leqslant\min_{\mathrm{x}\in\mathcal{S}_1}P(\xi_{t+1}\in\mathcal{S}_2\mid\xi_t=\mathrm{x})=1/n^n$, $u_1\geqslant\max_{\mathrm{x}\in\mathcal{S}_1}P(\xi_{t+1}\in\mathcal{S}_2\mid\xi_t=\mathrm{x})=(1/n)(1-1/n)^{n-1}$. 因此, $\mathfrak{A}_{\rm FL}^{\rm up}\geqslant(1-1/2^n)n^n$, $\mathfrak{A}_{\rm FL}^{\rm low}\leqslant(1-1/2^n)n(n/(n-1))^{n-1}$. 引理 5.3 得证. □

引理 5.4 的证明 将 $\forall i<n: p_i=(1/n)^{n-i}(1-1/n)^i$ 的 OneJump 链作为参照链. 映射则直接为 $\phi(\mathrm{x})=\mathrm{x}$, 显然这是最优对齐映射.

下面分析式 (4.1). $\forall \mathrm{x}\notin\mathcal{X}^*$, 不妨假设 $|\mathrm{x}|_1=n-j$, 其中 $j>0$, 有

$$\begin{aligned}\sum_{\mathrm{y}\in\mathcal{Y}}P(\xi_1'=\mathrm{y}\mid\xi_0'=\phi(\mathrm{x}))\mathbb{E}[\tau'\mid\xi_1'=\mathrm{y}]&=(1-p_{n-j})\cdot\mathbb{E}_{\rm oj}(j)=\left(1-\frac{1}{n^j}\left(1-\frac{1}{n}\right)^{n-j}\right)\cdot\mathbb{E}_{\rm oj}(j)\\&=\sum_{\mathrm{y}\in\mathcal{Y}}P(\xi_{t+1}\in\phi^{-1}(\mathrm{y})\mid\xi_t=\mathrm{x})\mathbb{E}[\tau'\mid\xi_0'=\mathrm{y}],\end{aligned}\tag{A.15}$$

这意味着形式刻画 5.1 中的 $\rho_t^{\rm up}$ 和 $\rho_t^{\rm low}$ 满足 $\forall t:\rho_t^{\rm up}=\rho_t^{\rm low}=0$, 于是 $\rho^{\rm up}=\rho^{\rm low}=0$. 由此可得, $\mathbb{E}[\tau\mid\xi_0\sim\pi_0]\leqslant(\geqslant)\ \mathbb{E}[\tau'\mid\xi_0'\sim\pi_0^{\phi}]$. 又因为

$$\begin{aligned}\mathbb{E}[\tau'\mid\xi_0'\sim\pi_0^{\phi}]&=\sum_{j=1}^{n}\frac{\binom{n}{j}}{2^n}\cdot\mathbb{E}_{\rm oj}(j)=\sum_{j=1}^{n}\frac{\binom{n}{j}}{2^n}\cdot n^j\left(\frac{n}{n-1}\right)^{n-j}\\&=\frac{1}{2^n}\left(\left(n+\frac{n}{n-1}\right)^n-\left(\frac{n}{n-1}\right)^n\right),\end{aligned}\tag{A.16}$$

于是有

$$\begin{aligned}\mathfrak{A}_{\rm SA}^{\rm up}=\mathbb{E}[\tau'\mid\xi_0'\sim\pi_0^{\phi}]&=\frac{1}{2^n}\left(\left(n+\frac{n}{n-1}\right)^n-\left(\frac{n}{n-1}\right)^n\right)\\&\leqslant\left(\frac{n}{2}+\frac{n}{2(n-1)}\right)^n,\end{aligned}\tag{A.17}$$

$$\begin{aligned}\mathfrak{A}_{\rm SA}^{\rm low}=\mathbb{E}[\tau'\mid\xi_0'\sim\pi_0^{\phi}]&=\frac{1}{2^n}\left(\left(n+\frac{n}{n-1}\right)^n-\left(\frac{n}{n-1}\right)^n\right)\\&\geqslant\left(\frac{n}{2}\right)^n.\end{aligned}\tag{A.18}$$

引理 5.4 得证. □

引理 5.8 的证明 不妨假设初始解含 j 个 0-位, 其中 $j \in [n]$. 在 RLS$^{\neq}$ 的运行过程中, 每次变异仅翻转解的一位. 若将一个 1-位翻转成 0, 则解的适应度必不会增加, 考虑到 RLS$^{\neq}$ 采用严格选择策略, 子代解将被拒绝. 因此, 解中 0-位的数目在优化过程中始终不会增加. 下面分析 RLS$^{\neq}$ 单步将解的 0-位数目减少的概率. 在每一步中, 仅当解的首个 0-位被翻转 (发生概率为 $1/n$) 时, 含 $j-1$ 个 0-位的子代解的适应度变好, 从而将被接受并替换当前维持的解; 在其他情况 (发生概率为 $1-1/n$) 下, 当前维持的解将保持不变. 因此, 将维持的解中 0-位的数目减少 1 所需期望步数为 n. 通过逐步改进可得, 从含 j 个 0-位的解出发找到最优解所需期望运行时间为 $n \cdot j$. 由于该过程是齐次的, 即给定解, 从任意时刻开始运行过程都相同, 因此该引理中 "$\forall t \geqslant 0$" 成立. 引理 5.8 得证. □

定理 5.5 的证明 将 RLS$^{\neq}$ 求解规模为 rn 的 LeadingOnes 问题这个过程建模为参照链 ξ', 因此 $\mathcal{Y} = \{0,1\}^{rn}$, $\mathcal{Y}^* = \{1^{rn}\}$. 下面构造从 $\mathcal{X} = \{0,1,\ldots,r\}^n$ 到 $\mathcal{Y} = \{0,1\}^{rn}$ 的映射. 给定权重为 $w_1 \leqslant \cdots \leqslant w_n$ 的离散线性问题, $\forall \boldsymbol{s} \in \{0,1,\ldots,r\}^n$, 令 $\theta(\boldsymbol{s}) = \min\{j \in [n+1] \mid \delta(\boldsymbol{s},j) \geqslant 0\}$, 其中 $\delta(\boldsymbol{s},j) = \sum_{i=1}^n w_i s_i - r\sum_{i=j}^n w_i$. 也就是说, 从 $\theta(\boldsymbol{s})$ 这个下标开始的所有权重之和的 r 倍不超过适应度, 且 $\theta(\boldsymbol{s})$ 不能更小. 注意对于 $\sum_{i=j}^n w_i$, 若 $j = n+1$, 则取值为 0. 这里状态 $\mathrm{x} \in \mathcal{X}$ 就是空间 $\{0,1,\ldots,r\}^n$ 中的某个解. 令

$$m(\mathrm{x}) = r(n-\theta(\mathrm{x})+1) + \lfloor \delta(\mathrm{x},\theta(\mathrm{x}))/w_{\theta(\mathrm{x})-1} \rfloor. \tag{A.19}$$

若 $f(\mathrm{x}) \leqslant f(\mathrm{x}')$ 则 $\theta(\mathrm{x}) \geqslant \theta(\mathrm{x}')$. 当 $\theta(\mathrm{x}) = \theta(\mathrm{x}')$ 时, 令 $a = w_{\theta(\mathrm{x})-1}$, $b = r\sum_{i=\theta(\mathrm{x})}^n w_i$, 有

$$\begin{aligned} m(\mathrm{x}) - m(\mathrm{x}') &= \lfloor \delta(\mathrm{x},\theta(\mathrm{x}))/a \rfloor - \lfloor \delta(\mathrm{x}',\theta(\mathrm{x}))/a \rfloor \\ &= \lfloor (f(\mathrm{x})-b)/a \rfloor - \lfloor (f(\mathrm{x}')-b)/a \rfloor \\ &\leqslant 0. \end{aligned} \tag{A.20}$$

当 $\theta(\mathrm{x}) \geqslant \theta(\mathrm{x}')+1$ 时, 由 $\theta(\mathrm{x})$ 定义可知 $\delta(\mathrm{x},\theta(\mathrm{x})) < rw_{\theta(\mathrm{x})-1}$, 于是有

$$m(\mathrm{x}) - m(\mathrm{x}') \leqslant -r + \left\lfloor \frac{\delta(\mathrm{x},\theta(\mathrm{x}))}{w_{\theta(\mathrm{x})-1}} \right\rfloor - \left\lfloor \frac{\delta(\mathrm{x}',\theta(\mathrm{x}'))}{w_{\theta(\mathrm{x}')-1}} \right\rfloor \leqslant -r + r = 0. \tag{A.21}$$

因此, 对于满足 $f(\mathrm{x}) \leqslant f(\mathrm{x}')$ 的解 x 和 x′, 有 $m(\mathrm{x}) \leqslant m(\mathrm{x}')$. 构造映射 ϕ 使得 $\forall \mathrm{x}: \phi(\mathrm{x}) = 1^{m(\mathrm{x})}0^{rn-m(\mathrm{x})}$. 待分析演化过程的目标空间为 $\mathcal{X}^* = \{r^n\}$. 根据 $\theta(\boldsymbol{s})$ 的定义可得 $\theta(r^n) = 1$, 于是由式 (A.19) 可得 $m(r^n) = rn$, 从而 $\phi(r^n) = 1^{rn}$; 反之亦然. 因此, 该映射 ϕ 是最优对齐映射.

接下来分析式 (4.1). $\forall \mathrm{x} \notin \mathcal{X}^*$, 有

$$\sum_{\mathrm{y}\in\mathcal{Y}} P(\xi'_1 = \mathrm{y} \mid \xi'_0 = \phi(\mathrm{x}))\mathbb{E}[\tau' \mid \xi'_1 = \mathrm{y}] = \mathbb{E}_{\mathrm{rls}}(rn - m(\mathrm{x})) - 1 = rn(rn - m(\mathrm{x})) - 1. \tag{A.22}$$

对于过程 ξ, 令 x′ 为对当前解 x 进行变异并经过选择得到的下一代解. 由选择机制可知, $f(\mathrm{x}') \geqslant f(\mathrm{x})$, 于是 $m(\mathrm{x}') \geqslant m(\mathrm{x})$. 由于 x 非最优, 必至少存在一个 $j \in \{\theta(\mathrm{x})-1, \theta(\mathrm{x}), \ldots, n\}$ 满足 x 的第 j 个元素小于 r. 通过将 x 的第 j 个元素翻转至 r 同时保持其他元素不变, 足以使 $m(\mathrm{x}') \geqslant m(\mathrm{x})+1$,

于是 $m(\mathrm{x}') \geqslant m(\mathrm{x})+1$ 的概率至少为 $(1/r)p(1-p)^{n-1}$. 又由于 $\mathbb{E}_{\mathrm{rls}}(i)$ 关于 i 单调递增, 因此,

$$\begin{aligned}
&\sum_{\mathrm{y}\in\mathcal{Y}} P(\xi_{t+1}\in\phi^{-1}(\mathrm{y})\mid\xi_t=\mathrm{x})\mathbb{E}[\tau'\mid\xi_0'=\mathrm{y}]\\
&\leqslant \frac{1}{r}p(1-p)^{n-1}\cdot\mathbb{E}_{\mathrm{rls}}(rn-m(\mathrm{x})-1)+\left(1-\frac{1}{r}p(1-p)^{n-1}\right)\cdot\mathbb{E}_{\mathrm{rls}}(rn-m(\mathrm{x}))\\
&= rn(rn-m(\mathrm{x}))-np(1-p)^{n-1}.
\end{aligned}\tag{A.23}$$

由式 (A.22) 和式 (A.23) 可得

$$\begin{aligned}
&\sum_{\mathrm{x}\in\mathcal{X},\mathrm{y}\in\mathcal{Y}} \pi_t(\mathrm{x})P(\xi_{t+1}\in\phi^{-1}(\mathrm{y})\mid\xi_t=\mathrm{x})\mathbb{E}[\tau'\mid\xi_0'=\mathrm{y}]\\
&\quad\leqslant \sum_{\mathrm{x}\in\mathcal{X},\mathrm{y}\in\mathcal{Y}} \pi_t(\mathrm{x})P(\xi_1'=\mathrm{y}\mid\xi_0'=\phi(\mathrm{x}))\mathbb{E}[\tau'\mid\xi_1'=\mathrm{y}]+(1-np(1-p)^{n-1})\cdot(1-\pi_t(\mathcal{X}^*)),
\end{aligned}\tag{A.24}$$

这意味着形式刻画 5.1 中的 ρ_t^{up} 满足 $\forall t:\rho_t^{\mathrm{up}}=(1-np(1-p)^{n-1})\cdot(1-\pi_t(\mathcal{X}^*))$. 考虑到 $\sum_{t=0}^{+\infty}(1-\pi_t(\mathcal{X}^*))=\mathbb{E}[\tau\mid\xi_0\sim\pi_0]$, 根据调换分析法有

$$\mathbb{E}[\tau\mid\xi_0\sim\pi_0]\leqslant\frac{\mathbb{E}[\tau'\mid\xi_0'\sim\pi_0^{\phi}]}{np(1-p)^{n-1}}.\tag{A.25}$$

又因为 $\mathbb{E}[\tau'\mid\xi_0'\sim\pi_0^{\phi}]\leqslant\mathbb{E}_{\mathrm{rls}}(rn)=r^2n^2$, 所以

$$\mathfrak{A}_{\mathrm{SA}}^{\mathrm{up}}=\frac{\mathbb{E}[\tau'\mid\xi_0'\sim\pi_0^{\phi}]}{np(1-p)^{n-1}}\leqslant\frac{r^2n}{p(1-p)^{n-1}},\tag{A.26}$$

于是定理 5.5 得证. □

引理 5.11 的证明 先通过对 i 进行归纳来证明

$$\forall i\geqslant 1:\mathbb{E}_{\mathrm{tj}}(i)\geqslant\frac{1}{p^i(1-p)^{n-i}}.\tag{A.27}$$

(a) 初始化 需证 $\mathbb{E}_{\mathrm{tj}}(n)\geqslant 1/p^n$. 由 $\mathbb{E}_{\mathrm{tj}}(n)=1+p^n\mathbb{E}_{\mathrm{tj}}(0)+(1-p^n)\mathbb{E}_{\mathrm{tj}}(n)$ 可得, $\mathbb{E}_{\mathrm{tj}}(n)=1/p^n$.

(b) 归纳假设 假定

$$\forall\, i>K\ (K\leqslant n-1):\mathbb{E}_{\mathrm{tj}}(i)\geqslant\frac{1}{p^i(1-p)^{n-i}},\tag{A.28}$$

需证 $i=K$ 时仍成立. 当 $K\geqslant 2$ 时, 根据式 (5.32) 和引理 2.1 有

$$\begin{aligned}
\mathbb{E}_{\mathrm{tj}}(K)=&\ 1+p^K(1-p)^{n-K}\mathbb{E}_{\mathrm{tj}}(0)+(n-K)p(1-p)^{n-1}\mathbb{E}_{\mathrm{tj}}(K+1)\\
&+\left(1-p^K(1-p)^{n-K}-(n-K)p(1-p)^{n-1}\right)\mathbb{E}_{\mathrm{tj}}(K)
\end{aligned}$$

$$= \frac{1 + (n-K)p(1-p)^{n-1}\mathbb{E}_{tj}(K+1)}{p^K(1-p)^{n-K} + (n-K)p(1-p)^{n-1}} \tag{A.29}$$

$$\geqslant \frac{p^K(1-p)^{n-K} + (n-K)p(1-p)^{n-1}\frac{1-p}{p}}{p^K(1-p)^{n-K} + (n-K)p(1-p)^{n-1}} \cdot \frac{1}{p^K(1-p)^{n-K}} \tag{A.30}$$

$$\geqslant \frac{1}{p^K(1-p)^{n-K}}, \tag{A.31}$$

其中式 (A.30) 由假设成立的 $\mathbb{E}_{tj}(K+1) \geqslant 1/(p^{K+1}(1-p)^{n-K-1})$ 可得, 式 (A.31) 由 $p < 0.5$ 可得. 当 $K = 1$ 时, 根据式 (5.33) 和引理 2.1 有

$$\mathbb{E}_{tj}(1) = 1 + p(1-p)^{n-1}\mathbb{E}_{tj}(0) + p(1-p)^{n-1}\mathbb{E}_{tj}(2) + \left(1 - 2p(1-p)^{n-1}\right)\mathbb{E}_{tj}(1)$$

$$= \frac{1 + p(1-p)^{n-1}\mathbb{E}_{tj}(2)}{2p(1-p)^{n-1}} \tag{A.32}$$

$$\geqslant \frac{p(1-p)^{n-1} + (1-p)^n}{2p(1-p)^{n-1}} \cdot \frac{1}{p(1-p)^{n-1}} \geqslant \frac{1}{p(1-p)^{n-1}}. \tag{A.33}$$

(c) 结论 综上, 式 (A.27) 成立.

接下来证明 $\forall i \geqslant 1 : \mathbb{E}_{tj}(i-1) \leqslant \mathbb{E}_{tj}(i)$. 显然 $\mathbb{E}_{tj}(0) = 0 < \mathbb{E}_{tj}(1)$. 由式 (A.32) 可得

$$\begin{aligned}\mathbb{E}_{tj}(1) &= \frac{1 + p(1-p)^{n-1}\mathbb{E}_{tj}(2)}{2p(1-p)^{n-1}} \\ &\leqslant \frac{p^2(1-p)^{n-2} + p(1-p)^{n-1}}{2p(1-p)^{n-1}} \cdot \mathbb{E}_{tj}(2) \\ &\leqslant \mathbb{E}_{tj}(2).\end{aligned} \tag{A.34}$$

当 $i \geqslant 2$ 时, 由式 (A.29) 可得

$$\begin{aligned}\mathbb{E}_{tj}(i) &= \frac{1 + (n-i)p(1-p)^{n-1}\mathbb{E}_{tj}(i+1)}{p^i(1-p)^{n-i} + (n-i)p(1-p)^{n-1}} \\ &\leqslant \frac{p^{i+1}(1-p)^{n-i-1} + (n-i)p(1-p)^{n-1}}{p^i(1-p)^{n-i} + (n-i)p(1-p)^{n-1}} \cdot \mathbb{E}_{tj}(i+1) \\ &\leqslant \mathbb{E}_{tj}(i+1).\end{aligned} \tag{A.35}$$

因此, 引理 5.11 得证. □

定理 5.7 的证明 令链 $\xi \in \mathcal{X}$ 对应待分析的演化过程, 于是 $\mathcal{X} = \{0,1\}^n$, $\mathcal{X}^* = \{0^{n-1}1\}$. 将 TrapJump 作为参照链 $\xi' \in \mathcal{Y}$, 于是 $\mathcal{Y} = \{0, 1, \ldots, n\}$, $\mathcal{Y}^* = \{0\}$. TrapJump 的参数 p 设为 (1+1)-EA 的变异概率. 将 $\mathcal{X}$ 划分成 $\{\mathcal{X}^*, \mathcal{X}_0^{\mathrm{F}}, \ldots, \mathcal{X}_{n-1}^{\mathrm{F}}, \mathcal{X}^{\mathrm{I}}\}$, 其中 $\mathcal{X}_i^{\mathrm{F}}$ 包含与最优解 $0^{n-1}1$ 的汉明距离为 $n-i$ 的所有可行解, $\mathcal{X}^{\mathrm{I}}$ 包含所有不可行解. 换言之,

$$\mathcal{X}_i^{\mathrm{F}} = \{(s, 0) \mid s \in \{0,1\}^{n-1}, |s|_1 = n-1-i\}, \tag{A.36}$$

$$\mathcal{X}^{\mathrm{I}} = \{(s, 1) \mid s \in \{0,1\}^{n-1}, |s|_1 > 0\}. \tag{A.37}$$

构造映射 $\phi: \mathcal{X} \to \mathcal{Y}$ 使得

$$\phi(\mathrm{x}) = \begin{cases} 0 & 若\ \mathrm{x} \in \mathcal{X}^*; \\ n-i & 若\ \mathrm{x} \in \mathcal{X}_i^{\mathrm{F}}; \\ 1 & 若\ \mathrm{x} \in \mathcal{X}^{\mathrm{I}}. \end{cases} \tag{A.38}$$

当且仅当 $\mathrm{x} \in \mathcal{X}^*$ 时 $\phi(\mathrm{x}) \in \mathcal{Y}^* = \{0\}$, 因此 ϕ 是最优对齐映射.

下面分析调换分析法的条件, 即式 (4.1). 先计算式 (4.1) 的左边部分. 对于 ξ 而言, 任意解 $\mathrm{x} \in \mathcal{X}_i^{\mathrm{F}}$ 只会跳跃至 $\mathcal{X}^* \cup \mathcal{X}_0^{\mathrm{F}} \cup \cdots \cup \mathcal{X}_{i-1}^{\mathrm{F}}$, 这是因为 (1+1)-EA 接受更好的子代解, 而

$$f(\mathrm{x} \in \mathcal{X}^*) > f(\mathrm{x} \in \mathcal{X}_0^{\mathrm{F}}) > \cdots > f(\mathrm{x} \in \mathcal{X}_{n-1}^{\mathrm{F}}) > f(\mathrm{x} \in \mathcal{X}^{\mathrm{I}}). \tag{A.39}$$

$\forall \mathrm{x} \in \mathcal{X}_i^{\mathrm{F}}$, 由于与最优解的汉明距离为 $n-i$, 因此 $P(\xi_{t+1} \in \mathcal{X}^* \mid \xi_t = \mathrm{x}) = p^{n-i}(1-p)^i$; 通过保持最后的 0-位不变 (即保持解的可行性)、翻转其余 i 个 0-位中的一个并保持剩余 $n-2$ 位不变可使 $\xi_{t+1} \in \mathcal{X}_{i-1}^{\mathrm{F}}$, 于是 $P(\xi_{t+1} \in \mathcal{X}_{i-1}^{\mathrm{F}} \mid \xi_t = \mathrm{x}) \geqslant (1-p) \cdot ip(1-p)^{n-2}$. 由引理 5.11 可知, $\mathbb{E}_{\mathrm{tj}}(i)$ 关于 i 单调递增. 因此, $\forall \mathrm{x} \in \mathcal{X}_i^{\mathrm{F}}$, 有

$$\begin{aligned} \sum_{\mathrm{y} \in \mathcal{Y}} P(\xi_{t+1} \in \phi^{-1}(\mathrm{y}) \mid \xi_t = \mathrm{x}) \mathbb{E}[\tau' \mid \xi'_0 = \mathrm{y}] &\geqslant p^{n-i}(1-p)^i \mathbb{E}_{\mathrm{tj}}(0) + ip(1-p)^{n-1}\mathbb{E}_{\mathrm{tj}}(n-i+1) \\ &\quad + \left(1 - p^{n-i}(1-p)^i - ip(1-p)^{n-1}\right)\mathbb{E}_{\mathrm{tj}}(n-i). \end{aligned} \tag{A.40}$$

$\forall \mathrm{x} \in \mathcal{X}^{\mathrm{I}}$, 由于与最优解的汉明距离至少为 1, 因此 $P(\xi_{t+1} \in \mathcal{X}^* \mid \xi_t = \mathrm{x}) \leqslant p(1-p)^{n-1}$; 通过翻转最后的 1-位并保持其余位不变可使 $\xi_{t+1} \in \mathcal{X}_0^{\mathrm{F}} \cup \cdots \cup \mathcal{X}_{n-2}^{\mathrm{F}}$, 于是 $P(\xi_{t+1} \in \mathcal{X}_0^{\mathrm{F}} \cup \cdots \cup \mathcal{X}_{n-2}^{\mathrm{F}} \mid \xi_t = \mathrm{x}) \geqslant p(1-p)^{n-1}$. 因此, $\forall \mathrm{x} \in \mathcal{X}^{\mathrm{I}}$, 有

$$\begin{aligned} &\sum_{\mathrm{y} \in \mathcal{Y}} P(\xi_{t+1} \in \phi^{-1}(\mathrm{y}) \mid \xi_t = \mathrm{x}) \mathbb{E}[\tau' \mid \xi'_0 = \mathrm{y}] \\ &\quad \geqslant p(1-p)^{n-1}\mathbb{E}_{\mathrm{tj}}(0) + p(1-p)^{n-1}\mathbb{E}_{\mathrm{tj}}(2) + \left(1 - 2p(1-p)^{n-1}\right)\mathbb{E}_{\mathrm{tj}}(1). \end{aligned} \tag{A.41}$$

然后计算式 (4.1) 的右边部分. $\forall \mathrm{x} \in \mathcal{X}_i^{\mathrm{F}}$, 其中 $i < n-1$, 根据 $\phi(\mathrm{x}) = n-i > 1$ 和式 (5.32) 有

$$\begin{aligned} \sum_{\mathrm{y} \in \mathcal{Y}} P(\xi'_1 = \mathrm{y} \mid \xi'_0 = \phi(\mathrm{x})) \mathbb{E}[\tau' \mid \xi'_1 = \mathrm{y}] &= p^{n-i}(1-p)^i \mathbb{E}_{\mathrm{tj}}(0) + ip(1-p)^{n-1}\mathbb{E}_{\mathrm{tj}}(n-i+1) \\ &\quad + \left(1 - p^{n-i}(1-p)^i - ip(1-p)^{n-1}\right)\mathbb{E}_{\mathrm{tj}}(n-i). \end{aligned} \tag{A.42}$$

$\forall \mathrm{x} \in \mathcal{X}_{n-1}^{\mathrm{F}} \cup \mathcal{X}^{\mathrm{I}}$, 根据 $\phi(\mathrm{x}) = 1$ 和式 (5.33) 有

$$\begin{aligned} &\sum_{\mathrm{y} \in \mathcal{Y}} P(\xi'_1 = \mathrm{y} \mid \xi'_0 = \phi(\mathrm{x})) \mathbb{E}[\tau' \mid \xi'_1 = \mathrm{y}] \\ &\quad = p(1-p)^{n-1}\mathbb{E}_{\mathrm{tj}}(0) + p(1-p)^{n-1}\mathbb{E}_{\mathrm{tj}}(2) + \left(1 - 2p(1-p)^{n-1}\right)\mathbb{E}_{\mathrm{tj}}(1). \end{aligned} \tag{A.43}$$

于是由式 (A.40) ~ 式 (A.43) 可得

$$
\begin{aligned}
&\sum_{\mathrm{x}\in\mathcal{X},\mathrm{y}\in\mathcal{Y}} \pi_t(\mathrm{x})P(\xi_{t+1}\in\phi^{-1}(\mathrm{y})\mid\xi_t=\mathrm{x})\mathbb{E}[\tau'\mid\xi'_0=\mathrm{y}]\\
&\geqslant \sum_{\mathrm{x}\in\mathcal{X},\mathrm{y}\in\mathcal{Y}} \pi_t(\mathrm{x})P(\xi'_1=\mathrm{y}\mid\xi'_0=\phi(\mathrm{x}))\mathbb{E}[\tau'\mid\xi'_1=\mathrm{y}],
\end{aligned} \tag{A.44}
$$

这意味着形式刻画 5.1 中的 $\rho^{\text{low}}=0$, 因此,

$$
\mathfrak{A}^{\text{low}}_{\text{SA}}=\mathbb{E}[\tau'\mid\xi'_0\sim\pi^{\phi}_0]. \tag{A.45}
$$

接下来分析 $\mathbb{E}[\tau'\mid\xi'_0\sim\pi^{\phi}_0]$. 由于初始分布是在 $\mathcal{X}=\{0,1\}^n$ 上的均匀分布, 因此, $\pi_0(\mathcal{X}^*)=1/2^n$, $\pi_0(\mathcal{X}^{\text{F}}_i)=\binom{n-1}{n-1-i}/2^n$, $\pi_0(\mathcal{X}^{\text{I}})=1/2-1/2^n$. 于是有

$$
\begin{aligned}
\mathbb{E}[\tau'\mid\xi'_0\sim\pi^{\phi}_0]&=\sum_{i=0}^{n}\pi^{\phi}_0(i)\mathbb{E}_{\text{tj}}(i)\\
&=\pi_0(\mathcal{X}^{\text{F}}_{n-1}\cup\mathcal{X}^{\text{I}})\mathbb{E}_{\text{tj}}(1)+\sum_{i=2}^{n}\pi_0(\mathcal{X}^{\text{F}}_{n-i})\mathbb{E}_{\text{tj}}(i)\\
&\geqslant\frac{1}{2p(1-p)^{n-1}}+\sum_{i=2}^{n}\frac{\binom{n-1}{i-1}}{2^n}\frac{1}{p^i(1-p)^{n-i}} \qquad\qquad (\text{A.46})\\
&=\frac{1}{2^np^n(1-p)^{n-1}}+\frac{1}{2p(1-p)^{n-1}}-\frac{1}{2^np(1-p)^{n-1}}\\
&=\Omega\left(\left(\frac{1}{2p(1-p)}\right)^n\right), \qquad\qquad (\text{A.47})
\end{aligned}
$$

其中式 (A.46) 由引理 5.11 可得. 将式 (A.47) 代入式 (A.45), 定理 5.7 得证. □

定理 5.8 的证明 将待分析的 RLS 求解带约束 Trap 问题的过程建模为 $\xi\in\mathcal{X}$. 参照过程 ξ' 及映射 ϕ 与定理 5.7 中使用的类似, 唯一区别是 TrapJump 的参数 p 这里设为 $1/n$.

下面分析调换分析法的条件, 即式 (4.1). 先计算式 (4.1) 的左边部分. $\forall\mathrm{x}\in\mathcal{X}^{\text{F}}_{n-1}$, 由于通过执行一位变异算子产生的子代解属于 $\mathcal{X}^*$ 或 $\mathcal{X}^{\text{F}}_{n-2}$, 且始终被接受, 因此 $P(\xi_{t+1}\in\mathcal{X}^*\mid\xi_t=\mathrm{x})=1/n$, $P(\xi_{t+1}\in\mathcal{X}^{\text{F}}_{n-2}\mid\xi_t=\mathrm{x})=1-1/n$. 于是有 $\forall\mathrm{x}\in\mathcal{X}^{\text{F}}_{n-1}$,

$$
\sum_{\mathrm{y}\in\mathcal{Y}}P(\xi_{t+1}\in\phi^{-1}(\mathrm{y})\mid\xi_t=\mathrm{x})\mathbb{E}[\tau'\mid\xi'_0=\mathrm{y}]=\frac{1}{n}\mathbb{E}_{\text{tj}}(0)+\left(1-\frac{1}{n}\right)\mathbb{E}_{\text{tj}}(2). \tag{A.48}
$$

$\forall\mathrm{x}\in\mathcal{X}^{\text{F}}_i$, 其中 $i<n-1$, 可得 $P(\xi_{t+1}\in\mathcal{X}^{\text{F}}_{i-1}\mid\xi_t=\mathrm{x})=i/n$, $P(\xi_{t+1}\in\mathcal{X}^{\text{F}}_i\mid\xi_t=\mathrm{x})=1-i/n$. 因此,

$$
\sum_{\mathrm{y}\in\mathcal{Y}}P(\xi_{t+1}\in\phi^{-1}(\mathrm{y})\mid\xi_t=\mathrm{x})\mathbb{E}[\tau'\mid\xi'_0=\mathrm{y}]=\frac{i}{n}\mathbb{E}_{\text{tj}}(n-i+1)+\left(1-\frac{i}{n}\right)\mathbb{E}_{\text{tj}}(n-i). \tag{A.49}
$$

$\forall\mathrm{x}\in\mathcal{X}^{\text{I}}$, 当且仅当 x 的最后一个 1-位被翻转时 $\xi_{t+1}\in\mathcal{X}^{\text{F}}=\cup_{i=0}^{n-1}\mathcal{X}^{\text{F}}_i$, 因此 $P(\xi_{t+1}\in\mathcal{X}^{\text{F}}\mid\xi_t=\mathrm{x})=$

$1/n$. 又因为 $P(\xi_{t+1} \in \mathcal{X}^* \mid \xi_t = \mathrm{x}) \leqslant 1/n$, 所以 $\forall \mathrm{x} \in \mathcal{X}^{\mathrm{I}}$, 有

$$\sum_{\mathrm{y} \in \mathcal{Y}} P(\xi_{t+1} \in \phi^{-1}(\mathrm{y}) \mid \xi_t = \mathrm{x}) \mathbb{E}[\tau' \mid \xi_0' = \mathrm{y}] \geqslant \frac{1}{n} \mathbb{E}_{\mathrm{tj}}(0) + \frac{1}{n} \mathbb{E}_{\mathrm{tj}}(2) + \left(1 - \frac{2}{n}\right) \mathbb{E}_{\mathrm{tj}}(1). \tag{A.50}$$

考虑式 (4.1) 的右边部分, 式 (A.42) 和式 (A.43) 在 $p = 1/n$ 时成立. 由于 $i/n > ip(1-p)^{n-1} = (i/n)(1-1/n)^{n-1}$ 且 $\mathbb{E}_{\mathrm{tj}}(i)$ 关于 i 单调递增, 因此通过比较式 (A.42) 和式 (A.49) 可得 $\forall \mathrm{x} \in \mathcal{X}_i^{\mathrm{F}}$, 其中 $i < n-1$, 有

$$\begin{aligned} &\sum_{\mathrm{y} \in \mathcal{Y}} P(\xi_{t+1} \in \phi^{-1}(\mathrm{y}) \mid \xi_t = \mathrm{x}) \mathbb{E}[\tau' \mid \xi_0' = \mathrm{y}] \\ &\quad \geqslant \sum_{\mathrm{y} \in \mathcal{Y}} P(\xi_1' = \mathrm{y} \mid \xi_0' = \phi(\mathrm{x})) \mathbb{E}[\tau' \mid \xi_1' = \mathrm{y}]. \end{aligned} \tag{A.51}$$

通过比较式 (A.43)、式 (A.48) 和式 (A.50) 可得 $\forall \mathrm{x} \in \mathcal{X}_{n-1}^{\mathrm{F}} \cup \mathcal{X}^{\mathrm{I}}$,

$$\begin{aligned} &\sum_{\mathrm{y} \in \mathcal{Y}} P(\xi_{t+1} \in \phi^{-1}(\mathrm{y}) \mid \xi_t = \mathrm{x}) \mathbb{E}[\tau' \mid \xi_0' = \mathrm{y}] \\ &\quad - \sum_{\mathrm{y} \in \mathcal{Y}} P(\xi_1' = \mathrm{y} \mid \xi_0' = \phi(\mathrm{x})) \mathbb{E}[\tau' \mid \xi_1' = \mathrm{y}] \\ &\geqslant \frac{1}{n} \mathbb{E}_{\mathrm{tj}}(2) + \left(1 - \frac{2}{n}\right) \mathbb{E}_{\mathrm{tj}}(1) - \frac{1}{n}\left(1 - \frac{1}{n}\right)^{n-1} \mathbb{E}_{\mathrm{tj}}(2) - \left(1 - \frac{2}{n}\left(1 - \frac{1}{n}\right)^{n-1}\right) \mathbb{E}_{\mathrm{tj}}(1) \\ &= \frac{1}{n} \mathbb{E}_{\mathrm{tj}}(2) - \frac{2}{n} \mathbb{E}_{\mathrm{tj}}(1) + 1 \\ &= -\frac{1}{\left(1 - \frac{1}{n}\right)^{n-1}} + 1 > -2, \end{aligned} \tag{A.52}$$

其中式 (A.52) 由式 (A.32) 可得. 合并式 (A.51) 和式 (A.52) 有

$$\begin{aligned} &\sum_{\mathrm{x} \in \mathcal{X}, \mathrm{y} \in \mathcal{Y}} \pi_t(\mathrm{x}) P(\xi_{t+1} \in \phi^{-1}(\mathrm{y}) \mid \xi_t = \mathrm{x}) \mathbb{E}[\tau' \mid \xi_0' = \mathrm{y}] \\ &\quad - \sum_{\mathrm{x} \in \mathcal{X}, \mathrm{y} \in \mathcal{Y}} \pi_t(\mathrm{x}) P(\xi_1' = \mathrm{y} \mid \xi_0' = \phi(\mathrm{x})) \mathbb{E}[\tau' \mid \xi_1' = \mathrm{y}] \\ &\geqslant -2\pi_t(\mathcal{X}_{n-1}^{\mathrm{F}} \cup \mathcal{X}^{\mathrm{I}}) \\ &\geqslant -2\left(1 - \frac{1}{n}\right)^t \pi_0(\mathcal{X}_{n-1}^{\mathrm{F}} \cup \mathcal{X}^{\mathrm{I}}) \qquad (A.53) \\ &= -\left(1 - \frac{1}{n}\right)^t. \qquad (A.54) \end{aligned}$$

式 (A.53) 由式 (3.38) 和式 (3.45) 可得, 式 (A.54) 由 $\pi_0(\mathcal{X}_{n-1}^{\mathrm{F}}) = 1/2^n$ 和 $\pi_0(\mathcal{X}^{\mathrm{I}}) = 1/2 - 1/2^n$ 可得.

式 (A.54) 意味着形式刻画 5.1 中的 $\rho^{\mathrm{low}} = -\sum_{t=0}^{+\infty}(1-\frac{1}{n})^t = -n$. 因此, $\mathfrak{A}_{\mathrm{SA}}^{\mathrm{low}} = \mathbb{E}[\tau' \mid \xi_0' \sim \pi_0^{\phi}] - n$. 再根据 $p = 1/n$ 时的式 (A.47) 可得 $\mathfrak{A}_{\mathrm{SA}}^{\mathrm{low}} = \Omega((n/2)^n) - n = \Omega((n/2)^n)$, 于是定理 5.8 得证. □

第 8 章

引理 8.4 的证明 由 COCZ 的定义可知，一个解的目标向量可表示成 $(i+j, i+n/2-j)$，其中 i 和 j 分别是该解前半部分和后半部分中包含 1-位的数目，且 $i, j \in \{0, 1, \ldots, n/2\}$. 对于两个解的目标向量而言，若 j 的取值相同而 i 的取值不同，则这两个解可比. 由于多目标演化算法的种群 P 维持的解互不可比，因此，$f(P) = \{f(s) \mid s \in P\}$ 中 j 的每个取值至多有一个对应的 i 的取值，这意味着 $f(P)$ 的规模至多为 $n/2+1$. 由于种群 P 中的解与 $f(P)$ 中的目标向量一一对应，因此种群规模不超过 $n/2+1$. 于是引理 8.4 得证. □

定理 8.4 的证明 算法初始化后已找到 1^n 和 $1^{\frac{n}{2}}0^{\frac{n}{2}}$ 这两个帕累托最优解. 由于 COCZ 问题的帕累托前沿规模为 $n/2+1$，因此增加种群中帕累托最优解的数目 $n/2-1$ 次即足以找到帕累托前沿.

下面分析从包含 $i+1$ 个帕累托最优解的种群 P 出发，算法增加 P 中帕累托最优解的数目所需运行的期望轮数，其中 $i \in [n/2-1]$. 在算法选取用于产生新解的两个解时，由于已找到关于 COCZ 两个目标的最优解 1^n 和 $1^{\frac{n}{2}}0^{\frac{n}{2}}$，因此算法先从 $\{1^n, 1^{\frac{n}{2}}0^{\frac{n}{2}}\}$ 中随机选取一个解，记为 s，再从解集 $P \setminus \{s\}$ 中随机选取另一个解. 为分析算法在一轮内通过单点交叉产生一个或两个新的帕累托最优解的概率 q，考虑下述两种情况: 用于产生新解的两个解为 1^n 和 $1^{\frac{n}{2}}0^{\frac{n}{2}}$; 用于产生新解的一个解为 1^n 或 $1^{\frac{n}{2}}0^{\frac{n}{2}}$，而另一个解为 $P \setminus \{1^n, 1^{\frac{n}{2}}0^{\frac{n}{2}}\}$ 中的某个帕累托最优解. 前者发生的概率为 $1/(|P|-1)$，此时 $q \geqslant (n/2-i)/(n-1)$. 对于后者，不妨假设来自 $P \setminus \{1^n, 1^{\frac{n}{2}}0^{\frac{n}{2}}\}$ 的所选帕累托最优解包含 k 个 0，其中 $1 \leqslant k \leqslant n/2-1$; 当前种群中包含 0 的个数小于 k 的帕累托最优解的数目为 k'，其中 $1 \leqslant k' \leqslant i-1$. 若选择的用于产生新解的另一个解为 1^n，则 $q \geqslant (k-k')/(n-1)$; 若另一个解为 $1^{\frac{n}{2}}0^{\frac{n}{2}}$，则 $q \geqslant (n/2-k-i+k')/(n-1)$. 综合上述所有情况可得

$$q \geqslant \frac{1}{|P|-1} \cdot \frac{n/2-i}{n-1} + \frac{i-1}{2(|P|-1)} \cdot \left(\frac{k-k'}{n-1} + \frac{n/2-k-i+k'}{n-1}\right) = \frac{(i+1)(n/2-i)}{2(|P|-1)(n-1)}, \tag{A.55}$$

其中不等式右边的因子 $i-1$ 是因为在上述考虑的后一种情况下，$P \setminus \{1^n, 1^{\frac{n}{2}}0^{\frac{n}{2}}\}$ 中存在 $i-1$ 个帕累托最优解可供选择. 由于使用交叉算子的概率为 1/2，因此算法在一轮内增加种群中帕累托最优解的数目的概率至少是 $(i+1)(n/2-i)/(4(|P|-1)(n-1)) \geqslant (i+1)(n/2-i)/(2n(n-1))$，其中不等式成立是因为引理 8.4 表明了 $|P| \leqslant n/2+1$. 这意味着从包含 $i+1$ 个帕累托最优解的种群出发，算法增加种群中帕累托最优解的数目所需的期望轮数至多为 $2n(n-1)/((i+1)(n/2-i))$.

因此，算法在初始化后找到帕累托前沿所需的期望运行时间至多为

$$2 \cdot \sum_{i=1}^{n/2-1} \frac{2n(n-1)}{(i+1)(n/2-i)} = O(n \log n). \tag{A.56}$$

将其与引理 8.3 中初始化的期望运行时间 $\Theta(n \log n)$ 合并，可得 $\text{MOEA}^{\text{onebit}}_{\text{recomb},0.5}$ 和 $\text{MOEA}^{\text{bitwise}}_{\text{recomb},0.5}$ 求解 COCZ 的期望运行时间为 $\Theta(n \log n)$. 定理 8.4 得证. □

定理 8.5 的证明 为便于分析，将整个演化过程分成两个阶段: 第 1 阶段从初始化开始直至找到一个帕累托最优解; 第 2 阶段随后开始直至找到帕累托前沿.

在第 1 阶段的分析中, 令 i 表示种群中解的前半部分含 1 的个数之最大值, 显然 $0 \leqslant i \leqslant n/2$. 对于一个解而言, 若另一个解的前半部分含 1 的个数更少, 则它不可能被该解占优. 因此, i 不会减小. 为分析 i 在算法运行一轮后增加的概率, 考虑算法的如下行为: 选择当前种群中前半部分含 i 个 1 的解进行变异, 并在变异时仅翻转其前半部分中的一个 0. 由此产生的子代解必然会被接受并加入种群, 从而使得 i 增加. 由引理 8.4 可知, 种群规模不超过 $n/2+1$, 因此选择某个特定解进行变异的概率至少是 $1/(n/2+1)$. 又因为通过变异仅翻转解的一个特定位的概率为 $(1/n)(1-1/n)^{n-1}$, 而解的前半部分含 i 个 1 意味着在前半部分中有 $n/2-i$ 个 0, 所以算法通过运行一轮使 i 增加的概率至少是 $(1/(n/2+1)) \cdot ((n/2-i)/n)(1-1/n)^{n-1} \geqslant (n/2-i)/(\mathrm{e}n(n/2+1))$. 由于前半部分全是 1 (即含 $n/2$ 个 1) 的解必是帕累托最优解, 因此将 i 增加 $n/2$ 次足以找到帕累托最优解. 于是第 1 阶段的期望运行时间至多为 $\sum_{i=0}^{n/2-1} \mathrm{e}n(n/2+1)/(n/2-i) = O(n^2 \log n)$.

在第 2 阶段中, 若尚未找到帕累托前沿, 则当前种群中必至少存在一个帕累托最优解满足: 通过仅翻转其后半部分中一个 1 或 0 可产生新的帕累托最优解. 为方便起见, 这样的帕累托最优解称为 "边界帕累托最优解". 因此, 为增加种群中帕累托最优解的数目, 仅需选择某个边界帕累托最优解进行变异, 并在变异时仅翻转其后半部分中的一个 1 或 0. 此处的选择行为的发生概率至少是 $1/(n/2+1)$, 变异行为的发生概率至少是 $(\min\{j, n/2-j\}/n)(1-1/n)^{n-1}$, 其中 j 是所选边界帕累托最优解的后半部分中 1 的数目. 因此, 算法在一轮内增加帕累托最优解的数目之概率至少是 $(1/(n/2+1)) \cdot (\min\{j, n/2-j\}/n)(1-1/n)^{n-1} \geqslant \min\{j, n/2-j\}/(\mathrm{e}n(n/2+1))$. 由于将帕累托最优解的数目增加 $n/2$ 次足以找到 COCZ 的帕累托前沿, 因此第 2 阶段的期望运行时间至多为 $\sum_{j=1}^{\lceil n/4 \rceil} 2 \cdot (\mathrm{e}n(n/2+1)/j) = O(n^2 \log n)$.

将上述两个阶段合并, 可得整个演化过程的期望运行时间为 $O(n^2 \log n)$. 定理 8.5 得证. □

定理 8.6 的证明 初始化后, 算法找到了 1^n 和 $1^{\frac{n}{2}}0^{\frac{n}{2}}$ 这两个帕累托最优解. 若一个子代帕累托最优解是通过在一个父代帕累托最优解上执行一位变异算子产生的, 则两者含 0 的个数相差 1. 因此, 种群在演化过程中将始终可拆分成两个由帕累托最优解构成的解集 L 和 R, 其中 $1^n \in L$, $1^{\frac{n}{2}}0^{\frac{n}{2}} \in R$, 且 L 和 R 中帕累托最优解含 0 的个数均是连续的. 为便于分析, 将整个优化过程分成 $n/2$ 个阶段: 对于任意 $i \in [n/2]$, 第 i 阶段的种群由 $i+1$ 个帕累托最优解构成. 算法处于第 $n/2$ 阶段即意味着已找到帕累托前沿. 接下来分析算法在每个阶段中通过一轮产生新的帕累托最优解的概率.

对于第 1 阶段, 有 $|L| = 1$ 且 $|R| = 1$. 算法在每一轮将选择 1^n 和 $1^{\frac{n}{2}}0^{\frac{n}{2}}$ 这两个解以产生新解. 对于 1^n, 仅当一位变异算子翻转其后半部分中的一个 1 时, 子代解方可被接受; 对于 $1^{\frac{n}{2}}0^{\frac{n}{2}}$, 仅当一位变异算子翻转其一个 0 时, 子代解方可被接受. 因此, 算法在每一轮内产生两个新的帕累托最优解的概率为 1/4, 仅产生一个新的帕累托最优解的概率为 1/2, 否则将不产生新的帕累托最优解.

下面考虑第 i 阶段, 其中 $1 < i \leqslant n/2-1$. 算法在选取用于产生新解的两个解时, 由于已找到关于 COCZ 两个目标的最优解 1^n 和 $1^{\frac{n}{2}}0^{\frac{n}{2}}$, 将从 $\{1^n, 1^{\frac{n}{2}}0^{\frac{n}{2}}\}$ 中随机选取一个解, 并将从剩余解中随机选取另一个解, 这两个解被选取的概率分别为 1/2 和 $1/i$. 该阶段的分析将考虑下述两种情况.

情况 (1): $\min\{|L|, |R|\} > 1$. 此时, 无论是对 1^n 还是对 $1^{\frac{n}{2}}0^{\frac{n}{2}}$, 执行一位变异算子都将无法产生新的帕累托最优解; 仅 L 中含 0 个数最多的帕累托最优解和 R 中含 0 个数最少的帕累托最优解可通过执行一位变异算子分别以概率 $(n/2-(|L|-1))/n$ 和 $(n/2-(|R|-1))/n$ 产生一个新的帕累托最优解. 因此, 算法在每一轮内产生一个新的帕累托最优解的概率为 $(n/2-(|L|-1))/(i \cdot n) +$

$(n/2-(|R|-1))/(i\cdot n)=(n-i+1)/(i\cdot n)$, 否则将不产生新的帕累托最优解.

情况 (2): $\min\{|L|,|R|\}=1$. 不妨假设 $|L|=1$. 算法在选取用于产生新解的两个解时, 若从 $\{1^n,1^{\frac{n}{2}}0^{\frac{n}{2}}\}$ 中选取的解是 $1^{\frac{n}{2}}0^{\frac{n}{2}}$, 则对其执行一位变异算子将不产生新的帕累托最优解, 而另外一个选取的解只有是 1^n 或 R 中含 0 个数最少的帕累托最优解时, 对其执行一位变异算子才可产生新的帕累托最优解, 发生概率分别为 1/2 和 $(n/2-(i-1))/n$. 若从 $\{1^n,1^{\frac{n}{2}}0^{\frac{n}{2}}\}$ 中选取的解是 1^n, 则对其执行一位变异算子将以概率 1/2 产生新的帕累托最优解, 而另外一个选取的解只有是 R 中含 0 个数最少的帕累托最优解时, 对其执行一位变异算子才可产生新的帕累托最优解, 发生概率为 $(n/2-(i-1))/n$. 因此, 当 $i<n/2-1$ 时, 算法在每一轮内产生一个新的帕累托最优解且保持 $\min\{|L|,|R|\}=1$ 的概率为 $3(n/2-i+1)/(4i\cdot n)$, 产生一个或两个新的帕累托最优解且使得 $\min\{|L|,|R|\}>1$ 的概率为 $(i+1)/(4i)$, 否则将不产生新的帕累托最优解. 当 $i=n/2-1$ 时, 最后一个尚未找到的帕累托最优解在每一轮被找到的概率为 $(n^2+12)/(4n^2-8n)$.

算法经过初始化后, 种群的状态变化与定理 8.2 的证明中观察到的变化类似. 根据上述分析可知, 种群维持在第 3 行, 即情况 (2), 且产生一个新的帕累托最优解的概率为 $\Theta((n/2-i+1)/(i\cdot n))$; 种群维持在第 5 行, 即情况 (1), 且产生一个新的帕累托最优解的概率为 $\Theta((n-i+1)/(i\cdot n))$; 种群离开第 1 行或第 3 行的概率为 $\Theta(1)$. 因此, 算法在初始化后找到帕累托前沿所需的期望轮数至少为 $\Omega(\sum_{i=1}^{n/2-1} i\cdot n/(n-i+1))=\Omega(n^2)$, 且至多为 $O(\sum_{i=1}^{n/2-1} i\cdot n/(n/2-i+1))=O(n^2\log n)$. 将其与初始化的期望运行时间 $\Theta(n\log n)$ (见引理 8.3) 合并, 可得总的期望运行时间至少为 $\Omega(n^2)$, 且至多为 $O(n^2\log n)$. 定理 8.6 得证. □

定理 8.7 的证明 算法在初始化后已找到 1^n 和 $1^{\frac{n}{2}}0^{\frac{n}{2}}$ 这两个帕累托最优解, 因此仅需再增加种群中帕累托最优解的数目 $n/2-1$ 次便足以找到帕累托前沿.

算法在找到帕累托前沿前, 当前种群中将始终至少存在一个帕累托最优解满足: 仅翻转其后半部分中的一个 1 或 0 可产生一个新的帕累托最优解. 根据引理 8.4 可得种群规模至多为 $n/2+1$, 因此从种群中选取该帕累托最优解进行变异的概率至少是 $1/(n/2)$. 于是, 算法运行一轮将种群中帕累托最优解的数目增加的概率至少是 $(1/(n/2))\cdot(\min\{j,n/2-j\}/n)(1-1/n)^{n-1}\geqslant \min\{j,n/2-j\}/(en^2/2)$, 其中 j 是所选帕累托最优解后半部分含 1 的个数. 因此, 算法在初始化后找到帕累托前沿的期望运行时间至多是 $2\cdot\sum_{j=1}^{\lceil (n-2)/4\rceil} 2\cdot(en^2/2)/j=O(n^2\log n)$. 将其与初始化的期望运行时间 $\Theta(n\log n)$ (见引理 8.3) 合并, 可得整个演化过程的期望运行时间至少为 $\Omega(n\log n)$, 且至多为 $O(n^2\log n)$. 定理 8.7 得证. □

第 9 章

引理 9.1 的证明 由 $F=\{J\}$ 和 $T=\{1,2,\ldots,m\}$ 可得 $|F|=1$, $|T|=m$. 根据定义 9.2 所述的构造过程可知, 根结点来自 T 的概率为 $m/(m+1)$, 此时 $L_{\text{init}}=1$; 根结点来自 F 的概率为 $1/(m+1)$, 此时 L_{init} 为根结点的两棵子树的叶结点数 (分别记作 L_1 和 L_2) 之和. 因此,

$$\mathbb{E}[L_{\text{init}}]=\frac{m}{m+1}\cdot 1+\frac{1}{m+1}\cdot(\mathbb{E}[L_1]+\mathbb{E}[L_2])=\frac{m}{m+1}+\frac{2}{m+1}\mathbb{E}[L_{\text{init}}], \tag{A.57}$$

于是有 $\mathbb{E}[L_{\text{init}}]=m/(m-1)$;

$$\mathbb{E}[L_{\text{init}}^2] = \frac{m}{m+1} \cdot 1^2 + \frac{1}{m+1} \cdot \mathbb{E}[(L_1 + L_2)^2] \leqslant \frac{m}{m+1} + \frac{4}{m+1}\mathbb{E}[L_{\text{init}}^2], \tag{A.58}$$

于是有 $\mathbb{E}[L_{\text{init}}^2] \leqslant m/(m-3)$. 引理 9.1 得证. □

引理 9.4 的证明 令 $c(s)$ 表示解 s 对应的子图的连通分支数. 令 s_t^* 表示第 t 代种群[①]中结点数最多 (即 $C(s)$ 值最大) 的解. 先说明 $c(s_t^*)$ 关于 t 单调递减, 即 $c(s_t^*) \geqslant c(s_{t+1}^*)$. 若 $s_{t+1}^* = s_t^*$, 则 $c(s_t^*) \geqslant c(s_{t+1}^*)$ 显然成立. 因此仅需考虑 $s_{t+1}^* \neq s_t^*$ 这种情形, 而此时 s_{t+1}^* 存在两种可能情况. 注意 SMO-GP 的种群总是由互不可比的解构成.

(1) 若 s_{t+1}^* 是在算法的第 $t+1$ 轮中产生的子代解, 则 s_t^* 必不占优 s_{t+1}^*, 否则 s_{t+1}^* 不会被加入种群中. s_t^* 不占优 s_{t+1}^* 意味着, 要么 s_{t+1}^* 弱占优 s_t^*, 要么两者不可比. 对于第一种情形, 显然 $W(s_{t+1}^*) \leqslant W(s_t^*)$. 对于第二种情形, s_t^* 将被保留至第 $t+1$ 代种群, 而此时 s_{t+1}^* 拥有最大的 $C(s)$ 值, 因此 $C(s_{t+1}^*) > C(s_t^*)$, 这意味着 $W(s_{t+1}^*) < W(s_t^*)$. 根据 $W(s)$ 的定义可知, 若 $W(s_{t+1}^*) \leqslant W(s_t^*)$, 则必有 $c(s_{t+1}^*) \leqslant c(s_t^*)$.

(2) 若 s_{t+1}^* 是第 t 代种群中的解, 则必会产生矛盾, 因此这种情况不可能存在. 下面给出具体解释. s_{t+1}^* 存在于第 t 代种群中意味着 s_t^* 在算法的第 $t+1$ 轮必被去除, 否则由于 $C(s_t^*) > C(s_{t+1}^*)$, s_{t+1}^* 不可能是第 $t+1$ 代种群中结点数最多的解. 又根据 SMO-GP 更新种群的过程可知, 去除 s_t^* 意味着算法第 $t+1$ 轮中产生的子代解 (记为 s') 弱占优 s_t^*, 且被加入种群中. 由于 s' 和 s_{t+1}^* 同时出现在第 $t+1$ 代种群中, 因此两者不可比. 又因为 $C(s') < C(s_{t+1}^*)$, 所以 $W(s') > W(s_{t+1}^*)$. 由于 s_{t+1}^* 出现在第 t 代种群中, s_{t+1}^* 和 s_t^* 必不可比, 又因为 $C(s_t^*) > C(s_{t+1}^*)$, 所以 $W(s_{t+1}^*) > W(s_t^*)$. 因此, $W(s') > W(s_t^*)$, 这与前文所述的 s' 弱占优 s_t^* 相矛盾.

接下来分析 $C(s_t^*)$ 的增加. 一个解 s 的结点数只能通过执行插入操作增加, 而由执行插入操作产生的子代解 s' 仅当连通分支数减少 1 时才可能被接受, 否则必有 $W(s') \geqslant W(s) \wedge C(s') > C(s)$, 意味着 s' 将被拒绝. 由于种群中的解互不可比, 因此每个解的结点数都不相同. 于是在算法的一轮运行中, 只有通过对 s_t^* 执行插入操作, 且由此产生的子代解相较 s_t^* 包含的连通分支数减少 1, 才能使 $C(s_{t+1}^*) > C(s_t^*)$. 由于 $c(s_t^*) \leqslant n$ 且关于 t 单调递减, $c(s_t^*)$ 可至多减少 $n-1$ 次, 这意味着 $C(s_t^*)$ 可至多增加 $n-1$ 次.

执行插入操作仅增加一个叶结点, 因此种群中解的叶结点数始终不超过 $L_{\text{init}} + n - 1$, 这意味着种群中的解在第二个目标 $C(s)$ 上至多有 $L_{\text{init}} + n$ 个取值. 又因为对于每个 $C(s)$ 的取值, 种群中至多存在一个相应的解, 所以种群规模不超过 $L_{\text{init}} + n$. 引理 9.4 得证. □

第 10 章

定理 10.1 的证明 演化算法在带噪和无噪时的区别仅是解的适应度评估是否受到噪声干扰, 这意味着它们每一轮的适应度评估次数相同. 因此, 比较它们的期望运行时间等价于比较它们相应马尔可夫链的 DCFHT. 在演化算法的一轮运行中, 将产生新解前后的状态分别表示成 x 和 x′, 将经过选择后的状态表示成 y, 则有 $\mathrm{x} \in \mathcal{X}$、$\mathrm{x}' \in \mathcal{X}_{\text{var}}$、$\mathrm{y} \in \mathcal{X}$. 由于选择行为不产生新解, 因此 $\mathrm{y} \subseteq \mathrm{x} \cup \mathrm{x}'$.

① 算法运行 t 轮后的种群.

假设 $x \in \mathcal{X}_k$, 其中 $k \geqslant 1$. 对于 $\{\xi'_t\}_{t=0}^{+\infty}$, 即无噪演化过程对应的马尔可夫链, 有

$$P(\xi'_{t+1} \in \mathcal{X}_0 \mid \xi'_t = x) \leqslant \sum_{x' \cap \mathcal{S}^* \neq \emptyset} P_{\text{var}}(x, x'). \tag{A.59}$$

对于 $\{\xi_t\}_{t=0}^{+\infty}$, 即带噪演化过程对应的马尔可夫链, 该定理的条件, 即式 (10.8), 意味着最优解一旦产生必被接受, 因此,

$$\forall\, k+1 \leqslant i \leqslant m: \sum_{j=i}^{m} P(\xi_{t+1} \in \mathcal{X}_j \mid \xi_t = x) \leqslant \sum_{\substack{x' \cap \mathcal{S}^* = \emptyset, \\ \exists y \in \cup_{j=i}^{m} \mathcal{X}_j:\, y \subseteq x \cup x'}} P_{\text{var}}(x, x'). \tag{A.60}$$

合并式 (10.6) ~ 式 (10.8)、式 (A.59) 和式 (A.60) 可得

$$\forall\, 1 \leqslant i \leqslant m: \sum_{j=i}^{m} P(\xi_{t+1} \in \mathcal{X}_j \mid \xi_t = x) \leqslant \sum_{j=i}^{m} P(\xi'_{t+1} \in \mathcal{X}_j \mid \xi'_t = x). \tag{A.61}$$

由于 $\sum_{j=0}^{m} P(\xi_{t+1} \in \mathcal{X}_j \mid \xi_t = x) = \sum_{j=0}^{m} P(\xi'_{t+1} \in \mathcal{X}_j \mid \xi'_t = x) = 1$, 式 (A.61) 等价于

$$\forall\, 0 \leqslant i \leqslant m-1: \sum_{j=0}^{i} P(\xi_{t+1} \in \mathcal{X}_j \mid \xi_t = x) \geqslant \sum_{j=0}^{i} P(\xi'_{t+1} \in \mathcal{X}_j \mid \xi'_t = x), \tag{A.62}$$

这意味着引理 7.1 的条件, 即式 (7.3), 成立. 因此, $\mathbb{E}[\tau \mid \xi_0 \sim \pi_0] \leqslant \mathbb{E}[\tau' \mid \xi'_0 \sim \pi_0]$. 也就是说, 噪声使得 $\mathcal{A}$ 更容易求解 f. 于是定理 10.1 得证. □

引理 10.1 (即 $\mathbb{E}_1(j)$ 的大小关系) 的证明需用到引理 4.3 和引理 A.1. 引理 4.3 揭示了对含 0 个数较少的父代解进行变异, 更有可能产生含 0 个数少的子代解. 需注意的是, 这里使用引理 4.3 时, 变异概率 $p < 0.5$ 而非 $p \leqslant 0.5$, 这使得该引理结论中的不等号严格成立. 引理 A.1 类似于引理 4.4, 两者的区别是条件 (3) 和结论中的不等号在此处严格成立.

引理 A.1

令 $m \in \mathbb{N}^+$. 若下述条件成立:

$$(1)\ \ 0 \leqslant E_0 < E_1 < \cdots < E_m, \tag{A.63}$$

$$(2)\ \ \forall 0 \leqslant i \leqslant m: P_i, Q_i \geqslant 0 \wedge \sum_{i=0}^{m} P_i = \sum_{i=0}^{m} Q_i = 1, \tag{A.64}$$

$$(3)\ \ \forall 0 \leqslant k \leqslant m-1: \sum_{i=0}^{k} P_i < \sum_{i=0}^{k} Q_i, \tag{A.65}$$

则

$$\sum_{i=0}^{m} P_i \cdot E_i > \sum_{i=0}^{m} Q_i \cdot E_i. \tag{A.66}$$

证明 当 $0 \leqslant i \leqslant m-2$ 时, 令 $R_i = P_i$. 令 $R_{m-1} = \sum_{i=0}^{m-1} Q_i - \sum_{i=0}^{m-2} P_i$, $R_m = Q_m$. 向量 $(R_0, \dots, R_m)$ 和 $(Q_0, \dots, Q_m)$ 满足引理 4.4 的条件 (2) 和条件 (3), 并且 E_i 关于 i 单调递增意味着引理 4.4 的条件 (1) 成立, 于是由引理 4.4 可得 $\sum_{i=0}^{m} R_i \cdot E_i \geqslant \sum_{i=0}^{m} Q_i \cdot E_i$.

接下来将 $\sum_{i=0}^{m} P_i \cdot E_i$ 和 $\sum_{i=0}^{m} R_i \cdot E_i$ 相减得到

$$\begin{aligned}\sum_{i=0}^{m} P_i \cdot E_i - \sum_{i=0}^{m} R_i \cdot E_i &= \left(P_{m-1} - \left(\sum_{i=0}^{m-1} Q_i - \sum_{i=0}^{m-2} P_i\right)\right) E_{m-1} + (P_m - Q_m) E_m \\ &= \left(\sum_{i=0}^{m-1} P_i - \sum_{i=0}^{m-1} Q_i\right)(E_{m-1} - E_m) > 0. \end{aligned} \tag{A.67}$$

因此, $\sum_{i=0}^{m} P_i \cdot E_i > \sum_{i=0}^{m} R_i \cdot E_i \geqslant \sum_{i=0}^{m} Q_i \cdot E_i$. 引理 A.1 得证. □

引理 10.1 的证明 由于 $\mathbb{E}_1(0) = 0$ 和 $\mathbb{E}_1(1) > 0$, 因此 $\mathbb{E}_1(0) < \mathbb{E}_1(1)$ 显然成立. 接下来, 通过对 j 进行归纳来证明 $\forall\, 0 < j < n : \mathbb{E}_1(j) < \mathbb{E}_1(j+1)$.

(a) 初始化 需证 $\mathbb{E}_1(n-1) < \mathbb{E}_1(n)$. 对于 $\mathbb{E}_1(n)$, 下一代解只可能是 1^n 或 0^n, 所以 $\mathbb{E}_1(n) = 1 + (1-(1-p^n)^\lambda)\mathbb{E}_1(0) + (1-p^n)^\lambda \mathbb{E}_1(n)$, 从而 $\mathbb{E}_1(n) = 1/(1-(1-p^n)^\lambda)$. 对于 $\mathbb{E}_1(n-1)$, 下一代解只可能是 1^n、0^n 或含 $n-1$ 个 0 的解, 所以 $\mathbb{E}_1(n-1) = 1 + (1-(1-p^{n-1}(1-p))^\lambda)\mathbb{E}_1(0) + P \cdot \mathbb{E}_1(n) + ((1-p^{n-1}(1-p))^\lambda - P)\mathbb{E}_1(n-1)$, 其中 P 表示下一代解为 0^n 的概率. 这意味着 $\mathbb{E}_1(n-1) = (1+P\mathbb{E}_1(n))/(1-(1-p^{n-1}(1-p))^\lambda + P)$. 因此,

$$\frac{\mathbb{E}_1(n-1)}{\mathbb{E}_1(n)} = \frac{1-(1-p^n)^\lambda + P}{1-(1-p^{n-1}(1-p))^\lambda + P} < 1, \tag{A.68}$$

其中不等式由 $0 < p < 0.5$ 可得.

(b) 归纳假设 假定

$$\forall\, K < j \leqslant n-1\ (K \geqslant 1) : \mathbb{E}_1(j) < \mathbb{E}_1(j+1), \tag{A.69}$$

需证 $j = K$ 时仍成立. 令 x 和 y 分别表示含 0 的个数为 $K+1$ 和 K 的解. 令 a 和 b 分别表示子代解 $mut(\mathrm{x})$ 和 $mut(\mathrm{y})$ 含 0 的个数. 也就是说, $a = |mut(\mathrm{x})|_0$, $b = |mut(\mathrm{y})|_0$. 对于在 x 和 y 上独立地执行 λ 次变异算子而产生的子代解所含 0 的个数, 分别用 $a_1, \dots, a_\lambda$ 和 $b_1, \dots, b_\lambda$ 表示. 注意 $a_1, \dots, a_\lambda$ 是独立同分布的, 而 $b_1, \dots, b_\lambda$ 亦是独立同分布的.

先考虑 $\mathbb{E}_1(K+1)$. 令 P_0 表示 λ 个子代解中含 0 的个数的最小值为 0 的概率. $\forall i \in [n]$, 令 P_i 表示 λ 个子代解中含 0 的个数的最大值为 i 而最小值大于 0 的概率. 换言之, $P_0 = P(\min\{a_1, \dots, a_\lambda\} = 0)$, $P_i = P(\max\{a_1, \dots, a_\lambda\} = i \wedge \min\{a_1, \dots, a_\lambda\} > 0)$. 基于 (1+$\lambda$)-EA 求解 Trap 问题的变异和选择行为, 有

$$\mathbb{E}_1(K+1) = 1 + P_0\mathbb{E}_1(0) + \sum_{i=1}^{K+1} P_i \mathbb{E}_1(K+1) + \sum_{i=K+2}^{n} P_i \mathbb{E}_1(i). \tag{A.70}$$

接着考虑 $\mathbb{E}_1(K)$. 令 $Q_0 = P(\min\{b_1, \dots, b_\lambda\} = 0)$, $Q_i = P(\max\{b_1, \dots, b_\lambda\} = i \wedge \min\{b_1, \dots, b_\lambda\} >$

0). 于是可得

$$\mathbb{E}_1(K) = 1 + Q_0\mathbb{E}_1(0) + \sum_{i=1}^{K} Q_i\mathbb{E}_1(K) + \sum_{i=K+1}^{n} Q_i\mathbb{E}_1(i). \tag{A.71}$$

为比较 $\mathbb{E}_1(K+1)$ 和 $\mathbb{E}_1(K)$, 下面证明

$$\forall 0 \leqslant j \leqslant n-1 : \sum_{i=0}^{j} P_i < \sum_{i=0}^{j} Q_i. \tag{A.72}$$

令 $p_j = P(a_i \leqslant j), q_j = P(b_i \leqslant j)$. 由引理 4.3 可得 $\forall 0 \leqslant j \leqslant n-1 : p_j < q_j$. 对于 $\sum_{i=0}^{j} P_i$, 有

$$\begin{aligned}\sum_{i=0}^{j} P_i &= P(\min\{a_1,\ldots,a_\lambda\} = 0) + P(\max\{a_1,\ldots,a_\lambda\} \leqslant j \wedge \min\{a_1,\ldots,a_\lambda\} > 0)\\ &= P(a_1 = 0 \vee \cdots \vee a_\lambda = 0) + P(0 < a_1 \leqslant j \wedge \cdots \wedge 0 < a_\lambda \leqslant j)\\ &= 1 - (1-p_0)^\lambda + (p_j - p_0)^\lambda\\ &< 1 - (1-p_0)^\lambda + (q_j - p_0)^\lambda, \end{aligned} \tag{A.73}$$

其中式 (A.73) 由 $p_j < q_j$ 可得. 类似可得 $\sum_{i=0}^{j} Q_i = 1 - (1-q_0)^\lambda + (q_j - q_0)^\lambda$. 因此,

$$\begin{aligned}\sum_{i=0}^{j} Q_i - \sum_{i=0}^{j} P_i &> (1-p_0)^\lambda - (1-q_0)^\lambda + (q_j - q_0)^\lambda - (q_j - p_0)^\lambda\\ &= \left((1 - q_0 + q_0 - p_0)^\lambda - (1-q_0)^\lambda\right) - \left((q_j - q_0 + q_0 - p_0)^\lambda - (q_j - q_0)^\lambda\right)\\ &= f(1-q_0) - f(q_j - q_0),\end{aligned} \tag{A.74}$$

其中式 (A.74) 由 $f(x) = (x + q_0 - p_0)^\lambda - x^\lambda$ 可得. 由 $q_0 > p_0$ 可知, $f(\mathrm{x})$ 严格单调递增. 又因为 $q_j < 1$, 所以 $f(1-q_0) > f(q_j - q_0)$, 这意味着式 (A.72) 成立.

将 $\mathbb{E}_1(K+1)$ 和 $\mathbb{E}_1(K)$ 相减得到

$$\begin{aligned}\mathbb{E}_1(K+1) - \mathbb{E}_1(K) = &\left(P_0\mathbb{E}_1(0) + \sum_{i=1}^{K+1} P_i\mathbb{E}_1(K+1) + \sum_{i=K+2}^{n} P_i\mathbb{E}_1(i)\right.\\ &\left. -Q_0\mathbb{E}_1(0) - \sum_{i=1}^{K+1} Q_i\mathbb{E}_1(K+1) - \sum_{i=K+2}^{n} Q_i\mathbb{E}_1(i)\right) + \sum_{i=1}^{K} Q_i\big(\mathbb{E}_1(K+1) - \mathbb{E}_1(K)\big)\\ &> \sum_{i=1}^{K} Q_i\big(\mathbb{E}_1(K+1) - \mathbb{E}_1(K)\big),\end{aligned} \tag{A.75}$$

其中式 (A.75) 通过对大括号内的公式应用引理 A.1 可得. 下面解释引理 A.1 的三个条件如何成立. 由归纳假设可得 $\mathbb{E}_1(0) = 0 < \mathbb{E}_1(K+1) < \cdots < \mathbb{E}_1(n)$, 于是条件 (1) 成立. 由 $\sum_{i=0}^{n} P_i = \sum_{i=0}^{n} Q_i = 1$ 和式 (A.72) 可推得条件 (2) 和 (3) 成立. 由于 $\sum_{i=1}^{K} Q_i < 1$, 式 (A.75) 意味着 $\mathbb{E}_1(K+1) > \mathbb{E}_1(K)$.

(c) 结论 引理 10.1 得证. □

定理 10.3 的证明 将 (1+1)-EA$^{\neq}$ 在有一位噪声和无噪时最大化 Peak 问题的过程分别建模为 $\{\xi_t\}_{t=0}^{+\infty}$ 和 $\{\xi'_t\}_{t=0}^{+\infty}$. 此处状态 x 对应某个解 $\boldsymbol{s} \in \{0,1\}^n$. 两条链的 CFHT $\mathbb{E}[\tau \mid \xi_0 = \mathrm{x}]$ 和 $\mathbb{E}[\tau' \mid \xi'_0 = \mathrm{x}]$ 均仅依赖于 $|\mathrm{x}|_0$. 令 $\mathbb{E}(i)$ 和 $\mathbb{E}'(i)$ 分别表示 $|\mathrm{x}|_0 = i$ 时的 $\mathbb{E}[\tau \mid \xi_0 = \mathrm{x}]$ 和 $\mathbb{E}[\tau' \mid \xi'_0 = \mathrm{x}]$.

无噪时, 给定满足 $|\mathrm{x}|_0 = i > 0$ 的父代解 x, 若子代解非最优解, 则与 x 具有相同的适应度, 根据严格选择策略将被拒绝; 仅当子代解为最优解时才会被接受. 对 x 进行变异产生最优解的概率为 $(1/n^i)(1-1/n)^{n-i}$, 因此,

$$\mathbb{E}'(i) = 1 + \frac{1}{n^i}\left(1-\frac{1}{n}\right)^{n-i}\mathbb{E}'(0) + \left(1-\frac{1}{n^i}\left(1-\frac{1}{n}\right)^{n-i}\right)\mathbb{E}'(i), \tag{A.76}$$

于是可得 $\mathbb{E}'(i) = n^i(n/(n-1))^{n-i}$.

在一位噪声下, 假设 (1+1)-EA$^{\neq}$ 使用再评估策略, 即在算法 2.1 的每一轮, 除评估子代解的适应度外, 重新评估父代解的适应度. 给定满足 $|\mathrm{x}|_0 = 1$ 的父代解 x, 若产生的子代解 x$'$ 是最优解 1^n, 则仅当噪声不翻转 1^n 的任意位[②]且噪声不翻转 x 的唯一 0-位时 $f^{\mathrm{n}}(1^n) > f^{\mathrm{n}}(\mathrm{x})$ 才成立, 于是 1^n 被接受的概率为 $(1-p_{\mathrm{n}})(1-p_{\mathrm{n}}/n)$; 否则, 由于对于任意满足 $|\mathrm{x}'|_0 \geqslant 2$ 的 x$'$ 均有 $f^{\mathrm{n}}(\mathrm{x}') \leqslant f^{\mathrm{n}}(\mathrm{x})$, 下一代解含 0 的个数仍为 1. 因此,

$$\begin{aligned}\mathbb{E}(1) = 1 &+ \frac{1}{n}\left(1-\frac{1}{n}\right)^{n-1}(1-p_{\mathrm{n}})\left(1-\frac{p_{\mathrm{n}}}{n}\right)\mathbb{E}(0)\\ &+\left(1-\frac{1}{n}\left(1-\frac{1}{n}\right)^{n-1}(1-p_{\mathrm{n}})\left(1-\frac{p_{\mathrm{n}}}{n}\right)\right)\mathbb{E}(1),\end{aligned} \tag{A.77}$$

于是可得

$$\mathbb{E}(1) = n\left(\frac{n}{n-1}\right)^{n-1}\frac{1}{(1-p_{\mathrm{n}})(1-\frac{p_{\mathrm{n}}}{n})}. \tag{A.78}$$

给定满足 $|\mathrm{x}|_0 = i \geqslant 2$ 的父代解 x, 若子代解 x$'$ 是 1^n, 则仅当噪声不翻转 1^n 的任意位时 $f^{\mathrm{n}}(\mathrm{x}') > f^{\mathrm{n}}(\mathrm{x})$ 才成立, 于是 1^n 被接受的概率为 $1-p_{\mathrm{n}}$; 若 $|\mathrm{x}'|_0 = 1$, 则仅当噪声翻转 x$'$ 的唯一 0-位时 $f^{\mathrm{n}}(\mathrm{x}') > f^{\mathrm{n}}(\mathrm{x})$ 才成立, 于是 x$'$ 被接受的概率为 p_{n}/n; 否则, 由于对于任意满足 $|\mathrm{x}'|_0 \geqslant 2$ 的 x$'$ 均有 $f^{\mathrm{n}}(\mathrm{x}') = f^{\mathrm{n}}(\mathrm{x})$, 下一代解含 0 的个数仍为 i. 令 $mut_{i\to 1}$ 表示通过执行变异概率 $p = 1/n$ 的逐位变异算子将解所含 0 的个数从 i 变成 1 的概率. 因此, $\forall i \geqslant 2$, 有

$$\begin{aligned}\mathbb{E}(i) = 1 &+ \frac{1}{n^i}\left(1-\frac{1}{n}\right)^{n-i}(1-p_{\mathrm{n}})\mathbb{E}(0) + mut_{i\to 1}\cdot\frac{p_{\mathrm{n}}}{n}\mathbb{E}(1)\\ &+\left(1-\frac{1}{n^i}\left(1-\frac{1}{n}\right)^{n-i}(1-p_{\mathrm{n}}) - mut_{i\to 1}\frac{p_{\mathrm{n}}}{n}\right)\mathbb{E}(i),\end{aligned} \tag{A.79}$$

于是可得

$$\mathbb{E}(i) = \frac{1 + mut_{i\to 1}\frac{p_{\mathrm{n}}}{n}\mathbb{E}(1)}{\frac{1}{n^i}(1-\frac{1}{n})^{n-i}(1-p_{\mathrm{n}}) + mut_{i\to 1}\frac{p_{\mathrm{n}}}{n}}. \tag{A.80}$$

---

② 评估解 1^n 时噪声未发生.

由于带噪时 (1+1)-EA$^{\neq}$ 使用再评估策略, 因此每轮需两次适应度评估, 而无噪时 (1+1)-EA$^{\neq}$ 每轮仅需评估子代解. 因此, 无噪和带噪时 (1+1)-EA$^{\neq}$ 的期望运行时间分别为 $1+\mathbb{E}'(i)$ 和 $1+2\mathbb{E}(i)$, 其中加号前面的 1 指对初始解的一次适应度评估. 为显示噪声有益, 需证 $\exists i \geqslant 1 : 2\mathbb{E}(i) < \mathbb{E}'(i)$. 由于 $\mathbb{E}(1) > \mathbb{E}'(1)$, 因此 $i = 1$ 显然不可能. 当 $i > (1+p_{\rm n})/(p_{\rm n}(1-1/n))$ 时,

$$\begin{aligned}
&\left(2\mathbb{E}(i) - \mathbb{E}'(i)\right) \cdot \left(\frac{1}{n^i}\left(1-\frac{1}{n}\right)^{n-i}(1-p_{\rm n}) + mut_{i\to 1}\frac{p_{\rm n}}{n}\right)\\
&= 1 + p_{\rm n} - mut_{i\to 1}\frac{p_{\rm n}}{n}\left(n^i\left(\frac{n}{n-1}\right)^{n-i} - 2\mathbb{E}(1)\right)\\
&\leqslant 1 + p_{\rm n} - \frac{i}{n^{i-1}}\left(1-\frac{1}{n}\right)^{n-i+1}\frac{p_{\rm n}}{n}n^i\left(\frac{n}{n-1}\right)^{n-i} \qquad (A.81)\\
&= 1 + p_{\rm n} - ip_{\rm n}\left(1-\frac{1}{n}\right)\\
&< 0, \qquad (A.82)
\end{aligned}$$

其中式 (A.81) 成立是因为 $mut_{i\to 1} \geqslant (i/n^{i-1})(1-1/n)^{n-i+1}$, 且对于足够大的 n 和常数 $p_{\rm n}$, 有 $\mathbb{E}(1) \ll n^i(n/(n-1))^{n-i}$; 式 (A.82) 由 $i > (1+p_{\rm n})/(p_{\rm n}(1-1/n))$ 可得. 上式等价于 $2\mathbb{E}(i) - \mathbb{E}'(i) < 0$, 意味着算法从满足 $|\mathrm{x}|_0 > (1+p_{\rm n})/(p_{\rm n}(1-1/n))$ 的初始解 x 出发时, 噪声有益. 定理 10.3 得证. □

引理 10.2 的证明 通过对 j 进行归纳来证明 $\forall\, 0 \leqslant j < n : \mathbb{E}_2(j) < \mathbb{E}_2(j+1)$.

(a) 初始化 需证 $\mathbb{E}_2(0) < \mathbb{E}_2(1)$. 这显然成立, 因为 $\mathbb{E}_2(1) > 0 = \mathbb{E}_2(0)$.

(b) 归纳假设 假定

$$\forall\, 0 \leqslant j < K\ (K \leqslant n-1) : \mathbb{E}_2(j) < \mathbb{E}_2(j+1), \tag{A.83}$$

需证 $j = K$ 时仍成立. 注意此处比较 $\mathbb{E}_2(K+1)$ 和 $\mathbb{E}_2(K)$ 的方法与引理 10.1 证明中比较 $\mathbb{E}_1(K+1)$ 和 $\mathbb{E}_1(K)$ 的方法类似, 用到的变量 a_i、b_i、p_j 和 q_j 的定义见引理 10.1 的证明.

先考虑 $\mathbb{E}_2(K+1)$. $\forall 0 \leqslant i \leqslant n$, 令 P_i 表示 λ 个子代解中含 0 的个数的最小值为 i 的概率, 即 $P_i = P(\min\{a_1, \ldots, a_\lambda\} = i)$. 基于 (1+$\lambda$)-EA 求解 OneMax 问题的变异和选择行为, 有

$$\mathbb{E}_2(K+1) = \sum_{i=0}^{K} P_i\mathbb{E}_2(i) + \sum_{i=K+1}^{n} P_i\mathbb{E}_2(K+1). \tag{A.84}$$

接着考虑 $\mathbb{E}_2(K)$. 令 $Q_i = P(\min\{b_1, \ldots, b_\lambda\} = i)$. 于是可得

$$\mathbb{E}_2(K) = \sum_{i=0}^{K-1} Q_i\mathbb{E}_2(i) + \sum_{i=K}^{n} Q_i\mathbb{E}_2(K). \tag{A.85}$$

将 $\mathbb{E}_2(K+1)$ 和 $\mathbb{E}_2(K)$ 相减得到

$$\mathbb{E}_2(K+1) - \mathbb{E}_2(K) = \sum_{i=K+1}^{n} P_i\left(\mathbb{E}_2(K+1) - \mathbb{E}_2(K)\right)$$

$$+\left(\sum_{i=0}^{K-1} P_i\mathbb{E}_2(i)+\sum_{i=K}^{n} P_i\mathbb{E}_2(K)-\sum_{i=0}^{K-1} Q_i\mathbb{E}_2(i)-\sum_{i=K}^{n} Q_i\mathbb{E}_2(K)\right)$$

$$>\sum_{i=K+1}^{n} P_i\big(\mathbb{E}_2(K+1)-\mathbb{E}_2(K)\big), \tag{A.86}$$

其中式 (A.86) 通过对等式右边的大括号内的公式应用引理 A.1 可得. 下面解释引理 A.1 的三个条件如何成立. 由归纳假设可得 $\mathbb{E}_2(0)<\cdots<\mathbb{E}_2(K)$, 于是条件 (1) 成立. 由于 $\sum_{i=0}^{n} P_i=\sum_{i=0}^{n} Q_i=1$, 因此条件 (2) 成立. 条件 (3) 可由下式推得:

$$\begin{aligned}\sum_{i=0}^{j} Q_i-\sum_{i=0}^{j} P_i &= P(\min\{b_1,\ldots,b_\lambda\}\leqslant j)-P(\min\{a_1,\ldots,a_\lambda\}\leqslant j)\\ &= P(b_1\leqslant j\vee\cdots\vee b_\lambda\leqslant j)-P(a_1\leqslant j\vee\cdots\vee a_\lambda\leqslant j)\\ &= 1-(1-q_j)^\lambda-\big(1-(1-p_j)^\lambda\big)\\ &> 0,\end{aligned} \tag{A.87}$$

其中式 (A.87) 由 $p_j<q_j$ 可得. 由于 $\sum_{i=K+1}^{n} P_i<1$, 式 (A.86) 意味着 $\mathbb{E}_2(K+1)>\mathbb{E}_2(K)$.

(c) 结论 引理 10.2 得证. □

引理 10.4 的证明 令 i 表示当前解 x 含 0 的个数, 满足 $0\leqslant i\leqslant n$. 使用 $\tau=2$ 的阈值选择策略时, 仅当 $f^{\mathrm{n}}(\mathrm{x}')-f^{\mathrm{n}}(\mathrm{x})\geqslant 2$ 时子代解 x′ 才会被接受. 类似于引理 10.3 证明中对 $p_{i,i+d}$ 的分析可得

$$\forall d\geqslant 1: p_{i,i+d}=0, \tag{A.88}$$

$$\forall d\geqslant 2: p_{i,i-d}>0, \tag{A.89}$$

$$p_{i,i-1}=P_{-1}\left(p_{\mathrm{n}}\frac{n-i}{n}\left(1-p_{\mathrm{n}}+p_{\mathrm{n}}\frac{i-1}{n}\right)+(1-p_{\mathrm{n}})\left(p_{\mathrm{n}}\frac{i-1}{n}\right)\right). \tag{A.90}$$

因此, i 不会增加, 且经过算法运行一轮后减小的概率至少是

$$p_{i,i-1}\geqslant\frac{i}{n}\left(1-\frac{1}{n}\right)^{n-1}\left((1-p_{\mathrm{n}})p_{\mathrm{n}}\left(1-\frac{1}{n}\right)+p_{\mathrm{n}}^2\frac{(n-i)(i-1)}{n^2}\right)\geqslant\frac{i(1-p_{\mathrm{n}})p_{\mathrm{n}}}{2en}. \tag{A.91}$$

这意味着直至 $i=0$ (即找到最优解), 算法所需的期望运行轮数至多是

$$\sum_{i=1}^{n}\frac{2en}{i(1-p_{\mathrm{n}})p_{\mathrm{n}}}=O\left(\frac{n\log n}{p_{\mathrm{n}}(1-p_{\mathrm{n}})}\right). \tag{A.92}$$

引理 10.4 得证. □

引理 10.5 的证明 假设初始解 x 含 1 的个数小于 $n-1$, 即 $|\mathrm{x}|_1<n-1$. 令 T 表示 (1+1)-EA 从 x 出发找到最优解 1^n 所需的运行时间. 将 (1+1)-EA 在演化过程中从未找到含 $n-1$ 个 1 的解这个事件记为 A. 需注意的是, 这里 (1+1)-EA 找到某个解意为它在某一步产生并接受该解. 根据**全期望公**

式 (law of total expectation) 可得

$$\mathbb{E}[T]=\mathbb{E}[T\mid A]\cdot P(A)+\mathbb{E}[T\mid \bar{A}]\cdot P(\bar{A}). \tag{A.93}$$

当事件 A 发生时, 由于在演化过程中从未找到含 $n-1$ 个 1 的解, 因此最后找到最优解的那一步变异必至少翻转两位. 于是 $P(A)\leqslant \binom{n}{2}(1/n^2)\leqslant 1/2$. 又因为 $P(\bar{A})+P(A)=1$, 所以 $P(\bar{A})\geqslant 1/2$, 有

$$\mathbb{E}[T]\geqslant \mathbb{E}[T\mid \bar{A}]\cdot P(\bar{A})\geqslant \frac{1}{2}\cdot \mathbb{E}[T\mid \bar{A}]. \tag{A.94}$$

下面分析 $\mathbb{E}[T\mid \bar{A}]$ 的下界. 为此, 将运行时间 T 分为两段: 首次找到含 $n-1$ 个 1 的解所需的运行时间, 记为 T_1; 找到最优解剩余所需的运行时间, 记为 T_2. 因此,

$$\mathbb{E}[T\mid \bar{A}]=\mathbb{E}[T_1\mid \bar{A}]+\mathbb{E}[T_2\mid \bar{A}]. \tag{A.95}$$

根据引理 10.4 证明中对 $p_{i,i+d}$ 的分析可知: 找到含 $n-1$ 个 1 的解后, $\forall d\geqslant 1: p_{1,1+d}=0$, 于是算法在找到最优解前维持的解将始终包含 $n-1$ 个 1; 找到含 $n-1$ 个 1 的解后, 算法通过一轮找到最优解的概率 $p_{1,0}=(1/n)(1-1/n)^{n-1}p_{\mathrm{n}}(1-p_{\mathrm{n}})(1-1/n)\leqslant p_{\mathrm{n}}(1-p_{\mathrm{n}})/(\mathrm{e}n)$. 因此,

$$\mathbb{E}[T_2\mid \bar{A}]\geqslant \frac{\mathrm{e}n}{p_{\mathrm{n}}(1-p_{\mathrm{n}})}, \tag{A.96}$$

这意味着 $\mathbb{E}[T\mid \bar{A}]\geqslant \mathrm{e}n/(p_{\mathrm{n}}(1-p_{\mathrm{n}}))$, 于是 $\mathbb{E}[T]\geqslant \mathrm{e}n/(2p_{\mathrm{n}}(1-p_{\mathrm{n}}))$.

由于初始解服从 $\{0,1\}^n$ 上的均匀分布, 有 $P(|\mathrm{x}|_1<n-1)=1-(n+1)/2^n$. 因此整个过程的期望运行时间至少为 $(1-(n+1)/2^n)\cdot(\mathrm{e}n)/(2p_{\mathrm{n}}(1-p_{\mathrm{n}}))=\Omega(n/(p_{\mathrm{n}}(1-p_{\mathrm{n}})))$.

接下来证明期望运行时间的另一个不依赖于 p_{n} 的下界. [Droste et al., 2002] 中的引理 10 揭示, (1+1)-EA 求解权重为正的线性函数的期望运行时间的下界为 $\Omega(n\log n)$. 证明思路是分析初始解包含的每个 0 均被至少翻转一次所需的期望运行时间, 而这显然是找到最优解 1^n 所需的期望运行时间的下界. 由于噪声的出现不会影响这个分析过程, 因此直接应用该结论可得期望运行时间的另一个下界 $\Omega(n\log n)$.

合并上述两个下界可得期望运行时间至少为 $\Omega(n\log n+n/(p_{\mathrm{n}}(1-p_{\mathrm{n}})))$. 引理 10.5 得证. □

定理 10.8 的证明 令当前解 x 满足 $|\mathrm{x}|_0=i$. 仅当 $f^{\mathrm{n}}(\mathrm{x}')-f^{\mathrm{n}}(\mathrm{x})\geqslant\tau>2$ 时子代解 x′ 被接受. 于是

$$\forall d\geqslant 1: p_{i,i+d}=0, \tag{A.97}$$

$$p_{i,i-1}=\begin{cases}P_{-1}\cdot\left(p_{\mathrm{n}}\frac{n-i}{n}p_{\mathrm{n}}\frac{i-1}{n}\right) & \text{若 } \tau=3;\\ 0 & \text{否则}.\end{cases} \tag{A.98}$$

在演化过程中, 必然存在一定的概率找到含一个 0 的解, 此时 $i=1$. 由于 $p_{1,0}=0$ 且 $\forall d\geqslant 1: p_{1,1+d}=0$, 因此 $i=1$ 将始终保持下去, 这意味着无法找到最优解 1^n. 于是整个过程的期望运行时间无穷大. 定理 10.8 得证. □

定理 10.9 的证明 由于 $\tau \geqslant 0$, 下面依次分析 τ 取不同非负整数值时算法所需的期望运行时间.

当 $\tau = 0$ 时, 通过简化负漂移分析法 (即定理 2.5) 可证得期望运行时间的指数级下界. 令 x_t 表示 (1+1)-EA 运行 t 轮后的解所含 0 的个数. 考虑区间 $[0, n^{1/4}]$, 也就是说, 定理 2.5 中的参数 $a = 0$、$b = n^{1/4}$. 接下来分析 $\mathbb{E}[x_t - x_{t+1} \mid x_t = i]$, 其中 $1 \leqslant i < n^{1/4}$. $\forall -i \leqslant d \leqslant n-i$, 令 $p_{i,i+d}$ 表示经过逐位变异和选择后产生的下一代解含 $i+d$ 个 0 (即 $x_{t+1} = i+d$) 的概率. 于是有

$$\mathbb{E}[x_t - x_{t+1} \mid x_t = i] = \sum_{d=1}^{i} d \cdot p_{i,i-d} - \sum_{d=1}^{n-i} d \cdot p_{i,i+d}. \tag{A.99}$$

令 P_d 表示执行逐位变异算子产生的子代解含 $i+d$ 个 0 的概率. 通过类似引理 10.3 证明中对 $p_{i,i+d}$ 的分析并考虑此时 $p_{\mathrm{n}} = 1$ 且 $\tau = 0$, 可得 $\forall d \geqslant 3: p_{i,i+d} = 0$; $p_{i,i+2} = P_2/4$; $p_{i,i+1} = P_1/4$; $p_{i,i-1} \leqslant 3P_{-1}/4$; $\forall 2 \leqslant d \leqslant i: p_{i,i-d} = P_{-d}$. 为使解中含 0 的数目增加 1, 变异时仅需翻转解的一个 1-位并保持其他位不变, 于是 $P_1 \geqslant ((n-i)/n)(1-1/n)^{n-1} \geqslant (n-i)/(\mathrm{e}n)$. 为使解中含 0 的数目减少 d, 变异时必至少翻转 d 个 0-位, 于是 $P_{-d} \leqslant \binom{i}{d}(1/n^d)$. 将上述这些概率代入式 (A.99) 有

$$\begin{aligned}\mathbb{E}[x_t - x_{t+1} \mid x_t = i] &\leqslant \frac{3P_{-1}}{4} + \sum_{d=2}^{i} d \cdot P_{-d} - \frac{P_1}{4} \leqslant \frac{3i}{4n} + \sum_{d=2}^{i} d \cdot \binom{i}{d}\frac{1}{n^d} - \frac{n-i}{4\mathrm{e}n} \\ &= \frac{i}{n}\left(\left(1+\frac{1}{n}\right)^{i-1} + \frac{1}{4\mathrm{e}} - \frac{1}{4}\right) - \frac{1}{4\mathrm{e}} = -\frac{1}{4\mathrm{e}} + O\left(\frac{n^{1/4}}{n}\right),\end{aligned} \tag{A.100}$$

其中式 (A.100) 的第二个等式由 $i < n^{1/4}$ 可得. 因此, $\mathbb{E}[x_t - x_{t+1} \mid x_t = i] = -\Omega(1)$, 意味着定理 2.5 的条件 (1) 成立. 为验证定理 2.5 的条件 (2), 需分析 $P(|x_{t+1} - x_t| \geqslant j \mid x_t \geqslant 1)$. 为使 $|x_{t+1} - x_t| \geqslant j$, 变异时必然要至少翻转解的 j 位, 于是

$$P(|x_{t+1} - x_t| \geqslant j \mid x_t \geqslant 1) \leqslant \binom{n}{j}\frac{1}{n^j} \leqslant \frac{1}{j!} \leqslant 2 \cdot \frac{1}{2^j}, \tag{A.101}$$

这意味着定理 2.5 的条件 (2) 在 $\delta = 1$ 和 $r(l) = 2$ 时成立. 因此, 根据定理 2.5 以及 $l = b - a = n^{1/4}$ 可知, 当算法从满足 $|\boldsymbol{s}|_0 \geqslant n^{1/4}$ 的解 $\boldsymbol{s}$ 出发时, 运行时间是 $2^{O(n^{1/4})}$ 的概率指数级小. 由于初始解服从均匀分布, 由切诺夫界可得初始解 $\boldsymbol{s}$ 满足 $|\boldsymbol{s}|_0 < n^{1/4}$ 的概率指数级小. 结合上述两点可得, 期望运行时间至少为指数级.

当 $\tau = 1$ 时, 可使用与 $\tau = 0$ 时相似的分析过程. 两者唯一区别是 $p_{i,i+d}$ 的计算, 此时 $\forall d \geqslant 2: p_{i,i+d} = 0$; $p_{i,i+1} = P_1/4$; $p_{i,i-1} \leqslant 3P_{-1}/4$; $p_{i,i-2} \leqslant 3P_{-2}/4$; $\forall 3 \leqslant d \leqslant i: p_{i,i-d} = P_{-d}$. 虽然 $p_{i,i+d}$ 有所变化, 但对定理 2.5 两个条件的分析仍成立, 因此可得出与 $\tau = 0$ 时相同的结论, 即期望运行时间至少为指数级.

当 $\tau \geqslant 2$ 时, 有 $\forall d \geqslant 1: p_{i,i+d} = 0$; $\forall 2 \leqslant d \leqslant i: p_{i,i-d} > 0$. 而对于 $p_{i,i-1}$, 需考虑两种情况, 即 $\forall i \geqslant 2: p_{i,i-1} = P_{-1}/4$; $p_{1,0} = 0$. 在演化过程中, 必然存在一定的概率找到含一个 0 的解. 此时 $\forall d \geqslant 1: p_{1,1+d} = 0$ 且 $p_{1,0} = 0$, 意味着算法维持的解所含 0 的个数将始终为 1. 因此, 找到最优解 1^n 所需的期望运行时间无穷大.

至此, 定理 10.9 得证. □

为证明定理 10.10, 将演化过程视为在图上的随机游走, 如算法 A.1 所示. 这个思路在对随机搜索启发式分析时常被采用, 如 [Giel and Wegener, 2003; Neumann and Witt, 2010].

算法 A.1 随机游走

输入: 顶点集为 V 且边集为 E 的无向连通图 $G = (V, E)$.

过程:

1: 从某个顶点 $v \in V$ 出发;
2: **while** 不满足停止条件 **do**
3: 　均匀随机地选择 v 的一个邻居顶点 u;
4: 　设置 $v = u$
5: **end while**

引理 A.2 给出了随机游走将图上每个顶点均至少访问一次所需期望步数的上界.

引理 A.2. [Aleliunas et al., 1979]

对于无向连通图 $G = (V, E)$ 上的随机游走而言, 将每个顶点 $v \in V$ 都至少访问一次所需的期望步数至多为 $2|E|(|V| - 1)$.

定理 10.10 的证明 令 i 表示当前解 x 所含 0 的个数, 满足 $0 \leqslant i \leqslant n$. 类似引理 10.3 的证明, 分析 $p_{i,i+d}$, 主要区别由阈值和噪声的不同所致. 一方面, 由于阈值不同, 当子代解 x′ 和父代解 x 的适应度之差为 1 时, 接受 x′ 的概率不同: 此处 x′ 被接受的概率为 $1/(2en)$, 而引理 10.3 证明中 x′ 总被接受. 另一方面, 由于噪声不同, 噪声翻转一个 0-位或 1-位的概率不同: 此处以概率 1/2 翻转一个随机选择的 0-位, 否则翻转一个随机选择的 1-位, 而引理 10.3 证明中噪声翻转均匀随机选择的一位.

接下来给出 $p_{i,i+d}$ 的具体分析, 其中 $i \in [n-1]$. 显然, $\forall d \geqslant 2 : p_{i,i+d} = 0 \wedge p_{i,i-d} > 0$. 对于 $p_{i,i+1}$ 而言, 仅当 $f^{\rm n}(\mathrm{x}') = n - i \wedge f^{\rm n}(\mathrm{x}) = n - i - 1$ 时, 子代解 x′ 才会以概率 $1/(2en)$ 被接受. 为使 $f^{\rm n}(\mathrm{x}') = n - i$, 噪声需翻转 x′ 的一个 0-位, 于是 $f^{\rm n}(\mathrm{x}') = n - i$ 的概率至多是 $p_{\rm n}$. 为使 $f^{\rm n}(\mathrm{x}) = n - i - 1$, 噪声需翻转 x 的一个 1-位, 于是 $f^{\rm n}(\mathrm{x}) = n - i - 1$ 的概率是 $p_{\rm n}(1/2)$. 因此, $p_{i,i+1} \leqslant P_1\,(p_{\rm n}(1/2) \cdot p_{\rm n}) \cdot (1/(2en))$. 对于 $p_{i,i-1}$ 而言, 考虑下述两种情况.

(1) $2 \leqslant i \leqslant n-1$. 若 $f^{\rm n}(\mathrm{x}) = n - i - 1$, 发生概率为 $p_{\rm n}(1/2)$, 则存在 $f^{\rm n}(\mathrm{x}')$ 的三种情况可能接受子代解 x′: 若 $f^{\rm n}(\mathrm{x}') = n - i$, 发生概率为 $p_{\rm n}(1/2)$, 则由于 $f^{\rm n}(\mathrm{x}') = f^{\rm n}(\mathrm{x}) + 1$, 接受 x′ 的概率为 $1/(2en)$; 若 $f^{\rm n}(\mathrm{x}') = n-i+1$ 或 $n-i+2$, 发生概率为 $(1-p_{\rm n})+p_{\rm n}(1/2)$, 则由于 $f^{\rm n}(\mathrm{x}') > f^{\rm n}(\mathrm{x})+1$, 接受 x′ 的概率为 1. 若 $f^{\rm n}(\mathrm{x}) = n-i$, 发生概率为 $1 - p_{\rm n}$, 则存在 $f^{\rm n}(\mathrm{x}')$ 的两种情况可能接受子代解 x′: 若 $f^{\rm n}(\mathrm{x}') = n-i+1$, 发生概率为 $1 - p_{\rm n}$, 则接受 x′ 的概率为 $1/(2en)$; 若 $f^{\rm n}(\mathrm{x}') = n-i+2$, 发生概率为 $p_{\rm n}(1/2)$, 则接受 x′ 的概率为 1. 若 $f^{\rm n}(\mathrm{x}) = n-i+1$, 发生概率为 $p_{\rm n}(1/2)$, 则仅当 $f^{\rm n}(\mathrm{x}') = n-i+2$ 时, 发生概率为 $p_{\rm n}(1/2)$, x′ 才会以概率 $1/(2en)$ 被接受. 综上可得

$$p_{i,i-1} = P_{-1}\left(p_{\rm n}\frac{1}{2}\left(p_{\rm n}\frac{1}{2}\cdot\frac{1}{2en} + (1-p_{\rm n}) + p_{\rm n}\frac{1}{2}\right)\right.$$
$$\left. + (1-p_{\rm n})\left((1-p_{\rm n})\cdot\frac{1}{2en} + p_{\rm n}\frac{1}{2}\right) + p_{\rm n}\frac{1}{2}p_{\rm n}\frac{1}{2}\cdot\frac{1}{2en}\right). \tag{A.102}$$

(2) $i = 1$. 与第 1 种情况的区别是噪声发生时, 此时由于 $|\mathrm{x}'|_0 = i - 1 = 0$, $f^{\mathrm{n}}(\mathrm{x}') = n - i$ 的概率为 1, 而在第 1 种情况中, $f^{\mathrm{n}}(\mathrm{x}') = n - i$ 和 $n - i + 2$ 的概率均为 1/2. 考虑到 $i = 1$ 时 $P_{-1} = (1/n)(1 - 1/n)^{n-1}$, 有

$$p_{1,0} = \frac{1}{n}\left(1 - \frac{1}{n}\right)^{n-1} \cdot \left(p_{\mathrm{n}}\frac{1}{2}\left(p_{\mathrm{n}}\frac{1}{2\mathrm{e}n} + (1 - p_{\mathrm{n}})\right) + (1 - p_{\mathrm{n}})(1 - p_{\mathrm{n}})\frac{1}{2\mathrm{e}n}\right). \tag{A.103}$$

算法的目标是达到 $i = 0$. 由上述分析可知, 算法从 $i = 1$ 出发运行一轮将 i 变成 0 的概率为

$$p_{1,0} \geqslant \frac{1}{\mathrm{e}n} \cdot \frac{1}{2\mathrm{e}n} \cdot \left(\frac{p_{\mathrm{n}}^2}{2} + (1 - p_{\mathrm{n}})^2\right) \geqslant \frac{1}{6\mathrm{e}^2 n^2}, \tag{A.104}$$

其中最后一个不等式由 $0 \leqslant p_{\mathrm{n}} \leqslant 1$ 可得. 因此, 为达到 $i = 0$, 需达到 $i = 1$ 的期望次数为 $O(n^2)$.

下面分析达到 $i = 1$ 算法所需的期望运行时间. 由于最终的目标是分析算法达到 $i = 0$ 所需期望运行时间的上界, 因此在该过程中可悲观地假设从未达到 $i = 0$. 当 $2 \leqslant i \leqslant n - 1$ 时,

$$\frac{p_{i,i-1}}{p_{i,i+1}} \geqslant \frac{P_{-1} \cdot (p_{\mathrm{n}}\frac{1}{2}p_{\mathrm{n}}\frac{1}{2})}{P_1 \cdot (p_{\mathrm{n}}\frac{1}{2}p_{\mathrm{n}}) \cdot \frac{1}{2\mathrm{e}n}} \geqslant \frac{\frac{i}{n}(1 - \frac{1}{n})^{n-1} \cdot (p_{\mathrm{n}}\frac{1}{2}p_{\mathrm{n}}\frac{1}{2})}{\frac{n-i}{n} \cdot (p_{\mathrm{n}}\frac{1}{2}p_{\mathrm{n}}) \cdot \frac{1}{2\mathrm{e}n}} \geqslant \frac{n}{n-i} > 1. \tag{A.105}$$

又因为该过程旨在分析算法达到 $i = 1$ 所需的期望运行时间的上界, 所以可悲观地假设 $p_{i,i-1} = p_{i,i+1}$ 且 $\forall d \geqslant 2 : p_{i,i-d} = 0$. 于是, 为达到 $i = 1$ 的这个演化过程可视为在路径 $\{1, 2, \ldots, n-1, n\}$ 上的随机游走. 若随机游走一步后, i 发生变化, 则该步称为 "相关步" . 由引理 A.2 可得为达到 $i = 1$, 期望情况下至多需 $2(n-1)^2$ 相关步. 由于随机游走的一步为相关步的概率至少是

$$p_{i,i-1} \geqslant \frac{i}{\mathrm{e}n} \cdot \frac{1}{2\mathrm{e}n}\left((1 - p_{\mathrm{n}})^2 + p_{\mathrm{n}}^2\frac{1}{2}\right) \geqslant \frac{2}{2\mathrm{e}^2 n^2} \cdot \frac{1}{3}, \tag{A.106}$$

相关步出现一次所需期望运行时间至多为 $O(n^2)$. 因此, 为达到 $i = 1$, 算法所需的期望运行时间的上界为 $O(n^4)$.

综上可得, 整个优化过程 (即达到 $i = 0$) 的期望运行时间上界为 $O(n^6)$. 定理 10.10 得证. □

定理 10.11 的证明 通过定理 2.6 证明. 令 x_t 表示 (1+1)-EA 运行 t 轮后的解含 0 的个数. 考虑区间 $[0, n^{1/4}]$, 也就是说, 定理 2.6 中的参数 $a = 0$、$b = n^{1/4}$.

下面分析 $\mathbb{E}[x_t - x_{t+1} \mid x_t = i]$, 其中 $1 \leqslant i < n^{1/4}$. $\forall -i \leqslant d \leqslant n - i$, 令 $p_{i,i+d}$ 表示经过逐位变异和选择后的下一代解含 $i + d$ 个 0 (即 $x_{t+1} = i + d$) 的概率. 于是有

$$\mathbb{E}[x_t - x_{t+1} \mid x_t = i] = \sum_{d=1}^{i} d \cdot p_{i,i-d} - \sum_{d=1}^{n-i} d \cdot p_{i,i+d}. \tag{A.107}$$

接下来分析 $p_{i,i+d}$, 其中 $i \geqslant 1$. 令 P_d 表示由执行逐位变异算子产生的子代解 $\boldsymbol{s}'$ 含 $i + d$ 个 0 的概率. 注意 $p_{\mathrm{n}} = 1$ 的一位噪声使解的带噪适应度和真实适应度之差为 1, 即 $|f^{\mathrm{n}}(s) - f(s)| = 1$. 给定满足 $|\boldsymbol{s}|_0 = i$ 的解 $\boldsymbol{s}$, $f^{\mathrm{n}}(\boldsymbol{s}) = n - i + 1$ 的概率为 i/n, 否则 $f^{\mathrm{n}}(\boldsymbol{s}) = n - i - 1$. 令 $\boldsymbol{s}$ 和 $\boldsymbol{s}'$ 分别表示当前解和子代解.

(1) $d \geqslant 3$ 时, $f^{\mathrm{n}}(\boldsymbol{s}') \leqslant n-i-d+1 \leqslant n-i-2 < f^{\mathrm{n}}(\boldsymbol{s})$, 因此子代解 $\boldsymbol{s}'$ 将被拒绝, 这意味着

$$\forall d \geqslant 3 : p_{i,i+d} = 0. \tag{A.108}$$

(2) $d = 2$ 时, 当且仅当 $f^{\mathrm{n}}(\boldsymbol{s}') = n-i-1 = f^{\mathrm{n}}(\boldsymbol{s})$ 时子代解 $\boldsymbol{s}'$ 被接受. 为使 $f^{\mathrm{n}}(\boldsymbol{s}') = n-i-1 = f^{\mathrm{n}}(\boldsymbol{s})$, 噪声需翻转 $\boldsymbol{s}'$ 的一个 0-位并翻转 $\boldsymbol{s}$ 的一个 1-位, 发生概率为 $((i+2)/n) \cdot ((n-i)/n)$. 因此,

$$p_{i,i+2} = P_2 \cdot \left(\frac{i+2}{n}\right)\left(\frac{n-i}{n}\right). \tag{A.109}$$

(3) $d = 1$ 时, 当且仅当 $f^{\mathrm{n}}(\boldsymbol{s}') = n-i \wedge f^{\mathrm{n}}(\boldsymbol{s}) = n-i-1$ 时 $\boldsymbol{s}'$ 被接受. 为使 $f^{\mathrm{n}}(\boldsymbol{s}') = n-i \wedge f^{\mathrm{n}}(\boldsymbol{s}) = n-i-1$, 噪声需翻转 $\boldsymbol{s}'$ 的一个 0-位并翻转 $\boldsymbol{s}$ 的一个 1-位, 发生概率为 $((i+1)/n) \cdot ((n-i)/n)$. 因此,

$$p_{i,i+1} = P_1 \cdot \left(\frac{i+1}{n}\right)\left(\frac{n-i}{n}\right). \tag{A.110}$$

(4) $d = -1$ 时, 当且仅当 $f^{\mathrm{n}}(\boldsymbol{s}') = n-i \wedge f^{\mathrm{n}}(\boldsymbol{s}) = n-i+1$ 时 $\boldsymbol{s}'$ 被拒绝. 为使 $f^{\mathrm{n}}(\boldsymbol{s}') = n-i \wedge f^{\mathrm{n}}(\boldsymbol{s}) = n-i+1$, 噪声需翻转 $\boldsymbol{s}'$ 的一个 1-位并翻转 $\boldsymbol{s}$ 的一个 0-位, 发生概率为 $((n-i+1)/n) \cdot (i/n)$. 因此,

$$p_{i,i-1} = P_{-1} \cdot \left(1 - \left(\frac{n-i+1}{n}\right)\left(\frac{i}{n}\right)\right). \tag{A.111}$$

(5) $d \leqslant -2$ 时, $f^{\mathrm{n}}(\boldsymbol{s}') \geqslant n-i-d-1 \geqslant n-i+1 \geqslant f^{\mathrm{n}}(\boldsymbol{s})$, 因此子代解 $\boldsymbol{s}'$ 将被接受, 这意味着

$$\forall d \leqslant -2 : p_{i,i+d} = P_d. \tag{A.112}$$

接着分析概率 P_d 的界. 当 $d > 0$ 时, 由于变异时翻转解的 d 个 1-位并保持其他位不变即可将解的 0-位的数目增加 d, 因此 $P_d \geqslant \binom{n-i}{d}(1/n^d)(1-1/n)^{n-d}$; 由于将解的 0-位的数目减少 d 必然要至少翻转 d 个 0-位, 因此 $P_{-d} \leqslant \binom{i}{d}(1/n^d)$. 于是 $\sum_{d=2}^{i} dP_{-d}$ 有如下上界:

$$\begin{aligned}\sum_{d=2}^{i} dP_{-d} &\leqslant \sum_{d=2}^{i} d\binom{i}{d}\frac{1}{n^d} = \sum_{d=1}^{i} d\binom{i}{d}\frac{1}{n^d} - \frac{i}{n} \\ &= \frac{i}{n}\sum_{d=0}^{i-1}\binom{i-1}{d}\frac{1}{n^d} - \frac{i}{n} = \frac{i}{n}\left(\left(1+\frac{1}{n}\right)^{i-1} - 1\right).\end{aligned} \tag{A.113}$$

而对于 P_{-1}, 下面分析亦需用到 [Paixão et al., 2015] 中的引理 2 给出的一个更紧的上界:

$$P_{-1} \leqslant \frac{i}{n}\left(1-\frac{1}{n}\right)^{n-1} \cdot 1.14. \tag{A.114}$$

将上述这些概率代入式 (A.107) 可得

$$\begin{aligned}\mathbb{E}[x_t - x_{t+1} \mid x_t = i] &= \left(1 - \frac{n-i+1}{n}\frac{i}{n}\right)P_{-1} + \sum_{d=2}^{i} dP_{-d} - \frac{i+1}{n}\frac{n-i}{n}P_1 - 2\frac{i+2}{n}\frac{n-i}{n}P_2 \\ &\leqslant \left(1 - \frac{n-i+1}{n}\frac{i}{n}\right)\frac{i}{n}\left(1-\frac{1}{n}\right)^{n-1} \cdot 1.14 + \frac{i}{n}\left(\left(1+\frac{1}{n}\right)^{i-1} - 1\right)\end{aligned}$$

$$
\begin{aligned}
&-\frac{i+1}{n}\frac{n-i}{n}\frac{n-i}{n}\left(1-\frac{1}{n}\right)^{n-1}-2\frac{i+2}{n}\frac{n-i}{n}\frac{(n-i)(n-i-1)}{2n^2}\left(1-\frac{1}{n}\right)^{n-2}\\
&\leqslant \frac{i}{n}\left(1-\frac{1}{n}\right)^{n-1}\left(1.14-1-2\cdot\frac{1}{2}\right)+O\left(\left(\frac{i}{n}\right)^2\right) \qquad (A.115)\\
&\leqslant -0.3\cdot\frac{i}{n}+O\left(\left(\frac{i}{n}\right)^2\right), \qquad (A.116)
\end{aligned}
$$

其中式 (A.115) 由 $i < n^{1/4}$ 可得, 式 (A.116) 由 $(1-1/n)^{n-1} \geqslant 1/\mathrm{e}$ 可得. 为验证定理 2.6 的条件 (1), 还需分析概率 $P(x_{t+1} \neq i \mid x_t = i)$, 其中 $1 \leqslant i < n^{1/4}$. 由于

$$
P(x_{t+1} \neq i \mid x_t = i) = \left(1-\frac{n-i+1}{n}\frac{i}{n}\right)P_{-1}+\sum_{d=2}^{i}P_{-d}+\frac{i+1}{n}\frac{n-i}{n}P_1+\frac{i+2}{n}\frac{n-i}{n}P_2, \qquad (A.117)
$$

因此 $P(x_{t+1} \neq i \mid x_t = i) = \Theta(i/n)$, 意味着 $\mathbb{E}[x_t - x_{t+1} \mid x_t = i] = -\Omega(P(x_{t+1} \neq i \mid x_t = i))$. 于是定理 2.6 的条件 (1) 成立.

为验证定理 2.6 的条件 (2), 需比较 $P(|x_{t+1}-x_t| \geqslant j \mid x_t = i)$ 和 $(r(l)/(1+\delta)^j)\cdot P(x_{t+1} \neq i \mid x_t = i)$, 其中 $i \geqslant 1$. $P(x_{t+1} \neq i \mid x_t = i)$ 可重写为 $P(|x_{t+1}-x_t| \geqslant 1 \mid x_t = i)$. 下面证明条件 (2) 在 $\delta = 1$ 和 $r(l) = 32\mathrm{e}/7$ 时成立. 当 $j \in \{1,2,3\}$ 时, 由于 $r(l)/(1+\delta)^j > 1$, 因此条件 (2) 成立. 当 $j \geqslant 4$ 时, 根据上述对 $p_{i,i+d}$ 的分析有

$$
P(|x_{t+1}-x_t| \geqslant j \mid x_t = i) = \sum_{d=j}^{i}P_{-d} \leqslant \binom{i}{j}\frac{1}{n^j} \leqslant \frac{1}{j!}\left(\frac{i}{n}\right)^j \leqslant \frac{2}{2^j}\cdot\frac{i}{n}, \qquad (A.118)
$$

其中第一个不等式成立是因为通过变异将解中 0 的数目减少至少 j 需至少翻转 j 个 0. 又因为

$$
\begin{aligned}
P(|x_{t+1}-x_t| \geqslant 1 \mid x_t = i) \geqslant p_{i,i-1} &= \left(1-\frac{n-i+1}{n}\frac{i}{n}\right)\cdot P_{-1}\\
&\geqslant \left(1-\frac{n-i+1}{n}\frac{i}{n}\right)\cdot\frac{i}{n}\left(1-\frac{1}{n}\right)^{n-1}\\
&\geqslant \frac{7}{16\mathrm{e}}\cdot\frac{i}{n}, \qquad (A.119)
\end{aligned}
$$

所以合并式 (A.118) 和式 (A.119) 可得

$$
\begin{aligned}
\frac{r(l)}{(1+\delta)^j}\cdot P(|x_{t+1}-x_t| \geqslant 1 \mid x_t = i) &\geqslant \frac{32\mathrm{e}}{7}\frac{1}{2^j}\cdot\frac{7}{16\mathrm{e}}\frac{i}{n}\\
&= \frac{2}{2^j}\frac{i}{n} \geqslant P(|x_{t+1}-x_t| \geqslant j \mid x_t = i). \qquad (A.120)
\end{aligned}
$$

因此, 定理 2.6 的条件 (2) 成立.

根据定理 2.6 以及 $l = b - a = n^{1/4}$ 可知, 当算法从满足 $|\boldsymbol{s}|_0 \geqslant n^{1/4}$ 的解 $\boldsymbol{s}$ 出发时, 运行时间是 $2^{O(n^{1/4})}$ 的概率指数级小. 由于初始解服从均匀分布, 由切诺夫界可得初始解 $\boldsymbol{s}$ 满足 $|\boldsymbol{s}|_0 < n^{1/4}$ 的概率指数级小. 结合上述两点可得, 期望运行时间为指数级. 于是定理 10.11 得证. □

定理 10.12 的证明 通过定理 2.6 证明. 类似于定理 10.11 的证明, 先分析 $p_{i,i+d}$. 给定解 s, 使用 $k=2$ 的抽样策略输出的适应度为 $\hat{f}(s)=(f_1^{\mathrm{n}}(s)+f_2^{\mathrm{n}}(s))/2$, 其中 $f_1^{\mathrm{n}}(s)$ 和 $f_2^{\mathrm{n}}(s)$ 分别是两次独立的适应度评估得到的带噪适应度.

(1) $d \geqslant 3$ 时, $\hat{f}(s') \leqslant n-i-d+1 \leqslant n-i-2 < \hat{f}(s)$, 因此子代解 s' 将被拒绝, 这意味着

$$\forall d \geqslant 3: p_{i,i+d}=0. \tag{A.121}$$

(2) $d=2$ 时, 当且仅当 $\hat{f}(s')=n-i-1=\hat{f}(s)$ 时子代解 s' 被接受. 为使 $\hat{f}(s')=n-i-1$, 在对 s' 的两次带噪适应度评估中, 噪声均需翻转 s' 的一个 0-位, 于是 $\hat{f}(s')=n-i-1$ 的概率为 $((i+2)/n)^2$. 为使 $\hat{f}(s)=n-i-1$, 在对 s 的两次带噪适应度评估中, 噪声均需翻转 s 的一个 1-位, 于是 $\hat{f}(s)=n-i-1$ 的概率为 $((n-i)/n)^2$. 因此,

$$p_{i,i+2}=P_2 \cdot \left(\frac{i+2}{n}\right)^2\left(\frac{n-i}{n}\right)^2. \tag{A.122}$$

(3) $d=1$ 时, 有三种情形接受 s': $\hat{f}(s')=n-i \wedge \hat{f}(s)=n-i-1$、$\hat{f}(s')=n-i \wedge \hat{f}(s)=n-i$、$\hat{f}(s')=n-i-1 \wedge \hat{f}(s)=n-i-1$. 为使 $\hat{f}(s')=n-i$, 在对 s' 的两次带噪适应度评估中, 噪声均需翻转 s' 的一个 0-位, 于是 $\hat{f}(s')=n-i$ 的概率为 $((i+1)/n)^2$. 为使 $\hat{f}(s')=n-i-1$, 在对 s' 的两次带噪适应度评估中, 其中一次噪声需翻转 s' 的一个 0-位, 而另一次噪声需翻转 s' 的一个 1-位, 于是 $\hat{f}(s')=n-i-1$ 的概率为 $2((i+1)/n)((n-i-1)/n)$. 类似可得, $\hat{f}(s)=n-i-1$ 和 $\hat{f}(s)=n-i$ 的概率分别为 $((n-i)/n)^2$ 和 $2((n-i)/n)(i/n)$. 因此,

$$p_{i,i+1}=P_1 \cdot \left(\left(\frac{i+1}{n}\right)^2\left(\left(\frac{n-i}{n}\right)^2+2\frac{n-i}{n}\frac{i}{n}\right)+2\frac{i+1}{n}\frac{n-i-1}{n}\left(\frac{n-i}{n}\right)^2\right). \tag{A.123}$$

(4) $d=-1$ 时, 当且仅当 $\hat{f}(s')=n-i \wedge \hat{f}(s)=n-i+1$ 时 s' 被拒绝. 为使 $\hat{f}(s')=n-i$, 在对 s' 的两次带噪适应度评估中, 噪声均需翻转 s' 的一个 1-位, 于是 $\hat{f}(s')=n-i$ 的概率为 $((n-i+1)/n)^2$. 为使 $\hat{f}(s)=n-i+1$, 在对 s 的两次带噪适应度评估中, 噪声均需翻转 s 的一个 0-位, 于是 $\hat{f}(s)=n-i+1$ 的概率为 $(i/n)^2$. 因此,

$$p_{i,i-1}=P_{-1} \cdot \left(1-\left(\frac{n-i+1}{n}\right)^2\left(\frac{i}{n}\right)^2\right). \tag{A.124}$$

(5) $d \leqslant -2$ 时, $\hat{f}(s') \geqslant n-i-d-1 \geqslant n-i+1 \geqslant \hat{f}(s)$, 因此子代解 s' 始终被接受, 于是有

$$\forall d \leqslant -2: p_{i,i+d}=P_d. \tag{A.125}$$

将上述概率代入式 (A.107) 可得

$$\mathbb{E}[x_t - x_{t+1} \mid x_t = i] = \sum_{d=1}^{i} d \cdot p_{i,i-d} - \sum_{d=1}^{n-i} d \cdot p_{i,i+d}$$

$$
\begin{aligned}
&= \left(1-\left(\frac{n-i+1}{n}\right)^2\left(\frac{i}{n}\right)^2\right)P_{-1}+\sum_{d=2}^{i} dP_{-d}-2\left(\frac{i+2}{n}\right)^2\left(\frac{n-i}{n}\right)^2 P_2\\
&\quad -\left(\left(\frac{i+1}{n}\right)^2\left(\left(\frac{n-i}{n}\right)^2+2\frac{n-i}{n}\frac{i}{n}\right)+2\frac{i+1}{n}\frac{n-i-1}{n}\left(\frac{n-i}{n}\right)^2\right)P_1\\
&\leqslant \left(1-\left(\frac{n-i+1}{n}\right)^2\left(\frac{i}{n}\right)^2\right)\frac{i}{n}\left(1-\frac{1}{n}\right)^{n-1}\cdot 1.14+\frac{i}{n}\left(\left(1+\frac{1}{n}\right)^{i-1}-1\right)\\
&\quad -2\left(\frac{i+2}{n}\right)^2\left(\frac{n-i}{n}\right)^2\frac{(n-i)(n-i-1)}{2n^2}\left(1-\frac{1}{n}\right)^{n-2}\\
&\quad -\left(\left(\frac{i+1}{n}\right)^2\left(\left(\frac{n-i}{n}\right)^2+2\frac{n-i}{n}\frac{i}{n}\right)+2\frac{i+1}{n}\frac{n-i-1}{n}\left(\frac{n-i}{n}\right)^2\right)\frac{n-i}{n}\left(1-\frac{1}{n}\right)^{n-1} \quad\quad (A.126)\\
&\leqslant \frac{i}{n}\left(1-\frac{1}{n}\right)^{n-1}(1.14-2)+O\left(\left(\frac{i}{n}\right)^2\right)\leqslant -0.3\cdot\frac{i}{n}+O\left(\left(\frac{i}{n}\right)^2\right), \quad\quad (A.127)
\end{aligned}
$$

其中式 (A.126) 由定理 10.11 证明中关于 P_d 的界可得, 式 (A.127) 的第一个不等式由 $i < n^{1/4}$ 可得. 当 $1 \leqslant i < n^{1/4}$ 时, $P(x_{t+1} \neq i \mid x_t = i) = \Theta(i/n)$, 因此 $\mathbb{E}[x_t - x_{t+1} \mid x_t = i] = -\Omega(P(x_{t+1} \neq i \mid x_t = i))$, 意味着定理 2.6 的条件 (1) 成立.

定理 2.6 的条件 (2) 在 $\delta = 1$ 和 $r(l) = 32\mathrm{e}/7$ 时成立. 由于

$$
\begin{aligned}
P(|x_{t+1}-x_t| \geqslant 1 \mid x_t = i) \geqslant p_{i,i-1} &= \left(1-\left(\frac{n-i+1}{n}\right)^2\left(\frac{i}{n}\right)^2\right)\cdot P_{-1}\\
&\geqslant \left(1-\frac{n-i+1}{n}\frac{i}{n}\right)\cdot P_{-1}, \quad\quad (A.128)
\end{aligned}
$$

因此这里对条件 (2) 的验证过程与定理 10.11 证明中相同. 根据定理 2.6 可得, 期望运行时间为指数级. 定理 10.12 得证. □

定理 10.15 的证明 通过定理 2.3 证明. 令 $LO(\boldsymbol{s}) = \sum_{i=1}^{n}\prod_{j=1}^{i} s_j$ 表示解 $\boldsymbol{s} \in \{0,1\}^n$ 从首端开始连续 1-位的数目. 此处状态 $\mathrm{x} \in \mathcal{X}$ 就是 $\{0,1\}^n$ 中的某个解. 构造距离函数使得 $\forall \mathrm{x} \in \mathcal{X} = \{0,1\}^n$: $V(\mathrm{x}) = n - LO(\mathrm{x})$, 显然满足当且仅当 $\mathrm{x} \in \mathcal{X}^* = \{1^n\}$ 时 $V(\mathrm{x}) = 0$.

给定任意满足 $V(\mathrm{x}) > 0$ 的 x, 下面分析 $\mathbb{E}[V(\xi_t) - V(\xi_{t+1}) \mid \xi_t = \mathrm{x}]$. 假设 $LO(\mathrm{x}) = i$, 则 $0 \leqslant i \leqslant n-1$. 令 x' 表示对 x 进行变异产生的子代解. 为分析 $LO(\mathrm{x}')$, 考虑下述三种变异情况.

(1) 对于从 x 首端开始的连续 1-位, 若第 l 个 1-位被翻转, 且前 $l-1$ 个 1-位保持不变, 则 $LO(\mathrm{x}') = l-1$. 因此, $\forall 1 \leqslant l \leqslant i : P(LO(\mathrm{x}') = l-1) = (1-1/n)^{l-1}(1/n)$.

(2) 若 x 的第 $i+1$ 位 (必然是 0) 被翻转, 且从首端开始的连续 i 个 1-位保持不变, 则 $LO(\mathrm{x}') \geqslant i+1$. 因此, $P(LO(\mathrm{x}') \geqslant i+1) = (1-1/n)^i(1/n)$.

(3) 若从 x 首端开始的 $i+1$ 位保持不变, 则 $LO(\mathrm{x}') = i$. 因此, $P(LO(\mathrm{x}') = i) = (1-1/n)^{i+1}$.

假设 $LO(\mathrm{x}') = j$. 接下来分析算法在选择过程中接受 x' 的概率, 即 $P(\hat{f}(\mathrm{x}') \geqslant \hat{f}(\mathrm{x}))$. 通过抽样策略, $\hat{f}(\mathrm{x}) = (\sum_{i=1}^{k} f_i^{\mathrm{n}}(\mathrm{x}))/k$, 其中 $f_i^{\mathrm{n}}(\mathrm{x})$ 是一次独立的适应度评估输出的带噪适应度. 在 $p_{\mathrm{n}} = 1/2$ 的一位噪声的干扰下, $f^{\mathrm{n}}(\mathrm{x})$ 的计算如下.

(1) 噪声未发生, 概率为 $1 - p_{\mathrm{n}} = 1/2$, 有

$$P(f^{\mathrm{n}}(\mathrm{x}) = i) = \frac{1}{2}. \tag{A.129}$$

(2) 噪声发生, 概率为 $p_{\mathrm{n}} = 1/2$.

(2.1) 若噪声翻转了从 x 首端开始的连续 1-位中的第 l 个 1-位, 则 $f^{\mathrm{n}}(\mathrm{x}) = l - 1$. 因此,

$$\forall 1 \leqslant l \leqslant i : P(f^{\mathrm{n}}(\mathrm{x}) = l - 1) = \frac{1}{2n}. \tag{A.130}$$

(2.2) 若噪声翻转了 x 的第 $i+1$ 位, 则 $f^{\mathrm{n}}(\mathrm{x}) \geqslant i+1$. 因此,

$$P(f^{\mathrm{n}}(\mathrm{x}) \geqslant i + 1) = \frac{1}{2n}. \tag{A.131}$$

(2.3) 否则, $f^{\mathrm{n}}(\mathrm{x})$ 保持不变. 因此,

$$P(f^{\mathrm{n}}(\mathrm{x}) = i) = \frac{1}{2}\left(1 - \frac{i+1}{n}\right). \tag{A.132}$$

注意在情形 (2.2) 下, 当 x 在第 $i+2$ 位取值为 0 时, $f^{\mathrm{n}}(\mathrm{x})$ 取得最小值 $i+1$, 而当 x 从第 $i+2$ 位开始全是 1 时, 则 $f^{\mathrm{n}}(\mathrm{x})$ 取得最大值 n. 对于任意 i, 令 $\mathrm{x}_i^{\mathrm{opt}}$ 表示除第 $i+1$ 位外其余位全是 1 的解, 即 $\mathrm{x}_i^{\mathrm{opt}} = 1^i 0 1^{n-i-1}$; 令 $\mathrm{x}_i^{\mathrm{pes}}$ 表示首端开始连续 i 个 1 而后面的位全是 0 的解, 即 $\mathrm{x}_i^{\mathrm{pes}} = 1^i 0^{n-i}$. 由上述分析可得**随机序** (stochastic ordering): $f^{\mathrm{n}}(\mathrm{x}_i^{\mathrm{pes}}) \preceq f^{\mathrm{n}}(\mathrm{x}) \preceq f^{\mathrm{n}}(\mathrm{x}_i^{\mathrm{opt}})$, 这意味着

$$\hat{f}(\mathrm{x}_i^{\mathrm{pes}}) \preceq \hat{f}(\mathrm{x}) \preceq \hat{f}(\mathrm{x}_i^{\mathrm{opt}}), \tag{A.133}$$

类似可得 $\hat{f}(\mathrm{x}_j^{\mathrm{pes}}) \preceq \hat{f}(\mathrm{x}') \preceq \hat{f}(\mathrm{x}_j^{\mathrm{opt}})$. 因此, 有

$$P(\hat{f}(\mathrm{x}_j^{\mathrm{pes}}) \geqslant \hat{f}(\mathrm{x}_i^{\mathrm{opt}})) \leqslant P(\hat{f}(\mathrm{x}') \geqslant \hat{f}(\mathrm{x})) \leqslant P(\hat{f}(\mathrm{x}_j^{\mathrm{opt}}) \geqslant \hat{f}(\mathrm{x}_i^{\mathrm{pes}})). \tag{A.134}$$

令 $P_{\mathrm{mut}}(\mathrm{x}, \mathrm{x}')$ 表示通过对 x 执行变异算子产生 x′ 的概率. 结合上述对变异概率和接受子代解的概率的分析, 可得

$$\begin{aligned}
&\mathbb{E}[V(\xi_t) - V(\xi_{t+1}) \mid \xi_t = \mathrm{x}] \\
&= \sum_{j=0}^{n} \sum_{LO(\mathrm{x}')=j} P_{\mathrm{mut}}(\mathrm{x}, \mathrm{x}') \cdot P(\hat{f}(\mathrm{x}') \geqslant \hat{f}(\mathrm{x})) \cdot (n - i - (n - j)) \\
&\geqslant \sum_{j=0}^{i-1} \sum_{LO(\mathrm{x}')=j} P_{\mathrm{mut}}(\mathrm{x}, \mathrm{x}') \cdot P(\hat{f}(\mathrm{x}_j^{\mathrm{opt}}) \geqslant \hat{f}(\mathrm{x}_i^{\mathrm{pes}})) \cdot (j - i) \\
&\quad + \sum_{j=i+1}^{n} \sum_{LO(\mathrm{x}')=j} P_{\mathrm{mut}}(\mathrm{x}, \mathrm{x}') \cdot P(\hat{f}(\mathrm{x}_j^{\mathrm{pes}}) \geqslant \hat{f}(\mathrm{x}_i^{\mathrm{opt}})) \cdot (j - i)
\end{aligned} \tag{A.135}$$

$$
\begin{aligned}
&\geqslant \sum_{j=0}^{i-1} \sum_{LO(\mathrm{x}')=j} P_{\mathrm{mut}}(\mathrm{x},\mathrm{x}') \cdot P(\hat{f}(\mathrm{x}_{i-1}^{\mathrm{opt}}) \geqslant \hat{f}(\mathrm{x}_i^{\mathrm{pes}})) \cdot (j-i) \\
&\quad + \sum_{j=i+1}^{n} \sum_{LO(\mathrm{x}')=j} P_{\mathrm{mut}}(\mathrm{x},\mathrm{x}') \cdot P(\hat{f}(\mathrm{x}_{i+1}^{\mathrm{pes}}) \geqslant \hat{f}(\mathrm{x}_i^{\mathrm{opt}})) \cdot (i+1-i) \qquad (\mathrm{A.136}) \\
&= \left(1-\frac{1}{n}\right)^i \frac{1}{n} P(\hat{f}(\mathrm{x}_{i+1}^{\mathrm{pes}}) \geqslant \hat{f}(\mathrm{x}_i^{\mathrm{opt}})) - \left(\sum_{j=0}^{i-1}\left(1-\frac{1}{n}\right)^j \frac{1}{n}(i-j)\right) P(\hat{f}(\mathrm{x}_{i-1}^{\mathrm{opt}}) \geqslant \hat{f}(\mathrm{x}_i^{\mathrm{pes}})) \qquad (\mathrm{A.137}) \\
&\geqslant \frac{1}{\mathrm{e}n} P(\hat{f}(\mathrm{x}_{i+1}^{\mathrm{pes}}) \geqslant \hat{f}(\mathrm{x}_i^{\mathrm{opt}})) - \frac{i(i+1)}{2n} P(\hat{f}(\mathrm{x}_{i-1}^{\mathrm{opt}}) \geqslant \hat{f}(\mathrm{x}_i^{\mathrm{pes}})), \qquad (\mathrm{A.138})
\end{aligned}
$$

其中式 (A.135) 由式 (A.134) 可得, 式 (A.136) 成立是因为 $\forall j \leqslant i-1 : P(\hat{f}(\mathrm{x}_j^{\mathrm{opt}}) \geqslant \hat{f}(\mathrm{x}_i^{\mathrm{pes}})) \leqslant P(\hat{f}(\mathrm{x}_{i-1}^{\mathrm{opt}}) \geqslant \hat{f}(\mathrm{x}_i^{\mathrm{pes}}))$ 且 $\forall j \geqslant i+1 : P(\hat{f}(\mathrm{x}_j^{\mathrm{pes}}) \geqslant \hat{f}(\mathrm{x}_i^{\mathrm{opt}})) \geqslant P(\hat{f}(\mathrm{x}_{i+1}^{\mathrm{pes}}) \geqslant \hat{f}(\mathrm{x}_i^{\mathrm{opt}}))$, 式 (A.137) 成立是因为 $\forall 0 \leqslant j \leqslant i-1 : \sum_{LO(\mathrm{x}')=j} P_{\mathrm{mut}}(\mathrm{x},\mathrm{x}') = P(LO(\mathrm{x}')=j) = (1-1/n)^j(1/n)$ 且 $\sum_{j=i+1}^{n}\sum_{LO(\mathrm{x}')=j} P_{\mathrm{mut}}(\mathrm{x},\mathrm{x}') = P(LO(\mathrm{x}') \geqslant i+1) = (1-1/n)^i(1/n)$, 而式 (A.138) 由 $1 \geqslant (1-1/n)^i \geqslant (1-1/n)^{n-1} \geqslant 1/\mathrm{e}$ 可得.

接下来分析 $P(\hat{f}(\mathrm{x}_{i+1}^{\mathrm{pes}}) \geqslant \hat{f}(\mathrm{x}_i^{\mathrm{opt}}))$ 和 $P(\hat{f}(\mathrm{x}_{i-1}^{\mathrm{opt}}) \geqslant \hat{f}(\mathrm{x}_i^{\mathrm{pes}}))$ 这两个概率的界.

$$
\begin{aligned}
P(\hat{f}(\mathrm{x}') \geqslant \hat{f}(\mathrm{x})) &= P\left(\left(\sum_{i=1}^{k} f_i^{\mathrm{n}}(\mathrm{x}')\right)/k \geqslant \left(\sum_{i=1}^{k} f_i^{\mathrm{n}}(\mathrm{x})\right)/k\right) \\
&= P\left(\sum_{i=1}^{k} f_i^{\mathrm{n}}(\mathrm{x}') - \sum_{i=1}^{k} f_i^{\mathrm{n}}(\mathrm{x}) \geqslant 0\right) = P(Z(\mathrm{x}',\mathrm{x}) \geqslant 0), \qquad (\mathrm{A.139})
\end{aligned}
$$

其中为简便起见, 随机变量 $Z(\mathrm{x}',\mathrm{x})$ 用于表示 $\sum_{i=1}^{k} f_i^{\mathrm{n}}(\mathrm{x}') - \sum_{i=1}^{k} f_i^{\mathrm{n}}(\mathrm{x})$. 基于对 $f^{\mathrm{n}}(\mathrm{x})$ 的分析, 可计算得到 $f^{\mathrm{n}}(\mathrm{x}_i^{\mathrm{opt}})$ 和 $f^{\mathrm{n}}(\mathrm{x}_i^{\mathrm{pes}})$ 的期望和方差.

$$
\begin{aligned}
\mathbb{E}[f^{\mathrm{n}}(\mathrm{x}_i^{\mathrm{opt}})] &= \frac{1}{2}i + \sum_{j=0}^{i-1}\frac{1}{2n}j + \frac{1}{2n}n + \frac{1}{2}\left(1-\frac{i+1}{n}\right)i = i + \frac{1}{2} - \frac{i^2+3i}{4n}, \qquad (\mathrm{A.140}) \\
\mathbb{E}[f^{\mathrm{n}}(\mathrm{x}_i^{\mathrm{pes}})] &= \frac{1}{2}i + \sum_{j=0}^{i-1}\frac{1}{2n}j + \frac{1}{2n}(i+1) + \frac{1}{2}\left(1-\frac{i+1}{n}\right)i = i - \frac{i^2+i-2}{4n}, \qquad (\mathrm{A.141}) \\
Var(f^{\mathrm{n}}(\mathrm{x}_i^{\mathrm{opt}})) &= \mathbb{E}[(f^{\mathrm{n}}(\mathrm{x}_i^{\mathrm{opt}}))^2] - (\mathbb{E}[f^{\mathrm{n}}(\mathrm{x}_i^{\mathrm{opt}})])^2 \\
&= \frac{1}{2}i^2 + \sum_{j=0}^{i-1}\frac{1}{2n}j^2 + \frac{1}{2n}n^2 + \frac{1}{2}\left(1-\frac{i+1}{n}\right)i^2 - \left(i+\frac{1}{2}-\frac{i^2+3i}{4n}\right)^2 \\
&\leqslant \frac{1}{6}n^2 + \frac{3}{2}n + \frac{5}{6} \leqslant \frac{7}{6}n^2, \qquad (\mathrm{A.142}) \\
Var(f^{\mathrm{n}}(\mathrm{x}_i^{\mathrm{pes}})) &= \mathbb{E}[(f^{\mathrm{n}}(\mathrm{x}_i^{\mathrm{pes}}))^2] - (\mathbb{E}[f^{\mathrm{n}}(\mathrm{x}_i^{\mathrm{pes}})])^2 \\
&= \frac{1}{2}i^2 + \sum_{j=0}^{i-1}\frac{1}{2n}j^2 + \frac{1}{2n}(i+1)^2 + \frac{1}{2}\left(1-\frac{i+1}{n}\right)i^2 - \left(i-\frac{i^2+i-2}{4n}\right)^2 \\
&\leqslant \frac{1}{6}n^2 + \frac{1}{4}n + \frac{1}{12} + \frac{1}{2n} \leqslant \frac{5}{12}n^2, \qquad (\mathrm{A.143})
\end{aligned}
$$

其中式 (A.142) 和式 (A.143) 的最后一个不等式均在 $n \geqslant 2$ 时成立. 因此, 有

$$\mathbb{E}[Z(\mathrm{x}_{i+1}^{\mathrm{pes}}, \mathrm{x}_i^{\mathrm{opt}})] = k(\mathbb{E}[f^{\mathrm{n}}(\mathrm{x}_{i+1}^{\mathrm{pes}})] - \mathbb{E}[f^{\mathrm{n}}(\mathrm{x}_i^{\mathrm{opt}})]) = \frac{k}{2}, \tag{A.144}$$

$$\mathbb{E}[Z(\mathrm{x}_{i-1}^{\mathrm{opt}}, \mathrm{x}_i^{\mathrm{pes}})] = k(\mathbb{E}[f^{\mathrm{n}}(\mathrm{x}_{i-1}^{\mathrm{opt}})] - \mathbb{E}[f^{\mathrm{n}}(\mathrm{x}_i^{\mathrm{pes}})]) = -\frac{k}{2}, \tag{A.145}$$

$$Var(Z(\mathrm{x}_{i+1}^{\mathrm{pes}}, \mathrm{x}_i^{\mathrm{opt}})) = k(Var(f^{\mathrm{n}}(\mathrm{x}_{i+1}^{\mathrm{pes}})) + Var(f^{\mathrm{n}}(\mathrm{x}_i^{\mathrm{opt}}))) \leqslant \frac{19}{12}kn^2, \tag{A.146}$$

$$Var(Z(\mathrm{x}_{i-1}^{\mathrm{opt}}, \mathrm{x}_i^{\mathrm{pes}})) = k(Var(f^{\mathrm{n}}(\mathrm{x}_{i-1}^{\mathrm{opt}})) + Var(f^{\mathrm{n}}(\mathrm{x}_i^{\mathrm{pes}}))) \leqslant \frac{19}{12}kn^2. \tag{A.147}$$

下面通过**切比雪夫不等式** (Chebyshev's inequality) 即可推得 $P(\hat{f}(\mathrm{x}_{i+1}^{\mathrm{pes}}) \geqslant \hat{f}(\mathrm{x}_i^{\mathrm{opt}}))$ 和 $P(\hat{f}(\mathrm{x}_{i-1}^{\mathrm{opt}}) \geqslant \hat{f}(\mathrm{x}_i^{\mathrm{pes}}))$ 的界. 注意 $Z(\mathrm{x}', \mathrm{x})$ 取整数值,

$$\begin{aligned}
P(\hat{f}(\mathrm{x}_{i+1}^{\mathrm{pes}}) \geqslant \hat{f}(\mathrm{x}_i^{\mathrm{opt}})) &= P(Z(\mathrm{x}_{i+1}^{\mathrm{pes}}, \mathrm{x}_i^{\mathrm{opt}}) \geqslant 0) = 1 - P(Z(\mathrm{x}_{i+1}^{\mathrm{pes}}, \mathrm{x}_i^{\mathrm{opt}}) \leqslant -1) \\
&= 1 - P(Z(\mathrm{x}_{i+1}^{\mathrm{pes}}, \mathrm{x}_i^{\mathrm{opt}}) - \mathbb{E}[Z(\mathrm{x}_{i+1}^{\mathrm{pes}}, \mathrm{x}_i^{\mathrm{opt}})] \leqslant -1 - \mathbb{E}[Z(\mathrm{x}_{i+1}^{\mathrm{pes}}, \mathrm{x}_i^{\mathrm{opt}})]) \\
&\geqslant 1 - P(|Z(\mathrm{x}_{i+1}^{\mathrm{pes}}, \mathrm{x}_i^{\mathrm{opt}}) - \mathbb{E}[Z(\mathrm{x}_{i+1}^{\mathrm{pes}}, \mathrm{x}_i^{\mathrm{opt}})]| \geqslant 1 + k/2) \\
&\geqslant 1 - \frac{Var(Z(\mathrm{x}_{i+1}^{\mathrm{pes}}, \mathrm{x}_i^{\mathrm{opt}}))}{(1+k/2)^2} \geqslant 1 - \frac{19n^2}{3k},
\end{aligned} \tag{A.148}$$

其中式 (A.148) 的第一个不等式由切比雪夫不等式可得. 类似地,

$$\begin{aligned}
P(\hat{f}(\mathrm{x}_{i-1}^{\mathrm{opt}}) \geqslant \hat{f}(\mathrm{x}_i^{\mathrm{pes}})) &= P(Z(\mathrm{x}_{i-1}^{\mathrm{opt}}, \mathrm{x}_i^{\mathrm{pes}}) \geqslant 0) \\
&= P(Z(\mathrm{x}_{i-1}^{\mathrm{opt}}, \mathrm{x}_i^{\mathrm{pes}}) - \mathbb{E}[Z(\mathrm{x}_{i-1}^{\mathrm{opt}}, \mathrm{x}_i^{\mathrm{pes}})] \geqslant -\mathbb{E}[Z(\mathrm{x}_{i-1}^{\mathrm{opt}}, \mathrm{x}_i^{\mathrm{pes}})]) \\
&\leqslant P(|Z(\mathrm{x}_{i-1}^{\mathrm{opt}}, \mathrm{x}_i^{\mathrm{pes}}) - \mathbb{E}[Z(\mathrm{x}_{i-1}^{\mathrm{opt}}, \mathrm{x}_i^{\mathrm{pes}})]| \geqslant k/2) \\
&\leqslant \frac{Var(Z(\mathrm{x}_{i-1}^{\mathrm{opt}}, \mathrm{x}_i^{\mathrm{pes}}))}{(k/2)^2} \leqslant \frac{19n^2}{3k},
\end{aligned} \tag{A.149}$$

其中式 (A.149) 的第一个不等式由切比雪夫不等式可得.

将式 (A.148) 和式 (A.149) 代入式 (A.138) 有

$$\begin{aligned}
\mathbb{E}[V(\xi_t) - V(\xi_{t+1}) \mid \xi_t = \mathrm{x}] &\geqslant \frac{1}{\mathrm{e}n}\left(1 - \frac{19n^2}{3k}\right) - \frac{i(i+1)}{2n}\frac{19n^2}{3k} \\
&\geqslant \frac{1}{\mathrm{e}n}\left(1 - \frac{19}{30n^2}\right) - \frac{(n-1)n}{2n}\frac{19}{30n^2} && \text{(A.150)} \\
&\geqslant \frac{0.05}{n} - \frac{19}{30\mathrm{e}n^3}, && \text{(A.151)}
\end{aligned}$$

其中式 (A.150) 由 $i \leqslant n-1$ 和 $k = 10n^4$ 可得. 因此, $\mathbb{E}[V(\xi_t) - V(\xi_{t+1}) \mid \xi_t = \mathrm{x}] = \Omega(1/n)$, 这意味着定理 2.3 的条件以 $c_1 = \Omega(1/n)$ 成立. 又因为 $V(\mathrm{x}) = n - LO(\mathrm{x}) \leqslant n$, 根据定理 2.3 可得, $\mathbb{E}[\tau \mid \xi_0] = O(n) \cdot V(\xi_0) = O(n^2)$, 即 (1+1)-EA 找到最优解的期望运行轮数至多为 $O(n^2)$. 由于算法的期望运行时间等于 $2k$ (即每轮耗费的适应度评估次数) 乘以期望轮数, 且 $k = 10n^4$, 因此期望运行时间至多为 $O(n^6)$. 定理 10.15 得证. □

定理 10.16 的证明 通过定理 2.5 证明. 令 x_t 表示 (1+1)-EA 运行 t 轮后的解所含 0 的个数. 考虑区间 $[0, n^{1/4}]$, 也就是说, 定理 2.5 中的参数 $a = 0$、$b = n^{1/4}$. 下面分析漂移 $\mathbb{E}[x_t - x_{t+1} \mid x_t = i]$, 其中 $1 \leqslant i < n^{1/4}$. $\forall -i \leqslant d \leqslant n-i$, 令 $p_{i,i+d}$ 表示经过逐位变异和选择后的下一代解含 $i+d$ 个 0 (即 $x_{t+1} = i+d$) 的概率. 令 P_d 表示通过执行逐位变异算子产生的子代解含 $i+d$ 个 0 (即 $|s'|_0 = i+d$) 的概率. $\forall d \neq 0$, 有

$$\begin{aligned} p_{i,i+d} &= P_d \cdot P(f^{\mathrm{n}}(s') \geqslant f^{\mathrm{n}}(s)) \\ &= P_d \cdot P(n - i - d + \delta_1 \geqslant n - i + \delta_2) \\ &= P_d \cdot P(\delta_1 - \delta_2 \geqslant d) = P_d \cdot P(\delta \geqslant d), \end{aligned} \tag{A.152}$$

其中 $\delta_1, \delta_2 \sim \mathcal{N}(\theta, \sigma^2)$, $\delta \sim \mathcal{N}(0, 2\sigma^2)$. 因此,

$$\begin{aligned} \mathbb{E}[x_t - x_{t+1} \mid x_t = i] &= \sum_{d=1}^{i} d \cdot p_{i,i-d} - \sum_{d=1}^{n-i} d \cdot p_{i,i+d} \\ &\leqslant \sum_{d=1}^{i} d \cdot p_{i,i-d} - p_{i,i+1} \\ &\leqslant \sum_{d=1}^{i} d \cdot P_{-d} - P_1 \cdot P(\delta \geqslant 1). \end{aligned} \tag{A.153}$$

令 $\delta' \sim \mathcal{N}(0,1)$, 于是 $P(\delta \geqslant 1) = P\big(\delta' \geqslant 1/(\sqrt{2}\sigma)\big) \geqslant P\big(\delta' \geqslant 1/\sqrt{2}\big) = P\big(\delta' \leqslant -1/\sqrt{2}\big) \geqslant 0.23$, 其中第一个不等式由 $\sigma \geqslant 1$ 可得, 第二个不等式通过计算标准正态分布的累积分布函数可得. 另外, $P_1 \geqslant ((n-i)/n)(1-1/n)^{n-1} \geqslant (n-i)/(\mathrm{e}n)$, $P_{-d} \leqslant \binom{i}{d}(1/n^d)$. 将这些概率的界代入式 (A.153) 有

$$\begin{aligned} \mathbb{E}[x_t - x_{t+1} \mid x_t = i] &\leqslant \sum_{d=1}^{i} d \cdot \binom{i}{d} \frac{1}{n^d} - \frac{n-i}{\mathrm{e}n} \cdot 0.23 \\ &= -\frac{0.23}{\mathrm{e}} + \frac{0.23}{\mathrm{e}} \frac{i}{n} + \frac{i}{n} \left(1 + \frac{1}{n}\right)^{i-1} \\ &\leqslant -\frac{0.23}{\mathrm{e}} + \left(\frac{0.23}{\mathrm{e}} + \mathrm{e}\right) \frac{i}{n} \\ &= -\frac{0.23}{\mathrm{e}} + O\left(\frac{n^{1/4}}{n}\right), \end{aligned} \tag{A.154}$$

其中式 (A.154) 由 $i < n^{1/4}$ 可得. 因此, $\mathbb{E}[x_t - x_{t+1} \mid x_t = i] = -\Omega(1)$, 即定理 2.5 的条件 (1) 成立. 如定理 10.9 证明中对式 (A.101) 的分析, 定理 2.5 的条件 (2) 在 $\delta = 1$ 和 $r(l) = 2$ 时成立. 于是根据定理 2.5 以及 $l = b - a = n^{1/4}$ 可得, 期望运行时间为指数级. 定理 10.16 得证. □

定理 10.17 的证明 通过定理 2.5 证明. 令 x_t 表示 (1+1)-EA 运行 t 轮后的解所含 0 的个数. 如定理 10.16 证明中的分析可得

$$\mathbb{E}[x_t - x_{t+1} \mid x_t = i] \leqslant \sum_{d=1}^{i} d \cdot p_{i,i-d} - p_{i,i+1}. \tag{A.155}$$

对于 $p_{i,i-d}$, 有 $p_{i,i-d} \leqslant P_{-d} \leqslant \binom{i}{d}(1/n^d)$. 对于 $p_{i,i+1}$, 考虑变异时仅翻转一个 1-位的所有 $n-i$ 种情形. 注意当前解含 $n-i$ 个 1, 变异时仅翻转一个特定 1-位的概率为 $(1/n)(1-1/n)^{n-1}$. 令 $\boldsymbol{s}$ 和 $\boldsymbol{s}'$ 分别表示当前解和子代解. 令 LO 表示 $\boldsymbol{s}$ 从首端开始连续 1-位的数目, 即 $LO = f(\boldsymbol{s})$, 则 $\boldsymbol{s}$ 的带噪适应度 $f^{\mathrm{n}}(\boldsymbol{s}) = LO + \delta_1$, 其中 $\delta_1 \sim \mathcal{N}(\theta, \sigma^2)$. $\boldsymbol{s}'$ 在这 $n-i$ 种情形下被接受的概率计算如下.

(1) 若翻转的 1-位是 $\boldsymbol{s}$ 从首端开始的连续 1-位中的第 j 个, 则 $f^{\mathrm{n}}(\boldsymbol{s}') = j-1+\delta_2$, 其中 $1 \leqslant j \leqslant LO$, $\delta_2 \sim \mathcal{N}(\theta, \sigma^2)$. 因此, 接受 $\boldsymbol{s}'$ 的概率为 $P(f^{\mathrm{n}}(\boldsymbol{s}') \geqslant f^{\mathrm{n}}(\boldsymbol{s})) = P(j-1+\delta_2 \geqslant LO+\delta_1) = P(\delta_2-\delta_1 \geqslant LO-j+1) = P(\delta \geqslant LO-j+1)$, 其中 $\delta \sim \mathcal{N}(0, 2\sigma^2)$.

(2) 否则 $f^{\mathrm{n}}(\boldsymbol{s}') = LO + \delta_2$, 接受 $\boldsymbol{s}'$ 的概率为 $P(\delta \geqslant 0)$.

将上述这些概率代入式 (A.155) 可得

$$\begin{aligned}\mathbb{E}[x_t - x_{t+1} \mid x_t = i] &\leqslant \sum_{d=1}^{i} d \cdot \binom{i}{d}\frac{1}{n^d} - \frac{1}{n}\left(1-\frac{1}{n}\right)^{n-1}\left(\sum_{j=1}^{LO} P(\delta \geqslant LO-j+1) + (n-i-LO)P(\delta \geqslant 0)\right) \\ &\leqslant \frac{i}{n}\left(1+\frac{1}{n}\right)^{i-1} - \frac{1}{\mathrm{e}n} \cdot \sum_{j=1}^{n-i} P(\delta \geqslant n-i-j+1), \end{aligned} \tag{A.156}$$

其中式 (A.156) 成立是因为上式第一行最后一个大括号内的项在 $LO = n-i$ 时取得最小. 令 $\delta' \sim \mathcal{N}(0,1)$. 由 [Mohri et al., 2012] 中的 (D.17) 可得 $P(\delta' \geqslant u) \geqslant (1/2)\left(1-\sqrt{1-\mathrm{e}^{-u^2}}\right) \geqslant (1/2)(1-u)$, 其中 $u > 0$. 因此,

$$\begin{aligned} P(\delta \geqslant n-i-j+1) &= P\left(\frac{\delta}{\sqrt{2}\sigma} \geqslant \frac{n-i-j+1}{\sqrt{2}\sigma}\right) = P\left(\delta' \geqslant \frac{n-i-j+1}{\sqrt{2}\sigma}\right) \\ &\geqslant \frac{1}{2}\left(1-\frac{n-i-j+1}{\sqrt{2}\sigma}\right) \geqslant \frac{1}{2}\left(1-\frac{n-i-j+1}{\sqrt{2}n}\right), \end{aligned} \tag{A.157}$$

其中式 (A.157) 的最后一个不等式由 $\sigma \geqslant n$ 可得. 将式 (A.157) 代入式 (A.156) 有

$$\begin{aligned} \mathbb{E}[x_t - x_{t+1} \mid x_t = i] &\leqslant \frac{i}{n}\left(1+\frac{1}{n}\right)^{i-1} - \frac{1}{\mathrm{e}n} \cdot \sum_{j=1}^{n-i} \frac{1}{2}\left(1-\frac{n-i-j+1}{\sqrt{2}n}\right) \\ &= \frac{i}{n}\left(1+\frac{1}{n}\right)^{i-1} - \frac{n-i}{2\mathrm{e}n} \cdot \left(1-\frac{n-i+1}{2\sqrt{2}n}\right) \leqslant -\frac{1}{2\mathrm{e}}\left(1-\frac{1}{2\sqrt{2}}\right) + O\left(\frac{n^{\frac{1}{4}}}{n}\right), \end{aligned} \tag{A.158}$$

其中式 (A.158) 的不等式由 $i < n^{1/4}$ 可得. 因此, $\mathbb{E}[x_t - x_{t+1} \mid x_t = i] = -\Omega(1)$, 意味着定理 2.5 的条件 (1) 成立. 如定理 10.9 证明中对式 (A.101) 的分析, 定理 2.5 的条件 (2) 在 $\delta = 1$ 和 $r(l) = 2$ 时成立. 因此, 期望运行时间为指数级. 定理 10.17 得证. □

推论 10.2 的证明 如推论 10.1 证明中的分析可得, 使用抽样策略可将噪声的方差 σ^2 降至 σ^2/k. 由于 $k = \lceil 12\mathrm{e}n^2\sigma^2 \rceil$, 因此 $\sigma^2/k \leqslant 1/(12\mathrm{e}n^2)$. 于是根据引理 10.7 可得, (1+1)-EA 找到最优解所需的期望运行轮数至多为 $O(n^2)$. 由于 $\sigma^2 = O(poly(n))$, 因此通过 $2k$ 乘以期望运行轮数计算而得的期望运行时间为多项式级. 推论 10.2 得证. □

第 11 章

引理 11.1 的证明 令 $f(m)=\sum_{k=0}^{i}\binom{m}{k}(1/n)^k(1-1/n)^{m-k}$, 需证 $m\geqslant i$ 时 $f(m+1)\leqslant f(m)$. 令 $x_1,x_2,\ldots,x_{m+1}$ 为 $m+1$ 个独立随机变量, 满足 $\forall j\in[m+1]:P(x_j=1)=1/n, P(x_j=0)=1-1/n$. 由于 $f(m)$ 和 $f(m+1)$ 可等价地表达成 $f(m)=P(\sum_{j=1}^{m}x_j\leqslant i)$ 和 $f(m+1)=P(\sum_{j=1}^{m+1}x_j\leqslant i)$, 有

$$\begin{aligned}f(m+1)&=P\left(\sum_{j=1}^{m}x_j<i\right)+P\left(\sum_{j=1}^{m}x_j=i\right)P(x_{m+1}=0)\\&=P\left(\sum_{j=1}^{m}x_j<i\right)+P\left(\sum_{j=1}^{m}x_j=i\right)\left(1-\frac{1}{n}\right)\\&\leqslant f(m).\end{aligned}\tag{A.159}$$

引理 11.1 得证. □

引理 11.2 的证明 令 $m=\lceil \mathrm{e}(c+1)\ln n/\ln\ln n\rceil$. 令 $x_1,x_2,\ldots,x_n$ 为 n 个独立随机变量, 满足对于任意 $j\in[n]$, 有 $P(x_j=1)=1/n, P(x_j=0)=1-1/n$. 令 $x=\sum_{j=1}^{n}x_j$. 于是有 $\mathbb{E}[x]=1$, 且

$$\forall i\geqslant m:\sum_{k=i}^{n}\binom{n}{k}\left(\frac{1}{n}\right)^k\left(1-\frac{1}{n}\right)^{n-k}=P(x\geqslant i)\leqslant\frac{\mathrm{e}^{(i-1)}}{i^i},\tag{A.160}$$

其中不等式由切诺夫界可得. 对于式 (11.1) 中不等式左边的式子, 有

$$\begin{aligned}\sum_{i=0}^{n-1}\left(\sum_{k=0}^{i}\binom{n}{k}\left(\frac{1}{n}\right)^k\left(1-\frac{1}{n}\right)^{n-k}\right)^{\lambda}&\geqslant\sum_{i=m-1}^{n-1}\left(\sum_{k=0}^{i}\binom{n}{k}\left(\frac{1}{n}\right)^k\left(1-\frac{1}{n}\right)^{n-k}\right)^{\lambda}\\&=\sum_{i=m-1}^{n-1}\left(1-\sum_{k=i+1}^{n}\binom{n}{k}\left(\frac{1}{n}\right)^k\left(1-\frac{1}{n}\right)^{n-k}\right)^{\lambda}\\&\geqslant\sum_{i=m-1}^{n-1}\left(1-\frac{\mathrm{e}^i}{(i+1)^{(i+1)}}\right)^{\lambda}\qquad(\text{A.161})\\&\geqslant\sum_{i=m-1}^{n-1}\left(1-\frac{\mathrm{e}^{m-1}}{m^m}\right)^{\lambda},\qquad(\text{A.162})\end{aligned}$$

其中式 (A.161) 由式 (A.160) 可得, 式 (A.162) 成立是因为 $i\geqslant m-1$ 时 $\mathrm{e}^i/(i+1)^{(i+1)}$ 关于 i 单调递减. 对 e^{m-1}/m^m 的倒数取对数可得

$$\begin{aligned}\ln(m^m/\mathrm{e}^{m-1})&=m(\ln m-1)+1\\&\geqslant\frac{\mathrm{e}(c+1)\ln n}{\ln\ln n}(1+\ln(c+1)+\ln\ln n-\ln\ln\ln n-1)+1\\&\geqslant\frac{\mathrm{e}(c+1)\ln n}{\ln\ln n}\frac{1}{\mathrm{e}}\ln\ln n=(c+1)\ln n\geqslant\ln(\lambda n),\end{aligned}\tag{A.163}$$

其中式 (A.163) 的最后一个不等式由 $\lambda \leqslant n^c$ 可得. 因此, $\mathrm{e}^{m-1}/m^m \leqslant 1/(\lambda n)$, 将其代入式 (A.162) 有

$$\begin{aligned}\sum_{i=0}^{n-1}\left(\sum_{k=0}^{i}\binom{n}{k}\left(\frac{1}{n}\right)^k\left(1-\frac{1}{n}\right)^{n-k}\right)^{\lambda} &\geqslant \sum_{i=m-1}^{n-1}\left(1-\frac{1}{\lambda n}\right)^{\lambda}\\ &\geqslant \sum_{i=m-1}^{n-1}\left(1-\frac{1}{n}\right) \qquad (A.164)\\ &\geqslant n-m = n-\left\lceil\frac{\mathrm{e}(c+1)\ln n}{\ln\ln n}\right\rceil, \qquad (A.165)\end{aligned}$$

其中式 (A.164) 的第二个不等式由 $\forall 0 \leqslant xy \leqslant 1, y \geqslant 1 : (1-x)^y \geqslant 1-xy$ 可得. 引理 11.2 得证. □

第 12 章

定理 12.3 的证明 先分析算法运行一轮后的状态的单步成功概率之期望值.

$$\begin{aligned}&\forall i : \mathbb{E}[\mathcal{G}(\xi_{t+1}) \mid \xi_t \in \mathcal{X}_i] - \mathbb{E}[\mathcal{G}(\xi^{\mathrm{F}}_{t+1}) \mid \xi^{\mathrm{F}}_t \in \mathcal{X}^{\mathrm{F}}_i]\\ &\quad= \sum_{\mathrm{x}\in\mathcal{X}_i}\mathbb{E}[\mathcal{G}(\xi_{t+1}) \mid \xi_t = \mathrm{x}]P(\xi_t = \mathrm{x} \mid \xi_t \in \mathcal{X}_i)\\ &\quad\quad- \sum_{\mathrm{x}\in\mathcal{X}^{\mathrm{F}}_i}\mathbb{E}[\mathcal{G}(\xi^{\mathrm{F}}_{t+1}) \mid \xi^{\mathrm{F}}_t = \mathrm{x}]P(\xi^{\mathrm{F}}_t = \mathrm{x} \mid \xi^{\mathrm{F}}_t \in \mathcal{X}^{\mathrm{F}}_i)\\ &\quad= \sum_{\mathrm{x}\in\mathcal{X}_i}\sum_{j=1}^{m}\mathcal{G}(\mathcal{X}_j)P(\xi_{t+1} \in \mathcal{X}_j \mid \xi_t = \mathrm{x})P(\xi_t = \mathrm{x} \mid \xi_t \in \mathcal{X}_i)\\ &\quad\quad- \sum_{\mathrm{x}\in\mathcal{X}^{\mathrm{F}}_i}\sum_{j=1}^{m}\mathcal{G}(\mathcal{X}_j)P(\xi^{\mathrm{F}}_{t+1} \in \mathcal{X}_j \mid \xi^{\mathrm{F}}_t = \mathrm{x})P(\xi^{\mathrm{F}}_t = \mathrm{x} \mid \xi^{\mathrm{F}}_t \in \mathcal{X}^{\mathrm{F}}_i)\\ &\quad\geqslant 0, \qquad (A.166)\end{aligned}$$

其中式 (A.166) 由式 (A.167) 可得. $\forall \mathrm{x} \in \mathcal{X}_i, \mathrm{y} \in \mathcal{X}^{\mathrm{F}}_i$, 根据式 (12.22) 以及 $\mathcal{G}(\mathcal{X}_j)$ 关于 j 的单调递增性可知, $\exists q \in [0,1], h \in [m]$ 使得

$$\begin{aligned}&\sum_{j=1}^{m}\mathcal{G}(\mathcal{X}_j)P(\xi_{t+1} \in \mathcal{X}_j \mid \xi_t = \mathrm{x}) - \sum_{j=1}^{m}\mathcal{G}(\mathcal{X}_j)P(\xi^{\mathrm{F}}_{t+1} \in \mathcal{X}_j \mid \xi^{\mathrm{F}}_t = \mathrm{y})\\ &\quad\geqslant (\mathcal{G}(\mathcal{X}_h) - \mathcal{G}(\mathcal{X}_{h-1}))q \geqslant 0. \qquad (A.167)\end{aligned}$$

类似地,

$$\begin{aligned}&\forall i > j : \mathbb{E}[\mathcal{G}(\xi_{t+1}) \mid \xi_t \in \mathcal{X}_i] - \mathbb{E}[\mathcal{G}(\xi_{t+1}) \mid \xi_t \in \mathcal{X}_j]\\ &\quad= \sum_{\mathrm{x}\in\mathcal{X}_i}\mathbb{E}[\mathcal{G}(\xi_{t+1}) \mid \xi_t = \mathrm{x}]P(\xi_t = \mathrm{x} \mid \xi_t \in \mathcal{X}_i)\\ &\quad\quad- \sum_{\mathrm{x}\in\mathcal{X}_j}\mathbb{E}[\mathcal{G}(\xi_{t+1}) \mid \xi_t = \mathrm{x}]P(\xi_t = \mathrm{x} \mid \xi_t \in \mathcal{X}_j)\end{aligned}$$

$$
\begin{aligned}
&= \sum_{\mathrm{x}\in\mathcal{X}_i}\sum_{k=1}^{m}\mathcal{G}(\mathcal{X}_k)P(\xi_{t+1}\in\mathcal{X}_k \mid \xi_t=\mathrm{x})P(\xi_t=\mathrm{x}\mid\xi_t\in\mathcal{X}_i)\\
&\quad -\sum_{\mathrm{x}\in\mathcal{X}_j}\sum_{k=1}^{m}\mathcal{G}(\mathcal{X}_k)P(\xi_{t+1}\in\mathcal{X}_k \mid \xi_t=\mathrm{x})P(\xi_t=\mathrm{x}\mid\xi_t\in\mathcal{X}_j)\\
&\geqslant 0,
\end{aligned}
\tag{A.168}
$$

其中式 (A.168) 由式 (A.169) 可得. $\forall \mathrm{x}\in\mathcal{X}_i, \mathrm{y}\in\mathcal{X}_j$, 其中 $i>j$, 根据式 (12.21) 以及 $\mathcal{G}(\mathcal{X}_k)$ 关于 k 的单调递增性可知, $\exists q\in[0,1], h\in[m]$ 使得

$$
\begin{aligned}
&\sum_{k=1}^{m}\mathcal{G}(\mathcal{X}_k)P(\xi_{t+1}\in\mathcal{X}_k\mid\xi_t=\mathrm{x})-\sum_{k=1}^{m}\mathcal{G}(\mathcal{X}_k)P(\xi_{t+1}\in\mathcal{X}_k\mid\xi_t=\mathrm{y})\\
&\quad\geqslant(\mathcal{G}(\mathcal{X}_h)-\mathcal{G}(\mathcal{X}_{h-1}))q\geqslant 0.
\end{aligned}
\tag{A.169}
$$

因此, 有

$$
\forall i: \mathbb{E}[\mathcal{G}(\xi_{t+1})\mid\xi_t\in\mathcal{X}_i]\geqslant\mathbb{E}[\mathcal{G}(\xi_{t+1}^{\mathrm{F}})\mid\xi_t^{\mathrm{F}}\in\mathcal{X}_i^{\mathrm{F}}], \tag{A.170}
$$

$$
\forall i>j: \mathbb{E}[\mathcal{G}(\xi_{t+1})\mid\xi_t\in\mathcal{X}_i]\geqslant\mathbb{E}[\mathcal{G}(\xi_{t+1})\mid\xi_t\in\mathcal{X}_j]. \tag{A.171}
$$

下面假设

$$
\forall i: \mathbb{E}[\mathcal{G}(\xi_{t+h})\mid\xi_t\in\mathcal{X}_i]\geqslant\mathbb{E}[\mathcal{G}(\xi_{t+h}^{\mathrm{F}})\mid\xi_t^{\mathrm{F}}\in\mathcal{X}_i^{\mathrm{F}}], \tag{A.172}
$$

$$
\forall i>j: \mathbb{E}[\mathcal{G}(\xi_{t+h})\mid\xi_t\in\mathcal{X}_i]\geqslant\mathbb{E}[\mathcal{G}(\xi_{t+h})\mid\xi_t\in\mathcal{X}_j], \tag{A.173}
$$

并考虑 $t+h+1$ 时刻的情形. 由于

$$
\begin{aligned}
\mathbb{E}[\mathcal{G}(\xi_{t+h+1})\mid\xi_t\in\mathcal{X}_i] &= \sum_{j=1}^{m}\mathcal{G}(\mathcal{X}_j)P(\xi_{t+h+1}\in\mathcal{X}_j\mid\xi_t\in\mathcal{X}_i)\\
&= \sum_{j=1}^{m}\mathcal{G}(\mathcal{X}_j)\sum_{z=1}^{m}P(\xi_{t+h+1}\in\mathcal{X}_j\mid\xi_{t+1}\in\mathcal{X}_z)P(\xi_{t+1}\in\mathcal{X}_z\mid\xi_t\in\mathcal{X}_i)\\
&= \sum_{z=1}^{m}P(\xi_{t+1}\in\mathcal{X}_z\mid\xi_t\in\mathcal{X}_i)\sum_{j=1}^{m}\mathcal{G}(\mathcal{X}_j)P(\xi_{t+h+1}\in\mathcal{X}_j\mid\xi_{t+1}\in\mathcal{X}_z)\\
&= \sum_{z=1}^{m}P(\xi_{t+1}\in\mathcal{X}_z\mid\xi_t\in\mathcal{X}_i)\mathbb{E}[\mathcal{G}(\xi_{t+h})\mid\xi_t\in\mathcal{X}_z],
\end{aligned}
\tag{A.174}
$$

因此, 有

$$
\begin{aligned}
&\forall i: \mathbb{E}[\mathcal{G}(\xi_{t+h+1})\mid\xi_t\in\mathcal{X}_i]-\mathbb{E}[\mathcal{G}(\xi_{t+h+1}^{\mathrm{F}})\mid\xi_t^{\mathrm{F}}\in\mathcal{X}_i^{\mathrm{F}}]\\
&\quad=\sum_{z=1}^{m}P(\xi_{t+1}\in\mathcal{X}_z\mid\xi_t\in\mathcal{X}_i)\mathbb{E}[\mathcal{G}(\xi_{t+h})\mid\xi_t\in\mathcal{X}_z]\\
&\qquad-\sum_{z=1}^{m}P(\xi_{t+1}^{\mathrm{F}}\in\mathcal{X}_z^{\mathrm{F}}\mid\xi_t^{\mathrm{F}}\in\mathcal{X}_i^{\mathrm{F}})\mathbb{E}[\mathcal{G}(\xi_{t+h}^{\mathrm{F}})\mid\xi_t^{\mathrm{F}}\in\mathcal{X}_z^{\mathrm{F}}]
\end{aligned}
$$

$$\geqslant \sum_{z=1}^{m} P(\xi_{t+1} \in \mathcal{X}_z \mid \xi_t \in \mathcal{X}_i)\mathbb{E}[\mathcal{G}(\xi_{t+h}) \mid \xi_t \in \mathcal{X}_z]$$

$$- \sum_{z=1}^{m} P(\xi^{\mathrm{F}}_{t+1} \in \mathcal{X}^{\mathrm{F}}_z \mid \xi^{\mathrm{F}}_t \in \mathcal{X}^{\mathrm{F}}_i)\mathbb{E}[\mathcal{G}(\xi_{t+h}) \mid \xi_t \in \mathcal{X}_z] \tag{A.175}$$

$$\geqslant 0, \tag{A.176}$$

其中式 (A.175) 由归纳假设即 $\forall i : \mathbb{E}[\mathcal{G}(\xi_{t+h}) \mid \xi_t \in \mathcal{X}_i] \geqslant \mathbb{E}[\mathcal{G}(\xi^{\mathrm{F}}_{t+h}) \mid \xi^{\mathrm{F}}_t \in \mathcal{X}^{\mathrm{F}}_i]$ 可得, 式 (A.176) 由式 (12.22) 以及归纳假设即 $\forall i > j : \mathbb{E}[\mathcal{G}(\xi_{t+h}) \mid \xi_t \in \mathcal{X}_i] \geqslant \mathbb{E}[\mathcal{G}(\xi_{t+h}) \mid \xi_t \in \mathcal{X}_j]$ 可得. 类似地,

$$\forall i > j : \mathbb{E}[\mathcal{G}(\xi_{t+h+1}) \mid \xi_t \in \mathcal{X}_i] - \mathbb{E}[\mathcal{G}(\xi_{t+h+1}) \mid \xi_t \in \mathcal{X}_j]$$

$$= \sum_{z=1}^{m} P(\xi_{t+1} \in \mathcal{X}_z \mid \xi_t \in \mathcal{X}_i)\mathbb{E}[\mathcal{G}(\xi_{t+h}) \mid \xi_t \in \mathcal{X}_z]$$

$$- \sum_{z=1}^{m} P(\xi_{t+1} \in \mathcal{X}_z \mid \xi_t \in \mathcal{X}_j)\mathbb{E}[\mathcal{G}(\xi_{t+h}) \mid \xi_t \in \mathcal{X}_z]$$

$$\geqslant 0, \tag{A.177}$$

其中式 (A.177) 由式 (12.21) 及归纳假设即 $\forall i > j : \mathbb{E}[\mathcal{G}(\xi_{t+h}) \mid \xi_t \in \mathcal{X}_i] \geqslant \mathbb{E}[\mathcal{G}(\xi_{t+h}) \mid \xi_t \in \mathcal{X}_j]$ 可得. 综上有

$$\forall h > 0, \forall i : \mathbb{E}[\mathcal{G}(\xi_{t+h}) \mid \xi_t \in \mathcal{X}_i] \geqslant \mathbb{E}[\mathcal{G}(\xi^{\mathrm{F}}_{t+h}) \mid \xi^{\mathrm{F}}_t \in \mathcal{X}^{\mathrm{F}}_i], \tag{A.178}$$

这意味着从任意 $\mathcal{X}_i$ 出发, EA 相较 EA^{F} 在任意时刻都能产生离最优种群期望下更近的种群.

由于

$$P(\xi_0 \in \mathcal{X}_i)\mathbb{E}[\mathcal{G}(\xi_t) \mid \xi_0 \in \mathcal{X}_i] = P(\xi_0 \in \mathcal{X}_i) \sum_{j=1}^{m} \mathcal{G}(\mathcal{X}_j) P(\xi_t \in \mathcal{X}_j \mid \xi_0 \in \mathcal{X}_i)$$

$$= \sum_{\substack{j=1\\ j\neq i}}^{m} \mathcal{G}(\mathcal{X}_j) P(\xi_t \in \mathcal{X}_j \mid \xi_0 \in \mathcal{X}_i) P(\xi_0 \in \mathcal{X}_i) + \mathcal{G}(\mathcal{X}_i) P(\xi_t \in \mathcal{X}_i \mid \xi_0 \in \mathcal{X}_i) P(\xi_0 \in \mathcal{X}_i), \tag{A.179}$$

因此, 有

$$\sum_{i=1}^{m} P(\xi_0 \in \mathcal{X}_i)\mathbb{E}[\mathcal{G}(\xi_t) \mid \xi_0 \in \mathcal{X}_i]$$

$$= \sum_{i=1}^{m} \left(\sum_{\substack{j=1\\ j\neq i}}^{m} \mathcal{G}(\mathcal{X}_j) P(\xi_t \in \mathcal{X}_j \mid \xi_0 \in \mathcal{X}_i) P(\xi_0 \in \mathcal{X}_i) \right) + \sum_{i=1}^{m} \mathcal{G}(\mathcal{X}_i) P(\xi_t \in \mathcal{X}_i \mid \xi_0 \in \mathcal{X}_i) P(\xi_0 \in \mathcal{X}_i)$$

$$= \sum_{i=1}^{m} \mathcal{G}(\mathcal{X}_i) \sum_{\substack{j=1\\ j\neq i}}^{m} P(\xi_t \in \mathcal{X}_i \mid \xi_0 \in \mathcal{X}_j) P(\xi_0 \in \mathcal{X}_j) + \sum_{i=1}^{m} \mathcal{G}(\mathcal{X}_i) P(\xi_t \in \mathcal{X}_i \mid \xi_0 \in \mathcal{X}_i) P(\xi_0 \in \mathcal{X}_i)$$

$$= \sum_{i=1}^{m} \mathcal{G}(\mathcal{X}_i) P(\xi_t \in \mathcal{X}_i). \tag{A.180}$$

类似可得

$$\sum_{i=1}^{m} P(\xi_0^{\mathrm{F}} \in \mathcal{X}_i^{\mathrm{F}})\mathbb{E}[\mathcal{G}(\xi_t^{\mathrm{F}}) \mid \xi_0^{\mathrm{F}} \in \mathcal{X}_i^{\mathrm{F}}] = \sum_{i=1}^{m} \mathcal{G}(\mathcal{X}_i)P(\xi_t^{\mathrm{F}} \in \mathcal{X}_i^{\mathrm{F}}). \tag{A.181}$$

根据式 (A.178) 以及 $P(\xi_0 \in \mathcal{X}_i) = P(\xi_0^{\mathrm{F}} \in \mathcal{X}_i^{\mathrm{F}})$ 有

$$\forall t: \sum_{i=1}^{m} P(\xi_0 \in \mathcal{X}_i)\mathbb{E}[\mathcal{G}(\xi_t) \mid \xi_0 \in \mathcal{X}_i] \geqslant \sum_{i=1}^{m} P(\xi_0^{\mathrm{F}} \in \mathcal{X}_i^{\mathrm{F}})\mathbb{E}[\mathcal{G}(\xi_t^{\mathrm{F}}) \mid \xi_0^{\mathrm{F}} \in \mathcal{X}_i^{\mathrm{F}}]. \tag{A.182}$$

于是将式 (A.180) 和式 (A.181) 代入式 (A.182) 可得

$$\forall t: \sum_{i=1}^{m} \mathcal{G}(\mathcal{X}_i)P(\xi_t \in \mathcal{X}_i) \geqslant \sum_{i=1}^{m} \mathcal{G}(\mathcal{X}_i)P(\xi_t^{\mathrm{F}} \in \mathcal{X}_i^{\mathrm{F}}). \tag{A.183}$$

由于

$$\begin{aligned} P(\xi_{t+1} \in \mathcal{X}^*) &= P(\xi_t \in \mathcal{X}^*) + \sum_{\mathrm{x} \notin \mathcal{X}^*} \mathcal{G}(\mathrm{x})P(\xi_t = \mathrm{x}) \\ &= \mathcal{G}(\mathcal{X}^*)P(\xi_t \in \mathcal{X}^*) + \sum_{\mathrm{x} \notin \mathcal{X}^*} \mathcal{G}(\mathrm{x})P(\xi_t = \mathrm{x}) \\ &= \sum_{i=1}^{m} \mathcal{G}(\mathcal{X}_i)P(\xi_t \in \mathcal{X}_i), \end{aligned} \tag{A.184}$$

且类似地, $P(\xi_{t+1}^{\mathrm{F}} \in \mathcal{X}^*) = \sum_{i=1}^{m} \mathcal{G}(\mathcal{X}_i)P(\xi_t^{\mathrm{F}} \in \mathcal{X}_i^{\mathrm{F}})$, 因此式 (A.183) 意味着

$$\forall t: P(\xi_t \in \mathcal{X}^*) \geqslant P(\xi_t^{\mathrm{F}} \in \mathcal{X}^*). \tag{A.185}$$

使用与定理 12.1 证明中最后一段相同的分析即可得到

$$\mathbb{E}[\tau^{\mathrm{F}} \mid \xi_0^{\mathrm{F}} \sim \pi_0^{\mathrm{F}}] \geqslant \mathbb{E}[\tau \mid \xi_0 \sim \pi_0]. \tag{A.186}$$

定理 12.3 得证. □

第 15 章

定理 15.3 的证明 先计算 $f(s)$. $|sup(s)| = 1$ 时, 解 $(0, i, 0, \ldots, 0)$ (其中 $i \in [k]$) 具有最大的 f 值 $3 + 2/k$, 可通过 $\mathbb{E}[a_2] = \mathbb{E}[a_4] = \mathbb{E}[a_5] = 1$、$\mathbb{E}[a_8] = \mathbb{E}[a_9] = 1/k$ 和 $\mathbb{E}[a_1] = \mathbb{E}[a_3] = \mathbb{E}[a_6] = \mathbb{E}[a_7] = 0$ 计算得到. 当 $s_2 > 0$ 且 $|sup(s)| = 2$ 时, 通过计算可得 $\forall i, j \in [k]$:

$$f((j, i, 0, \ldots, 0)) = f((0, i, j, 0, \ldots, 0)) = 5 + \frac{3}{k} - \frac{1}{k^2}, \tag{A.187}$$

$$f((0, i, 0, j, 0, \ldots, 0)) = f((0, i, 0, 0, j, \ldots, 0)) = 4 + \frac{1}{k}, \tag{A.188}$$

$$\text{否则}, f(s) \leqslant 4 + \frac{2}{k}. \tag{A.189}$$

对于 $b = 2$ 而言, 可验证 $(i, 0, j, 0, \ldots, 0)$ 是全局最优解, 目标值为 $6 + 2/k$. $|sup(s)| = 3$ 时, 解 $(i, j, l, 0, \ldots, 0)$ 具有最大的 f 值 $7 + 4/k - 2/k^2$.

因此, 上述 f 的结构与带有 k 个话题的影响最大化问题的例 15.1 所对应的 f 的结构类似. 通过与定理 15.2 相同的证明过程可得, POkSM 可在期望运行轮数 $O(bn)$ 内找到全局最优解, 而广义贪心算法将陷入局部最优解. 于是定理 15.3 得证. □

定理 15.4 的证明 通过计算 $|sup(s)| \leqslant 3$ 时的 $f(s)$ 可得出广义贪心算法的搜索路径. $|sup(s)| = 1$ 时, 有 $f((1, 0, \ldots, 0)) = 1.5$、$f((0, 2, 0, \ldots, 0)) = f((0, 0, 3, 0, \ldots, 0)) = f((0, 0, 0, 4, 0, \ldots, 0)) = 1$, 而对于其他任意 $\boldsymbol{s}$, 均有 $f(\boldsymbol{s}) = 0$. 因此, 广义贪心算法先找到解 $(1, 0, \ldots, 0)$. 当 $|sup(s)| = 2$ 且 $s_1 = 1$ 时, 有 $f((1, 2, 0, \ldots, 0)) = f((1, 0, 3, 0, \ldots, 0)) = f((1, 0, 0, 4, 0, \ldots, 0)) = 2.16$, 而对于其他任意 $\boldsymbol{s}$, 均有 $f(s) = 1.5$. 因此, 广义贪心算法找到的下一个解必是 $(1, 2, 0, \ldots, 0)$、$(1, 0, 3, 0, \ldots, 0)$ 或 $(1, 0, 0, 4, 0, \ldots, 0)$. 由于 $f((1, 2, 3, 0, \ldots, 0)) = 2.5$、$f((1, 2, 0, 4, 0, \ldots, 0)) = f((1, 0, 3, 4, 0, \ldots, 0)) = 2.75$, 广义贪心算法最终输出的解为 $\boldsymbol{s}_{\text{local}} = (1, 2, 0, 4, 0, \ldots, 0)$ 或 $(1, 0, 3, 4, 0, \ldots, 0)$. 可验证全局最优解为 $\boldsymbol{s}_{\text{global}} = (0, 2, 3, 4, 0, \ldots, 0)$, 目标值 $f(\boldsymbol{s}_{\text{global}}) = 3$. 因此, 广义贪心算法无法找到 $\boldsymbol{s}_{\text{global}}$.

对于 POkSM, 通过与定理 15.2 相同的证明过程可得, 在期望运行轮数 $O(b)$ 内可找到 $\boldsymbol{s}_{\text{local}}$, 即 $\mathbb{E}[T_1] = O(b)$. 然后, POkSM 通过在第 4 行选择 $\boldsymbol{s}_{\text{local}}$ 并在第 5 行对其变异能以至少 $(1/(2b)) \cdot (1/n)(1 - 1/n)^{n-1}(1/k) \geqslant 1/(2ekbn)$ 的概率产生解 $\boldsymbol{s}^* = (1, 2, 3, 4, 0, \ldots, 0)$. 由于 $f(\boldsymbol{s}^*)$ 达到最大的 f 值 3, 且悲观地假设尚未找到 $\boldsymbol{s}_{\text{global}}$, 因此 P 中不存在解占优 $\boldsymbol{s}^*$. 这意味着 POkSM 将在 $\boldsymbol{s}^*$ 上执行 SGS, 而这个过程将以至少 $1 - 1/\mathrm{e}$ 的概率设置 $s_1^* = 0$, 即找到 $\boldsymbol{s}_{\text{global}}$. 因此, $\mathbb{E}[T_2] \leqslant 2ekbn \cdot \mathrm{e}/(\mathrm{e}-1)$. 通过合并上述两个阶段可得, PO$k$SM 找到 $\boldsymbol{s}_{\text{global}}$ 所需的期望运行轮数至多为 $\mathbb{E}[T_1] + \mathbb{E}[T_2] = O(kbn)$.

综上, 定理 15.4 得证. □

第 17 章

引理 17.1 的证明 令 $\boldsymbol{s}^*$ 表示最优子集, 即 $f(\boldsymbol{s}^*) = \text{OPT}$. 令 $\hat{v} = \arg\max_{v \in \boldsymbol{s}^* \setminus \boldsymbol{s}} f^{\text{n}}(\boldsymbol{s} \cup v)$. 于是,

$$f(\boldsymbol{s}^*) - f(\boldsymbol{s}) \leqslant f(\boldsymbol{s}^* \cup \boldsymbol{s}) - f(\boldsymbol{s}) \leqslant \frac{1}{\gamma_{\boldsymbol{s},b}} \sum_{v \in \boldsymbol{s}^* \setminus \boldsymbol{s}} \big(f(\boldsymbol{s} \cup v) - f(\boldsymbol{s})\big) \tag{A.190}$$

$$\leqslant \frac{1}{\gamma_{\boldsymbol{s},b}} \sum_{v \in \boldsymbol{s}^* \setminus \boldsymbol{s}} \left(\frac{1}{1-\epsilon} f^{\text{n}}(\boldsymbol{s} \cup v) - f(\boldsymbol{s})\right) \tag{A.191}$$

$$\leqslant \frac{b}{\gamma_{\boldsymbol{s},b}} \left(\frac{1}{1-\epsilon} f^{\text{n}}(\boldsymbol{s} \cup \hat{v}) - f(\boldsymbol{s})\right), \tag{A.192}$$

其中式 (A.190) 的第一个不等式由 f 的单调性可得, 式 (A.190) 的第二个不等式根据次模比的定义以及 $|\boldsymbol{s}^*| \leqslant b$ 可得, 式 (A.191) 由 $f^{\text{n}}(\boldsymbol{s} \cup v) \geqslant (1 - \epsilon) f(\boldsymbol{s} \cup v)$ 可得.

对式 (A.192) 进行变换可得到

$$f^{\text{n}}(\boldsymbol{s} \cup \hat{v}) \geqslant (1 - \epsilon)\left(\left(1 - \frac{\gamma_{\boldsymbol{s},b}}{b}\right) f(\boldsymbol{s}) + \frac{\gamma_{\boldsymbol{s},b}}{b} \cdot \text{OPT}\right). \tag{A.193}$$

将 $f(\boldsymbol{s}) \geqslant f^{\text{n}}(\boldsymbol{s})/(1 + \epsilon)$ 代入式 (A.193) 可得式 (17.17). 于是引理 17.1 得证. □

定理 17.5 的证明 令 $A = \{S_1, \ldots, S_l\}$, $B = \{S_{l+1}, \ldots, S_{2l}\}$. 若无噪则贪心算法先选择 A 中的某个 S_i, 再不断地选择 B 中的 S_i 直至耗尽预算. 因此, 贪心算法无噪时可找到最优解. 当出现噪声时, 贪心算法从 A 中选择某个 S_i 后, 将继续选择 A 中而非 B 中的 S_i, 这是因为 $\forall S \subseteq A, S_i \in B : f^{\mathrm{n}}(S) = 2 + \delta > 2 = f^{\mathrm{n}}(S \cup \{S_i\})$. 因此, 贪心算法带噪时找到解的近似比仅为 $2/(b+1)$.

下面证明 POSS 在噪声下能够高效地通过搜索路径 $0^n \to \{S^*\} \to \{S^*\} \cup B_2 \to \{S^*\} \cup B_3 \to \cdots \to \{S^*\} \cup B_{b-1}$ 找到最优解, 其中 S^* 表示 A 中的任意一个 S_i, B_i 表示 B 的任意一个规模为 i 的子集, $\{S^*\} \cup B_{b-1}$ 即为一个最优解. 注意该路径上的解一旦被找到将始终存在于种群 P 中, 这是因为不存在其他解可占优它们. 由于在算法 14.2 第 4 行选择 0^n 进行变异, 并在第 5 行变异时仅翻转其前 l 个 0-位中的一个即可产生 $\{S^*\}$, 该路径上第一个 "$\to$" 在 POSS 的一轮运行内发生的概率至少为 $(1/P_{\max}) \cdot (l/n)(1-1/n)^{n-1}$. 由于选择 $\{S^*\}$ 进行变异, 并在变异时翻转其后半部分中的任意两个 0-位即可产生 $\{S^*\} \cup B_2$, 因此 POSS 通过执行多位搜索使得该路径上第二个 "$\to$" 在其一轮运行内发生的概率至少为 $(1/P_{\max}) \cdot (\binom{l}{2}/n^2)(1-1/n)^{n-2}$. 对于该路径上第 i 个 "$\to$", 其中 $3 \leqslant i \leqslant b-1$, 由于选择 "$\to$" 左边的解进行变异, 并在变异时仅翻转其后半部分中的一个 0-位即可产生 "$\to$" 右边的解, 该 "$\to$" 在算法一轮运行内发生的概率至少为 $(1/P_{\max}) \cdot ((l-i+1)/n)(1-1/n)^{n-1}$. 于是 POSS 从 0^n 出发执行该搜索路径所需的期望运行轮数至多为

$$\mathrm{e}nP_{\max} \cdot \left(\frac{1}{l} + \frac{4}{l-1} + \sum_{i=3}^{b-1} \frac{1}{l-i+1}\right) = O(nP_{\max} \log n). \tag{A.194}$$

由于 $P_{\max} \leqslant 2b$, POSS 找到最优解的期望运行轮数至多为 $O(bn \log n)$.

综上, 定理 17.5 得证. □

定理 17.6 的证明 考虑贪心算法. 无噪时 $|S_{4l-2}|$ 为单个子集的最大规模, 于是贪心算法先选择 S_{4l-2}, 然后将找到最优解 $\{S_{4l-2}, S_{4l-1}\}$. 当出现噪声时, $f^{\mathrm{n}}(\{S_{4l}\}) = 2l$ 是单个子集的最大带噪目标函数值, 于是贪心算法先选择 S_{4l}, 然后将找到解 $\{S_{4l}, S_{4l-1}\}$. 因此, 贪心算法带噪时找到解的近似比仅为 $(3l-2)/(4l-3)$.

下面证明 POSS 在噪声下能高效执行搜索路径 $0^n \to \{S_{4l}\} \to \{S_{4l}, S_{4l-1}\} \to \{S_{4l-2}, S_{4l-1}, *\}$, 其中 $*$ 可以是 $i \neq 4l-2$ 和 $4l-1$ 的任意子集 S_i. 由于最终的目标是分析 POSS 找到最优解 $\{S_{4l-2}, S_{4l-1}\}$ 所需期望运行轮数的上界, 因此可悲观地假设在该过程中尚未找到 $\{S_{4l-2}, S_{4l-1}\}$. 注意该路径上的解一旦被找到将始终存在于种群 P 中, 这是因为不存在其他解可占优它们. 对于该路径上的任意 "$\to$", 由于选择 "$\to$" 左边的解进行变异, 并在变异时仅翻转其特定的一个 0-位即可产生 "$\to$" 右边的解, 因此该 "$\to$" 在 POSS 一轮运行内发生的概率至少为 $(1/P_{\max}) \cdot (1/n)(1-1/n)^{n-1} \geqslant 1/(\mathrm{e}nP_{\max})$. 于是 POSS 从 0^n 出发执行该搜索路径所需的期望运行轮数至多为 $3 \cdot \mathrm{e}nP_{\max}$. 在执行该搜索路径后, 通过选择 $\{S_{4l-2}, S_{4l-1}, *\}$ 进行变异, 并在变异时仅翻转其特定的一个 1-位即可产生最优解 $\{S_{4l-2}, S_{4l-1}\}$, 因此 POSS 通过执行后向搜索在一轮内找到最优解的概率至少为 $1/(\mathrm{e}nP_{\max})$. 结合上述两个阶段的分析可得, POSS 找到最优解所需的期望运行轮数至多为 $4\mathrm{e}nP_{\max} = O(n)$, 其中等式成立是因为 $P_{\max} \leqslant 4$.

综上, 定理 17.6 得证. □

参考文献

周志华. 机器学习. 北京: 清华大学出版社, 2016.

A. N. Aizawa and B. W. Wah. Scheduling of genetic algorithms in a noisy environment. *Evolutionary Computation*, 1994, 2(2):97–122.

Y. Akimoto, S. Astete-Morales, and O. Teytaud. Analysis of runtime of optimization algorithms for noisy functions over discrete codomains. *Theoretical Computer Science*, 2015, 605:42–50.

R. Aleliunas, R. Karp, R. Lipton, L. Lovasz, and C. Rackoff. Random walks, universal traversal sequences, and the complexity of maze problems. In *Proceedings of the 20th Annual Symposium on Foundations of Computer Science (FOCS)*, 218–223, San Juan, Puerto Rico, 1979.

N. Alon, D. Moshkovitz, and S. Safra. Algorithmic construction of sets for k-restrictions. *ACM Transactions on Algorithms*, 2006, 2(2):153–177.

D. Anguita, A. Ghio, L. Oneto, X. Parra, and J. L. Reyes-Ortiz. Human activity recognition on smartphones using a multiclass hardware-friendly support vector machine. In *Proceedings of the 4th International Workshop on Ambient Assisted Living and Home Care (IWAAL)*, 216–223, Vitoria-Gasteiz, Spain, 2012.

A. Arias-Montano, C. A. Coello Coello, and E. Mezura-Montes. Multiobjective evolutionary algorithms in aeronautical and aerospace engineering. *IEEE Transactions on Evolutionary Computation*, 2012, 16(5):662–694.

D. V. Arnold and H.-G. Beyer. A general noise model and its effects on evolution strategy performance. *IEEE Transactions on Evolutionary Computation*, 2006, 10(4):380–391.

A. Auger and B. Doerr. *Theory of Randomized Search Heuristics: Foundations and Recent Developments*. Singapore: World Scientific, 2011.

T. Bäck. *Evolutionary Algorithms in Theory and Practice: Evolution Strategies, Evolutionary Programming, Genetic Algorithms*. Oxford, UK: Oxford University Press, 1996.

G. Badkobeh, P. Lehre, and D. Sudholt. Unbiased black-box complexity of parallel search. In *Proceedings of the 13th International Conference on Parallel Problem Solving from Nature (PPSN)*, 892–901, Ljubljana, Slovenia, 2014.

W. Bai, R. Iyer, K. Wei, and J. Bilmes. Algorithms for optimizing the ratio of submodular functions. In *Proceedings of the 33rd International Conference on Machine Learning (ICML)*, 2751–2759, New York, NY, 2016.

R. E. Banfield, L. O. Hall, K. W. Bowyer, and W. P. Kegelmeyer. Ensemble diversity measures and their application to thinning. *Information Fusion*, 2005, 6(1):49–62.

N. Barbieri, F. Bonchi, and G. Manco. Topic-aware social influence propagation models. In *Proceedings of the 12th IEEE International Conference on Data Mining (ICDM)*, 81–90, Brussels, Belgium, 2012.

T. Bartz-Beielstein. Evolution strategies and threshold selection. In *Proceedings of the 2nd International Workshop on Hybrid Metaheuristics (HM)*, 104–115, Barcelona, Spain, 2005.

T. Bartz-Beielstein and S. Markon. Threshold selection, hypothesis tests, and DOE methods. In *Proceedings of the IEEE Congress on Evolutionary Computation (CEC)*, 777–782, Honolulu, HI, 2002.

A. Ben Hadj-Alouane and J. C. Bean. A genetic algorithm for the multiple-choice integer program. *Operations Research*, 1997, 45(1):92–101.

E. Benkhelifa, G. Dragffy, A. Pipe, and M. Nibouche. Design innovation for real world applications, using evolutionary algorithms. In *Proceedings of the IEEE Congress on Evolutionary Computation (CEC)*, 918–924, Trondheim, Norway, 2009.

D. P. Bertsekas. *Nonlinear Programming*. Cambridge, MA: Athena Scientific, 1999.

H.-G. Beyer. Evolutionary algorithms in noisy environments: Theoretical issues and guidelines for practice. *Computer Methods in Applied Mechanics and Engineering*, 2000, 186(2):239–267.

A. A. Bian, J. M. Buhmann, A. Krause, and S. Tschiatschek. Guarantees for greedy maximization of non-submodular functions with applications. In *Proceedings of the 34th International Conference on Machine Learning (ICML)*, 498–507, Sydney, Australia, 2017.

S. Böttcher, B. Doerr, and F. Neumann. Optimal fixed and adaptive mutation rates for the LeadingOnes problem. In *Proceedings of the 11th International Conference on Parallel Problem Solving from Nature (PPSN)*, 1–10, Krakow, Poland, 2010.

J. Branke and C. Schmidt. Selection in the presence of noise. In *Proceedings of the 5th ACM Conference on Genetic and Evolutionary Computation (GECCO)*, 766–777, Chicago, IL, 2003.

J. Branke and C. Schmidt. Sequential sampling in noisy environments. In *Proceedings of the 8th International Conference on Parallel Problem Solving from Nature (PPSN)*, 202–211, Birmingham, UK, 2004.

L. Breiman. Bagging predictors. *Machine Learning*, 1996, 24(2):123–140.

G. Brown, J. Wyatt, R. Harris, and X. Yao. Diversity creation methods: A survey and categorisation. *Information Fusion*, 2005, 6(1):5–20.

Z. Cai and Y. Wang. A multiobjective optimization-based evolutionary algorithm for constrained optimization. *IEEE Transactions on Evolutionary Computation*, 2006, 10(6):658–675.

R. Caruana, A. Niculescu-Mizil, G. Crew, and A. Ksikes. Ensemble selection from libraries of models. In *Proceedings of the 21st International Conference on Machine Learning (ICML)*, 18–25, Banff, Canada, 2004.

H. Chen and X. Yao. Multiobjective neural network ensembles based on regularized negative correlation learning. *IEEE Transactions on Knowledge and Data Engineering*, 2010, 22(12):1738–1751.

T. Chen, J. He, G. Sun, G. Chen, and X. Yao. A new approach for analyzing average time complexity of population-based evolutionary algorithms on unimodal problems. *IEEE Transactions on Systems, Man, and Cybernetics, Part B: Cybernetics*, 2009a, 39(5):1092–1106.

T. Chen, J. He, G. Chen, and X. Yao. Choosing selection pressure for wide-gap problems. *Theoretical Computer Science*, 2010a, 411(6):926–934.

T. Chen, K. Tang, G. Chen, and X. Yao. A large population size can be unhelpful in evolutionary algorithms. *Theoretical Computer Science*, 2012, 436(8):54–70.

W. Chen, Y. Wang, and S. Yang. Efficient influence maximization in social networks. In *Proceedings of the 15th ACM Conference on Knowledge Discovery and Data Mining (KDD)*, 199–208, Paris, France, 2009b.

W. Chen, C. Wang, and Y. Wang. Scalable influence maximization for prevalent viral marketing in large-scale social networks. In *Proceedings of the 16th ACM Conference on Knowledge Discovery and Data Mining (KDD)*, 1029–1038, Washington, DC, 2010b.

Y. Chen, H. Hassani, A. Karbasi, and A. Krause. Sequential information maximization: When is greedy near-optimal?. In *Proceedings of the 28th Annual Conference on Learning Theory (COLT)*, 338–363, Paris, France, 2015.

V. Chvátal. A greedy heuristic for the set-covering problem. *Mathematics of Operations Research*, 1979, 4(3): 233–235.

C. A. Coello Coello. Theoretical and numerical constraint-handling techniques used with evolutionary algorithms: A survey of the state of the art. *Computer Methods in Applied Mechanics and Engineering*, 2002, 191(11): 1245–1287.

D. W. Coit and A. E. Smith. Penalty guided genetic search for reliability design optimization. *Computers and Industrial Engineering*, 1996, 30(4):895–904.

M. Conforti and G. Cornuéjols. Submodular set functions, matroids and the greedy algorithm: Tight worst-case bounds and some generalizations of the Rado-Edmonds theorem. *Discrete Applied Mathematics*, 1984, 7(3): 251–274.

T. H. Cormen, C. E. Leiserson, R. L. Rivest, and C. Stein. *Introduction to Algorithms*. Cambridge, MA: MIT Press, 2001.

D.-C. Dang and P. Lehre. Efficient optimisation of noisy fitness functions with population-based evolutionary algorithms. In *Proceedings of the 13th International Workshop on Foundations of Genetic Algorithms (FOGA)*, 62–68, Aberystwyth, UK, 2015.

D.-C. Dang and P. Lehre. Self-adaptation of mutation rates in non-elitist populations. In *Proceedings of the 14th International Conference on Parallel Problem Solving from Nature (PPSN)*, 803–813, Edinburgh, Scotland, 2016.

A. Das and D. Kempe. Algorithms for subset selection in linear regression. In *Proceedings of the 40th Annual ACM Symposium on Theory of Computing (STOC)*, 45–54, Victoria, Canada, 2008.

A. Das and D. Kempe. Submodular meets spectral: Greedy algorithms for subset selection, sparse approximation and dictionary selection. In *Proceedings of the 28th International Conference on Machine Learning (ICML)*, 1057–1064, Bellevue, WA, 2011.

G. Davis, S. Mallat, and M. Avellaneda. Adaptive greedy approximations. *Constructive Approximation*, 1997, 13(1): 57–98.

K. Deb. An efficient constraint handling method for genetic algorithms. *Computer Methods in Applied Mechanics and Engineering*, 2000, 186(2):311–338.

K. Deb. *Multi-Objective Optimization Using Evolutionary Algorithms*. New York, NY: John Wiley & Sons, 2001.

K. Deb, A. Pratap, S. Agarwal, and T. Meyarivan. A fast and elitist multiobjective genetic algorithm: NSGA-II. *IEEE Transactions on Evolutionary Computation*, 2002, 6(2):182–197.

J. Demšar. Statistical comparisons of classifiers over multiple data sets. *Journal of Machine Learning Research*, 2006, 7:1–30.

G. Diekhoff. *Statistics for the Social and Behavioral Sciences: Univariate, Bivariate, Multivariate*. Dubuque, IA: William C Brown Pub, 1992.

M. Dietzfelbinger, B. Naudts, C. Van Hoyweghen, and I. Wegener. The analysis of a recombinative hill-climber on H-IFF. *IEEE Transactions on Evolutionary Computation*, 2003, 7(5):417–423.

B. Doerr and L. A. Goldberg. Adaptive drift analysis. *Algorithmica*, 2013, 65(1):224–250.

B. Doerr and M. Künnemann. Optimizing linear functions with the (1+λ) evolutionary algorithm–different asymptotic runtimes for different instances. *Theoretical Computer Science*, 2015, 561:3–23.

B. Doerr and S. Pohl. Run-time analysis of the (1+1) evolutionary algorithm optimizing linear functions over a finite alphabet. In *Proceedings of the 14th ACM Conference on Genetic and Evolutionary Computation (GECCO)*, 1317–1324, New York, NY, 2012.

B. Doerr and M. Theile. Improved analysis methods for crossover-based algorithms. In *Proceedings of the 11th ACM Conference on Genetic and Evolutionary Computation (GECCO)*, 247–254, Montreal, Canada, 2009.

B. Doerr, N. Hebbinghaus, and F. Neumann. Speeding up evolutionary algorithms through restricted mutation operators. In *Proceedings of the 9th International Conference on Parallel Problem Solving from Nature (PPSN)*, 978–987, Reykjavik, Iceland, 2006.

B. Doerr, E. Happ, and C. Klein. Crossover can provably be useful in evolutionary computation. In *Proceedings of the 10th ACM Conference on Genetic and Evolutionary Computation (GECCO)*, 539–546, Atlanta, GA, 2008a.

B. Doerr, T. Jansen, and C. Klein. Comparing global and local mutations on bit strings. In *Proceedings of the 10th ACM Conference on Genetic and Evolutionary Computation (GECCO)*, 929–936, Atlanta, GA, 2008b.

B. Doerr, D. Johannsen, T. Kötzing, F. Neumann, and M. Theile. More effective crossover operators for the all-pairs shortest path problem. In *Proceedings of the 11th International Conference on Parallel Problem Solving from Nature (PPSN)*, 184–193, Krakow, Poland, 2010a.

B. Doerr, D. Johannsen, and C. Winzen. Drift analysis and linear functions revisited. In *Proceedings of the IEEE Congress on Evolutionary Computation (CEC)*, 1–8, Barcelona, Spain, 2010b.

B. Doerr, A. Eremeev, F. Neumann, M. Theile, and C. Thyssen. Evolutionary algorithms and dynamic programming. *Theoretical Computer Science*, 2011a, 412(43):6020–6035.

B. Doerr, D. Johannsen, and M. Schmidt. Runtime analysis of the (1+1) evolutionary algorithm on strings over finite alphabets. In *Proceedings of the 11th International Workshop on Foundations of Genetic Algorithms (FOGA)*, 119–126, Schwarzenberg, Austria, 2011b.

B. Doerr, A. Hota, and T. Kötzing. Ants easily solve stochastic shortest path problems. In *Proceedings of the 14th ACM Conference on Genetic and Evolutionary Computation (GECCO)*, 17–24, Philadelphia, PA, 2012a.

B. Doerr, D. Johannsen, and C. Winzen. Non-existence of linear universal drift functions. *Theoretical Computer Science*, 2012b, 436:71–86.

B. Doerr, D. Johannsen, and C. Winzen. Multiplicative drift analysis. *Algorithmica*, 2012c, 64(4):673–697.

B. Doerr, C. Doerr, and F. Ebel. Lessons from the black-box: Fast crossover-based genetic algorithms. In *Proceedings of the 15th ACM Conference on Genetic and Evolutionary Computation (GECCO)*, 781–788, Amsterdam, The Netherlands, 2013a.

B. Doerr, T. Jansen, D. Sudholt, C. Winzen, and C. Zarges. Mutation rate matters even when optimizing monotonic functions. *Evolutionary Computation*, 2013b, 21(1):1–27.

B. Doerr, H. P. Le, R. Makhmara, and T. D. Nguyen. Fast genetic algorithms. In *Proceedings of the 19th ACM Conference on Genetic and Evolutionary Computation (GECCO)*, 777–784, Berlin, Germany, 2017.

B. Doerr, C. Witt, and J. Yang. Runtime analysis for self-adaptive mutation rates. In *Proceedings of the 20th ACM Conference on Genetic and Evolutionary Computation (GECCO)*, 1475–1482, Kyoto, Japan, 2018.

P. Domingos. A few useful things to know about machine learning. *Communications of the ACM*, 2012, 55(10): 78–87.

S. Droste. Analysis of the (1+1) EA for a noisy OneMax. In *Proceedings of the 6th ACM Conference on Genetic and Evolutionary Computation (GECCO)*, 1088–1099, Seattle, WA, 2004.

S. Droste, T. Jansen, and I. Wegener. A rigorous complexity analysis of the (1+1) evolutionary algorithm for linear functions with Boolean inputs. *Evolutionary Computation*, 1998, 6(2):185–196.

S. Droste, T. Jansen, and I. Wegener. On the analysis of the (1+1) evolutionary algorithm. *Theoretical Computer Science*, 2002, 276(1-2):51–81.

G. Durrett, F. Neumann, and U.-M. O'Reilly. Computational complexity analysis of simple genetic programming on two problems modeling isolated program semantics. In *Proceedings of the 11th International Workshop on Foundations of Genetic Algorithms (FOGA)*, 69–80, Schwarzenberg, Austria, 2011.

J. Edmonds. Matroids and the greedy algorithm. *Mathematical Programming*, 1971, 1(1):127–136.

A.-E. Eiben, P.-E. Raué, and Z. Ruttkay. Genetic algorithms with multi-parent recombination. In *Proceedings of the*

3rd International Conference on Parallel Problem Solving from Nature (PPSN), 78–87, Jerusalem, Israel, 1994.

E. R. Elenberg, R. Khanna, A. G. Dimakis, and S. Negahban. Restricted strong convexity implies weak submodularity. *Annals of Statistics*, 2018, 46(6B):3539–3568.

C. Erbas, S. Cerav-Erbas, and A. D. Pimentel. Multiobjective optimization and evolutionary algorithms for the application mapping problem in multiprocessor system-on-chip design. *IEEE Transactions on Evolutionary Computation*, 2006, 10(3):358–374.

J. Fan and R. Li. Variable selection via nonconcave penalized likelihood and its oracle properties. *Journal of the American Statistical Association*, 2001, 96(456):1348–1360.

U. Feige. A threshold of $\ln n$ for approximating set cover. *Journal of the ACM*, 1998, 45(4):634–652.

M. Feldmann and T. Kötzing. Optimizing expected path lengths with ant colony optimization using fitness proportional update. In *Proceedings of the 12th International Workshop on Foundations of Genetic Algorithms (FOGA)*, 65–74, Adelaide, Australia, 2013.

S. Fischer and I. Wegener. The one-dimensional Ising model: Mutation versus recombination. *Theoretical Computer Science*, 2005, 344(2-3):208–225.

J. M. Fitzpatrick and J. J. Grefenstette. Genetic algorithms in noisy environments. *Machine Learning*, 1988, 3(2-3): 101–120.

J. Flum and M. Grohe. *Parameterized Complexity Theory*. New York, NY: Springer, 2006.

H. Fournier and O. Teytaud. Lower bounds for comparison based evolution strategies using VC-dimension and sign patterns. *Algorithmica*, 2011, 59(3):387–408.

T. Friedrich and F. Neumann. Maximizing submodular functions under matroid constraints by evolutionary algorithms. *Evolutionary Computation*, 2015, 23(4):543–558.

T. Friedrich, J. He, N. Hebbinghaus, F. Neumann, and C. Witt. On improving approximate solutions by evolutionary algorithms. In *Proceedings of the IEEE Congress on Evolutionary Computation (CEC)*, 2614–2621, Singapore, 2007.

T. Friedrich, J. He, N. Hebbinghaus, F. Neumann, and C. Witt. Approximating covering problems by randomized search heuristics using multi-objective models. *Evolutionary Computation*, 2010, 18(4):617–633.

T. Friedrich, T. Kötzing, M. S. Krejca, and A. M. Sutton. Robustness of ant colony optimization to noise. *Evolutionary Computation*, 2016, 24(2):237–254.

T. Friedrich, T. Kötzing, M. S. Krejca, and A. M. Sutton. The compact genetic algorithm is efficient under extreme Gaussian noise. *IEEE Transactions on Evolutionary Computation*, 2017, 21(3):477–490.

S. Fujishige and S. Iwata. Bisubmodular function minimization. *SIAM Journal on Discrete Mathematics*, 2005, 19 (4):1065–1073.

G. Giacinto, F. Roli, and G. Fumera. Design of effective multiple classifier systems by clustering of classifiers. In *Proceedings of the 15th International Conference on Pattern Recognition (ICPR)*, 160–163, Barcelona, Spain, 2000.

O. Giel. Expected runtimes of a simple multi-objective evolutionary algorithm. In *Proceedings of the IEEE Congress on Evolutionary Computation (CEC)*, 1918–1925, Canberra, Australia, 2003.

O. Giel and I. Wegener. Evolutionary algorithms and the maximum matching problem. Technical Report CI-142/02. Dortmund: Department of Computer Science, University of Dortmund, 2002.

O. Giel and I. Wegener. Evolutionary algorithms and the maximum matching problem. In *Proceedings of the 20th Annual Symposium on Theoretical Aspects of Computer Science (STACS)*, 415–426, Berlin, Germany, 2003.

O. Giel and I. Wegener. Maximum cardinality matchings on trees by randomized local search. In *Proceedings of the 8th ACM Conference on Genetic and Evolutionary Computation (GECCO)*, 539–546, Seattle, WA, 2006.

C. Gießen and T. Kötzing. Robustness of populations in stochastic environments. *Algorithmica*, 2016, 75(3):462–489.

C. Gießen and C. Witt. Population size vs. mutation strength for the (1+λ) EA on OneMax. In *Proceedings of the 17th ACM Conference on Genetic and Evolutionary Computation (GECCO)*, 1439–1446, Madrid, Spain, 2015.

D. E. Goldberg. *Genetic Algorithms in Search, Optimization and Machine Learning*. Reading, MA: Addison-Wesley, 1989.

A. Goyal, W. Lu, and L. V. Lakshmanan. Simpath: An efficient algorithm for influence maximization under the linear threshold model. In *Proceedings of the 11th IEEE International Conference on Data Mining (ICDM)*, 211–220, Vancouver, Canada, 2011.

E. J. Gumbel. The maxima of the mean largest value and of the range. *Annals of Mathematical Statistics*, 1954, 25: 76–84.

I. Guyon, J. Weston, S. Barnhill, and V. Vapnik. Gene selection for cancer classification using support vector machines. *Machine Learning*, 2002, 46(1-3):389–422.

B. Hajek. Hitting-time and occupation-time bounds implied by drift analysis with applications. *Advances in Applied Probability*, 1982, 14(3):502–525.

T. Hanne. On the convergence of multiobjective evolutionary algorithms. *European Journal of Operational Research*, 1999, 117(3):553–564.

E. Happ, D. Johannsen, C. Klein, and F. Neumann. Rigorous analyses of fitness-proportional selection for optimizing linear functions. In *Proceedings of the 10th ACM Conference on Genetic and Evolutionary Computation (GECCO)*, 953–960, Atlanta, GA, 2008.

H. O. Hartly and H. A. David. Universal bounds for mean range and extreme observations. *Annals of Mathematical Statistics*, 1954, 25:85–99.

A. Hassidim and Y. Singer. Submodular optimization under noise. In *Proceedings of the 30th Annual Conference on Learning Theory (COLT)*, 1069–1122, Amsterdam, The Netherlands, 2017.

J. He and L. Kang. On the convergence rates of genetic algorithms. *Theoretical Computer Science*, 1999, 229(1-2): 23–39.

J. He and X. Yao. Drift analysis and average time complexity of evolutionary algorithms. *Artificial Intelligence*, 2001, 127(1):57–85.

J. He and X. Yao. From an individual to a population: An analysis of the first hitting time of population-based evolutionary algorithms. *IEEE Transactions on Evolutionary Computation*, 2002, 6(5):495–511.

J. He and X. Yao. Towards an analytic framework for analysing the computation time of evolutionary algorithms. *Artificial Intelligence*, 2003a, 145(1-2):59–97.

J. He and X. Yao. An analysis of evolutionary algorithms for finding approximation solutions to hard optimisation problems. In *Proceedings of the IEEE Congress on Evolutionary Computation (CEC)*, 2004–2010, Canberra, Australia, 2003b.

J. He and X. Yao. A study of drift analysis for estimating computation time of evolutionary algorithms. *Natural Computing*, 2004, 3(1):21–35.

J. He and X. Yu. Conditions for the convergence of evolutionary algorithms. *Journal of Systems Architecture*, 2001, 47(7):601–612.

J. He and Y. Zhou. A comparison of GAs using penalizing infeasible solutions and repairing infeasible solutions on restrictive capacity knapsack problem. In *Proceedings of the 9th ACM Conference on Genetic and Evolutionary Computation (GECCO)*, 1518, London, UK, 2007.

D. Hernández-Lobato, G. Martínez-Muñoz, and A. Suárez. Empirical analysis and evaluation of approximate techniques for pruning regression bagging ensembles. *Neurocomputing*, 2011, 74(12):2250–2264.

T. Higuchi, M. Iwata, D. Keymeulen, H. Sakanashi, M. Murakawa, I. Kajitani, E. Takahashi, K. Toda, N. Salami, N. Kajihara, and N. Otsu. Real-world applications of analog and digital evolvable hardware. *IEEE Transactions on Evolutionary Computation*, 1999, 3(3):220–235.

N. Hoai, R. McKay, and D. Essam. Representation and structural difficulty in genetic programming. *IEEE Transactions on Evolutionary Computation*, 2006, 10(2):157–166.

T. Hogg and K. Lerman. Social dynamics of digg. *EPJ Data Science*, 2012, 1(5):1–26.

A. Homaifar, C. X. Qi, and S. H. Lai. Constrained optimization via genetic algorithms. *Simulation*, 1994, 62(4): 242–253.

H. H. Hoos and T. Stützle. Towards a characterisation of the behaviour of stochastic local search algorithms for SAT. *Artificial Intelligence*, 1999, 112(1):213–232.

H. H. Hoos and T. Stützle. Local search algorithms for SAT: An empirical evaluation. *Journal of Automated Reasoning*, 2000, 24(4):421–481.

H. H. Hoos and T. Stützle. *Stochastic Local Search: Foundations and Applications*. San Francisco, CA: Morgan Kaufmann, 2005.

T. Horel and Y. Singer. Maximization of approximately submodular functions. In D. D. Lee, M. Sugiyama, U. V. Luxburg, I. Guyon, and R. Garnett, editors, *Advances In Neural Information Processing Systems 29 (NIPS)*, 3045–3053. Curran Associates, Inc., Red Hook, NY, 2016.

G. S. Hornby, A. Globus, D. S. Linden, and J. D. Lohn. Automated antenna design with evolutionary algorithms. In *Proceedings of the American Institute of Aeronautics and Astronautics Conference on Space (AIAA Space)*, 19–21, San Jose, CA, 2006.

A. Huber and V. Kolmogorov. Towards minimizing k-submodular functions. In *Proceedings of the 2nd International Symposium on Combinatorial Optimization (ISCO)*, 451–462, Athens, Greece, 2012.

S. Iwata, S. Tanigawa, and Y. Yoshida. Improved approximation algorithms for k-submodular function maximization. In *Proceedings of the 27th Annual ACM-SIAM Symposium on Discrete Algorithms (SODA)*, 404–413, Arlington, VA, 2016.

R. Iyer and J. Bilmes. Algorithms for approximate minimization of the difference between submodular functions, with applications. In *Proceedings of the 28th Conference on Uncertainty in Artificial Intelligence (UAI)*, 407–417, Catalina Island, CA, 2012.

R. Iyer and J. Bilmes. Submodular optimization with submodular cover and submodular knapsack constraints. In C. J. C. Burges, L. Bottou, Z. Ghahramani, and K. Q. Weinberger, editors, *Advances in Neural Information Processing Systems 26 (NIPS)*, 2436–2444. Curran Associates, Inc., Red Hook, NY, 2013.

R. Iyer, S. Jegelka, and J. Bilmes. Curvature and optimal algorithms for learning and minimizing submodular functions. In C. J. C. Burges, L. Bottou, Z. Ghahramani, and K. Q. Weinberger, editors, *Advances in Neural Information Processing Systems 26 (NIPS)*, 2742–2750. Curran Associates, Inc., Red Hook, NY, 2013.

J. Jägersküpper. A blend of Markov-chain and drift analysis. In *Proceedings of the 10th International Conference on Parallel Problem Solving from Nature (PPSN)*, 41–51, Dortmund, Germany, 2008.

J. Jägersküpper and T. Storch. When the plus strategy outperforms the comma strategy and when not. In *Proceedings of the IEEE Symposium on Foundations of Computational Intelligence (FOCI)*, 25–32, Honolulu, HI, 2007.

T. Jansen and K. De Jong. An analysis of the role of offspring population size in EAs. In *Proceedings of the 4th ACM Conference on Genetic and Evolutionary Computation (GECCO)*, 238–246, New York, NY, 2002.

T. Jansen and D. Sudholt. Analysis of an asymmetric mutation operator. *Evolutionary Computation*, 2010, 18(1): 1–26.

T. Jansen and I. Wegener. On the utility of populations in evolutionary algorithms. In *Proceedings of the 3rd ACM Conference on Genetic and Evolutionary Computation (GECCO)*, 1034–1041, San Francisco, CA, 2001.

T. Jansen and I. Wegener. Real royal road functions–where crossover provably is essential. *Discrete Applied Mathematics*, 2005, 149(1-3):111–125.

T. Jansen and I. Wegener. On the analysis of a dynamic evolutionary algorithm. *Journal of Discrete Algorithms*, 2006, 4(1):181–199.

T. Jansen and I. Wegener. A comparison of simulated annealing with a simple evolutionary algorithm on pseudo-Boolean functions of unitation. *Theoretical Computer Science*, 2007, 386(1-2):73–93.

Y. Jin and J. Branke. Evolutionary optimization in uncertain environments–a survey. *IEEE Transactions on Evolutionary Computation*, 2005, 9(3):303–317.

D. Johannsen, P. Kurur, and J. Lengler. Can quantum search accelerate evolutionary algorithms?. In *Proceedings of the 12th ACM Conference on Genetic and Evolutionary Computation (GECCO)*, 1433–1440, Portland, OR, 2010.

R. A. Johnson and D. W. Wichern. *Applied Multivariate Statistical Analysis*. 6th edition. Upper Saddle River, NJ: Prentice Hall, 2007.

D. Kempe, J. Kleinberg, and É. Tardos. Maximizing the spread of influence through a social network. In *Proceedings of the 9th ACM Conference on Knowledge Discovery and Data Mining (KDD)*, 137–146, Washington, DC, 2003.

S. Khan, A. R. Baig, A. Ali, B. Haider, F. A. Khan, M. Y. Durrani, and M. Ishtiaq. Unordered rule discovery using ant colony optimization. *Science China Information Sciences*, 2014, 57(9):1–15.

S. Kirkpatrick. Optimization by simulated annealing: Quantitative studies. *Journal of Statistical Physics*, 1984, 34 (5):975–986.

M. P. Kleeman, B. A. Seibert, G. B. Lamont, K. M. Hopkinson, and S. R. Graham. Solving multicommodity capacitated network design problems using multiobjective evolutionary algorithms. *IEEE Transactions on Evolutionary Computation*, 2012, 16(4):449–471.

B. Korte and J. Vygen. *Combinatorial Optimization: Theory and Algorithms*. Berlin, Germany: Springer-Verlag, 2012.

T. Kötzing, F. Neumann, and R. Spöhel. PAC learning and genetic programming. In *Proceedings of the 13th ACM Conference on Genetic and Evolutionary Computation (GECCO)*, 2091–2096, Dublin, Ireland, 2011a.

T. Kötzing, D. Sudholt, and M. Theile. How crossover helps in pseudo-Boolean optimization. In *Proceedings of the 13th ACM Conference on Genetic and Evolutionary Computation (GECCO)*, 989–996, Dublin, Ireland, 2011b.

T. Kötzing, A. M. Sutton, F. Neumann, and U.-M. O'Reilly. The max problem revisited: The importance of mutation in genetic programming. *Theoretical Computer Science*, 2014, 545:94–107.

J. Koza. Genetic programming as a means for programming computers by natural selection. *Statistics and Computing*, 1994, 4(2):87–112.

J. Koza. Human-competitive results produced by genetic programming. *Genetic Programming and Evolvable Machines*, 2010, 11(3):251–284.

J. Koza, M. A. Keane, and M. J. Streeter. What's AI done for me lately? Genetic programming's human-competitive results. *IEEE Intelligent Systems*, 2003, 18(3):25–31.

S. Koziel and Z. Michalewicz. Evolutionary algorithms, homomorphous mappings, and constrained parameter optimization. *Evolutionary Computation*, 1999, 7(1):19–44.

A. Krause, A. Singh, and C. Guestrin. Near-optimal sensor placements in Gaussian processes: Theory, efficient algorithms and empirical studies. *Journal of Machine Learning Research*, 2008, 9:235–284.

M. Laumanns, L. Thiele, and E. Zitzler. Running time analysis of multiobjective evolutionary algorithms on pseudo-Boolean functions. *IEEE Transactions on Evolutionary Computation*, 2004, 8(2):170–182.

A. Lazarevic and Z. Obradovic. Effective pruning of neural network classifier ensembles. In *Proceedings of the IEEE/INNS International Joint Conference on Neural Networks (IJCNN)*, 796–801, Washington, DC, 2001.

P. Lehre and C. Witt. Black-box search by unbiased variation. *Algorithmica*, 2012, 64(4):623–642.

P. Lehre and X. Yao. Crossover can be constructive when computing unique input output sequences. In *Proceedings of the 7th International Conference on Simulated Evolution and Learning (SEAL)*, 595–604, Melbourne, Australia, 2008.

P. Lehre and X. Yao. On the impact of mutation-selection balance on the runtime of evolutionary algorithms. *IEEE Transactions on Evolutionary Computation*, 2012, 16(2):225–241.

N. Li and Z.-H. Zhou. Selective ensemble under regularization framework. In *Proceedings of the 8th International Workshop on Multiple Classifier Systems (MCS)*, 293–303, Reykjavik, Iceland, 2009.

N. Li, Y. Yu, and Z.-H. Zhou. Diversity regularized ensemble pruning. In *Proceedings of the 23rd European Conference on Machine Learning (ECML)*, 330–345, Bristol, UK, 2012.

S. Lin and B. W. Kernighan. An effective heuristic algorithm for the traveling-salesman problem. *Operations Research*, 1973, 21(2):498–516.

A. Lissovoi and P. S. Oliveto. On the time and space complexity of genetic programming for evolving Boolean conjunctions. In *Proceedings of the 32nd AAAI Conference on Artificial Intelligence (AAAI)*, 1363–1370, New Orleans, LA, 2018.

H. Liu and H. Motoda. *Feature Selection for Knowledge Discovery and Data Mining*. Norwell, MA: Kluwer, 1998.

D. D. Margineantu and T. G. Dietterich. Pruning adaptive boosting. In *Proceedings of the 14th International Conference on Machine Learning (ICML)*, 211–218, Nashville, TN, 1997.

S. Markon, D. V. Arnold, T. Bäck, T. Bartz-Beielstein, and H.-G. Beyer. Thresholding–a selection operator for noisy ES. In *Proceedings of the IEEE Congress on Evolutionary Computation (CEC)*, 465–472, Seoul, South Korea, 2001.

A. W. Marshall, I. Olkin, and B. Arnold. *Inequalities: Theory of Majorization and Its Applications*. 2nd edition. New York, NY: Springer, 2011.

G. Martínez-Muñoz, D. Hernández-Lobato, and A. Suárez. An analysis of ensemble pruning techniques based on ordered aggregation. *IEEE Transactions on Pattern Analysis and Machine Intelligence*, 2009, 31(2):245–259.

S. T. McCormick and S. Fujishige. Strongly polynomial and fully combinatorial algorithms for bisubmodular function minimization. *Mathematical Programming*, 2010, 122(1):87–120.

G. J. McLachlan. *Discriminant Analysis and Statistical Pattern Recognition*. New York, NY: Wiley, 1992.

O. J. Mengshoel. Understanding the role of noise in stochastic local search: Analysis and experiments. *Artificial Intelligence*, 2008, 172(8):955–990.

J. Mestre. Greedy in approximation algorithms. In *Proceedings of the 14th Annual European Symposium on Algorithms (ESA)*, 528–539, Zurich, Switzerland, 2006.

E. Mezura-Montes and C. A. Coello Coello. A simple multimembered evolution strategy to solve constrained optimization problems. *IEEE Transactions on Evolutionary Computation*, 2005, 9(1):1–17.

Z. Michalewicz and M. Schoenauer. Evolutionary algorithms for constrained parameter optimization problems. *Evolutionary Computation*, 1996, 4(1):1–32.

A. Miller. *Subset Selection in Regression*. 2nd edition. London, UK: Chapman and Hall/CRC, 2002.

B. Mirzasoleiman, A. Badanidiyuru, A. Karbasi, J. Vondrák, and A. Krause. Lazier than lazy greedy. In *Proceedings of the 29th AAAI Conference on Artificial Intelligence (AAAI)*, 1812–1818, Austin, TX, 2015.

M. Mohri, A. Rostamizadeh, and A. Talwalkar. *Foundations of Machine Learning*. London, UK: MIT press, 2012.

A. Mukhopadhyay, U. Maulik, S. Bandyopadhyay, and C. A. Coello Coello. A survey of multiobjective evolutionary algorithms for data mining: Part I. *IEEE Transactions on Evolutionary Computation*, 2014a, 18(1):4–19.

A. Mukhopadhyay, U. Maulik, S. Bandyopadhyay, and C. A. Coello Coello. Survey of multiobjective evolutionary algorithms for data mining: Part II. *IEEE Transactions on Evolutionary Computation*, 2014b, 18(1):20–35.

B. K. Natarajan. Sparse approximate solutions to linear systems. *SIAM Journal on Computing*, 1995, 24(2):227–234.

G. L. Nemhauser and L. A. Wolsey. Best algorithms for approximating the maximum of a submodular set function. *Mathematics of Operations Research*, 1978, 3(3):177–188.

G. L. Nemhauser, L. A. Wolsey, and M. L. Fisher. An analysis of approximations for maximizing submodular set functions–I. *Mathematical Programming*, 1978, 14(1):265–294.

F. Neumann. Computational complexity analysis of multi-objective genetic programming. In *Proceedings of the 14th ACM Conference on Genetic and Evolutionary Computation (GECCO)*, 799–806, Philadelphia, PA, 2012.

F. Neumann and M. Laumanns. Speeding up approximation algorithms for NP-hard spanning forest problems by multi-objective optimization. In *Proceedings of the 7th Latin American Symposium on Theoretical Informatics (LATIN)*, 745–756, Valdivia, Chile, 2006.

F. Neumann and J. Reichel. Approximating minimum multicuts by evolutionary multi-objective algorithms. In *Proceedings of the 10th International Conference on Parallel Problem Solving from Nature (PPSN)*, 72–81, Dortmund, Germany, 2008.

F. Neumann and M. Theile. How crossover speeds up evolutionary algorithms for the multi-criteria all-pairs-shortest-path problem. In *Proceedings of the 11th International Conference on Parallel Problem Solving from Nature (PPSN)*, 667–676, Krakow, Poland, 2010.

F. Neumann and I. Wegener. Minimum spanning trees made easier via multi-objective optimization. *Natural Computing*, 2006, 5(3):305–319.

F. Neumann and I. Wegener. Randomized local search, evolutionary algorithms, and the minimum spanning tree problem. *Theoretical Computer Science*, 2007, 378(1):32–40.

F. Neumann and C. Witt. *Bioinspired Computation in Combinatorial Optimization: Algorithms and Their Computational Complexity*. Berlin, Germany: Springer, 2010.

F. Neumann, P. S. Oliveto, and C. Witt. Theoretical analysis of fitness-proportional selection: Landscapes and efficiency. In *Proceedings of the 11th ACM Conference on Genetic and Evolutionary Computation (GECCO)*, 835–842, Montreal, Canada, 2009.

F. Neumann, J. Reichel, and M. Skutella. Computing minimum cuts by randomized search heuristics. *Algorithmica*, 2011, 59(3):323–342.

A. Nguyen, T. Urli, and M. Wagner. Single-and multi-objective genetic programming: New bounds for weighted order and majority. In *Proceedings of the 12th International Workshop on Foundations of Genetic Algorithms*

(FOGA), 161–172, Adelaide, Australia, 2013.

J. R. Norris. *Markov Chains*. Cambridge, UK: Cambridge University Press, 1997.

N. Ohsaka and Y. Yoshida. Monotone k-submodular function maximization with size constraints. In C. Cortes, N. D. Lawrence, D. D. Lee, M. Sugiyama, and R. Garnett, editors, *Advances in Neural Information Processing Systems 28 (NIPS)*, 694–702. Curran Associates, Inc., Red Hook, NY, 2015.

P. S. Oliveto and C. Witt. Simplified drift analysis for proving lower bounds in evolutionary computation. *Algorithmica*, 2011, 59(3):369–386.

P. S. Oliveto and C. Witt. Erratum: Simplified drift analysis for proving lower bounds in evolutionary computation. CORR abs/1211.7184, 2012.

P. S. Oliveto and C. Witt. On the runtime analysis of the simple genetic algorithm. *Theoretical Computer Science*, 2014, 545:2–19.

P. S. Oliveto and C. Witt. Improved time complexity analysis of the simple genetic algorithm. *Theoretical Computer Science*, 2015, 605:21–41.

P. S. Oliveto, J. He, and X. Yao. Analysis of population-based evolutionary algorithms for the vertex cover problem. In *Proceedings of the IEEE Congress on Evolutionary Computation (CEC)*, 1563–1570, Hongkong, China, 2008.

P. S. Oliveto, J. He, and X. Yao. Analysis of the (1+1)-EA for finding approximate solutions to vertex cover problems. *IEEE Transactions on Evolutionary Computation*, 2009a, 13(5):1006–1029.

P. S. Oliveto, P. Lehre, and F. Neumann. Theoretical analysis of rank-based mutation-combining exploration and exploitation. In *Proceedings of the IEEE Congress on Evolutionary Computation (CEC)*, 1455–1462, Trondheim, Norway, 2009b.

P. S. Oliveto, T. Paixão, J. P. Heredia, D. Sudholt, and B. Trubenová. How to escape local optima in black box optimisation: When non-elitism outperforms elitism. *Algorithmica*, 2018, 80(5):1604–1633.

T. Paixão, J. Pérez Heredia, D. Sudholt, and B. Trubenová. First steps towards a runtime comparison of natural and artificial evolution. In *Proceedings of the 17th ACM Conference on Genetic and Evolutionary Computation (GECCO)*, 1455–1462, Madrid, Spain, 2015.

I. Partalas, G. Tsoumakas, and I. Vlahavas. A study on greedy algorithms for ensemble pruning. Technical Report TR-LPIS-360-12. Thessaloniki: Department of Informatics, Aristotle University of Thessaloniki, 2012.

R. Poli, W. Langdon, and N. McPhee. *A Field Guide to Genetic Programming*. Raleigh, NC: Lulu Enterprises, 2008.

R. Poli, L. Vanneschi, W. Langdon, and N. McPhee. Theoretical results in genetic programming: The next ten years?. *Genetic Programming and Evolvable Machines*, 2010, 11(3):285–320.

A. Prügel-Bennett, J. Rowe, and J. Shapiro. Run-time analysis of population-based evolutionary algorithm in noisy environments. In *Proceedings of the 13th International Workshop on Foundations of Genetic Algorithms (FOGA)*, 69–75, Aberystwyth, UK, 2015.

C. Qian, Y. Yu, and Z.-H. Zhou. On algorithm-dependent boundary case identification for problem classes. In *Proceedings of the 12th International Conference on Parallel Problem Solving from Nature (PPSN)*, 62–71, Taormina, Italy, 2012.

C. Qian, Y. Yu, and Z.-H. Zhou. An analysis on recombination in multi-objective evolutionary optimization. *Artificial Intelligence*, 2013, 204:99–119.

C. Qian, Y. Yu, and Z.-H. Zhou. Pareto ensemble pruning. In *Proceedings of the 29th AAAI Conference on Artificial Intelligence (AAAI)*, 2935–2941, Austin, TX, 2015a.

C. Qian, Y. Yu, and Z.-H. Zhou. On constrained Boolean Pareto optimization. In *Proceedings of the 24th International*

Joint Conference on Artificial Intelligence (IJCAI), 389–395, Buenos Aires, Argentina, 2015b.

C. Qian, Y. Yu, and Z.-H. Zhou. Subset selection by Pareto optimization. In C. Cortes, N. D. Lawrence, D. D. Lee, M. Sugiyama, and R. Garnett, editors, *Advances in Neural Information Processing Systems 28 (NIPS)*, 1765–1773. Curran Associates, Inc., Red Hook, NY, 2015c.

C. Qian, Y. Yu, and Z.-H. Zhou. Variable solution structure can be helpful in evolutionary optimization. *Science China Information Sciences*, 2015d, 58(11):1–17.

C. Qian, J.-C. Shi, Y. Yu, K. Tang, and Z.-H. Zhou. Parallel Pareto optimization for subset selection. In *Proceedings of the 25th International Joint Conference on Artificial Intelligence (IJCAI)*, 1939–1945, New York, NY, 2016a.

C. Qian, Y. Yu, and Z.-H. Zhou. A lower bound analysis of population-based evolutionary algorithms for pseudo-Boolean functions. In *Proceedings of the 17th International Conference on Intelligent Data Engineering and Automated Learning (IDEAL)*, 457–467, Yangzhou, China, 2016b.

C. Qian, J.-C. Shi, Y. Yu, K. Tang, and Z.-H. Zhou. Subset selection under noise. In I. Guyon, U. V. Luxburg, S. Bengio, H. M. Wallach, R. Fergus, S. V. N. Vishwanathan, and R. Garnett, editors, *Advances in Neural Information Processing Systems 30 (NIPS)*, 3563–3573. Curran Associates, Inc., Red Hook, NY, 2017a.

C. Qian, J.-C. Shi, Y. Yu, K. Tang, and Z.-H. Zhou. Optimizing ratio of monotone set functions. In *Proceedings of the 26th International Joint Conference on Artificial Intelligence (IJCAI)*, 2606–2612, Melbourne, Australia, 2017b.

C. Qian, C. Bian, Y. Yu, K. Tang, and X. Yao. Analysis of noisy evolutionary optimization when sampling fails. In *Proceedings of the 20th ACM Conference on Genetic and Evolutionary Computation (GECCO)*, 1507–1514, Kyoto, Japan, 2018a.

C. Qian, J.-C. Shi, K. Tang, and Z.-H. Zhou. Constrained monotone k-submodular function maximization using multi-objective evolutionary algorithms with theoretical guarantee. *IEEE Transactions on Evolutionary Computation*, 2018b, 22(4):595–608.

C. Qian, Y. Yu, K. Tang, Y. Jin, X. Yao, and Z.-H. Zhou. On the effectiveness of sampling for evolutionary optimization in noisy environments. *Evolutionary Computation*, 2018c, 26(2):237–267.

C. Qian, Y. Yu, and Z.-H. Zhou. Analyzing evolutionary optimization in noisy environments. *Evolutionary Computation*, 2018d, 26(1):1–41.

J. R. Quinlan. *C4.5: Programs for Machine Learning*. San Francisco, CA: Morgan Kaufmann, 1993.

G. R. Raidl. An improved genetic algorithm for the multiconstrained 0-1 knapsack problem. In *Proceedings of the IEEE Congress on Evolutionary Computation (CEC)*, 207–211, Anchorage, AK, 1998.

R. Raz and S. Safra. A sub-constant error-probability low-degree test, and a sub-constant error-probability PCP characterization of NP. In *Proceedings of the 29th Annual ACM Symposium on Theory of Computing (STOC)*, 475–484, El Paso, TX, 1997.

E. Real, S. Moore, A. Selle, S. Saxena, Y. L. Suematsu, J. Tan, Q. V. Le, and A. Kurakin. Large-scale evolution of image classifiers. In *Proceedings of the 34th International Conference on Machine Learning (ICML)*, 2902–2911, Sydney, Australia, 2017.

O. Reyes and S. Ventura. Evolutionary strategy to perform batch-mode active learning on multi-label data. *ACM Transactions on Intelligent Systems and Technology*, 2018, 9(4):46.

J. Richter, A. Wright, and J. Paxton. Ignoble trails–where crossover is provably harmful. In *Proceedings of the 10th International Conference on Parallel Problem Solving from Nature (PPSN)*, 92–101, Dortmund, Germany, 2008.

V. Rijsbergen and C. Joost. Foundation of evaluation. *Journal of Documentation*, 1974, 30(4):365–373.

M. F. Rogers, A. Howe, and D. Whitley. Looking for shortcuts: Infeasible search analysis for oversubscribed scheduling problems. In *Proceedings of the 16th International Conference on Automated Planning and Scheduling (ICAPS)*, 314–323, Cumbria, UK, 2006.

L. Rokach. Ensemble-based classifiers. *Artificial Intelligence Review*, 2010, 33(1-2):1–39.

J. S. Rosenthal. Minorization conditions and convergence rates for Markov chain Monte Carlo. *Journal of the American Statistical Association*, 1995, 90(430):558–566.

F. Rothlauf. *Representations for Genetic and Evolutionary Algorithms*. Berlin, Germany: Springer, 2006.

J. Rowe and D. Sudholt. The choice of the offspring population size in the $(1,\lambda)$ evolutionary algorithm. *Theoretical Computer Science*, 2014, 545:20–38.

G. Rudolph. Convergence analysis of canonical genetic algorithms. *IEEE Transactions on Neural Networks*, 1994, 5 (1):96–101.

G. Rudolph. *Convergence Properties of Evolutionary Algorithms*. Hamburg, Germany: Verlag Dr. Kovač, 1997.

G. Rudolph. On a multi-objective evolutionary algorithm and its convergence to the Pareto set. In *Proceedings of the IEEE Congress on Evolutionary Computation (CEC)*, 511–516, Anchorage, AK, 1998.

G. Rudolph and A. Agapie. Convergence properties of some multi-objective evolutionary algorithms. In *Proceedings of the IEEE Congress on Evolutionary Computation (CEC)*, 1010–1016, Piscataway, NJ, 2000.

T. P. Runarsson and X. Yao. Stochastic ranking for constrained evolutionary optimization. *IEEE Transactions on Evolutionary Computation*, 2000, 4(3):284–294.

G. Sasaki and B. Hajek. The time complexity of maximum matching by simulated annealing. *Journal of the ACM*, 1988, 35(2):387–403.

J. Scharnow, K. Tinnefeld, and I. Wegener. Fitness landscapes based on sorting and shortest paths problems. In *Proceedings of the 7th International Conference on Parallel Problem Solving from Nature (PPSN)*, 54–63, Granada, Spain, 2002.

B. Selman, H. A. Kautz, and B. Cohen. Noise strategies for improving local search. In *Proceedings of the 12th AAAI Conference on Artificial Intelligence (AAAI)*, 337–343, Seattle, WA, 1994.

D. Sharma, A. Deshpande, and A. Kapoor. On greedy maximization of entropy. In *Proceedings of the 32nd International Conference on Machine Learning (ICML)*, 1330–1338, Lille, France, 2015.

C. Shi, X. Kong, D. Fu, P. S. Yu, and B. Wu. Multi-label classification based on multi-objective optimization. *ACM Transactions on Intelligent Systems and Technology*, 2014, 5(2):35.

J. Shi and J. Malik. Normalized cuts and image segmentation. *IEEE Transactions on Pattern Analysis and Machine Intelligence*, 2000, 22(8):888–905.

A. P. Singh, A. Guillory, and J. Bilmes. On bisubmodular maximization. In *Proceedings of the 15th International Conference on Artificial Intelligence and Statistics (AISTATS)*, 1055–1063, La Palma, Canary Islands, 2012.

A. Singla, S. Tschiatschek, and A. Krause. Noisy submodular maximization via adaptive sampling with applications to crowdsourced image collection summarization. In *Proceedings of the 30th AAAI Conference on Artificial Intelligence (AAAI)*, 2037–2043, Phoenix, AZ, 2016.

P. Slavík. A tight analysis of the greedy algorithm for set cover. *Journal of Algorithms*, 1997, 25(2):237–254.

P. Stagge. Averaging efficiently in the presence of noise. In *Proceedings of the 5th International Conference on Parallel Problem Solving from Nature (PPSN)*, 188–197, Amsterdam, The Netherlands, 1998.

T. Storch. On the choice of the parent population size. *Evolutionary Computation*, 2008, 16(4):557–578.

D. Sudholt. Crossover is provably essential for the Ising model on trees. In *Proceedings of the 7th ACM Conference on Genetic and Evolutionary Computation (GECCO)*, 1161–1167, Washington, DC, 2005.

D. Sudholt. A new method for lower bounds on the running time of evolutionary algorithms. *IEEE Transactions on Evolutionary Computation*, 2013, 17(3):418–435.

D. Sudholt. How crossover speeds up building block assembly in genetic algorithms. *Evolutionary Computation*, 2017, 25(2):237–274.

D. Sudholt and C. Thyssen. A simple ant colony optimizer for stochastic shortest path problems. *Algorithmica*, 2012, 64(4):643–672.

T. Sun and Z.-H. Zhou. Structural diversity for decision tree ensemble learning. *Frontiers of Computer Science*, 2018, 12(3):560–570.

J. Suzuki. A Markov chain analysis on simple genetic algorithms. *IEEE Transactions on Systems, Man and Cybernetics*, 1995, 25(4):655–659.

C. Tamon and J. Xiang. On the boosting pruning problem. In *Proceedings of the 11th European Conference on Machine Learning (ECML)*, 404–412, Barcelona, Spain, 2000.

J. Thapper and S. Živný. The power of linear programming for valued CSPs. In *Proceedings of the 53rd IEEE Annual Symposium on Foundations of Computer Science (FOCS)*, 669–678, New Brunswick, NJ, 2012.

R. Tibshirani. Regression shrinkage and selection via the lasso. *Journal of the Royal Statistical Society: Series B (Methodological)*, 1996, 58(1):267–288.

J. A. Tropp. Greed is good: Algorithmic results for sparse approximation. *IEEE Transactions on Information Theory*, 2004, 50(10):2231–2242.

S. Venkatraman and G. G. Yen. A generic framework for constrained optimization using genetic algorithms. *IEEE Transactions on Evolutionary Computation*, 2005, 9(4):424–435.

J. Vondrák. Submodularity and curvature: The optimal algorithm. *RIMS Kokyuroku Bessatsu B*, 2010, 23:253–266.

M. Wagner and F. Neumann. Parsimony pressure versus multi-objective optimization for variable length representations. In *Proceedings of the 12th International Conference on Parallel Problem Solving from Nature (PPSN)*, 133–142, Taormina, Italy, 2012.

M. Wagner and F. Neumann. Single-and multi-objective genetic programming: New runtime results for sorting. In *Proceedings of the IEEE Congress on Evolutionary Computation (CEC)*, 125–132, Beijing, China, 2014.

Z. Wang, E. Chen, Q. Liu, Y. Yang, Y. Ge, and B. Chang. Maximizing the coverage of information propagation in social networks. In *Proceedings of the 24th International Joint Conference on Artificial Intelligence (IJCAI)*, 2104–2110, Buenos Aires, Argentina, 2015.

J. Ward and S. Živný. Maximizing bisubmodular and k-submodular functions. In *Proceedings of the 25th Annual ACM-SIAM Symposium on Discrete Algorithms (SODA)*, 1468–1481, Portland, OR, 2014.

R. A. Watson. Analysis of recombinative algorithms on a non-separable building-block problem. In *Proceedings of the 6th International Workshop on Foundations of Genetic Algorithms (FOGA)*, 69–89, Charlottesville, VA, 2001.

I. Wegener. Methods for the analysis of evolutionary algorithms on pseudo-Boolean functions. In R. A. Sarker, M. Mohammadian, and X. Yao, editors, *Evolutionary Optimization*, 349–369. Norwell, MA: Kluwer, 2002.

C. Witt. Worst-case and average-case approximations by simple randomized search heuristics. In *Proceedings of the 22nd Annual Symposium on Theoretical Aspects of Computer Science (STACS)*, 44–56, Stuttgart, Germany, 2005.

C. Witt. Runtime analysis of the (μ+1) EA on simple pseudo-Boolean functions. *Evolutionary Computation*, 2006, 14(1):65–86.

C. Witt. Population size versus runtime of a simple evolutionary algorithm. *Theoretical Computer Science*, 2008, 403(1):104–120.

C. Witt. Tight bounds on the optimization time of a randomized search heuristic on linear functions. *Combinatorics, Probability and Computing*, 2013, 22(2):294–318.

D. Wolpert and W. Macready. No free lunch theorems for optimization. *IEEE Transactions on Evolutionary Computation*, 1997, 1(1):67–82.

L. A. Wolsey. An analysis of the greedy algorithm for the submodular set covering problem. *Combinatorica*, 1982, 2 (4):385–393.

X. Yao. Evolving artificial neural networks. *Proceedings of the IEEE*, 1999, 87(9):1423–1447.

Y. Yu and C. Qian. Running time analysis: Convergence-based analysis reduces to switch analysis. In *Proceedings of the IEEE Congress on Evolutionary Computation (CEC)*, 2603–2610, Sendai, Japan, 2015.

Y. Yu and Z.-H. Zhou. A new approach to estimating the expected first hitting time of evolutionary algorithms. *Artificial Intelligence*, 2008a, 172(15):1809–1832.

Y. Yu and Z.-H. Zhou. On the usefulness of infeasible solutions in evolutionary search: A theoretical study. In *Proceedings of the IEEE Congress on Evolutionary Computation (CEC)*, 835–840, Hong Kong, China, 2008b.

Y. Yu, C. Qian, and Z.-H. Zhou. Towards analyzing recombination operators in evolutionary search. In *Proceedings of the 11th International Conference on Parallel Problem Solving from Nature (PPSN)*, 144–153, Krakow, Poland, 2010.

Y. Yu, C. Qian, and Z.-H. Zhou. Towards analyzing crossover operators in evolutionary search via general Markov chain switching theorem. CORR abs/1111.0907, 2011.

Y. Yu, X. Yao, and Z.-H. Zhou. On the approximation ability of evolutionary optimization with application to minimum set cover. *Artificial Intelligence*, 2012, 180-181:20–33.

Y. Yu, C. Qian, and Z.-H. Zhou. Switch analysis for running time analysis of evolutionary algorithms. *IEEE Transactions on Evolutionary Computation*, 2015, 19(6):777–792.

C.-H. Zhang. Nearly unbiased variable selection under minimax concave penalty. *Annals of Statistics*, 2010, 38(2): 894–942.

T. Zhang. Adaptive forward-backward greedy algorithm for learning sparse representations. *IEEE Transactions on Information Theory*, 2011, 57(7):4689–4708.

Y. Zhang, S. Burer, and W. N. Street. Ensemble pruning via semi-definite programming. *Journal of Machine Learning Research*, 2006, 7:1315–1338.

H. Zhou. Matlab SparseReg Toolbox Version 0.0.1. 2013.

H. Zhou, A. Armagan, and D. Dunson. Path following and empirical Bayes model selection for sparse regression. CORR abs/1201.3528, 2012.

Y. Zhou and J. He. A runtime analysis of evolutionary algorithms for constrained optimization problems. *IEEE Transactions on Evolutionary Computation*, 2007, 11(5):608–619.

Z.-H. Zhou. *Ensemble Methods: Foundations and Algorithms*. Boca Raton, FL: Chapman & Hall/CRC, 2012.

Z.-H. Zhou. A brief introduction to weakly supervised learning. *National Science Review*, 2017, 5(1):44–53.

Z.-H. Zhou, J. Wu, and W. Tang. Ensembling neural networks: Many could be better than all. *Artificial Intelligence*, 2002, 137(1):239–263.